Vahlens Handbücher
der Wirtschafts- und Sozialwissenschaften

Produkt- und Servicemanagement

Konzepte – Methoden – Prozesse

von

Prof. Dr. Manfred Bruhn

und

Dr. Karsten Hadwich

Verlag Franz Vahlen München

VERLAG
VAHLEN
MÜNCHEN

www.vahlen.de

Anschrift

Prof. Dr. Manfred Bruhn
Ordinarius für Betriebswirtschaftslehre, insbesondere Marketing und Unternehmensführung, am Wirtschaftswissenschaftlichen Zentrum (WWZ) der Universität Basel und Honorarprofessor an der Technischen Universität München

Dr. Karsten Hadwich
Wissenschaftlicher Mitarbeiter und Habilitand am Lehrstuhl für Marketing und Unternehmensführung am Wirtschaftswissenschaftlichen Zentrum (WWZ) der Universität Basel

Wirtschaftswissenschaftliches Zentrum der Universität Basel (WWZ)
Lehrstuhl für Marketing und Unternehmensführung
Petersgraben 51, CH-4051 Basel

Telefon	+41(0)61 267 32 22
Fax	+41(0)61 267 28 38
E-Mail	manfred.bruhn@unibas.ch
	karsten.hadwich@unibas.ch
Internet	http://www.wwz.unibas.ch/marketing/

Dozierende an Universitäten, Fachhochschulen, Akademien u.a. können die in diesem Buch enthaltenen Schaubilder als Folienset per Internet beziehen.

ISBN 3 8006 3257 8

Wilhelmstr. 9, 80801 München

Satz: Fotosatz Buck
Zweikirchener Str. 7, 84036 Kumhausen
Druck und Bindung: Druckhaus „Thomas Müntzer“ GmbH
Neustädter Str. 1–4, 99947 Bad Langensalza

Gedruckt auf säurefreiem, alterungsbeständigem Papier
(hergestellt aus chlorfrei gebleichtem Zellstoff)

Vorwort

Die nationalen und globalen Märkte sind durch die Veränderungsdynamik der Kundenbedürfnisse und einen stetigen Wandel der Wettbewerbsbedingungen gekennzeichnet. Dies stellt permanent neue Herausforderungen an die Marketingstrategie, vor allem an die Veränderung des Leistungsprogramms und die Vermarktung von Produkten und Services, die als Added Values dem Kunden einen Zusatznutzen bringen. Als Konsequenz ist die Produkt- und Servicepolitik von Unternehmen zunehmend zu professionalisieren, um im Qualitäts-, Kosten- und Zeitwettbewerb zu bestehen.

Vor diesem Hintergrund werden in dem vorliegenden Buch – unter einer entscheidungsorientierten Perspektive – die zentralen Aufgaben des Produkt- und Servicemanagements herausgearbeitet, die sich auf die marktgerechte Gestaltung aller vom Unternehmen im Absatzmarkt angebotenen Produkte und Services beziehen. Es erfolgt zunächst eine Auseinandersetzung mit grundlegenden Aspekten des Produkt- und Servicemanagements, d.h. aktuellen Trends, wichtigen Entscheidungstatbeständen und Branchenbesonderheiten (Kapitel 1). Anschließend setzen sich konzeptionelle Überlegungen mit relevanten Erfolgsgrößen, dynamischen Veränderungszyklen und Entscheidungsprozessen des Produkt- und Servicemanagements auseinander (Kapitel 2). Zur Erfassung der programm- und leistungspolitischen Situation werden kunden-, unternehmens- und konkurrenzorientierte Analyseinstrumente auf der Leistungs- und Programmebene diskutiert (Kapitel 3). Diese bilden die Grundlage für die Ableitung von programm- und leistungspolitischen Zielen und Strategien (Kapitel 4). Deren Realisierung ist Gegenstand der Programmpolitik, d.h. der Leistungsinnovation, -pflege, -elimination sowie Programmvariation (Kapitel 5), sowie der Leistungspolitik, in deren Rahmen qualitäts-, marken-, verpackungs- und servicepolitische Maßnahmen eingesetzt werden (Kapitel 6). Schließlich werden Barrieren und Ansatzpunkte für eine Umsetzung des Produkt- und Servicemanagements erörtert (Kapitel 7) und ein Controllingsystem zur Kontrolle und Koordination der produkt- und servicebezogenen Aktivitäten erarbeitet (Kapitel 8). Ebenso werden die besonderen Aspekte des internationalen Produkt- und Servicemanagements (Kapitel 9) sowie Entwicklungstendenzen diskutiert (Kapitel 10).

Für die jeweiligen Aufgaben des Produkt- und Servicemanagements werden zahlreiche Konzepte, Instrumente und Methoden diskutiert und durch eine Reihe von Studien, Unternehmensbeispielen und Inserts verdeutlicht.

Das Buch richtet sich an Studierende der Betriebswirtschaftslehre und des Marketing, die sich während ihres Studiums mit Fragestellungen des Produkt- und Servicemanagements auseinandersetzen. Gleichermaßen sind Praktiker angesprochen, die sich in ihren Unternehmen systematisch mit der Planung und Umsetzung von Produkten und Services beschäftigen.

Durch den Aufbau des Buches kann sich der Leser schnell einen Überblick über die theoretischen und konzeptionellen Grundlagen sowie die vielfältigen Instrumente des Produkt- und Servicemanagements verschaffen. Das Lehrbuch beinhaltet eine vollständige Aufbereitung des State-of-the-Art zum Produkt- und Servicemanagement und berücksichtigt die in der heutigen Unternehmenspraxis zumeist vorliegende Problemstellung der gleichzeitigen Auseinandersetzung mit Produkten und Services.

Basel, im Frühjahr 2006 Manfred Bruhn und Karsten Hadwich

Inhaltsverzeichnis

Schaubildverzeichnis

1. Gegenstand und theoretische Grundlagen des Produkt- und Servicemanagements

2. Konzepte des Produkt- und Servicemanagements

4. Strategische Ausrichtung des Produkt- und Servicemanagements

5. Operative Gestaltung der Programmpolitik

6. Operative Gestaltung der Leistungspolitik

7. Umsetzung des Produkt- und Servicemanagements

8. Controlling des Produkt- und Servicemanagements

9. Internationales Produkt- und Servicemanagement

10. Entwicklungstendenzen im Produkt- und Servicemanagement

Insertverzeichnis

1 Gegenstand und theoretische Grundlagen des Produkt- und Servicemanagements

1.1 Gegenstand des Produkt- und Servicemanagements

1.1.1 Entstehung des Produkt- und Servicemanagements

Das Produktmanagement als Aufgabe der Produktentwicklung gibt es schon seit geraumer Zeit. Spätestens seit dem Mittelalter wird diese Aufgabe durch die Handwerker erfüllt, die Produkte entwickelten und herstellten, und seit der Industrialisierung durch die Forschungs- und Entwicklungsabteilung übernommen, deren Aufgabe es ist, Produkte für den Massenbedarf zu entwickeln und herzustellen.

Das Produktmanagement lässt sich dabei aus einer **funktionalen Perspektive** als Unternehmensfunktion betrachten, die es zu erfüllen gilt (Schaubild 1–1). Diese Sichtweise ist (mehr oder weniger) unabhängig von Fragestellungen der personellen Umsetzung der im Rahmen des Produktmanagements anfallenden Aufgaben.

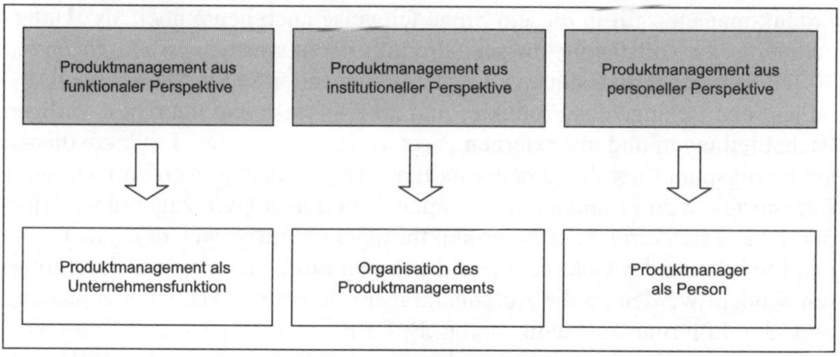

Schaubild 1–1: Perspektiven des Produktmanagements

Die **institutionelle Perspektive** des Produktmanagements setzt sich dagegen mit der organisatorischen Umsetzung auseinander. Es werden strukturelle Fragestellungen, wie z.B. die organisatorische Verankerung im Unternehmen, die Gestaltung von Produktmanagementabteilungen und -teams, und Fragen der Ablauforganisation, wie z.B. die Koordination zwischen Produktmanagement und der F&E-, Marktforschungs- und Kommunikationsabteilung, behandelt.

Die **personelle Perspektive** betrachtet die Träger der produktpolitischen Entscheidungen im Unternehmen. Diese Personen sind in erster Linie für die Entwicklung und Verbesserung von Produkten sowie die Führung von Produkten am Markt verantwortlich. Dabei kann es sich auch um Unternehmens- oder Marketingleiter handeln, die sich ein Team aus Mitarbeitern verschiedener Abteilungen (z.B. F&E, Produktentwicklung, Marktforschung) zusammenstellen. Ein Ansatz der personellen Perspektive, der im Vergleich zu der institutionellen Perspektive des Produktmanagements sehr viel später kam, ist der so genannte Produktmanager, der sich funktionsübergreifend um ein Produkt kümmert.

Die **Idee des Produktmanagers** entstand Wirtschaftschronisten zufolge bei *Procter & Gamble* (*Harrison* 1991, S. 11). Der amerikanische Waschmittelkonzern führte in den 1920er Jahren neben der bewährten Seifenmarke *Ivory* ein zweites Seifenprodukt mit dem Namen *Camay* ein. Als der Umsatz stockte, wurde der junge Manager Neil H. McElroy beauftragt, sich der Marktentwicklung und der Absatzförderung speziell dieses einen Produktes *Camay* anzunehmen. Sein Erfolg bestätigte die spezielle Art der Tätigkeit. Die erste Stelle eines Produktmanagers war geschaffen. *Procter & Gamble* baute daraufhin innerhalb kurzer Zeit ein Produktmanagementsystem mit weiteren Produktmanagern auf. Neil H. McElroy wurde im Jahre 1948 Präsident von *Procter & Gamble* (und später Verteidigungsminister unter US-Präsident Eisenhower) (*Harrison* 1991, S. 11).

Die damalige **Neuartigkeit des Produktmanagers** lag in der organisatorischen Verankerung verschiedener Funktionen und Tätigkeiten in einer einzigen Stelle. Die (neue) produktzentrierte Sichtweise ermöglichte eine systematische und ganzheitliche Auseinandersetzung mit einem Produkt. Der Produktmanager gilt in diesem Sinne teilweise auch heute noch als „Unternehmer", der vollständig für sein Produkt verantwortlich ist (*Koppelmann* 2001). Er managt im Rahmen einer produktorientierten Marketingorganisation jegliche Belange des Produktes und arbeitet dazu eng mit den jeweiligen Fachabteilungen und mit externen Partnern zusammen. Die Produkte dienen als Bezugspunkt der Aufgabengestaltung. Die Aufgaben werden nach ihrer Zugehörigkeit zu Produkten bestimmten Funktionsträgern zugeordnet. Hierdurch lässt sich erreichen, die produktbezogenen Aktivitäten der verschiedenen Funktionen des Unternehmens durch den Produktmanager zu koordinieren. Zudem werden so die Aufgabenträger, die für die Maßnahmenplanung und -durchführung zuständig sind (z.B. F&E-, Produktions- und Kommunikationsabteilung), untereinander abgestimmt. Produktmanager erfüllen somit eine Querschnittsfunktion, die produktbezogen Schnittstellen zu allen anderen Unternehmensfunktionen bzw. Abteilungen haben kann.

Das Konzept des Produktmanagers etablierte sich im Laufe der 1930er Jahre bei *Procter & Gamble* und fand auch bei anderen Herstellern von kurzlebigen Konsumgütern eine immer stärkere Anwendung (Schaubild 1–2). Seit dieser Zeit erfolgte neben der nationalen Verbreitung auch eine Übertragung dieses Konzeptes auf Hersteller von langlebigen Konsumgütern und schließlich auf Industriegüter- und Dienstleistungsunternehmen (*Gruner/Garbe/Homburg* 1997, S. 243; *Backhaus/Brzoska/Theile* 2002, S. 639). Heute wird das Produktmanagement entsprechend branchenübergreifend und in nahezu allen mittelständischen und großen Unternehmen eingesetzt.

1920er Jahre	Erster Produktmanager bei Procter & Gamble in den USA zur Einführung einer neuen Seifenmarke (offizielle Bezeichnung war „Brand Manager").
Ende 1930er Jahre	Procter & Gamble verfügt über ein voll ausgebautes System mit 18 Brandmanagern.
Mitte 1950er Jahre	Produktmanagement setzt sich in den USA durch.
Beginn 1960er Jahre	Erste Produktmanagement-Organisationen in Deutschland bei Tochtergesellschaften amerikanischer Firmen.
Ende 1960er Jahre	85% aller amerikanischen Konsumgüter-Großunternehmen verfügen über ein Produktmanagement.
	Deutsche Konsumgüter-Großunternehmen entdecken das Produktmanagement.
1980er Jahre	Produktmanagement setzt sich in Deutschland als leistungsfähige, marktorientierte Organisationsform auch im Investitionsgüter- und Dienstleistungsbereich durch und dies besonders in den mittelständischen Unternehmen.
Heute	Im Konsumgüterbereich haben 75% aller Unternehmen in Deutschland das Produktmanagement eingerichtet. Im Industriegüterbereich sind es 60%.

Schaubild 1–2: Entstehung und Verbreitung des Produktmanagements (Lippmann 2000)

Bis heute und auch zukünftig unterliegt das Produktmanagement in der Unternehmenspraxis zahlreichen Veränderungen. Die Vielfalt von Beschreibungen, was im Einzelnen zu den Aufgaben eines Produktmanagers gehört, ist kaum mehr zu überblicken. Als Extrema der verschiedenen Interpretationen der **Rolle des Produktmanagers** bzw. in der Praxis vorzufindenden Ausprägungen lassen sich der „Zehnkämpfer" einerseits sowie der „Sachbearbeiter" andererseits zur Illustration heranziehen. Dabei entspricht der **Zehnkämpfer** der ursprünglichen Idee des Produktmanagers als Unternehmer in einem Unternehmen, der sämtliche Tätigkeiten, die in Verbindung mit seinem Produkt stehen, verantwortet und auch entsprechende Entscheidungsbefugnisse hat. Dieses Bild spiegelt das Zitat eines Produktmanagers von *Procter & Gamble* wider, der auf die Frage nach seiner Rolle als Produktmanager meinte, dass „er sich als Präsident der Crest Company und das Topmanagement als seine Bank" sehe (*Harrison* 1991, S. 13). In vielen Fällen ist sowohl das Aufgabenfeld als auch die Entscheidungsbefugnis von Produktmanagern aber stark eingeschränkt, so dass er – überspitzt formuliert – lediglich als **Sachbearbeiter** agiert. Produktmanager entscheiden häufig nur noch über Zeitpläne und Werbekampagnen selbst. In allen anderen Bereichen werden sie an den Entscheidungsprozessen allenfalls beteiligt. Dabei stehen Produktmanager oft im Konflikt zu zwischenzeitlich neu geschaffenen Organisationseinheiten, wie z.B. dem Key Account Management oder Category Management.

Unabhängig von der Rolle des Produktmanagers (Personelle Perspektive des Produktmanagements) und deren organisatorischen Umsetzung (Institutionelle Perspektive des Produktmanagements) steht die Aufgabe des Produktmanagements (Funktionale Perspektive), die als Produktpolitik das „Herz des Marketing" darstellt und sämtliche anderen Marketinginstrumente sich letztlich um die Produkt- und Serviceleistungen bündeln.

1.1.2 Trends im Produkt- und Servicemanagement

Die zunehmende Bedeutung des Produkt- und Servicemanagements für das Marketing und die Unternehmensführung lässt sich anhand der unterschiedlichen Entwicklungen der Mikroumwelt, d.h. der spezifischen Marktteilnehmer, und der Makroumwelt, d.h. des unternehmensrelevanten Umfeldes, näher charakterisieren (*Bruhn* 2004a, S. 22ff.). Dabei bieten hersteller- bzw. anbieter- und handelsspezifische Veränderungen sowie markt-, kunden- und sonstige umweltbezogene Entwicklungen den Unternehmen zahlreiche Chancen zur Profilierung am Markt, konfrontieren sie aber andererseits auch mit neuen Risiken und Problemen. Die Herausforderungen werden dabei für das Produkt- und Servicemanagement immer vielfältiger. Einen Überblick über die wichtigsten Herausforderungen in den genannten Bereichen gibt Schaubild 1–3.

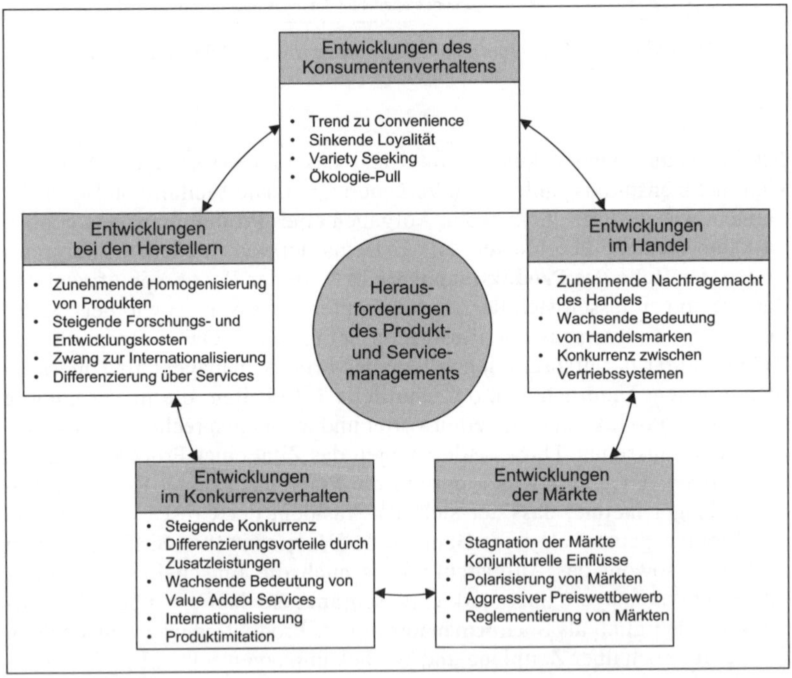

Schaubild 1–3: Herausforderungen des Produkt- und Servicemanagements

Zunächst sind die **Entwicklungen der nationalen und internationalen Märkte** anzuführen. Die aktuelle und zukünftige Situation der Märkte ist von **wachsender Komplexität** (z.B. aufgrund von Internationalisierungstendenzen oder einer hohen Marktdynamik) und **Diskontinuität** geprägt. In verschiedenen Branchen treten zunehmend Sättigungstendenzen zu Tage: Viele Märkte befinden sich in einer Stagnations- oder Schrumpfungsphase. Gleichzeitig ist ein immer aggressiver werdender Preiswettbewerb zu beobachten, der bei vielen Anbietern zu einer reinen Kostenorientierung unter

Vernachlässigung der Produkt- und Servicequalität führt. Die resultierenden Gewinnrückgänge sind zunehmend nur noch durch Internationalisierung, d.h. Ausweitung der Unternehmensaktivitäten auf möglichst viele (verschiedene) Märkte, aufzufangen. Schließlich führt die Deregulierung von Märkten zu veränderten Marktstrukturen, in denen sich das Gefüge zwischen Anbieter, Absatzmittler und Nachfrager stark verändert und auf Seiten der Anbieter ein starkes Umdenken u.a. in Bezug auf das Leistungsprogramm erfordert.

Herausforderungen für das Produkt- und Servicemanagement resultieren darüber hinaus aus den **Entwicklungen des Konsumentenverhaltens**. Häufig wird in den letzten Jahren von einer **sinkenden Loyalität** und gleichzeitig **steigenden Ansprüchen** von Konsumenten gesprochen. Diese sind zu einem wesentlichen Anteil eine Folge der nachfolgend beschriebenen Konkurrenzsituation. Ein größeres Angebot und die Verkürzung von Produktlebenszyklen „erschweren" es dem Konsumenten, einem Produkt treu zu bleiben. Dieser Sachverhalt wird im Allgemeinen mit dem Begriff **Variety Seeking**, d.h. der Suche nach Abwechslung, umschrieben. Konsumenten stellen gleichzeitig zunehmend differenziertere Anforderungen an die Produkt- und Servicequalität, die im funktionalen, ökologischen und Erlebnisnutzen zum Ausdruck kommen. Kritische Verbraucher verlangen nicht nur Sicherheit, technologische Fortschrittlichkeit und Umweltfreundlichkeit, sondern auch individuelle Erlebnisse und zusätzliche Serviceleistungen. Die verstärkte Nachfrage nach umweltgerechten Produkten bewirkt einen so genannten **„Ökologie-Pull"** für die Unternehmen (*Meffert/Kirchgeorg* 1993, S. 105f.). Es sind Polarisierungstendenzen bei der Produktnachfrage festzustellen, die ein selektives Einkaufsverhalten der „hybriden" Konsumenten bewirken, die zum einen Billigprodukte und zum anderen auch Luxusartikel erwerben. Preisbewusstes Einkaufen beim Standardbedarf, aber höchste Qualitätsansprüche bei Prestigeobjekten zeugen von einer differenzierten Wahrnehmung der unterschiedlichen Qualitätsklassen und einer gezielten Präferenz für bestimmte Marken oder „Nichtmarken". Die Individualisierung des Kaufverhaltens mit der Nachfrage nach individuellen Produkten bis hin zu Unikaten geht einher mit einer verstärkten Emotionalisierung der Konsumerlebnisse, die die marketingpolitischen Maßnahmen der Anbieter maßgeblich beeinflussen. Das Markenbewusstsein von Konsumenten nimmt zu, aber es ist auch eine abnehmende Markenloyalität und -treue festzustellen. Auch ausgeprägtes Gesundheits- und gleichzeitiges Genussstreben führen zu einer Neuorientierung und Differenzierung der Konsumwünsche.

Die **Entwicklung im Konkurrenzverhalten** ist durch einen **zunehmenden Wettbewerb** geprägt. Dieser ist nicht zuletzt auf eine stärkere internationale Ausrichtung von Anbietern und der u.a. deshalb steigenden Anzahl von Produkten in einem Markt zurückzuführen. Diese Entwicklung resultiert in einer vielfältigen Variation von Produkten. Entsprechend der so genannten Homogenisierungsthese führt die Entwicklung aber auch zu einer **Angleichung der angebotenen Produkte** (*Hansen/Hennig-Thurau/Schrader* 2001, S. 1f.). In vielen Konsumgüterbranchen, insbesondere bei den Verbrauchsgütern, scheinen dadurch die **Grenzen des Produktwettbewerbs** erreicht zu sein (Insert 1–1). So ist z.B. einer Studie der Zeitschrift „Stiftung Waren-

Neue Produkte: Geschwindigkeitsrausch

Immer schneller bringt die Lebensmittelindustrie neue Artikel auf den Markt. Besonders aktiv sind Getränkeabfüller, Milchverarbeiter und Süßwarenspezialisten/Von Ulla Boßhammer

LZ|NET. Vivil zum Trinken, Pudding zum Schlürfen, Frühstück zum Löffeln: Die idealtypische Innovation ist flüssig, vorwiegend zum Snacken und in der praktischen Pet-Flasche verpackt. Meist umgibt sie ein Hauch von Wellness. Sie kommt leicht und natürlich daher oder aber sie stärkt sich mit Power. Vitamine und Mineralstoffe peppen sie auf, ein Schuss Exotik prägt den Geschmack. Quer über alle Warengruppen hinweg haben sich die Megatrends angeglichen – bis hin zum Tierfutter. Convenience, Gesundheit oder Wohlgefühl, Abwechslung und Gaumenerlebnis bleiben langfristig die Strömungen, die den Erfindergeist der Branche anstacheln. Nimmt man allein die Anzahl neuer Produkte, so gebührt der Foodindustrie ein Spitzenplatz. Zwischen 25.000 und 30.000 frische EAN-Nummern zählt die GfK pro Jahr. Ein gut sortierter Verbrauchermarkt könnte sein Sortiment also regelmäßig komplett austauschen. Echte Novitäten sind dennoch rar. Nur vier Prozent neue Marken fanden die Nürnberger Marktforscher im Zeitraum 2002/2003. Mehr als siebzig Prozent der Newcomer werden im folgenden Jahr nicht mehr gelistet. Auf 150.000 registrierte Einzelstücke ist das Angebot an kurzlebigen Konsumgütern insgesamt angeschwollen.

Getränkebranche als Trendsetter

Als Trendsetter gilt die flüssige Branche. Alles wird mit allem gemischt. Tee mit Saft, Wasser mit Tee, Limo mit blauer Farbe. Dazu gesellen sich Vitamine, Mineralstoffe und Kräuterauszüge. Besonders einfallsreich gestaltet sich in jüngster Zeit das Plus beim Wasser. Fast täglich kommt eine neue Variante in den Handel. Was mit einem Spritzer Zitrone begann, hat sich zu einer breiten Palette aller möglichen Positionierungen ausgeweitet. Nestlé verwandelt Wasser mit funktionellen Zutaten und gesunden Extras wie Ginkgo und Johanniskraut. Andere mixen exotische Früchte, Ingwer, Guarana oder Rooibos unter. Ob grün oder schwarz – Teezugaben sind zurzeit der Knüller. Mit Lipton Aquaé betritt Unilever das gelobte Wachstumsland. Der Margarinehersteller dehnt damit seine Einflusssphäre auf Near Water aus. Umgekehrt bringt Volvic teebasierte Drinks heraus. Fruchtsaftabfüller Rauch hat dieses Feld ebenfalls besetzt und bietet einen frischen Eistee light an. Bei so viel Körperbewusstsein wollen Limonadenhersteller nicht länger im Abseits stehen. „Mid Calorie" lautet die Zauberformel, „weniger süß" bedeutet sie. Fanta, Pepsi und demnächst Coca Cola kommen mit reduziertem Zuckergehalt auf den Markt. Auch im Moproregal boomt Flüssiges. Gerade die weiße Linie brachte dem deutschen Handel 2003 einen Umsatzschub von gut fünf Prozent. Die absoluten Renner dabei: Joghurtdrinks und Molkegetränke. Bei probiotischem Trinkjoghurt überflügelte gar das Plus beim Umsatz die Zuwächse beim Absatz um satte acht Prozent. Ein untrügliches Zeichen für ein innovatives Segment. Denn meist ist es umgekehrt: Im geizgebeutelten Geschäft mit Lebensmitteln hinkt der Wert der abgesetzten Menge hinterher. Trinken scheint ohnehin im Trend zu liegen. Dr. Oetker rührt flüssige Puddings an. Aldi Süd stellt Müsli zum Löffeln ins Regal. Milchprodukte werden mit funktionellen Zutaten aufgepeppt und als Frühstücksersatz vermarktet.

Flüssige Snacks mit Wellnesstouch

Wasser, Saft und Mopro eignen sich hervorragend als Träger für die großen Themen der Zeit. Die Warengruppen profitieren vom wachsenden Körperbewusstsein und dem Blick auf die eigene Gesundheit einer betagten Gesellschaft. Doch nicht nur die Generation 50plus trinkt mehr, weil Ernährungsexperten dazu raten. Sportversessene aller Altersklassen verhalfen der Nuckelflasche für Erwachsene zum Durchbruch. Auch Molke und Joghurt leben vom Image, das Wohlbefinden zu fördern. Sie lassen sich ebenso wie Wasser oder Saft fast beliebig vermischen und wahlweise in Fitness-, Fun- oder Wellnessprodukte verwandeln. Kommt noch eine pfiffige Verpackung hinzu, ist auch der Convenienceartikel perfekt. Als Makel gilt manchen jedoch das Fett. Es bringt üppig Kalorien und steht im Verdacht, den Blutfettspiegel hochzutreiben. Die Hersteller unterbieten sich deswegen im Fettgehalt. Emmi wählt einen anderen Ausweg und brachte mit Benecol den ersten Cholesterin senkenden Joghurt auf den Markt. Becel proaktiv baut entsprechende Wirkstoffe in Milch ein. Der Kampf um den cholesterinbewussten Kunden gipfelt in Unilevers Angriff auf alles Sahnige. Mit pflanzlichen Ersatzprodukten zieht Rama ins Mopro-Regal ein. Doch keine Mode ohne Gegenbewegung: Mehr Fett, mehr Frucht, mehr Genuss versprechen andere. Und befriedigen mit der Extraportion Sahne unbekümmerte Leckermäuler. Um diese Zielgruppe geht es seit eh und je beim Süßwarensortiment. Nach wie vor regen Saison und festliche Anlässe die Phantasie an, geht es um witzige Formen und überraschenden Geschmack. Mit Artikeln, die jünger als zwei Jahre sind, bestreiten Süßwarenanbieter mittlerweile zwanzig Prozent ihres Umsatzes, stellt ACNielsen fest. Die Bedeutung von Innovationen fürs Geschäft nimmt für alle Branchen zu. Wenn es um die Frage geht, warum Unternehmen ständig Neues herausbringen, führen Produktmanager gern den Verbraucher ins Feld. Doch verlangt der wirklich giftgrüne Fruchtgummis in Spaghettiform, Glibbercreme mit Ahoj-Brause oder den zigsten Trinksnack? Untersuchungen zeigen, dass die meisten Menschen eher konservativ konsumieren. Ein durchschnittlicher Haushalt kauft jährlich 438 verschiedene Artikel des täglichen Bedarfs, ermittelte die GfK, 41 Prozent davon liegen zum ersten Mal im Korb. Das sind etwa 180 Produkte – im Vergleich zu 30.000 Novitäten nicht gerade viel. „Der Verbraucher möchte Neues, aber nicht in dieser Masse", bringt es Wolfgang Twardawa, Marketingleiter der GfK, auf den Punkt.

Der Verbraucher mag Neues nur in Maßen

Was Markenartikler anfeuert, Trends zu erforschen und schnellstens zu bedienen, ist handfester und wirtschaftlicher Natur. Seit Jahren graben ihnen Handelslabels das Wasser ab. Mit Basisprodukten wie Milch oder auch einer Tafel Schokolade lässt sich kaum mehr Geld verdienen. Letztere gibt es bei Aldi für 29 Cent. Markenware wird in der Aktion für 49 Cent verramscht. Im dritten Jahr hintereinander sind die Preise für Milch, Quark und Joghurt gesunken. Der Anteil an Handelsmarken stieg dabei auf über fünfzig Prozent. Beim simplen Wasser sieht es nicht anders aus. „Warum auch soll der Verbraucher für einen Artikel mehr Geld ausgeben, wenn er im Discounter billiger zu haben ist?" fragt Tim-Oliver Schön von Roland Berger. Für Marken sind Innovationen ein Muss, folgert er. „Nur so können sie ihre Unverwechselbarkeit zurückerlangen und damit dem Preisdruck davoneilen." Frische Produktideen gelten als der Hebel, um Marktanteile auszudehnen und Margen zu verbessern, darüber sind sich alle einig. Nicht von ungefähr bringen viele Hersteller ihre Neuheiten unter einem starken Markendach heraus. Denn die Entwicklung eines Labels kostet eine Menge Geld. Auf etwa zwanzig Millionen Euro schätzt ein Unilever-Manager die Investition. Die Hamburger nutzen Brandstretching besonders gern. Unter der Marke Dextro kam zunächst ein Sportdrink und später ein Müsliriegel ins Regal. Der Teename Lipton schmückt seit kurzem ein Wassergetränk. Knorr weitet seine Kompetenz auf Tiefkühlkost aus. Aber auch andere Hersteller mögen diese Masche. Hipp beispielsweise stellt einen Fruchtriegel vor. Doch mit der Ausweitung ihrer Ranges begeben sich Anbieter in benachbarte Kategorien – und damit in aller Regel auf besetztes Gebiet.

Produkte und Portfolios gleichen sich an

Das Ergebnis erscheint paradox: Auf der Jagd nach dem Einzigartigen, der unverwechselbaren Identität erreichen die Unternehmen das Gegenteil: Sie werden einander immer ähnlicher. Produkte wie Portfolios nähern sich an. Jeder wildert im Garten des anderen. Grenzen verschwimmen. „Die alte Branchenarithmetik wird aus den Angel gehoben", formuliert es das Kelkheimer Zukunftsinstitut. Das wiederum verschärft den Wettbewerb – und heizt den Innovationsmotor an. Die Industrie spürt es als Zwang, ihre Prozesse zu beschleunigen. Von 18 auf sechs Monate wollen Hersteller ihre durchschnittliche Entwicklungszeit verkürzen. „Insbesondere in den letzten zwei Jahren ist der Druck, Neues zu bringen, enorm gestiegen", stellt Norbert Dube von Research International fest. Allerdings ist auch eine gegenteilige Reaktion zu beobachten. Einige Produzenten disziplinieren sich bereits. Für jeden zusätzlichen Artikel straffen sie an anderer Stelle und optimieren damit zugleich ihre Ranges.

Insert 1–1: Neue Produkte – Geschwindigkeitsrausch (Lebensmittel Zeitung 2005a)

test" der Hefte 1/1993 bis 3/1994 zu entnehmen, dass 85 Prozent der Verbrauchsgüter eine gleiche Produktbeurteilung erhalten haben (bei Gebrauchsgütern waren es 65 Prozent). Offensichtlich findet eine Differenzierung durch Produktmerkmale immer weniger statt. Insbesondere im Hinblick auf die Kernleistung, also den Kernnutzen eines Produktes, ist die Variation von Leistungen nur eingeschränkt möglich. Infolgedessen konzentrieren sich die Aktivitäten zur Erlangung eines Wettbewerbsvorteils durch Differenzierung auf über den Kernnutzen hinausgehende Aspekte. Beispielsweise sind die Marke, die Verpackung und Value Added Services potenzielle Ansatzpunkte einer solchen Differenzierung. Eine Differenzierung über die genannten Beispiele wird aber immer schwieriger. So lässt sich z.B. aufgrund unzähliger Nachahmungen und Reproduktionen von Marken in klassischen Konsumgüterbereichen, der Ausdehnung der Markentechnik auf den Dienstleistungs- und Industriegüterbereich sowie des Eindringens internationaler Marken in nationale Märkte eine für Konsumenten kaum noch überschaubare „Markeninflationierung" konstatieren (im Jahre 2003 wurden in Deutschland 62.041 Marken beim Deutschen Patent- und Markenamt neu angemeldet; *DPMA* 2003).

Der zunehmende Wettbewerb und der damit einhergehende Zwang zur Variation ist schließlich Ursache für eine **Verkürzung von Produktlebenszyklen**. Zunehmend kürzer werdende Produktlebenszyklen, vor allem im Technologiebereich, sowie ein starker horizontaler Wettbewerb zwischen den Unternehmen erfordern von diesen zunehmend innovative, den sich wandelnden Anforderungen der Stakeholder entsprechende Produkte und Dienstleistungen. Die Verkürzung von Produktlebenszyklen lässt sich schon seit einigen Jahren z.B. in der Automobilbranche beobachten. Die Betrachtung der Modellwechsel der Marke *Mercedes-Benz* zeigt, dass sich die Produktlebenszyklen vom W 123, der in den Jahren von 1976 bis 1985 gebaut wurde, und dem W 124 von den Jahren 1985 bis 1995 hin zum W 210 von den Jahren 1995 bis 2002 etwa um ein Drittel verringert hat. Im niedrigpreisigen Kleinwagensegment hat sich der Lebenszyklus sogar noch weiter auf etwa fünf Jahre verkürzt (*Behrens/Specht* 2005, S. 2). Eine Verkürzung des Produktlebenszyklus hat zur Folge, dass sich die Zeitspanne, in denen mit einem Produkt Gewinne erzielt werden, insbesondere am Ende der Wachstumsphase und in der Reifephase, erheblich verkürzt. Gleichzeitig steigen die **F&E-Kosten** für Neuprodukte oder Produktveränderungen an. Unternehmen stehen vor dem Dilemma, mit einem Produkt in kürzerer Zeit mehr Erträge verdienen zu müssen. Dies macht deutlich, dass sich Unternehmen ineffiziente Prozesse, Ausfälle bei Produkteinführungen, fehlerhafte Marketing- und Vertriebsstrategien oder verspätetes Reagieren auf marktliche Veränderungen immer weniger leisten dürfen. Schaubild 1–4 zeigt eine Unterteilung von Branchen im Hinblick auf die Innovationsintensität. Dabei wird der F&E-Anteil an den Unternehmensumsätzen im Branchendurchschnitt dem Anteil der Produkte gegenübergestellt, die jünger als fünf Jahre sind. Im Durchschnitt über alle Branchen investieren Unternehmen 4,5 Prozent ihres Umsatzes in F&E und erwirtschaften 33 Prozent ihres Umsatzes mit Produkten, die jünger als fünf Jahre sind (*Beyer et al.* 2005, S. 84).

Bei kürzer werdenden Produktlebenszyklen sind in kürzerer Zeit neue Produkte zu entwickeln, d.h. der **Produktentwicklungszyklus** hat sich parallel zu den Marktveränderungen zu entwickeln. Der Faktor Zeit wird deshalb zukünftig eine entscheidende Schlüsselgröße für den Markterfolg eines Unternehmens darstellen. Durch Reduktion der Entwicklungszeiten ist es Unternehmen möglich, neue Produkte vor der Konkurrenz am Markt einzuführen und dadurch zusätzliche Gewinne zu erzielen. Die Verkürzung der Entwicklungszeiten zu Lasten der Produktqualität ist aber zu vermeiden, gefordert ist vielmehr eine effiziente Produktentwicklung, in der sämtliche Arbeiten im Unternehmen von der Produktidee bis zur Markteinführung

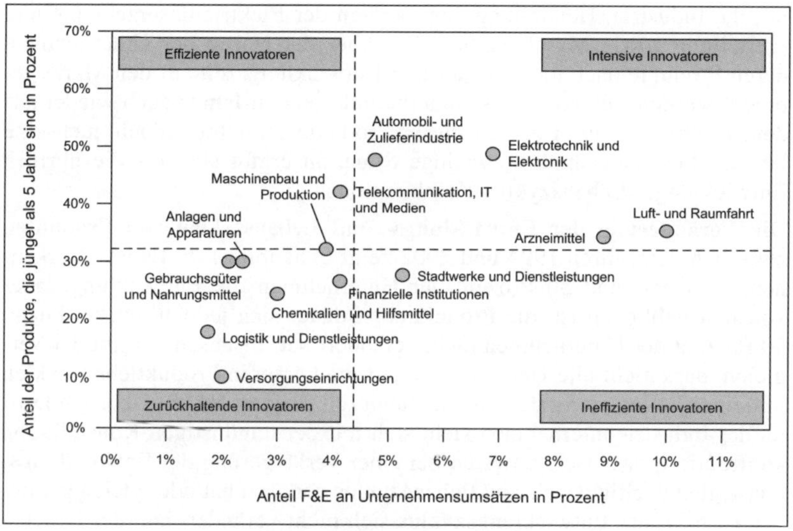

Schaubild 1–4: F&E-Intensität in verschiedenen Branchen (Beyer et al. 2005, S. 84)

funktionsübergreifend koordiniert werden (*Penzkofer* 2004, S. 51). Dies ist notwendig, da vor allem für die High-Tech-Bereiche vermutet wird, dass sich die Produktlebenszyklen weiter verkürzen werden.

Der **Zusammenhang von Produktentwicklungs- und Produktlebensdauer** ist in Schaubild 1–5 dargestellt. Demnach benötigen mehr als 75 Prozent der Industrieunternehmen zur Entwicklung neuer oder verbesserter Produkte weniger als zwölf Monate. Bei rund 20 Prozent der Industrieunternehmen liegt die Entwicklungszeit zwischen einem Jahr und drei Jahren, während eine Produktentwicklungsdauer von über drei Jahren etwas mehr als 2 Prozent der Unternehmen des verarbeitenden Gewerbes meldeten. Zur letzten Gruppe zählen vor allem Unternehmen aus den Wirtschaftszweigen Herstellung von Kraftfahrzeugen und -teilen, sonstiger Fahrzeugbau, che-

Lebensdauer / Entwicklungszeit	Bis 1 Jahr	1 bis 3 Jahre	Über 3 Jahre	Anteil an allen Unternehmen
Weniger als 1 Jahr	54,8*	25,2	20,0	77,6
1 Jahr bis 3 Jahre	17,1	42,7	40,2	20,0
Mehr als 3 Jahre	0,0	47,5	52,5	2,4
Anteil an allen Unternehmen	46,0	28,9	25,1	–

* Lesebeispiel: „Bei 54,8% der Unternehmen mit einer Produktentwicklungszeit von bis 1 Jahr weist das Produktprogramm eine Lebensdauer von bis 1 Jahr auf."

Schaubild 1–5: Zusammenhang von Entwicklungs- und Lebensdauer von Produkten (Penzkofer 2004, S. 51)

mische Industrie, Herstellung von Geräten der Elektrizitätserzeugung und -verteilung sowie Maschinenbau. Bei über der Hälfte der Unternehmen, deren Produkte nach unter einjähriger Entwicklungszeit auf den Markt gebracht wurden, schieden diese innerhalb des ersten Jahres auch wieder aus dem Programm aus. Ein Teil dieser Produkte erreichte jedoch auch eine längere Lebensdauer. Eine analoge Situation ergibt sich für die übrigen Entwicklungs-/Lebenszyklus-Kombinationen.

Die **Veränderung der Entwicklungs- und Lebenszyklen von Produkten** zwischen den Jahren 1994 und 2002 zeigt Schaubild 1–6. Es ist zu erkennen, dass bei rund 50 Prozent der Unternehmen die Entwicklungsdauer konstant geblieben ist, die Produktlebensdauer sich jedoch nur bei knapp 30 Prozent der Unternehmen nicht verändert hat. Insgesamt ergibt der Vergleich, dass nicht alle Unternehmen auf die kürzeren Produktlebenszyklen mit einer Reduzierung der Entwicklungszeit reagiert haben. Über ein Drittel der Industrieunternehmen sieht sich mit der ungünstigen Konstellation konfrontiert, dass sich entweder bei einer Verlängerung der Entwicklungsphase gleichzeitig der Produktlebenszyklus verkürzt hat oder gleich geblieben ist bzw. der Entwicklungszyklus sich nicht verändert hat, der Lebenszyklus jedoch kürzer geworden ist.

Bei ...% der Unternehmen hat sich im Zeitraum 1994 bis 2002 der ...zyklus	Produktentwicklungszyklus	Produktlebenszyklus
... nicht verändert	52,1	27,9
... verkürzt	26,1	46,1
... verlängert	21,8	26,1

Schaubild 1–6: Vergleich von Produktentwicklungs- und Produktlebenszyklus im Zeitraum 1994 bis 2002 (Penzkofer 2004, S. 51)

Zwischen Hersteller und Konsument stehen die **Entwicklungen im Handel**. Die **zunehmende Nachfragemacht des Handels** führt dazu, dass bei der Gestaltung von Leistungen die Interessen des Handels immer stärker zu berücksichtigen sind. Insbesondere bei **Verbrauchsgütern** ist eine erfolgreiche Leistungspolitik ohne die Einbeziehung des Handels im Rahmen der Entwicklung und Gestaltung von Leistungen kaum mehr möglich. Im Handel werden Konzentrations- und Integrationstendenzen, aber auch Entwicklungen in Richtung vertikaler und horizontaler Kooperationen offensichtlich. Die Bildung europaweiter und weltweiter Handelskonzerne und einer damit verbundenen Zunahme von Handelsmacht führt zu einem steigenden horizontalen Wettbewerb zwischen verschiedenen Handelssystemen und zu einer **zunehmenden Konkurrenz zwischen Handels- und Herstellermarken**. Der horizontale Preis- und Qualitätswettbewerb zwischen Handelsunternehmen und -systemen (z.B. Franchisesysteme vs. Filialsysteme) wird sich immer mehr auf die Handels- und Herstellermarkenpolitik auswirken. Durch die zunehmende Bedeutung von Discountern werden Handels- und Gattungsmarken gegenüber den Markenartikeln zukünftig an Bedeutung gewinnen. Hierdurch verändern sich für Hersteller in entsprechender Weise die Produkt- und Vermarktungskonzepte der bisher angebotenen Leistungen.

Der Handel im **Gebrauchs- und Industriegüterbereich** wird durch **Vertriebspartner** übernommen (z.B. Vertragshändler in der Automobilbranche). Hier entscheidet der Grad der Abhängigkeit zwischen Hersteller und Vertriebspartner (z.T. geregelt durch die vertragliche Vertriebsbindung) darüber, wie stark die Konkurrenz ist. Diese wird durch den Grad der Unabhängigkeit des Vertriebspartners und seiner Konkurrenz auf der horizontalen Ebene (Konkurrenz mit anderen Vertriebssystemen) bestimmt.

Die aktuelle **Situation der Hersteller** verschiedener Branchen ist durch **fehlende sachliche Differenzierungsmöglichkeiten** hinsichtlich der angebotenen Leistungen gekennzeichnet, die sich u.a. auf die technologische Ausgereiftheit von Ge- und Verbrauchsgütern und die relativ einfache Imitierbarkeit von Services zurückführen lassen. Aufgrund hoher und ständig **steigender F&E-Kosten** wächst in vielen Branchen das Risiko des Scheiterns von Neuprodukteinführungen. Darüber hinaus stellt für viele Unternehmen die **Internationalisierung** bzw. Globalisierung ihres Leistungsangebotes eine zunehmende Notwendigkeit dar, um mit der Konkurrenz Schritt halten zu können. Letztlich führt die zunehmende Unternehmenskomplexität dazu, dass der Koordinationsbedarf erhöht wird und damit ein Produktmanagement notwendiger macht (*Backhaus/Brzoska/Theile* 2002, S. 642).

Die vielfältigen Entwicklungen zeigen, dass das Produkt- und Servicemanagement in drei **Wettbewerbsdimensionen** gefordert ist:

(1) Qualitätswettbewerb,
(2) Kostenwettbewerb,
(3) Zeitwettbewerb.

Diese Wettbewerbsdimensionen bezeichnen das Konkurrenzverhältnis mehrerer Unternehmen auf einem gemeinsamen Markt, die bestrebt sind, durch Aufbau bzw. Verteidigung eines Qualitäts-, Kosten- und/oder Zeitvorteils bei ihren Produkten und Services einen strategischen Wettbewerbsvorteil zu erzielen.

Der lange dominante Kosten- und Qualitätswettbewerb wird somit um die Zeitkomponente ergänzt. Die besondere Schwierigkeit dieser Wettbewerbssituation liegt für das Produkt- und Servicemanagement darin, konfligierende Zielgrößen, wie etwa niedrige Kosten und gleichzeitig hohe Qualität, sicherzustellen (Insert 1–2). Das rechtzeitige Erkennen der Umfeldveränderungen sowie die Fähigkeit des Produkt- und Servicemanagements, auf diese adäquat zu reagieren, stellen zentrale Erfolgsgrößen dar, um den genannten Herausforderungen zu begegnen.

1.1.3 Begriffliche Grundlagen des Produkt- und Servicemanagements

1.1.3.1 Begriffe und Definitionen

In Wissenschaft und Praxis hat sich der Begriff „Produktmanagement“ eingebürgert, obwohl eine eindeutige Definition des Produktbegriffes nicht vorherrscht. Dabei werden Produkte in der wissenschaftlichen Literatur zum einen aus der **technischen Perspektive** als ein Bündel von bestimmten

Studie: Vertrauen in Markenqualität gesunken

Hamburg (AFP) – Das Vertrauen in die Qualität von Markenware ist einer Studie zufolge in den vergangenen Jahren gesunken. Glaubten 1993 noch rund 62 Prozent der Deutschen, dass Markenartikel qualitativ besser seien als No-Name-Produkte, so sind es in diesem Jahr nur noch knapp 48 Prozent, wie eine von dem Hamburger Konsumforscher Christian Duncker vorgestellte Analyse der größten deutschen Marktuntersuchungen ergab.

Einige Markenunternehmen hätten ihren Schwerpunkt in den vergangenen Jahren zu sehr auf Kostensenkungen gelegt, sagte Duncker zur Begründung. Darunter habe die Qualität vieler Markenprodukte spürbar gelitten.

Der Konsumforscher sieht aber einen Trend zurück zum Markenprodukt. Inzwischen stehe Qualität bei den Markenherstellern wieder im Vordergrund, sagte Duncker. Nach negativen Erfahrungen mit Billigprodukten ließen sich die Deutschen Qualität auch wieder etwas kosten. Während 2004 nur 62,7 Prozent bereit gewesen seien, für besondere Qualität mehr Geld auszugeben, so seien es dieses Jahr 63,2 Prozent. Allerdings waren 1991 noch 73 Prozent der Deutschen bereit, für besondere Qualität tiefer in die Tasche zu greifen.

Für seine Analyse fasste Duncker die Ergebnisse der größten deutschen Marktuntersuchungen wie etwa die Verbraucheranalyse und die Allensbacher Werbeträger-Analyse zusammen. Er stützt sich auf mehr als 30.000 Befragungen.

Insert 1–2: Sinkendes Vertrauen in die Qualität von Markenartikeln (o.V. 2005a, Zugriff: 27.09.2005)

(technischen) Eigenschaften und zum anderen aus der **Marketingperspektive** als absatzwirtschaftliche Leistung aufgefasst, die der Befriedigung der Bedürfnisse von Nachfragern dient.

Die in Schaubild 1–7 angeführte Auswahl von Produktdefinitionen verdeutlicht den Problemlösungscharakter als wichtiges Merkmal von Produkten. Die Gestaltung von Produkten hat deshalb unter Berücksichtigung der relevanten Kundenbedürfnisse zu erfolgen. Dabei sind nicht die objektiven Produkteigenschaften, sondern vor allem die von den Konsumenten subjektiv wahrgenommene Erfüllung der Erwartungen von Relevanz. Zentrales Anliegen des Produktmanagements ist daher der **Kundennutzen**, auf den die Gestaltung des Leistungsprogramms abgestimmt wird (Insert 1–3).

Autor	Definition
Böcker 1990	Ein Produkt ist „die Summe wahrgenommener, mit Nutzenerwartungen verknüpfter Leistungsmerkmale".
Sabisch 1991	„Ein Produkt (im allgemeinen Sinne) ist eine vom Unternehmen im Markt angebotene Leistung, die durch ihre spezifischen Funktionen und Eigenschaften geeignet ist, konkrete Bedürfnisse der Kunden nutzbringend zu befriedigen. Damit ist zugleich eine technisch, wirtschaftlich und sozial determinierte Problemlösung beim Nachfrager bzw. für die Gesellschaft insgesamt verbunden, deren Beurteilung objektive und subjektive Kriterien zugrunde liegen."
Brockhoff 1999	Ein Produkt ist ein „Bündel von wahrgenommenen Eigenschaften, die von den Konsumenten mit Nutzenerwartungen zur Befriedigung ihrer Bedürfnisse verbunden werden".
Kleinaltenkamp/ Jacob 1999	Produkte stellen „Leistungsbündel dar, deren Funktion darin besteht, die Probleme des Kunden zu lösen. Ihretwegen strebt er überhaupt einen Austausch mit dem Anbieter an, unabhängig davon, ob es sich um Konsum-, Industriegüter oder Dienstleistungen handelt".
Kotler 2000	„Ein Produkt ist alles, das einem Markt als Objekt der Aufmerksamkeit, zum Erwerb oder zum Konsum angeboten werden kann; der Begriff umfasst konkrete Gegenstände, Dienstleistungen, Personen, Orte, Organisationen und Ideen."

Schaubild 1–7: Ausgewählte Produktdefinitionen in der Literatur

Den Nerv der Konsumenten getroffen

MARKEN – Die jährlich vom Marktforschungsinstitut Information Resources (IRI) erstellte Liste der erfolgreichsten Neuprodukte sieht im Jahr 2004 Produkte an der Spitze, die die aktuellen Wünsche und Bedürfnisse der Verbraucher besonders gut treffen. Das sind im Lebensmittelbereich vor allem Produkte, die den vorherrschenden Bedürfnissen der amerikanischen Verbraucher nach gesünderer Ernährung, nach Convenience und Mobilität Rechnung tragen – ohne Geschmack oder emotionale Faktoren zu vernachlässigen. „Weniger schlechtes Fett und dafür mehr Ballaststoffe", heißt das Rezept, das laut Valerie Skala Walker, Leiterin der IRI-Studie, zukünftig für hohe Umsätze sorgen wird. Dabei beherzigen die erfolgreichsten Neuprodukte die Verbraucherbedürfnisse nach intelligenten Verpackungen unterschiedlicher Größe und nach möglichst einfachem Verzehr – möglichst im Gehen.

Die erfolgreichsten Nahrungs- und Getränke-Marken

Rang	Produkt	Umsatz in Mio. Dollar*
1	CarbSmart (Eiscreme und Tiefkühlspezialitäten)	137
2	Pepsi Vanilla & Diet Pepsi Vanilla (Soft Drinks)	125
3	Diet Coke with Lime (Soft Drinks)	119
4	Sprite Remix (Soft Drinks)	113
5	Yoplait Nouriche (Yoghurt-Frühstück)	89
6	Smirnoff Twisted V (Alkoholische Getränke)	83
7	Healthy Choice Flavor Adventures (Tiefkühlgerichte)	80
8	Nabisco Ritz Chips (Knabber-Artikel)	76
9	Dannon Ligth'n Fit Carb Control (Trink-Yoghurt)	75
10	Mountain Dew LiveWire (Soft Drinks)	72

* Umsätze in den ersten zwölf Monaten
Quelle: IRI InfoScan® Reviews

Insert 1–3: Kundennutzen als Treiber des Innovationserfolges (absatzwirtschaft, Nr. 5, 2005, S. 60)

Des Weiteren werden in einigen Definitionen sowohl materielle (Sachgüter) als auch immaterielle Leistungen (Dienstleistungen) angesprochen. In einem erweiterten Verständnis könnte deshalb auch von „Leistungsmanagement" gesprochen werden, weil ein Produktprogramm in der Regel aus einem Bündel verschiedener materieller und immaterieller Eigenschaften besteht. Dem differenzierten Verständnis des Produktes als Sachgut und/oder als Dienstleistung kommt auch die in der Literatur häufig zitierte Unterscheidung des substanziellen, erweiterten und generischen Produktes nach (*Kotler/Bliemel* 2001):

(1) Der **substanzielle Produktbegriff** versteht das Produkt als ein Bündel von physikalischen, chemischen und technischen Eigenschaften, die der Erfüllung der kundenseitigen funktionalen Nutzenerwartungen dienen. Dieser Begriff kennzeichnet ein abgrenzbares, physisches Kaufobjekt. Beispielsweise besteht das Angebot eines Herstellers von Schokolade aus den substanziellen Merkmalen Vollmilch, Kakao und Zucker. Aufgrund der Einschränkung des Produktbegriffes auf physische Merkmale stellen Services diesem Verständnis zufolge keine Produkte dar.

(2) Der **erweiterte Produktbegriff** fasst ein Produkt als ein physisches Produkt und/oder eine immaterielle Leistung (Service) auf. Das erweiterte

Produkt ergibt sich damit aus der Ergänzung des substanziellen Produktes um einen Service. Hierbei stehen weniger die physikalischen, chemischen und technischen Merkmale eines Objekts im Mittelpunkt der Betrachtung, sondern vielmehr die Serviceleistung im Sinne einer Problemlösung (Servicepolitik).

(3) Der **generische Produktbegriff** umfasst neben den materiellen und immateriellen Leistungen, die einem funktionalen Kundennutzen dienen, darüber hinausgehende Komponenten, die weitere Nutzenkategorien, z.B. den emotionalen oder sozialen Nutzen ansprechen.

Eine weitere Unterscheidung des Produktbegriffs lässt sich nach der Anbieter- und der Kundenperspektive vornehmen:

(1) Anbieterbezogener Produktbegriff

Hiernach kann das Produkt als Summe bzw. Niveau der vorhandenen Eigenschaften verstanden werden. Diese – enge – Auffassung rückt die Betrachtung objektiver Kriterien in den Vordergrund.

(2) Nachfragerbezogener Produktbegriff

Die Produktdefinition aus Nachfragerperspektive ist auf die Wahrnehmung der Produkteigenschaften bzw. Leistungen durch den Nachfrager fokussiert. Entscheidend sind dabei nicht allein die objektiv vorhandenen Merkmale einer Leistung, sondern vielmehr das subjektive Urteil über die vom Nachfrager als wichtig erachteten Eigenschaften. Einzig und allein das Vorstellungsbild und die **subjektive Wahrnehmung der Konsumenten** sind ausschlaggebend. Für Hersteller, Handel und Dienstleister stellt sich somit die Frage, welches aus der Sicht der Konsumenten die relevanten Kriterien sind, die ein Produkt zu erfüllen hat, um bei den Konsumenten bzw. der Zielgruppe eine dauerhaft werthaltige **nutzenstiftende Wirkung** zu erzielen.

Beispiele für produkt- und nutzenorientierte Produktdefinitionen sind in Schaubild 1–8 wiedergegeben.

Produktorientierte Produktdefinition	Kundennutzenorientierte Produktdefinition
Eisenbahnen	Transport
Strom	Wärme
Bücher	Unterhaltung
Software	Textverarbeitung
Glühbirnen	Beleuchtung

Schaubild 1–8: Beispiele für eine produkt- und nutzenorientierte Produktdefinition

Im Folgenden wird der am Kundennutzen ausgerichteten Begriffsfestlegung gefolgt. In diesem Sinne ist allgemein von Leistungen zu sprechen. Dabei wird der Begriff der **Leistung** wie folgt definiert (*Bruhn/GEM* 2002, S. 15; *Bruhn* 2004b):

Als **Leistungen** werden sämtliche materiellen und immateriellen Ergebnisse von Produktions- oder Erstellungsprozessen (Gebrauchs- und Verbrauchsgüter sowie Dienstleistungen) in einer Volkswirtschaft bezeichnet, bei denen eine Austauschbeziehung zwischen Anbieter und Nachfrager stattfindet mit dem Ziel der Wertschöpfung auf Anbieterseite und der Erzielung einer nutzenstiftenden Wirkung auf Nachfragerseite.

Mit der Aufhebung der Unterscheidung in Produkt oder Dienstleistung geht eine Unterteilung in unterschiedliche Leistungsarten einher. Zu unterscheiden sind Leistungen im Konsumgüter-, Industriegüter- und Dienstleistungsbereich (Schaubild 1–9).

Die **Konsumgüterbranche** ist durch ein breites Leistungsspektrum gekennzeichnet, bei dem sich grundsätzlich Gebrauchsgüter von Verbrauchsgütern unterscheiden lassen (*Kotler/Bliemel* 2001, S. 719f.):

– **Gebrauchsgüter** sind für den mehrmaligen, längerfristigen oder auch andauernden Gebrauch bestimmt (z.B. Autos, Bekleidung). Sie erfordern häufig einen intensiveren persönlichen Verkaufs- und Serviceaufwand, höhere Handelsspannen und umfangreichere Garantieleistungen des Herstellers.

– **Verbrauchsgüter** sind Güter zur einmaligen Verwendung. Es handelt sich demnach um Güter, die durch den Konsumakt vernichtet werden (z.B. Bier, Seife, Radiergummi). Sie werden meist mit relativ geringen Margen kalkuliert und intensiv beworben, um Erstkäufe anzuregen und eine Markenpräferenz aufzubauen.

Konsumgüter einer bestimmten Leistungskategorie weisen eine starke Homogenität auf und sind häufig weniger komplex als beispielsweise Dienstleistungen. Sie sind durch den Kunden relativ gut beurteilbar, da sie einen eher hohen Anteil an Sucheigenschaften aufweisen (*Darbi/Karny* 1973; *Zeithaml* 1991), während Erfahrungs- und insbesondere Vertrauenseigenschaften weniger häufig anzutreffen sind. Weiterhin ist das Risiko und Involvement der Kunden relativ gering, so dass Beschaffungsprozesse eher

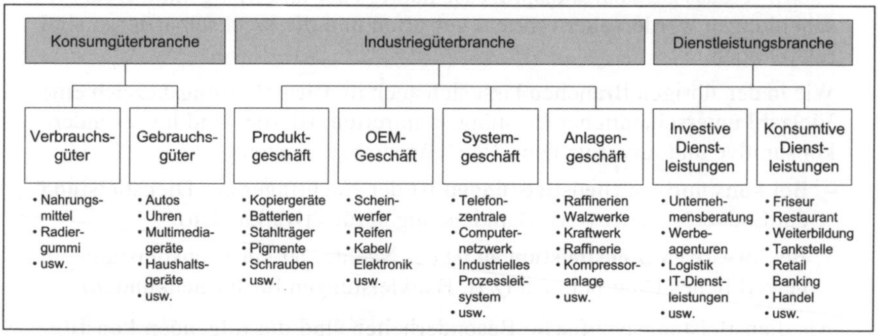

Schaubild 1–9: Leistungskategorien und Leistungsbeispiele der Konsumgüter-, Industriegüter- und Dienstleistungsbranche

kurzfristig sind. Konsumenten entscheiden dabei häufig emotional statt rational und Wechselbarrieren sind oft nicht existent. Auch wenn diese Kennzeichnung nicht auf alle Konsumgüter in vollem Umfang zutrifft, lassen sich Konsumgüter – vor allem bei einer Konzentration auf Massen-Standardkonsumgüter – eher wie beschrieben kennzeichnen als Industriegüter oder Dienstleistungen.

Innerhalb des **Industriegüterbereichs** lässt sich eine Vielzahl unterschiedlicher Leistungen finden. So können grundsätzlich vier Typen von Industriegütern differenziert werden (*Backhaus* 2003):

- Im **Produktgeschäft** werden Leistungen einem anonymen Markt angeboten, die die Abnehmer isoliert für die Lösung ihrer Probleme nutzen können (z.B. Kopierer, Batterien).
- Im **OEM-Geschäft** (Original Equipment Manufacturing) werden Leistungen massengefertigt, aber für den Einzelkunden individuell entwickelt (z.B. spezielle Heckleuchte der Firma *Hella* für den *Audi A6*).
- Im **Systemgeschäft** werden Leistungen im Verbund mit anderen Technologien genutzt und überwiegend auf einem anonymen Markt angeboten (z.B. CIM-Systeme).
- Im **Anlagengeschäft** werden Leistungen als geschlossenes Angebot vermarktet. Dabei handelt es sich um kundenindividuelle komplexe Hardware/Software-Bündel, die zur Fertigung weiterer Güter dienen (z.B. Raffinerien, Walzwerke).

Industriegüter weisen einige Überschneidungen mit den anderen Güterarten auf. So bestehen – je nach Abnehmer – Parallelen zu Konsumgütern (z.B. Rasenmäher als Konsumgut für den Endverbraucher zur Gartenpflege und als Industriegut für den Bauern). Auch zu Dienstleistungen können bei einer Betrachtung investiver Dienstleistungen (z.B. Unternehmensberatung, F&E-Leistungen) Parallelen identifiziert werden. Industriegüter können darüber hinaus sehr heterogen und komplex sein. Industriegüter sind zumindest nach der Nutzung beurteilbar, da sie einen hohen Anteil an Such- und Erfahrungseigenschaften aufweisen (*Darby/Karni* 1973). Ferner sind das Risiko und Involvement der Kunden relativ hoch (*Gemünden* 1985), so dass Beschaffungsprozesse häufig eher langfristig sind. Kaufentscheidungen werden eher rational getroffen und die Wechselbarrieren sind relativ hoch.

Wie in den übrigen Branchen lässt sich auch im **Dienstleistungsbereich** eine Vielzahl unterschiedlicher Leistungen antreffen. Hierbei sind insbesondere konsumtive und investive Dienstleistungen abzugrenzen:

- Bei **konsumtiven Dienstleistungen** ist der Nachfrager der Dienstleistung ein Endverbraucher (z.B. Bankleistungen für Privatkunden).
- Bei **investiven Dienstleistungen** ist der Nachfrager der Dienstleistung ein gewerbliches Unternehmen (z.B. Bankleistungen für Firmenkunden).

Als dienstleistungspezifische Besonderheiten sind die folgenden **konstitutiven Merkmale** von Dienstleistungen zu berücksichtigen (*Meffert/Bruhn* 2006):

- **Notwendigkeit der Leistungsfähigkeit** des Dienstleistungsanbieters (z.B. Know-how, persönliche Fähigkeiten, Ausstattung usw.).
- **Integration des externen Faktors**, d.h., der Kunde bringt sich oder seine Besitzgegenstände direkt in den Leistungserstellungsprozess ein und beeinflusst somit auch aktiv das Ergebnis (z.B. Friseur oder Autoreparaturwerkstatt).
- Tendenziell **Immaterialität** des Leistungsergebnisses und damit fehlende Lager- und Transportfähigkeit von Leistungen (z.B. Ausbildung).

Dienstleistungen wird ein hoher Integrations- und Interaktionsgrad zugeschrieben. Sie sind häufig durch Informationsasymmetrien zu Ungunsten des Kunden gekennzeichnet. Dienstleistungen können auch innerhalb einer Dienstleistungskategorie relativ heterogen sein. Darüber hinaus sind Dienstleistungen häufig komplex (*Güthoff* 1995). Dienstleistungen sind aufgrund eines relativ hohen Anteils an Erfahrungs- und Vertrauenseigenschaften durch eine tendenziell geringe Beurteilbarkeit gekennzeichnet (*Darbi/Karni* 1973). Risiko und Involvement der Kunden sind oft hoch. Dennoch müssen Beschaffungsprozesse nicht derart langfristig wie im Industriegüterbereich sein. Kaufentscheidungen können emotional und rational sein. Die Wechselbarrieren sind höher als im Konsumgüterbereich anzusehen.

Sämtliche realen Erscheinungsformen von Leistungen können einer der genannten Kategorien zugeordnet werden. Mischleistungen, d.h. solche Leistungen, die z.B. sowohl ein Industriegut als auch eine Dienstleistung umfassen (z.B. Verkauf einer Maschine mit Wartungsvertrag) sind entsprechend dem Schwerpunkt ihrer nutzenstiftenden Kernleistung in eine der Kategorien einzuordnen.

Eine **Unterscheidung in Produkte und Services** wird in den folgenden Kapiteln nur dann vorgenommen, wenn dies für eine Differenzierung von Aussagen für das Produkt- und Servicemanagement notwendig ist. In Abhängigkeit davon, ob das Sachgut und die Dienstleistung eigenständig oder als Leistungsbündel angeboten wird, werden die Begriffe „Produkt", „Value Added Service" und „Service" unterschieden. Schaubild 1–10 fasst die verschiedenen Leistungsbegriffe zusammen. Eigenständige Dienstleistungen werden zwingend durch einen institutionellen Dienstleistungsanbieter (z.B. Autovermieter) erbracht. Bei Value Added Services kann es sich demgegenüber beim Anbieter sowohl um einen institutionellen Dienstleister (z.B. Autovermieter, der zusätzlich Versicherungen anbietet) als auch um ein warenproduzierendes Unternehmen (z.B. Autohersteller, der Versicherungen anbietet) handeln (*Meffert/Bruhn* 2006).

Die Notwendigkeit einer Differenzierung der Begriffe Produkt und Service ist Gegenstand der Betrachtung von Leistungstypologien.

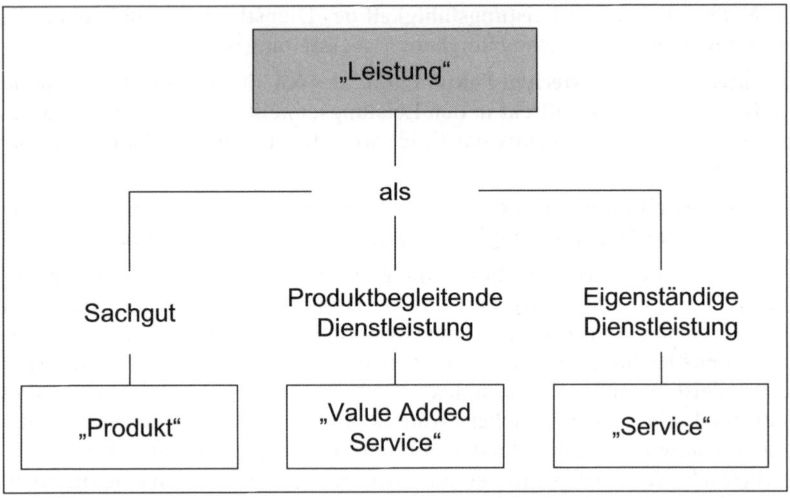

Schaubild 1–10: Verwendung von Leistungsbegriffen im vorliegenden Buch

1.1.3.2 Leistungstypologische Einordnung von Produkten und Services

Leistungstypologien dienen der Einteilung von Leistungen anhand von bestimmten Gemeinsamkeiten in Kategoriensysteme. Klassifikationen dieser Art ermöglichen es, spezifische marketingpolitische Maßnahmen für die verschiedenen Leistungstypen festzulegen, um auf diese Weise Märkte gezielt zu bearbeiten. Im Folgenden werden hierzu drei **Typologien** vorgestellt:

(1) Leistungstypologie nach *Copeland,*
(2) Leistungstypologie nach *Knoblich* und *Oppermann,*
(3) Leistungstypologie nach *Engelhardt, Kleinaltenkamp* und *Reckenfelderbäumer* sowie in der Erweiterung nach *Meffert.*

(1) Leistungstypologie nach Copeland

Eine in der Literatur viel beachtete Typologie geht auf *Copeland* zurück, der **nach dem Ablauf des Kaufprozesses** Convenience Goods, Shopping Goods und Specialty Goods unterscheidet (*Copeland* 1932, S. 282ff.; Schaubild 1–11).

Convenience Goods (Güter des mühelosen Kaufs) sind Leistungen, die der Kunde in der Regel häufig, unverzüglich und mit einem minimalen Vergleichs- und Einkaufsaufwand erwirbt. Der Aufwand von etwaigen Preis- oder Qualitätsvergleichen (zurückzulegende Wegstrecken, aufzuwendende Zeit für die Informationssuche usw.) wird höher eingeschätzt als der daraus resultierende Nutzen. Deshalb unterbleiben zumeist derartige Vergleiche. Zu den Convenience Goods gehören Leistungen des täglichen Bedarfs, wie z.B. viele Lebensmittel, Zeitungen, Tabakwaren.

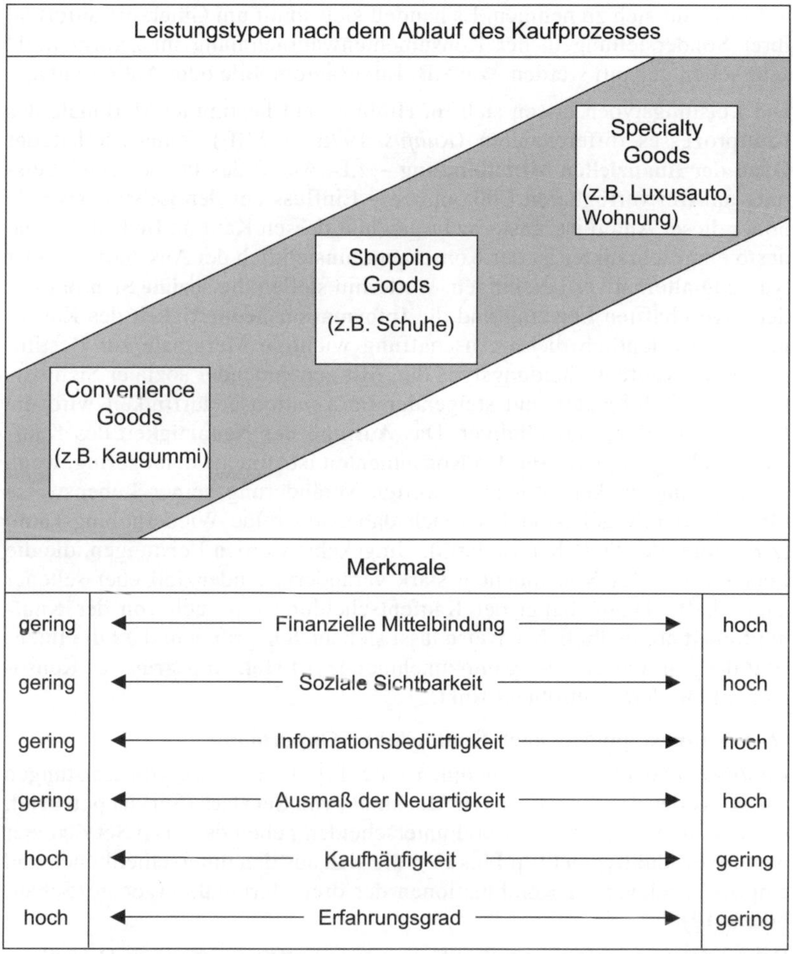

Schaubild 1–11: Leistungstypologie nach dem Ablauf des Kaufprozesses (In Anlehnung an Copeland 1932, S. 282)

Beim Kauf von **Shopping Goods** (Güter des Such- und Vergleichkaufs) werden in der Regel Such-, Vergleichs- und Auswahlprozesse durchlaufen. Eine aktive Informationssuche des Konsumenten ist notwendig, da ihm zu Beginn des Kaufentscheidungsprozesses nur sehr unvollkommene Informationen bezüglich des Gutes zur Verfügung stehen. Als Beispiele für Shopping Goods sind Möbel, Automobile und größere Haushaltswaren zu nennen.

Specialty Goods (Güter des Spezialkaufs) sind Leistungen mit besonders eigenständigem Charakter, bei denen aus Nachfragersicht zumeist keine geeigneten Substitute existieren. Speciality Goods sind dem Konsumenten so wichtig, dass er gewillt ist, einen erheblichen Such- und Informationsaufwand auf sich zu nehmen. Es handelt sich somit um Güter, die aufgrund ihrer Sonderstellung in der Konsumentenwahrnehmung im „Normalfall" sehr selten gekauft werden, wie z.B. Luxusautomobile oder Antiquitäten.

Die Leistungstypen lassen sich im Hinblick auf bestimmte Merkmale des Kaufprozesses differenzieren (*Ruhfus* 1976, S. 22ff.). Zunächst hat der **Grad der finanziellen Mittelbindung** – z.B. Anteil des Preises einer Leistung am frei verfügbaren Einkommen – Einfluss auf den Leistungstyp. Je höher dieser Anteil ist, desto mehr gewinnt dessen Kauf an Bedeutung und desto eingeschränkter ist der Konsument hinsichtlich der Anschaffung oder Nutzung alternativer Leistungen. Weiterhin stellen die **soziale Sichtbarkeit** der angeschafften Leistung und die **Informationsbedürftigkeit** des Konsumenten hinsichtlich dieser Anschaffung wichtige Merkmale zur Bestimmung des Kaufentscheidungstyps dar. Mit zunehmender sozialer Sichtbarkeit des Kaufobjektes und steigender Informationsbedürftigkeit wird die Kaufentscheidung aufwändiger. Das **Ausmaß der Neuartigkeit** des Kaufentscheidungsobjektes für den Konsumenten ist zumeist dann gering, wenn die Leistung zu keiner nennenswerten Veränderung seiner Lebensweise führt. In der Regel handelt es sich dabei um reine Wiederholungskäufe (z.B. Güter des täglichen Bedarfs). Umgekehrt werden Leistungen, die die Lebensweise des Konsumenten stark verändern, tendenziell eher seltener angeschafft. Damit hängt der Kaufentscheidungstyp auch von der **Kaufhäufigkeit** ab. In ähnlicher Weise lässt sich auch begründen, dass die Intensität der Kaufentscheidung mit zunehmendem **Erfahrungsgrad** des Konsumenten mit dem Kaufobjekt sinkt.

(2) Leistungstypologie nach Knoblich und Oppermann

Knoblich und *Oppermann* nehmen eine Typologisierung von Leistungen auf Basis der drei **konstitutiven Merkmale von Services** (Servicepotenzial, -prozess und -ergebnis) vor und unterscheiden neben dem Typ Service vier weitere Produkttypen (Typ I bis IV), die sich aus den unterschiedlichen und empirisch relevanten Kombinationen der drei Merkmale ergeben (Schaubild 1–12).

Die Leistungstypologie zeigt auf, dass eine Differenzierung in Dienstleistungen und Sachleistungen zu kurz greift und Services aufgrund ihrer „Dreidimensionalität" nicht nur gegenüber Sachleistungen (Typ I), sondern auch von Quasi-Sachleistungen (Typ II), Auftragsleistungen (Typ III) und Quasi-Dienstleistungen (Typ IV) zu unterscheiden sind.

(3) Leistungstypologie nach Engelhardt, Kleinaltenkamp und Reckenfelderbäumer

In ähnlicher Weise unterscheiden *Engelhardt, Kleinaltenkamp* und *Reckenfelderbäumer* anhand des **Immaterialitätsgrads des Leistungsergebnisses** und des **Integrationsgrads der betrieblichen Leistungsprozesse** vier Basisformen von Leistungen (*Engelhardt/Kleinaltenkamp/Reckenfelderbäumer* 1992, S. 37; Schaubild 1–13):

(1) **Immaterielles Leistungsergebnis, stark integrativer Leistungserstellungsprozess:** Zu dieser Kategorie gehören beispielsweise Beratungsleistungen, die nur durch eine intensive Einbeziehung des Kunden reali-

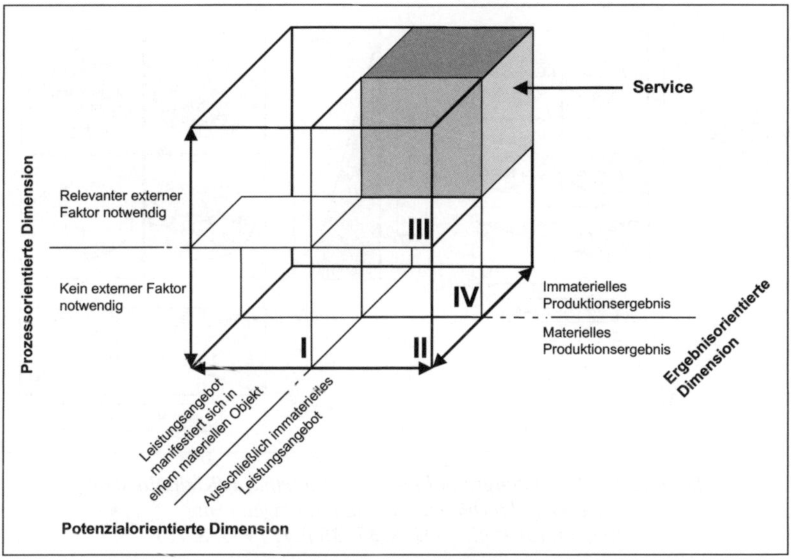

Schaubild 1–12: Leistungstypen auf Basis der konstitutiven Merkmale von Services (Knoblich/Oppermann 1996, S. 17)

sierbar sind, wie z.B. ärztliche oder juristische Beratungsgespräche bzw. Unternehmensberatungsleistungen.

(2) **Materielles Leistungsergebnis, stark integrativer Leistungserstellungsprozess:** Auch hier erfolgt die Leistungserstellung in engem Kontakt zum Kunden, doch ist das Ergebnis des Produktionsprozesses überwiegend materiell. Beispiele solcher Leistungen finden sich im Anlagen- oder Sondermaschinenbau.

(3) **Materielles Leistungsergebnis, autonomer Leistungserstellungsprozess:** Leistungen dieser Kategorie sind klassische Konsumgüter, die ohne spezifischen Kundenauftrag für den anonymen Markt gefertigt werden. Die Integration der Kundenbedürfnisse findet überwiegend in der Entwicklungsphase der Leistungen statt, während der Leistungserstellungsprozess die klassischen Merkmale der Massenfertigung aufweist.

(4) **Immaterielles Leistungsergebnis, autonomer Leistungserstellungsprozess:** Zu dieser Kategorie sind z.B. Telefonansage- oder Datenbankdienste zu zählen, bei denen sich die Integration des externen Faktors weitgehend auf den Konsum der – ohne Beteiligung der Abnehmer – erstellten Leistungen beschränkt.

Eine Erweiterung dieses Ansatzes erfolgt durch *Meffert* (1993), der die Integrationsdimension in den Interaktionsgrad und Individualisierungsgrad aufteilt, und dadurch eine **dreidimensionale Leistungstypologie** mit den Dimensionen Immaterialitätsgrad, Interaktionsgrad und Individualisierungsgrad generiert.

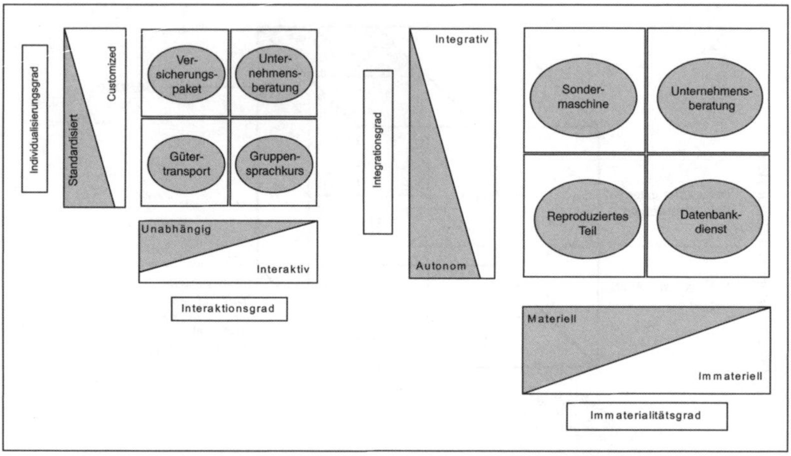

Schaubild 1–13: Leistungstypologie nach Engelhardt/Kleinaltenkamp/ Reckenfelderbäumer und deren Erweiterung (Engelhardt et al. 1992, S. 35; Meffert 1993, S. 12)

1.1.4 Entscheidungstatbestände des Produkt- und Servicemanagements

Das Produkt- und Servicemanagement beschäftigt sich mit sämtlichen Entscheidungen, die in Zusammenhang mit der Gestaltung des Leistungsprogramms eines Unternehmens stehen und das Leistungsangebot (Sach- und Dienstleistungen) eines Unternehmens repräsentieren. Zentrales Anliegen dabei ist der Kundennutzen, auf den das Leistungsprogramm abzustimmen ist.

Die Aufgaben des Produkt- und Servicemanagements leiten sich unmittelbar aus der strategischen Unternehmens- und Marketingplanung ab (*Meffert* 2000). Den Stellenwert dieser Aufgaben verdeutlichen die Ergebnisse des PIMS-Forschungsprojektes sowie weiterer Erfolgsfaktorenstudien (*Peters/Waterman* 1983; *Fritz* 1995; *Storey/Easingwood* 1996; *Jenner* 1999). Diesen Studien zufolge haben Produktinnovationen sowie Qualitätsverbesserungen bei bestehenden Leistungen eine herausragende Wirkung auf den Marktanteil und den Return on Investment (ROI). Unternehmen sichern ihre Marktposition demnach nachhaltig mit einer hohen Innovationsrate und kontinuierlichen Leistungsverbesserungen ab.

Das Produkt- und Servicemanagement dient der **Sicherung des langfristigen Unternehmenserfolges**. Entscheidungen im Produkt- und Servicemanagement haben einen strategischen Charakter, da Änderungen des Leistungsprogramms nicht nur Auswirkungen auf die Ertrags- und Vermögenslage des Unternehmens, sondern oft auch auf andere Unternehmensbereiche, wie z.B. Produktion, F&E, Servicemitarbeiter, haben. Die Entscheidungen über Leistungen sind nicht als rein technisches, sondern vor allem auch als marktbezogenes Problem zu sehen. Leistungen sind entsprechend der Bedürfnisse der Konsumenten zu gestalten (*Kleinaltenkamp/Jacob* 1999, S. 5). Dahingehend gehören die Entwicklung neuer Leistungen, die Verbesserung oder Elimination von bestehenden Leistungen, d.h. die Gestaltung eines attraktiven Leistungsangebotes zu den zentralen Erfolgsfaktoren für die langfristige Sicherung eines Unternehmens. Die Befriedigung der Bedürfnisse von Konsumenten durch ein auf den Kundennutzen ausgerichtetes Leistungsprogrammangebot gewährleistet die Erreichung der langfristigen Unternehmensziele.

Zumeist stellt ein Unternehmen nicht nur ein einzelnes Produkt her, sondern bietet auf dem Markt ein **Leistungsprogramm** an. Der wirtschaftliche Erfolg dieser Mehrproduktunternehmen erfordert daher nicht nur Entscheidungen für einzelne Produkte und Services, sondern umfasst die Gestaltung optimaler Leistungsprogramme. Von besonderem Stellenwert sind dabei die Berücksichtigung von Interdependenzen zwischen den Leistungen, die sich beispielsweise in Verbundeffekten beim Absatz, Synergieeffekten bei der Produkt- und Serviceentwicklung u.a.m. äußern. Das Leistungsprogramm kann anhand der beiden Dimensionen Programmbreite und -tiefe charakterisiert werden (Schaubild 1–14):

(1) Die **Programmbreite** spiegelt sich in der Anzahl der Produkt- bzw. Servicelinien wider. Eine Produkt- bzw. Servicelinie stellt eine Gruppe von Produkten bzw. Services dar, die aufgrund einer unternehmensextern oder -intern begründeten Ähnlichkeit miteinander verbunden sind (*Homburg/Krohmer* 2003, S. 506). Unternehmensexterne Gründe sind beispielsweise, dass die Leistungen einer Linie die gleichen Kunden und/oder Kundenbedürfnisse ansprechen. Unternehmensintern können z.B. organisatorische und produktionstechnische Gründe vorliegen.

(2) Die **Programmtiefe** bezieht sich auf die Anzahl der Varianten innerhalb einer Produkt- bzw. Servicelinie.

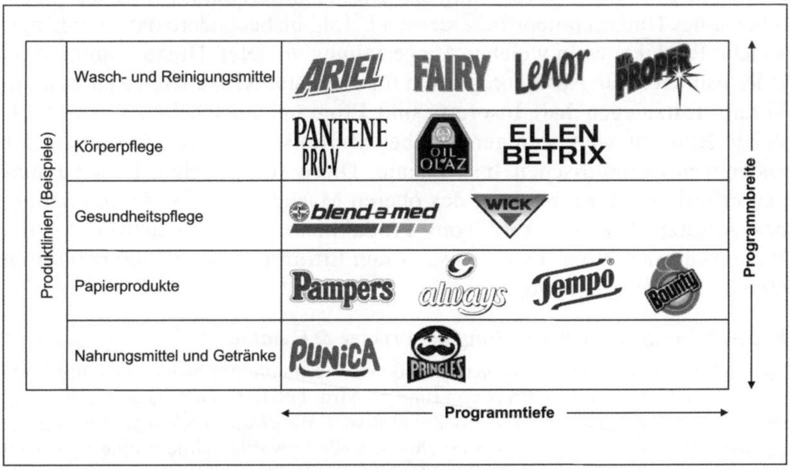

Schaubild 1–14: Struktur eines Leistungsprogramms am Beispiel von Procter & Gamble

Der Verantwortungsbereich des Produkt- und Servicemanagements umfasst verschiedene **Aufgaben**, die entsprechend der Struktur eines Leistungsprogramms in Entscheidungen untergliedert werden, die das Gesamtprogramm, eine Produktlinie und/oder eine einzelne Leistung betreffen (Schaubild 1–15).

Entscheidungs-ebenen	Entscheidungs-gegenstand	Entscheidungs-tatbestand	Entscheidungs-horizont
Programm-entscheidungen	Veränderung des Absatzprogramms	Einführung und Aufgabe einer Sparte	Strategische Entscheidungen
Produktlinien-entscheidungen	Veränderung des Programms innerhalb einer Leistungskatego-rie	Erweiterung (Line Extension) und Verkürzung einer Produktlinie	Taktische Entscheidungen
Produkt-entscheidungen	Veränderung einer einzelnen Leistung	Innovation, Variation, Differenzierung, Elimination von Leistungen	Operative Entscheidungen

Schaubild 1–15: Entscheidungen im Produkt- und Servicemanagement

Auf höchster Ebene sind **Programmentscheidungen** über Veränderungen des Absatzprogramms, d.h. sämtlicher Produktlinien und Produkte, zu treffen. Im Rahmen der Produktprogrammplanung erfolgt die Bestimmung der Programmbreite und der Programmtiefe. Diese Entscheidung betrifft die programmpolitische Grundorientierung und beeinflusst die Wahl der Marktabdeckungsstrategie. Darüber hinaus bestimmt die Zahl an Produktlinien und Produkten die Ausprägung der Unternehmenskomplexität und somit der Komplexitätskosten. Als programmpolitische Entscheidungsfelder dienen dabei der Umfang und die Struktur der Angebotspalette, deren Veränderung, die Diversifikation der Unternehmensleistung sowie die Bündelung von Sach- und Dienstleistungen. Die Programmentscheidung stellt eine echte Führungsentscheidung dar. Dies resultiert daraus, dass das Überleben eines Unternehmens bzw. dessen Erfolg insbesondere davon abhängt, welche Produkte es in welcher Ausgestaltung anbietet. Hinzu kommt, dass jeder Anbieter sein Absatzprogramm für einen überschaubaren Zeitraum im Voraus festzulegen hat. Insofern sind Programmentscheidungen in zeitlicher Hinsicht weit weniger flexibel als Entscheidungen bezüglich der anderen absatzpolitischen Instrumente. Diese strategischen Entscheidungen erfordern die Einbindung des oberen Managements. Zur Optimierung des Absatzprogramms sind vom Produktmanagement Wachstums- und Wettbewerbsanalysen sowie Umsatz- und Ertragsprognosen durchzuführen (*Haedrich/Tomczak* 1996).

Beispiel: Programmentscheidung bei Procter & Gamble

Der weltgrößte Konsumgüterkonzern *Procter & Gamble* übernahm im Jahre 2005 die *Gillette Company* zum Preis von rund 57 Mrd. USD. Zu *Gillette* gehören neben den Nassrasierern auch die *Oral-B*-Zahnbürsten, die *Braun*-Elektrogeräte und die *Duracell*-Batterien. Aus dem Unternehmen *Gillette* wurde schlicht eine von dann insgesamt 21 Marken, mit denen Procter & Gamble pro Jahr jeweils mehr als eine Mrd. USD umsetzt. Dazu gehören *Pampers*, *Ariel*, *Pantene Pro-V* und *Oil of Olaz*, aber auch *blend-a-med*, *Tempo* Taschentücher und *Meister Proper* (*o.V.* 2005b).

Im Rahmen der **Produkt- bzw. Servicelinienentscheidungen** auf der zweiten Ebene ist über Veränderungen in der Produkt- bzw. Servicelinie zu befinden. Im Mittelpunkt der Entscheidungen steht dabei die Frage, welche Produkte zu einer Produktlinie gehören. Eine Produkt- bzw. Servicelinie umfasst eine Gruppe an Produkten bzw. Services, die eng miteinander verwandt sind, weil sie im Absatz miteinander verbunden sind, ähnlich funktionieren, auf vergleichbare Weise hergestellt werden oder in dieselbe Preiskategorie fallen. Weiterhin gilt es festzulegen, inwiefern sich eine Ausweitung der Produkt- bzw. Servicelinie empfiehlt, ob das Auffüllen einer Produkt- bzw. Servicelinie durch neue Produkte und Services zu einer Kannibalisierung führt, ob eine Modernisierung der Produkt- bzw. Servicelinie angebracht erscheint und inwiefern es sich anbietet, einzelne Produkte bzw. Services aus der Linie herauszustellen oder in der Produkt- bzw. Servicelinie eine Bereinigung notwendig erscheint. Ein wichtiger Gesichtspunkt betrifft die optimale Größe einer Produkt- bzw. Servicelinie. Eine Produkt- bzw. Servicelinie kann in zweifacher Hinsicht vergrößert werden. Zum einen ist eine bestehende Linie nach oben oder unten auszuweiten, indem qualitativ höherwertige (Oberklassenfahrzeug bei *Volkswagen*) bzw. niedrigwertigere (*A-Klasse* bei *Mercedes*) Produkte hinzukommen. Zum anderen kann ein Unternehmen seine Produkt- bzw. Servicelinie ausbauen, indem es innerhalb des bisherigen Spektrums zusätzliche Produkte und Services aufnimmt, etwa um Lücken im Angebot zu füllen. In einigen Fällen ist der Umfang der Produkt- bzw. Servicelinie zwar adäquat, aber die Linie ist zu modernisieren, beispielsweise um Anschluss an die Konkurrenz zu halten (*Meffert* 2000).

Auf der untersten Ebene der **Produkt- und Serviceentscheidungen** sind vom Produkt- und Servicemanagement Entscheidungen über das einzelne Produkt bzw. Service zu treffen. Diese beziehen sich auf die Innovation, d.h. die Konzeptionierung und Markteinführung von Neuprodukten, die Verbesserung bestehender Produkte infolge der Veränderung der Kundenbedürfnisse sowie die Eliminationsentscheidung über Produkte und Services, die beispielsweise einen negativen Deckungsbeitrag aufweisen. Hierzu sind vom Produkt- und Servicemanagement kontinuierlich Informationen über Produkterfolge, Einstellungen von Kunden und Händlern sowie über neue Probleme, Chancen und Risiken des Marktes zu sammeln und zu bewerten.

1.1.5 Instrumente des Produkt- und Servicemanagements

Die Umsetzung der Entscheidungstatbestände des Produkt- und Servicemanagements ist Zweck des produkt- und servicepolitischen Instrumentariums. In dessen Zentrum steht der einzigartige Kundennutzen, der eine Leistung von konkurrierenden Leistungen abgrenzt und unverwechselbar macht. Diese so genannte **Unique Selling Proposition (USP)** von Leistungen stellt den Ausgangs- und Orientierungspunkt des Instrumenteeinsatzes dar.

Es lassen sich dabei drei **Kategorien von Instrumenten des Produkt- und Servicemanagements** unterscheiden (Schaubild 1–16):

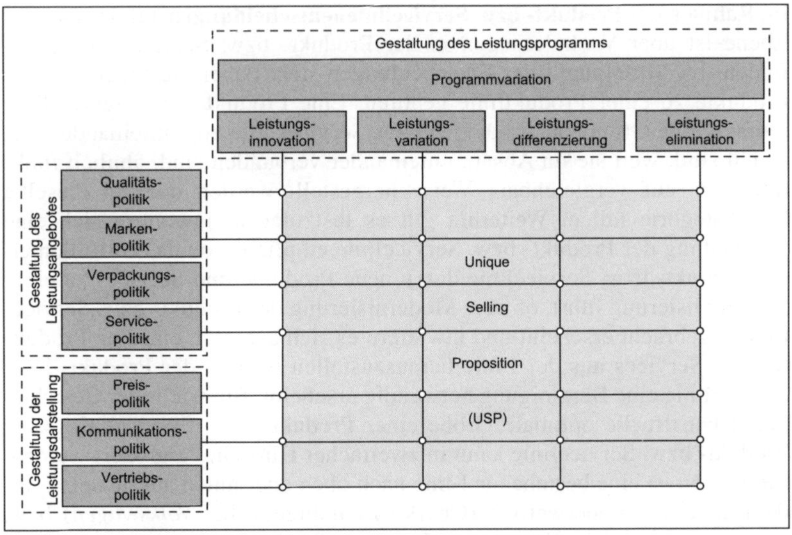

Schaubild 1–16: Instrumente des Produkt- und Servicemanagements

(1) Instrumente der Programmpolitik

Das Produkt- und Servicemanagement beschäftigt sich mit sämtlichen Entscheidungen der Gestaltung des Leistungsprogramms:

- **Leistungsinnovation** betrifft die Entwicklung von Produkten und Services, die für den Markt und/oder das Unternehmen vollkommen neuartig sind.
- **Leistungspflege** umfasst die Leistungsvariation, d.h. die Verbesserung von bereits im Markt eingeführten Leistungen, sowie die Leistungsdifferenzierung, d.h. die Entwicklung zusätzlicher Produkt- und Servicevarianten, durch die die bisherigen Leistungen im Markt ergänzt werden.
- **Leistungselimination** hat die Identifikation und Herausnahme von Produkten und Services zur Aufgabe.
- **Leistungsprogrammvariation** beinhaltet sämtliche Entscheidungen, die mit der Erstellung und Umstrukturierung von Leistungsangeboten in einem Gesamtsystem im Zusammenhang stehen.

(2) Instrumente der Leistungspolitik

Bei der Gestaltung des Leistungsangebotes kommen folgenden Instrumente zum Einsatz:

- **Qualitätspolitik** beinhaltet Entscheidungen über die funktionalen (z.B. Haltbarkeit eines Produktes) und ästhetischen Eigenschaften (z.B. Design) einer Leistung,
- **Markenpolitik** betrifft die Namensgebung und Kennzeichnung des Produktes,
- **Verpackungspolitik** ist die funktionale und ästhetische Gestaltung des Produktes durch die Verpackung (z.B. Wahl des Packstoffs),

– **Servicepolitik** umfasst die Festlegung von Garantie-, Liefer-, Kundendienstleistungen sowie von Value Added Services.

Beispiel: Entwicklung eines Leistungsangebotes im Automobilbereich

In Zeiten von Benzinpreiserhöhungen und steigendem Umweltbewusstsein der Konsumenten steht ein Automobilhersteller vor der Entwicklung eines neuen Modells, dessen Kundennutzen in einem sparsamen und kostengünstigen Fortbewegungsmittel mit einem gewissen Mindestkomfort besteht. Der USP dieses Kleinwagens liegt im extrem niedrigen Treibstoffverbrauch und geringen Unterhaltungskosten (Klassenbester).

Diese Eigenschaften werden durch eine Karosserie aus Kunststoff, die einen günstigen c_w-Wert hat, und einen verbrauchsoptimierten Motor gewährleistet. Um die außergewöhnliche Sparsamkeit auch nach außen darzustellen, wird das Fahrzeug ausschließlich mit nicht glänzender, matter Lackierung unter der Modellbezeichnung „Economico" angeboten.

Der Kauf des Wagens ist mit einer Garantieleistung von zehn Jahren gegen Korrosionsschäden und fünf Jahren gegen Motorschäden verbunden. Der technische Kundendienst wird durch ein Netz an Vertragshändlern bundesweit sichergestellt, die im Rahmen eines besonderen Kundenservices alle 15.000 km für einen kostenlosen Ölwechsel von „Economico"-Besitzern in Anspruch genommen werden können. Außerdem erhalten die Käufer eine Mobilitätsgarantie, d.h., im Falle einer Panne garantiert der Hersteller die Reparatur innerhalb von sechs Stunden oder die Bereitstellung eines Ersatzwagens. Das Leistungsprogramm wird komplettiert durch das allradgetriebene Sondermodell „Eco Quatro" und den zu Transportzwecken umfunktionierbaren Kleinwagen „Eco Vario".

(3) Instrumente der Leistungsdarstellung

Die Leistungsdarstellung dient schließlich dem Ziel, den Absatz des Leistungsangebotes im Markt zu ermöglichen bzw. zu fördern. Hierzu werden verschiedene Maßnahmen der **Preispolitik** (z.B. Rabatte, Preishöhe bei der Markteinführung von Produktneuheiten), **Kommunikationspolitik** (z.B. Werbekampagne zum Relaunch eines Produktes) und **Vertriebspolitik** (z.B. Schulung des Außendienstes im Hinblick auf neue Leistungsangebote) durch das Produkt- und Servicemanagement ergriffen.

Die Instrumente der Leistungsdarstellung werden im Rahmen des vorliegenden Buches nicht vertieft behandelt. Stattdessen sei auf die entsprechende Literatur hingewiesen, die sich mit diesen Teilbereichen des Marketingmix intensiv auseinandersetzen (z.B. für die Kommunikationspolitik *Bruhn* 2005; für die Preispolitik *Diller* 2000; Vertriebspolitik *Ahlert* 1996).

1.1.6 Branchenspezifische Besonderheiten des Produkt- und Servicemanagements

Je nach Branche und Art der Leistung ergeben sich spezifische Herausforderungen und Aufgabenschwerpunkte des Produkt- und Servicemanagements. Auch die Instrumente des Produkt- und Servicemanagements werden mit unterschiedlichen Schwerpunkten eingesetzt (*Haedrich/Tomczak* 1996, S. 17ff.; *Hüttel* 1998, S. 26f.; *Kotler/Bliemel* 2001, S. 1242ff.; *Nieschlag/Dichtl/Hörschgen* 2002, S. 895ff.). Die institutionellen Besonderheiten sind bei der Ausarbeitung eines Leistungskonzeptes stets zu berück-

Merkmale	Konsumgüterbranche		Industriegüter-branche	Dienstleistungs-branche
	Verbrauchsgüter-branche	Gebrauchsgüter-branche		
Schwerpunkt der Programmpolitik	Produkt-differenzierung	Produktinnovation, -variation, -differenzierung	Produktinnovation, -differenzierung	Produkt-differenzierung
Schwerpunkte der Leistungspolitik	Marke, Verpackung	Marke, Service, Design	Service	Marke, Qualität
Marken-orientierung	Produktmarke	Produktmarke	Unternehmens-marke	Unternehmens-marke
Konflikte in der Organisation mit	Key Account Management	– Funktion – Regional	Funktion F&E	Funktion Kommunikation

Schaubild 1–17: Branchenspezifische Besonderheiten des Produkt- und Servicemanagements

sichtigen. Ein Überblick über die wesentlichen Besonderheiten und Unterschiede zwischen der Verbrauchsgüter-, Gebrauchsgüter-, Industriegüter- und Dienstleistungsbranche zeigt Schaubild 1–17.

Dabei ist zu berücksichtigen, dass es bei jeder Tendenzaussage auch immer Einzelbeispiele für eine Gegenargumentation gibt. Dennoch scheinen die getroffenen Tendenzaussagen typisch für den jeweiligen Leistungsbereich zu sein.

(1) Besonderheiten des Produkt- und Servicemanagements in Konsumgüterbranchen

In der Konsumgüterbranche werden Produkte auf der Grundlage von Analysen der Nachfragebedürfnisse gestaltet und werden – dann mehr oder weniger standardisiert – in größeren Stückzahlen gefertigt und abgesetzt (*Kleinaltenkamp/Jacob* 1999, S. 7). Die Anzahl der von einem Produktmanager betreuten Produktvarianten beschränkt sich dabei in der Regel auf einige wenige (*Kotler/Bliemel* 2001, S. 1243). Zum Kern seiner Tätigkeit gehören Werbung und Verkaufsförderung. Er wendet relativ viel Zeit für die Zusammenarbeit mit der Marketingabteilung und vergleichsweise wenig Zeit für die direkte Zusammenarbeit mit Kunden auf. Schwerpunkte der Ausbildung sind Marketing und Marketingmethoden.

In der Konsumgüterbranche ist die Unterscheidung zweier Kundenarten von zentraler Bedeutung. Zum einen sind Konsumenten als **Endverbraucher** und zum anderen Händler als **Absatzmittler** Kunden von Konsumgüterherstellern. Für diese beiden Kundenarten ergeben sich grundsätzliche Unterschiede bei den Kundenbeziehungen, die durch das Produktmanagement im Rahmen eines spezifischen handelsgerichteten und konsumentengerichteten Produktmanagements zu berücksichtigen sind (Schaubild 1–18).

Die Entwicklung des Produktmanagements hatte ihren Ursprung im **konsumentengerichteten Produktmanagement des Verbrauchsgüterbereiches**. So waren es zunächst Produkte des täglichen Bedarfs, die als Markenprodukte einem systematischen Produktmanagement unterlagen. Viele die-

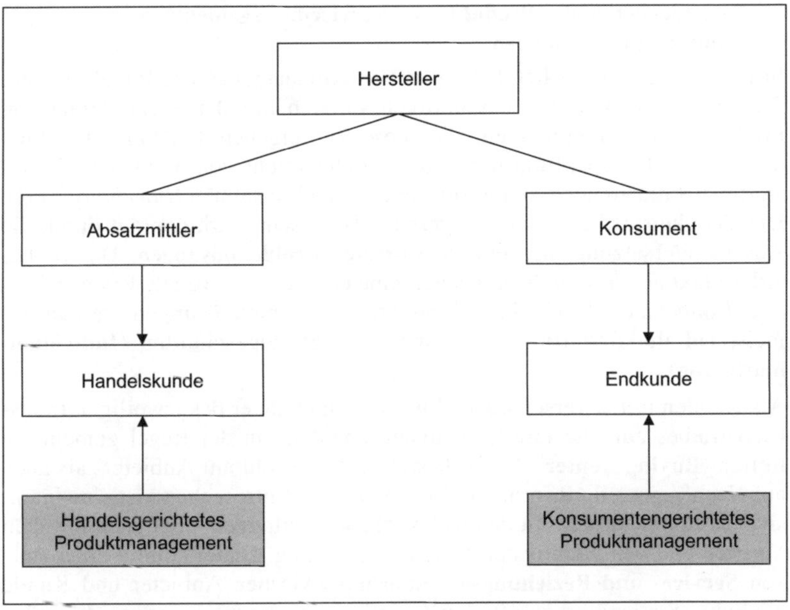

Schaubild 1–18: Zweistufigkeit der Kundenbeziehung im Konsumgüterbereich

ser bereits über 100 Jahre „alten" Marken, wie z.B. *Nivea, Persil, Knorr, Maggi* oder *Odol*, sind auch heute noch sehr erfolgreich. Vom Verbrauchsgüterbereich ausgehend wurde der marktorientierte Gedanke dann auf den **Gebrauchsgüterbereich** übertragen. Im konsumentengerichteten Produktmanagement der Konsumgüterbranche sind die Endverbraucher für das Unternehmen eher anonym und die relative Bedeutung der einzelnen Endverbraucher ist eher gering. Entsprechend ist die Ausrichtung der produkt- und servicepolitischen Maßnahmen primär auf Massenmärkte (**Massenmarketing**) ausgerichtet. Der hohe **Stellenwert der Markenpolitik** zum Aufbau von Marken-Konsumenten-Beziehungen sowie die aus dem wachsenden Wettbewerbsdruck resultierenden vergleichsweise kurzen Produktlebenszyklen lösen in der Regel **intensive Werbeaufwendungen** sowie **Preiskämpfe** aus. Im Rahmen des konsumentengerichteten Produkt- und Servicemanagements kommen Produktmanager zum Einsatz, die sich ausschließlich um die von ihnen betreuten Produkte und Marken kümmern.

Das **handelsgerichtete Produktmanagement** dient dem Zweck, der zunehmenden Nachfragemacht der Handelsunternehmen gerecht zu werden. Zur Koordination von Herstellern und Absatzmittlern werden **Key Account Manager** eingesetzt, die sich auf die Zusammenarbeit mit den wesentlichen Handelskonzernen (Key Accounts) konzentrieren. Neuere Konzepte stellen das **Efficient Consumer Response** (ECR) sowie das **Category Management** dar, die die Kooperation von Industrie und Handel mit der Zielsetzung der Steigerung von Kundenorientierung und Effizienz umfassen.

(2) Besonderheiten des Produkt- und Servicemanagements in Industriegüterbranchen

In Industriegüterbranchen betreuen Produktmanager in der Regel mehrere Produktvarianten. Dabei beschäftigen sie sich mit der Vermarktung von Produkten an Unternehmen, die diese zur eigenen Leistungserstellung benötigen. Das Spektrum der Industriegüter reicht von einfachen Grundstoffen bis hin zu hochkomplexen Anlagen und Systemen (*Backhaus* 2003). Die Tätigkeit des Produktmanagers ist dabei sehr stark geprägt durch die Auseinandersetzung mit **individualisierten Problemlösungen**. Das Standardprodukt als Problemlösung spielt eine eher untergeordnete Rolle (*Kleinaltenkamp/Jacob* 1999, S. 7). Produkte als Problemlösungen werden zumeist auf die Bedürfnisse einzelner Kunden zugeschnitten (**Individualmarketing**).

Als Kunden treten verschiedene Entscheidungsträger des jeweiligen Industriebetriebes auf, die ihre Einkaufsentscheidung in der Regel gemeinsam treffen (**Buying Center**). Somit bestehen oft sowohl auf Anbieter- als auch auf Nachfragerseite Informationsasymmetrien. Entsprechend ist eine intensive Zusammenarbeit mit den technischen Abteilungen, aber auch mit dem Vertrieb und den wichtigsten Kunden notwendig. Dabei kommt einer starken **Service- und Beziehungsorientierung** zwischen Anbieter und Kunde ein hoher Stellenwert zu. Zu den Aufgaben der Produktmanager, die in Industriegüterunternehmen oft Ingenieure sind oder eine naturwissenschaftliche Ausbildung haben, gehört deshalb neben der Erbringung oder Vermarktung einer technischen Leistung insbesondere der **Aufbau von Vertrauen** und die **persönliche Kommunikation** mit dem Kunden.

(3) Besonderheiten des Produkt- und Servicemanagements in Dienstleistungsbranchen

Das Konzept des Produktmanagements ist in Dienstleistungsbranchen bis heute nicht weit verbreitet. In Dienstleistungsbranchen wird das Produktmanagement vor allem zur Koordination von stark standardisierten Leistungsprogrammen angewendet. Mit zunehmendem Integrations- und Individualisierungsgrad der Dienstleistung wird die Umsetzung eines institutionalisierten Produktmanagements aufgrund der fehlenden Leistungskonstanz schwieriger (*Backhaus/Brzoska/Theile* 2002, S. 658).

Dienstleistungen sind nicht patentierbar und somit vergleichsweise leicht imitierbar. Darüber hinaus ist die Konsumtion für den Kunden mit Unsicherheiten verbunden. Vor diesem Hintergrund haben insbesondere die **Qualitäts- und Markenpolitik** zur Profilierung eines Anbieters bzw. dessen Leistung einen hohen Stellenwert.

1.2 Theoretische Grundlagen des Produkt- und Servicemanagements

1.2.1 Gegenstand einer theoretischen Fundierung des Produkt- und Servicemanagements

Eine eigene „Theorie der Produkt- und Servicepolitik", die im Weiteren als Erklärungsansatz für produkt- und servicepolitische Fragestellungen zu verwenden wäre, gibt es nicht. Das Produkt- und Servicemanagement ist vor dem Hintergrund der Komplexität von Entscheidungstatbeständen aus Unternehmenssicht vielmehr als eine interdisziplinäre Wissenschaft anzusehen, in der verschiedene Wissenschaftsgebiete vernetzt einzusetzen sind. Dabei handelt es sich insbesondere um drei **wissenschaftliche Disziplinen**, die sich mit produkt- und servicepolitisch relevanten Fragestellungen aus unterschiedlichen Perspektiven auseinandersetzen (Schaubild 1–19):

(1) Naturwissenschaften,
(2) Wirtschaftswissenschaften,
(3) Verhaltenswissenschaften.

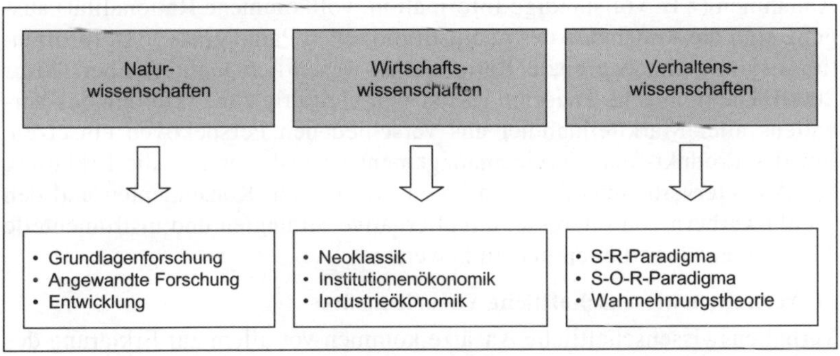

Schaubild 1–19: Wissenschaftsdisziplinen zur theoretischen Fundierung des Produkt- und Servicemanagements

(1) Naturwissenschaftliche Theorieansätze

Naturwissenschaftliche Theorien gelten als zentrale Basis von Technologien und Techniken (Schaubild 1–20). Sie stützen sich auf naturwissenschaftliche Grundsätze und beschreiben allgemeine Ursache-Wirkungs-Aussagen zur Erklärung der Realität (*Specht/Möhrle* 2002, S. 330). Für das Produkt- und Servicemanagement bzw. die Entwicklung von neuen Produkten im Rahmen der F&E-Aktivitäten sind diese Aussagen jedoch nicht ausreichend konkret, um spezifische oder allgemeine praktische Probleme zu lösen. Die Konkretisierung der naturwissenschaftlichen Theorien findet sich in den Technologien, die Ziel-Mittel-Beziehungen umfassen und Aussagen darüber treffen, welche Mittel bzw. Instrumente einzusetzen sind, um ein spezifisches Ziel zu erreichen. Die Anwendung von Technologien stellt

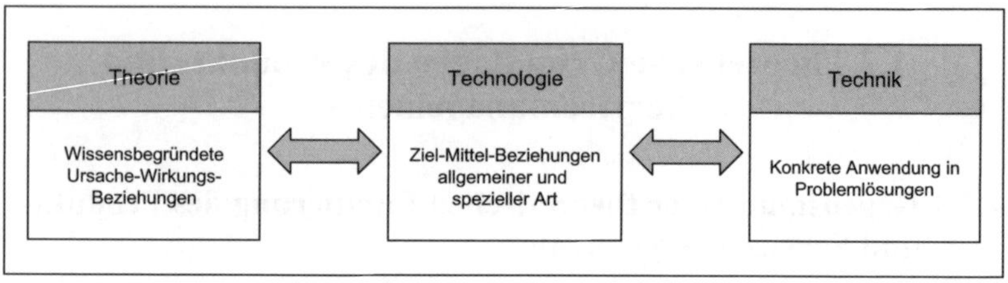

Schaubild 1–20: Naturwissenschaftliche Theorien als Fundament der Entwicklung von Technologien und Technik (Specht/Möhrle 2002, S. 331)

schließlich eine Technik dar, die als materialisiertes Werkzeug in die Produkte eines Unternehmens einfließt (*Specht/Möhrle* 2002, S. 328). Naturwissenschaftliche Theorien bilden damit in vielen Märkten einen wichtigen Ausgangspunkt und eine fundierte Basis für die Entwicklung und Verbesserung von Produkten.

(2) Ökonomische Theorieansätze

Ökonomische Ansätze haben ihren Ursprung mehrheitlich in der Volkswirtschaftslehre und unterscheiden sich im Hinblick auf die gestellten Annahmen. Während das neoklassische Paradigma von stark vereinfachten Annahmen (z.B. vollständige Information, vollkommene Rationalität) ausgeht, sind die Annahmen des neoinstitutionellen Paradigmas (z.B. Informationsasymmetrie, begrenzte Rationalität) wesentlich realitätsnaher (*Kaas* 2000). Ökonomische Theorien lassen sich vielfältig zur Erklärung des Verhaltens aller Marktteilnehmer aus verschiedenen Perspektiven einsetzen. Für das Produkt- und Servicemanagement ist insbesondere die Erklärung des Anbieterverhaltens gegenüber dem Markt, den Konsumenten und den Wettbewerbern von Interesse, um alternative Strategien und instrumentelle Aktivitäten zu erarbeiten und zu bewerten.

(3) Verhaltenswissenschaftliche Theorieansätze

Verhaltenswissenschaftliche Ansätze kommen vor allem zur Erklärung des Konsumentenverhaltens zum Einsatz. Erkenntnisse über das Konsumentenverhalten sind Voraussetzung für den zielorientierten Einsatz von produkt- und servicepolitischen Aktivitäten. Verhaltenswissenschaftler befassen sich beispielsweise mit der Erklärung und Beeinflussung der Wahrnehmung sowie der Einstellungen und Verhaltensweisen der Konsumenten.

Im Folgenden werden ausgewählte Theorien der drei genannten Wissenschaftsdisziplinen im Hinblick auf deren Anwendung zur Fundierung von produkt- und servicepolitischen Fragestellungen diskutiert.

1.2.2 Naturwissenschaftliche Erklärungsansätze

Naturwissenschaften und die damit verbundenen vielfältigen Theorien stellen die Basis der F&E-Aktivitäten von Unternehmen dar und sind damit als wesentliche Treiber der Entwicklung von Leistungsinnovationen und Verbesserung von bestehenden Leistungen im Rahmen des Produkt- und

Servicemanagements anzusehen. Dabei werden in Bezug auf F&E drei **Hauptaktivitäten** unterschieden (Insert 1–4) (*Specht/Beckmann* 1996; *Gerpott* 1999):

- Die **Grundlagenforschung** hat die theoretische und experimentelle Gewinnung von Wissen über grundlegende Zusammenhänge und beobachtbare Fakten zum Gegenstand. Die Anwendung steht nicht in ihrem Fokus.
- Die **angewandte Forschung** bezweckt ebenfalls die Gewinnung neuer wissenschaftlicher und technischer Ideen, jedoch wird vorrangig die praktische Anwendung der Erkenntnisse zur Lösung konkreter Probleme verfolgt. Weitgehend bedeutungsgleich ist hier der Begriff Technologieentwicklung zu verstehen (*Specht/Beckmann* 1996, S. 17).
- Das in der Forschung und durch praktische Erfahrung erarbeitete Wissen wird in der **Entwicklung** – auch Vorentwicklung oder Produkt- und Prozessentwicklung genannt – systematisch zur Generierung von neuen Produkten, Systemen, Services usw. verwendet. Darüber hinaus wird in der Entwicklung auch an fundamentalen Verbesserungen gearbeitet.

Das F&E-Management steht in engem Zusammenhang mit dem Technologie- und Innovationsmanagement. Dabei lassen sich zwei **Sichtweisen der Überschneidung** dieser drei Bereiche unterscheiden (Schaubild 1–21) (*Specht/Beckmann* 1996; *Gerpott* 1999, S. 55ff.):

(1) In der **ersten Sichtweise** stellt das Technologiemanagement das am engsten umrissene Feld dar. Die Generierung neuer Technologien wird in einer noch eher anwendungs- und marktfernen Phase der F&E gesehen. Das F&E-Management beschäftigt sich darüber hinaus mit der Schaffung der (technischen) Voraussetzungen für die Markteinführung neuer Produkte und wird somit als eine Erweiterung zum Technologiemanagement verstanden. Das Innovationsmanagement wird schließlich als das weiteste Feld aufgefasst, indem es alle Aktivitäten von der Grundlagenforschung bis zur Markteinführung von neuen Produkten umfasst.

(2) In der **zweiten Sichtweise** werden Entscheidungen über die Nutzung von nicht neuartigen Technologien, die z.B. seit längerem am Markt verfügbar sind, sowie von Technologien, die nicht in der unternehmenseigenen F&E entstanden sind, dem Technologiemanagement zugeordnet. Die Einführung eines neuen Produktes wird dem Innovationsmanagement zugeordnet.

In dem vorliegenden Buch wird der zweiten Sichtweise gefolgt. Dadurch lässt sich eine klare Zuordnung von Aufgaben und Entscheidungstatbeständen erreichen. Neuerungen, die innerhalb des Unternehmens betrachtet werden, werden dem **Innovationsmanagement** zugeordnet. Demgegenüber umfasst das **Technologiemanagement** die Fragen der Beschaffung und Verwertung von Technologien innerhalb und außerhalb des Unternehmens (z.B. Einkauf von unternehmensexternen Technologien). Unter **F&E-Management** wird die Organisation, Führung und Kontrolle aller Aktivitäten von der Grundlagenforschung bis zur Entwicklung verstanden.

Forscher unter Strom

Große Markenartikler betreiben Grundlagenforschung. Die Entwicklungsabteilungen der mittelständischen Hersteller haben dagegen den Auftrag, möglichst zügig marktnahe Produkte zu entwickeln und sie auf Qualität zu testen.

Von Sabine Rössing

Schokoriegel sind praktisch für den kleinen Hunger zwischendurch, sie decken den Kalorienbedarf für eine kleine Ewigkeit – und sie leisten womöglich bald einen Beitrag ausgerechnet zur Vorbeugung von Diabetes oder Schlaganfällen. Kein Witz. Der US-Süßwarenkonzern Mars, Hersteller des gleichnamigen Schokokaramell-Riegels, ist davon so überzeugt, dass er Mediziner und Ernährungswissenschaftler jüngst zu einer zweitägigen Konferenz in die Schweiz einlud.

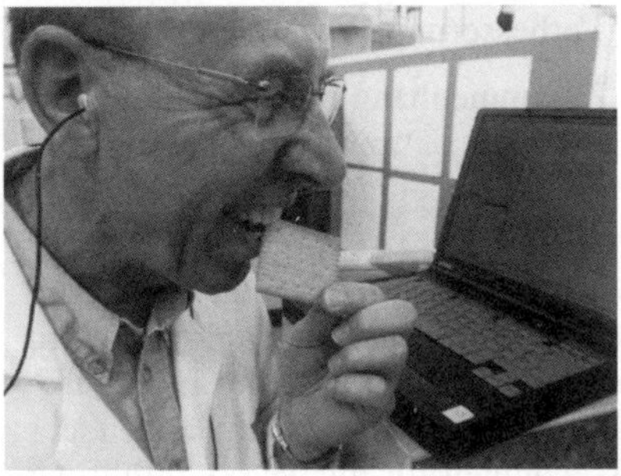

Mundgefühl: Getestet wird der richtige Knack beim Klassiker Leibniz-Keks von Bahlsen.

Die Entdeckung, die dort unter die medizinische Fachwelt gebracht werden sollte: Flavanole, Inhaltsstoffe von Kakao und dunkler Schokolade, denen heilsame Wirkung bei Gefäßerkrankungen zugeschrieben wird. Flavanole, heißt es, könnten helfen, die Durchblutung von Venen und Arterien zu verbessern und sogar die Insulinaufnahme verbessern. Mehr als 80 „von der Fachwelt überprüfte Publikationen zu Labor- und klinischen Untersuchungen" führt der Hersteller als Beleg an. Zum ersten Mal, schwärmen von Mars beauftragte Wissenschaftler, habe man Kakaoflavanolmoleküle identifizieren können, die eine dem Aspirin vergleichbare Wirkung hätten. Mars arbeite nun an der Erforschung wirksamer Möglichkeiten, Flavanole in Nahrungsmitteln verfügbar zu machen.

Was kurios klingt, ist dem 18 Milliarden Dollar schweren Süßwarenkonzern bitter ernst. Ende Juni gab das Unternehmen die Gründung eines neuen Geschäftsbereichs bekannt: „Mars Nutrition for Health& Well-Being". Die neue Abteilung sei fortan zuständig für die Entwicklung neuer Nahrungsmittel, Snacks, Getränke und anderer Lifestyle-Produkte für die Ernährungs- und Wellness-Bedürfnisse der Verbraucher, jubelt das Unternehmen in einer Mitteilung. Der Energieriegel CocoaVia soll ab sofort die Umsätze des US-Konzerns mit Sitz in McLean, Virginia, anfüttern: Nur 80 Kalorien enthalte der Fitness-Riegel, so der Hersteller, dafür aber „herzschützende Zutaten, Vitamine und Mineralstoffe und – natürlich – Flavanole".

Hintergrund für den euphorischen Vorstoß des Riegelherstellers ist zunächst einmal handfester ökonomischer und politischer Druck. In den USA und zunehmend auch in Europa wandeln sich die Konsumgewohnheiten. Verbraucher beginnen, die Anbieter von Nahrungsmitteln mehr und mehr für eine der Hauptgeißeln des bewegungsarmen Büroalltags verantwortlich zu machen: Übergewicht, Herz-Kreislauf-Erkrankungen, Diabetes.

Die Menschen haben es verlernt, ihre Essgewohnheiten den Ernährungsbedürfnissen anzupassen. Die Food-Industrie heizt dazu ihre Lust am Naschen mit einem unerschöpflichen Strom an immer neuen und bequemer herzustellenden Produkt- und Geschmacksvarianten an: Kekse mit Ingwer- oder Joghurt-Drops mit Mascarponegeschmack, Lakritz kombiniert mit Konfekt, Kuchen, der ohne Backen gelingt. Selbst Mittelständler wie Fruchtgummiproduzent Haribo werfen jährlich nach eigenen Angaben bis zu 15 neue Produkte oder Varianten eingeführter Sorten auf den Markt. Es wird entwickelt und getestet, was das Zeug hält. Etwa 50 bis 60 neue Produkte pro Jahr sind es bei Oetker in Bielefeld. Von 18 bis 20 Neueinführungen in guten Jahren, spricht der Kekshersteller Bahlsen.

Doch eine neue Geschmacksrichtung allein reicht inzwischen nicht mehr aus. Überforderte Verbraucher wollen zusätzlich das Versprechen, ohne Reue genießen zu dürfen. Längst wissen sie Bescheid über die Risiken eines überhöhten Cholesterinspiegels, kennen den Zusammenhang zwischen falscher Ernährung und Diabetes. predigen die Oecotrophologen Vorzüge einer ausgewogenen Nahrungsaufnahme. Noch praktischer ist es aber, wenn ein Lebensmittel dem Konsumenten die Denksportaufgabe abnimmt: ein Joghurt, der aktiv Cholesterin abbaut oder ein Sportler-Riegel, der Energie speichert.

Internationale Ernährungskonzerne wie Nestlé, Unilever oder Danone investieren jährlich

Milliarden in medizinische Grundlagenforschung. Sie betrachten sich längst als universale Anbieter von Produkten, die Wohlgefühl, Fitness und Gesundheit befördern. „Unser Unternehmen blickt auf eine Geschichte hoch angesehener Forschungsarbeiten zu den Themen Ernährung und Gesundheit zurück“, brüstet sich Mars. „Diese wissenschaftlichen Forschungen haben das Thema Ernährung mittlerweile hinter sich gelassen und dringen in Richtung Forschung und Entwicklung bedeutender Lösungen für die Gesundheitsvorsorge vor“, schwelgt der Wissenschaftliche Leiter Harold Schmitz.

Das Gros mittelständischer Nahrungsmittelfirmen kann diesem universellen Forscherehrgeiz kaum folgen. Die Abteilungen für Forschung und Entwicklung (F&E) der meisten deutschen Markenartikler haben den klaren Auftrag, zügig marktgängige Produkte zu entwickeln und auf Qualität zu testen. „Wir arbeiten sehr produktnah“, sagt Heinz Dieter Lechte, Leiter F&E bei Bahlsen. Europaweit beschäftigt der Kekshersteller 30 Mitarbeiter für Forschung und Entwicklung von Konditoren über Lebensmitteltechniker. Den F&E-Etat nennt Bahlsen nicht. Auch die Konkurrenz hält sich bedeckt. „Die Lebensmittelforschung“, sagt Lechte, „ist traditionell bodenständig.“ Das liege unter anderem daran, dass die Verbraucher im Grunde ihres Herzens bekannten Geschmacksrichtungen eben doch den Vorzug geben. Er gibt ein Beispiel: Mit einer „Ethno“-Range wollten die Hannoveraner Hersteller des berühmten Leibniz-Kekses das konservative Geschmacksimage aufpeppen. Entwickelt wurde ein Gebäck mit südamerikanisch anmutenden Ingwer- oder Zimtaromen, für den europäischen Verbraucher eher ungewohnt. Die Idee floppte. Beim Süßigkeitenhersteller Haribo konnte Senior Hans Riegel mit einer verspielten Lakritz-Variante nicht landen: Er hatte vorgeschlagen, die klassische Lakritzschnecke mit einem dragierten Stäbchen in einen Lakritz-Kreisel zu verwandeln. Was den Chef amüsierte, ließ die Kids kalt. Vom puristischen Megatrend spricht Lechte. Die Verbraucher wollten in Wahrheit einfache und authentische Produkte. Wie der Klassiker Leibniz-Keks. 40 Prozent der Ideen, so eine Lebensweisheit der Produktentwickler, überstehen den Entwicklungsprozess nicht.

Immer schneller werden alte Produkte von neuen verdrängt oder abgekupfert und billiger angeboten, die Entwicklungszeiten knapper bemessen. „Es ist festzustellen, dass die Lebenszyklen vieler Innovationen immer kürzer werden“, beschreibt Claus Günther, Leiter Forschung und Entwicklung bei Oetker, den zunehmenden Wettbewerb. Was nicht läuft, fliegt gnadenlos raus aus den überquellenden Regalen des Handels. Der Druck, sagt Bahlsen-Manager Lechte, habe erheblich zugenommen.

Ein halbes Jahr betrage die durchschnittliche Entwicklungszeit für ein neues Produkt, sagt Brigitte Rütten von Katjes. Dabei handele es sich oft um die Modifikation von Rezepten, das Erfinden neuer Geschmackskombinationen. Ein wichtiges Feld für die Forscher in einem Unternehmen ist außerdem die Qualitätssicherung. Bei Oetker beschäftigt sich die 160 Mitarbeiter starke F&E-Abteilung außerdem mit dem Lebensmittelrecht, der Verfahrenstechnik oder der Sensorik. „Es geht um das Mundgefühl“, erklärt Lechte. Gesucht wird die richtige Textur, der richtige Biss: Wird die Nuss am besten fein gehackt oder als Paste verwendet, wie hart darf ein Keks sein, wie bissfest die Schokolade?

Um Forschungsausgaben und Entwicklungszeiten in Grenzen zu halten, bedienen sich die Hersteller zusätzlich oft der Erkenntnisse ihrer Rohstofflieferanten. „Wir setzen vielfach auf der Forschung unserer Zulieferer auf“, sagt Rütten. Bahlsen greife bei der Produktentwicklung auch auf Erkenntnisse der Hersteller von Fetten, Schokoladen oder Aromen zurück, bestätigt F&E-Chef Lechte. Von sechs bis 36 Monaten veranschlagt Bahlsen von der Idee bis zur Markteinführung, je nachdem, ob es sich um eine Neuheit oder eine Weiterentwicklung handelt. Dazu gehören Veränderungen an den Produktionsmaschinen oder Verpackungen. „Einen Teil der Maschinen entwickeln wir selbst“, sagt Lechte. „Nicht jedes Produkt, das im Labor funktioniert, lässt sich im großen Maßstab auf der Maschine herstellen“, ergänzt Ritter-Sprecher Seeger. Zirka 2,5 Millionen Tafeln Schokolade verlassen die Ritter-Produktionsstätten pro Tag.

Die Hersteller spüren den Druck, den die Großkonzerne der Branche auf dem Gebiet der Forschung aufbauen. Noch aber sind einige Wellness-Versprechen von Sportler-Müsli und Verdauungstrunks schwer einzulösen. Nicht alles, was nach Wellness klingt, verkauft sich auch. Erst kürzlich verabschiedete Nestlé still und leise die deutsche Gesundheitsmarke Nutrel. Dennoch: Eine gesunde Ernährung ist den Verbrauchern zwar wichtiger geworden. Wirklich beurteilen jedoch kann kaum jemand die steigende Flut an Gesundheitsversprechen. Der US-Konzern Mars arbeitet derweil an der Entwicklung von Arzneimitteln, die auf Kakaobestandteilen basieren. Frühestens in fünf bis sieben Jahren sollen die ersten Medikamente erhältlich sein, die auf der Blut verdünnenden Wirkung der Flavanole basieren.

Insert 1–4: F&E-Aktivität in der Nahrungsmittelbranche (Lebensmittel Zeitung, 02.09.2005, S. 46)

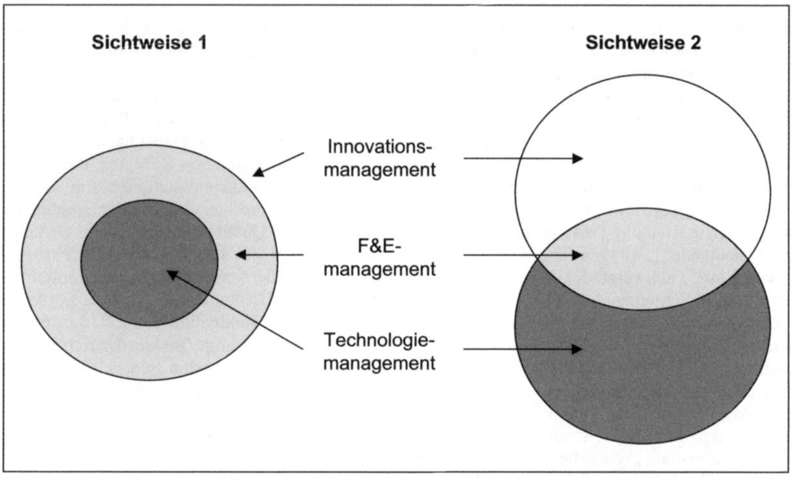

Schaubild 1–21: Sichtweisen der Unterscheidung von Technologie-, Innovations- und F&E-Management (Gerpott 1999, S. 57)

1.2.3 Ökonomische Erklärungsansätze

Als ökonomische Ansätze kommen vor allem neoklassische und neoinstitutionelle Theoriekonzepte zur Anwendung. Das **neoklassische Paradigma** basiert auf der mikroökonomischen Theorie der Volkswirtschaftslehre, die Entscheidungen von Haushalten und Unternehmen unter bestimmten Anfangsvoraussetzungen (z.B. Informationssicherheit, Rationalität) analysiert (*Kaas* 2000). In der Mikroökonomie wird rationales, nutzenmaximierendes Verhalten von Wettbewerbern und Konsumenten unterstellt. Die vereinfachenden Annahmen bieten den Vorteil, dass komplexe Interdependenzen zwischen Verhaltensweisen der Marktteilnehmer handhabbar bleiben und damit die Ableitung von Schlussfolgerungen für das Produkt- und Servicemanagement erleichtern. So ist eine Grundaussage, dass ein Kunde im Sinne der **Nutzenmaximierung** umso eher Leistungen eines Unternehmens beansprucht, je höher sein Nutzen aus dem Gebrauch dieser Leistungen ist. Darüber hinaus nimmt der Grenznutzen in Anspruch genommener Leistungen ab. Je mehr Einheiten einer Leistung dem Kunden zur Verfügung stehen, desto geringer sind die Nutzengewinne aus zusätzlichen Leistungseinheiten für den Kunden (*Woll* 2000). Übertragen auf das Produkt- und Servicemanagement bedeutet dies, dass sich ein Kunde umso eher für den Kauf einer Leistung entscheidet, je eher diese Leistung einen Nutzen für den Kunden darstellt. Auf dieser Argumentation baut implizit die Bedeutung von Größen wie Qualität, Markenimage, Kundenzufriedenheit und wahrgenommener Wert (vgl. Abschnitt 2.2) im Rahmen des Produkt- und Servicemanagements auf.

Das **neoinstitutionelle Paradigma** schwächt die Rationalitätsannahme dahingehend ab, dass nur noch „begrenzte Rationalität" unterstellt wird. In der Institutionenökonomik gibt es Informationskosten und daher Informationsasymmetrien zwischen den Marktteilnehmern. Es wird außerdem von „opportunistischen" Verhaltensweisen der Personen ausgegangen, von der Verfolgung von Eigeninteresse mit „List und Tücke" (*Williamson* 1985), also von Verhaltensweisen, die gerade wegen der Informationsunterschiede erst möglich sind. Für das Produkt- und Servicemanagement lassen sich damit die Informationsgewinnung (Leistungsfindung bzw. Screening) und Informationsübertragung (Leistungsbegründung bzw. Signaling) als wesentliche Aufgaben zur Erleichterung von Austauschprozessen ableiten (*Kaas* 1990). Die Integration des Kunden in den Innovationsprozess (vgl. Abschnitt 5.1), der Einsatz von kundenorientierten Analysemethoden (vgl. Abschnitte 3.2 und 3.5) sowie zahlreiche Instrumente der Qualitätspolitik (vgl. Abschnitt 6.1.2) sind demzufolge wichtige produkt- und servicepolitische Maßnahmen des Screening, die dem Abbau von Informationsasymmetrien durch Informationsgewinnung dienen und den Erfolg von Produkten und Services sicherstellen. Als produkt- und servicepolitische Signaling-Maßnahmen sind auf der strategischen Ebene insbesondere die Positionierungsstrategie und auf der operativen Ebene marken- und verpackungspolitische Aktivitäten zu nennen.

Von den modernen ökonomischen Ansätzen hat die **Industrieökonomik** eine hohe Erklärungskraft für die strategische Ausrichtung von produkt- und servicepolitischen Entscheidungen. Der Ansatz der Industrieökonomik geht – wie die neoklassischen Theorien – von einem rationalen, nutzenmaximierenden Verhalten der Wettbewerber und Konsumenten aus und dient der theoretischen und empirischen Analyse des Wettbewerbs in Branchen. Ausgangspunkt der Industrieökonomik ist das so genannte **Structure-Conduct-Performance-Paradigma** (Schaubild 1–22). Demnach ist der Erfolg von Unternehmen durch die Branchenstruktur und das Verhalten der beteiligten Unternehmen zu erklären. Aktuellere Beiträge zur Industrieökonomik betonen insbesondere die retrograde Beziehung, d.h. der Einfluss des Unternehmenserfolgs auf die nachfolgende Struktur und das Verhalten der Unternehmen (*Meffert* 2004).

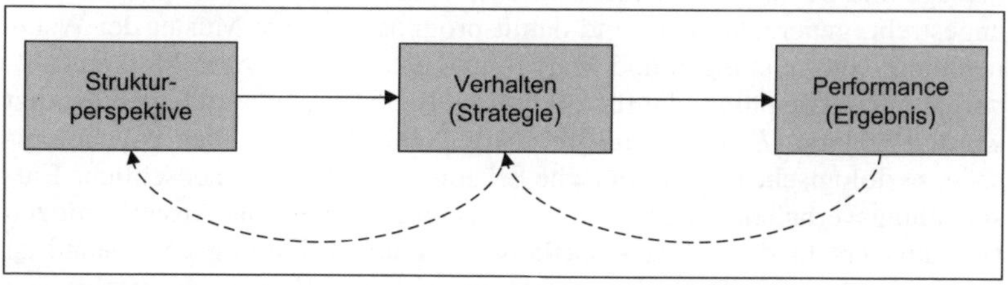

Schaubild 1–22: Structure-Conduct-Performance-Paradigma der Industrieökonomik

Bei Anwendung der Industrieökonomik im **Produkt- und Servicemanagement** ist der Schluss zu ziehen, dass der Erfolg des Produkt- und Servicemanagements durch die Struktur der Produktmärkte, in denen ein Unternehmen tätig ist, sowie durch das strategische Verhalten des Produkt- und Servicemanagements bestimmt wird. Durch eine geeignete **Positionierung** in attraktiven Produkt-Markt-Segmenten wird somit eine langfristige und verteidigungsfähige Wettbewerbsvorteilsposition erreicht, die wiederum die Sicherung eines nachhaltigen Unternehmenserfolgs ermöglicht (Marktorientierte Perspektive) (*Porter* 1999, S. 32; *Meffert* 2004). Dabei ist jedoch kritisch anzumerken, dass das Verhalten des Produkt- und Servicemanagements in einer reinen Anpassung an Marktstrukturveränderungen besteht (*Proff* 1998, S. 31).

Dieser eher marktorientierten Perspektive lässt sich eine **ressourcenorientierte Sichtweise** gegenüberstellen, die davon ausgeht, dass die Erreichung von dauerhaften Wettbewerbsvorteilen durch ein adäquates strategisches Verhalten eines Unternehmens das Ergebnis seiner Ressourcenausstattung (z.B. F&E, Produktmanagementorganisation, Innovationskultur) ist (*Barney* 1991, S. 101). Die „richtige" Nutzung von vorhandenen Ressourcen zur Generierung eines wettbewerbsüberlegenen Kundennutzens sichert insofern den langfristigen Unternehmenserfolg. Damit die Unternehmensressourcen als Basis eines Wettbewerbsvorteils fungieren, haben sie wertvoll, knapp, nicht (vollkommen) imitierbar und nicht substituierbar zu sein (*Barney* 1991, S. 105f.).

Aus Sicht des Produkt- und Servicemanagements bedarf es letztlich einer Ressourcenkombination, die den Marktanforderungen gerecht wird. Vor dem Hintergrund, dass sich ein Produkt bzw. Service sowie ein Leistungsprogramm aus der „richtigen" Kombination von Ressourcen ergeben, lässt sich ein erfolgreiches Produkt- und Servicemanagement durch die Identifikation und Gestaltung dieser Fähigkeiten charakterisieren. Dabei ist von zentraler Bedeutung, dass der Markt über die ökonomische Relevanz von Ressourcen und Fähigkeiten entscheidet (*Meffert* 2004).

1.2.4 Verhaltenswissenschaftliche Erklärungsansätze

Verhaltenswissenschaftliche Ansätze befassen sich mit der Erklärung, Vorhersage und Beeinflussung menschlichen Entscheidungsverhaltens. Es wird angestrebt, generalisierbare und damit prognostizierbare Muster der Wahrnehmung von Leistungen und Marken und des Produkt- bzw. Markenwahlverhaltens aufzuspüren, die für zukünftige Beeinflussungsstrategien genutzt werden können (*Kroeber-Riel/Weinberg* 2003). Dabei finden psychologische, soziologische und biologische Erkenntnisse über das menschliche Entscheidungsverhalten Eingang. Verhaltenswissenschaftliche Ansätze stützen sich auf verschiedene **Reiz-Reaktions-Schemata**. Erklärungsgegenstand ist immer die Art ausgelöster Konsumentenreaktionen (Response) infolge von produkt- und servicepolitischen Reizen (Stimuli). Dabei sind zwei **Paradigmen** des verhaltenswissenschaftlichen Ansatzes zu unterscheiden (*Kroeber-Riel/Weinberg* 2003):

- Stimulus-Response-Paradigma (S-R-Paradigma),
- Stimulus-Organismus-Response-Paradigma (S-O-R-Paradigma).

Das **S-R-Paradigma** spiegelt die behavioristische Auffassung über die Ausrichtung ablaufender Reiz-Reaktions-Schemata wider. Zur Erklärung des

Konsumentenverhaltens werden **ausschließlich beobachtbare Größen** zugelassen. Beobachtbar sind zum einen die entsendeten Reize, die auf einen Organismus (Mensch, Tier) einwirken und zum anderen die dadurch ausgelösten Reaktionen. So wird beispielsweise gemäß der behavioristischen Theorien das Lernen dadurch erklärt, dass gesetzmäßige Beziehungen zwischen entsendeten Reizen und ausgelösten Reaktionen in Form konditionierter (beobachtbarer) Verhaltensweisen existieren (*Kroeber-Riel/Weinberg* 2003, S. 318ff.). Es wird deutlich, dass der Konsument im Rahmen des S-R-Paradigmas als „Black Box" angesehen wird. Dies ist jedoch gleichzeitig der **Hauptkritikpunkt** am S-R-Paradigma, weil dadurch implizit unterstellt wird, dass der produkt- und servicepolitische Reiz allein für die jeweilige Konsumentenreaktion ausschlaggebend ist. Davon kann aber nicht ausgegangen werden. Vielmehr ist festzuhalten, dass der jeweilige Stimulus nur einen Einflussfaktor darstellt und das (beobachtbare) Konsumentenverhalten von einer Vielzahl weiterer situationaler und persönlichkeitsbezogener Größen determiniert wird.

Im Gegensatz zum S-R-Paradigma greift das **S-O-R-Paradigma** zur Erklärung des Konsumentenverhaltens daher explizit auf nicht beobachtbare Verhaltensweisen im Inneren des menschlichen **Organismus (O)** zurück. Gemäß der neobehavioristischen Auffassung sind zwischen die beobachtbaren Reize und Reaktionen interne Größen, wie z.B. Erinnerungen oder Einstellungen, geschaltet. Die (beobachtbaren) Reaktionen folgen also nicht (immer) unmittelbar auf einen Reiz. Vielmehr intervenieren zwischen einem beobachtbaren Reiz, z.B. der Einführung einer Produktneuheit im Markt, und der entsprechenden Reaktionen, z.B. Markenkauf, oftmals eine Vielzahl innerer Vorgänge, wie beispielsweise die Wahrnehmung des Reizes, die Erinnerung an den Reiz oder die Einstellung (so genannte intervenierende Variablen) gegenüber dem Reiz.

Für das Produkt- und Servicemanagement ist insbesondere das Verständnis der konsumentenseitigen **Wahrnehmung von Marken und Produkten** von zentraler Bedeutung, da dies konkrete Schlussfolgerungen für die Produkt- und Markengestaltung ermöglicht. Wahrnehmung wird allgemein als Prozess der Informationsgewinnung aus Umwelt- und internen Reizen verstanden (*Behrens* 1991, S. 130). Durch diesen Prozess entstehen Empfindungen und Vorstellungen über den Wahrnehmungsgegenstand. Die Wahrnehmung eines Produktes bzw. einer Marke ist ein Prozess der Entschlüsselung von aufgenommenen Umweltreizen und inneren Signalen und erfolgt über alle Sinnesorgane. Das Sinnesorgan „Auge" spielt dabei eine dominante Rolle, da 90 Prozent aller sensorischen Informationen (z.B. Markenname, Design, Verpackung, Logo usw.) visuell übermittelt werden. Der komplexe **Produkt- bzw. Markenwahrnehmungsprozess** lässt sich in drei Vorgänge unterteilen (*Kroeber-Riel/Weinberg* 2003; *Gröppel-Klein* 2004, S. 326 ff.):

(1) Aufnahme von Produkt- und Markeninformationen,
(2) Verarbeitung von Produkt- und Markeninformationen,
(3) Speicherung der Produkt- und Markeninformationen und Bildung von Produkt- und Markenpräferenzen.

(1) Aufnahme von Produkt- und Markeninformationen

Bereits bei der erstmaligen Präsentation eines Produktes bzw. einer Marke werden positive oder negative Anmutungen mit dem Stimulus (Design, Verpackung, Markename, Geschmack, Geruch, Haptik, Umfeldinformationen usw.) assoziiert.

Die Wahrnehmung entfaltet sich schrittweise vom gefühlsmäßigen Erahnen, der ersten Anmutung, bis hin zum gegenständlichen Erfassen und der damit einhergehenden kognitiven Interpretation (*Kroeber-Riel/Weinberg* 2003). Um diesen Prozess zu unterstützen bzw. zu vereinfachen, ist insbesondere in der frühen Phase der erstmaligen Produkt- bzw. Markenwahrnehmung darauf zu achten, dass Markenname, Markenzeichen und Produktdesign bzw. die Verpackung aufeinander abgestimmt sind.

Beispiel: Branding der Marke Rocher

Der Marke *Rocher* ist es gelungen, mittels des verwendeten Namens, der goldenen Verpackung und dem Schriftzug Assoziationen wie „exklusiv" und „edel" hervorzurufen. Dieses Branding grenzt damit das Angebot von anderen Süßwaren eindeutig ab (*Gröppel-Klein* 2004, S. 328).

(2) Verarbeitung von Produkt- und Markeninformationen

Die Verarbeitung von Produkt- und Markeninformationen bezieht sich auf Denkprozesse des Konsumenten (*Gröppel-Klein* 2004). Dabei sind insbesondere Denkprozesse im Zusammenhang mit Kaufentscheidungen von Interesse. Kaufentscheidungen werden vom Konsumenten auf Basis zuvor gewonnener Erkenntnisse getroffen. Häufig sind diese Erkenntnisse jedoch aufgrund der beschränkten Ressourcen des Konsumenten (Geld, Zeit), der unvollständigen Informationen oder der unzulänglichen Erfahrungen eingeschränkt. Es gibt jedoch auch viele Kaufentscheidungen, die nicht kognitiv gesteuert sind, sondern habitualisiert oder impulsiv erfolgen. Vor diesem Hintergrund hat das Produkt- und Servicemanagement zu prüfen, in welchen Situationen und unter welchem kognitiven Einsatz Produkte gekauft werden. Dies ist von der Reizsituation, der persönlichen Risikobereitschaft, dem Involvement und von bisherigen Erfahrungen abhängig.

Beispiel: Unterschiede im kognitiven Aufwand bei Kaufentscheidungen

Der Kauf eines Notebooks wird in der Regel mit mehr kognitivem Aufwand betrieben als der Kauf einer Tafel Schokolade. Auch beim Computerkauf gibt es jedoch unterschiedliche Muster der Informationsverarbeitung. Ein Computerfreak setzt sich wahrscheinlich intensiver mit den Detailinformationen auseinander als ein Laie, der vielleicht nur auf den Markennamen (*Compaq*), ein Gütesiegel (*Stiftung Warentest*) oder das Urteil eines kompetenten Bekannten achtet (*Gröppel-Klein* 2004, S. 329).

Der im Rahmen der Informationsverarbeitung stattfindende Problemlösungsprozess des Konsumenten reicht vom einfachen praktischen Probieren (Versuch und Irrtum) bis hin zur kognitiv kontrollierten Problemlösung, bei der vor der Entscheidung eine gedankliche Optimierung stattfindet. Die Kenntnis dieses Prozesses für das Produkt- und Servicemanagement ist wichtig, da es dadurch in die Lage versetzt wird, situationsabhängig die richtigen Informationen für die anvisierte Zielgruppe bereitzustellen. Für das Produkt- und Servicemanagement ist weiterhin von Belang, dass mit steigender Produkterfahrung die Fähigkeit des Konsumenten zunimmt, die wichtigsten Informationen auszuwählen und zu analysieren. In ausgereiften und gesättigten Märkten werden daher Schlüsselinformationen und Informationen über den emotionalen Zusatznutzen immer wichtiger (*Weinberg/Diehl* 2005).

(3) Speicherung von Produkt- und Markeninformationen und Bildung von Produkt- und Markenpräferenzen

Die Informationsspeicherung betrifft den Vorgang des Lernens und die Übertragung dieses Wissens in den Langzeitspeicher (*Gröppel-Klein* 2004). Der Langzeitspeicher, der mit dem menschlichen Gedächtnis gleichgesetzt wird, enthält das gesamte Wissen und die Erfahrungen des Konsumenten. Lernen wird als eine relativ überdauernde Veränderung im Organismus aufgefasst, die auf Erfahrung und Erkenntnissen beruht. Dies verändert die psychische Dispositionen und das Verhaltenspotenzial (*Behrens* 1995, Sp. 1406). Für das Produkt- und Servicemanagement sind beispielsweise die folgenden **Lernvorgänge** von Interesse (*Trommsdorff* 2002a):

(1) Bei der **emotionalen Konditionierung** lernen Konsumenten, auf neutrale Reize mit Gefühlen zu reagieren. Dies geschieht, indem ein neutraler Reiz (z.B. die Darstellung einer Marke) wiederholt und stets gleichzeitig mit einem emotionalen Reiz gezeigt wird, so dass der neutrale Reiz selbst emotionale Reaktionen auslöst. Der Lernmechanismus der emotionalen Konditionierung stellt die Basis für die erlebnisorientierte Produkt- und Markenkommunikation dar.

(2) Die **instrumentelle Konditionierung** steuert das Lernen durch die Konsequenzen des gelernten Verhaltens. Während bei der klassischen Konditionierung Stimuli vor dem Verhalten gezeigt werden und dabei auf eine Auslösefunktion abzielen (Lernen nach dem Kontiguitätsprinzip), erfolgt die Konfrontation mit einem Stimulus bei der instrumentellen Konditionierung erst nach dem Verhalten und erfüllt damit eine Informationsfunktion (Lernen nach dem Verstärkungsprinzip). Die Umweltstimuli stellen somit Rückkoppelungsinformationen über Erfolg oder Misserfolg des realisierten Verhaltens dar (*Behrens* 1995, Sp. 1407). Wenn auf ein bestimmtes Verhalten eine positive Rückkoppelung folgt (Belohnung oder Ausbleiben einer Bestrafung), dann wird dieses Verhalten verstärkt, d.h., dass es sich in ähnlichen Situationen mit hoher Wahrscheinlichkeit wiederholt. Bei einer Bestrafung sinkt dagegen die Wahrscheinlichkeit des erneuten Auftretens der Verhaltensweise.

Im Rahmen der Informationsspeicherung entstehen Produkt- bzw. Markenimages und unterschiedliche Produkt- bzw. Markensets. Diese spiegeln die Präferenzen des Konsumenten gegenüber Produkten und Marken wider. Das so genannte Awareness Set umfasst akzeptierte (Accepted Set) und zurückgewiesene Marken (Rejected Set). Aus dem Accepted Set werden gegenwärtig nicht in Frage kommende Marken in den so genannten Hold Set zurückgestellt und die kauffähigen im Evoked Set gespeichert.

Die Ausführungen zu den verschiedenen theoretischen Erklärungsansätzen haben gezeigt, dass die Breite an produkt- und servicepolitischen Fragestellungen lediglich über einen theoretischen Pluralismus zu fundieren sind. Dabei sind in Abhängigkeit der Perspektive bzw. der Entscheidungssituation naturwissenschaftliche, ökonomische und verhaltenswissenschaftliche Theorien einzusetzen. Während naturwissenschaftliche Erklärungsansätze insbesondere im Bereich F&E sowie im Innovations- und Technologiemanagement einfließen, lassen sich aus den ökonomischen Ansätzen vielfältige Aussagen für das Management von Produkten und Services unter Berücksichtigung der verschiedenen Marktteilnehmer ableiten. Schließlich widmen sich die verhaltenswissenschaftlichen Ansätze der spezifischen Perspektive der Konsumenten und fördern das Verständnis von Wahrnehmungs- und Kaufentscheidungsprozessen. Die Darstellung der theoretischen Grundlagen des Produkt- und Servicemanagements erhebt keine Ansprüche auf Vollständigkeit, sondern wurde auf zentrale Theorien beschränkt. Nach den theoretischen Grundlagen werden im Weiteren die konzeptionellen Grundlagen des Produkt- und Servicemanagements thematisiert.

2 Konzepte des Produkt- und Servicemanagements

Bei der Konzeptionierung des Produkt- und Servicemanagements sind die folgenden grundlegenden Ansätze zu berücksichtigen, die die Basis einer Gestaltung des Produkt- und Servicemanagements bilden (Schaubild 2–1):

- Zunächst ist es notwendig, die Erfolgsgrößen des Produkt- und Servicemanagements zu identifizieren, d.h., jene Anforderungen und vorökonomischen Ziele, die zu erfüllen sind, damit sich ein ökonomischer Erfolg einstellt. Deren Steuerung im Rahmen des Produkt- und Servicemanagements ist Aufgabe des **Managements der Erfolgskette** (Abschnitt 2.1).
- Da das Produkt- und Servicemanagement in einem dynamischen Umfeld agiert, hat es sich kontinuierlich den veränderten Bedingungen anzupassen. Deshalb ist es erforderlich, die relevanten Erfolgsgrößen im Zeitablauf im Rahmen eines **Managements von Lebenszyklen** zu berücksichtigen und bei Schlüsselereignissen aktiv zu werden (Abschnitt 2.2).
- Zur Steuerung der Erfolgskette in einem dynamischen Kontext dient schließlich ein Managementsystem, das die Entscheidungsprozesse strukturiert. Das **Management von Entscheidungsprozessen** stellt auch den Bezugsrahmen für die Folgekapitel dieses Buches dar (Abschnitt 2.3).

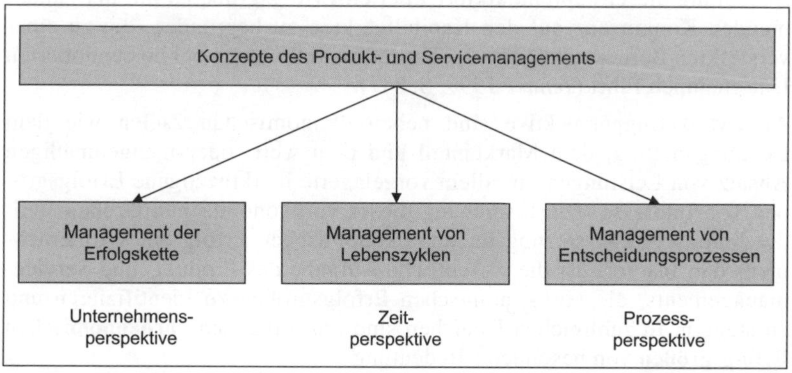

Schaubild 2–1: Konzepte des Produkt- und Servicemanagements

2.1 Management der Erfolgskette

Die Suche nach den Ursachen des Unternehmenserfolgs beschäftigt Wissenschaftler und Praktiker seit jeher. Als Folge der Dynamik und Komplexität der Umwelt sowie der grundsätzlichen Unterschiede zwischen Unternehmen sind gerade Einblicke in die Ursachen des Unternehmenserfolgs erforderlich, um auch unter veränderten Bedingungen fundierte Entscheidungen treffen zu können. Fehlt es an Einsicht in die kausalen **Zusammenhänge zwischen Ursache und Wirkung**, besteht die Gefahr, dass vermeintliche Erfolgsrezepte unreflektiert nachgeahmt werden, obgleich sie lediglich unter spezifischen situativen Bedingungen Gültigkeit besitzen (*Wiedmann* 1985, S. 150).

Während bei der Suche nach den Ursachen für Misserfolg vermeintlich rationale Erklärungen schnell gefunden sind, werden die Ursachen für Erfolg ebenso häufig mit dem Schleier des Geheimnisvollen und rational nicht Erklärbaren umgeben (*Albach* 1987, S. 636). Die Betrachtung unterschiedlicher **Ansätze der Erfolgsfaktorenforschung** im Marketing zeigt ein sehr heterogenes Bild im Hinblick auf die Erfolgsmessung und die methodischen Ansatzpunkte zur Identifikation von Spitzenleistungen und die sie begründenden Erfolgsfaktoren.

Empirische Untersuchungen des Unternehmenserfolgs bedienen sich zur Erfolgsmessung bevorzugt **ökonomischer Erfolgskriterien**, unter denen verschiedene Rentabilitätskriterien, wie z.B. der im Rahmen des PIMS-Projektes („Profit Impact of Market Strategies") verwendete Return on Investment, eine besondere Popularität genießen. Eine weitere intensiv diskutierte ökonomische Erfolgsgröße stellt der Shareholder Value dar. Die Bedeutung dieser kapitalmarktorientierten Erfolgsgröße ist mit der zunehmenden Konkurrenz auf den Kapitalmärkten zu begründen, die zu einer verstärkten Berücksichtigung der Eigentümerinteressen bei börsennotierten Unternehmen führt (*Jenner* 1999, S. 237).

Aus Marketingperspektive sind neben ökonomischen Zielen wie dem Deckungsbeitrag, dem Marktanteil und dem wert- oder mengenmäßigen Absatz von Leistungen vor allem vorgelagerte marktbezogene Erfolgsgrößen von Interesse. Die Erreichung dieser vorökonomischen Größen stellt die zentrale Voraussetzung für den ökonomischen Erfolg eines Unternehmens dar. Insofern ist die wesentliche Aufgabe des Produkt- und Servicemanagements, die vorökonomischen Erfolgsgrößen zu identifizieren und zu steuern. In zahlreichen Branchen sind die folgenden **vorökonomischen Erfolgsgrößen** von besonderer Bedeutung:

- Verbesserung der Leistungsqualität,
- Erhöhung der Kundenzufriedenheit,
- Erhöhung der Kundenbindung sowie
- Steigerung von Kunden- und Markenwert.

Besonders hervorzuheben ist in diesem Zusammenhang das bereits erwähnte **PIMS-Projekt**, das in über 100 Studien die zentralen Dimensionen des

Return on Investment und des Cash Flow strategischer Geschäftseinheiten von Unternehmen zu identifizieren versucht. Von herausragender Bedeutung für das Marketing erwies sich dabei die relative, wahrgenommene und überlegene **Produktqualität**. Sie ermöglicht nicht nur die Durchsetzung relativ höherer Preise, sondern sichert über Marktanteilsgewinne und damit verbundene Kostensenkungspotenziale höhere Renditen (*Buzzell/Gale* 1989).

Die Ergebnisse der Erfolgsfaktorenforschung stimmen darin überein, dass erfolgreiche Unternehmen über ein **ausgeprägtes marktorientiertes Selbstverständnis** verfügen und ihre Marketingstrategien konsequent verfolgen (*Fritz* 1995).

Daraus lässt sich folgern, dass ein Produkt- und Servicemanagement in der Lage zu sein hat, eine eng am Markt orientierte Analyse, Planung, Durchführung und Kontrolle sämtlicher Aktivitäten vorzunehmen. Dies erfordert ein hohes Maß an **Kundenorientierung**, da letztlich nur durch eine konsequente Kundenorientierung Chancen zur Erlangung von Wettbewerbsvorteilen bestehen.

Produkte und Services tragen dann zum ökonomischen Erfolg eines Unternehmens bei, wenn durch sie tatsächlich Wettbewerbsvorteile erlangt werden können. Wettbewerbsvorteile haben dabei die drei folgenden **Anforderungen** zu erfüllen, um als Erfolgsfaktoren zu gelten (*Meffert* 1985, S. 14; *Simon* 1987, S. 368):

- Die angebotene Leistung ist für den Kunden wichtig.
- Der mit dem Leistungsangebot verbundene Leistungsvorsprung wird vom Kunden wahrgenommen.
- Der durch das Leistungsangebot erlangte Leistungsvorsprung ist dauerhaft.

Erfolgsfaktoren bauen also nicht auf objektiv gegebenen, sondern vom Konsumenten subjektiv wahrgenommenen Positionierungsvorteilen auf (*Simon* 1988, S. 474). Von besonderer Bedeutung ist die Orientierung der Unternehmen an der **Leistungsqualität**. Qualität wird bereits seit Mitte der 1970er Jahre als ein zentraler Treiber der Kundenzufriedenheit angesehen (*Crosby* 1979; *Deming* 1982; *Feigenbaum* 1986). Dies macht den hohen Stellenwert der Forderung nach „Sicherung einer überlegenen Leistungsqualität“ deutlich. Unter Leistungsqualität wird die Fähigkeit eines Anbieters verstanden, die Beschaffenheit einer Leistung gemäß den Kundenerwartungen auf einem bestimmten Anforderungsniveau zu erstellen.

Die Erlös steigernden Auswirkungen auf den Unternehmenserfolg, die der Sicherung einer überlegenen Leistungsqualität zugeschrieben werden können, lassen sich anhand der **Erfolgskette des Produkt- und Servicemanagements** aufzeigen (Schaubild 2–2). Über eine Erfüllung der (heterogenen) Kundenerwartungen lässt sich eine Steigerung der Kundenzufriedenheit erreichen (*Heskett/Sasser/Schlesinger* 1997). Die Kundenzufriedenheit beeinflusst wiederum kundenbezogene Verhaltenswirkungen, d.h. in Industriegüter- und Dienstleistungsbranchen insbesondere die Kundenbindung bzw. in Konsumgütermärkten die Markenbindung. Dabei wird von der Annahme ausgegangen, dass ein zufriedener Kunde eher bereit ist, die Leistungen eines Unternehmens erneut (Wiederwahl des Anbieters bzw. der Marke) oder sogar in stärkerem Umfang (z.B. in Form von Cross Buying) in Anspruch zu nehmen und darüber hinaus das Unternehmen bzw. die Marke aktiv weiterempfiehlt. In der Erfolgskette werden also jene Konstrukte als kundenbezogene Ziele aufgeführt, die den ökonomischen Erfolg auf der Anbieterseite bestimmen. Die positive Wahrnehmung und Beurteilung einer Leistung bzw. Marke treibt die Kaufbereitschaft auf der kundenindividuellen Ebene und führt sukzessive zu einer Steigerung des Umsatzes und idealtypisch auch Marktanteils und Deckungsbeitrags auf der Unternehmensebene. Diese Verkettung macht deutlich, dass das eigentliche nachhaltige Wertpotenzial einer Leistung durch die vorökonomischen Größen determiniert wird.

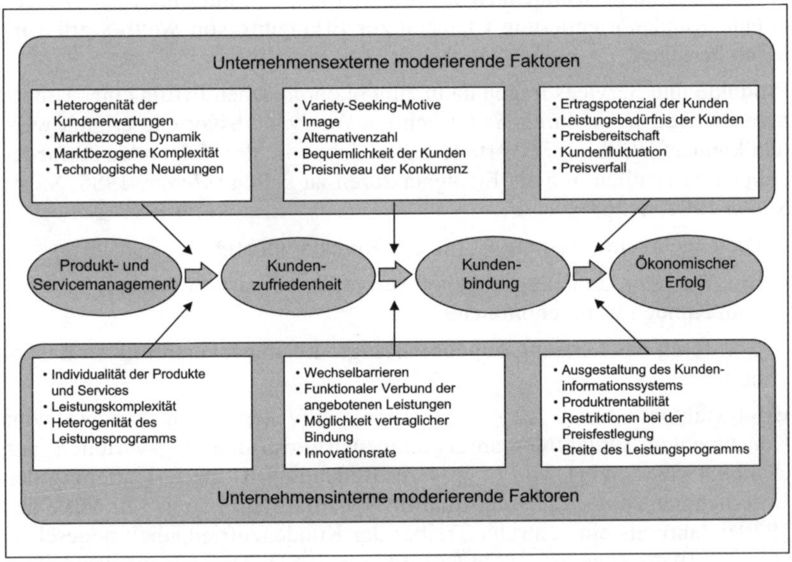

Schaubild 2–2: Erfolgskette des Produkt- und Servicemanagements

Wesentlich bei der Betrachtung der Erfolgskette ist der **Zusammenhang zwischen anbieter- und kundenbezogenen Größen**. Auf der einen Seite ist zu untersuchen, mit welchen unternehmerischen Maßnahmen (Input) welche psychologischen Wirkungen beim Kunden sich in welchem Ausmaß erzielen lassen. Auf der anderen Seite ist zu eruieren, welche Verhaltenswirkungen beim Kunden zu welchen ökonomischen Erfolgswirkungen (Output) führen. Während die Input- und Outputfaktoren des Unternehmens jeweils prinzipiell auf einer Ebene angesiedelt sind, sind die Zusammenhänge zwischen den psychologischen und den Verhaltenswirkungen beim Kunden häufig komplexer.

Die Plausibilität dieser Erfolgskette des Produkt- und Servicemanagements hat dazu geführt, dass in den letzten Jahren zahlreiche Unternehmen intensive Bemühungen um die Sicherstellung einer hohen Qualität unternommen haben. Allerdings handelt es sich bei den Wirkungen innerhalb der Erfolgskette um **keine allgemein gültigen Zusammenhänge** (*Bruhn* 2006a, S. 11f.). Nicht jede Qualitätsverbesserung führt zu einer Erhöhung der Kundenzufriedenheit, nicht jede Zufriedenheitssteigerung zu einer besseren Kundenbindung und nicht jede Erhöhung der Kundenbindung zu einer Erfolgssteigerung.

Dies ist vor allem auf **moderierende Faktoren** zurückzuführen, durch die die einzelnen Kettenglieder beeinflusst werden. Es lassen sich unternehmensexterne und -interne moderierende Faktoren unterscheiden. Auf Seiten der unternehmensexternen Faktoren kann beispielsweise die Heterogenität der Kundenerwartungen dazu führen, dass es sich als unmöglich erweist, mit einer produktspezifischen Maßnahme eine generelle Verbesserung der Kundenzufriedenheit zu erreichen. Weiterhin führt eine höhere Kundenzufriedenheit nicht zwangsläufig zu Kundenbindung. Vielmehr können etwa Variety-Seeking-Motive einer gesteigerten Kundenbindung entgegenwirken. Schließlich wird der ökonomische Erfolg eines Unternehmens u.a. auch davon abhängig sein, ob die Kunden in der Lage oder bereit dazu sind, die vom Unternehmen festgelegten Preise zu bezahlen. Auf Seiten der unternehmensinternen Faktoren können z.B. die Individualität der Leistung, die Möglichkeit vertraglicher Bindungen oder die Breite des Leistungsangebotes einem idealtypischen Durchlaufen der Erfolgskette entgegenstehen.

Für das Produkt- und Servicemanagement ist eine **branchen- und unternehmensspezifische Anpassung** der Erfolgskette notwendig, d.h., es ist im Einzelnen zu prüfen, welche vorökonomischen Größen bei einem bestimmten Unternehmen oder in einer bestimmten Branche den ökonomischen Erfolg bestimmen. So werden in der Konsumgüterbranche andere Größen als in der Industriegüterbranche relevant sein.

Schaubild 2–3 zeigt beispielhaft eine **markenbezogene Erfolgskette**, die sich als Ausgangsbasis für eine Erfolgskette in Konsumgüterbranchen verwenden lässt und der hohen Bedeutung von Marken in diesen Branchen gerecht wird. In dieser Erfolgskette werden diejenigen Konstrukte als konsumentenbezogene Markenziele aufgeführt, die den ökonomischen Erfolg auf der Anbieterseite in Form des Markenwertes bestimmen.

Die konsumentenbezogenen Markenziele sind vorökonomische Größen und reflektieren die **Stärke einer Marke** im Hinblick auf verschiedene psychologische Zielgrößen (vgl. zur Messung von psychologischen Zielgrößen in Abschnitt 8.4.1). Der **Markenwert** auf der Anbieterseite ist jener Teil des finanziellen Gewinns, der auf die Markierung zurückzuführen ist (vgl. Überblick über die verschiedenen Verfahren der Markenwertrechnung in Abschnitt 8.4.3). Beide Perspektiven sind insofern miteinander verknüpft, dass die Markenstärke den Markengewinn determiniert, d.h., dass eine starke Marke in den Köpfen der Konsumenten eine Voraussetzung für den ökonomischen Erfolg des Markenanbieters darstellt. Auch der Wert einer Marke ist im Kern **konsumentenbezogen,** im Sinne einer komplexen, nachhaltigen, einzigartigen sowie positiv-gerichteten Assoziationsstruktur, die durch sämtliche Unternehmensaktivitäten geprägt wird.

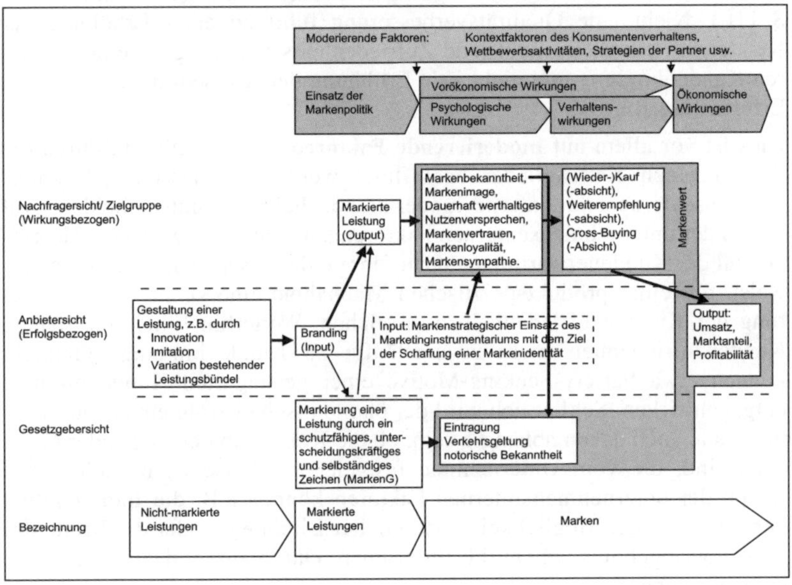

Schaubild 2–3: Markenrelevante Erfolgskette (Bruhn 2004)

Die Analyse der Wirkungen innerhalb einer Erfolgskette unter Berücksichtigung der entsprechenden moderierenden Faktoren ermöglicht ein spezifisches Management der Erfolgskette, bei dem sowohl die Nachfrager- als auch die Anbieterperspektive Berücksichtigung finden. Auch wenn keine allgemein gültige Erfolgskette des Produkt- und Servicemanagements aufzustellen ist, so lässt sich doch eine grundsätzliche Struktur definieren. Die **Grundstruktur der Erfolgskette des Produkt- und Servicemanagements** besteht aus vier Gliedern (*Bruhn/Hennig-Thurau/Hadwich* 2004, S. 401ff.):

(1) Leistungsangebot,
(2) Psychologische Wirkungen,
(3) Verhaltenswirkungen,
(4) Ökonomische Wirkungen.

Im Folgenden werden diese vier Kategorien näher erläutert und jeweils jene Erfolgsgrößen darunter behandelt, die in Theorie und Praxis weite Verbreitung gefunden haben. Diese sind daher als mögliche Ansatzpunkte für die unternehmensspezifische Bestimmung einer Erfolgskette des Produkt- und Servicemanagements zu verstehen.

(1) Leistungsangebot

Im Rahmen des Leistungsangebotes sind Leistungen z.B. durch Innovation, Imitation oder Bündelung bestehender Leistungen festzulegen. Darüber hinaus sind die Voraussetzungen dafür zu schaffen, dass sich die Leistung am Markt erfolgreich durchsetzt, d.h., hinsichtlich der psychologischen (z.B. Bekanntheit, Produkt- und Serviceimage) und ökonomischen (z.B. Marktanteil, Distributionsgrad) Ziele ein definiertes Niveau erreicht. Hierfür ist ein systematisches Absatzkonzept notwendig, d.h., dass ein kombinierter und aufeinander abgestimmter Einsatz der Marketingmixinstrumente, wie Produkt-, Service-, Preis-, Kommunikations- und Vertriebspolitik erfolgt. Durch den Einsatz dieser Instrumente der Marktbearbeitung gibt der Anbieter ein Versprechen, das eine dauerhaft werthaltige, Nutzen stiftende Wirkung erzielt. Das Versprechen kann sich dabei z.B. auf die Leistungs- und Servicequalität, den Preis sowie die Ubiquität beziehen. Diese psychologischen Wirkungsgrößen sollen im Folgenden diskutiert werden.

(2) Psychologische Wirkungen

In der Literatur wird eine Vielzahl von psychologischen, teilweise nur schwer voneinander abgrenzbaren Wirkungsdimensionen unterschieden. Zu den zentralen Größen gehören:

- Bekanntheit,
- Image,
- Wahrgenommene Qualität,
- Wahrgenommener Wert,
- Vertrauen,
- Kundenzufriedenheit.

Bekanntheit

Die Bekanntheit einer Leistung bzw. Marke definiert den ersten Knotenpunkt des konsumentenseitigen Wissensnetzwerkes. Sie reflektiert die Fähigkeit des Kunden, eine Leistung bzw. Marke unter verschiedenen Umständen zu identifizieren. Die Generierung von Bekanntheit bedeutet, einer Leistung eine Identität zu geben, in dem die Markierungselemente Name, Logo usw. mit einer Leistungskategorie und damit verbundenen Kauf- und Nutzungssituationen verbunden werden. Nur wenn Bekanntheit grundsätzlich vorhanden ist, kann ein Konsument weitere Assoziationen bilden und sinnvoll speichern (*Aaker* 1992, S. 84). Die Verwendung von auf den Bekanntheitsgrad bezogenen Erfolgsgrößen weist den Vorteil auf, dass die dafür erforderlichen Daten relativ zeit- und kostengünstig ermittelt werden können. Hierin dürfte der Hauptgrund für die weite Verbreitung derartiger Erfolgsgrößen, insbesondere in der Unternehmenspraxis, liegen. Allerdings zeigen Untersuchungen, dass die Bekanntheit als einzelne Größe nur selten einen erfolgskritischen Bezug im Sinne der Erfolgskette aufweist. Der Bekanntheitsgrad korreliert nur schwach mit nachgelagerten Größen (z.B. Kaufwahrscheinlichkeit) oder monetären Größen in Form einer zusätzlichen Zahlungsbereitschaft (*Keller* 2003). Das bedeutet, eine Bekanntheit ist zwar notwendig, aber häufig nicht hinreichend, um ein Wertpotenzial aufzubauen (Insert 2–1).

Beispiel: Bekanntheit von Coca-Cola

Die Marke *Coca-Cola* verfügt seit Jahren über einen Bekanntheitsgrad in der Weltbevölkerung, der über 90 Prozent liegt. Die weitere Erhöhung des Bekanntheitsgrades ist jedoch aufgrund auftretender Sättigungserscheinungen, z.B. durch die mangelnde kommunikative Erreichbarkeit bestimmter Konsumenten, nicht oder nur mit erheblichem Aufwand zu realisieren.

Insert 2–1: Bekanntheitsgrad der Biermarke Warsteiner (Lebensmittel Zeitung, 02.09.2005, S. 13)

Image

Das Konzept des Images ist altbekannt – auch wenn es keine klare Übereinstimmung darüber gibt, was das Image eigentlich enthält und vor allem wie es zu messen ist (*Gardner/Levy* 1955; *Dobni/Zinkhan* 1990; *Keller* 2003). Unter Image ist ein Set von wahrgenommenen und im Gedächtnis gespeicherten Assoziationen zu verstehen, die mit der Bekanntheit verknüpft sind. Diese Assoziationen kommen in jeder Form vor und reflektieren die direkten Charakteristika einer Leistung oder auch Aspekte, die sowohl abhängig als auch unabhängig von der eigentlichen Leistung sind und/oder die Bedeutung der Leistung für den Kunden widerspiegeln. Sie bestehen aus einer Vielzahl von Ideen, Fakten, Erinnerungen und bilden ein solides, komplexes Netzwerk an Wissen. In Schaubild 2–4 ist beispielhaft ein solches Netzwerk für die Schokoladenmarke Milka abgebildet. Zu den mit einer Leistung verbundenen Assoziationen gehören die bildlichen Vorstellungen der Konsumenten von der Leistung, die Produkt- und Serviceeigenschaften, das Umfeld, in dem die Leistung genutzt wird, Assoziationen zum Unternehmen sowie mit der Leistung verbundene Symbole. Ein großer Teil der Leistungspflege besteht darin festzulegen, welche Assoziationen zu entwickeln sind und dann Programme zu schaffen, die diese Assoziationen mit der Leistung verbinden.

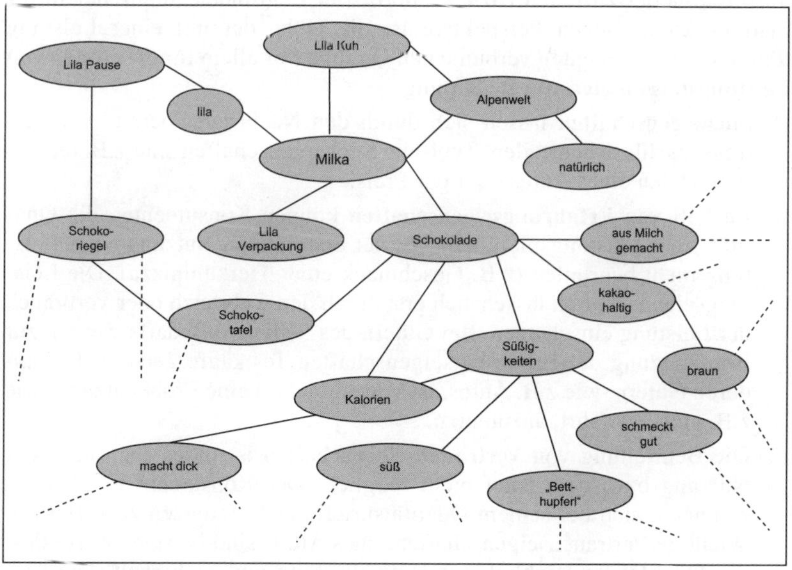

Schaubild 2–4: Semantisches Netzwerk zur Schokoladenmarke Milka (Esch 2004, S. 66)

Beispiel: Image als Kaufkriterium in der Automobilbranche

Einer Studie der Unternehmensberatung *Simon-Kucher & Partner* zufolge sind für Autokäufer das Image der Marke, das Preis-Leistungs-Verhältnis oder die positive

Erfahrung mit Marke oder Modell von größter Kaufentscheidungsrelevanz. Gleichzeitig spielt die wahrgenommene Qualität, Nähe zum Fahrzeughändler oder zur Werkstatt, Unterschiede in der Fahrzeugausstattung und die Verfügbarkeit von Ersatzteilen eine wesentliche Rolle bei der Vermarktung eines Fahrzeugs (http://www.automobilindustrie.de/news/ai_beitrag_2221446.html, Zugriff: 10.11.2005).

Wahrgenommene Qualität

Die wahrgenommene Qualität beschreibt eine subjektive, ganzheitliche und vergleichsweise stabile Beurteilung einer Leistung bzw. Marke durch den Kunden aufgrund seiner bisherigen Erfahrungen und Eindrücke (*Bruhn* 2000). Zahlreiche empirische Untersuchungen belegen, dass eine Verbesserung der Produkt- bzw. Servicequalität zu einer Steigerung der Kundenzufriedenheit führen kann (*Hadwich* 2003, S. 74f.). Darüber hinaus beeinflussen Qualitätsverbesserungen die Rentabilität (gemessen als Ertrag des investierten Kapitals und als Aktienrendite).

Für den Erfolg einer Leistung ist es von grundlegender Bedeutung, dass diese durch die Maßnahmen des Produkt- und Servicemanagements im Bewusstsein der Konsumenten als etwas verankert wird, das über eine hohe Qualität verfügt und alternativen Leistungsangeboten überlegen ist. Qualität gilt als ein konstitutives Merkmal einer Marke. Dem kundenseitigen Qualitätsverständnis entsprechend ist es insofern Aufgabe des Anbieters, die überlegene Fähigkeit einer Leistung zur Befriedigung der Kundenbedürfnisse herauszustellen (*Bruhn* 2006). Bei Zugrundelegung einer informationsökonomischen Perspektive ist die Höhe der mit einer Leistung durch den Konsumenten verbundenen Qualität vor allem für drei **Arten von Leistungsmerkmalen** von Bedeutung:

(1) **Sucheigenschaften** lassen sich durch den Nachfrager bereits vor Vertragsabschluss beurteilen. Typische Sucheigenschaften sind z.B. technische Daten eines Autos oder der Preis.

(2) Im Fall von **Erfahrungseigenschaften** können Konsumenten die Qualität eines Leistungsmerkmals vor der erstmaligen Nutzung einer Leistung nicht beurteilen (z.B. Geschmack einer Tiefkühlpizza). Die Leistungseigenschaften lassen sich erst durch den Gebrauch oder Verbrauch der Leistung einschätzen. Bei Gütern des täglichen Bedarfs werden zur Einschätzung der Erfahrungseigenschaften Testkäufe getätigt. Bei anderen Gütern, wie z.B. Autos, ist von Anbietern eine Probenutzung, wie z.B. eine Testfahrt, anzubieten.

(3) Die Beurteilung von **Vertrauenseigenschaften** ist indes auch nach der Nutzung bzw. dem Kauf nicht möglich. Der Konsument ist also gezwungen, sich bei seinem Qualitätsurteil auf Referenzen zu verlassen. Wichtige Vertrauenseigenschaften eines Autos sind beispielsweise dessen Qualität im Hinblick auf Umweltschutz und Sicherheit. Die Einschätzung der Qualität einer Leistung auf Grundlage des durch den Anbieter geschaffenen Images ist in diesem Fall durch Wettbewerber nur schwer angreifbar.

Es wird deutlich, dass die konsequente Vermittlung einer hohen Qualität von zentraler Bedeutung für den Erfolg einer Leistung bzw. Marke darstellt. Konsumenten kaufen eine Leistung, weil diese über eine überlegene

Qualität verfügt bzw. weil sie annehmen, dass dies der Fall ist. Dies gilt insbesondere dann, wenn sich die Qualitätsbeurteilung auf Vertrauenseigenschaften des Produktes bezieht, deren Qualität durch den Konsumenten und durch Dritte nur begrenzt in Frage zu stellen ist.

Beispiel: Wahrgenommene Qualität als Ziel der Produktentwicklung des Zafira

Die Techniker und Designer von *Opel* legten bei der Entwicklung des Automodells *Zafira* besonderen Wert auf die „wahrgenommene Qualität". Mit größter Sorgfalt wurde festgelegt, welche Materialien im neuen Zafira wo eingesetzt und wie die Teile miteinander zu kombinieren sind. Dann stimmten die Designer ihre Gestaltung in allen Details darauf ab. Besondere Aufmerksamkeit wurde zentralen Bereichen wie dem fahrerorientierten Cockpit oder häufig betätigten Schaltern geschenkt. Einheitliche Testvorgaben für jedes Element stellten sicher, dass höchste optische und haptische Ansprüche erfüllt werden. Denn nur wenn der visuelle Eindruck und die tatsächliche, gefühlte Rückmeldung eine Einheit bilden, entsteht ein stimmiger, hochwertiger Qualitätseindruck (http://www.autointell.de/News-deutsch-2005/Mai 2005/Mai-2005–1/M-03–05-p10.htm, Zugriff: 20.11.2005).

Wahrgenommener Wert

Während die wahrgenommene Qualität eine Beurteilungsgröße nach Effektivitätsgesichtspunkten darstellt, werden beim vom Kunden wahrgenommenen Wert Effizienzüberlegungen zugrunde gelegt. Es lassen sich vier **Formen des wahrgenommenen Wertes** differenzieren (*Zeithaml* 1988, S. 13ff.):

(1) Zunächst lässt sich der wahrgenommene Wert unter Vernachlässigung der Nutzenkomponente als **Preis**, d.h., lediglich ausgehend von den wahrgenommenen Opfern und hierbei nur bei einer Betrachtung des Preises in Form von Günstigkeit interpretieren.

(2) Eine weitere Interpretation basiert auf der Überbewertung der Nutzenkomponente, indem wahrgenommener Wert als **Nutzen** aus der Leistungsinanspruchnahme definiert wird.

(3) Darüber hinaus wird der wahrgenommene Wert auch als **Nutzen bei gegebenem Preis** angesehen.

(4) Schließlich ist der wahrgenommene Wert als **Preis-Leistungs-Verhältnis** interpretierbar.

Die dritte und vierte Interpretationsform stellt die Basis für die am häufigsten anzutreffende **Definition des wahrgenommenen Wertes** dar. Der wahrgenommene Wert wird generell definiert als das Verhältnis aus dem vom Kunden wahrgenommenen Nutzen und dem wahrgenommenen Aufwand (*Zeithaml* 1988; *Monroe* 1991).

Dem vom Kunden **wahrgenommenen Nutzen** wird vor allem die wahrgenommene Leistungsqualität zugeschrieben. Der Nutzen setzt sich aus einer hierarchischen Gliederung verschiedener Teilnutzen additiv zusammen. Grundnutzen und Zusatznutzen bilden dabei zusammen den Gesamtnutzen. Der Grundnutzen spiegelt dabei die aus den physisch-funktionalen Eigenschaften eines Produktes resultierende Bedarfsdeckung wider. Der Zusatznutzen lässt sich in Erbauungsnutzen und Geltungsnutzen unterscheiden. Der Erbauungsnutzen ergibt sich als Bedarfsdeckung aus den ästhetischen Eigenschaften eines Produktes (z.B. Form, Farbe, Geruch). Der Geltungsnutzen ist die aus den sozialen Eigenschaften (z.B. Prestige) eines Produktes resultierende Bedarfsdeckung.

Der vom Kunden **wahrgenommene Aufwand** beinhaltet sämtliche Kosten, die mit dem Kauf einer Leistung verbunden sind. Hierzu sind neben Such-, Akquisitions-, Transport-, Installations-, Wartungs-, Fehlerrisiko- und Qualitätsfehlerkosten vor allem der Preis für die genutzten Leistungen zu zählen (*Ravald/Grönroos* 1996).

Beispiel: Negativ wahrgenommener Wert im Automobilmarkt

Da es sich bei Autos um hochpreisige Produkte handelt, haben Konsumenten während des Kaufentscheidungsprozesses und auch während der gesamten Nutzungsdauer eines Fahrzeugs ein sehr hohes Involvement. Für die Generierung und den Erhalt einer Preisakzeptanz auf Seiten der Kunden stellt die hohe Qualität eine Nutzendimension und somit eine Art „Hygienefaktor" dar. Die Praxis zeigt, dass Autohersteller in den letzten Jahren die technische Zuverlässigkeit zugunsten von Innovationen zurückgestellt haben. Aus mangelnder Serienreife und den damit einhergehenden Pannen bzw. Rückrufaktionen ergab sich für Autokunden ein als „negativ wahrgenommener Nutzen", der in teilweise massiver Kundenunzufriedenheit mündete. Gerade deutsche Automobilhersteller von Premiummarken haben dies erkannt und reduzieren ihre Technologieoffensive, um gerade den „Hygienefaktor" Qualität wieder uneingeschränkt zu erfüllen (*Aga/Sander* 2004).

Vertrauen

Das Vertrauen des Kunden in eine Leistung bzw. Marke kennzeichnet die positive Erwartung des Kunden bezüglich des zukünftigen Verhaltens des Anbieters (*Sirdeshmukh et al.* 2002). Diese positive Erwartung basiert auf einer Bewertung der **Leistungsfähigkeit** des Unternehmens (Competence) und dessen **Leistungswilligkeit** (Benevolence) als Dimensionen von Vertrauen (*Sirdeshmukh et al.* 2002). Vertrauen beeinflusst die Bindungsbereitschaft des Kunden an ein Unternehmen, da der Aufbau von Vertrauen hilft, das Risiko von Käufen zu vermindern und dabei die Kosten und Mühen, die für den Kunden mit einem Kauf verbunden sind, zu senken. Vor allem bei Leistungen mit einem hohen Anteil von Vertrauenseigenschaften, die auch nach dem Kauf und Konsum der Leistung nicht zweifelsfrei beurteilt werden können, besteht beim Kunden ein hohes Risikoempfinden. Das Vertrauen, das einer Leistung entgegengebracht wird, ist wesentlich durch die Qualitätskonstanz geprägt. Die Vermittlung einer hohen Qualitätskonstanz dient dazu, das Vertrauen der Kunden bezüglich einer Leistung zu gewinnen und diese zum (Wieder-) Kauf der Leistung zu bewegen.

Kundenzufriedenheit

Die Kundenzufriedenheit steht im Hinblick auf ihre Konzeptionalisierung eng mit der Leistungsqualität in Zusammenhang. Kundenzufriedenheit wird definiert als der Abgleich zwischen den Kundenanforderungen (Kundenwünsche, Kundenerwartungen) und der Wahrnehmung der vom Unternehmen gelieferten Leistung (*Oliver* 1996, S. 11f.). Demnach bezieht sich auch die Kundenzufriedenheit auf die Kundenerwartungen. Während bei der Leistungsqualität der Erwartungs-Wahrnehmungs-Abgleich von einzelnen Leistungsmerkmalen eine Rolle spielt, betrifft die Kundenzufriedenheit den Grad der Erfüllung der Kundenerwartungen, wie er vom Kunden insgesamt empfunden wird.

Zur Erklärung der Entstehung von Kundenzufriedenheit wird meist das so genannte **(Dis-)Confirmation-Paradigma** herangezogen (*Oliver* 1996, S. 98ff.). Diesem Paradigma zufolge liegt Kundenzufriedenheit genau dann vor, wenn die Kundenerwartungen durch die gelieferte Leistung erfüllt werden. Im Falle einer Über- bzw. Untererfüllung der Kundenerwartungen wird von Begeisterung bzw. Unzufriedenheit gesprochen.

Beispiel: Kundenzufriedenheit in der Automobilindustrie

Nach der von *J. D. Power and Associates* in Deutschland durchgeführten „Customer Satisfaction Index Study 2005" (CSI) liegt die Marke *Toyota* hinsichtlich der allgemeinen Kundenzufriedenheit bereits im vierten Jahr in Folge ganz vorne. *Toyota*-Modelle gewinnen in fünf von sieben Fahrzeugsegmenten, während sich *BMW* und *Mercedes-Benz* die zwei übrigen Segmente sichern. Die Gewinner der einzelnen Segmente sind *Toyota Yaris Verso* (Kleinwagen), *Toyota Corolla* (Kompaktklasse), *Toyota Avensis* (Mittelklasse), *BMW* 5er (Oberklasse), *Mercedes-Benz CLK* (Sportwagen), *Toyota Corolla Verso* (Vans) und *Toyota RAV4* (Geländewagen). In der Studie wird die allgemeine Zufriedenheit von deutschen Autofahrern mit durchschnittlich zwei Jahre alten Fahrzeugen gemessen. Die Messung der Kundenzufriedenheit erfolgt auf Basis von Antworten zu Fragen in vier Hauptkategorien, die zusammen 77 Einzelaspekte umfassen: Qualität und Zuverlässigkeit (30 Prozent Gewichtung), Attraktivität des Fahrzeugs (25 Prozent), Zufriedenheit mit dem Vertragshändler (23 Prozent) und Unterhaltskosten (22 Prozent) (http://www.automobilindustrie.de/news/ai_beitrag_1994979.html, Zugriff: 10.11.2005).

Auch wenn Zufriedenheit einen bedeutenden **Einflussfaktor des Wiederkaufverhaltens** darstellt, sind zufriedene Kunden nicht zwangsläufig loyale Kunden. Eine Studie in der Automobilindustrie zeigt beispielsweise, dass lediglich ca. ein Drittel der zufriedenen Kunden die gleiche Marke wiederkaufen (*Reichheld* 1996). Während die Zufriedenheit kein Garant für die Kundenbindung ist, bedeutet eine starke Unzufriedenheit fast immer das Ende einer Beziehung (*Mittal/Lassar* 1998, S. 193; *Oliver* 1999). Deshalb scheint die Kundenzufriedenheit eine zentrale Voraussetzung für die Kundenbindung zu sein. Dabei ist allerdings zu berücksichtigen, dass es eine Reihe von **moderierenden Variablen** gibt, die den Zusammenhang zwischen Kundenzufriedenheit und Kundenbindung beeinflussen. Dies sind u.a. das Wettbewerbsumfeld, das Bedürfnis nach Abwechslung (Variety Seeking), die Bequemlichkeit des Kunden und die Anbieteraktivitäten.

Darüber hinaus hängt die Bindungswirkung der Kundenzufriedenheit entscheidend von der **Intensität der Zufriedenheit** ab. Kunden sind zu begeistern und nicht nur zufrieden zu stellen, um eine hohe Wiederkaufbereitschaft zu bewirken (*Meyer/Dornach* 1999, S. 89).

Beispiel: Einfluss der Kundenzufriedenheit auf Kundenbindung bei Rank Xerox

Analysen bei *Rank Xerox* belegen, dass die Wahrscheinlichkeit des Wiederholungskaufes bei Kunden, die mit dem Unternehmen sehr zufrieden waren, wesentlich höher ausfällt als bei Kunden, die gegenüber dem Unternehmen „lediglich" Zufriedenheit signalisieren (*Heskett* et al. 1994, S. 53).

(3) Verhaltenswirkungen

Auf Basis der zuvor dargestellten psychologischen Wirkungen bildet der Konsument ein Evoked Set, das eine begrenzte, klar profilierte Zahl von Alternativen enthält. Aus dem Evoked Set wird eine Alternative ausgewählt. Dabei prüft der Konsument anhand von Schlüsselinformationen, ohne extensive Prüfprozesse durchzuführen oder situative Entscheidungsregeln zu entwickeln. Die Verhaltensabsicht beschreibt das Ergebnis dieses Entscheidungsprozesses.

Im Rahmen des Kaufverhaltens von Konsumenten steht insbesondere die **Kundenbindung** im Mittelpunkt der Diskussionen. Dabei bestehen unterschiedliche Auffassungen über die Kundenbindung: Während einige Definitionen ausschließlich auf das Verhalten der Kunden abstellen („Customer Retention"; *Anderson/Fornell/Rust* 1997), gehen andere Autoren davon aus, dass zugleich auch eine positive Einstellung des Kunden zum Anbieter vorhanden zu sein hat, damit „wahre" Kundenbindung vorliegt („Customer Loyalty"; *Hennig-Thurau/Gwinner/Gremler* 2002). Im Folgenden wird Kundenbindung als Verhaltensabsicht sowie als tatsächliches Verhalten eines Kunden gegenüber einem Anbieter oder dessen Leistungen aufgefasst, das sich in folgenden Verhaltensweisen widerspiegelt:

- Wiederwahl (Markentreue),
- Cross Buying,
- Geringe Wechselbereitschaft,
- Mund-zu-Mund-Kommunikation,
- Preistoleranz.

Die **Wiederwahl** bezeichnet das Vorhaben eines Konsumenten, die Leistung eines Anbieters im Sinne einer Transaktion bei der nächsten Gelegenheit erneut in Anspruch zu nehmen. Die Wiederwahl gibt somit die Treue des Kunden gegenüber einer Marke wieder (Insert 2–2).

Cross Buying gibt an, inwiefern ein Kunde neben der eigentlichen Einstiegs- bzw. Kernleistung auch andere, mit der Kernleistung verbundene Leistungen des Unternehmens in Anspruch nimmt (Verbundkauf). Das Cross-Buying-Verhalten drückt eine Ausweitung der Geschäftsbeziehung und damit eine Intensivierung der Beziehung aus. Der Kunde ist hier nicht nur in Bezug auf eine einzelne Leistung, sondern hinsichtlich des Anbieters treu.

Beispiele zum Cross Buying

Beispiele für Cross Buying sind der Kauf eines Shampoos beim Friseurbesuch, der Kauf eines Getränkes während einer Zugfahrt und der Abschluss einer Wertpapieranlage zusätzlich zum Girokonto.

Eine **geringe Wechselbereitschaft** stützt implizit die Verbindlichkeit einer geäußerten Wahlabsicht. Die Wechselbereitschaft drückt die Stabilität einer Beziehung aus. Sie gibt an, ob Konsumenten trotz einer hohen Kundenbindung auch die Aufnahme einer Geschäftsbeziehung mit den Wettbewerbern in Betracht ziehen bzw. ob Kunden in einer bestehenden Geschäftsbeziehung die Bereitschaft zur Abwanderung zur Konkurrenz zeigen.

Beispiel: Wechselbereitschaft von Automobilkunden

Die Wechselbereitschaft von Kunden bei elf Kombimodellmarken zeigt Schaubild 2–5. Die Gruppe der Begeisterten und die Gruppe der Zufriedenen lassen sich von Wettbewerbern gar nicht oder nur sehr schwer erreichen. Im Gegensatz dazu sind die tendenziell Wechselbereiten und stark Wechselgefährdeten für Wettbewerber re-

Am Puls des Verbrauchers

MARKENKLIMA-INDEX – Die Markentreue der Konsumenten hat leicht zugenommen. Lag der Markentreue-Index im vergangenen Herbst noch bei 2,7 (auf einer Skala von 1 für gar nicht markentreu bis 10 für absolut markentreu), so rangierte er im Februar 2005 bei 2,9. Erhoben wird die Treue im Rahmen der Markenklima-Index-Studie, die gemeinsam vom Marktforschungsinstitut Enigma GfK und der Organisation der Media-Agenturen im GWA (OMG) entwickelt wurde. Am größten ist die Markenbindung bei Kosmetik, Körperpflege und Düften, bei Autos und bei Bier, Wein und Spirituosen. Am niedrigsten ist der Index-Wert derzeit bei Computern und Zubehör, bei Möbeln, Küchen und Einrichtungen sowie kleineren Elektrogeräten. Neben dem Markentreue-Index wurde auch ein Preisaffinitäts-Index erhoben. Die Preisaffinität erweist sich als am größten bei kleineren Elektrogeräten, Putz- sowie Reinigungsmitteln und am geringsten bei Bier, Wein, Spirituosen und Autos. Hohe Preisaffinität heißt dabei, dass die Konsumenten über eine geringe Bindung zur Marke verfügen.

Guerlain: Die Bereitschaft der Kunden, sich an Marken zu binden, ist leicht gestiegen.

Kontakt: www.omg-online.de

Insert 2–2: Markentreue von Konsumenten (absatzwirtschaft, Nr. 5, 2005, S. 61)

lativ leicht erreichbar. Diese Kundengruppe stellt somit das Akquisitionspotenzial dar. Es zeigt sich z.B., dass etwa 15 Prozent der *Audi*- und *Passat*-Fahrer von ihren Fahrzeugen begeistert sind. Über 64 Prozent der *C-Klasse*-Fahrer sind hingegen zumindest tendenziell bereit, beim nächsten Mal ein anderes Modell zu wählen (*Hinzdorf et al.* 2003, S. 14).

Die **Mund-zu-Mund-Kommunikation** bezeichnet das Kommunikationsverhalten des Kunden gegenüber anderen (potenziellen) Kunden im Hinblick auf die betrachteten Anbieter und seine Leistungen (Insert 2–3). Dabei wird davon ausgegangen, dass ein Kunde, der positive Mund-zu-Mund-Kommunikation für einen Anbieter betreibt, tatsächlich **ver**bunden ist und nicht lediglich durch Rahmenbedingungen oder Wechselbarrieren **ge**bunden ist und damit an einem Anbieterwechsel gehindert wird.

Die **Preistoleranz** bringt zum Ausdruck, dass loyale Kunden bereit sind, für die von ihnen in Anspruch genommenen Leistungen Preiserhöhungen zu tolerieren.

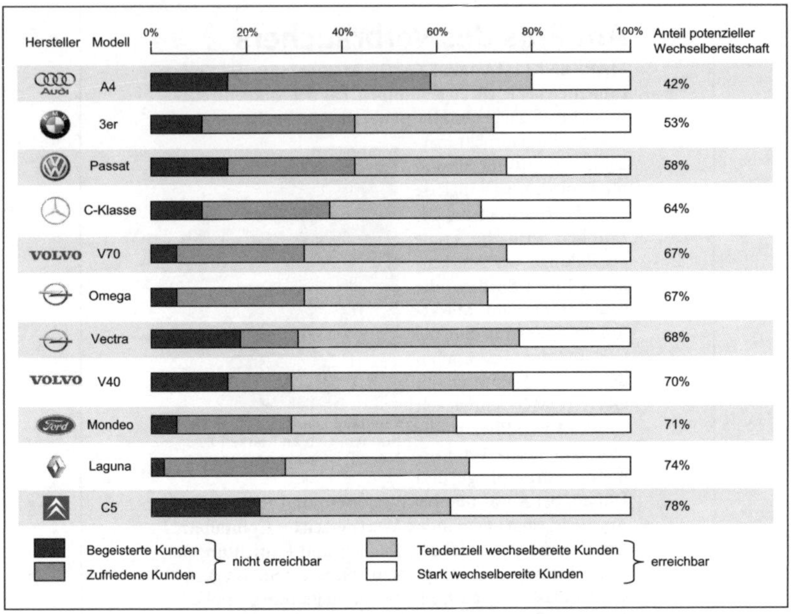

Schaubild 2–5: Anteile wechselbereiter Kunden von Kombimodellmarken (Hinzdorf et al. 2003, S. 14)

Kunden werden zu Verkäufern

PEER-TO-PEER-VERTRIEB – Neun von zehn Personen fragen bei Kaufentscheidungen Freunde und Bekannte um Rat, fast jeder Dritte tut dies des Öfteren. Beste Voraussetzungen für den Aufbau eines Peer-to-Peer-Vertriebs. Es handelt sich dabei um ein Modell, bei dem Unternehmen gezielt ihre Produkte auch über Privatpersonen absetzen, welche sie wiederum in ihrem sozialen Umfeld als nicht gewerbliche Werber vertreiben oder empfehlen. Dass die Käufer nicht nur Wert auf den Rat von Freunden legen, sondern auch bei ihnen kaufen würden, zeigt eine Studie der MP Marketing Partner AG in Wiesbaden. Rund drei Viertel aller 500 Befragten können sich vorstellen, Produkte oder Dienstleistungen direkt über Bekannte zu erwerben. Betrachtet man hierbei nur die Frauen, liegt die positive Resonanz sogar bei 80 Prozent; bei Männern sind es 65,9 Prozent. Eine beachtliche Zustimmung erreichte mit 73 Prozent zudem die Frage, ob es vorstellbar sei, Produkte oder Dienstleistungen bei einer dritten Person zu erwerben, die von einem Freund oder Bekannten empfohlen wurde. Fachkompetenz ist dabei die wichtigste Voraussetzung für den Kauf von Produkten oder Dienstleistungen über Bekannte. Das gaben 72,8 Prozent der Befragten an, gefolgt von Preisvorteilen (50 Prozent) und der Bedingung, den Freund oder Bekannten gut zu kennen (48,9 Prozent). Ebenso würden 47,2 Prozent der Konsumenten bei einer Person kaufen, die durch einen Freund oder Bekannten empfohlen wird, oder sie haben dies bereits getan.

Kontakt: www.marketingpartner.de

Insert 2–3: Wirkung von Weiterempfehlungen (absatzwirtschaft, Nr. 5, 2005, S. 61)

(4) Ökonomischer Erfolg

Das Kauf- und Kommunikationsverhalten schlägt sich schließlich im ökonomischen Erfolg des Anbieters nieder. Als **klassische Kennzahlen** des ökonomischen Erfolgs gelten Umsatz, Absatz, Marktanteil, Gewinn, Deckungsbeiträge usw. Darüber hinaus werden in der Theorie wie auch in der Praxis insbesondere der Markenwert und der Kundenwert diskutiert, auf die deshalb im Folgenden kurz eingegangen wird.

Der **Markenwert** stellt grundsätzlich den mit dem Markennamen oder Markensymbol verbundene Mehrwert einer Leistung dar (*Diller* 1996, S. 82f.; *Oliver* 1996, S. 392). Er resultiert aus den Marketingeffekten, die einzigartig mit einer Leistung verbunden werden – repräsentiert also die vergangenen Investitionen in eine Marke (*Keller* 2003). Der Wert kann als inkrementaler Wert aufgefasst werden, der zwischen einer markierten Leistung und einer unmarkierten Leistung mit den gleichen tangiblen und intangiblen Leistungsmerkmalen besteht (*Aaker* 1992; *Sattler* 1998). Formal kann der Markenwert aus der Subtraktion des Nutzens der konkreten Leistungseigenschaften vom Gesamtnutzen einer markierten Leistung berechnet werden (*Yoo/Donthu/Lee* 2000, S. 195; *Keller* 2003). Dieser ist aber von anderen Ansätzen zur Berechnung eines monetären Markenwertes abzugrenzen, die auf die Ermittlung des finanziellen Mehrwertes einer Marke im Vergleich zu nicht markierten Leistungen abzielen. Bei der Monetarisierung der Erfolgsgrößen steht die Identifikation des Mehrwertes spezifischer Beziehungen und der dahinter stehenden Beziehungsfaktoren im Sinne eines Wertpotenzials im Vordergrund.

Die finanzielle Bewertung einer Beziehung ergibt sich aus den monetären Zahlungen, die ein Kunde resultierend aus einer Beziehung in ein Unternehmen einzahlt (**Kundenwert**). Die Bewertung kann auf Basis einer oder aller vergangenen Perioden und/oder der zukünftig zu erwartenden Einzahlungen erfolgen. Der am weitesten gefasste Ansatz besteht in den Methoden des Customer Lifetime Values (CLV). Formal ergibt sich der CLV aus dem abgezinsten Barwert aller Einzahlungen zum Zeitpunkt t. Kunden werden also nicht nur nach ihrer aktuellen Profitabilität bewertet, sondern nach dem kumulierten Zahlungsstrom, den sie über die Zeit realisieren. Voraussetzung der Kundenwertbetrachtung ist, dass sich die Zahlungen kundenindividuell zuordnen lassen. Der Kundenwert ist deshalb vor allem bei Produkten im höherwertigen Bereich, bei denen der Kunde bekannt ist und sich Zahlungsströme zuordnen lassen, von Bedeutung.

Zusammenfassend bleibt festzuhalten, dass das Produkt- und Servicemanagement seine Aktivitäten an den relevanten vorökonomischen Erfolgsgrößen seines Leistungsangebots auszurichten hat, um eine Steigerung der Kundenbindung und des ökonomischen Erfolgs zu erzielen.

Bei einer **kritischen Würdigung** ist festzuhalten, dass das Management der Erfolgskette ein für viele Anbieter der **Industriegüter- und Dienstleistungsbranchen** seit langem bekanntes Konzept darstellt: stabile und langfristige Kundenbeziehungen sind zentrale Voraussetzungen für den Unternehmenserfolg. Dabei resultiert die Bedeutung dieses Konzeptes für Industriegüter- und Dienstleistungsunternehmen vor allem daraus, dass sie eine systematische Auseinandersetzung mit den Anforderungen angestoßen hat, die aus einer Orientierung der marktbezogenen Aktivitäten eines Unternehmens an langfristigen Geschäftsbeziehungen mit Kunden entstehen.

Für die **Konsumgüterbranche** hat das Erfolgskettenmanagement einen weitaus größeren Neuigkeitsgrad (*Sheth/Parvatiyar* 1995). Konsumgüterunternehmen orientieren sich anders als Dienstleistungs- und Industriegüterunternehmen nicht an längerfristigen Geschäftsbeziehungen und am

Wert ihrer einzelnen Kunden, sondern an ihren Produkten. Das Ausmaß an Interaktivität und Integration ist bei Konsumgüterunternehmen üblicherweise stark beschränkt (*Sirgy/Lee* 1994), was den Aufbau von langfristigen Kundenbeziehungen erschwert. Im Vordergrund stehen in der Regel die einzelnen Transaktionen im Sinne der Initiierung einzelner Kaufabschlüsse („Transaktionsmarketing"). Dennoch stellt die Bindung von Kunden auch für Konsumgüterhersteller eine wichtige Orientierungsgröße dar. Diese wird durch eine Bindung von Kunden an eine Marke angestrebt, was sich in der Markenliteratur in der Diskussion der **Markentreue** („Brand Loyalty") wiederfindet (*Jacoby/Chestnut* 1978). Markentreue wird dabei als Ergebnis der markenbezogenen Marketingaktivitäten angesehen, das keine spezifischen Anpassungen des Unternehmenshandelns erfordert, sondern sich als Konsequenz des Aufbaus starker Marken quasi „von selbst" einstellt (*Bruhn/Hennig-Thurau/Hadwich* 2004).

Die **Umsetzung des Managements der Erfolgskette** ist auf Konsumgütermärkten mit zahlreichen Problemen behaftet. Dabei sind Konsumgüterhersteller insbesondere vor die Herausforderung der räumlichen Distanz zwischen Kunden und Anbieter und des damit einhergehenden Informationsdefizits gestellt (*Possekel et al.* 1994). Da Produkte in Konsumgütermärkten überwiegend im indirekten Vertrieb über Absatzmittler angeboten werden, besteht in der Regel kein persönlicher Kontakt zwischen den Unternehmensmitarbeitern und dem Kunden, wie dieses in Dienstleistungs- und Industriegüterbranchen üblich ist. Die Möglichkeiten der Kundeninteraktion und der Integration von Kunden in Wertschöpfungsprozesse ist daher bei Konsumgüterherstellern deutlich eingeschränkt. Darüber hinaus sind die Käufer traditionell anonym, was eine Priorisierung von Kunden und deren individuelle Ansprache erheblich erschwert (*Bruhn/Hennig-Thurau/Hadwich* 2004).

Trotz der genannten strukturellen Barrieren stößt das auf Kundenbindung ausgerichtete Produkt- und Servicemanagement in den letzten Jahren bei zahlreichen Anbietern der Konsumgüterbranche auf starkes Interesse. Dies ist zum einen auf die wachsenden Kosten der Neukundengewinnung und zum anderen auf die Fortschritte im Bereich der Informations- und Kommunikationstechnologien zurückzuführen, die eine zumindest teilweise Überwindung dieser Barrieren ermöglicht. Unternehmen treten heute u.a. über das Internet mit einer großen Zahl an Konsumenten in Verbindung und ergänzen ihr Programm um individualisierte Angebote. Moderne Informationssysteme schaffen dafür die Voraussetzungen, indem sie das Kaufverhalten von Kunden und dessen Nutzung zum Zwecke einer differenzierten Ansprache aufzeichnen.

Die im Rahmen des Managements der Erfolgsketten relevanten Erfolgsgrößen des Produkt- und Servicemanagements werden durch die im Folgenden diskutierten Ansätze zur Analyse von Lebenszyklen einer dynamischen Betrachtung unterzogen.

2.2 Management von Lebenszyklen

2.2.1 Grundlagen des Lebenszykluskonzeptes

Das Lebenszykluskonzept ist seit langen Jahren fester Bestandteil der Auseinandersetzung in Marketingwissenschaft und -praxis geworden. Unter dem Einfluss der angelsächsischen Marketingtheorie hielt das Lebenszykluskonzept in den 1960er Jahren Einzug in die deutsche Marketingtheorie sowie Unternehmenspraxis und wurde auf eine Vielzahl von Untersuchungsobjekten, u.a. auf die Entwicklung von Produkten, Marken, Technologien, Branchen und Märkten übertragen. Das Konzept des Lebenszyklus versucht dabei auf der Grundlage zeitlicher Entwicklungsprozesse strategische Grundsatzentscheidungen zu fundieren sowie Schlussfolgerungen für den Einsatz von Marketinginstrumenten zu ziehen.

> **Lebenszykluskonzepte** gehen davon aus, dass bestimmte Bezugsobjekte (z.B. Marken, Produkte, Branchen) im Zeitablauf einem gesetzmäßigen Verlauf folgen, der natürlichen Organismen ähnelt.

Anknüpfend an einem konkreten Bedürfnis entwickeln sich im Zeitverlauf verschiedene Produkte und Technologien, die besser geeignet sind, das ursprüngliche Bedürfnis zu befriedigen (*Kotler/Bliemel* 2001, S. 572). Diese Entwicklung kann in einem Lebenszyklusmodell abgebildet werden. Das Lebenszyklusmodell lässt sich nicht aus einer geschlossenen Theorie ableiten, sondern ist das Ergebnis einer Vielzahl von empirischen Beobachtungen und vor allem Plausibilitätsüberlegungen. Sowohl eine hinreichende theoretische Fundierung als auch eine ausreichende empirische Bestätigung fehlen jedoch bis heute. Die theoretischen Defizite und die häufig idealtypische Darstellung unterschiedlicher Lebenszyklusmodelle ohne empirische Absicherung und ohne Differenzierung nach verschiedenen Produkttypen führten bereits in den 1970er Jahren zur Kritik in Bezug auf die Anwendbarkeit des Lebenszykluskonzeptes im Rahmen des Produktmanagements (*Dhalla/Yuspeh* 1980; *Kotler/Bliemel* 2001, S. 605).

Das Lebenszyklusmodell dient als **strategisches Analyse- und Prognoseinstrument**, das im Vergleich zu anderen Instrumenten durch die Einbeziehung der Zeit als unabhängige Variable dynamische Aspekte aufweist. Ziel ist es, Gesetzmäßigkeiten für die Entwicklung des zugrunde liegenden Untersuchungsobjektes als abhängige Variable im Zeitablauf zu identifizieren, die zeitliche Entwicklung und die sie kennzeichnenden Phasen sowie deren Einflussgrößen zu charakterisieren und daraus Schlussfolgerungen für die eigene Produkt- und Servicestrategie abzuleiten. Im Einzelnen ermöglichen Lebenszyklusanalysen die spezifische **Betrachtung der folgenden dynamischen Aspekte**:

- Betrachtung zentraler Variablen im Zeitablauf (z.B. Veränderung von Markenbekanntheit und -image im Verlauf der Kalenderwochen),

- Betrachtung von Zeitphasen als „Schlüsselereignisse" für strategische und operative Maßnahmen (z.B. Einführungsphase einer neuen Leistung als typisches Problem des Produkt- und Servicemanagements),
- Betrachtung von „Treibern" für den Verlauf der Lebenszyklen (z.B. hohe Relevanz der Markenbekanntheit in der Markteinführungsphase, d.h. Markenbekanntheit als Treiber des Erstkaufs, sowie hohe Relevanz der Leistungsqualität für die späteren Lebensphasen einer Leistung, d.h. Leistungsqualität als Treiber des Wiederholungskaufs).

In der **Praxis** ist die Anwendung des Lebenszykluskonzeptes jedoch nur bedingt möglich, da die Darstellungen des Lebenszyklus einem idealtypischen Verlauf entsprechen und dieser in der Praxis bei dem zu untersuchenden Objekt meist nicht vorliegt oder die Position des Objektes im Lebenszyklus meist nur schwer zu bestimmen ist.

Ausgehend von einem allgemeinen Nachfragelebenszyklus haben sich im Rahmen der betriebswirtschaftlichen Forschung und Praxis verschiedene **Formen des Lebenszykluskonzeptes** entwickelt. Diese unterscheiden sich insbesondere durch das zugrunde liegende Untersuchungsobjekt (Nachfrager, Anbieter, Produkte usw.), ihr Aggregationsniveau sowie den Zweck bzw. das Ziel ihrer Anwendung. Im Folgenden werden folgende Formen des Lebenszyklus vorgestellt:

- Produktlebenszyklus (Abschnitt 2.2.2),
- Marktlebenszyklus (Abschnitt 2.2.3),
- Technologielebenszyklus (Abschnitt 2.2.4),
- Kundenlebenszyklus (Abschnitt 2.2.5).

2.2.2 Produktlebenszyklus

Der Produktlebenszyklus stellt die klassische Anwendungsform innerhalb der Betriebswirtschaftslehre dar. Im Rahmen des Produkt- und Servicemanagements wird der Produktlebenszyklus meist eng definiert, indem er dem Marktzyklus einer Leistung gleichgesetzt wird und somit die zeitliche Entwicklung der Präsenz von Leistungen am Markt beschreibt. Der Produktlebenszyklus stellt den Zusammenhang zwischen der Umsatz- oder Gewinnentwicklung einer Leistung als abhängige Variable und der Zeit als unabhängige Variable dar.

Die Lebenszykluskurve findet ihre theoretische Unterstützung durch Rogers **Theorie der Adoption und Diffusion von Innovationen** (*Rogers* 1962). Dieses Konzept impliziert, dass ein Produkt auf anfänglichen Widerstand stößt und nur von wenigen Konsumenten akzeptiert wird. Bei zunehmender Bekanntheit wird das Produkt von einem größeren Nachfragersegment angenommen und die Umsätze steigen schneller. Je stärker sich die Anzahl der Nachfrager ihrem Maximum annähert, desto geringer wird die Zuwachsrate des Umsatzes. Diese Umsätze bilden dann die Wiederholungskäufe ab. Die Adoptionsrate bleibt während der Reifephase konstant und nimmt in der Schrumpfungsphase ab. Der Zusammenhang zwischen Rogers Theorie und dem Lebenszykluskonzept besteht darin, dass die Kurve, die gewöhnlich verwendet wird, um den Lebenszyklus abzubilden, die kumulierte Dichtefunktion der Normalverteilung ist (*Polli/Cook* 1969, S. 386; *Simon* 1992, S. 242).

Schaubild 2–6 zeigt den idealtypisch glockenförmigen Verlauf, der vier **Phasen des Produktlebenszyklus** unterscheidet.

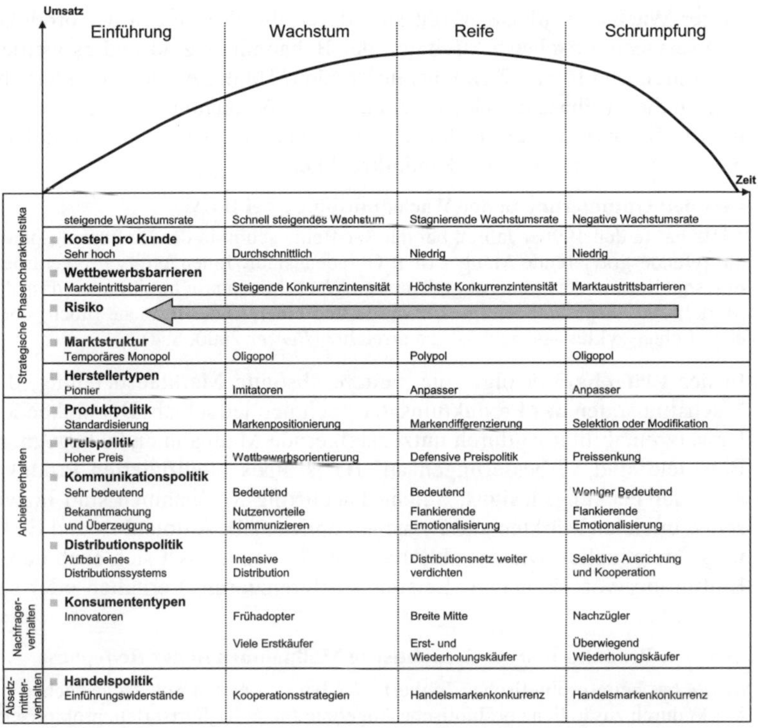

		Einführung	Wachstum	Reife	Schrumpfung
Strategische Phasencharakteristika		steigende Wachstumsrate	Schnell steigendes Wachstum	Stagnierende Wachstumsrate	Negative Wachstumsrate
	Kosten pro Kunde	Sehr hoch	Durchschnittlich	Niedrig	Niedrig
	Wettbewerbsbarrieren	Markteintrittsbarrieren	Steigende Konkurrenzintensität	Höchste Konkurrenzintensität	Marktaustrittsbarrieren
	Risiko				
	Marktstruktur	Temporäres Monopol	Oligopol	Polypol	Oligopol
	Herstellertypen	Pionier	Imitatoren	Anpasser	Anpasser
Anbieterverhalten	**Produktpolitik**	Standardisierung	Markenpositionierung	Markendifferenzierung	Selektion oder Modifikation
	Preispolitik	Hoher Preis	Wettbewerbsorientierung	Defensive Preispolitik	Preissenkung
	Kommunikationspolitik	Sehr bedeutend Bekanntmachung und Überzeugung	Bedeutend Nutzenvorteile kommunizieren	Bedeutend Flankierende Emotionalisierung	Weniger Bedeutend Flankierende Emotionalisierung
	Distributionspolitik	Aufbau eines Distributionssystems	Intensive Distribution	Distributionsnetz weiter verdichten	Selektive Ausrichtung und Kooperation
Nachfragerverhalten	**Konsumententypen**	Innovatoren	Frühadopter Viele Erstkäufer	Breite Mitte Erst- und Wiederholungskäufer	Nachzügler Überwiegend Wiederholungskäufer
Absatzmittlerverhalten	**Handelspolitik**	Einführungswiderstände	Kooperationsstrategien	Handelsmarkenkonkurrenz	Handelsmarkenkonkurrenz

Schaubild 2–6: Grundmodell und Merkmale des Produktlebenszyklus (Schürmann 1993, S. 43)

– In der **Einführungsphase** einer Leistung stehen hohen Anfangsinvestitionen nur geringe Umsätze und häufig auch negative Deckungsbeiträge gegenüber. Der Verlauf der Kurve erklärt sich vor allem durch die Erfolge der Einführungsaktivitäten des Produkt- und Servicemanagements sowie Käufe aus Neugierde. Die Einführungsphase kann sich über einige Monate (z.B. neues Waschmittel) bis hin zu mehreren Jahren (z.B. Kaffeefilter) oder gar mehreren Jahrzehnten (z.B. Tiefkühlkost) erstrecken. Der Erfolg einer neuen Leistung hängt vor allem von dem Neuigkeitsgrad und der Erklärungsbedürftigkeit der Leistung, der Übereinstimmung mit den Konsumentenbedürfnissen sowie der Existenz bzw. Art und Umfang von Substitutionsprodukten ab.

Beispiel: Produkteinführung der Zahncreme-Marke Theramed durch Henkel

Die Firma *Henkel* hat es erst nach mehreren vergeblichen Anläufen geschafft, die Zahncreme-Marke *Theramed* gegen schon fest etablierte Konkurrenzmarken wie *Blendax* oder *Colgate* im Markt einzuführen. Dabei hat ein besonderer Dosier-Spender mit Convenience-Vorteilen entscheiden geholfen. *Henkel* hat *Theramed* nicht zuletzt gut im Markt eingeführt, weil das Unternehmen sich für diesen Spender für eine bestimmte Zeit Ausschließlichkeitsrechte beim ursprünglich einzigen Lieferanten gesichert hatte (*Becker* 2000, S. 3).

– In der **Wachstumsphase** erhöht sich durch die Wirkungen der produkt- und servicepolitischen Aktivitäten der Bekanntheitsgrad und es werden überdurchschnittliche Zuwachsraten erzielt. Häufig erreichen Unternehmen in dieser Phase die Gewinnzone. In der Wachstumsphase geht es oft um die Optimierung der technisch-funktionalen Leistung von Produkten bzw. die Ausmerzung von „Kinderkrankheiten".

Beispiel: Optimierung in der Wachstumsphase bei BMW

BMW hat in den 1990er Jahren bei der 3er-Reihe schon in der Einführungsphase auftretende gravierende Mängel (u.a. Geradeauslauf, Innengeräusche, Verarbeitungsqualität) in der zunächst gedämpften Wachstumsphase beseitigt, so dass die Modellreihe insgesamt erfolgreich wurde und einen in der Branche (noch) üblichen Lebenszyklus von acht Jahren erreichte (*Becker* 2000, S. 4).

– In der **Reifephase** erfolgt eine weitere absolute Marktausdehnung, die Wachstumsraten des Produktumsatzes nehmen jedoch ab. Der sinkenden Umsatzrentabilität ist durch nutzensteigernde Maßnahmen zu begegnen. Beispiele sind Verbesserungen auf Basis eines modifizierten Produkt- und/oder Packungsdesigns. Solche Facelifting-Maßnahmen sind inzwischen in vielen Märkten und Branchen üblich (z.B. Automobil- und Elektrogerätebranche). Die Attraktivität einer Leistung lässt sich auch durch Einführung von Varianten (Leistungsdifferenzierung) erhalten oder sogar stärken.

Beispiel: Produkt- und servicepolitische Maßnahmen in der Reifephase

Nestlé hat beim probiotischen Joghurt *LC1* bei den ersten Schwächezeichen im Markt durch zusätzliche probiotische Angebote (neue Joghurtsorten, probiotische Joghurt-Drinks u.Ä.) die Marktposition nicht nur gehalten, sondern sogar noch verbessert und den einsetzenden Preisverfall gedämpft (*Becker* 2000. S. 4).

– Schließlich zeigt sich in der **Schrumpfungsphase** ein stark rückläufiger Umsatz. Dieses Stadium erreicht ein Produkt entweder durch „bedrohliche" Wettbewerbsmaßnahmen, und zwar insbesondere durch völlig neue Produkte oder Problemlösungen und/oder durch unternehmenseigenes Verschulden, nämlich Versäumnisse bezüglich einer grundlegenden Produktverbesserung wie auch hinsichtlich einer notwendigen Weiterentwicklung des Vermarktungskonzepts. Maßnahmen einer gezielten Wiederbelebung kommen dabei meist zu spät. In der Praxis finden nicht selten noch „Wiederbelebungsversuche" statt. In der Regel gelingt dies jedoch nur auf niedrigem Niveau (Bewahrung eines Restmarktes für das Produkt).

Beispiel: Produktrevitalisierung

Die Firma *Mühlens* (inzwischen zur *Wella-Gruppe* gehörend) hat die *Kölnisch-Wasser*-Marke *4711* so stark veraltern lassen, dass Revitalisierungsversuche keinen richtigen Erfolg mehr hatten. Die Marke bediente im Prinzip nur noch einen Restmarkt, der allmählich mit der überalterten Abnehmergruppe „auszusterben" drohte (*Becker* 2000, S. 4).

Begrifflich weiter gefasste **Auslegungen des Produktlebenszyklus** unterscheiden zusätzlich zwischen der Entstehungsphase, der Marktphase sowie der Entsorgungsphase eines Produktes (*Pfeiffer/Bischof* 1981, S. 135ff.). Der Betrachtung der Entsorgungsphase kommt insbesondere bei zunehmender ökologischer Sensibilisierung der Konsumenten eine größere Bedeutung zu.

Im Rahmen der **Produktlebenszyklusmanagements** werden die eigenen Produkte und die der Hauptkonkurrenten einer bestimmten Phase des Lebenszyklus zugeordnet. Die Ableitung strategischer Entscheidungen zur Marktbearbeitung und über den Einsatz der Marketinginstrumente basiert auf Plausibilitätsüberlegungen. Folgende Beispiele sollen dies verdeutlichen:

- **Produktstrategien**: In der Reifephase können Produktverbesserungen oder -differenzierungen („Relaunches") den Sättigungserscheinungen am Markt entgegenwirken.
- **Instrumentalstrategien**: In der Einführungsphase sollte der Bekanntheitsgrad durch einen hohen Werbeeinsatz möglichst rasch gesteigert werden.
- **Absatzmittlerstrategien**: In der Wachstumsphase empfiehlt es sich, durch attraktive Konditionen oder andere Maßnahmen weitere Absatzmittler zu gewinnen.
- **Konkurrenzstrategien**: In der Sättigungsphase kann dem Hauptkonkurrenten durch Preissenkungen begegnet werden, um die eigene Marktstellung zu verbessern.

Das Produktlebenszyklusmanagement widmet sich dem Aufbau und der Pflege von Leistungen und ist dadurch gekennzeichnet, dass der Lebenslauf einer im Markt eingeführten Leistung nicht nur (passiv) begleitet, sondern aktiv gesteuert wird. Neben der Lebensdauer einer in den Markt eingeführten Leistung ergeben sich folgende **Zeitdimensionen**, die im Rahmen des Lebenszyklusmanagements zu berücksichtigen sind (Schaubild 2–7) (*Deneux et al.* 2004, S. 79):

(1) **Time to Market**: Diesem Zeitraum wird der gesamte Innovationsprozess, d.h. die Zeit von der Innovationsidee bis zur Markteinführung der Leistungsneuheit, zugeordnet. Diese Zeitspanne schwankt in Abhängigkeit der Branche zwischen einigen Wochen und einigen Jahren (z.B. 7 bis 12 Jahre in der Pharmabranche). Je schneller eine Idee zu einem marktreifen Produkt gebracht und in den Markt eingeführt wird, desto früher lässt sich eine Innovation auch wirtschaftlich nutzen. Die Reduzierung der Time to Market fördert darüber hinaus die Chancen, eine Leistungsinnovation als Pionier auf den Markt zu bringen. Pionieren werden im Allgemeinen die größten Erfolgspotenziale zugesprochen. Wie in verschiedenen empirischen Studien belegt wurde, reduzieren sich mit sinkender Time to Market die Entwicklungskosten.

(2) **Time to Profit**: Dieser Zeitraum wird im Wesentlichen durch die Kosten der Produktentwicklung und der Vermarktung bei der Markteinführung sowie durch das Absatzvolumen bestimmt. Diese Zeit gilt als guter Indikator für die Effizienz des Entwicklungs- und Vermarktungsprozesses.

(3) **Time to Competition**: Diese Zeit zeigt den Vorsprung, den ein Unternehmen bei einer Leistungsinnovation vor den Wettbewerbern realisieren kann. Innerhalb dieser Zeit lassen sich die Vorteile des Pioniers nutzen bzw. ist mit den Nachteilen des Pioniers zu leben. Pioniere werden diese Zeit nutzen, um Markteintrittsbarrieren zu errichten und so den Eintritt von Wettbewerbern zu verzögern.

(4) **Time to Patent Expiry**: Bei patentierbaren Produkten ist der Zeitraum bis zum Auslaufen eines Patents von großer Bedeutung, da hiermit starke Veränderung der Marktstruktur verbunden sein können. So ist z.B. in der Pharmabranche mit Ablauf des Patents damit zu rechnen, dass Generika-Hersteller in den Markt eintreten und es damit zu einem Preisverfall kommt.

(5) **Time to Collapse**: Dabei handelt es sich um die Zeit, die nach dem Auslaufen des Patents bis zur Elimination einer Leistung verbleibt, um noch vorhandene Gewinnpotenziale abzuschöpfen.

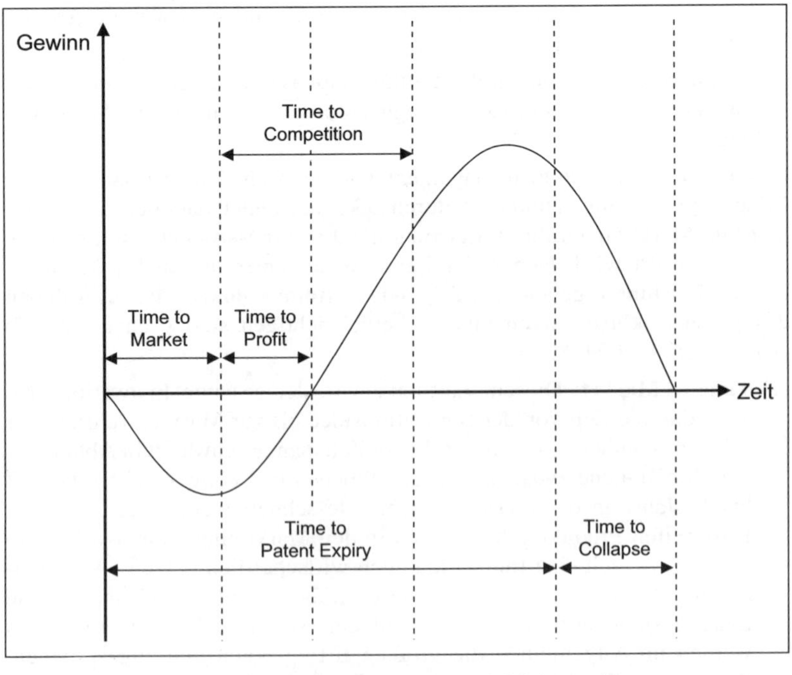

Schaubild 2–7: Zeitgrößen im Produktlebenszyklus (Deneux et al. 2004, S. 79)

Ein Produktlebenszyklusmanagement hat die Steuerung der dargestellten Zeitspannen anzustreben. So sind Maßnahmen zu ergreifen, um z.B. die Time to Market und Time to Profit zu reduzieren. Unter weniger intensiven Wettbewerbsbedingungen wurde früher erst reagiert, wenn die Leistung ihren (Umsatz-) Höhepunkt überschritten hatte und erste Verfallserscheinungen aufwies. Im heutigen Leistungs- und Markenwettbewerb ist jedoch ein sehr frühes Eingreifen in den Lebenslauf einer Leistung notwendig, um die Wettbewerbsposition zum einen aufrechtzuerhalten und zum anderen auch zu verbessern. Hierzu sind gezielte phasenspezifische Handlungsmuster und damit verbundene produkt- und servicepolitische Maßnahmen notwendig (*Becker* 2000, S. 3).

Kritik an diesem Konzept besteht darin, dass der Produktlebenszyklus eine Gesetzmäßigkeit suggeriert und den Absatzverlauf als exogene – d.h. vom Unternehmen nicht beeinflussbare – Größe darstellt. Diese Auffassung ist nicht vereinbar mit der generellen Auffassung des Marketing, den Absatzverlauf eines Produktes durch verschiedene Marketingmaßnahmen zu beeinflussen (*Homburg/Krohmer* 2003, S. 366). Darüber hinaus ist anzumerken, dass nicht jeder Produktlebenszyklus den häufig unterstellten s-förmigen Verlauf aufweist. Es ist durchaus denkbar, dass ein Produkt nicht alle Phasen durchläuft (*Kotler/Bliemel* 2001, S. 575f.).

Der Aussagewert der Produktlebenszyklusanalyse zur Ableitung von strategischen Entscheidungen ist hinsichtlich der folgenden Gesichtspunkte einzuschränken. Sicherlich folgt die Entwicklung eines jeden Produktes dem Verlauf eines individuellen Lebenszyklus; es ist jedoch zu bezweifeln, dass dieser stets einem idealtypischen Verlauf folgt. Die Prognose- und Entscheidungsqualität des Konzeptes hängt entscheidend davon ab, inwieweit und mit welcher Sicherheit von dieser unterstellten Gesetzmäßigkeit ausgegangen werden kann. Auch sind die aus den Zyklusphasen abgeleiteten Normstrategien wenig hilfreich, wenn nicht mit Sicherheit zu sagen ist, in welcher der Phasen sich das betreffende Produkt befindet. Dies gilt insbesondere bei Produkten, deren Lebensspanne sich nicht über Jahre, sondern Jahrzehnte entwickelt (z.B. *Odol, Maggi* oder *Persil*). Die Lebenszyklusanalyse ist zwar sehr plausibel und in der Praxis verbreitet, zur Fundierung strategischer Entscheidungen ist sie aber nur bedingt geeignet.

Obwohl das Produktlebenszykluskonzept dazu verleitet, ältere gegenüber neuen Produkten zu vernachlässigen, und seine Validität sowie sein normativer Charakter als gering einzuschätzen sind, darf dessen diagnostischer und deskriptiver Wert nicht unterschätzt werden. Das Modell regt grundsätzlich dazu an, sich im Hinblick auf ein Gleichgewicht zwischen „wachsenden" und „schrumpfenden" Produkten Gedanken über die optimale Altersstruktur einer Produktpalette zu machen.

2.2.3 Marktlebenszyklus

Der Marktlebenszyklus gibt dem Produkt- und Servicemanagement Auskunft über das Stadium eines Marktes und ist deshalb – in Relation zum

Produktlebenszyklus – von einer für das Produkt- und Servicemanagement noch weiter reichenden Bedeutung. Es geht im Rahmen der Marktlebenszyklusanalyse darum, Marktpotenziale und strategische Stoßrichtungen zu identifizieren, deren Umsetzung unter Umständen zum Aufbau einer neuen Produktlinie oder zur Elimination einer Produktlinie führt.

Der Marktlebenszyklus stellt den zeitlichen Verlauf eines gesamten Marktes in den Vordergrund. Der Lebenszyklus eines Marktes ergibt sich dabei aus einer Aggregation der spezifischen Produktlebenszyklen. Durch den erhöhten Aggregationsgrad steigt die Aussagekraft der Lebenszyklusanalyse, da nicht nur die Entwicklung eines Produktes, sondern mehrere Einflussfaktoren berücksichtigt werden. Schaubild 2–8 zeigt, dem Produktlebenszyklus ähnlich, die vier verschiedenen **Phasen des Marktlebenszyklus**:

- In der **Entstehungsphase** werden Märkte durch ein oder wenige Unternehmen aufgebaut. Die Durchsetzung einer Innovation im Markt steht hierbei im Vordergrund.
- In der **Wachstumsphase** etabliert sich die Innovation immer mehr. Unternehmen profitieren von starken Wachstumsimpulsen des Marktes. Dieses Wachstum zieht Konkurrenten an.
- In der **Stagnationsphase** sinkt der Gesamtumsatz des Marktes und eine zunehmende Qualitätsangleichung der Produkte führt vielfach dazu, dass sich der Preis zum wichtigsten Wettbewerbsparameter entwickelt.
- Schließlich nimmt in der **Schrumpfungsphase** die Gesamtnachfrage stark ab. Es ist lediglich eine Frage der Zeit, wann die ersten Unternehmen aus dem Markt austreten und das ursprüngliche Produkt durch eine Produktinnovation substituiert wird.

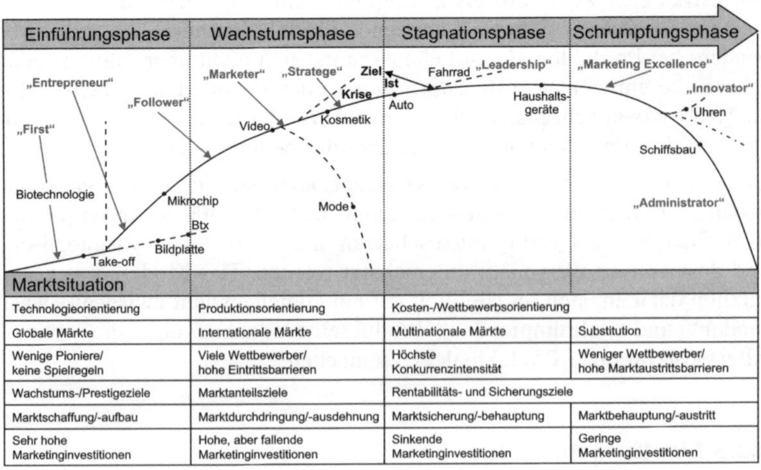

Marktsituation			
Technologieorientierung	Produktionsorientierung	Kosten-/Wettbewerbsorientierung	
Globale Märkte	Internationale Märkte	Multinationale Märkte	Substitution
Wenige Pioniere/ keine Spielregeln	Viele Wettbewerber/ hohe Eintrittsbarrieren	Höchste Konkurrenzintensität	Weniger Wettbewerber/ hohe Marktaustrittsbarrieren
Wachstums-/Prestigeziele	Marktanteilsziele	Rentabilitäts- und Sicherungsziele	
Marktschaffung/-aufbau	Marktdurchdringung/-ausdehnung	Marktsicherung/-behauptung	Marktbehauptung/-austritt
Sehr hohe Marketinginvestitionen	Hohe, aber fallende Marketinginvestitionen	Sinkende Marketinginvestitionen	Geringe Marketinginvestitionen

Schaubild 2–8: Idealtypische Phasen eines Marktlebenszyklus (Meffert 1989, S. 280)

Im Rahmen des **Marktlebenszyklusmanagements** ist – ähnlich wie bei der Produktlebenszyklusanalyse – die eigene Position zunächst den unterschiedlichen Phasen im Marktlebenszyklus zuzuordnen. Aus der Positionsbestimmung lassen sich **Schlussfolgerungen** für das weitere strategische Produkt- und Servicemanagement ziehen. Auch hier seien zur Verdeutlichung einige Beispiele genannt:

- **Produktstrategien**: In der Entstehungsphase auf einem Markt für technische Produkte sind technologische Standards zu setzen.
- **Instrumentalstrategien**: In der Wachstumsphase gilt es, durch Einsatz der Kommunikationsinstrumente das Potenzial des Marktes möglichst umfassend auszuschöpfen.
- **Absatzmittlerstrategien**: In der Reifephase hat das Unternehmen nach neuen Absatzmittlern zu suchen, um sich weitere Wachstumsmöglichkeiten zu erschließen.
- **Konkurrenzstrategien**: In der Sättigungsphase sind starke Rationalisierungen in Produktion und Marketing (z.B. Vertrieb, Logistik) vorzunehmen, um für Preiskämpfe gerüstet zu sein. Für Unternehmen kommt es darauf an, deutlicher nach spezifischen Wettbewerbsvorteilen zu suchen, um sich im Markt zu behaupten.

Die Analyse der strategischen Verhaltensweisen von Unternehmen im Verlauf des Marktlebenszyklus verdeutlicht, dass sich die Erfolgsfaktoren im Marketing im Zeitablauf ändern. Es ist also Aufgabe jedes Unternehmens, die in den einzelnen Marktphasen relevanten Erfolgsfaktoren zu erkennen und sich rechtzeitig darauf einzustellen.

Bei einer **kritischen Diskussion** des Marktlebenszyklus lassen sich alle dem allgemeinen Lebenszykluskonzept gegenüber geäußerten Vorbehalte auch hier anführen (*Höft* 1992; *Porter* 1999; *Kotler/Bliemel* 2001, S. 603ff.). So ist die Annahme, dass die Entwicklung jeden Marktes dem unterstellten idealtypischen Verlauf folgt, kritisch zu sehen. Entsprechendes gilt für die Abgrenzung einzelner Phasen nach rein qualitativen Beschreibungsmerkmalen und Kriterien. Für das Produkt- und Servicemanagement ist das Konzept trotz der Kritikpunkte als strategisches Analyse- und Prognoseinstrument von Bedeutung. Das Konzept bietet einen hohen Erklärungsgehalt, da es die zeitliche Entwicklung von Märkten deskriptiv erklärt; weniger gut geeignet ist es, um fundierte Prognosen zu erstellen. Allgemeine Handlungsempfehlungen alleine aufgrund einer derzeitigen Position im Marktlebenszyklus lassen sich nicht ableiten. Dennoch sind durch die kritische Betrachtung des Konzeptes und seiner Bestimmungsfaktoren strategische Schlussfolgerungen möglich. So zeigt eine theoretisch valide Analyse der Bestimmungsfaktoren einzelner Lebenszyklusphasen, dass der erfolgreiche Eintritt von neuen Wettbewerbern auf den mangelnden Aufbau von Markteintrittsbarrieren des Pioniers zurückzuführen ist.

2.2.4 Technologielebenszyklus

Das Lebenszyklusmodell findet weiterhin im Rahmen des Technologiemanagements und hier insbesondere bei der Erarbeitung von Technologieportfolios, die sich auf den Technologielebenszyklus stützen, seine Anwendung (*Specht et al.* 2002, S. 64ff.).

Der **Grundgedanke** des Technologielebenszyklus basiert auf der Annahme, dass jede Technologie einen Zyklus durchläuft, der durch die Nachfrage nach Produkten und Services, die auf dieser Technologie beruhen, bestimmt wird. Der Technologielebenszyklus wird in der Regel idealtypisch in die vier Phasen Entstehungsphase, Wachstumsphase, Reifephase und Altersphase untergliedert (*Gerpott* 1999, S. 116). Neue Technologiezyklen werden meistens durch grundlegend neue wissenschaftliche und technologische Entwicklungen angestoßen, die die vorherrschenden inkrementalen Innovationsmuster beenden und damit die Alterungsphase der Vorgängertechnologie einleiten.

Zur Beschreibung des Technologielebenszyklus werden in der Literatur verschiedene Ansätze diskutiert. Ursprung sämtlicher Überlegungen zum Technologielebenszyklus ist das **S-Kurven-Modell**, in dem auf der Abszisse die kumulierten Investitionen in eine Technologie und auf der Ordinate die Leistungsfähigkeit einer Technologie abgetragen sind (Schaubild 2–9) (*Specht/Beckmann* 1996, S. 61). Die Entwicklungsdynamik einer Technologie ist damit von den durchgeführten Investitionen abhängig. Die Leistungsfähigkeit einer Technologie lässt sich zunächst mit relativ geringen Investitionen steigern. Mit zunehmendem Leistungsstandard wird dann aber nur noch ein unterproportionaler Leistungszuwachs erzielt, so dass ein Wechsel zu einer Technologie mit einer höheren Leistungsfähigkeit not-

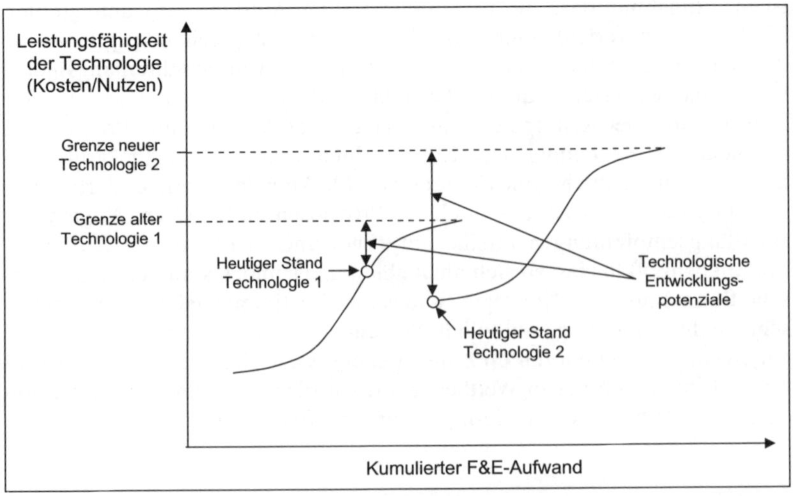

Schaubild 2–9: S-Kurven-Konzept von McKinsey (Gerpott 1999, S. 118)

wendig ist. Auf Basis dieser Überlegungen wird die Strategie des „Überholens der Wettbewerbertechnologie, ohne sie einzuholen“ aufgestellt, die anstelle der Perfektionierung einer Technologie einen Wechsel zu einer erkennbar überlegenen Technologie empfiehlt (*Corsten* 1998, S. 75f.).

Der **Technologielebenszyklus nach Arthur D. Little** ermöglicht Aussagen über Technologiepotenziale in Abhängigkeit der Zeit. Analog zum Produktlebenszykluskonzept wird eine idealtypische Entwicklung von Technologien über die Zeit hinweg unterstellt sowie von einer s-förmigen, ertragsgesetzlichen Kurve ausgegangen (Schaubild 2–10).

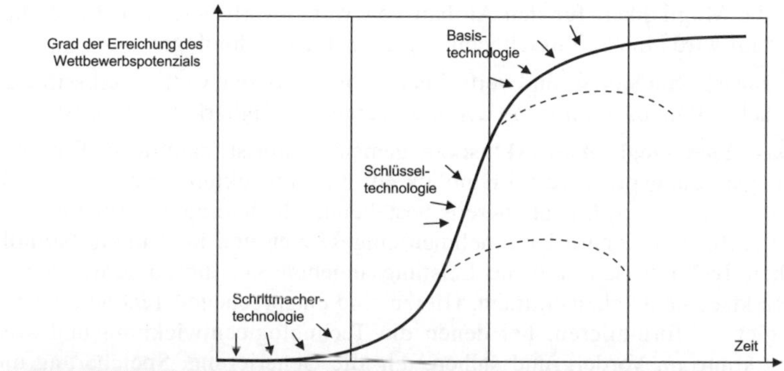

Indikatoren	Entstehungs-phase	Wachstums-phase	Reife-phase	Alters-phase
Unsicherheit über technologische Leistungsfähigkeit	Hoch	Mittel	Niedrig	Sehr niedrig
Anzahl der Anwendungsgebiete	Unbekannt	Zunehmend	Stabil	Abnehmend
Investitionen in Technologieentwicklung	Mittel (Grundlagen)	Hoch (Anwendungen)	Niedrig (Kostensenkungen)	Sehr niedrig
Auswirkungen auf Leistungs-Kosten-Verhältnis der Produkte	Sekundär	Maximal	Marginal	Marginal
Zahl der Patentanmeldungen	Zunehmend, sehr groß	Hoch, groß	Abnehmend, klein	Abnehmend, sehr klein
Typ der Patente	Konzept-patente	Produkt-patente	Verfahrens-patente	----
Zugangsbarrieren	F&E-Fähigkeiten	Personal	Lizenz	Anwendungs-Know-how
Ausschöpfungsgrad des Wettbewerbspotenzials	Sehr gering	Mittel	Hoch	Sehr hoch
Zeitbedarf von F&E bis zur Marktreife	7-15 Jahre	2-7 Jahre	1-4 Jahre	1-4 Jahre

Schaubild 2–10: Lebenszyklusphasen von Technologien nach Arthur D. Little (Gerpott 1999, S. 115f.)

Ein idealtypischer Technologielebenszyklus vollzieht sich in den Phasen Entstehung, Wachstum, Reife und Alter. Nicht alle Technologien durchlaufen jedoch den gesamten Zyklus, da sie z.B. nach kürzerer Zeit nicht mehr gebraucht oder durch andere, bessere Technologien substituiert werden.

Die Betrachtung der Lebenszyklusphasen ermöglicht vor allem die wettbewerbsstrategische Beurteilung von Technologien. Das **Wettbewerbspotenzial** gibt das sich zukünftig ergebende Anwendungsvolumen im Markt wieder. Bei der Ermittlung des wettbewerbsstrategischen Technologiepotenzials wird zwischen Schrittmacher-, Schlüssel- und Basistechnologien unterschieden (*Meyer/Müschen* 2004, S. 803):

- **Schrittmachertechnologien** werden gerade am Markt eingeführt und befinden sich daher im Entwicklungsstadium. Über erste Testanwendungen sind diese Technologien noch nicht hinausgekommen. Mit zunehmendem Erkenntnisstand und stärkerer Verbreitung reifen sie – sofern sie nicht bereits vorher verdrängt oder substituiert werden – zu Schlüsseltechnologien heran.
- **Schlüsseltechnologien** haben ein erhebliches Verbesserungspotenzial. Diese Technologien bieten aufgrund ihres Entwicklungsstadiums noch die Möglichkeit für den Aufbau von Wettbewerbsvorteilen. Im Zeitablauf wird eine Schlüsseltechnologie zur Basistechnologie.
- **Basistechnologien** sind reife Technologien, deren wettbewerbsstrategisches Potenzial aufgrund der allgemeinen Verfügbarkeit gering ist.

Das **Technologielebenszyklusmanagement** umfasst sämtliche Entscheidungsfindungsprozesse im Hinblick auf die Entwicklung von neuen Technologien und den Einsatz bereits bestehender Technologien. Auf Basis der Ist-Aufnahme der im Unternehmen eingesetzten und in Planung befindlichen Technologien sind die Leistungsangebote auf die zu bearbeitenden Marktsegmente abzustimmen. Hierzu sind entsprechende Technologiestrategien zu formulieren, bei denen die Technologieentwicklung und -vermarktung im Vordergrund stehen, d.h. die Generierung, Speicherung und Anwendung von neuem Wissen im Unternehmen. Dabei ist auf eine Ausgewogenheit im Technologieportfolio zu achten.

2.2.5 Kundenlebenszyklus

Die in den vorangegangenen Abschnitten aufgezeigten Lebenszykluskonzepte nehmen auf verschiedene Arten eine **produktorientierte Perspektive** ein und stehen dementsprechend für die in der Unternehmenspraxis lange Zeit vorherrschende Push-Strategie, die auf die unternehmensinternen Ressourcen, wie z.B. die Kreativität und Innovationskompetenz der F&E-Abteilung, abstellt und die Vermarktung als Aufgabe betrachtet, für ein entwickeltes Produkt eine Nachfrage (unter Umständen auch künstlich) zu schaffen. Dieser Denkhaltung wird in den letzten Jahren in zunehmendem Maß die **kundenorientierte Sichtweise** gegenübergestellt, die den Kunden und dessen Bedürfnisse in den Mittelpunkt des unternehmerischen Handelns rückt, d.h. ein auf die Kundenerwartungen ausgerichtetes Produkt- und Servicemanagement fordert. Zentrale Aufgabe des Produkt- und Servicemanagements ist es vor diesem Hintergrund, die zeitliche Entwicklung von Kundenbedürfnissen zu analysieren, um rechtzeitig geeignete Maßnahmen zu ergreifen.

Die Anwendung dieser kundenorientierten Perspektive auf das Lebenszykluskonzept ermöglicht die Ableitung eines Kundenbedarfslebenszyklus sowie eines Kundenbeziehungslebenszyklus.

Der **Kundenbedarfslebenszyklus** strukturiert die Lebensphasen eines Individuums. Bezogen auf den jeweils betrachteten Markt haben Kunden in verschiedenen Lebensphasen unterschiedliche Bedürfnisse.

Schaubild 2–11 zeigt beispielhaft den **Bedarfslebenszyklus von Nivea Verwendern**. Hieran ist ersichtlich, dass für die einzelnen lebensphasentypischen Bedürfnisse der Konsumenten spezifische Produkte als Submarken von Nivea entwickelt wurden.

Dem Kundenbedarfslebenszyklus kommen als zentrale **Funktionen** eine gegenwarts- und eine zukunftsorientierte Steuerungsfunktion zu (*Bruhn* 2001). Im Rahmen der **gegenwartsorientierten Steuerung** ist die aktuelle Ausnutzung der Kundenpotenziale zu überprüfen und beispielsweise durch Cross-Selling-Maßnahmen oder eine Produktdifferenzierung nach dem spezifischen Kundenbedarf zu realisieren. Für die **zukunftsorientierte Steuerung** lässt sich aus den Bedürfnissen des Kunden in den verschiedenen Lebensphasen das mittel- bis langfristige Erfolgspotenzial eines Kunden für das Unternehmen ablesen. Befindet sich der Kunde in einer Phase, in der er zukünftig starke Bedürfnisse in dem jeweiligen Markt hat (z.B. Krankenversicherung für Berufseinsteiger), ist er für das jeweilige Unternehmen mittel- bis langfristig attraktiver als in anderen Phasen (z.B. Krankenversicherung für Rentner). Auf dieser Basis lassen sich eine frühzeitige Kundengewinnung („Lock-in-Effekt") sowie eine Produktdifferenzierung nach dem spezifischen Kundenbedarf verwirklichen.

An den genannten Beispielen zeigt sich, dass die Lebenszyklusphase alleine gesehen für eine Prognose zukünftiger Erträge des Kunden nicht ausreichend ist. Vielmehr ist hierbei die Phase kombiniert mit anderen Kundenmerkmalen, z.B. sozioökonomischen oder demographischen Merkmalen, zu betrachten. Dennoch gibt der Kundenbedarfslebenszyklus idealtypisch die Erfolgspotenziale eines bestimmten Kunden an.

Der Kundenbedarfslebenszyklus hat unabhängig von durch den Kunden genutzten Anbietern Gültigkeit und stellt den Rahmen dar, innerhalb dessen sich eine Analyse der Kundenbeziehungsentwicklung anhand des **Kundenbeziehungslebenszyklus** (*Klee* 2000, S. 168ff.; *Stauss* 2000; *Bruhn* 2001) vornehmen lässt:

Der **Kundenbeziehungslebenszyklus** beschreibt idealtypische Gesetzmäßigkeiten im zeitlichen Verlauf einer Kundenbeziehung, die in verschiedenen Phasen resultieren und aufgrund der Intensität der Kundenbeziehung Schlussfolgerungen für das Produkt- und Servicemanagement zulassen.

Im Hinblick auf die Achsen des Kundenbeziehungslebenszyklus wird die Abszisse durch die **Dauer der Anbieter-Kunde-Beziehung** repräsentiert, während die Ordinate durch die **Beziehungsintensität** wiedergegeben ist. Die verschiedenen Zyklusphasen unterscheiden sich demnach grundlegend gemäß der Stärke der betrachteten Beziehung.

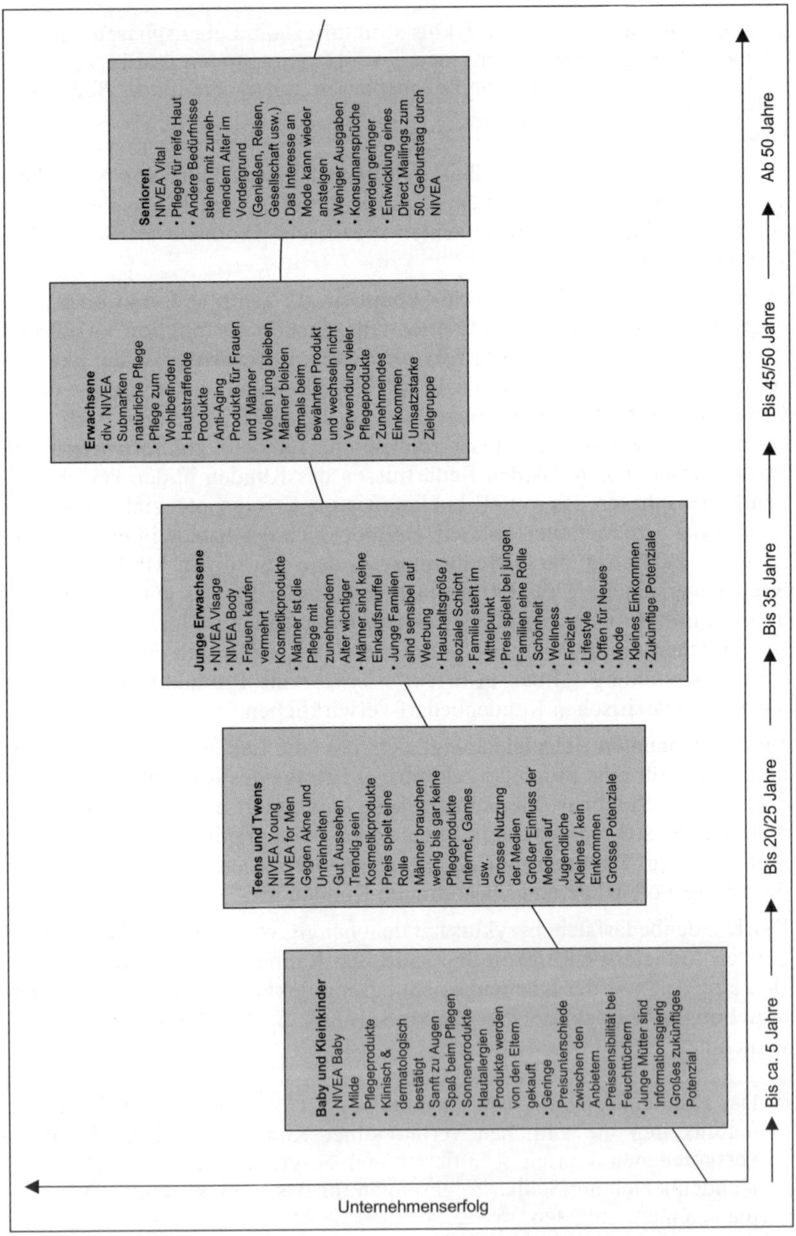

Schaubild 2–11: Idealtypischer Kundenbedarfslebenszyklus von Nivea-Verwendern

Im Unterschied zu Dienstleistungs- und Industriegüterbranchen ist in **Konsumgüterbranchen** die Beziehung zwischen Konsument und Anbieter (Unternehmen, Mitarbeiter) häufig nicht stark ausgeprägt. Stattdessen entwickeln Konsumenten im Konsumgüterbereich **Beziehungen zu Marken** (*Fournier* 1998). Untersuchungen zeigen, dass Konsumenten sogar liebesähnliche Gefühle zu einer Marke entwickeln: „I really do love a lot of the brands that I use. Opium, Intimate Musk. I can't imagine not having them. I love them, I do" (Konsumentenzitat in *Fournier* 1998, S. 364). Diese und ähnliche Emotionen stellen wesentliche Gründe für eine dauerhafte Beziehung dar, die eng mit der Verknüpfung der Marke mit der Identität des Kunden und somit der Persönlichkeit des Kunden verbunden ist. Marken werden dabei von Konsumenten häufig mit menschlichen Persönlichkeitszügen belegt. Die mit einer Marke verbundenen Persönlichkeitsmerkmale lassen sich relativ beständig im Gedächtnis der Konsumenten verankern. Die **Markenpersönlichkeit** umfasst die emotional geprägten, nicht leistungsorientierten Assoziationen, wie z.B. die Markensympathie. Die Marke wird im Konzept der Markenpersönlichkeit zu einem „Lebenspartner", dessen Eigenschaften bzw. Persönlichkeit entweder als Ergänzung des Selbstbildes im Alltagsleben aufgefasst werden oder die eine symbolische Funktion übernehmen, indem sie gezielt zur Konstruktion des gewünschten Selbstbildes ausgewählt werden (Schaubild 2–12). Die Akzeptanz von Marken als Lebenspartner übt einen positiven Einfluss auf das emotionale Commitment des Kunden gegenüber einer Marke aus. Die starken Gefühle, die der Konsument für eine Marke hat, führen dazu, dass er auf diese Marke in Zukunft nicht verzichten möchte. Gelingt es dem Produkt- und Servicemanagement folglich, die Persönlichkeit einer Marke so zu gestalten, dass diese als Lebenspartner von Konsumenten angenommen wird, steigert dies die

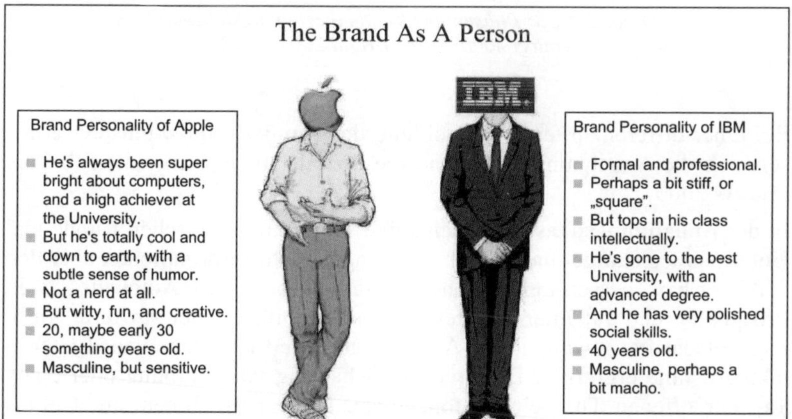

Schaubild 2–12: Die Markenpersönlichkeiten Mr. Apple und Mr. IBM (McNamara 2001)

Absicht der Kunden, die Beziehung zur Marke beizubehalten (Markenbindung) (*Bruhn/Hennig-Thurau/Hadwich* 2004).

Für die **Phasen des Beziehungslebenszyklus** existieren verschiedene Phaseneinteilungen und Phasenbezeichnungen (*Dubinsky/Ingram* 1984; *Dwyer/Schurr/Oh* 1987; *Hentschel* 1991; *Homburg/Daum* 1997; *Stauss* 2000). Die verschiedenen Stadien lassen sich – wie in Schaubild 2–13 dargestellt – in drei **Kernphasen** unterteilen (*Stauss* 2000; *Bruhn* 2001):

(1) Die **Kundenakquisitionsphase** beschreibt die Initiierung der Beziehung zwischen Marke und Konsument.

(2) In der **Kundenbindungsphase** kommt es zu einer Ausweitung der Beziehung.

(3) Die **Kundenrückgewinnungsphase** betrifft die Beendigung bzw. Wiederaufnahme von Kundenbeziehungen.

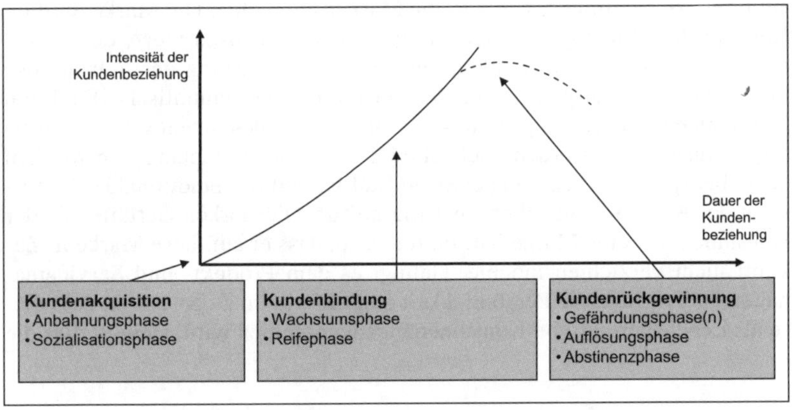

Schaubild 2–13: Phasen des Kundenbeziehungslebenszyklus (Stauss 2000, S. 16; Bruhn 2001, S. 48)

Bei einer differenzierteren Betrachtung der **Kundenakquisitionsphase** lassen sich die Anbahnungsphase und die Sozialisationsphase unterscheiden (*Stauss* 2000).

In der **Anbahnungsphase** hat noch keine Transaktion zwischen Kunde und Unternehmen stattgefunden. Der Nachfrager sucht Informationen über den Anbieter bzw. dessen Leistungen und Marken (bei einem Autokauf z.B. in Prospekten und auf Internetseiten der Automobilhersteller sowie in Autofachzeitschriften) während der Anbieter gezielte Maßnahmen zur Erstkontaktaufnahme ergreift (z.B. durch die Schaltung von Werbung oder einen Tag der offenen Tür beim Autohändler). Das Unternehmen strebt einen Kontakt zum Nachfrager an, um ihn als Kunden zu gewinnen und somit eine Kundenbeziehung zu initiieren.

Die **Sozialisationsphase** schließt an die ersten Erfahrungen des Nachfragers mit dem Anbieter bzw. der Marke an und beinhaltet insbesondere die Reaktion auf mögliche kognitive Dissonanzen und Aufgaben der Nachkaufbetreuung (z.B. Anruf des Autohändlers beim Kunden zwei Monaten nach dem Autokauf, erster Service). In dieser Phase werden die Weichen für den weiteren Beziehungsverlauf gestellt. Ziel des Unternehmens ist es, den Kunden an den Anbieter bzw. die Marke „heranzuführen", damit er mit dieser vertraut und somit eine direkte Abwanderung unwahrscheinlich wird. In der Folge ist in der Sozialisationsphase die Aufgabe der Eingewöhnung des Kunden zu erfüllen (*Bruhn* 2001, S. 152). Mit Maßnahmen der Eingewöhnung wird sichergestellt, dass der Kunde den Umgang mit der Marke „lernt" und dadurch Problemen vorgebeugt wird. Dieser Lernprozess wird zum einen durch eine gewisse Markenkonstanz gefördert, d.h., dass der Kunde z.B. durch einen festen Ansprechpartner im Kundenkontakt, gleichbleibende Vertriebswege oder Preise mit der Marke vertraut gemacht wird. Zum anderen wird dem Kunden durch Instrumente der Pull-Kommunikation, wie z.B. einer Servicenummer oder Kundenschulungen, die Gelegenheit gegeben, sich bei Problemfällen an den Anbieter zu wenden. Eine zufrieden stellende Problembewältigung kann neben einer stärkeren Vertrautheit mit der Marke zu einem höheren Vertrauen zur Marke führen.

Insgesamt ist die Kundenakquisitionsphase in ökonomischer Hinsicht negativ für das Unternehmen, da sowohl die Kundengewinnung als auch die Eingewöhnung mit Startkosten verbunden sind.

Die **Kundenbindungsphase** zeichnet sich durch eine Intensivierung der Beziehung aus. Diese Phase unterteilt sich in die Wachstums- und Reifephase (*Stauss* 2000).

In der **Wachstumsphase** haben die Kunden aufgrund einer gesteigerten Preisbereitschaft, einer hohen Nutzungsfrequenz, Cross-Buying-Aktivitäten und/oder der Weiterempfehlung an potenzielle Kunden das größte Erfolgspotenzial für ein Unternehmen. Der Kunde ist stärker an das Unternehmen bzw. die Marke zu binden, d.h., es ist anzustreben, dass er nicht nur ein geringeres Interesse an Konkurrenzangeboten hat, sondern darüber hinaus die Leistungen des Unternehmens wertschätzt und in großem Umfang in Anspruch nimmt. Im Automobilbereich wird im Rahmen der Wachstumsphase beispielsweise angestrebt, die Kunden an höherwertige Automodelle heranzuführen. So bieten Mercedes mit der A-Klasse und Porsche mit dem Boxter-Modell Einstiegsmodelle mit dem Ziel, die Käufer dieser Modelle langfristig für höherwertige Modelle zu gewinnen.

Aus den Kunden sind in der **Reifephase** Stammkunden geworden, die es durch den Aufbau von Wechselbarrieren zu halten gilt. Die Nachfrager tragen in dieser Phase im Idealfall durch positive Mund-zu-Mund-Kommunikation zur Gewinnung neuer Kunden für das Unternehmen bei. Eine weitere Intensivierung der Kundenbeziehung ist in dieser Beziehungsphase unwahrscheinlich, weil der Kunde entweder die Leistungen des Anbieters in dem erforderlichen Umfang nutzt, oder der Anbieter, z.B. aus Kosten-Nutzen-Gründen, nicht zu einer weiteren Bedürfnisbefriedigung des Kunden bereit ist. Daher gilt es in der Reifephase, die Kundenbeziehung möglichst effizient zu gestalten, d.h., die ökonomischen Erfolgspotenziale der Kundenbeziehung ohne großen Aufwand abzuschöpfen.

Mit dem Fortschreiten der Kundenbeziehung ist eine weitere Zunahme der Bindungsintensität unwahrscheinlich, vielmehr spielen einige Kunden mit Abwanderungsgedanken. Die **Kundenrückgewinnungsphase** umfasst die Gefährdungsphase, die Auflösungs- sowie die Abstinenzphase (*Stauss* 2000).

Im Laufe einer Kundenbeziehung kann es mehrfach zu **Gefährdungsphasen** kommen, in denen sich der Kunde Gedanken über eine Abwanderung und somit eine Beziehungsauflösung macht (*Stauss* 2000). Dies ist vor allem dann der Fall, wenn die Leistungen des Anbieters und die Interaktionen mit dem Kunden aus Kundensicht Fehler aufweisen (*Bruhn/Michalski* 2001). Die Phase geht einher mit einer nachlassenden Attraktivität des Anbieters aus Kundensicht und der Gefahr des Abbruchs der Beziehung, wenn das Unternehmen keine Gegenmaßnahmen einleitet. Kunden werden sich in dieser Phase beispielsweise nach Angeboten der Konkurrenz erkundigen.

Die **Auflösungsphase** kennzeichnet den Zeitpunkt bzw. Zeitraum, in dem der Kunde die Beziehung zum Anbieter beendet. Die Kunden haben in dieser Phase bereits ihre Entscheidung, die Beziehung zu verlassen, getroffen und gegenüber dem Unternehmen artikuliert. Sie sind aber noch bis Ablauf des Vertrages Kunden und können gegebenenfalls zur Rücknahme ihrer Kündigung bewegt werden.

In der **Abstinenzphase** ist der ehemalige Kunde nicht mehr Kunde des Unternehmens. Die beiden Phasen unterscheiden sich demnach vor allem dadurch, dass in manchen Branchen bei der Beziehungsauflösung ein Kontakt zwischen Anbieter und Kunde besteht (z.B. Restprojektlaufzeit nach der Kündigung eines Beratungsvertrages). Der Kunde nimmt in der Auflösungsphase aktiv Kontakt mit dem Anbieter auf, so dass der Anbieter diese Kommunikation erwidern kann. Dahingegen geht die Kommunikation in der Abstinenzphase zumeist vom Anbieter aus. Konzeptionell sind diese Phasen mit der Anbahnungsphase – nur im Sinne einer Reaktivierung – vergleichbar.

Das **Management des Kundenbeziehungslebenszyklus** strebt einen phasenspezifischen Einsatz von kundengerichteten Strategien und Maßnahmen an. Aus der Position im Kundenbeziehungslebenszyklus lassen sich für die (idealtypischen) Phasen beispielsweise folgende Schlussfolgerungen ableiten:

- **Akquisitionsmanagement**: Zur Gewinnung neuer Kunden sind Maßnahmen der Überzeugung und Stimulierung von potenziellen Kunden erforderlich.
- **Bindungsmanagement**: Eine Stabilisierung und Intensivierung der bestehenden Kundenbeziehungen lässt sich z.B. im Rahmen der Individualisierung, des Cross Selling sowie des Aufbaus von Wechselbarrieren realisieren.
- **Rückgewinnungsmanagement**: Die emotionale oder faktische Rückgewinnung ist von den Maßnahmen einer Fehlerkorrektur bzw. der Wiedergutmachung abhängig.

Im Rahmen einer **kritischen Würdigung** ist festzuhalten, dass der Kundenbeziehungslebenszyklus ein Erklärungsmodell ist, das eine Kundenbeziehung idealtypisch und deskriptiv erfasst. Der konkrete Verlauf und die Dauer der Phasen variieren in Abhängigkeit vom Leistungstyp, der in der entsprechenden Branche relevant ist. Der Kundenbeziehungslebenszyklus lässt sich – wie aus der Beschreibung der einzelnen Phasen ersichtlich wird – sowohl aus Anbieter- als auch aus Nachfragerperspektive betrachten. Diese „Doppelseitigkeit" der Betrachtung einer Kundenbeziehung ist ein grundlegendes Prinzip, das durch ein Unternehmen bei sämtlichen Analyse-, Planungs-, Umsetzungs- und Kontrollaktivitäten zu berücksichtigen ist.

2.3 Management von Entscheidungsprozessen

Im Marketing – als marktorientierte Unternehmensführung – hat sich zur Lösung verschiedener Aufgabenbereiche eine bestimmte marktorientierte Entscheidungssystematik bewährt. Deshalb liegt es nahe, diese Systematik auch dem Produkt- und Servicemanagement zugrunde zu legen. In der Literatur wird in diesem Zusammenhang der **entscheidungsorientierte Ansatz** diskutiert (*Meffert* 2000; *Nieschlag/Dichtl/Hörschgen* 2002). Dieser Ansatz versetzt den Marketingverantwortlichen in die Lage, das Entscheidungsproblem zu strukturieren und zu analysieren.

Das Produkt- und Servicemanagement erfordert somit ein systematisches Entscheidungsverhalten, das sich durch einen **Managementprozess** mit den klassischen Phasen der Analyse, Planung, Durchführung und Kontrolle realisieren lässt. Dieser Managementprozess verdeutlicht, wie das Marketing als Unternehmensfunktion seiner Rolle als Initiator einer systematischen Unternehmensführung gerecht wird. Kern des Marketingmanagements ist die kontinuierliche Marketingplanung. Sie beschäftigt sich mit der Analyse- und Planungsphase des Managementprozesses und führt zu einem Marketingplan, der dem Marketingverantwortlichen zur Umsetzung des Managementprozesses in Teilschritten dient. Vor diesem Hintergrund wird das Produkt- und Servicemanagement wie folgt definiert:

> **Produkt- und Servicemanagement** ist die systematische Analyse, Planung, Umsetzung und Kontrolle von Maßnahmen, die sich auf die marktgerechte Gestaltung aller vom Unternehmen im Absatzmarkt angebotenen Leistungen beziehen; mit der Absicht, Wettbewerbsvorteile im Markt zu generieren, um damit die Unternehmens- und Marketingziele zu realisieren.

Im Einzelnen lassen sich folgende **Phasen** im Produkt- und Servicemanagement differenzieren (Schaubild 2–14):

- Analysephase,
- Strategische Steuerungsphase,
- Operative Steuerungsphase,
- Implementierungsphase,
- Kontrollphase.

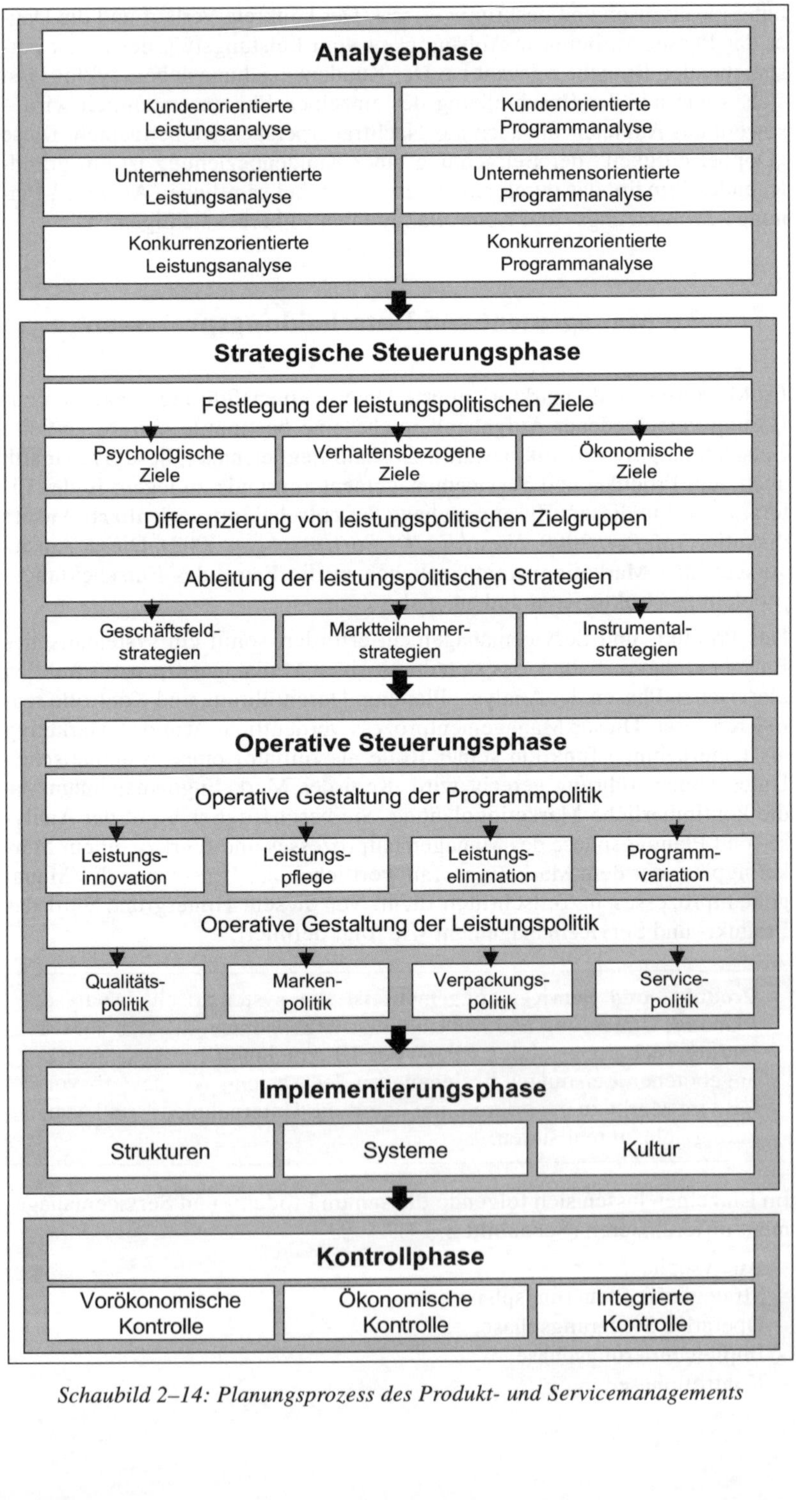

Schaubild 2–14: Planungsprozess des Produkt- und Servicemanagements

In der **Analysephase** ist festzustellen, inwiefern es Handlungsbedarf für Veränderungen des Leistungsprogramms gibt. Hierzu erfolgt die Gewinnung, Analyse und Aufbereitung der für die weitere Planung von Produkten und Services notwendigen Informationen und Daten. Es sind außerdem die Kundenbedürfnisse, die Leistungen der Konkurrenz, der Erfolg der eigenen Leistungen sowie die Zusammenstellung des eigenen Leistungsprogramms zu berücksichtigen. Als Analyseinstrumente dienen dabei die Lebenszyklusanalyse, Portfolioanalyse, Produktpositionierung, Kundenbefragungen, Handelsbefragungen und Konkurrenzbeobachtungen. Ein derartiges Vorgehen schafft das Risiko produkt- und servicepolitischer Fehlentscheidungen zwar nicht ab, trägt aber zu dessen Minimierung bzw. zur Maximierung der Planungssicherheit bei. Aus diesen Gründen steht die Analysephase am Anfang des Planungsprozesses des Produkt- und Servicemanagements und dient im Weiteren als Basis für die Entwicklung erfolgreicher Produkt- und Servicestrategien.

Die **strategische Steuerungsphase** dient der Festlegung der strategischen Stoßrichtung des Produkt- und Servicemanagements. Die Bestandsaufnahme des Leistungsprogramms in der Analysephase dient als Grundlage für die Ableitung von Zielen, die durch bestehende und neue Produkte zu realisieren sind, wobei Marketingplan und -prognose zu berücksichtigen sind. Des Weiteren ist auf Zielüberschneidungen mit anderen Zielen des Marketingmix zu achten. Durch die Entwicklung produkt- und servicepolitischer Strategien wird festgelegt, wie die Ziele des Produkt- und Servicemanagements zu erreichen sind. Mögliche Ansatzpunkte der Strategie sind z.B. die Qualität, die Marke oder der Preis.

Die instrumentelle Umsetzung der strategischen Ausrichtung des Produkt- und Servicemanagements erfolgt in der **operativen Steuerungsphase**. Die leistungspolitischen Maßnahmen und hier insbesondere die Produktentwicklung binden im Unternehmen Zeit und Geld. Je nach Branche und Produktkomplexität ist mit erheblichen Entwicklungszeiten und -kosten für neue Produkte zu rechnen (so z.B. im Automobil- oder Pharmabereich mehrere Jahre). Das Budget für das Produktmanagement umfasst sämtliche Maßnahmen für die Spezifizierung und Umsetzung der Anforderungen aus der Sicht des Marketing (Kundenperspektive) und der Technik (Technologieperspektive). Dies beinhaltet im Einzelnen Kosten für die Marktforschung, F&E, Einsatz von externen Spezialisten und Beratern, Erstellung von Prototypen, Testverfahren u.a.m. Dieses Budget ist dann auf die einzelnen Planungsperioden zu verteilen. Ist der Rahmen des Produkt- und Servicemanagements durch das Budget abgesteckt, erfolgt eine Feinabstimmung hinsichtlich des Instrumenteneinsatzes. Hier ist jetzt im Einzelnen festzulegen, wie die leistungspolitischen Strategien durch Maßnahmen der Qualitätspolitik (z.B. Haltbarkeit), Markenpolitik (z.B. Namensgebung), Verpackungspolitik (z.B. Wahl des Packstoffs), Servicepolitik (z.B. Garantieleistungen) und Programmgestaltung (z.B. Anzahl der Produktvarianten) umgesetzt werden.

Die Umsetzung und Durchsetzung der festgelegten Maßnahmen durch sämtliche Unternehmensmitglieder erfolgt in der **Implementierungsphase**.

Hierbei steht eine Anpassung der Strukturen, Systeme und Kultur des Unternehmens im Vordergrund.

Schließlich dient die **Kontrollphase** einem umfassenden Controlling der Aktivitäten des Produkt- und Servicemanagements. Es wird geprüft, ob die geplanten Zielgrößen erreicht und Anpassungsmaßnahmen erforderlich sind. Mögliche Anpassungen können sich u.a. auf eine modifizierte leistungspolitische Zielsetzung, die Initiierung von Produkt- und Serviceentwicklungen oder Änderungen einzelner produkt- und servicepolitischer Instrumente beziehen. Die Kontrolle des Leistungsprogramms ist inhaltlich und organisatorisch eine Aufgabe des Produkt- und Servicecontrolling.

Insgesamt ist hinsichtlich des entscheidungsorientierten Ansatzes festzuhalten, dass er das Entscheidungsspektrum des Produkt- und Servicemanagements umfassend offen legt. Die Bereitstellung von Entscheidungshilfen ruft ein systematisches Entscheidungsverhalten in der Planung von Produkten und Services hervor und trägt somit in entscheidendem Maße zur marktorientierten Unternehmensführung bei.

In dem vorliegenden Lehrbuch wird davon ausgegangen, dass das Produkt- und Servicemanagement primär eine Managementfunktion darstellt, deren Erfüllung in der Verantwortung der Unternehmensleitung und der Fachabteilungen liegt. Deshalb stellt der in Schaubild 2–14 wiedergegebene Planungsprozess des Produkt- und Servicemanagements auch die Grundlage zur Strukturierung ab Kapitel 3 dieses Buches dar.

3 Analyse von Leistungen und Leistungsprogrammen

Ausgangspunkt eines systematischen Entscheidungsprozesses stellt im Allgemeinen eine Situationsanalyse dar. Im Rahmen der Planung des Produkt- und Servicemanagements ist dementsprechend die **programm- und leistungspolitische Situation** zu analysieren. Dies impliziert, dass die am Planungsprozess des Produkt- und Servicemanagements beteiligten Mitarbeiter, wie z.B. Marketingleiter, Produktmanager, F&E, Controller, unter gezieltem Einsatz von Marktforschungsmethoden an der Situationsanalyse zu beteiligen sind. Ziel ist es, die Ist-Situation des Leistungsprogramms und der Leistungen zu erfassen, also herauszufiltern, wie das Leistungsangebot des Unternehmens von den verschiedenen Zielgruppen, d.h. aktuelle und potenzielle Konsumenten sowie Absatzmittler, aber auch durch die Öffentlichkeit oder die Konkurrenten wahrgenommen wird und welche Faktoren auf diese Situation Einfluss nehmen.

In dieser ersten Planungsphase sind die vielfältigen Situationsvariablen, die die programm- und leistungspolitischen Aktivitäten beeinflussen, so detailliert wie möglich zu erfassen. Dazu empfiehlt es sich, strukturiert vorzugehen. Als generelle Methode bietet sich die **SWOT-Analyse** an. Diese untersucht zum einen durch eine umfassende Chancen-Risiken-Analyse die unternehmensexterne Situation und zum anderen durch eine Stärken-Schwächen-Analyse die interne Unternehmenssituation (*Müller-Stewens/ Lechner* 2001, S. 166; *Bruhn* 2004c). Bei der SWOT-Analyse wird in der Regel nach Chancen und Risiken bzw. Stärken und Schwächen in den Kategorien Markt, Kunden, Handel, Wettbewerb, Umfeld und Unternehmen gesucht. Bei den genannten Situationsvariablen handelt es sich nicht um isoliert voneinander auftretende Faktoren. Vielmehr sind die **Interdependenzen** der Variablen untereinander zu berücksichtigen. Jedes Unternehmen hat daher die relevanten Einflussfaktoren der eigenen programm- und leistungspolitischen Situation zu erkennen und auch jene Faktoren aufzudecken, die die erstgenannten Einflussfaktoren wiederum beeinflussen. So nehmen z.B. die in vorherigen Planungsperioden festgelegten programm- und leistungspolitischen Ziele und Instrumente Einfluss auf die derzeitige Ist-Situation des Produkt- und Servicemanagements. Bei der Analyse der programm- und leistungspolitischen Situation sind daher auch die erreichten Ziele und deren Einflussfaktoren zu untersuchen.

Da es sich bei der SWOT-Analyse um eine generelle Analyse der programm- und leistungspolitischen Ist-Situation handelt, ist es im Rahmen der Ist-Analyse erforderlich, **spezielle Analyseinstrumente** heranzuziehen. Diese strategischen und operativen Analyseinstrumente des Produkt- und Servicemanagements sind Gegenstand dieses Kapitels (Schaubild 3–1).

Nach einer Darstellung der Inhalte und Ziele der Analyse von Leistungen und Leistungsprogrammen (Abschnitt 3.1) werden kunden-, unternehmens- und konkurrenzorientierte Analyseinstrumente auf der Leistungs- und Programmebene diskutiert (Abschnitte 3.2 bis 3.7). Abschließend werden Entscheidungskriterien für den Einsatz der vorgestellten Ansätze diskutiert (Abschnitt 3.8).

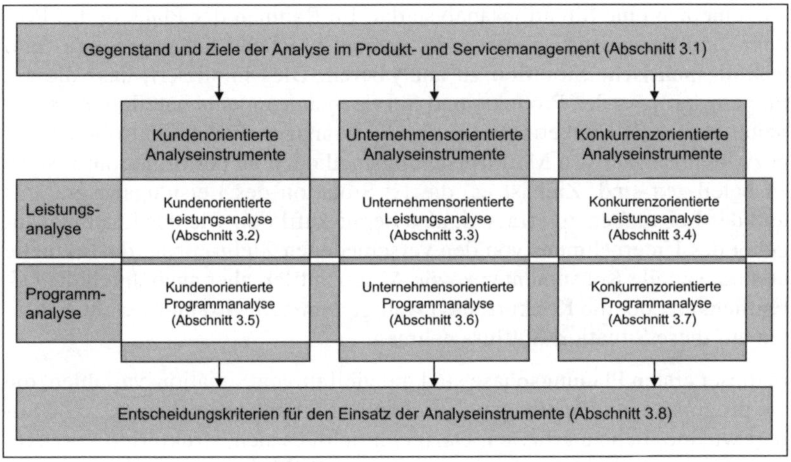

Schaubild 3–1: Vorgehen bei der Betrachtung von Analyseinstrumenten im Produkt- und Servicemanagement

3.1 Gegenstand, Ziele und Instrumente der Analyse von Leistungen und Leistungsprogrammen

Eine herausragende Wettbewerbsposition ist in engen Märkten als zentrale Bedingung für die langfristige Sicherung des Unternehmens anzusehen. Um den Anforderungen anspruchsvoller Kunden in Märkten mit intensivem Wettbewerb gerecht zu werden, ist das Angebot von überlegenden Leistungs- und Leistungsprogrammangeboten notwendig. Diese sind im Rahmen eines systematischen Produkt- und Servicemanagements zu entwickeln und umzusetzen. Die Analyse der Anforderungen an Leistungen steht dabei an der Schnittstelle zwischen Anbieter, Wettbewerbern und (potenziellen) Kunden. Vor diesem Hintergrund lassen sich verschiedene **Ziele der Analysephase des Produkt- und Servicemanagements** unterscheiden (Schaubild 3–2):

- Die Planung von Leistungen führt nur dann zu ökonomischem Erfolg, wenn den planerischen Aktivitäten eine angemessene informative Fundierung zugrunde liegt (**Informationsfunktion**).

Funktion	Allgemeines Ziel	Ziel der Leistungsanalyse
Informations-funktion	Beschreibung des Ist-Zustandes	Messung des im Querschnitt (mit anderen Leistungen) oder im Längsschnitt (mit früheren Zuständen der Leistung) vergleichbaren Zustands der Leistung.
Erklärungs-funktion	Erklärung, wie es dazu gekommen ist	Bestimmung der Einflussfaktoren auf den so gemessenen Leistungszustand sowie ihrer Ausprägungen, Gewichtungen und Verknüpfungen.
Prognose-funktion	Voraussage, was sich daraus entwickeln wird	Daraus, also möglichst nicht aus Extrapolation der Vergangenheit, sondern ursächlich aus künftigen Entwicklungen der Einflussfaktoren, abzuschätzenden Entwicklungen des Leistungszustands.
Kontroll-funktion	Beurteilung; Vergleich mit einer Soll-Entwicklung	Abweichungsanalyse zwischen der gewünschten und der eingetretenen (bzw. ohne Eingriffe zu erwartenden) Entwicklung des Leistungszustands, Problemfeststellung als „Soll-Ist"- bzw. als „Soll-Wird"-Differenz.
Steuerungs-funktion	Management; aus der Beurteilung abgeleitete Maßnahmen zur Korrektur in Richtung Soll	Strategischer und daraus abzuleitender operativer Eingriffsplan zur Korrektur der Maßnamen zur Erreichung des Leistungsziels, oder notfalls Modifikation des nicht mehr zu haltenden Ziels.

Schaubild 3–2: Funktionen und Ziele der Analysephase des Produkt- und Servicemanagements (In Anlehnung an Trommsdorff 2004, S. 1860)

- Die Kenntnis der Ursachen für Erfolge und Misserfolge von Produkten und Services ermöglichen eine systematischere Planung von programm- und leistungspolitischen Aktivitäten (**Erklärungsfunktion**).
- Die Erklärungsfunktion liefert die Grundlage für eine Prognose über die Wirkung von (zukünftigen) programm- und leistungspolitischen Maßnahmen, d.h. Aussagen darüber, welche Marktreaktionen – also welches Verhalten bei Konsumenten, Absatzmittlern und Konkurrenten – z.B. bei Einführung eines neuen Produktes zu erwarten sind (**Prognosefunktion**).
- Um die Erfolgswirkungen der leistungspolitischen Strategien und Maßnahmen zu evaluieren und gegebenenfalls strategische oder operative Korrekturen vorzunehmen, ist ein regelmäßiger Vergleich der angestrebten Ziele (Soll) mit der aktuellen Ist-Situation notwendig (**Kontrollfunktion**).
- Um die Wirkung des Leistungs-(programm-)angebotes nicht dem Zufall zu überlassen, ist die Produkt- und Serviceplanung zur Erstellung marktgerechter Leistungskonzeptionen auf einer systematischen und strukturierten Datenbasis aufzubauen (**Steuerungsfunktion**).

Die **Anlässe für die Analyse einer Leistung bzw. eines Leistungsprogramms** sind vielfältig. Von den Anlässen ist es abhängig, ob diese einmalig, mehrmals oder fortlaufend durchgeführt wird (*Trommsdorff* 2004, S. 1860):

- Die Einführung einer neuen Leistung durch die Konkurrenz, die Veränderung einer gesetzlichen Rahmenbedingung oder die Überlegungen des Managements zum Eintritt in einen ausländischen Markt sind z.B. – in ihrer Spezifität – eher Anlässe für die **einmalige Analyse spezifischer Fragestellungen**.

- Produkt- und servicepolitische Entscheidungen erfordern oft die **wiederholte Analyse mit einer identischen Methode**.
- Die fortlaufende operative Kontrolle des Produkt- und Serviceerfolgs und der Determinanten macht eine **fortlaufend wiederkehrende Analyse** in Form eines kontinuierliches Produkt- und Servicemonitoring notwendig.

Um die Anforderungen an Leistungen und Leistungsprogramme zu messen, bietet sich eine Vielzahl von Instrumenten an, die unterschiedliche Zwecke verfolgen. Dabei sind grundsätzlich die folgenden **Formen der Analyse von Leistungsanforderungen** zu unterscheiden:

(1) Instrumente zur strategischen Analyse von Leistungen können zum einen nach der Perspektive differenziert werden, die bei der Bewertung von Leistungen zugrunde gelegt wird. Hinsichtlich dieser **Bewertungsperspektive** lassen sich kunden-, unternehmens- und konkurrenzorientierte Ansätze unterscheiden. Bei den kundenorientierten Ansätzen wird eine Bewertung aus Sicht von (potenziellen) Kunden vorgenommen. Die unternehmensorientierten Ansätze nehmen eine Beurteilung von Leistungen aus Sicht des Managements oder von Mitarbeitenden vor. Die konkurrenzorientierten Ansätze bewerten Leistungen in Relation zu den (wichtigsten) Konkurrenten.

(2) Die Analyseverfahren sind zum anderen hinsichtlich des **Analysegegenstands** zu unterscheiden. Dabei ist eine isolierte Beurteilung von einzelnen Leistungen oder die (gemeinsame) Bewertung mehrerer Leistungen möglich. Hierbei interessiert insbesondere der Vergleich zwischen den berücksichtigten Leistungen. Im Rahmen der Programmanalyse werden Leistungen eines Unternehmens nicht isoliert untersucht, sondern in Relation zu anderen Leistungen des Unternehmen gestellt, d.h., dass mehrere Leistungen eines Unternehmens unter Berücksichtigung der Interdependenzen zwischen den Leistungen (z.B. Verbundeffekte) Analysegegenstand sind.

Entsprechend der beiden Dimensionen Bewertungsperspektive und Analysegegenstand lassen sich sechs **Kategorien von Analyseinstrumenten des Produkt- und Servicemanagements** unterscheiden (Schaubild 3–3):

(1) Kundenorientierte Leistungsanalyse: Zur Bewertung einzelner Leistungen werden Konsumentenurteile herangezogen.

(2) Kundenorientierte Programmanalyse: Auf Basis von Konsumentenurteilen werden mehrere Leistungen – unter Umständen auch unter Einbezug von Konkurrenzleistungen – miteinander verglichen.

(3) Unternehmensorientierte Leistungsanalyse: Die Bewertung einzelner Leistungen erfolgt aus dem Blickwinkel des Unternehmens.

(4) Unternehmensorientierte Programmanalyse: Mehrere Leistungen werden aus unternehmensinterner Sicht miteinander verglichen.

(5) Konkurrenzorientierte Leistungsanalyse: Die Analyse von Leistungen eines Unternehmens erfolgt durch einen Vergleich mit den Leistungen der wichtigsten Konkurrenten.

(6) **Konkurrenzorientierte Programmanalyse**: Das Leistungsprogramm eines Anbieters wird den Leistungsprogrammen der Konkurrenten gegenübergestellt.

Die dargestellte Trennung der einzelnen Instrumente ist nicht immer eindeutig und Überschneidungen sind möglich. Die Kategorisierung erfolgte unter Berücksichtigung des Schwerpunktes des jeweiligen Analyseinstrumentes.

Bewertungsperspektive		Analysegegenstand: Einzelleistung	Analysegegenstand: Leistungsprogramm
	Konsument	Kundenorientierte Leistungsanalyse (1)	Kundenorientierte Programmanalyse (4)
	Konsument	– Zufriedenheitsanalyse – Means-End-Analyse – Conjoint-Analyse	– Positionierungsanalyse – Multidimensionale Skalierung
	Unternehmen	Unternehmensorientierte Leistungsanalyse (2)	Unternehmensorientierte Programmanalyse (5)
	Unternehmen	– Lebenszyklusanalyse – Gap-Analyse – Wirtschaftlichkeitsanalyse	– Strukturanalysen – Portfolioanalysen
	Konkurrenten	Konkurrenzorientierte Leistungsanalyse (3)	Konkurrenzorientierte Programmanalyse (6)
	Konkurrenten	– Benchmarking	– Branchenstrukturanalyse – Wettbewerbsanalyse

Schaubild 3–3: Analyseinstrumente des Produkt- und Servicemanagements im Überblick

Im Folgenden werden die genannten Analyseinstrumente dargestellt und einer kritischen Würdigung unterzogen, der die folgenden **Bewertungskriterien** zugrunde gelegt werden:

- Komplexität des Verfahrens,
- Aufwand bzw. Kosten des Verfahrens,
- Entscheidungshilfe für strategische versus operative Entscheidungen,
- Einsatzbereiche im Produkt- und Servicemanagement,
- Branchenbezogene Einsatzfelder.

Neben den dargestellten Verfahren existieren noch viele andere Analyseinstrumente. Die Auswahl bezieht sich auf jene Verfahren, die in der Praxis am häufigsten eingesetzt und in der Literatur intensiv diskutiert werden.

3.2 Kundenorientierte Leistungsanalyse

3.2.1 Zufriedenheitsanalyse

Im Rahmen der Auseinandersetzung mit der **kundenorientierten Ausrichtung des Produkt- und Servicemanagements** stellt die Produkt- und Servicezufriedenheit eine Steuerungsgröße dar, der seit einigen Jahren durch Wissenschaft und Praxis eine besonders hohe Relevanz zugeschrieben wird (*Herrmann et al.* 2000).

Der **Analyse der Produkt- und Servicezufriedenheit**, die als Abgleich zwischen den Kundenbedürfnissen und der Wahrnehmung der vom Unternehmen gelieferten Leistung definiert ist (*Oliver* 1996, S. 11f.), kommt dabei eine Planungs- und eine Kontrollfunktion im Rahmen der Umsetzung eines kundenorientierten Produkt- und Servicemanagements zu. Die Planungsfunktion betrifft die Festlegung von Leistungsanforderungen, die über eine Erfüllung der Kundenanforderungen zu Produkt- und Servicezufriedenheit führen sollen. Im Rahmen der Kontrollfunktion wird die Realisierung der Kundenanforderungen durch das Leistungsangebot des Anbieters überprüft.

Produkt- und Servicezufriedenheit wird grundlegend anhand des so genannten **(Dis-)Confirmation-Paradigmas** modelliert (*Oliver* 1996, S. 98ff.). Demnach liegt Produkt- und Servicezufriedenheit vor, wenn die Kundenerwartungen durch die gelieferte Leistung erfüllt werden. Die Ursachen von Produkt- und Servicezufriedenheit ergeben sich direkt aus dem (Dis-)Confirmation-Paradigma und werden durch die Kundenerwartungen auf der einen Seite und die Leistungswahrnehmung auf der anderen Seite repräsentiert. Da sich Produkt- und Servicezufriedenheit auf das Leistungsangebot eines Unternehmens bezieht, stellt die **Leistungswahrnehmung** eine Determinante der Produkt- und Servicezufriedenheit dar (*Stauss* 1999, S. 7). Kunden nehmen Unternehmensleistungen nur in seltenen Fällen als eine Einheit wahr, so dass bei der Analyse der Produkt- und Servicezufriedenheit die einzelnen Merkmale einer Leistung differenziert zu betrachten sind. Als weiterer Einflussfaktor der Produkt- und Servicezufriedenheit werden die **Erwartungen** eines Konsumenten als ein psychologischer Zustand aufgefasst, der sich auf zukünftige Verhaltenskonsequenzen für den Konsumenten bezieht. Erwartungen bilden den Vergleichsstandard für die erhaltene Leistung.

Im Hinblick auf die Verfahren zur Messung der Produkt- und Servicezufriedenheit lassen sich merkmals-, ereignis- und problemorientierte Messverfahren unterscheiden (Schaubild 3–4) (vgl. für einen Überblick *Homburg/Rudolph* 1998, S. 44ff; *Stauss* 1999; *Meffert/Bruhn* 1999; *Bruhn* 2006a).

(1) Merkmalsorientierte Messung

Bei der merkmalsorientierten Messung der Produkt- und Servicezufriedenheit wird die Zufriedenheit anhand von einzelnen **Leistungsmerkmalen** des

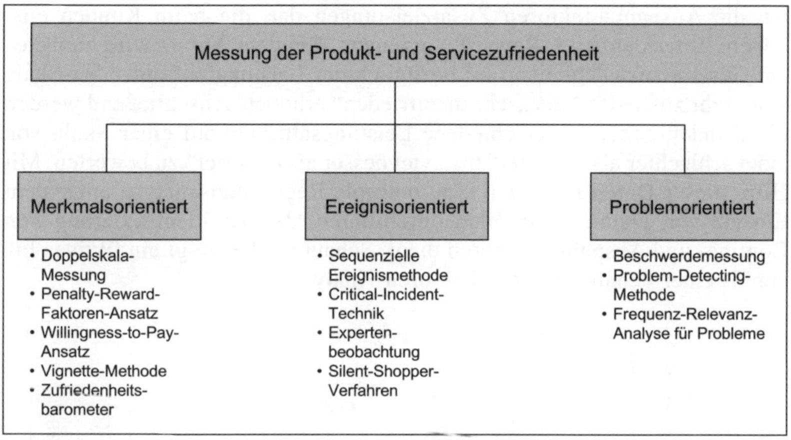

Schaubild 3–4: Verfahren zur Messung der Produkt- und Servicezufriedenheit

betrachteten Unternehmens gemessen (*Hentschel* 1999). Hierzu sind die die folgenden Messmethoden heranzuziehen:

- Doppelskala-Messung,
- Penalty-Reward-Faktoren-Ansatz,
- Willingness-to-Pay-Ansatz,
- Vignette-Methode und
- Zufriedenheitsbarometer.

Bei der **Doppelskala-Messung** werden Kundenerwartungen und -wahrnehmungen bezüglich der Merkmale einer Leistung erfasst und zur Bestimmung der Produkt- und Servicezufriedenheit mit Hilfe von zwei Skalen einander gegenübergestellt. Auf einer Skala wird die Ausprägung der Erwartungen erfragt, während auf der anderen Skala die Wahrnehmung der Leistung erfasst wird (vgl. zu einer vertieften Darstellung *Bruhn* 2006a). Schaubild 3–5 zeigt ein Beispiel für eine Doppelskala-Messung.

Beispiel zur Doppelskala-Messung	Lehne ich vollkommen ab				Stimme ich vollkommen zu
	1	2	3	4	5
Von Autos der Marke X erwarte ich ein sportliches Fahrverhalten.	☐	☐	☐	☐	☐
Autos der Marke X haben ein sportliches Fahrverhalten.	☐	☐	☐	☐	☐

Schaubild 3–5: Beispiel für eine Doppelskala-Messung

Der **Penalty-Reward-Faktoren-Ansatz** orientiert sich an der Unterteilung der Leistungsdimensionen in Routine- und Ausnahmefaktoren (*Brandt* 1987, S. 61ff.; *Bruhn* 2006a). Die Nichterfüllung von Routinefaktoren ruft beim Kunden Unzufriedenheit („Penalty“) hervor. Im Gegensatz dazu stellen die Ausnahmefaktoren Zusatzleistungen dar, die beim Kunden eine höhere Zufriedenheit („Reward") erzeugen. Bei dem Ansatz wird zunächst ein Gesamtzufriedenheitsurteil bezüglich der Leistung auf einer 5er-Skala von „sehr zufrieden" bis „sehr unzufrieden" erhoben. Anschließend werden die Kunden gebeten, verschiedene Leistungsattribute auf einer Skala von „viel schlechter als erwartet" bis „viel besser als erwartet" zu bewerten. Mit Hilfe dieser Daten lässt sich eine multiple Regressionsanalyse unter dem Einsatz von Dummy-Variablen durchführen, die der Identifizierung von Routine- und Ausnahmefaktoren dient. Schaubild 3–6 zeigt ein fiktives Ergebnis einer Penalty-Reward-Faktoren-Analyse.

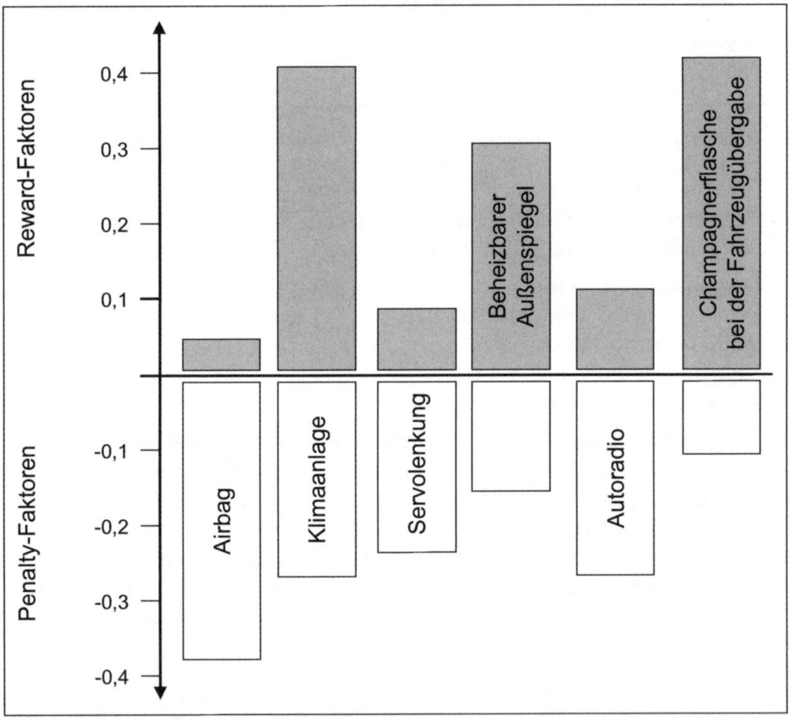

Schaubild 3–6: Ergebnis einer Penalty-Reward-Faktoren-Analyse im Automobilbereich (Fiktives Beispiel)

Der **Willingness-to-Pay-Ansatz** geht davon aus, dass Produkt- und Servicezufriedenheit durch den Vergleich der erhaltenen Leistung mit den im Rahmen der Inanspruchnahme der Leistung in Kauf genommenen Opfern finanzieller, zeitlicher, psychischer oder physischer Art entsteht (*Haller* 1998; *Homburg/Koschate/Hoyer* 2005; *Bruhn* 2006a). Diese „Opfer" werden meist durch den Preis der Leistung ausgedrückt. Die Beurteilung einer Leistung nach dem Willingness-to-Pay-Ansatz erfolgt durch die Gegenüberstellung des Nutzens einer Leistung, der sich aus der gewichteten Bewertung einzelner Leistungsmerkmale zusammensetzt, und dem Preis der Leistung. Der Einsatz dieser Methode ist vor allem sinnvoll, wenn Leistungen im Rahmen der Leistungspolitik variiert werden. Mittels des Willingness-to-Pay-Ansatzes ist festzustellen, ob die Erweiterung oder Verbesserung eines Merkmals zu einer entsprechend höheren Zahlungsbereitschaft der Kunden führt.

Bei einer **integrierten Messung der Produkt- und Servicezufriedenheit** wird die Produkt- und Servicezufriedenheit unter Einbeziehung ihrer Determinanten (z.B. Qualität) und Wirkungen (z.B. Kundenbindung) erfasst. Dieser Vorgehensweise liegt die Überlegung zugrunde, dass eine isolierte Messung der Produkt- und Servicezufriedenheit lediglich eine Aussage über das Zufriedenheitsniveau der Kunden eines Unternehmens zulässt, jedoch nur in beschränktem Maße die Ableitung von umfassenden Verbesserungspotenzialen und keine Aussage über die Bedeutung der Zufriedenheit für das Kaufverhalten der Kunden ermöglicht. Eine integrierte Messung der Produkt- und Servicezufriedenheit wird in Form so genannter **Zufriedenheitsbarometer** vorgenommen. Durch Zufriedenheitsbarometer erfolgt eine Messung von Zufriedenheit sowie zentraler Erfolgsfaktoren von Leistungen bzw. Marken mittels periodischer Kundenbefragungen.

Zufriedenheitsbarometern liegen meist so genannte **Kausalmodelle** zugrunde, die die Beziehungen zwischen der Produkt- und Servicezufriedenheit, ihren Einflussfaktoren und ihren Wirkungen abbilden. Schaubild 3–7 gibt ein fiktives Kausalmodell für die Automobilbranche wieder. Innerhalb eines Kausalmodells werden **Strukturvariablen** als latente Konstrukte aufgefasst (z.B. Leistungsprogramm, Produktqualität, Preis-Leistungs-Verhältnis), die mehrdimensional anhand von **Indikatorvariablen** zu messen sind, über deren Ausprägungen aus Kundensicht eine Ermittlung der Werte für

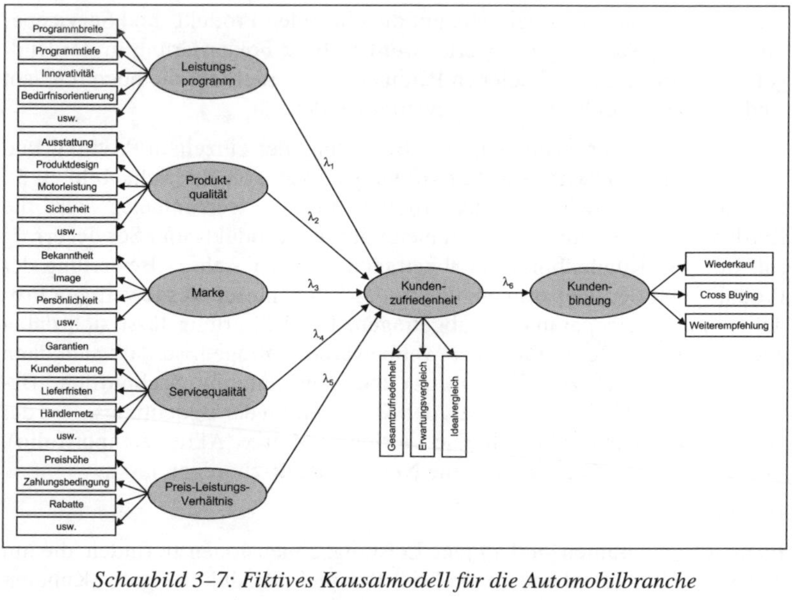

Schaubild 3–7: Fiktives Kausalmodell für die Automobilbranche

die Strukturvariablen erfolgt (z.B. Ausstattung, Produktdesign, Motorleistung als Indikatoren der Produktqualität).

Ein solches Kausalmodell wird auf Basis der beim Kunden erhobenen Ausprägungen der Indikatorvariablen mit Hilfe der **Kausalanalyse** geschätzt, die iterativ die bestmögliche Wiedergabe der „realen" Zusammenhänge zwischen den Variablen durch das Modell identifiziert. Als Ergebnis liefern entsprechende Statistikprogramme (z.B. LISREL, Amos) die **Stärke der Beziehungen** zwischen den Variablen des Modells. Die Stärke der Beziehungen zwischen den Strukturvariablen (z.B. Einfluss des wahrgenommenen Nutzens auf die Produkt- und Servicezufriedenheit) ist durch **Strukturparameter** quantifizierbar (im Beispiel λ_1 bis λ_6). Die Stärke der Zusammenhänge zwischen den Strukturvariablen und den jeweiligen Indikatorvariablen wird durch **Messparameter** zum Ausdruck gebracht.

Auf Basis der Kausalanalyse wird unternehmensspezifisch der Einfluss der verschiedenen Modellparameter auf den Produkt- bzw. Serviceerfolg ermittelt. In dem in Schaubild 3–7 dargestellten **Beispiel** lässt sich so bestimmen, in welchem Ausmaß in der Automobilbranche die Kundenbindung durch die verschiedenen Leistungsdimensionen beeinflusst wird. In anderen Entscheidungssituationen sind entsprechend andere Produkt- und Serviceerfolgsgrößen in das Modell aufzunehmen. So wäre beispielsweise bei der Fragestellung nach den Erfolgsdimensionen der Kundenakquisition die Erstkaufentscheidung als abhängige Modellvariable anstelle der Kundenbindung zu integrieren.

Die Kausalanalyse liefert eine Übersicht über den Einfluss der Treiber des Produkt- und Serviceerfolgs. Für eine Priorisierung der Produkt- und Serviceparameter, d.h. im Beispiel des Leistungsprogramms der Produkt- und Servicequalität, der Marke sowie des Preis-Leistungs-Verhältnisses, ist zusätzlich zu berücksichtigen, wie gut die einzelnen Produkt- und Serviceparameter vom Nachfrager bewertet werden. Eine Fokussierung in der Budgetallokation ist nur bei solchen Parametern erforderlich, die hoch relevant sind und unterdurchschnittlich bewertet werden.

Aus den Daten zur Bedeutung und Bewertung der einzelnen Produkt- und Serviceparameter wird ein **Aktivitätenportfolio** erstellt (Schaubild 3–8). Auf der Achse „Bedeutung der Produkt- und Serviceparameter" wird die Einflussstärke der einzelnen Parameter auf den Produkt- und Serviceerfolg (im Beispiel Kundenbindung) abgetragen. Auf der Achse „Bewertung der Produkt- und Serviceparameter" wird das Kundenurteil des jeweiligen Produkt- und Serviceparameters abgetragen. Die Bewertung lässt sich dabei auch relativ zur Beurteilung der Wettbewerber abfragen, so dass sich dann eine (im Vergleich zur Konkurrenz) über- und unterdurchschnittliche Bewertung unterscheiden lässt. Aus der Kombination der Bedeutungs- und der Bewertungsachse ergibt sich eine Vierfelder-Matrix (Aktivitätenportfolio), in der sich jedem Quadranten eine **Normstrategie** zuordnen lässt:

Quadrant 1

Im ersten Quadranten sind all jene Leistungsdimensionen zu finden, die mit erster Priorität zu behandeln sind (im Beispiel „Produktdesign", „Kundenberatung" usw.). Es wurden relativ hohe Wichtigkeiten ermittelt, die Leistungskomponenten werden hingegen als verbesserungsfähig beurteilt.

Quadrant 2

Im zweiten Quadranten sind sämtliche Leistungsparameter eingeordnet, die bislang sehr gut erfüllt werden (im Beispiel „Ausstattung des PKW", „Zahlungsbedingungen" usw.). Dieser Standard ist in Zukunft zu halten.

Quadrant 3

Im dritten Quadranten sind Leistungsdimensionen mit einer schlechteren Kundenbewertung sowie eher geringer Wichtigkeit eingeordnet (im Beispiel „Garantie", „Motorleistung" usw.). Als strategische Stoßrichtung wird eine Selektionsstrategie empfohlen, d.h., hinsichtlich der einzelnen Leistungskomponenten ist zu prüfen, welche Maßnahmen kurzfristig, ohne übermäßige Investitionen, zu ergreifen sind.

Quadrant 4

Hinsichtlich der Faktoren im vierten Quadranten ist kein akuter Handlungsbedarf zu erkennen (im Beispiel „Sonderangebote"). Die Kunden beurteilen diese Komponenten des Leistungsangebotes als sehr gut. Allerdings sind diese Aspekte für die Kunden weniger wichtig. In der Folge sind in diesem Bereich keine zusätzlichen, neuen Investitionen zu tätigen.

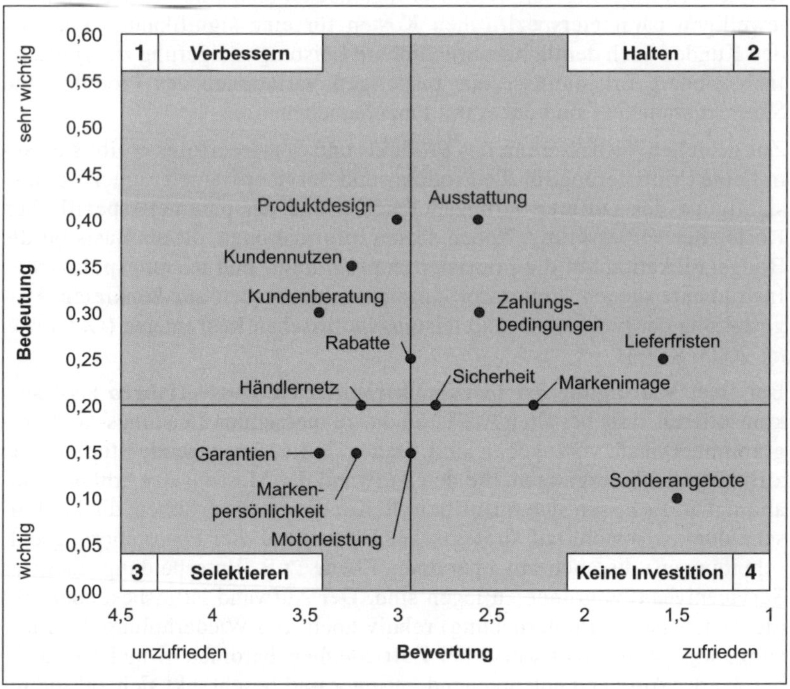

Schaubild 3–8: Aktivitätenportfolio für die Automobilbranche (Fiktives Beispiel)

Eine weitere **Priorisierung** jener Produkt- und Serviceparameter, die zum einen einen hohen Einfluss auf den Produkt- und Serviceerfolg haben und zum anderen aktuell eine unterdurchschnittliche Bewertung aufweisen, lässt sich unter der Berücksichtigung von zwei Aspekten vornehmen (*Gelbert et al.* 2003, S. 57):

(a) Differenzierungspotenzial gegenüber den Wettbewerbern

Das Differenzierungspotenzial lässt sich durch einen Vergleich der Bewertung der eigenen Leistung hinsichtlich eines Produkt- und Serviceparameters mit der Bewertung dieses Produkt- und Serviceparameters für die Konkurrenten ermitteln. Wenn ein Parameter hochrelevant ist sowie zwischen der Bewertung der eigenen Leistung und der Bewertung der Konkurrenzleistung hinsichtlich dieses Parameters kaum ein Unterschied besteht, bietet dieser Parameter ein besonderes Differenzierungspotenzial und ist zu priorisieren. Dabei ist jedoch zu berücksichtigen, dass unter gewissen Umständen jene Produkt- und Serviceparameter nicht vernachlässigt werden, hinsichtlich derer Wettbewerber deutlich besser bewertet werden. Solange der Aufwand und die Positionierung der eigenen Leistung diesbezügliche Aktivitäten rechtfertigen, lässt sich auf diese Weise eine nachhaltige Profilierung der Wettbewerber über diesen Parameter verhindern.

(b) Kosten für eine signifikante Verbesserung des Produkt- und Serviceparameters

Bei der Priorisierung von Verbesserungsmaßnahmen sind des Weiteren die jeweiligen parameterspezifischen Kosten für eine signifikante, d.h., von den Kunden auch deutlich wahrnehmbare Leistungssteigerung zu ermitteln. Insbesondere Erkenntnisse aus bisherigen Variationen des Produkt- und Serviceparameters sind dabei mit einzubeziehen.

Zur gezielten Verbesserung des Produkt- und Serviceerfolgs ergibt sich somit eine Priorisierung für die Produkt- und Serviceparameter unter Berücksichtigung des Differenzierungspotenzials und der parameterspezifischen Kosten der Verbesserung. Neben diesen Informationen, die als Basis für die Budgetallokation auf die priorisierten programm- und leistungspolitischen Instrumente dienen, liefert der Ansatz auch Angaben zur konkreten Ausgestaltung der programm- und leistungspolitischen Instrumente (*Gelbert et al.* 2003, S. 57).

Bei einer **Würdigung der merkmalsorientierten Messverfahren** lässt sich konstatieren, dass bei allen Ansätzen die zu messenden Leistungs- und Programmmerkmale vorzugeben sind. Daher sind vorausgehende Studien, wie z.B. Expertenbefragungen, die den Aufwand der Messansätze erhöhen, unabdingbar. Es lassen sich quantifizierte Kundenurteile erfassen, die bei Entscheidungen sowohl auf strategischer Ebene (z.B. bei Positionierungsentscheidungen) als auch auf operativer Ebene (z.B. Entscheidung über das Serviceniveau) zugrunde zu legen sind. Der Aufwand ist insbesondere für die Erstmessung (Piloterhebung) relativ hoch. Bei Wiederholung der Messung, wie sie beispielsweise bei Zufriedenheitsbarometern meist stattfindet, ist der Aufwand entsprechend geringer und beschränkt sich auf die regelmäßige Prüfung der Vollständigkeit der berücksichtigten Merkmale.

Aufgrund ihres relativ hohen Aggregationsgrades in Bezug auf die berücksichtigten Parameter und der gleichzeitig hohen Standardisierbarkeit der Messung werden merkmalsorientierte Methoden tendenziell eher im Rahmen der Leistungspflege, der Qualitäts- und der Markenpolitik eingesetzt. Im Konsumgüterbereich sind insbesondere Markenmodelle weit verbreitet.

(2) Ereignisorientierte Messung

Ereignisorientierte Ansätze bieten sich vor allem für Leistungen an, bei denen Anbieter und Nachfrager in direktem Kontakt stehen, d.h. bei Dienstleistungen und Serviceleistungen von Sachgüteranbietern, da sie in ihrer Methodik den prozessualen Charakter des Erstellungsprozesses dieser Leistungen berücksichtigen und der **Erfassung aus Kundensicht relevanter Ereignisse** dienen. Zur Ereignismessung lassen sich die folgenden Methoden einsetzen:

- Sequenzielle Ereignismethode,
- Critical-Incident-Technik,
- Expertenbeobachtung und
- Silent-Shopper-Verfahren.

Bei der **sequenziellen Ereignismethode** wird eine Zerlegung des Leistungsprozesses zugrunde gelegt. In einem so genannten **„Blueprint"** wird der Kontaktverlauf zwischen Anbieter und Nachfrager grafisch dargestellt (Schaubild 3–9). Auf der Grundlage eines solchen Blueprints, in dem die für den Kunden sichtbaren Elemente des Leistungserstellungsprozesses in der üblichen Kontaktreihenfolge eingetragen sind, sollen die befragten Kunden in persönlichen Interviews die Phasen des Leistungserlebnisses nochmals gedanklich-emotional nachvollziehen. Mit Hilfe dieses „Nacherlebens" ist eine ausführliche Schilderung der „Augenblicke der Wahrheit" zu erreichen.

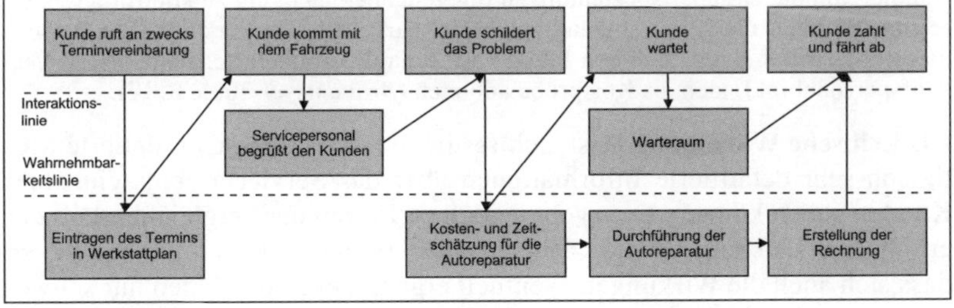

Schaubild 3–9: Blueprint am Beispiel eines Autoreparaturdienstes

Auf einer weiter differenzierten Ebene setzt sich die **Critical-Incident-Technik** (*Bitner/Booms/Tetreault* 1990) mit den Stärken und Schwächen von Produkten und Services auseinander. Critical Incidents sind jene Ereignisse, die der Kunde als besonders zufrieden stellend bzw. besonders unbefriedigend erlebt. Es sind gerade die „besonderen" Vorfälle, die der Kunde in Erinnerung behält. Die Critical-Incident-Technik sieht vor, diese Ereignisse mit Hilfe standardisierter offener Fragen zu erfassen und zu kategorisieren.

Eine **Expertenbeobachtung** dient der Erfassung und Analyse von Serviceprozessen durch speziell für diese Aufgabe geschulte Experten (z.B. Psychologen). Gegenstand einer Expertenbeobachtung sind beispielsweise Beratungsgespräche und Kundenschulungen in der Industriegüterbranche. Die Leistungsfähigkeit dieses Ansatzes wird in zweifacher Hinsicht beschränkt. Zum einen wird das Verhalten der Mitarbeitenden, sofern sie über die Beobachtung informiert wurden, durch Beobachtungseffekte im positiven wie auch im negativen Sinne verzerrt. Zum anderen ist die Aussagekraft der erhobenen Kundenreaktionen in Frage zu stellen. So lässt das Kundenverhalten nur bedingt Rückschlüsse auf die tatsächlichen Vorgänge im Insystem der Kunden mit ihren kognitiven, affektiven und konativen Elementen zu.

Sind die subjektiven Empfindungen der Kunden im Hinblick auf die Erfahrungen mit Serviceprozessen auf einer möglichst objektiven Ebene zu erfassen, bietet sich das **Silent-Shopper-Verfahren** an. Silent Shopper sind Testkunden, die für die Mitarbeitenden nicht erkennbare „reale" Interaktionen simulieren, um daraus Rückschlüsse auf Mängel im Serviceprozess zu ziehen. Beispielsweise lässt sich die Beratungsqualität von Verkäufern oder Beschwerdereaktion von Hotline-Mitarbeitenden eines Markenartikelanbieters evaluieren. Das Verfahren eröffnet darüber hinaus auch die Möglichkeit der vergleichenden Beobachtung, wenn gleichzeitig „Testkäufe" bei der Konkurrenz durchgeführt werden. Der für den Einsatz von Testkunden erhobene Anspruch einer neutralen und aus der Kundenperspektive vorgenommenen Messung der Produkt- und Servicezufriedenheit wird aufgrund psychologischer Sachverhalte in der Interaktion von Menschen und durch die praktische Umsetzung jedoch vielfach nicht erreicht.

Beispiel: Außendienstmitarbeiter der Marke Lindt als Silent Shopper

Außendienstmitarbeiter der Marke *Lindt* besuchen immer wieder unangemeldet Händler, um die Geschäftsbeziehung zu pflegen, aber auch, um zu kontrollieren, ob er ihre Pralinen nicht mit abgelaufenem Haltbarkeitsdatum verkauft. Die Außendienstmitarbeiter lassen sich den Inhalt vom Ablauf bedrohter Schachteln vom Verkaufspersonal im Laden als Kostprobe anbieten (*Brandmeyer* 2005, S. 17).

Als **kritische Würdigung** lässt sich festhalten, dass ereignisorientierte Methoden sehr detaillierte Informationen über das Serviceerlebnis einzelner Kunden geben können. Dies geht jedoch zu Lasten der Vergleichbarkeit der erhobenen Leistungsurteile. Eine Quantifizierung ist kaum möglich, so dass sich auch die Wirkungen eventuell ergriffener Maßnahmen nur schwer überprüfen lassen. Auf ereignisorientierte Methoden wird vor allem dann zurückgegriffen, wenn der Anbieter die für die Konsumenten relevanten Leistungsmerkmale (noch) nicht kennt. Diese Methoden werden daher oft auch als Vorstudien den oben diskutierten merkmalsorientierten Messmethoden vorangestellt. Aufgrund der Orientierung an Anbieter-Kunde-Interaktionen ist das Einsatzfeld der ereignisorientierten Methoden eher in Industriegüter- und vor allem in Dienstleistungsbranchen bzw. in serviceintensiven Branchen, wie z.B. Automobilhändler, zu sehen. Die Methode der kritischen Ereignisse lässt sich aber auch problemlos auf Verbrauchs-

und Gebrauchsgüter anwenden. Für das Produkt- und Servicemanagement sind die ereignisorientierten Methoden vor allem Grundlage für die Evaluation und Verbesserung vorhandener Leistungen (Leistungsvariation, Qualitätspolitik), können aber auch Ideengeber für innovative Leistungen sein.

(3) Problemorientierte Messung

Der Untersuchungsgegenstand einer problemorientierten Zufriedenheitsmessung sind aus Kundensicht **zufriedenheitsrelevante Problemfelder** im Hinblick auf das Leistungsangebot eines Unternehmens. Die problemorientierte Messung kann durch folgende Methoden vorgenommen werden:

- Beschwerdemessungen,
- Problem-Detecting-Methode und
- Frequenz-Relevanz-Analyse für Probleme (FRAP).

Bei **Beschwerdemessungen** handelt es sich um eine kundeninitiierte Problemmessung (*Stauss/Seidel* 2002). Grundsätzlich spiegeln Beschwerden eine subjektive Unzufriedenheit mit den Leistungen eines Anbieters wider. Durch eine systematische Erfassung von Kundenbeschwerden werden Leistungsmerkmale identifiziert, mit denen die Kunden, die sich beschweren, unzufrieden sind. Ausgehend hiervon lassen sich Verbesserungspotenziale für die Leistungen des Anbieters ableiten. Auch wenn Unternehmen Kundenbeschwerden stimulieren, setzt eine Problemmessung über Beschwerden die Initiative der (unzufriedenen) Kunden voraus. Daher sind die bei Beschwerden angeführten Sachverhalte nicht zwingender Weise als die tatsächlich relevanten Problembereiche anzusehen. Aufgrund von so genannten „Unvoiced Complaints" führt nicht jede Unzufriedenheit mit einer Leistung zu einer Beschwerde. Von Beschwerden sehen Kunden vor allem ab, weil sie die Kosten der Beschwerdeführung als zu hoch und die Erfolgswahrscheinlichkeit einer Beschwerde als zu gering erachten. Um das Meinungsbild der Kunden auf einer möglichst breiten Basis zu erfassen, sind daher im Rahmen eines umfassenden Beschwerdemanagements Beschwerde stimulierende Maßnahmen einzusetzen (*Bruhn* 1982; *Stauss/Seidel* 2002). Darüber hinaus übt die Beschwerdezufriedenheit einen Einfluss auf die Produkt- und Servicezufriedenheit aus.

Beispiel: Beschwerdebarrieren bei Kfz-Werkstattkunden

Untersuchungen unter nicht zufrieden gestellten Kfz-Kunden ergaben, dass die zu erwartenden Kosten und Risiken der Beschwerdeführung dem zu erwartenden Nutzen bzw. Erfolg gegenübergestellt werden, wobei sowohl ökonomische als auch außerökonomische Kriterien zur Erfolgsbeurteilung herangezogen werden. Demnach werden Beschwerden vor allem nicht artikuliert, weil die Kunden die Kosten der Beschwerdeführung als zu hoch erachten oder die Erfolgswahrscheinlichkeit einer Beschwerde als gering angesehen wird (*Bruhn* 1982; *Hansen/Jeschke* 2000). Eine Übersicht über die Gründe, die unzufriedene Kfz-Kunden von einer Beschwerde abgehalten haben, gibt Schaubild 3–10.

Bei der **Problem-Detecting-Methode** werden Kunden zu Problemfällen und deren Beurteilung befragt. Im Mittelpunkt steht dabei zum einen die Häufigkeit, mit der ein Problem auftritt, zum anderen wird die Valenz des Problems für den Kunden untersucht. Einsetzen lässt sich das Verfahren aller-

Begründungen (Mehrfachantworten möglich)	
Beschwerde war aussichtslos	50%
Problem zu geringfügig	27%
Zu hoher Zeitaufwand	25%
Ärger lieber vermeiden	8%
Bislang nur schlechte Erfahrungen	7%
Sofort Geschäftsstelle gewechselt	7%
Begründungen (Mehrfachantworten möglich)	
Finanzieller Aufwand zur Mangelbehebung unerheblich	22,2%
Funktionsfähigkeit des Produktes nicht beeinträchtigt	12,7%
Problem nicht schwerwiegend genug	36,5%
Zeitaufwand für Beschwerden zu hoch	19,8%
Beschwerdekosten zu hoch	15,9%
Nichts erreichbar, denn Handel und Hersteller halten zusammen	11,1%
Rechtliche Voraussetzungen für Beschwerde nicht bekannt	3,2%
Unwissenheit über Beschwerdeort	4,0%
Unwissenheit über Beschwerdedurchführung	0,8%
Beschwerden sind erfahrungsgemäß erfolglos	16,7%
Beschwerden bringen nur Ärger	12,7%

Schaubild 3–10: Ursachen der Nicht-Beschwerdeführung unzufriedener Kfz-Werkstattkunden (Bruhn 1982, S. 66; Hansen/Jeschke 2000, S. 443)

dings nur in jenen Fällen, in denen die entsprechenden Problemklassen bereits bekannt sind. Durch die Ermittlung von Problemindizes kann ein Ranking von Problemkategorien erstellt werden, das Aufschluss über die Häufigkeit und die Bedeutung der aufgetretenen Probleme aus Kundensicht gibt.

Die **Frequenz-Relevanz-Analyse für Probleme (FRAP)** stellt eine Weiterentwicklung der Problem-Detecting-Methode dar, die neben der Problemhäufigkeit und der Problembedeutung mögliche Reaktionen des Kunden berücksichtigt. Schaubild 3–11 zeigt eine zweidimensionale Matrix mit verschiedenen fiktiven, in Skalenwerten verdichteten Problemrelevanz- und Problemfrequenzwerten am Beispiel eines Automobilherstellers.

Bei diesem Verfahren werden Kunden nach dem Auftreten bestimmter Probleme, dem Ausmaß ihrer Verärgerung sowie nach ihrer anschließenden Verhaltensreaktion gefragt. Während die Ermittlung der Problemfrequenz durch einfache Zählung erfolgt, wird die Problemrelevanz durch die Ver-

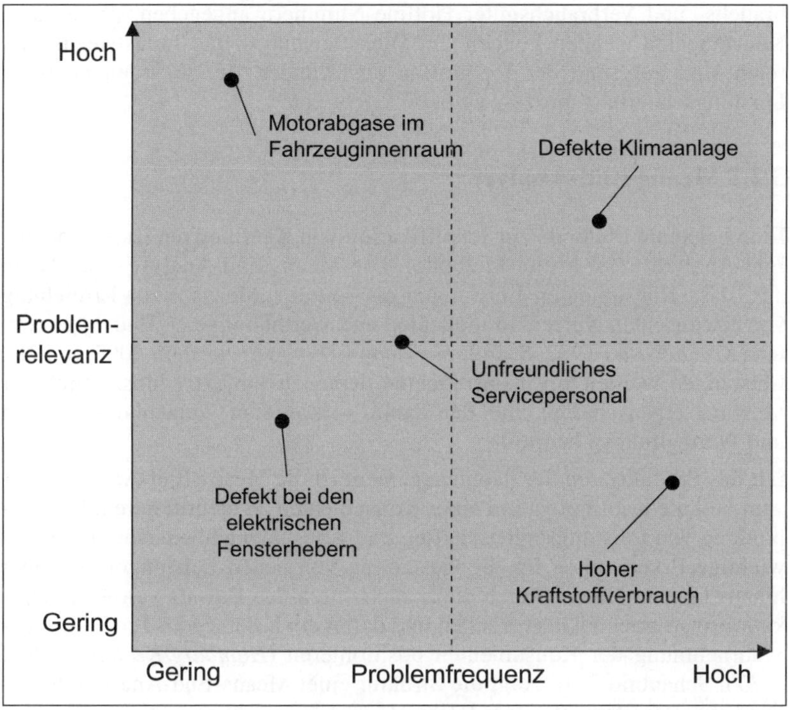

Schaubild 3–11: Beispiel einer Frequenz-Relevanz-Analyse für Probleme (FRAP) eines Automobilherstellers

knüpfung der Kundenverärgerung und -reaktion bestimmt. Ähnlich wie bei der Problem-Detecting Methode lassen sich Problemwertindizes errechnen, die Aufschluss über die Verdichtung von Problemen auf wenige konkrete Ursachen geben. Ein Vergleich verschiedener Problemfelder kann in Form von einfachen Rankings, Problemwertmatrizen oder Konzentrationsdiagrammen (Pareto-Diagramme) erfolgen.

Im Hinblick auf eine **kritische Würdigung** der Problemmessung ist deren Einsatz nur bei Leistungen mit einer hohen Nutzungsfrequenz sinnvoll möglich; eine nutzenbringende Anwendung ist weitgehend ausgeschlossen, wenn ein Angebot erst- oder einmalig bzw. nur sporadisch genutzt wird (*Stauss/Hentschel* 1990). Es lassen sich insbesondere für die Leistungsverbesserung wichtige Erkenntnisse ermitteln. Die Vollständigkeit der Leistungsmerkmale, die zu Unzufriedenheit führen, ist nicht gegeben. Der Aufwand der problemorientierten Messung hängt sehr stark von der eingesetzten Methode ab. Der Aufwand für ein systematisches und dauerhaftes Beschwerdemanagementsystem übersteigt selbstverständlich den einmaligen Einsatz der Problem-Detecting-Methode. Die problemorientierte Messung findet heute in den meisten Branchen Verwendung, wenn auch in unterschiedlicher Form. So werden auf den Verpackungen der meisten Gebrauchs- und Verbrauchsgüter Hotline-Nummern angegeben, an die sich Konsumenten wenden können. Im Dienstleistungs- und Industriegüterbereich sind aufgrund der Integration des Kunden Beschwerden noch im Leistungserstellungsprozess zu berücksichtigen.

3.2.2 Means-End-Analyse

Eine bekannte Methode zur Identifikation von Kaufmotiven ist die Means-End-Analyse (Ziel-Mittel-Methode). Die Means-End-Analyse geht davon aus, dass Konsumenten Leistungen als Mittel („Means“) zur Erreichung von erwünschten Nutzenkomponenten und Werthaltungen („End“) betrachten (*Kroeber-Riel* 1992, S. 142; *Herrmann/Huber/Braunstein* 2005, S. 191). Leistungen werden von Konsumenten demnach subjektiv hinsichtlich der Leistungseigenschaften und der damit verknüpften Nutzenkomponenten und Werthaltungen beurteilt.

Für das Produkt- und Servicemanagement ist die Means-End-Analyse relevant, um die Kaufmotivation eines Konsumenten zu identifizieren. Die Verbindung von Leistungseigenschaften und Konsumentenbedürfnissen liefert wichtige Erkenntnisse für die Gestaltung von neuen Leistungen. Darüber hinaus können Unternehmen diese auch durch den Einsatz von Kommunikationsinstrumenten hervorheben und damit ein bestehendes Produkt in der Wahrnehmung der Konsumenten positionieren (*Homburg/Krohmer* 2003, S. 37). Schaubild 3–12 zeigt die Struktur einer Means-End-Analyse, bestehend aus drei Elementen, am Beispiel eines Sportschuhs.

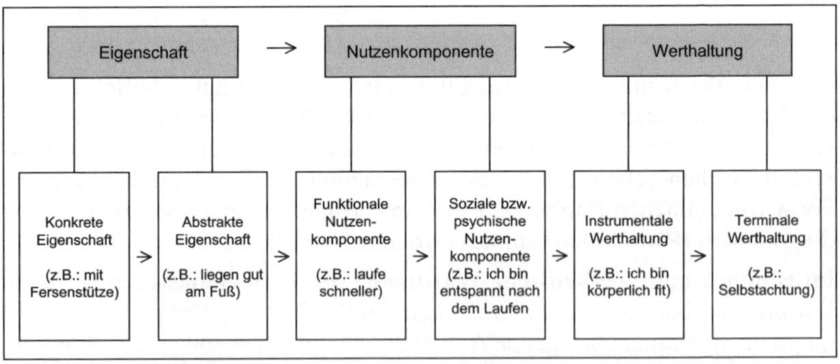

Schaubild 3–12: Grundstruktur der Means-End-Kette (Herrmann/Huber 2000, S. 13)

Diese Kette stellt einen Ausschnitt aus der Wissensstruktur eines Individuums dar. Die Eigenschaft eines Produktes führt beim Konsumenten zu einer Nutzenvorstellung, die letztlich zu einer bestimmten Werthaltung einer Person führt.

Die **Produkteigenschaften** werden nach konkreten und abstrakten Eigenschaften differenziert (*Herrmann/Huber/Braunstein* 2005). Eine konkrete

Eigenschaft ist eine physikalisch-chemisch-technische Beschaffenheit eines Erzeugnisses (Nike Sportschuhe „mit Fersenstütze"), die sich in der Regel direkt beobachten oder objektiv messen lässt. Während konkrete Merkmale häufig nur eine Facette einer Erscheinung widerspiegeln, ermöglicht eine abstrakte Eigenschaft eine umfassende Beschreibung eines Gutes (liegt gut am Fuß). Die Ausprägung einer abstrakten Produkteigenschaft hängt weniger von objektiven Gegebenheiten, sondern vielmehr von der subjektiven Wahrnehmung des Konsumenten ab.

Der **Nutzen** unterteilt sich in einen funktionalen Grundnutzen, der sich aus der physikalisch-chemisch-technischen Eigenschaft ergibt (*Herrmann/Huber/Braunstein* 2005). Er verkörpert die Qualität (Zwecktauglichkeit) eines Gutes und schließt die aus der eigentlichen Produktverwendung resultierenden Konsequenzen ein („Ich laufe schneller"). Dagegen umschließt der soziale bzw. psychische Zusatznutzen alle für die Funktionsfähigkeit des Erzeugnisses nicht zwingend erforderlichen Extras. Hierzu gehören solche Produktmerkmale, die etwa die ästhetische Erscheinung des Gutes oder die soziale Akzeptanz des Nachfragers steigern („Ich bin entspannt nach dem Laufen").

Des Weiteren wird bei der **Werthaltung** zwischen einer terminalen und instrumentalen Komponente unterschieden (*Herrmann/Huber/Braunstein* 2005). Zu den terminalen Werthaltungen, die wünschenswerte Lebensziele verkörpern, gehören etwa die innere Harmonie, das Heil der Seele und die reife Liebe, eine friedliche Welt, die nationale Sicherheit und eine Welt voll Schönheit. Die instrumentalen Lebensziele, die wünschenswerte Verhaltensformen repräsentieren, umfassen z.B. Toleranz, Hilfsbereitschaft, Verantwortung, Logik, Intellekt und Phantasie. Im betrachteten Beispiel lässt sich die körperliche Fitness als instrumentale und die Selbstachtung als terminale Werthaltung kennzeichnen.

Schaubild 3–13 zeigt am **Beispiel** des *Mercedes SL* eine (fiktive) Ziel-Mittel-Beziehung. Mit der Means-End-Analyse kann die Gedankenstruktur der Konsumenten offen gelegt und bewusst gemacht werden, welche Eigenschaften eines Produktes verstärkt zu kommunizieren sind, um beim Kunden den Kauf eines Produktes oder einer Leistung zu erzeugen. Aus den durch den Kauf entstehenden Nutzenbündeln lässt sich – unter der Berücksichtigung von Präferenzen – erkennen, welche Attribute eines Produktes für den Konsumenten ausschlaggebend sind (*Herrmann/Huber/Braunstein* 2005).

Die **Vorgehensweise** zur Ermittlung einer Means-End-Hierarchie gliedert sich in zwei Schritte (*Esch 2004*):

(1) Ermittlung der kaufrelevanten Leistungseigenschaften (Repertory-Grid-Methode)

Zunächst sind die für den Konsumenten kaufrelevanten Leistungseigenschaften zu identifizieren. Hierzu wird im Allgemeinen die so genannte Repertory-Grid-Methode eingesetzt. Dabei wird den Probanden in mehreren Befragungsrunden jeweils ein Tripel von Produkten mit der Aufforderung vorgelegt, die Merkmale zu nennen, nach denen zwei der Produkte einan-

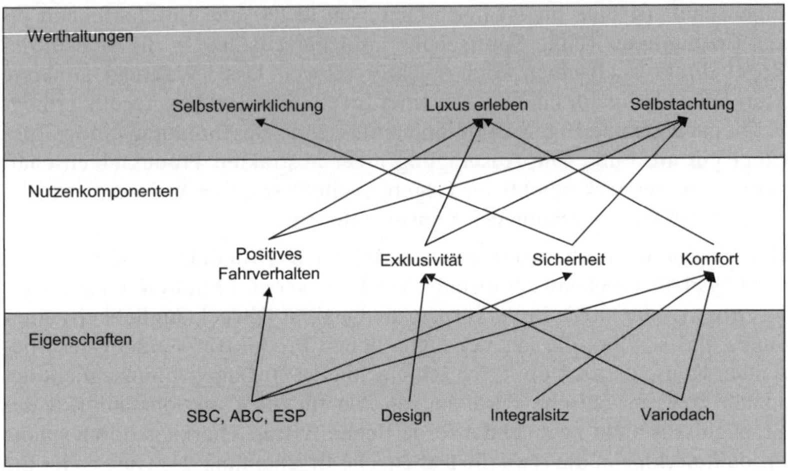

Schaubild 3–13: Beispiel für eine (fiktive) Ziel-Mittel-Beziehung für den Mercedes SL (Quelle: Esch 2004, S. 102)

der ähnlich, beide aber dem Dritten unähnlich sind. Die Befragung wird fortgesetzt, bis der Proband keine neuen Attribute mehr angibt und eine umfassende Liste von Eigenschaften mit der Häufigkeit ihrer Nennung entstanden ist. Der Proband wird dann gebeten, für jedes betrachtete Merkmal zwei möglichst gegensätzliche (dichotome) Ausprägungen zu nennen, die dessen positiven und negativen Pol repräsentieren. Abschließend erhält die Auskunftsperson die Aufgabe, jede Leistung hinsichtlich der Merkmalsausprägungen zu charakterisieren.

(2) Erfassung von Ziel-Mittel-Beziehungen (Laddering-Technik)

Zur Erfassung der Ziel-Mittel-Beziehungen zwischen den ermittelten Eigenschaften und den daraus resultierenden Nutzenkomponenten und Werten für den Kunden eignet sich die so genannte Laddering-Technik (Leitertechnik). Dabei wird versucht, mittels mehrerer aufeinander folgender Warum-Fragen, die Vorstellungswelt des Probanden offen zu legen, angefangen von abstrakten Produkteigenschaften bis zu den terminalen Werthaltungen. Im ersten Schritt geht es um die Frage, warum die mit der Repertory-Grid-Methode identifizierten konkreten Merkmale für den Probanden bei der Produktwahl eine große Bedeutung haben. Die aus den Antworten abgeleiteten abstrakten Attribute bilden den Ausgangspunkt für die zweite Runde, in der die funktionalen Nutzenkomponenten der vorliegenden Leistung ergründet werden. In der dritten Runde wird eine Vorstellung über die mit den betrachteten Leistungen verknüpften psychischen Nutzenkomponenten entwickelt. Diese Befragung wird so lange fortgeführt, bis der Proband Auskunft über seine instrumentalen und terminalen Werthaltungen gibt. Diese assoziative Befragungsmethode erlaubt es somit, kognitive Strukturen zu messen und Ziel-Mittel-Assoziationen darzustellen (*Wansink* 2003, S. 111ff.).

Im Rahmen einer **kritischen Würdigung** sind als Vorteile insbesondere die Möglichkeit zur Identifikation von Anhaltspunkten für die Marken- oder Produktinnovation und -verbesserung zu nennen. Die Means-End-Analyse ist eine Methode, die eher einmalig als kontinuierlich eingesetzt wird. Neben dem spezifischen Anwendungsbereich spricht insbesondere auch der mit der Befragung verbundene hohe Aufwand für einen eher einmaligen oder zumindest unregelmäßigen Einsatz der Methode. Insbesondere die Laddering-Technik ist eine differenziertere Befragungstechnik als sie zunächst den Anschein geben mag und ist durch speziell geschultes Personal anzuwenden (vgl. zu den verschiedenen Befragungsvarianten der Laddering-Technik *Grunert/Grunert* 1995). Angesichts der Ausrichtung der Methodik an konkreten Produkteigenschaften scheint sie vor allem für den Einsatz im Gebrauchs- und Verbrauchsgüterbereich, aber auch für die Dienstleistungsbranche geeignet zu sein. In der Industriegüterbranche, in der Kaufentscheidungen zumeist deutlich rationaler ablaufen, wird die Means-End-Analyse dagegen in der hier dargestellten Form eher selten Anwendung finden.

3.2.3 Conjoint-Analyse

Die Conjoint-Analyse ist eine Methode zur Messung des Kundennutzens sowie zur Abbildung des Entscheidungsprozesses des Kunden (*Tacke/Heusener* 2002, S. 978; *Tscheulin/Lindenmeier* 2004, S. 474ff.; *Backhaus et al.* 2006, S. 558). Es handelt sich um ein so genanntes **dekompositionelles Verfahren**, in dem unterstellt wird, dass sich der Gesamtnutzen einer Leistung additiv aus den Nutzen der Komponenten einer Leistung zusammensetzt. Die einzelnen Leistungsmerkmale oder deren Preis werden dabei von den Konsumenten nicht direkt eingeschätzt. Sie beurteilen vielmehr mehrere komplette Leistungsalternativen und geben so jeweils ein Globalurteil pro Leistungsalternative ab. Die einzelnen Leistungen werden anhand von bestimmten Charakteristika beschrieben. Die Befragten werden gebeten, die verschiedenen Leistungen zu beurteilen.

Der Ablauf der Conjoint-Analyse gliedert sich grundsätzlich in drei **Phasen** (*Tacke/Heusener* 2002, S. 979ff.; *Homburg/Krohmer* 2003, S. 298ff.; *Backhaus et al.* 2006, S. 561):

(1) Entwicklung des Erhebungsdesigns
(2) Beurteilung der Leistungsalternativen
(3) Auswertung und Interpretation

(1) Entwicklung des Erhebungsdesigns

In einem ersten Schritt sind die zu untersuchenden Leistungsmerkmale und deren Ausprägungen auszuwählen. Dabei empfiehlt es sich, zunächst alle **potenziellen Leistungsmerkmale** zu sammeln, um diese dann durch Zusammenfassung und Streichungen zu reduzieren. Eine intuitive bzw. auf Erfahrungen von Mitarbeitenden basierende Auswahl kann zudem unterstützt werden durch Informationen aus der Sekundärforschung, indem auf bereits vorliegende Daten z.B. aus Kundenbefragungen zurückgegriffen wird. Darüber hinaus lassen sich im Rahmen der Primärforschung durch eine quantitative Kundenbefragung und den Einsatz analytischer Verfahren, wie z.B. die Faktorenanalyse, die Zahl der Merkmale auf wenige relevante Dimensionen verdichten. Die Auswahl der relevanten Leistungsmerkmale ist ein oft im Bereich des strategischen Marketing angesiedelter Prozess, der ein fundiertes strategisches und methodisches Wissen voraussetzt (*Tacke/Heusener* 2002, S. 979).

Die Festlegung der **Anzahl der Leistungsmerkmale** unterliegt dabei einem Zielkonflikt. Zum einen steigt mit zunehmender Zahl von Leistungsmerkmalen die Differenziertheit der Leistungsbeschreibung. Je mehr Merkmale verwendet werden, desto vollständiger wird die Leistungsdarstellung. Dagegen steigt mit abnehmender Merkmalszahl das Risiko, dass kaufentscheidungsrelevante Kriterien unberücksichtigt bleiben und die Befragung deshalb zu falschen Ergebnissen kommt. Zum anderen nimmt mit zunehmender Zahl der Merkmale die Komplexität der Befragung stark zu. Den Befragten fällt es schwerer, Leistungen anhand vieler verschiedener Merkmale zu vergleichen. Die Entscheidung über die Anzahl der Merkmale ist schließlich unter Abwägung von Vollständigkeit der relevanten Merkmale und der Komplexität der Befragung zu treffen. Im Allgemeinen werden zwischen fünf und acht Leistungsmerkmale ausgewählt (*Perrey* 1998; *Homburg/Krohmer* 2003, S. 299).

Für die ausgewählten Leistungsmerkmale sind in einem weiteren Schritt die relevanten **Merkmalsausprägungen** zu definieren. Auch hier gilt, dass die Zahl der Ausprägungen nicht zu hoch sein darf. In der Regel werden zwischen zwei und fünf Ausprägungen pro Leistungsmerkmal ausgewählt (*Tacke/Heusener* 2002, S. 979). Schaubild 3–14 zeigt als Beispiel die relevanten Produktmerkmale und Merkmalsausprägungen für einen USB-Stick.

Produktmerkmale	Merkmalsausprägungen		
Preis	40 EUR	60 EUR	80 EUR
Speicherkapazität	256 MB	512 MB	1 GB
Geschwindigkeit des Datenaustausches	4 MB/s	8 MB/s	12 MB/s
Design	einfach	trendy	edel

Schaubild 3–14: Relevante Produktmerkmale und Merkmalsausprägungen für einen USB-Stick

In dem dargestellten Prozess sind die folgenden **Kriterien zur Festlegung von Leistungsmerkmalen und Merkmalsausprägungen** zu berücksichtigen (*Tacke/Heusener* 2002, S. 979f.; *Homburg/Krohmer* 2003, S. 299; *Backhaus et al.* 2006, S. 562f.):

- **Kaufentscheidungsrelevanz**: Die Merkmale und Ausprägungen sind für die Kaufentscheidung des Konsumenten bedeutend.

- **Beeinflussbarkeit und technische Realisierbarkeit**: Das Unternehmen hat die Möglichkeit, die gewählten Merkmale zu beeinflussen und deren Ausprägung technisch umzusetzen.
- **Kompensationspotenzial**: Da das Verfahren der Conjoint-Analyse auf der Annahme beruht, dass eine negative Ausprägung eines Merkmals durch die positive Ausprägung eines anderen Merkmals ausgeglichen werden kann, brauchen keine Ausschlusskriterien (K.O.-Kriterien) aufgenommen zu werden. Diese würden – unabhängig von der Beurteilung anderer Merkmale – zu einem Ausschluss des Produktes führen.
- **Unabhängigkeit der Merkmale**: Die Ausprägung einer Eigenschaft ist demnach nicht durch die Ausprägung einer anderen Eigenschaft beeinflussbar.
- **Begrenztheit der Anzahl von Merkmalen und Ausprägungen**: Um den Bewertungsaufwand nicht zu groß werden zu lassen, ist die Zahl der untersuchten Merkmale und Ausprägungen zu begrenzen.

(2) Beurteilung der Leistungsalternativen

Nach der Entwicklung des Befragungsdesigns ist festzulegen, welche Personen befragt werden. Dabei ist von entscheidender Bedeutung, dass die zur Beurteilung der Leistungsalternativen ausgewählten Probanden zur Zielgruppe der Leistung gehören. Zu diesen zählen neben den eigenen Kunden des Unternehmens auch die Kunden von Wettbewerbern oder Nichtnutzer, d.h. Personen, die die Leistung bisher nicht in Anspruch nehmen. Im Allgemeinen werden Konsumenten ausgewählt, die über Erfahrung mit der Leistung oder der Leistungskategorie verfügen. Die Berücksichtigung von Kunden der Wettbewerber ermöglicht eine Einschätzung der Chancen, mit den untersuchten Leistungen Kunden der Wettbewerber zu gewinnen (*Tacke/Heusener* 2002, S. 980). Die Auswahl von Nichtnutzern kann aus zwei Gründen erfolgen. Die Ursache kann zum einen darin liegen, dass es im Falle von radikalen Innovationen noch keine Nutzer mit Leistungserfahrungen gibt und das Unternehmen daher gezwungen ist, auf Nichtnutzer zurückzugreifen. Zum anderen stellen Nichtnutzer im Zuge einer angestrebten Marktdurchdringung genau jene Zielgruppe dar, für die eine Leistungsinnovation oder -variation zu entwickeln ist. Im Rahmen dessen interessieren insbesondere Leistungsmerkmale und Ausprägungen, die Nichtnutzer bisher von einer positiven Kaufentscheidung abgehalten haben.

Als **Erhebungsmethode** wird die Befragung eingesetzt. Den Probanden werden hierbei Stimuli zur Bewertung vorgelegt. Im Hinblick auf die verwendeten Stimuli lassen sich die Profilmethode und die Zwei-Faktor-Methode unterscheiden (Schaubild 3–15).

Bei der **Profilmethode** werden vollständige Produktkonzepte unter Einbeziehung aller ausgewählten Produktmerkmale jeweils paarweise miteinander verglichen. Der Proband beurteilt also zwei Produkte, die jeweils anhand eines kompletten Sets von Produktmerkmalen und Merkmalsausprägungen beschrieben sind. Dabei vergibt er eine festgelegte Gesamtpunktzahl für die beiden Alternativen. Dieser Paarvergleich wird durch eine Gegenüberstellung der verschiedenen Produktalternativen wiederholt.

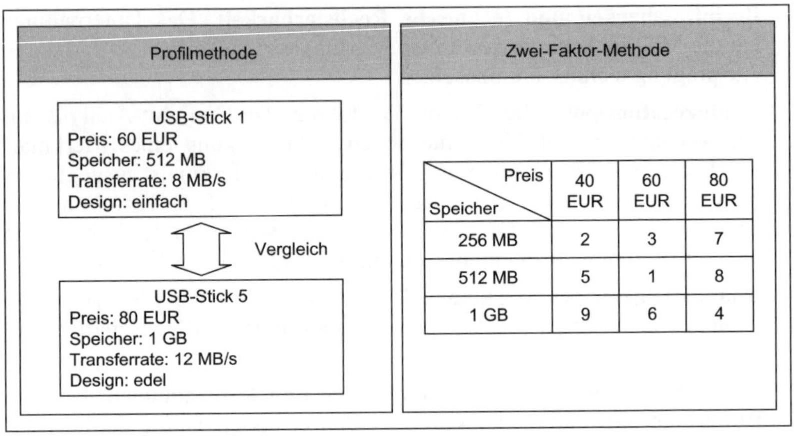

Speicher \ Preis	40 EUR	60 EUR	80 EUR
256 MB	2	3	7
512 MB	5	1	8
1 GB	9	6	4

Schaubild 3–15: Profilmethode und Zwei-Faktor-Methode als alternative Erhebungsmethoden der Conjoint-Analyse

Im Rahmen der **Zwei-Faktor-Methode** – auch als Trade-off-Methode bezeichnet – werden dagegen Merkmalspaare gebildet und jeweils Paare von Ausprägungen verglichen. Probanden beurteilen die Paare von Ausprägungen, indem sie diese in eine Rangfolge hinsichtlich ihrer Präferenz bringen. Die Darstellung dieses Vergleiches kann in Form einer Matrix erfolgen, die zwei Produktmerkmale und deren Ausprägungen umfasst.

Die Profilmethode hat aufgrund des Vergleiches von vollständigen Produktkonzepten einen höheren Realitätsbezug und bildet daher die tatsächliche Entscheidungssituation besser ab als die Zwei-Faktor-Methode. Deshalb wird die Profilmethode bevorzugt angewendet. Ein Nachteil dieser Methode ist jedoch, dass die Zahl möglicher Produktalternativen schon bei wenigen Merkmalen und Merkmalsausprägungen und damit der Erhebungsaufwand sehr hoch werden. Bei vier Produktmerkmalen mit jeweils drei Merkmalsausprägung ergeben sich bereits $3 \cdot 3 \cdot 3 \cdot 3 = 81$ Produktalternativen. Um den Erhebungsaufwand zu reduzieren, werden Probanden in der Regel nicht zu sämtlichen theoretisch möglichen Produktalternativen befragt. Die Zahl der Stimuli kann z.B. durch die Verwendung eines so genannten orthogonalen Felds als Versuchsplan auf eine zumutbare Anzahl begrenzt werden (**Reduziertes Erhebungsdesign**) (*Nieschlag/Dichtl/Hörschgen* 2002, S. 534). Eine weitere Variante zur Reduzierung des Designs besteht in der Verwendung der Adaptive Conjoint Analysis (ACA). Bei dieser Methode wird im Verlauf der computergestützen Befragung das Antwortverhalten des Probanden berücksichtigt, indem jene Produktalternativen, die für den Probanden aufgrund seiner vorangegangenen geäußerten Präferenzen nicht in Frage kommen, ausgeschlossen werden (*Homburg/Krohmer* 2003, S. 301).

Im Rahmen der Datenerhebung werden die Stimuli von den befragten Probanden bewertet. Die Befragung kann mittels Produktkarten erfolgen, die eine Beschreibung der alternativen Produkte anhand der Merkmalsausprägungen umfassen. Des Weiteren kann die Befragung durch die Vorlage von Zeichnungen, Fotos oder Modellen des Produktes unterstützt werden; insbesondere, wenn das Produktdesign eine wesentliche Rolle bei der Kaufentscheidung spielt. Die Befragung wird zunehmend **computergestützt** durchgeführt, indem die Stimuli den Befragten auf dem Monitor präsentiert werden. Dies ermöglicht auch die Präsentation von Filmen. Wesentlicher Vorteil der computergestützten Befragung ist, dass durch den ergänzenden, parallelen Einsatz von Methoden, wie z.B. ACA, eine Steuerung der Befragung ermöglicht wird (*Homburg/Krohmer* 2003, S. 301). Gängige Softwareprogramme optimieren die Auswahl der vorgelegten Paarvergleiche individuell, indem das Antwortverhalten eines Probanden durch vorhergehende Paarvergleiche bei den folgenden Paarvergleichen spezifisch angepasst wird (*Tacke/Heusener* 2002, S. 980f.).

(3) Auswertung und Interpretation

Die im Rahmen der Befragung ermittelten Daten bilden die Grundlage für die Datenanalyse und die Schätzung der Nutzenwerte für die einzelnen Merkmalsausprägungen. Dabei wird eine additives Nutzenmodell zugrunde gelegt, so dass sich ein Gesamtnutzenwert (y) eines Merkmals, das auf den beiden Merkmalsausprägungen A und B beruht, aus der Summe der Teilnutzenwerte der Merkmalsausprägungen A (β_A) und B (β_B) ergibt. Allgemein lautet das **Nutzenmodell der Conjoint-Analyse** wie folgt (*Homburg/Krohmer* 2003, S. 301f.):

$$y_k = \sum_{j=1}^{J} \sum_{m=1}^{M_j} \beta_{jm} \cdot x_{jmk}$$

wobei:

k = Index für ein bestimmtes Produktprofil

J = Anzahl der Merkmale ($j = 1, \ldots, J$)

M_j = Anzahl der Ausprägungen von Merkmal j

m = Ausprägung eines Merkmals ($m = 1, \ldots, M_j$ für alle j)

y_k = Gesamtnutzwert für ein Produktprofil k

β_{jm} = Teilnutzenwert für die Ausprägung m von Merkmal j

$$x_{jmk} = \begin{cases} 1, \text{ falls bei Stimulus k die Eigenschaft j in der Ausprägung m vorliegt.} \\ 0, \text{ sonst.} \end{cases}$$

Das Nutzenmodell besagt demnach, dass der Nutzen eines Produktprofils J sich als Summe aller Teilnutzenwerte β_{jm} der Merkmalsausprägungen ergibt, die das Produktprofil charakterisieren.

Im Rahmen der **Parameterschätzung** sind die Teilnutzenwerte β_{jm} so zu bestimmen, dass der daraus resultierende Gesamtnutzenwert y_k dem in der Befragung empirisch ermittelten Gesamtnutzenwert möglichst gut entspricht (*Backhaus et al.* 2006, S. 572ff.). Ergebnis der Parameterschätzung stellen so genannte Teilnutzenwerte dar, die für jedes der untersuchten Charakteristika ermittelt werden können. Diese geben das Werturteil der Befragten hinsichtlich eines Merkmals wieder und stellen damit eine geeignete Grundlage für eine im Hinblick auf Kosten und Nutzen optimale Gestaltung einer Gesamtleistung dar.

In Schaubild 3–16 ist ein fiktives **Beispiel** für die Teilnutzenwerte eines Befragten dargestellt. Es ist ersichtlich, dass für diesen Befragten eine Erhöhung der Speicherkapazität von 256 MB auf 512 MB mehr Nutzen stiftet (Nutzendifferenz = 1,1) als eine Erhöhung von 512 MB auf 1 GB (Nutzendifferenz = 0,5). Höhere Speicherkapazitäten werden zwar generell bevorzugt, jedoch nimmt der Nutzenzuwachs mit steigender Speicherkapazität für diesen Befragten ab (abnehmender Grenznutzen). Auf Basis dieser Teilnutzenwerte kann nun für die einzelnen Produktprofile jeweils ein Gesamtnutzenwert y berechnet werden. Für das Produktprofil USB-Stick 1 (60 EUR, 512 MB, 8 MB/s, einfaches Design) beträgt der Gesamtnutzenwert y = 2,5 + 2,0 + 2,1 + 1,3 = 7,9.

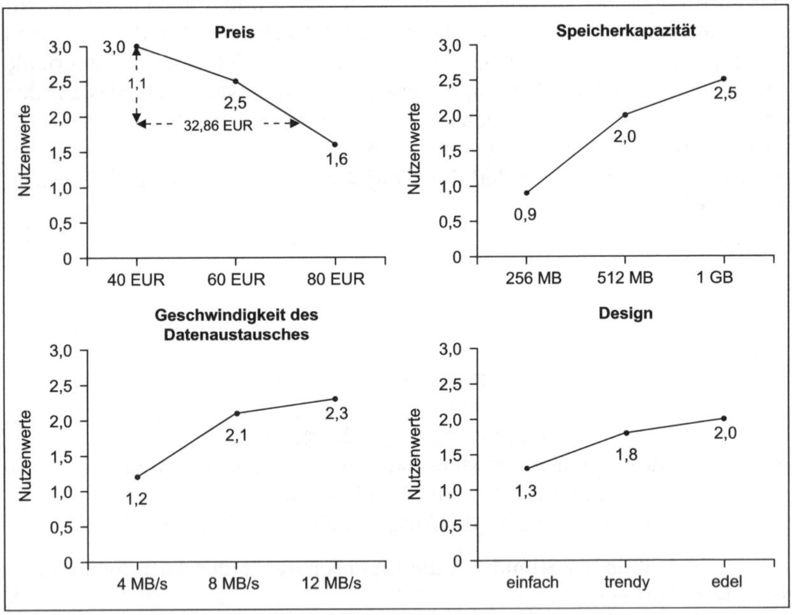

Schaubild 3–16: Teilnutzenwerte der Produktmerkmale eines USB-Stick für einen Probanden

Auf Basis der ermittelten Teilnutzenwerte lässt sich in einem weiteren Schritt die Wichtigkeit der Merkmale bestimmen. Die **Wichtigkeit** w_j eines Produktmerkmals ergibt sich aus der Differenz des größten und des kleinsten Teilnutzenwertes der Merkmalsausprägungen:

$$w_j = max\ (\beta_{jm}) - min\ (\beta_{jm})$$

Die Wichtigkeit eines Produktmerkmals nimmt demnach mit der Spanne des größten und kleinsten Teilnutzenwertes zu. Ein Produktmerkmal ist folglich vollkommen irrelevant für den Nutzen eines Konsumenten (Wichtigkeit $w_j = 0$), wenn die Teilnutzenwerte über alle Ausprägungen gleich sind, also die Veränderung von Merkmalsausprägungen sich nicht auf den Nutzen aus Konsumentensicht auswirken.

Die (absoluten) Wichtigkeiten lassen sich in **relative Wichtigkeiten** überführen:

$$\hat{w}_j = \frac{w_j}{\sum_{j=1}^{J} w_j} \cdot 100\%$$

Die absoluten und relativen Wichtigkeiten der Produktmerkmale im Anwendungsbeispiel sind in Schaubild 3–17 dargestellt. Demzufolge hat das Produktmerkmal Speicherkapazität mit 32,7 Prozent die größte Bedeutung für den Probanden, während das Design mit 14,3 Prozent nur eine untergeordnete Rolle spielt.

Produktmerkmale	Absolute Wichtigkeit	Relative Wichtigkeit
Preis	3,0 – 1,6 = 1,4	1,4 / 4,9 = 0,286
Speicherkapazität	2,5 – 0,9 = 1,6	1,6 / 4,9 = 0,327
Geschwindigkeit des Datenaustausches	2,3 – 1,1 = 1,2	1,2 / 4,9 = 0,245
Design	2,0 – 1,3 = 0,7	0,7 / 4,9 = 0,143
Summe	4,9	1,0

Schaubild 3–17: Berechnung der relativen Wichtigkeit der Produktmerkmale

Die direkte Vergleichbarkeit der Nutzenwerte über die Merkmale ermöglicht darüber hinaus auch die **monetäre Quantifizierung der Teilnutzenwerte**. Beispielsweise ergibt die Steigerung der Speicherkapazität von 256 MB auf 512 MB eine Nutzenerhöhung von 1,1 Nutzeneinheiten (Schaubild 3–15). Beim Merkmal Preis entsprechen 1,1 Nutzeneinheiten etwa einem Preisunterschied von 32,86 EUR, d.h., dass eine Verbesserung der Speicherkapazität von 256 MB auf 512 MB dem Befragten ungefähr 32,86 EUR wert ist.

Die bisherigen Berechnungen dienten der Ermittlung von individuellen Nutzenwerten, d.h., dass sie sich auf eine einzelne Person beziehen. Für die Entscheidung über die Produktgestaltung sind jedoch die **Gesamtnutzenwerte** von größerer Bedeutung. Hierzu werden die individuellen Teilnutzenwerte normiert und anschließend aggregiert. Die so ermittelten Gesamtnutzenwerte ermöglichen dann Aussagen, die sich auf alle befragten Probanden beziehen. Die Aggregation von individuellen Nutzenwerten ist bei sehr heterogenen individuellen Teilnutzenwerten jedoch mit einem starken Informationsverlust verbunden. Es besteht die Gefahr, dass die aggregierten Aussagen für keinen Kunden in der Realität zutreffen. Deshalb wird bei sehr heterogenen individuellen Nutzenstrukturen statt einer Aggregation oft eine Segmentierung auf Basis der individuellen Teilnutzenwerte durchgeführt. Hierbei werden z.B. mittels der Cluster-Analyse jene Probanden zu einem Segment zusammengefasst, die ähnliche Nutzenstrukturen aufweisen. Hinter den einzelnen Segmenten stehen dann jeweils unterschiedliche Nutzenwerte (**Benefit Segmentation**).

Bei einer **kritischen Würdigung** ist festzustellen, dass sich im Rahmen der Conjoint-Analyse durch die systematische Variation von Leistungsmerkmalen auch Leistungsvariationen, Innovationsideen und Service bewerten lassen (*Tacke/Heusener* 2002, S. 979). Ein weiterer Vorteil der Conjoint-Analyse besteht darin, dass Probanden das ganze Produkt beurteilen, d.h. alle Merkmalsausprägungen eines Produktes simultan gegeneinander abwägen (*Nieschlag/Dichtl/Hörschgen* 2002, S. 531). Im Gegensatz zu anderen Verfahren, die eine isolierte Beurteilung von einzelnen Produktmerkmalen berücksichtigen, weist die Conjoint-Analyse eine stärkere Realitätsnähe auf. Diesem stehen ein relativ hoher Befragungsaufwand und ein spezifisches Statistik-Know-how gegenüber.

3.3 Unternehmensorientierte Leistungsanalyse

3.3.1 Lebenszyklusanalyse

Der Lebenszyklus ist ein zeitbezogenes Marktreaktionsmodell, in dem unternehmerische Erfolgsgrößen nur von der Zeit als einziger, unabhängiger Variable abhängen. Bezugsobjekte der Lebenszyklusanalyse sind Produkte, Märkte, Technologien oder Kunden (vgl. Abschnitt 2.2).

Zentrale Schwierigkeit bei der Lebenszyklusanalyse ist die Bestimmung der Ordinate des Lebenszyklus. Die **Messung der Ordinate** orientiert sich an Grundstruktur der Erfolgskette (vgl. Abschnitt 2.1) und ist anhand folgender Indikatoren möglich:

(1) **Psychologische Indikatoren** des Erfolgs sind beispielsweise die Leistungsqualität, die Markenbekanntheit, das Markenimage, das Vertrauen oder das Commitment des Kunden zum Anbieter.

(2) **Verhaltensbezogene Indikatoren** sind das Kaufverhalten (z.B. Kauffrequenz), das Informationsverhalten (z.B. Grad der Suche nach Informationen über Konkurrenzleistungen), das Integrationsverhalten (z.B. Offenlegung von für die Leistungserstellung relevanten Merkmalen) und das Kommunikationsverhalten des Kunden (z.B. Mund-zu-Mund-Kommunikation über den Anbieter).

(3) **Ökonomische Indikatoren** des Erfolgs sind z.B. der Absatz, der Umsatz, der Gewinn und der Produkt- bzw. Kundendeckungsbeitrag.

In der Regel wird die Ordinate des Lebenszyklus anhand von **ökonomischen Daten** operationalisiert. Dabei wird in der **Praxis** oft eher eine intuitive als eine empirisch-analytische Vorgehensweise gewählt, d.h., dass Produktmanager die Absatz-, Umsatz- und Gewinnzahlen der von ihnen betreuten Produkte beobachten und eine auf ihren Erfahrungen beruhende

Einordnung der Produktposition vornehmen, ohne diese aber wirklich empirisch zu fundieren.

Bei der ökonomischen Operationalisierung der Lebenszyklusordinate ist zu beachten, dass der aus dem ökonomischen Erfolg abgeleitete Lebenszyklusverlauf durch viele **vorökonomische Einzeleffekte** wie z.B. die Entwicklung der Markenbekanntheit, des Markenimages, der Adoptorenanzahl, der Wiederkaufrate, der Kaufmenge pro Kauf und der Kauffrequenz entsteht. Zur Ableitung konkreter Implikationen für das Produkt- und Servicemanagement ist eine Operationalisierung der Lebenszyklusordinate anhand der vorökonomischen Indikatoren empfehlenswert, da diese die Ursachen für den Erfolg oder Misserfolg darlegen. Auch diesbezüglich ist zu konstatieren, dass dies in der **Praxis** eher intuitiv von den Produktmanagern gemacht wird, indem sie z.B. den zeitlichen Verlauf von Markenbekanntheit und -image mit der Entwicklung des ökonomischen Erfolgs in Verbindung bringen.

In diesem Sinne ergeben sich Unterschiede bei der Analyse des Produkt-, Markt-, Technologie- und Kundenlebenszyklus lediglich in der Weise, dass die Messindikatoren auf die verschiedenen im Lebenszyklus betrachteten Objekte (Produkt, Markt, Technologie, Kunde) bezogen werden.

So werden im Rahmen der **Analyse von Produktlebenszyklen** produktbezogene Kennzahlen – meist der Produktabsatz, -umsatz oder -gewinn – betrachtet. Schaubild 3–18 zeigt verschiedene Verläufe von Produktlebenszyklen auf, die empirisch in der Pharmabranche auf Basis der Absatzmenge ermittelt wurden.

Zur Bestimmung des **Marktlebenszyklus** sind Marktdaten, d.h. der aggregierte Produktabsatz, -umsatz oder -gewinn eines Marktes, heranzuziehen.

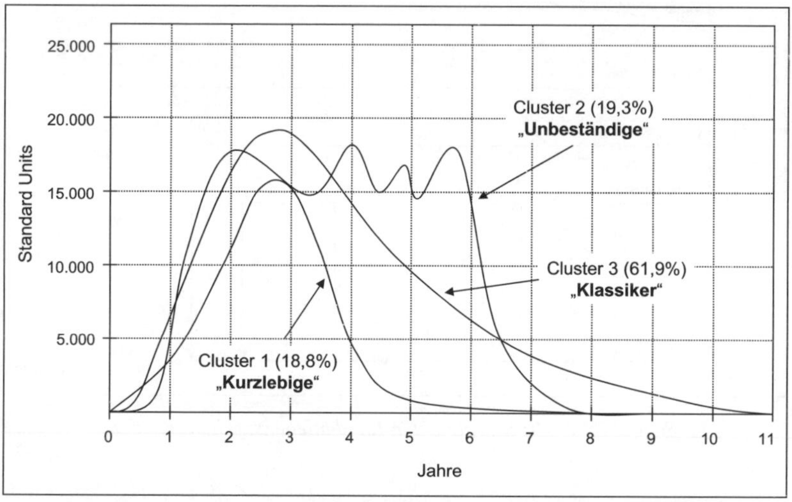

Schaubild 3–18: Empirisch ermittelte Produktlebenszyklen (Pharmaprodukte) (Bauer/Fischer 2000, S. 945)

Die Wachstumsrate des Marktes stellt dann den zentralen Indikator für die Marktlebenszyklusphase dar (*Aeberhard* 1996, S. 160; *Bea/Haas* 2001, S. 125). Die Marktlebenszyklusanalyse wird in der Praxis sehr selten eingesetzt.

Zur Analyse des **Technologielebenszyklus** wird in der Regel das Wettbewerbspotenzial, d.h. das sich ergebende Volumen an Anwendungen, oder das Leistungsniveau einer Technologie in Form eines Technologieleistungsindex als Ordinatenvariable verwendet (*Gerpott* 1999, S. 116). Eine eindeutige Operationalisierung der Ordinatenvariablen ist jedoch nicht gegeben. Insbesondere ist zu beachten, dass für unterschiedliche Technologien verschiedene Maße des Leistungsniveaus heranzuziehen sind (*Brockhoff* 1999).

Zur Operationalisierung der Ordinatenvariablen im **Kundenbeziehungslebenszyklus** lassen sich neben ökonomischen Daten vor allem psychologische Größen, wie z.B. Markenimage, Kundenzufriedenheit oder Vertrauen, verwenden, die das Ausmaß der emotionalen Verbundenheit als Beziehungsintensität angeben. In der Praxis wird eine differenzierte Kundenbeziehungslebenszyklusanalyse in der Regel nicht vorgenommen. Stattdessen erfolgt eine einfache Unterscheidung in potenzielle Kunden (Kundenakquisition), aktuelle Kunden (Kundenbindung) und abgewanderte Kunden (Kundenrückgewinnung). Schaubild 3–19 zeigt beispielhaft verschiedene schematische Kundenlebenszyklen in Abhängigkeit des Umsatzes.

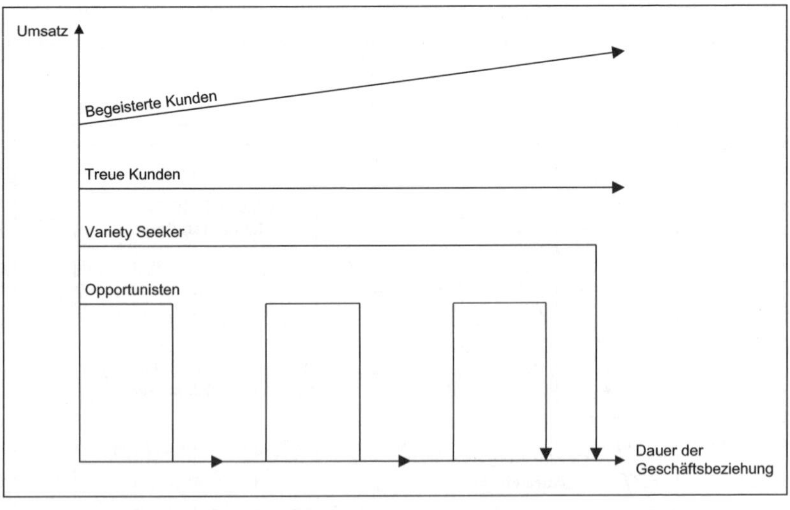

Schaubild 3–19: Beispiele von Kundenlebenszyklusverläufen

3.3.2 Gap-Analyse

Die Gap-Analyse stellt ein Hilfsmittel zur Ableitung und Bestimmung von Unternehmenszielen, die durch bestehende und neue Produkte unter Berücksichtigung von Marketingplan und -prognose zu realisieren sind (*Becker* 2001, S. 412ff.). Der für die einzelnen Planperioden durch bestehende Produkte erwartete Umsatz wird dabei dem jeweils geplanten Umsatz gegenübergestellt. Eine sich ergebende Umsatzlücke kann unter anderem durch Leistungsverbesserungen der bestehenden Produkte oder durch die Markteinführung von neuen Produkten geschlossen werden. Eine ähnliche Vorgehensweise ist auch zur Identifizierung einer Gewinnlücke heranzuziehen.

Die Gap-Analyse basiert auf dem Konzept des Produktlebenszyklus. Die Summe der Lebenszyklen aller Produkte eines Unternehmens nach Umsätzen ergibt die Gesamtlebenszykluskurve für das Unternehmen. Unter der Annahme, dass das Unternehmen so weitermacht wie bisher, wird das Basisgeschäft immer weniger attraktiv und damit die erwartete von der gewünschten Umsatzentwicklung abweichen, wodurch eine Ziellücke entsteht (die Produkte wandern durch die Phasen des Lebenszyklus) (Schaubild 3–20).

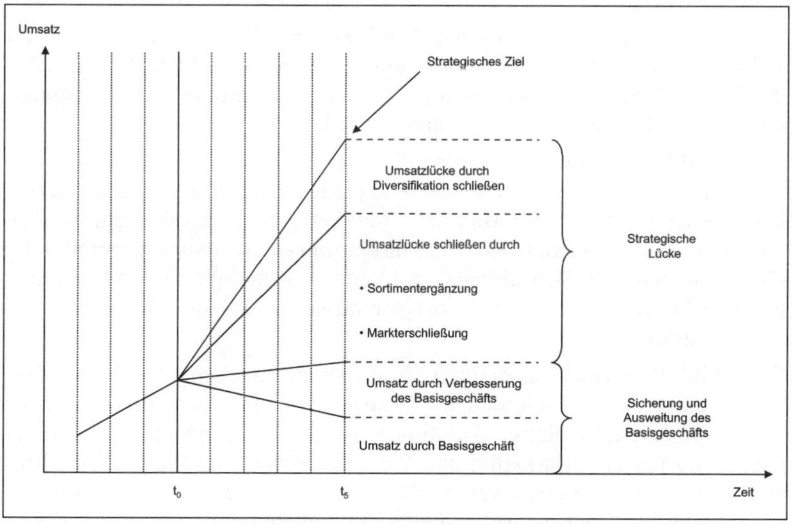

Schaubild 3–20: Lückenanalyse

Mögliche Strategien zur Schließung dieser Lücke lassen sich aus der so genannten strategischen Produkt-Markt-Matrix ableiten (*Ansoff* 1966, S. 13ff.; *Haedrich/Tomczak* 1996, S. 129f.). Eine **operative Sicherung bzw. Ausweitung des Basisgeschäfts** lässt sich demnach mit Hilfe der Marktdurchdringung, d.h. mit bestehenden Leistungen auf bereits bearbeiteten Märkten, z.B. durch die Ausschöpfung des vorhandenen Nachfragerpotenzials, die

Akquisition bisheriger Nichtverwender oder das Abwerben von Kunden der Konkurrenz erreichen. Auch Markterweiterungsstrategien, d.h. z.B. die Erschließung neuer Märkte durch geographische Ausweitung oder die Schaffung neuer Anwendungsbereiche bei bestehenden Leistungen), dienen im Wesentlichen dazu, die operative Ziellücke zu schließen. Die **Schließung der strategischen Lücke** setzt an der Entwicklung neuer Leistungen an. Diese kann für bestehende Märkte (Programmerweiterung) als auch für neue Märkte (Diversifikation) erfolgen.

Ein wichtiger **Vorteil** der Gap-Analyse für das Produkt- und Servicemanagement besteht in der systematischen Erfassung von bestehenden Potenzialen im Unternehmen sowie der Ableitung von geeigneten Strategien zur Schließung dieser operativen und strategischen Lücken (*Haedrich/Tomczak* 1996, S. 131). Als **Nachteil** ist der hohe Abstraktionsgrad der Methodik zu nennen, der im Wesentlichen programmpolitische Implikation (z.B. Einführung von neuen Leistungen, Leistungsdifferenzierung) ermöglicht, kaum aber Schlussfolgerungen für den konkreten Einsatz des leistungspolitischen Instrumentariums zulässt. Die Gap-Analyse ist in allen Branchen als strategisches Analyseinstrument einsetzbar.

3.3.3 Wirtschaftlichkeitsanalyse

Zur Analyse des wirtschaftlichen Erfolges einer Leistung lassen sich die Voll- oder die Teilkostenrechnung einsetzen. Diese bilden die Entscheidungsgrundlage für Änderungen im Leistungsprogramm (z.B. Leistungselimination, Produktionsmengenänderungen).

In der **Vollkostenrechnung** werden die fixen und variablen Kosten der einzelnen Leistungen zugrunde gelegt. Die einer Leistung eindeutig zurechenbaren **Einzelkosten** (z.B. Material- und Fertigungseinzelkosten, Sondereinzelkosten des Vertriebs) werden direkt und die leistungsübergreifenden **Gemeinkosten** (z.B. Verwaltungs- und Vertriebsgemeinkosten) indirekt nach einem oder mehreren Gemeinkostenschlüssel(n) auf die einzelnen Leistungen verteilt.

Schaubild 3–21 zeigt beispielhaft ein Kalkulationsschema für die Vollkostenrechnung eines Unternehmens. Dabei wird eine Gemeinkostenverteilung über eine Zuschlagskalkulation vorgenommen, indem die anteiligen Gemeinkosten von Marketing und Vertrieb als ein prozentualer Anteil der Herstellkosten der Leistungen ermittelt werden. Diese in der Praxis weit verbreitete Vorgehensweise widerspricht jedoch einer verursachungsgerechten Kostenzuteilung, da die Kosten für die Vermarktung einer Leistung nicht von deren Herstellkosten abhängig sind.

Die **Vorteile** der Vollkostenrechnung liegen in ihrer einfachen Handhabung, da nur wenige Informationen für die Berechnung benötigt werden. Allerdings ist als **Nachteil** zu berücksichtigen, dass die Aufteilung der Gemeinkosten nach einem bestimmten Schlüssel problematisch ist und bei kurzfristigen Programmänderungen zu Fehlentscheidungen führt. Die Vollkostenrechnung ist daher eher für langfristige Programmentscheidun-

1		Materialeinzelkosten
2	+	Materialgemeinkosten (%-Satz von 1)
3	=	**Materialkosten** (1 + 2)
4		Produktionseinzelkosten
5	+	Produktionsgemeinkosten (%-Satz von 4)
6	+	Sondereinzelkosten der Produktion
7	=	**Produktionskosten** (4 + 5 + 6)
8		**Herstellkosten** (3 + 7)
9	+	Verwaltungsgemeinkosten (%-Satz von 8)
10	+	Gemeinkosten von Marketing und Vertrieb (%-Satz von 8)
11	+	Sondereinzelkosten des Vertriebs
12		**Selbstkosten** (8 + 9 + 10 + 11)

Schaubild 3–21: Beispiel für ein Kalkulationsschema der Vollkostenrechnung

gen anzuwenden (z.B. Langfristige Elimination von Produkten und Produktgruppen). Die Vollkostenrechnung ist in der Praxis aufgrund ihres einfachen Vorgehens häufig zu beobachten. Dieser Tatsache liegt die Erkenntnis zugrunde, dass im Prinzip sämtliche Kosten durch Umsätze zu decken und deshalb auch die Fixkosten in das langfristige Entscheidungskalkül einzubeziehen sind.

Um die Nachteile der Vollkostenrechnung zu vermeiden, wird in der **Teilkostenrechnung** eine Kostenspaltung in fixe und variable Kosten vorgenommen. Für die Wirtschaftlichkeitsanalyse werden lediglich die variablen Stückkosten sowie die der Leistung zurechenbaren Erlöse zugrunde gelegt. Die Differenz zwischen dem einer Leistung zurechenbaren Erlös und den dieser zurechenbaren variablen Kosten ergibt die so genannte **Deckungsspanne**. Durch die Multiplikation der Deckungsspanne mit der Absatzmenge wird der **Deckungsbeitrag** ermittelt.

Schaubild 3–22 zeigt beispielhaft die Beurteilung eines Leistungsprogramms auf Basis der Vollkosten- und Teilkostenrechnung. Die Gemeinkosten gehen bei der Vollkostenrechnung explizit in die Ermittlung des Nettogewinns von Leistungen ein.

Gegenüber der Vollkostenrechnung weist das Verfahren der Teilkostenrechnung erhebliche **Vorteile** auf. Es ist in der Lage, für taktische Leistungsprogrammentscheidungen ausschließlich entscheidungsrelevante Kosten einzubeziehen. Die Probleme der Verrechnung von Gemeinkosten treten nicht

Vollkostenrechnung			
Leistung	A	B	C
Absatz x	1.500	400	350
Preis EUR/Stück p	32	21	15
Selbstkosten EUR/Stück kg	24	20,75	15,50
Nettogewinn EUR/Stück gn	8	0,25	-0,50
Erlöse EUR E = p • x	48.000	8.400	5.250
Selbstkosten EUR Kg = kg • x	36.000	8.300	5.425
Nettogewinn EUR GN = gn • x = E-Kg	12.000	100	-175

Teilkostenrechnung			
Leistung	A	B	C
Absatz x	1.500	400	350
Preis EUR/Stück p	32	21	15
Variable Selbstkosten EUR/Stück kv	20	17	8,50
Bruttogewinn EUR/Stück gB	12	4	6,50
Erlöse EUR E = p • x	48.000	8.400	5.250
Variable Selbstkosten EUR Kv = kv • x	30.000	6.800	2.975
Bruttogewinn = Deckungsbeitrag GN = gB • x = E-Kv	18.000	1.600	2.275

Schaubild 3–22: Beispiel für die Beurteilung eines Leistungsprogramms auf Basis der Vollkosten- und Teilkostenrechnung

auf. Allerdings ist als **Nachteil** zu berücksichtigen, dass die Gefahr einer zu kurzfristigen Perspektive bei Programmentscheidungen vorliegt. Bei einer Nichtbeachtung der Gemeinkosten wird der langfristige Abbau von Fixkostenblöcken vernachlässigt. Insgesamt kann es dabei zu einer Verschlechterung der Gewinnsituation des Unternehmens kommen.

Dennoch ist die Teilkostenrechnung am besten in der Lage, eine fundierte Entscheidungshilfe für Änderungen des Leistungsprogramms abzugeben. Für die Mehrzahl taktischer Programmänderungen werden die entscheidungsrelevanten (variablen) Kosten einbezogen. Um das Ziel eines hohen Unternehmensgewinns zu erreichen, ist die Programmpolitik auf die Erzielung möglichst hoher Deckungsbeiträge auszurichten. Hohe Deckungsbeiträge ermöglichen eine schnellere Abdeckung des Fixkostenblocks und führen damit zu einem höheren Betriebsergebnis. Diese Erkenntnis setzt sich auch in der Praxis immer stärker durch. Langfristige Überlegungen zur Deckung der fixen Kosten sind aber ebenso in die Analyse einzubeziehen.

3.4 Konkurrenzorientierte Leistungsanalyse

Im Rahmen der konkurrenzorientierten Leistungsanalyse stellt das Benchmarking das zentrale Instrument dar. **Benchmarking** ist ein Bewertungssystem, das einen systematischen Vergleich mit den „Branchenbesten" zugrunde legt (*Madu/Kuei* 1995, S. 27ff.; *Gelbmann/Vorbach* 2003, S. 185). Dabei wird ein externer Maßstab als Benchmark festgelegt, der als Bezugsgröße für die interne Analyse von Stärken und Schwächen dient. Wichtige **Vergleichsgrößen** sind z.B. Kosten, Qualität, Zeitdauern oder die Kundenzufriedenheit.

Je nach Art des Vergleichsobjektes lassen sich folgende **Formen des Benchmarking** unterscheiden (*Gelbmann/Vorbach* 2003, S. 185):

(1) Internes Benchmarking

Beim internen Benchmarking werden als Vergleichsobjekte dezentrale Abteilungen desselben Unternehmens herangezogen, die im Wesentlichen gleiche oder ähnliche Funktionen erfüllen.

(2) Externes Benchmarking

Beim externen Benchmarking dienen direkte Konkurrenten bzw. nicht direkt konkurrierende Unternehmen innerhalb der eigenen Branche (branchenspezifisches Benchmarking) oder außerhalb der eigenen Branche (generisches Benchmarking) als Vergleichsobjekte.

Als **Objekte** eines unternehmensinternen bzw. -externen Vergleichs kommen Unternehmen, Leistungen und/oder Personen in Betracht (Schaubild 3–23).

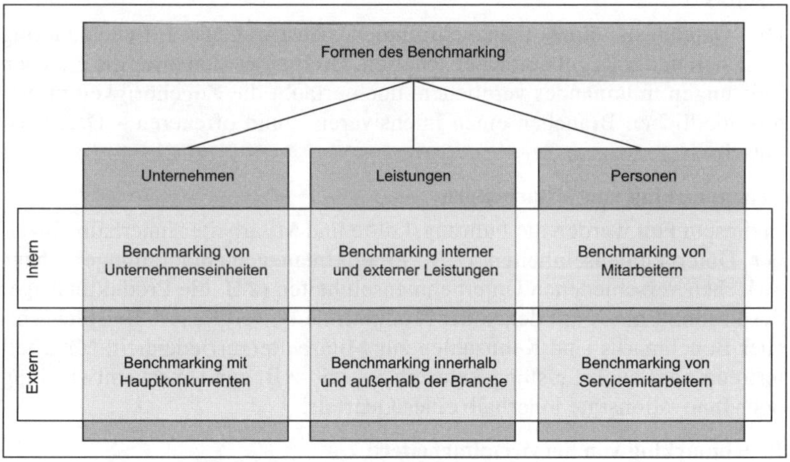

Schaubild 3–23: Objekte des Benchmarking (Bruhn 2006a, S. 265)

Benchmarking von Unternehmenseinheiten

In diesem Fall werden die Ergebnisse einer Tochtergesellschaft, Niederlassung, Abteilung oder Leistungseinheit mit bestimmten Kennzahlen anderer unternehmensinterner Leistungseinheiten verglichen. So lassen sich beispielsweise die Innovationsrate, der Innovationserfolg, Deckungsbeitragszahlen usw. verschiedener strategischer Geschäftseinheiten eines Konzern vergleichen.

Benchmarking des Unternehmens mit Hauptkonkurrenten

Hier wird das gesamte Unternehmen oder eine kleinere Einheit z.B. im Hinblick auf die Programmbreite und -tiefe im Vergleich zu Konkurrenzunternehmen betrachtet.

Benchmarking externer und interner Leistungen

Dabei wird ein Vergleich einzelner Leistungen oder Leistungsbündel eines Unternehmens, die externen Kunden angeboten werden, oder solcher Leistungen, die innerhalb der unternehmensinternen Kunden-Lieferanten-Beziehungen erstellt werden, angestellt. Im Fokus stehen dabei z.B. Produktqualität, Deckungsbeiträge und Markenimage.

Benchmarking innerhalb und außerhalb der Branche

Dies ist der klassische Fall des Benchmarking. Die Leistungen eines Unternehmens werden mit weitgehend identischen Leistungen in anderen Unternehmen verglichen (z.B. durch Konkurrenzanalysen). Beispiele solcher Benchmarks sind Werte zur Qualität, Kundenzufriedenheit, Kundentreue oder auch Produktivität eines Anbieters. Diese Form des Benchmarking, die sich nur bei der Ausrichtung an „ehrlichen" Vergleichswerten als sinnvolles Instrument erweist, wird allerdings durch Vorbehalte konkurrierender Unternehmen bei der Weitergabe von teilweise sensiblen Firmendaten erschwert.

Die Datenbasis eines branchenfremden (Best-in-Class-) Benchmarking lässt sich in der Regel einfacher schaffen. Hierbei werden zwar die gleichen Leistungen miteinander verglichen, doch erlaubt die Zugehörigkeit zu unterschiedlichen Branchen einen intensiveren – und offeneren – Datenaustausch.

Benchmarking von Mitarbeitern

In diesem Fall werden die Führungskräfte und Mitarbeiter innerhalb einzelner Unternehmenseinheiten (z.B. Produktmanagementabteilungen) bzw. zwischen verschiedenen Unternehmenseinheiten (z.B. die Produktmanager der Produktlinie A mit denen der Produktlinie B) verglichen. Beispiele solcher Benchmarks sind Kennzahlen zur Mitarbeiterzufriedenheit, Mitarbeitertreue oder auch Leistungskennzahlen, wie z.B. zur Umsatzentwicklung oder Innovationsrate innerhalb eines Quartals.

Benchmarking von Servicemitarbeitern

Der externe Vergleich von Mitarbeitern mit denen der Konkurrenzunternehmen ist aufgrund der erschwerten Datengewinnung auf Mitarbeiter zu beschränken, die im Kundenkontakt stehen. Nur bei den Servicemitarbeitern ist es möglich, durch Kundenbefragungen oder „Silent Shopper" Daten über Mitarbeiter anderer Unternehmen zu gewinnen. Da die Kundeninteraktion in vielen Dienstleistungs- und Industriegüterbranchen von hoher Bedeutung für die Leistungsqualität ist und zum Aufbau von entscheidenden Wettbewerbsvorteilen verwendet wird, nimmt diese Form des Benchmarking eine wichtige Funktion ein, die aber in der Unternehmenspraxis heute noch wenig Beachtung findet.

Über diese Kategorisierung hinaus lassen sich fünf **Formen des Benchmarking** unterscheiden (*Madu/Kuei* 1995):

- Product Benchmarking,
- Process Benchmarking,
- Best Practices Benchmarking,
- Strategic Benchmarking,
- Systemic Benchmarking.

Während beim **Product Benchmarking** die Leistung in ihren Details untersucht wird, ist beim **Process Benchmarking** der Leistungserstellungsprozess Gegenstand der Untersuchung. Das **Best Practices Benchmarking** rückt demgegenüber spezifische Managementmethoden in den Vordergrund. So werden beispielsweise die Innovativität der Mitarbeiter in Abhängigkeit von Belohnungs- und Anreizsystemen bzw. der Gestaltung der Arbeitsumgebung untersucht.

Etwas weiter entfernt von der klassischen Benchmarking-Idee sind die beiden letzten Ausprägungen. So prüft **Strategic Benchmarking** die Verträglichkeit der Ergebnisse einzelner Benchmarks mit der Unternehmensstrategie, es werden einzelne Kennzahlen im Hinblick auf ihre Konsistenz im unternehmerischen Gesamtsystem hin analysiert. Das **Systemic Benchmarking** rückt schließlich das einzelne Unternehmen in den Kontext seiner Umwelt und hat damit eine eher soziale Dimension. So werden der Beitrag eines Unternehmens zum Umweltschutz oder auch die Berücksichtigung sozialer Belange vor dem Hintergrund der Bedürfnisse aller Menschen – auch der Nichtkunden – einer näheren Betrachtung unterzogen. Die Erreichung von Kundenzufriedenheit erhält bei dieser Form des unternehmerischen Vergleichs eine – noch immer vernachlässigte – weitere Facette.

Benchmarking wird im Rahmen des Produkt- und Servicemanagements insbesondere zur Identifikation von Verbesserungspotenzialen eingesetzt. Aufgabe ist es, für die Leistungspflege konkrete Ansatzpunkte zur Leistungsvariation abzuleiten. Ein Beispiel für ein markenbezogenes Benchmarking ist der so genannte **Markenfilter** von *McKinsey* (*Braun et al.* 2003, S. 19ff.), der unterschiedliche Marken eines Unternehmens oder aber Konkurrenzmarken miteinander vergleicht. Der Markenfilter nimmt ein Benchmarking im Hinblick auf den in die Phasen Bekanntheit, Interesse, Versuch, Präferenz und Loyalität unterteilten Kaufentscheidungsprozess von Konsumenten vor (Schaubild 3–24). Der Filter ermöglicht die Visualisierung von Schwachstellen im Kundenprozess und analysiert, an welchen Stellen besonders viele (potenzielle) Käufer oder Kunden verloren gehen. Der Markenfilter ist ein einfaches, auf Effektivität ausgerichtetes Instrument, das dem Produktmanagement Hinweise für den wirkungsvollen Einsatz (knapper) Marketingressourcen gibt. Voraussetzungen für dessen Anwendung sind jedoch zuverlässige Marktforschungsdaten und klar abgegrenzte Zielsegmente (*Tomczak/Reinecke/Kaetzke* 2004).

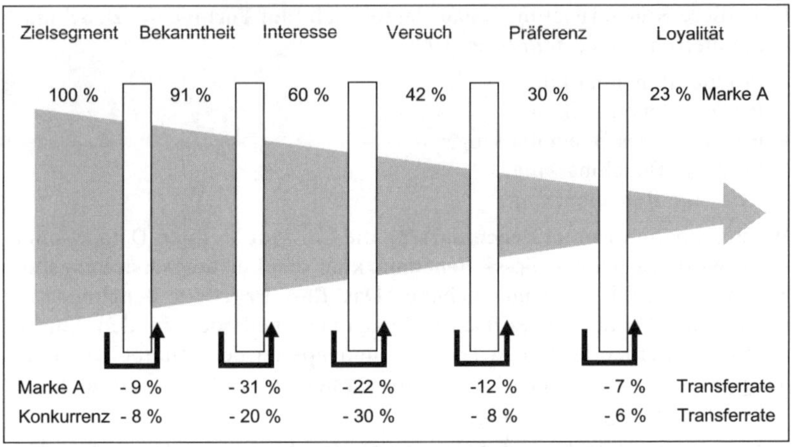

Schaubild 3–24: McKinsey-Markenfilter
(In Anlehnung an Braun et al. 2003, S. 19)

3.5 Kundenorientierte Programmanalyse

3.5.1 Grundlagen der Positionierungsanalyse

Die Positionierungsanalyse ist eine Methode, die im Rahmen der strategischen Programmplanung wie auch zur Segmentierung von Märkten eingesetzt wird. Positionierungsanalysen basieren auf der **subjektiven Wahrnehmung** von Leistungen durch die Konsumenten. Es wird davon ausgegangen, dass Konsumenten anhand der für sie wichtigsten Kaufentscheidungskriterien Leistungen wahrnehmen und beurteilen. Je geringer die Distanz zwischen der wahrgenommenen Leistung und einer idealen Leistung, desto höher ist die Wahrscheinlichkeit, dass der Konsument sich für den Kauf dieser Leistung entscheidet.

Positionierungsanalysen stellen dem Produktmanagement Informationen über die Stellung der unternehmenseigenen Leistungen in Relation zu dem im Markt vorhandenen Leistungsangebot bereit. Die subjektiv konkurrierenden Leistungen (Consideration Set) werden dazu in Form von möglichst wenigen, subjektiven Merkmalen abgebildet (*Trommsdorff* 2002b, S. 363).

Positionierungsanalysen sind von hoher Bedeutung, da es bei einer zunehmenden objektiven Ähnlichkeit der Marktleistungen immer wichtiger wird, das eigene Leistungsangebot hinsichtlich der von Kunden subjektiv wahrgenommenen Produkteigenschaften von den Wettbewerbsangeboten abzugrenzen.

Die **Positionierung** ist ein „psychologisches Marktmodell" und stellt in einer mehrdimensionalen Darstellung die unterschiedlichen Leistungen bzw. Marken eines relevanten Marktes in der Wahrnehmung der Kunden dar.

Anlässe einer Positionierung sind die Planung einer neuen Leistung oder die Umpositionierung einer bestehenden Leistung (*Haedrich/Tomczak* 1996, S. 105ff.; *Esch* 1999, S. 247f.; *Trommsdorff* 2002b, S. 362f.).

Die Ergebnisdarstellung der Positionierungsanalyse erfolgt in so genannten **Positionierungsmodellen**. Diese werden meist nicht nur quantitativ-formal, sondern auch visuell dargestellt. Hierzu werden die relevanten Leistungen als Positionen im zwei- oder dreidimensionalen System der Leistungsmerkmale abgebildet. Solche Modelle unterstellen als Prämissen die metrische Messbarkeit, die Unabhängigkeit der Merkmale sowie die Vereinbarkeit in einem gemeinsamen Raum (*Trommsdorff* 2002b, S. 364). Positionierungsmodelle stellen eine modellhafte Vereinfachung der Realität dar. Sie machen die Realität überschaubar und für strategische Entscheidungen kommunizierbar (*Trommsdorff* 2002b, S. 370).

Zur Bestimmung des Positionierungsmodells werden zunächst Daten über die Wahrnehmung realer und idealer Produkteigenschaften verschiedener Leistungen bei Konsumenten erhoben. Mit Hilfe von Verfahren der multivariaten Datenanalyse (Multidimensionale Skalierung, Faktoren- oder Cluster-Analysen) werden diese Daten im mehrdimensionalen Wahrnehmungsraum so weit verdichtet, dass ein psychologisches Marktmodell entsteht (*Brockhoff* 1999; *Meffert* 2000; *Trommsdorff/Bookhagen/Hess* 2000). Aus Vereinfachungsgründen werden meist nur zwei Dimensionen betrachtet. Das klassische Positionierungsmodell beinhaltet vier **Kernelemente** (*Haedrich/Tomczak* 1996, S. 139; *Meffert* 2000, S. 354):

(1) Vom Kunden wahrgenommener Eigenschaftsraum,

(2) Einordnung der eigenen Leistungen sowie der Konkurrenzleistungen aus Kundensicht,

(3) Idealposition aus Kundensicht,

(4) Distanzen zwischen den Idealvorstellungen der Kunden und den Realpositionen der einzelnen Produkte/Services bzw. Marken.

Die Struktur der Leistungen im Positionierungsmodell ermöglicht sowohl eine isolierte als auch eine integrative Betrachtung von Leistungen. Zum einen kann die Position einer Leistung unabhängig (isoliert) von anderen Leistungen kontrolliert werden. Dies ist z.B. notwendig, wenn das Erreichen einer zuvor festgelegten Position zu überprüfen ist.

Zum anderen werden Leistungen relativ zu anderen Leistungen (integrativ) betrachtet. Hierbei sind die Distanzen zwischen verschiedenen Leistungen im Positionierungsmodell als Indikator für die Wettbewerbsintensität zu interpretieren. Je geringer die Distanz zwischen den Positionen von Leistungen im Positionierungsmodell, desto ähnlicher sind sich die Leistungen aus der Konsumentenperspektive. Mit abnehmender Distanz werden Leistungen somit als zunehmend austauschbar wahrgenommen. So kann aus dem Positionierungsmodell die Schlussfolgerung abgeleitet werden, dass die eigene Leistung stärker von Konkurrenzleistungen abzugrenzen ist.

Darüber hinaus ermöglicht eine integrative Betrachtung auch eine Beurteilung der Position einer Leistung in Relation zu den Präferenzvorstellungen von Konsumenten. Je geringer diese Distanz im Positionierungsmodell ausfällt, desto eher ist eine Leistung geeignet, die Bedürfnisse der Konsumenten zu befriedigen. Durch den Vergleich der Positionen der (relevanten) Leistungen und der aus den Konsumentenpräferenzen abgeleiteten Idealleistungen werden zum einen bisher nicht besetzte Marktnischen identifiziert. Zum anderen ist die Schlussfolgerung abzuleiten, dass die eigene Leistung stärker an die Idealvorstellung der Konsumenten anzupassen ist.

Zur Bestimmung des Positionierungsmodells kann auf zwei verschiedene **Verfahren** zurückgegriffen werden (*Meffert* 1998, S. 346; *Trommsdorff* 2002b, S. 369f.):

(1) Bei **kompositionellen Verfahren** werden Einzelurteile der Konsumenten hinsichtlich der Leistungen zu einem Gesamturteil aggregiert. Zentrale Aufgabe dieser Verfahren ist die Verdichtung von mehreren Leistungsmerkmalen zu zwei bis drei Dimensionen. Wichtigstes kompositionelles Verfahren zur Bestimmung von Positionierungsmodellen ist die **Faktorenanalyse** (vgl. Abschnitt 3.5.2).

(2) Bei den **dekompositionellen Verfahren** werden dagegen – ausgehend von Globalurteilen – durch deren Zerlegung die dahinter stehenden Wahrnehmungsdimensionen ermittelt. Die befragten Konsumenten haben demnach Leistungen nicht hinsichtlich einzelner Leistungsmerkmale, sondern als Ganzes zu beurteilen. Die **Multidimensionale Skalierung** stellt im Rahmen der Positionierungsanalyse das wichtigste dekompositionelle Verfahren dar (vgl. Abschnitt 3.5.3).

3.5.2 Kompositionelle Vorgehensweise zur Bestimmung von Positionierungsmodellen

Im Rahmen der kompositionellen Vorgehensweise sind zunächst die relevanten **Dimensionen des Positionierungsmodells** zu bestimmen.

Hierzu sind die aus Konsumentensicht **relevanten Merkmale von Leistungen** zu identifizieren. Dies kann durch Befragung von Zielkunden in Form von qualitativen Verfahren, wie Gruppendiskussionen oder Tiefeninterviews, erfolgen. Ersatzweise oder zusätzlich zur Konsumentenbefragung besteht die Möglichkeit, Experteninterviews sowie Inhaltsanalysen von Werbeaussagen der relevanten Leistungen durchzuführen (*Trommsdorff* 2002b, S. 366).

Die so ermittelte Liste von Merkmalen zur Beurteilung von Leistungen ist zumeist sehr umfassend und weist große Redundanzen auf. Aus diesem Grund wird anschließend eine Selektion und Komprimierung der Leistungsmerkmale vorgenommen. Ziel ist es, viele Leistungsmerkmale zu zwei bis drei dahinter stehenden Dimensionen zu aggregieren, so dass die beurteilten Leistungen im zwei bzw. dreidimensionalen Raum darstellbar sind. Diese **Verdichtung zu Positionierungsdimensionen** wird in der Regel durch den Einsatz der Faktorenanalyse vorgenommen (*Backhaus et al.* 2006, S. 259ff.). Voraussetzung der Anwendung dieser multivariaten Analysemethode sind (mindestens) intervallskalierte Daten, die im Rahmen von quantitativen Verfahren mittels Fragebogen zu erheben sind. Die so ermittelten Positionierungsdimensionen haben die folgenden **Anforderungen** zu erfüllen (*Trommsdorff* 2002b, S. 367):

- **Verhaltensrelevanz**: Die Positionierungsdimensionen sind für die Einstellungen, Kaufabsichten und das Kaufverhalten der Zielgruppen relevant.
- **Instrumentelle Beeinflussbarkeit**: Die Positionierungsdimensionen sind durch den unternehmensseitigen Einsatz der Marketinginstrumente beeinflussbar.
- **Diskriminanzfähigkeit**: Die Positionierungsdimensionen sollten im Ergebnis (idealtypisch) zu unterschiedlichen Positionen der Leistungen führen. Dimensionen, auf denen alle Leistungen gleich wahrgenommen werden, scheinen in Bezug auf eine eigenständige, von Wettbewerbern differenzierende Position kaum geeignet. Die Diskriminanzfähigkeit ist allerdings dahingehend einzuschränken, als dass eine in Bezug auf eine Dimension ähnliche Wahrnehmung von verschiedenen Leistungen auch wichtige Schlussfolgerungen für die Positionierungsstrategie ermöglicht. Beispielsweise ist eine Umpositionierung der Leistung in Bezug auf diese Dimension zu erwägen.

Ergebnis der Bestimmung von Positionierungsdimensionen sind in der Regel zwei bis drei Dimensionen, hinter denen jeweils mehrere Aussagen zu Leistungsmerkmalen (Indikatoren) stehen. Auf Basis dieses Indikatorensets erfolgt die **Messung der Positionierungsdimensionen**. Diese wird im Allgemeinen anhand einer Konsumentenbefragung unter Verwendung von Ratingskalen vorgenommen. Die befragten Konsumenten haben hierbei jede Aussage (Indikator) für jede der relevanten Leistungen auf einer Skala (z.B. 1 = „Trifft voll und ganz zu", 7 = „Trifft überhaupt nicht zu") zu beurteilen. Neben den realen Leistungen kann hier auch eine in der Vorstellung der Konsumenten ideale Leistung bewertet werden. Die Merkmalsurteile sind über alle Befragten oder einzelne Gruppen von Befragten (Zielgruppen) zu aggregieren. Diese Durchschnittswerte werden anschließend in Form eines **Profilvergleichs** für die untersuchten Leistungen gegenübergestellt.

Der Profilvergleich ermöglicht einen ersten Eindruck über die Positionierung der einzelnen Leistungen, ist jedoch aufgrund der hohen Zahl an Indikatoren sehr komplex und deshalb eher schwierig zu interpretieren.

Aus diesem Grund sind für jede untersuchte Leistung die Durchschnittswerte für die einzelnen Indikatoren zu den zuvor bestimmten Positionierungsdimensionen zu verdichten. Dies kann zum einen durch eine einfache Mittelwertbildung der hinter den Dimensionen stehenden Indikatoren erfolgen. Zum anderen ist auch eine Gewichtung der Durchschnittswerte anhand der im Rahmen der Faktorenanalyse ermittelten Faktorwerte möglich. Die Aggregation der Indikatoren zu Dimensionen ermöglicht nun die räumliche Abbildung der Leistungspositionen durch die Gegenüberstellung der Dimensionen.

Schaubild 3–25 zeigt ein **zweifaktorielles Beispiel für ein Positionierungsmodell** aus der Bekleidungsbranche. Die Dimension „Modegrad" umfasst dabei verschiedene Ausprägungen von „Streng klassisch zeitlos" bis „Modisch avantgardistisch"; die Dimension „Preisgenre" Ausprägungen von „Billig-Genre" bis „Sehr hohes Genre".

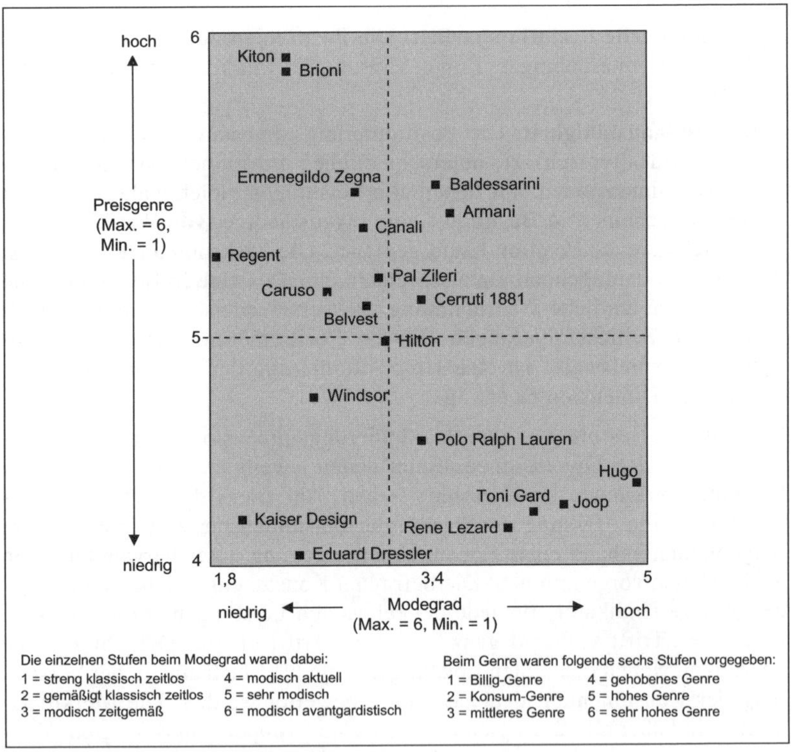

Schaubild 3–25: Positionierungsmodell des Bekleidungsmarktes nach Modegrad und Preisgenre (Werner/Wulff 2003, S. 37)

3.5.3 Dekompositionelle Vorgehensweise zur Bestimmung von Positionierungsmodellen

Im Rahmen der dekompositionellen Vorgehensweise zur Bestimmung von Positionierungsmodellen werden Leistungen nicht isoliert hinsichtlich einzelner Leistungsmerkmale beurteilt. Vielmehr wird versucht, rationalisierte Antworten durch direkte Befragung zu vermeiden, indem die Probanden die Leistungen lediglich global bewerten. Dabei ist davon auszugehen, dass die Befragten die Leistungen (bewusst oder unbewusst) anhand von einzelnen Leistungsmerkmalen bewerten und diese Einzelurteile zu einem Gesamturteil zusammenführen. Die Positionierungsdimensionen werden in diesem Sinne nicht durch direktes, sondern durch indirektes Abfragen bewertet. Die indirekte Erhebung der Positionierungsdimensionen erfolgt dabei über das Abfragen von Präferenzen oder Ähnlichkeiten zwischen Leistungspaaren.

Als Verfahren zur dekompositionellen Bestimmung von Positionierungsmodellen auf Basis von Konsumentenurteilen hat die so genannte **multidimensionale Skalierung (MDS)** große Bedeutung erlangt. Im Rahmen der multidimensionalen Skalierung werden die zu beurteilenden Leistungen hinsichtlich ihrer Ähnlichkeit in einem meist zweidimensionalen Raum positioniert. Die Ähnlichkeit der Positionen der Objekte in diesem Raum bildet die von Konsumenten wahrgenommene Ähnlichkeit der Leistungen ab. Die MDS ermöglicht die Bestimmung der relativen Position einer Leistung im Vergleich zu anderen Leistungen im Markt. Hierdurch lassen sich insbesondere Aussagen über die Konkurrenzintensität zwischen mehreren Leistungen bestimmen.

Im Gegensatz zur Faktorenanalyse (vgl. Abschnitt 3.5.2) wird die Position von Leistungen nicht über die Beurteilung einzelner Leistungsmerkmale vorgenommen, sondern erfolgt auf Basis von Globalurteilen des Konsumenten, die eine subjektive und simultane Bewertung der für den Konsumenten relevanten Merkmale umfassen.

Der Ablauf der multidimensionalen Skalierung gliedert sich in drei **Phasen** (*Backhaus et al.* 2006, S. 626):

(1) Entwicklung des Erhebungsdesigns
(2) Beurteilung der Leistungsalternativen
(3) Auswertung und Interpretation

Zur Erhebung von Ähnlichkeits- oder Präferenzdaten sind Vergleiche zwischen Leistungspaaren notwendig. Der Erhebungsaufwand der Paarvergleiche steigt mit der Zahl der berücksichtigten Leistungen exponentiell mit dem Faktor $n \cdot (n-1)/2$. Bei sieben Leistungen sind bereits 21 Paarvergleiche erforderlich. Um die Befragten nicht zu überfordern, wird deshalb in den häufigsten Fällen das Erhebungsdesign reduziert.

Die Ähnlichkeit von zwei Leistungen spiegelt sich im Positionierungsmodell durch die Nähe dieser beiden Leistungen wider, die Unähnlichkeit entspricht dagegen der Distanz zwischen den Leistungen. Durch die MDS werden die ordinalen Ähnlichkeitsdaten in metrische Distanzen überführt. Diese Distanzen sind als Basis für die räumliche Positionierung zu verwenden.

Ein **Beispiel** für das Ergebnis der Bewertung von Ähnlichkeiten zwischen sieben Tiefkühlpizzen ist in Schaubild 3–26 dargestellt. Diese bilden die Datengrundlage für die MDS. Die Befragten wurden hierbei gebeten, jeweils zwei Leistungen auf einer Ratingskala mit den Extrempunkten „Leistungen sind sich sehr ähnlich" und „Leistungen sind sich sehr unähnlich" zu beurteilen. Den einzelnen Leistungspaaren sind auf Basis der Ähnlichkeitsurteile Ränge zuzuordnen. Das ähnlichste Paar erhält den Rang 1, das zweitähnlichste Paar den Rang 2 usw.

	Wagner	Alberto	Betty Bossi	Dr. Oetker	Maestro Francesco	Salto Pizzeria
Wagner	–					
Alberto	5	–				
Betty Bossi	10	15	–			
Dr. Oetker	1	6	12	–		
Maestro Francesco	11	3	2	9	–	
Salto Pizzeria	7	13	14	4	8	–

Schaubild 3–26: Ähnlichkeit von Tiefkühlpizzen als Datengrundlage der MDS

Schaubild 3–27 illustriert ein Positionierungsmodell auf Basis von Ähnlichkeitsdaten. Dabei lässt sich die räumliche Distanz von zwei Punkten als wahrgenommene Ähnlichkeit zweier Produkte interpretieren.

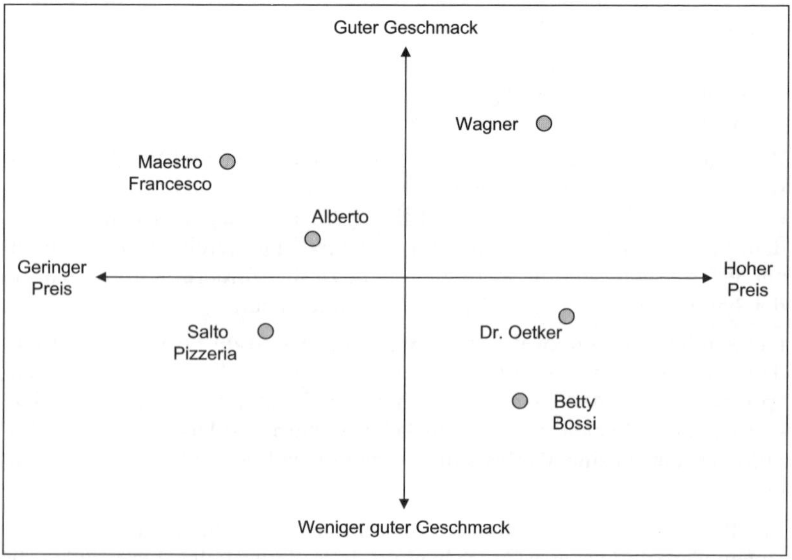

Schaubild 3–27: Positionierungsmodell als Ergebnis der MDS

Von besonderem Interesse sind die in diesem Stadium der Untersuchung noch unbekannten **Dimensionen des Positionierungsmodells**, die Ursache für die Verteilung der abgebildeten Leistungen sind. Diese werden mittels Expertenbefragungen oder den Einsatz statistischer Verfahren aufgedeckt. Zur Bestimmung der Positionierungsdimensionen dient im Allgemeinen das so genannte **Property Fitting** (*Dichtl/Schobert* 1979, S. 30ff.; *Herrmann* 1998, S. 152ff.). Die Identifikation und Rekonstruktion der Dimensionen im Positionierungsmodell lässt sich mittels der internen oder externen **Präferenzanalyse** vornehmen:

(1) Interne Präferenzanalyse

Die interne Präferenzanalyse beruht auf Präferenzurteilen von Konsumenten und lässt (im Gegensatz zur externen Präferenzanalyse) Ähnlichkeitsdaten unberücksichtigt.

(2) Externe Präferenzanalyse

Die externe Präferenzanalyse beinhaltet sowohl Wahrnehmungs- als auch Präferenzdaten. Zunächst werden die Positionen der Leistungen mit Hilfe von Ähnlichkeitsdaten bestimmt. Daraufhin ist für jeden der befragten Konsumenten ein Präferenzwert zu ermitteln, der dessen bevorzugte Wahlentscheidung reflektiert.

Unabhängig von der gewählten Methode (interne oder externe Präferenzanalyse) ist eine **Transformationsregel** erforderlich, die es erlaubt, aus der Anordnung der Leistungen im Raum Hinweise auf das Verhalten der Befragten abzuleiten. Hierzu kommen das Idealpunkt- und das Idealvektormodell in Betracht:

(1) Idealpunktmodell

Das Idealpunktmodell geht davon aus, dass sich die ideale Leistung in einem einzelnen Punkt im Positionierungsmodell reflektiert. Dieser Punkt gibt den höchsten Präferenzwert der Konsumenten an. Dabei liegen die Leistungen gleicher Präferenz, d.h., die Leistungen, die von Konsumenten in gleichem Maße bevorzugt werden, auf so genannten Isopräferenzlinien. Diese lassen sich im zwei- bzw. dreidimensionalen Positionierungsmodell als konzentrische Kreise bzw. Kugeln darstellen, wenn die Dimensionen des Positionierungsmodells die gleiche Bedeutung für den Konsumenten aufweisen, also beispielsweise die Wirtschaftlichkeit eines Autos genauso wichtig ist wie seine Sportlichkeit (Schaubild 3–28). Im Fall der gleichgewichteten Positionierungsdimensionen gilt: Je geringer die Distanz einer realen Leistung zu diesem Idealpunkt im Positionierungsmodell ist, desto eher wird ein Konsument diese Leistung wählen.

Wenn unterschiedliche Gewichte hinsichtlich der Dimensionen vorliegen, bilden die Isopräferenzlinien Ellipsen, d.h., dass eine schlechtere Ausprägung der wichtigeren Dimension nur durch eine sehr viel bessere Ausprägung der weniger wichtigen Dimension kompensiert werden kann. Legt ein Konsument z.B. ein besonderes Gewicht auf die Sportlichkeit seines Autos, ist eine diesbezüglich geringfügige Abweichung vom Ideal z.B. durch einen relativ höheren Vorteil in Bezug auf die Wirtschaftlichkeit auszugleichen.

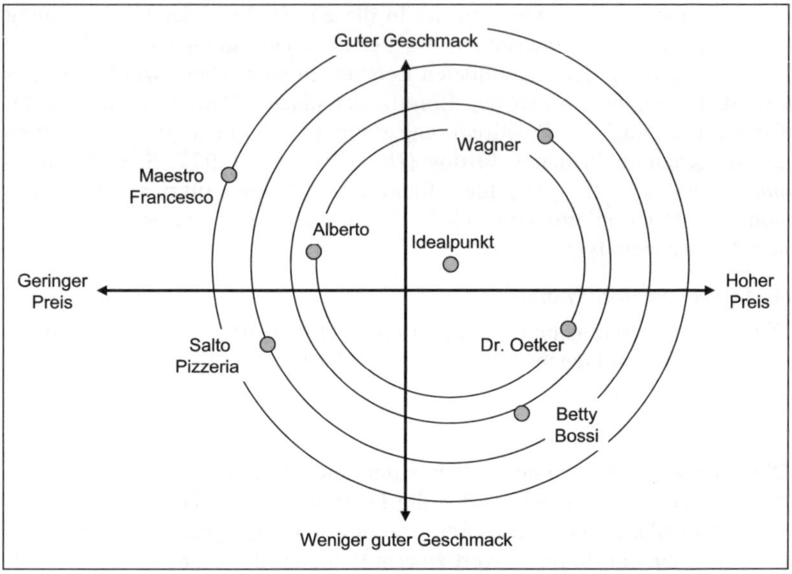

Schaubild 3–28: Idealpunktmodell mit gleichgewichteten Positionierungsdimensionen

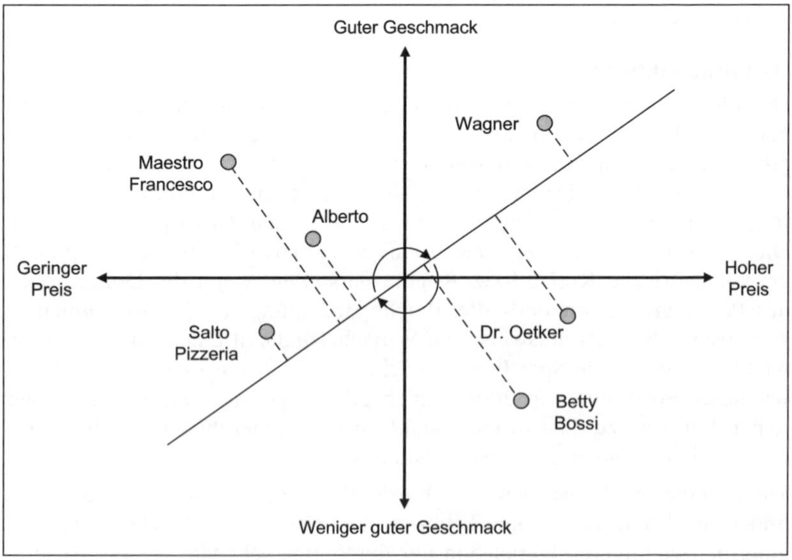

Schaubild 3–29: Positionierungsdimensionen als Ergebnis des Property Fitting

(2) Idealvektormodell

Dabei erhalten Probanden die Aufgabe, die untersuchten Leistungen im Hinblick auf vorgegebene Eigenschaften zu beurteilen und in eine Rangfolge zu bringen. Jede Eigenschaft stellt einen Vektor im Positionierungsraum dar. Dieser rotiert solange um das Koordinatenkreuz bis die Distanzen der von den einzelnen Leistungen auf den Vektor gefällten Lote der Rangfolge der Leistungen entspricht, die der Proband zuvor hinsichtlich der Eigenschaft angegeben hat (Schaubild 3–29).

3.5.4 Implikationen und kritische Würdigung der Positionierungsanalyse

Die vorgestellten Verfahren dienen der Ermittlung der Merkmale und Ausprägungen, anhand derer die Konsumenten bestimmte Produkte beurteilen. Die Verfahren lösen diese Aufgabe entweder kompositionell, durch den Weg von Einzelurteilen zum Gesamturteil (Faktorenanalyse), oder dekompositionell, durch Auflösen eines Globalurteils in seine Bestandteile (MDS) (Schaubild 3–30).

	Faktorenanalyse	Multidimensionale Skalierung
Verfahren	– Kompositionell	– Dekompositionell
Input	– Eigenschaftsurteile	– Ähnlichkeits-, Präferenz-, Substituierbarkeitsdaten
Datenniveau	– Mindestens Intervallniveau	– Mindestens binäres Ordinalniveau
Vorteile	– Einfach in der Anwendung – Dimensionen sind interpretiert	– Kein Detailwissen über Leistungen erforderlich – Vergleich mit menschlicher Wahrnehmung
Nachteile	– Vorheriges Wissen über Leistungen und Eigenschaften erforderlich	– Mindestens sieben Leistungen – Interpretationsprobleme hinsichtlich der Dimensionen

Schaubild 3–30: Verfahren zur Bestimmung von Positionierungsmodellen im Vergleich (Trommsdorff 2002b, S. 369)

Bei der Abfrage von Globalurteilen werden keine Eigenschaften vorgegeben (indirekte Abfrage), während bei der direkten Abfrage Leistungen bzw. Marken nach vorgegebenen Attributen bewertet werden. Bei der indirekten Methode werden Vergleiche zwischen je zwei oder mehreren Leistungen bzw. Marken verlangt. Eine indirekte Datenabfrage entspricht der eher ganzheitlichen menschlichen Wahrnehmung besser. Leistungen, deren relevante Eigenschaften nur schwer anhand von Skalen zu beurteilen sind (z.B. das Verführerische eines Parfums), lassen sich besser über Globalurteile positionieren.

Die indirekte Datenerhebung ist schwieriger, zeitaufwändiger und teurer: Die auf Ähnlichkeitsdaten (oder anderen vergleichenden Urteilen) basierenden Verfahren erfordern den Vergleich von mindestens sieben Marken. Abgesehen von dem Zeit- und Kostenaufwand übersteigt diese Anzahl der Marken oftmals das Consideration Set der Befragten. Es werden dann Marken bewertet, die subjektiv gar nicht relevant sind. Ein weiteres Problem der dekompositionellen Verfahren liegt in der Interpretation der Dimensionen. Das kann jedoch durch zusätzliche kompositionelle Verfahren überwunden werden.

Die Kenntnisse aus der Positionierungsanalyse lassen sich für programm- und leistungspolitische Überlegungen nutzen, z.B. zur Einführung von neuen Leistungen in eine Positionierungslücke sowie zur Repositionierung bestehender Leistungen in Richtung der Idealvorstellungen der Kunden. Darüber hinaus werden aber auch Wahrnehmungsverzerrungen von Konsumenten identifiziert, wenn die Wahrnehmung nicht den tatsächlichen Leistungseigenschaften entspricht. Hier sind kommunikationspolitische Maßnahmen zu ergreifen, um eine Veränderung der Wahrnehmung bei den Konsumenten zu erzielen (*Meffert* 1998, S. 349).

Als **Nachteil** von Positionierungsverfahren ist die mangelnde Stabilität der Positionierungskriterien zu nennen. Durch die rasche Veränderung von Präferenzen und wahrgenommenen Produkteigenschaften ist es schwierig, Leistungen über einen längeren Zeitraum in einer bestimmten (relativen) Position zu halten. Der übersichtlichen grafischen Darstellung aller relevanten Leistungen steht insbesondere bei zweidimensionalen Positionierungsmodellen eine starke Reduktion der relevanten Wahrnehmungseigenschaften aus Konsumentensicht entgegen. In vielen Märkten werden Marken aus Sicht des Konsumenten mehrdimensional betrachtet bzw. bewertet.

Die Positionierungsanalyse wird überwiegend für reife Märkte sowohl in Ver- und Gebrauchsgütermärkten, z.B. bei Waschmitteln, Kosmetika oder Automobilen, als auch im Industriegüter- und Dienstleistungsbereich, z.B. in den Bereichen Banken, Versicherungen, Handel u.a.m. eingesetzt. In jüngster Zeit wird dabei die Positionierungsanalyse zum Teil dahingehend erweitert, dass der Kundenperspektive (Fremdbild) die Unternehmensperspektive, d.h. die Selbsteinschätzung des Unternehmens (Eigenbild), gegenübergestellt wird.

Schaubild 3–31 stellt einige ausgewählte **Positionierungsmodelle im Vergleich** dar (*Trommsdorff* 2002b). Ein Vertreter der ersten Modellgeneration ist das Perceptor-Modell von *Urban* (1975), aus dem sich zwei grundsätzliche Diskussionspunkte ergaben: Die Annahmen bei der Berechnung der Kaufwahrscheinlichkeiten und die Gewinnmaximierung bei der Suche nach der optimalen Produktposition. Diese Diskussion wurde in mehreren neuen Modellen aufgegriffen. Exemplarisch hierfür stehen das Modell Proposas von *Albers* (1989) sowie der Ansatz von *Horsky und Nelson* (1992). Von *Green, Caroll und Goldberg* (1981) wurde das Conjoint-Modell Posse entwickelt, das den Marktanteil sowie den Gewinn ermittelt und eine Sensitivitätsanalyse erstellt. Das Modell Trinodal von *Keon* (1983) untersucht dagegen den Erfolg von Werbestrategien durch den Vergleich der Positionierungen des Werbeimages und der Marke. Alle diese Modelle vernachlässigen die Reaktionen der Konkurrenz. Mit Defender wurde von *Hauser und*

Shugan (1983) ein Modell entwickelt, das Konkurrenzreaktionen einbezieht. Die Besonderheit des Positionierungsmodells WISA besteht in der Anwendung der Kausalanalyse (*Trommsdorff* 2000b) sowie in der Berücksichtigung der Einflüsse von Konkurrenz-Positionierungsmaßnahmen und der Problematik eines gemeinsamen Raumes für alle zu positionierenden Produkte.

	Perceptor	Proposas	Horsky & Nelson	Trinodal	Defender	WISA
Zielsetzung	Bewertung von Produktzufriedenheit und Marketingkonzepten bei Neuprodukten und Launches	Bestimmung eines gewinnmaximalen Produktkonzeptes	Bestimmung eines gewinnmaximalen Produktkonzeptes unter Einbeziehung der Konkurrenz	Überprüfung von Wettbewerbsstrategien und Unterstützung bei Repositionierungen	Marketingstrategien für existierende Produkte bei Einführung einer neuen Wettbewerbsmarke (Verteidigungsstrate gie)	Erfassung der Einflüsse von eigenen und Wettbewerber-Imagekomponenten (auch USPs) auf Erfolg; Strategiefolgeabschätzung
Zielgröße	Marktanteil	Gewinn	Gewinn	Werbeprofil	Absatzmenge	Marktanteil
Dateninput	Eigenschaftsrating oder Ähnlichkeitsurteile	Ähnlichkeiten oder ordinale Präferenzen	Präferenzen und Eigenschaftsrating	Ähnlichkeiten, Substituierbarkeit, Präferenzen	Eigenschaftsratings	Eigenschaftsratings und Präferenzen
Verfahren	Faktorenanalyse oder MDS	MDS	Nutzenfunktion; ähnlich CA, MDS und Faktorenanalyse	MDS	Faktorenanalyse	LISREL und vorlaufende multivariate Analysen, Simulation
Bestimmung der Positionen	Faktorenwerte oder euklidische Distanz	Euklidische Distanz	Nutzenwerte	Euklidische Distanz, Distanz Werbeimages	Faktorwerte	Kausale Imagezusammenhänge
Idealmodell	Idealpunktmodell	Idealpunktmodell	Idealvektormodell	Idealpunktmodell	Idealvektormodell	Keine Idealvorstellungen
Merkmalsgewichtungen	Gleichgewichtung	Flexible Gewichtung	Flexible Gewichtung	Gleichgewichtung	Flexible Gewichtung	Sehr flexible Gewichtung
Berücksichtigung von Marktheterogenität	Bildung homogener Untergruppen	Unterschiedliche Idealpunkte	In der Nutzenfunktion	Unterschiedliche Idealpunkte	Consideration Sets und Präferenzwerte	Consideration Sets und Präferenzwerte

Schaubild 3–31: Positionierungsmodelle im Vergleich (Trommsdorff 2002b, S. 378)

3.6 Unternehmensorientierte Programmanalyse

3.6.1 Strukturanalysen

Das Leistungsprogramm eines Unternehmens unterliegt aufgrund des Lebenszykluskonzeptes Veränderungen in der Zeit. Aus produktpolitischer Sicht interessiert dabei vor allem die **strukturelle Zusammensetzung** des Programms im Hinblick auf die Erwirtschaftung von Umsätzen und Deckungsbeiträgen.

Diesbezüglich stellen so genannte Strukturanalysen typische Analysen der Struktur von Leistungsprogrammen dar (*Hüttel* 1998, S. 163ff.; *Meffert* 2000, S. 346ff.). Strukturanalysen dienen der Gewinnung komprimierter Informationen über das gesamte Leistungsprogramm, besonders hinsichtlich jener Leistungen, die es zu erweitern bzw. zu eliminieren gilt. Durch die Auswertung von Produktdaten aus dem Rechnungswesen usw. wird die Leistungsprogrammstruktur im Hinblick auf die in der Vergangenheit erzielten und in der Zukunft zu erwartenden Zielbeiträge sowie deren Ursachen untersucht. Ziel ist es, Stärken und Schwächen im Programm aufzudecken und Hinweise für die Programmpolitik zu liefern.

Die **Formen von Strukturanalysen** lassen sich generell hinsichtlich der zeitlichen Perspektive, der zugrunde gelegten Kennzahlen und der Bezugsobjekte unterscheiden (Schaubild 3–32).

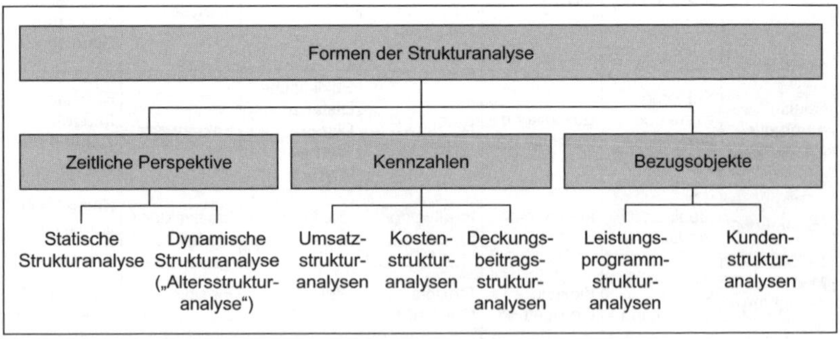

Schaubild 3–32: Formen von Strukturanalysen

Nach der **zeitlichen Perspektive** sind die dynamische und statische Programmstrukturanalyse zu unterscheiden:

(1) Dynamische Programmstrukturanalysen

Dynamische Programmstrukturanalysen ermitteln die langfristige Sicherheit bzw. die langfristigen Risiken sowie Wachstumschancen innerhalb des Leistungsprogramms. Hierzu werden zum einen Analysen von zukünftigen

Umsatz-, Kosten- und Deckungsbeitragspotenzialen der Leistungen und zum anderen so genannte Altersstrukturanalysen durchgeführt.

Die **Analyse von Leistungspotenzialen** dient der Evaluation des aktuellen und zukünftigen Wertbeitrags einer Leistung unter Berücksichtigung von deren Lebensdauer. Durch Abzinsung des leistungsbezogenen, zukünftigen Cash Flows und einen Vergleich des Net Present Value der Leistung sind die langfristigen Wachstumspotenziale zu identifizieren.

Die **Altersstrukturanalyse** gibt Aufschluss über die langfristige Sicherheit sowie das langfristige stetige Wachstum von Leistungen und hat daher einen eher strategischen Charakter. Die Analyse der Altersstruktur aller Leistungen im Programm hilft, eine im Hinblick auf den Altersaufbau ausgewogene Programmzusammensetzung zu schaffen und zu erhalten, und ist insbesondere für Unternehmen mit umfangreichen Leistungsprogrammen von Bedeutung (*Meffert* 2000, S. 346; Insert 3–1). Die Altersstruktur beschreibt den Altersaufbau eines Leistungsprogramms durch einen Vergleich der Lebenszyklen verschiedener Leistungen in einem Programm. Im Rahmen der Altersstrukturanalyse werden die Umsatzwerte bzw. Zahl und die Lebenserwartungen der Leistungen in einer zweidimensionalen Matrix gegenübergestellt. Hierdurch ermöglicht die Altersstrukturanalyse die Ermittlung der Anteile von jungen und alten Leistungen im Programm. Ein hoher Anteil von alten Leistungen birgt ein hohes Risiko für das Unternehmen, während ein hoher Anteil an jungen Leistungen gute Wachstumschancen gewährleistet. Mit fortschreitender Lebensdauer wird die Basis zur Sicherung von Wachstum und Gewinn immer schwächer. Die Beschränkung der Altersstrukturanalyse liegt darin, dass die Restlebensdauer des Produktes nicht exakt bestimmbar ist. Es kann also nur tendenziell festgestellt werden, dass bereits länger eingeführte und auch kaum noch verbesserbare Produkte eliminationsverdächtiger sind als jüngere Produkte.

Ein **Beispiel** für unterschiedliche Altersstrukturen zeigt Schaubild 3–33. Das Programm A ist aufgrund der hohen Zahl an alten Leistungen und deren hohen Umsatzbeiträge eher ungünstig. Viele Leistungen befinden sich in einer späten Lebenszyklusphase und sind in nächster Zeit aus dem Markt zu nehmen. Die Zahl der jungen Leistungen ist zu gering, um die Umsatzbeiträge auszugleichen, die durch die Elimination der alten Leistungen entfallen. Durch höhere Innovationsraten oder einen beschleunigten Markteintritt wäre die Alterslastigkeit des Programms auszugleichen. Programm B weist dagegen eine eher günstige Struktur auf. Nur wenigen alten und zu eliminierenden Leistungen stehen viele junge, chancenreiche Leistungen gegenüber. Die Leistungen in der Reifephase haben den größten Umsatzanteil. Die Zahl der Leistungen in der Einführungsphase ist relativ hoch, so dass ausreichend potenziell erfolgreiche Nachfolgeleistungen bereit stehen.

Nokia übergewichten

Die Analysten von Helaba Trust verleihen der Aktie von Nokia weiterhin das Rating „übergewichten".

Das Unternehmen habe gestern überraschend Eckdaten für das abgelaufene Quartal veröffentlicht.

So rechne das Unternehmen im Handy-Bereich mit leicht rückläufigen Umsatzerlösen. Ursprünglich sei eine Steigerung von mindestens 3 % angepeilt worden. Die Bruttorendite werde sich dank einer guten Entwicklung im Netzwerksegment auf 40,2 % verbessert haben. Aufgrund hoher F&E-Aufwendungen rechne man damit, dass die operative Marge im ersten Quartal unter den Erwartungen der Analysten von Helaba Trust ausgefallen sein werde. Die neue Prognose des Managements habe beim EPS mit 0,17 Euro am unteren Ende der zuvor prognostizierten Spanne und unter den Markterwartungen gelegen.

Die Ursachen der Umsatzschwäche würden allein im Mobiltelefonbereich liegen. So erwarte man trotz höherer Absatzzahlen in diesem Segment einen Erlösrückgang von über 5 % und den Verlust von Marktanteilen in Europa und Nordamerika. Ausschlaggebend für den Umsatzrückgang sei vor allem der niedrigere durchschnittliche Verkaufspreis je Handy gewesen. Dieser sei wahrscheinlich im Vergleich zum Vorjahr um über 20 % gefallen.

Hier habe das Ausmaß des Preisrückgangs überrascht. Den Hauptgrund für den Preisdruck sehe man in dem aktuell veralteten Produktportfolio von Nokia. So seien im abgelaufenen Quartal zu wenig neue Handsets auf den Markt gebracht worden. Daher sei es vor allem im März zu einem Umsatzrückgang gekommen. Darunter habe auch die operative Rendite gelitten.

Die erste Indikation im Netzwerksegment sei aber sehr gut ausgefallen. So gehe man davon aus, dass dank höherer Investitionen der Telekommunikationsgesellschaften in diesem Segment ein Umsatzwachstum von fast 16 % erreicht worden sei. Die operative Marge werde sich begünstigt durch den hohen Softwareanteil voraussichtlich auf fast 12 % erhöht haben. Für das kommende Jahr rechne man hier mit einem Umsatzzuwachs von 7 % und einer operativen Marge von 12 %.

Allerdings sei im laufenden Quartal noch keine Trendumkehr im Mobiltelefonbereich zu erkennen. Nokia habe selbst erkannt, dass im Produktportfolio GSM-Handsets, insbesondere im mittleren Preissegment, fehlen würden. Man gehe aber davon aus, dass diese Lücke im laufenden zweiten Quartal nicht ganz geschlossen werde. Daher gehe man von stagnierenden Marktanteilen aus. Die Mehrzahl der für 2004 geplanten Produkte solle im zweiten Halbjahr eingeführt werden. Insgesamt erwarte man im laufenden Geschäftsjahr geringere Firmenwertabschreibungen, einen eindrucksvollen Turnaround im Netzwerksegment und niedrigere Restrukturierungsaufwendungen. Vor diesem Hintergrund sei trotz der Rückschläge im Mobiltelefonbereich weiterhin von einem Anstieg des Konzerngewinns auszugehen. Ab 2005 sei zudem aufgrund der führenden Position Nokias im UMTS-Bereich mit einem nachlassenden Margendruck zu rechnen. Nach dem jüngsten Kursrückgang erscheine die Aktie im Peer Group-Vergleich moderat bewertet.

Insert 3–1: Veraltetes Produktportfolio bei Nokia (o.V. 2004a)

(2) Statische Programmstrukturanalysen

Statische Programmstrukturanalysen dienen in Abhängigkeit der zugrunde liegenden Informationsbasis der lang- und kurzfristigen Änderung von Leistungsprogrammen. Als **Kennzahlen zur Strukturanalyse** werden im Allgemeinen Umsatzzahlen, Deckungsbeiträge und/oder Kosten verwendet:

Umsatzstrukturanalyse

Ziel der Umsatzstrukturanalyse ist es, den Anteil der verschiedenen im Programm vorhandenen Leistungen am Gesamtumsatz des Leistungsprogramms aufzuzeigen. Durch diese Analyse wird das Kernprogramm identifiziert, das für das Unternehmen von besonderer Bedeutung ist. Die Umsatzstruktur zeigt die Verteilung des Gesamtumsatzes auf einzelne Leis-

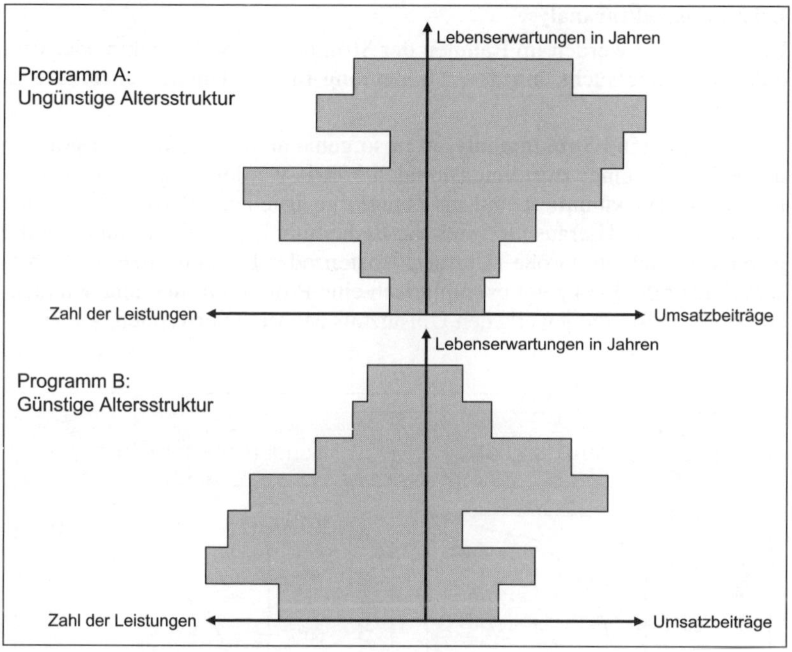

Schaubild 3–33: Beispiele für die Altersstruktur von Leistungsprogrammen (in Anlehnung an Meffert 2000, S. 347)

tungen oder Leistungsgruppen. Die Umsatzstrukturanalyse findet insbesondere in der **strategischen Programmplanung** Anwendung.

Deckungsbeitragsstrukturanalyse

Im Rahmen dieser Analyse erfolgt eine Ausweitung auf die Erfolgsstruktur eines Programms. Nicht jedes in Bezug auf die Umsatzstruktur optimale Programm ist dasjenige mit der besten Erfolgsstruktur. Die Erfolgsstruktur hängt von den Deckungsbeiträgen der Leistungen ab, die die fixen Periodenkosten abdecken. Leistungen mit geringem Deckungsbeitrag sind eliminierungsverdächtig. Die Deckungsbeitragsstrukturanalyse eignet sich insbesondere für **kurzfristige Aspekte**, weniger aber für strategische Entscheidungen im Bereich der Neuproduktplanung.

Als **Bezugsobjekt der Strukturanalyse** lassen sich Leistungen und Kunden unterscheiden:

Kundenstrukturanalyse

Die Kundenstruktur gibt an, welcher Umsatz- oder Deckungsbeitragsanteil auf einzelne Kunden oder Kundensegmente entfällt. Hierdurch lassen sich Aussagen über die Abhängigkeit von bestimmten Kunden und Kundensegmenten treffen und die Folgen des Verlusts dieser Kunden abschätzen.

Leistungsstrukturanalyse

Üblicherweise werden im Rahmen der Strukturanalyse Produkte oder Produktlinien untersucht, um deren Bedeutung für das Unternehmen zu evaluieren.

In der Regel sind Strukturanalysen in so genannten **Konzentrationskurven** darstellbar: In einer zweidimensionalen Matrix werden die jeweiligen Werte der Achsen kumuliert und als Rangfolge in einer relativen Verteilung wiedergegeben. Hieraus lässt sich die Bedeutung einzelner Produkte für die jeweils betrachtete Größe (Umsatz, Kosten oder Deckungsbeiträge) ablesen. Schaubild 3–34 zeigt exemplarisch eine Programm- und eine Kundenstrukturanalyse, die jeweils den Umsatz als Maßstab verwenden.

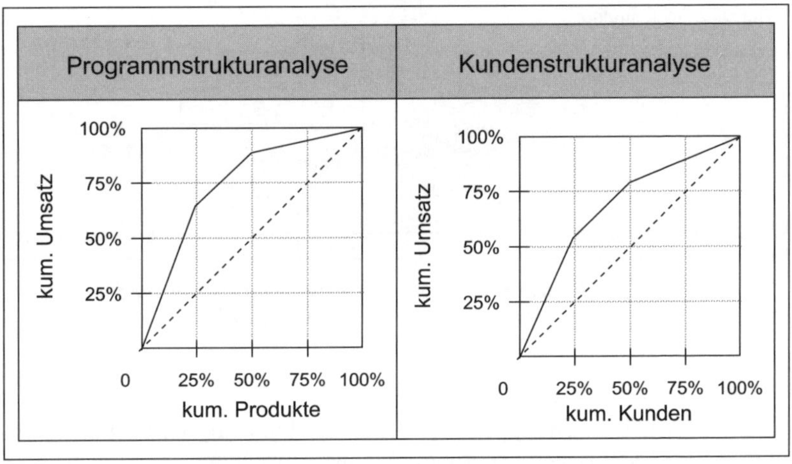

Schaubild 3–34: Beispiele für Strukturanalysen

Strukturanalysen geben Hinweise auf eine Dominanz bzw. Konzentration einiger Produkte bzw. Kunden. Eine spezielle Form dieser Analyse ist die so genannte **ABC-Analyse**. Danach werden jene Leistungen bzw. Kunden mit dem höchsten Umsatzanteil als A-Leistungen bzw. A-Kunden und die restlichen Leistungen/Kunden als B- bzw. C-Leistungen/-Kunden bezeichnet. Diese Klassen sind unternehmensspezifisch zu definieren und differenziert zu bearbeiten. In diesem Zusammenhang wird von der oftmals zu beobachtenden 20:80-Regel (Pareto-Prinzip) gesprochen. Diese besagt, dass mit 20 Prozent der Leistungen bzw. Kunden 80 Prozent des Umsatzes erzielt werden. ABC-Analysen zeigen, ob starke Konzentrationen und damit Abhängigkeiten innerhalb des Leistungsprogramms bestehen und gegebenenfalls Maßnahmen für eine bessere Risikostreuung einzuleiten sind. Die Gefahr der ABC-Analysen besteht darin, sich voreilig auf A-Leistungen bzw. A-Kunden zu konzentrieren und dabei allzu leichtfertig Leistungen und Kunden der Kategorien B und C zu vernachlässigen.

3.6.2 Portfolioanalysen

Portfolioanalysen zählen zu den am häufigsten eingesetzten strategischen Analyseinstrumenten. Sie stellen ein Instrument zur Steuerung von strategischen Geschäftseinheiten (SGE) dar. Das Instrument dient damit der aus Sicht des Unternehmens optimalen Gestaltung des Leistungsprogramms. Der Begriff „Portfolio" stammt ursprünglich aus dem finanzwirtschaftlichen Bereich (Wertpapier-Portefeuille). In diesem Bereich weist das Problem der Streuung von Investitionen in Wertpapieranlagen eine gewisse Ähnlichkeit mit dem Problem der Ressourcenallokation in diversifizierten Unternehmen auf.

Portfolioanalysen wurden vor dem Hintergrund der in den 1960er Jahren stark zunehmenden Diversifikation amerikanischer Großunternehmen entwickelt. Das damals aufkommende Profit-Center-/SGE-Konzept erwies sich zwar zur Abwicklung des Tagesgeschäfts als vorteilhaft, auf die strategisch relevante Frage nach einer effizienten Ressourcenallokation konnte es jedoch keine zufrieden stellenden Antworten geben. Daher wurde gegen Ende der 1960er Jahre das Portfoliokonzept als Instrument zur Bewältigung der Komplexität in großen, diversifizierten Unternehmen entwickelt (*Homburg* 2000).

> **Portfolioanalysen** geben in einer zweidimensionalen Darstellung einen Überblick über die Marktsituation von strategischen Geschäftseinheiten, Leistungen, Kunden, Wettbewerbern oder anderen Analyseobjekten, um daraus Schlussfolgerungen für eine strategische Neuorientierung dieser Analyseobjekte zu ziehen.

Ein Portfolio lässt sich als zweidimensionales Schaubild darstellen, bei der eine Achse (Abszisse) eine interne, beeinflussbare Variable und die andere Achse (Ordinate) eine externe Variable repräsentiert, die vom Unternehmen nicht oder nur indirekt beeinflusst werden kann. In folgenden sechs **Ablaufschritten** wird eine Portfolioanalyse erstellt (*Bruhn* 2004c, S. 69):

Schritt 1: Festlegung der Analyseobjekte, auf die sich die Portfolioanalyse bezieht (SGEs, Produkte/Services u.a.), sowie der Form der Portfolioanalyse.

Schritt 2: Identifikation und Auswahl der relevanten (externen und internen) Erfolgsfaktoren. Die Auswahl dieser Größen kann je nach Anspruchsniveau (Genauigkeitsgrad) aufgrund von Kreativität, Intuition, Plausibilitätsüberlegungen und empirischen Untersuchungen erfolgen (*Meffert* 1998, S. 341). Nach Festlegung der Dimensionen sowie deren Operationalisierung werden die Analyseobjekte hinsichtlich dieser Dimensionen beurteilt. Voraussetzung dieser Bewertung ist, dass ausreichend Informationen in Bezug auf die Messkriterien und die zu beurteilenden Analyseobjekte vorliegen.

Schritt 3: Erstellung des Ist-Portfolios. Meist werden die Analyseobjekte als Kreis dargestellt, wobei der Durchmesser des Kreises das Umsatz- bzw. Absatzvolumen oder den Deckungsbeitrag repräsentiert.

Schritt 4: Ableitung einer Normstrategie in Abhängigkeit der Position der Analyseobjekte im Portfolio. Unter Berücksichtigung von Ressourcen, der Konkurrenz und weiteren Kriterien wird eine strategische Stoßrichtung abgeleitet, durch die die Ausgewogenheit des Portfolios verbessert werden soll.

Schritt 5: Erstellung von Soll-Positionen für den betrachteten Planungshorizont im Sinne eines Soll-Portfolios, das die zukünftig angestrebte Lage der Analyseobjekte wiedergibt.

Schritt 6: Konkretisierung der Normstrategien und des Soll-Portfolios durch detaillierte Marketingstrategien. Dazu sind die personellen und organisatorischen Konsequenzen der neuen strategischen Ausrichtung zu analysieren und notwendige Anpassungen im Unternehmen vorzunehmen.

Portfolioüberlegungen stellen als Instrument der Standortbestimmung den Ausgangspunkt für eine intensive Auseinandersetzung mit der Unternehmenszukunft dar (*Kreikebaum* 1997; *Becker* 2001). Sie ermöglichen es, Strategieentscheidungen für einzelne Geschäftsbereiche nicht isoliert voneinander zu betrachten, sondern unter Berücksichtigung des Gesamtportfolios zu treffen. Dabei steht insbesondere die Ausgewogenheit des Portfolios aus unternehmensstrategischer Sicht im Vordergrund.

In der Literatur finden sich vielfältige Portfoliomodelle (*Benkenstein* 2002, S. 71ff.). Die beiden bekanntesten Portfolioansätze sind das Marktanteils-Marktwachstums-Portfolio sowie das Wettbewerbsvorteils-Marktattraktivitäts-Portfolio. Darüber hinaus ist in der Unternehmenspraxis die Technologieportfolioanalyse von zentraler Bedeutung.

(1) Marktanteils-Marktwachstums-Portfolioanalyse

Die Marktanteils-Marktwachstums-Portfolioanalyse ist ein von der *Boston Consulting Group* (*BCG*) entwickeltes Portfoliomodell. Dabei wird als unternehmensspezifische Größe der relative Marktanteil und als unternehmensexterner Faktor das Marktwachstum als **Portfoliodimensionen** herangezogen:

(1) **Relativer Marktanteil**: Der relative Marktanteil ergibt sich aus dem Umsatz bzw. Absatz des Analyseobjektes, d.h. einer Leistung, Leistungslinie oder auch einer SGE, dividiert durch den Umsatz bzw. Absatz des größten Wettbewerbers. Teilweise wird auch durch den gemeinsamen Umsatz bzw. Absatz der drei Hauptwettbewerber dividiert. Die Trennlinie zwischen einem hohen und niedrigen relativen Marktanteil wird im Portfolio üblicherweise bei 1,0 gezogen.

(2) **Marktwachstum**: Das Marktwachstum stellt die Wachstumsrate des Gesamtmarktes bzw. des betrachteten Teilmarktes zum Zeitpunkt der Analyse dar. Die Trennlinie zwischen hohem und niedrigem Wachstum wird im Portfolio häufig beim durchschnittlichen Marktwachstum, betrachtet über die letzten vier bis fünf Jahre, gezogen.

Die konzeptionelle Grundlage der Messung der eigenen Marktposition mit Hilfe des relativen Marktanteils liegt im **Erfahrungskurvenmodell**. Ebenso kann die aus dem **PIMS-Projekt** gewonnene Aussage, dass ein positiver

Zusammenhang zwischen dem relativen Marktanteil und der Profitabilität einer Leistung besteht, zur Begründung der zentralen Rolle des relativen Marktanteils in diesem Portfoliomodell herangezogen werden. Die Beurteilung eines Marktes anhand seiner Wachstumsrate geht im Wesentlichen auf das **Lebenszykluskonzept** zurück. Bei Gültigkeit des Modells ist das Marktwachstum ein geeigneter Indikator für die Lebenszyklusphase, in der sich ein Markt befindet. Sie stellt somit ein sinnvolles Kriterium zur Beurteilung seiner Attraktivität dar.

Nachdem die Achsen des Portfolios gekennzeichnet sind, wird der Merkmalsraum in vier Felder unterteilt. Schaubild 3–35 verdeutlicht grafisch den Aufbau eines Marktwachstums-Marktanteils-Portfolios und zeigt die abzuleitenden **Normstrategien**.

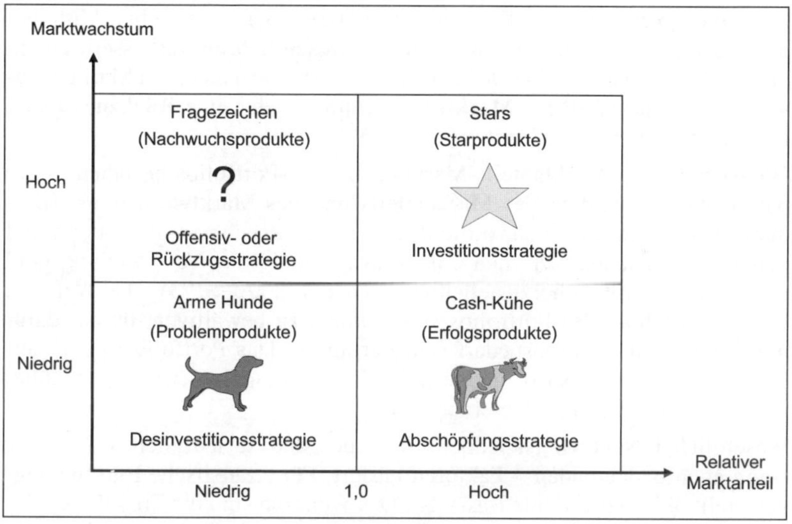

Schaubild 3–35: Normstrategien des Marktanteils-Marktwachstums-Portfolios

Je nach Position in der Matrix werden unterschiedliche Normstrategien empfohlen.

Stars sind Leistungen, die in wachsenden Märkten über eine gute Marktposition und somit einen hohen relativen Marktanteil verfügen. Durch die Realisierung von Mengeneffekten in der Produktion können Kostendegressionseffekte genutzt werden. Als Normstrategie wird empfohlen, die Leistung im Programm zu halten bzw. auszubauen (**Investitionsstrategie**). Die hierfür erforderlichen Investitionen sind zu tätigen und das Investitionsrisiko zu akzeptieren.

Cash-Kühe sind Leistungen, die zwar über eine etablierte Marktposition verfügen, allerdings in Märkten mit geringen Wachstumsraten angesiedelt sind. Hier sind Kostensenkungspotenziale zu nutzen und nur noch so viele Investitionen zu tätigen, wie zur Erhaltung der Marktstellung erforderlich sind. Es bietet sich eine **Abschöpfungsstrategie** an, bei der der bestehende relative Marktanteil zu halten ist, alle zusätzlichen finanziellen Mittel jedoch in die Star- oder Fragezeichen-Segmente zu investieren sind.

Arme Hunde sind Leistungen, die bei geringer Marktwachstumsrate über eine schwache Marktposition bzw. einen geringen relativen Marktanteil verfügen. Arme Hunde sind meist nicht mehr rentabel und sind, falls sie nicht aufgegeben werden, durch zusätzliche Mittel zu finanzieren. Es empfiehlt sich daher, die Überprüfung einer **Desinvestitionsstrategie**, bei der versucht wird, schrittweise aus dem Markt auszutreten.

Fragezeichen sind Leistungen, die aufgrund des noch geringen Marktanteils einen geringen Cash Flow erwirtschaften, aber einen hohen Mittelbedarf aufweisen, wenn die Marktstellung wesentlich zu verbessern ist. In diesem Fall ist nach weiteren Analysen der Erfolgschancen im Markt abzuwägen, ob eine offensive **Markterschließungs**- oder eine **Rückzugsstrategie** zukünftig verfolgt wird.

Die **Vorteile** des Marktanteils-Marktwachstums-Portfolios bestehen in der parallelen Betrachtung des Marktanteils und des Marktwachstums. Hierdurch gelingt es, die Finanzmittelflüsse im Unternehmen abzubilden und den Zusammenhang zwischen Cash Flow, Rentabilität, Verschuldungsgrad und anderen Größen herzustellen (*Benkenstein* 2002, S. 73). Des Weiteren ist die Erstellung des Portfolios sehr einfach zu bewältigen, da der dafür notwendige Informationsbedarf sehr gering ist. Das Portfolio ist sehr anschaulich, kommunikativ und erhöht die Aufgeschlossenheit gegenüber strategischen Fragen im Unternehmen.

Wesentlicher **Nachteil** ist jedoch, dass die Analyse lediglich auf zwei – wenn auch bedeutenden – Faktoren basiert. Für strategische Entscheidungen stellt dies keine valide Basis dar. Des Weiteren sind die Trennlinien des Portfolios nicht exakt definiert, die Normstrategien sind nicht allgemein gültig, konkurrenzbezogene Aspekte bleiben weitgehend unberücksichtigt und der Erfahrungskurveneffekt sowie die Wachstumsorientierung werden überbetont. Da viele Unternehmen sich heute in schrumpfenden bzw. stark rückläufigen Märkten bewegen, wird die traditionelle Aufteilung des Marktanteils-Marktwachstums-Portfolios häufig um zwei Felder in der Marktschrumpfungsphase erweitert (*Meffert* 1994, S. 50).

(2) Wettbewerbsvorteils-Marktattraktivitäts-Portfolioanalyse

Das Wettbewerbsvorteils-Marktattraktivitäts-Portfolio wurde von der Unternehmensberatung *McKinsey & Company* entwickelt. Bei diesem Portfolioansatz werden die relativen Wettbewerbsvorteile und die Marktattraktivität als Dimensionen unterschieden. Die Operationalisierung dieser beiden Dimensionen erfolgt durch eine Vielzahl von Einzelindikatoren, die es zu erheben gilt (*Bruhn* 2004c).

Mögliche Indikatoren zur Messung der Dimension „**Relative Wettbewerbsvorteile**“ sind:

- Relative Marktposition (z.B. Marktanteil, Unternehmensgröße, Wachstumsrate, Rentabilität),
- Relatives Produktionspotenzial (z.B. Kostenvorteile, Know-how, Lizenzbeziehungen, Standortvorteile, Energie- und Rohstoffversorgung),
- Relatives F&E-Potenzial (z.B. Grundlagen- und Anwendungsforschung, Innovationspotenzial der Forscher, Innovationsfähigkeit der Organisation, Innovationszyklen),
- Relative Qualifikation der Führungskräfte und Mitarbeitenden (z.B. Qualität der Führungssysteme, Professionalität, Innovationsklima, Motivation der Führungskräfte) u.a.m.

Sämtliche Indikatoren werden im Vergleich zum stärksten Konkurrenzunternehmen beurteilt. Der Dimension „**Marktattraktivität**“ liegen u.a. folgende Indikatoren zugrunde:

- Marktwachstum und Marktgröße,
- Marktqualität (z.B. Branchenrentabilität, Phase im Marktlebenszyklus, Wettbewerbsintensität, Anzahl und Struktur potenzieller Abnehmer, Eintrittsbarrieren für neue Anbieter, Bedrohung durch Substitutionsprodukte),
- Energie- und Rohstoffversorgung (z.B. Störanfälligkeit der Versorgung, Verhandlungsstärke der Lieferanten, Existenz alternativer Rohstoffe),
- Umfeldsituation (z.B. Abhängigkeiten von Konjunktur, Gesetzgebung, öffentlicher Meinung, Arbeitnehmerorganisationen, Umweltschutzmaßnahmen) u.a.m.

Für die Erstellung des Portfolios hat ein Unternehmen aus den vielfältigen Einzelindikatoren die für die spezielle Unternehmens- und Marktsituation relevanten Faktoren zu identifizieren. Die Verknüpfung der Einzelindikatoren wird zweckmäßigerweise mit einem **Punktbewertungsmodell** vorgenommen, um der relativen Bedeutung einzelner Indikatoren gerecht zu werden.

Aus dem Wettbewerbsvorteils-Marktattraktivitäts-Portfolio lassen sich ebenfalls **Normstrategien** ableiten. Schaubild 3–36 zeigt die sich durch die Dreiteilung der beiden Achsen ergebenden neun Normstrategien.

Wenn starke relative Wettbewerbsvorteile gegenüber den Konkurrenten vorliegen und der Markt besonders attraktiv ist, sind **Marktführerschafts-**, **Investitions-** oder **Wachstumsstrategien** zu verfolgen. Bestehen nur geringe relative Wettbewerbsvorteile für das Unternehmen und ist der Markt weniger attraktiv, empfiehlt sich eine **Abschöpfungs-** und stufenweise **Desinvestitionsstrategie** bis hin zum sofortigen **Ausstieg** aus dem Markt. Für die übrigen Marktsituationen wird ein **selektives Vorgehen** empfohlen, das prüft, ob aufgrund der vorhandenen Unternehmensressourcen eine Investitions-, Rückzugs-, Übergangs- oder Abschöpfungsstrategie sinnvoll ist.

Marktattraktivität \ Wettbewerbsposition	schwach	mittel	stark
hoch	Selektives Vorgehen • Spezialisierung • Marktnischen besetzen • Akquisitionsstrategie erwägen	Selektives Wachstum • Potenzial für Marktführung abschätzen • Schwächen identifizieren • Stärken aufbauen	Investition und Wachstum • Marktführerschaft anstreben/sichern • Hohe Investition tätigen
mittel	Ernten • Spezialisierung • Nischen suchen • Rückzug erwägen	Selektives Vorgehen • Wachstumsbereiche identifizieren • Spezialisierung • Selektiv investieren	Selektives Wachstum • Wachstumsbereiche identifizieren • Stark investieren • Ansonsten Position halten
niedrig	Desinvestition • Geplanter Rückzug • Desinvestition	Ernten • Produktprogramme bereinigen • Geringe Investition tätigen • Auf Desinvestition vorbereiten	Selektives Vorgehen • Marktposition halten • Hohen positiven Cash Flow anstreben • Kostensenkung anstreben

Schaubild 3–36: Normstrategien des Wettbewerbsvorteils-Marktattraktivitäts-Portfolios

Wesentlicher **Vorteil** des Wettbewerbsvorteils-Marktattraktivitäts-Portfolios stellt die umfassende Informationsaufnahme über die aktuelle Unternehmenssituation dar. Die Vielzahl der Einzelindikatoren zwingt den Produktmanager, sich systematisch mit der eigenen Marktstellung und den relevanten Marktfaktoren auseinander zu setzen. Durch diese Form der Portfolioanalyse wird implizit eine professionelle SWOT-Analyse durchgeführt. Außerdem erfolgt der Einbezug der Konkurrenz durch die Beurteilung des relativen Wettbewerbsvorteils.

Als **Nachteile** sind eine kosten- und zeitaufwändige Erhebung der Informationen sowie Schwierigkeiten zu nennen, objektive Informationen zu den Einzelindikatoren zu erhalten. Bei der Verwendung des Punktbewertungsverfahrens besteht zudem die Gefahr, Auswahl und Gewichtung der Indikatoren wie auch Punktevergabe unvollständig und subjektiv vorzunehmen. Im Ergebnis resultiert eine „scheingenaue" Position in Form eines Punktwertes. Die zentrale Frage für eine valide Ableitung von Normstrategien wird deshalb sein, ob es dem Unternehmen gelingt, die relevanten internen und externen Erfolgsfaktoren in angemessener Gewichtung für die Positionsbestimmungen im Portfolio heranzuziehen.

(3) Technologieportfolioanalysen

Im Rahmen von Technologieportfolios erfolgt eine systematische Analyse des Wettbewerbsfaktors Technologie. Technologieportfolios dienen der

Identifikation und Bewertung der Entwicklungspotenziale von neuen Technologien, der Leistungsfähigkeit der bekannten Technologien, der Austauschbarkeit zwischen Technologien sowie der voraussichtlichen Technologiesprünge. Seit Beginn der 1980er Jahre sind verschiedene Technologieportfolioansätze entwickelt worden, die sich im Hinblick auf die Operationalisierung der beiden Portfoliodimensionen unterscheiden. Dabei scheinen insbesondere jene Ansätze der Technologieportfolioanalyse von Bedeutung, die die Marktperspektive in die Betrachtung einbeziehen. Hierzu sind z.B. das Technologieportfolio von *Pfeiffer* et al., das F&E-Programm-Portfolio nach *Möhrle* sowie der Darmstädter Portfolioansatz zu zählen. Stellvertretend für die Technologieportfolios wird im Folgenden das Technologieportfolio von Pfeiffer et al. erläutert.

Das **Technologieportfolio von Pfeiffer et al.** bildet in einem Portfolio mit den beiden Dimensionen Ressourcenstärke und Technologieattraktivität jene Technologien ab, die für sowohl das Endprodukt als auch die hierfür notwendigen Fertigungsprozesse relevant sind (Schaubild 3–37; *Pfeiffer et al.* 1991).

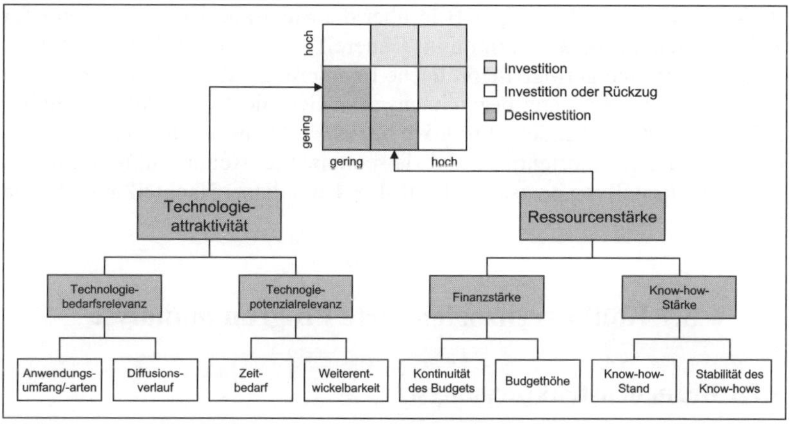

Schaubild 3–37: Technologieportfolio nach Pfeiffer et al.
(Pfeiffer et al. 1991)

Die weitgehend unbeeinflussbare unternehmensexterne **Technologieattraktivität** gibt die wirtschaftlichen und technischen Vorteile wieder, die die Nutzung der strategischen Weiterentwicklungspotenziale des jeweiligen Technologiegebietes erwarten lässt (*Gelbmann/Vorbach* 2003, S. 176). Die beeinflussbare unternehmensinterne **Ressourcenstärke** reflektiert die technische und wirtschaftliche Beherrschung des Technologiegebietes im Vergleich zum stärksten Konkurrenten.

Aus dem Vergleich der Position der angewandten Technologie im Portfolio mit den möglichen Positionen zukünftiger Substitutions- und Komplementärtechnologien lassen sich Handlungsempfehlungen für den Ressourceneinsatz alternativer F&E-Projekte ableiten. Die entsprechenden **Norm-**

strategien ähneln in starkem Maße denen des Marktattraktivitäts-Wettbewerbsvorteils-Portfolios. Für Technologien mit mittlerer bis hoher Attraktivität und Ressourcenstärke werden Investitionsstrategien empfohlen. Bei geringer bis mittlerer Technologieattraktivität und Ressourcenstärke sind dagegen Desinvestitionsstrategien zu wählen. In den übrigen Fällen ist selektiv vorzugehen.

Kritisch ist anzumerken, dass das Technologieportfolio nach *Pfeiffer* et al. nur bedingt Bezüge zur Marktwirksamkeit von Technologien ermöglicht (*Gelbmann/Vorbach* 2003, S. 177). Darüber hinaus sind der Zeit- und Kostenaufwand für die Informationsbeschaffung relativ hoch, insbesondere aufgrund der Schwierigkeiten bei der Beschaffung objektiver Informationen zu den Kriterien. Darüber hinaus gilt auch hier das Problem der Unvollständigkeit und Subjektivität. Als **Vorteil** ist die umfassende Informationsaufnahme zu nennen. Die Vielzahl der Einzelindikatoren bedingt eine intensive Auseinandersetzung der Entscheidungsträger mit der Marktstellung und den relevanten Marktfaktoren.

Bei einer **Gesamtwürdigung der Portfolioanalysen** ist darauf hinzuweisen, dass diese lediglich ein Analyseinstrument der strategischen Planung darstellen und kein vollständiges Bild über die Situation der Leistungen oder anderer Analyseobjekte vermitteln. Generell verfügen sämtliche Portfolioansätze über eine geringe theoretische Fundierung. Als problematisch lässt sich zudem die Tatsache bezeichnen, dass sich die Normstrategien lediglich auf bereits vorhandene Produkte beziehen. Damit ist die Portfoliotechnik vergangenheitsorientiert, da sie potenzielle Neuprodukte ignoriert. Durch die Erstellung eines Soll-Portfolios kann dieser Nachteil aufgehoben werden.

3.7 Konkurrenzorientierte Programmanalyse

3.7.1 Branchenstrukturanalyse

Die Branchenstrukturanalyse ist ein Erklärungsansatz der strategischen Planung für die aktuelle und zukünftige Intensität des Wettbewerbs in einem Markt (*Porter* 1980). Nach dem so genannten **Fünf-Faktoren-Modell** werden die Struktur und damit die Wettbewerbsintensität eines Marktes von den fünf **Wettbewerbskräften** bestimmt (*Porter* 1980; Schaubild 3–38):

(1) Wettbewerbsintensität zwischen derzeitigen Anbietern/Produkten,
(2) Verhandlungsmacht der Abnehmer,
(3) Bedrohung durch neue Anbieter,
(4) Verhandlungsmacht der Lieferanten und
(5) Bedrohung durch Substitute.

Die **Rivalität** unter den bestehenden Unternehmen wird üblicherweise als stärkste der fünf Wettbewerbskräfte angesehen. Ein hohes Maß an Rivalität ist an Marketingmaßnahmen wie häufige Produktverbesserungen, hohe In-

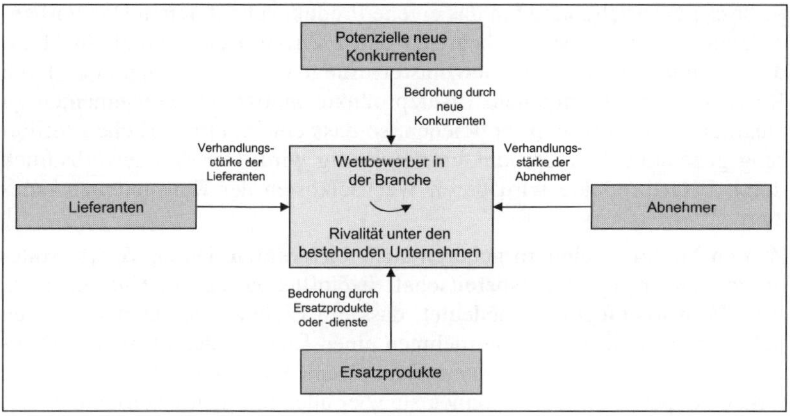

Schaubild 3–38: Triebkräfte des Branchenwettbewerbs (Porter 1992, S. 26)

novationsraten, Preis-Promotions, Garantieverlängerungen usw. zu erkennen. Die Rivalität in einer Branche steigt mit der Anzahl der Wettbewerber oder dem langsamen Wachstum der Nachfrage nach einer Leistung. Darüber hinaus steigt die Rivalität in einer Branche, wenn die Branchenstruktur (bzw. Kostenstruktur) einen Anreiz gibt, durch Preisnachlässe oder andere wettbewerbliche Maßnahmen die Absatzmenge zu steigern. Auch geringe Wechselkosten zwischen Produkten, hohe Renditen bei erfolgreichen strategischen Maßnahmen und hohe Ausstiegsbarrieren erhöhen die Rivalität (*Porter* 1980).

Potenzielle neue Konkurrenten sind neu in den Markt oder die Branche eintretende Unternehmen. Dabei kann es sich um völlig neue Unternehmen handeln oder um solche, die bisher schon auf anderen Märkten tätig waren. Der Eintritt neuer Konkurrenten in den Markt geht üblicherweise aufgrund neu entstehender (Über-) Kapazitäten mit einer Intensivierung der Rivalität einher. Generell ist die Bedrohung durch neue Konkurrenten dann eine starke Kraft, wenn die Wachstums- und Gewinnerwartungen einer Branche einen Markteintritt attraktiv erscheinen lassen. Das Bedrohungspotenzial hängt darüber hinaus wesentlich von den erwarteten Reaktionen der Konkurrenz und den Markteintrittsbarrieren ab. Markteintrittsbarrieren bestehen beispielsweise in Größenvorteilen (Economies of Scale), die Unternehmen innerhalb der Branche einen Kostenvorsprung verschaffen. Darüber hinaus stellen die Notwendigkeit des Zugangs zu bestimmten Technologien, Spezialwissen und Vertriebskanälen sowie Lernkurveneffekte, Markenpräferenzen der Konsumenten und ein hoher Kapitalbedarf weitere Marktzugangsbarrieren dar.

Auch die Art und Anzahl der **Ersatzprodukte** von anderen Herstellern, die das eigene Produkt substituieren, beeinflussen die programm- und leistungspolitische Situation und das Programm- und Leistungsangebot. Konkurrenzprodukte von höherer Qualität oder einem Image, das die Zielgruppe besser anspricht, könnten das eigene Produkt substituieren. Das Vorhandensein solcher Substitute begrenzt den preispolitischen Spielraum bzw. die Gewinnmöglichkeiten. Gewinnsteigerungen lassen sich dann nur durch Kostensenkungen erreichen. Ersatzprodukte motivieren Konsumenten zu Qualitäts- und Leistungsvergleichen, so dass eine kontinuierliche Profilierung gegenüber Ersatzprodukten notwendig wird. Der Wettbewerbsdruck durch Ersatzprodukte wird durch Wechselkosten der Konsumenten reduziert.

Zu den Marktteilnehmern gehören auch **Lieferanten**. Durch Vorwärtsintegration und Kooperationsbereitschaft beeinflussen sie ein Unternehmen. Eine Vorwärtsintegration bedeutet, dass ein Lieferant direkt den Kunden beliefert, ohne dass das Unternehmen einen Einfluss darauf nimmt. Demnach wird der Lieferant zu einem Konkurrenten am Markt. Sind die Lieferanten kooperationsbereit, können sie aber auch mit dem Unternehmen zusammen arbeiten. Die Verhandlungsstärke der Lieferanten übt dann einen erheblichen Wettbewerbsdruck auf die Branche aus, wenn das Produkt nicht standardisiert von einer großen Anzahl von Lieferanten mit ausreichenden Produktionskapazitäten zu beziehen ist. Darüber hinaus ist die Verhandlungsstärke geringer, wenn es Substitute gibt und die Wechselkosten hierfür gering sind. Machen die Vorprodukte eines Lieferanten einen Großteil der Kosten des Endproduktes aus, ist das Vorprodukt unverzichtbar für den Produktionsprozess oder ist es entscheidend für die Qualität des Endproduktes, so hat der Lieferant einen erheblichen Einfluss auf den Wettbewerbsprozess. Demgegenüber befindet er sich in einer schlechten Verhandlungsposition, wenn die Branche bzw. das Unternehmen mengenmäßig sehr wichtig ist oder glaubwürdig mit einer Integration der vorgelagerten Stufen (beispielsweise aus Kosten- oder Qualitätsgründen) droht.

Im Hinblick auf die **Abnehmer** hat ein Unternehmen zu analysieren, welches die relevanten Kunden oder Bedarfsträger zur Abnahme einer Leistung sind. Die relevanten Kunden sind die von Unternehmen nach verschiedenen Kriterien definierte Zielgruppe, die mit den programm- und leistungspolitischen Aktivitäten zu erreichen sind. Hier ist bei den programm- und leistungspolitischen Aktivitäten nach Absatzmittlern, wie z.B. Vermittler, Händler oder Vertriebspartner, und nach Endkunden zu unterscheiden. Bedarfsträger sind diejenigen Personen, die für die Vermarktung einer Leistung von zentraler Bedeutung sind. Zu den direkten Bedarfsträgern gehören diejenigen, die ihren eigenen Bedarf mit der Leistung decken, während indirekte Bedarfsträger am Vermarktungsprozess beteiligt sind (*Hartleben* 2001, S. 75). Diese können beispielsweise Meinungsführer, Journalisten, Öffentlichkeit, Mitarbeitende, Politiker, Multiplikatoren, Ärzte, Interessenverbände u.a.m. sein.

Innerhalb einer Wertschöpfungskette gibt es vertikale und horizontale Abnehmer oder Bedarfsträger, die unterschiedliche Marktsituationen darstellen und in der unterschiedliche Marktteilnehmer eine Rolle spielen. Ein Unternehmen in der Industriegüterbranche wird beispielsweise eine andere Bedarfsträgerstruktur haben als ein Konsumgüterhersteller. Für **Industriegüterhersteller** sind innerhalb der horizontalen Wertschöpfungskette insbesondere Buying Center großer Unternehmen die Bedarfsträger, während zu den Abnehmern der **Konsumgüterhersteller** Absatzmittler und Endkunden gehören. Innerhalb einer horizontalen Marktstruktur kooperiert ein Unternehmen auf der gleichen Wertschöpfungsstufe mit einem anderen Unternehmen. Dies kann Auswirkungen auf das Programm- und Leistungsangebot beider Unternehmen haben, indem diese z.B. Leistungsbündel (z.B. im Rahmen eines Co-Branding) gemeinsam anbieten. Die Verhandlungsmacht der Abnehmer wirkt sich negativ auf die zu erzielenden Absatzpreise aus. Diese ist sehr stark ausgeprägt, wenn große Abnehmer einen bedeutenden Anteil am Branchenumsatz haben, insbesondere, wenn die Kosten eines Wechsels zu einem Konkurrenzprodukt gering sind. Bei stark differenzierten oder kleinen Abnehmern ist die Verhandlungsstärke hingegen geringer.

Grundsätzlich sinken die Gewinnerwartungen in einer Branche mit Zunahme der fünf Wettbewerbskräfte. Eine Branche ist demnach besonders attraktiv, wenn die Verhandlungsmacht der Lieferanten und Abnehmer gering ist und sich neue Konkurrenten und Substitute durch Eintrittsbarrieren und Inkompatibilitäten ausgrenzen lassen. Trotzdem sind auch Branchen mit starken Wettbewerbskräften attraktiv für ein Unternehmen, wenn seine Kernkompetenzen ihm in diesem Wettbewerbsumfeld einen Vorteil gegenüber der Konkurrenz verschaffen. Ziel des Produkt- und Servicemanagements hat es daher zu sein, Wettbewerbsstrategien zu entwickeln, die einen negativen Einfluss der fünf Kräfte auf die Gewinnsituation des Unternehmens zumindest begrenzen bzw. die Wettbewerbskräfte sogar zum eigenen Vorteil nutzen (*Porter* 1980).

3.7.2 Konkurrenzanalyse

Die Konkurrenzanalyse dient der Identifikation von vorhandenen und potenziellen Konkurrenten. Dabei wird zwischen direkten und indirekten Wettbewerbern unterschieden. Für die Identifikation der relevanten Wettbewerber ist die Abgrenzung des relevanten Marktes ausschlaggebend. Die **direkten Wettbewerber** bieten das gleiche oder ein ähnliches Produkt an, haben dieselben Abgrenzungskriterien und Bezugspunkte des Marktes wie das eigene Unternehmen und stehen damit in direkter Konkurrenz. **Indirekte Wettbewerber** bieten hingegen das gleiche Produkt, definieren aber ihren relevanten Markt anders und wählen andere Bezugspunkte, wie z.B. eine andere Zielgruppe, andere räumlich Märkte oder andere Leistungsmerkmale, und stehen somit nur in einem indirekten Wettbewerb zu dem Unternehmen.

Beispiel: Direkter versus indirekter Wettbewerb

Zwei Konsumgüterhersteller im Zahnpflegebereich stellen Zahnpasta her. Bei gleich definierter Zielgruppe, wie z.B. Kinderzahnpasta, stehen sie in einem direkten Wettbewerb zu einander, während ein Anbieter von Mundwasser ein indirekter Wettbewerber ist, der die Zahnpasta nicht substituieren kann, aber dieses Produkt zur Mundpflege zumindest teilweise ersetzen könnte.

Bei der **Konkurrenzanalyse** wird zunächst die **Struktur der Wettbewerber** z.B. im Hinblick auf die Marktaufteilung und deren Marktsituation analysiert. Darüber hinaus werden **Wettbewerbsprozesse**, d.h. die internen Prozessabläufe des Produkt- und Servicemanagements bei den Konkurrenten und deren Gestaltungsmöglichkeiten des Programm- und Leistungsangebotes betrachtet. Schließlich ist das **Wettbewerbsergebnis**, also das Ergebnis der programm- und leistungspolitischen Aktivitäten am Markt, wie z.B. die Positionierung der einzelnen Wettbewerber, zu analysieren. Folgende Kriterien stellen mögliche **Einflussgrößen** der Konkurrenz auf die programm- und leistungspolitischen Aktivitäten des eigenen Unternehmens dar:

(1) Wettbewerbsstruktur:
- Wer sind die relevanten Wettbewerber?
- Welches sind deren relevante Kunden?
- Sind neue Wettbewerber zu erwarten? u.a.m.

(2) Wettbewerbsprozesse:
- Mit welchen USPs agieren die Mitwettbewerber?
- Wie ist die Gestaltung der einzelnen Leistungen?
- Wie ist deren strategische Soll-Positionierung?
- Welche programm- und leistungspolitischen Instrumente setzen die Wettbewerber ein und mit welchen Schwerpunkten?
- Wie hoch ist das Innovationsbudget der Wettbewerber? u.a.m.

(3) Wettbewerbsergebnis:
- Wie ist die Ist-Positionierung der Wettbewerber, in Abgrenzung zum eigenen Unternehmen?
- Wie hoch ist der „Share of Wallet“?
- Wie wurden programm- und leistungspolitisch relevante Zielgrößen erreicht und wie ist deren Erreichung von den Konkurrenten (z.B. Bekanntheitsgrad, Evoked Set, Image, Produktzufriedenheit, Konkurrenzabgrenzung, Zielgruppenerschließung)? u.a.m.

Anhand der Kriterien lässt sich im Rahmen der Konkurrenzanalyse ein Scoringmodell oder ein semantisches Differential erstellen, dass das Profil eines jeden Wettbewerbers im Vergleich zu den eigenen Angaben aufzeigt. Schaubild 3–39 zeigt das Beispiel eines Konkurrenzprofils, in dem sich ein Anbieter mit zwei Konkurrenten vergleicht.

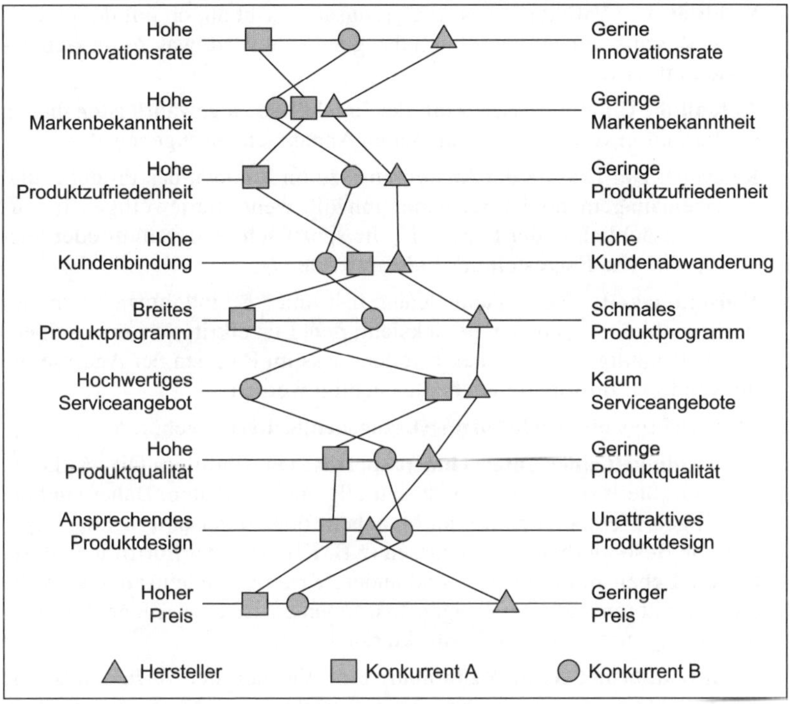

Schaubild 3–39: Beispiel für ein Konkurrenzprofil

3.8 Entscheidungskriterien für den Einsatz von Analyseinstrumenten

Die Vielzahl von Analyseinstrumenten des Produkt- und Servicemanagements bildet die Grundlage von zahlreichen programm- und leistungspolitischen Entscheidungen auf strategischer und operativer Ebene. Die Entscheidung über den Einsatz von Analyseinstrumenten hängt naturgemäß von der jeweils relevanten Fragestellung und der grundsätzlichen Eignung einer Methodik zur Beantwortung dieser Fragestellung ab. Im Folgenden werden ergebnis- und durchführungsbezogene Kriterien diskutiert, die – insbesondere wenn sich alternative Methoden anbieten – als Entscheidungskriterien heranziehen lassen. Im Hinblick auf das Analyseergebnis sind folgende Kriterien zu unterscheiden:

- **Reliabilität**: Eine Messung wird dann als reliabel (zuverlässig) bezeichnet, wenn das Messinstrument konsistent ist, d.h. bei wiederholten Messungen zum gleichen Ergebnis führt und somit den „wahren" Wert der Messgröße zu ermitteln in der Lage ist.

- **Validität**: Die Validität eines Analyseansatzes gibt an, ob mit dem jeweiligen Messinstrument tatsächlich das gemessen wird, was zu messen beabsichtigt wird.
- **Aktualität**: Um die Aussagekraft der Ergebnisse zu gewährleisten, haben die Verfahren von möglichst aktuellen Annahmen auszugehen.
- **Relevanz**: Der Einsatz der Analyseansätze im Rahmen des Produkt- und Servicemanagements ist nur dann sinnvoll, wenn die jeweiligen Instrumente tatsächlich in der Lage sind, die spezifische programm- oder leistungspolitische Fragestellung zu beantworten.
- **Vollständigkeit**: Die verschiedenen Instrumente sind hinsichtlich des Analyseobjektes und der berücksichtigten Einzelkriterien unterschiedlich vollständig. Es ist sicherzustellen, dass im Rahmen der Analyse die notwendigen Informationen berücksichtigt werden.

Zu den wichtigsten **durchführungsbezogenen Kriterien** gehören:

- **Notwendigkeit einer unternehmensspezifischen Adaption**: Die Methodik eines Großteils der Verfahren ist sehr allgemein gehalten. Daher sind die jeweiligen Methoden häufig an branchen- oder sogar unternehmensspezifische Besonderheiten anzupassen (z.B. Kriterien der Portfolioanalyse: Für die Lebensmittelbranche sind andere Kriterien bedeutsam als für die Automobilbranche). Bei einigen Instrumenten ist eine solche Adaption nur bedingt notwendig (z.B. Strukturanalysen).
- **Modifikationsbedarf im Zeitablauf**: Eine Vielzahl der Verfahren bedarf im Zeitablauf einer mehr oder weniger intensiven Anpassung an Veränderungen im internen und externen Unternehmensumfeld. Beispielsweise sind bei der Conjoint-Analyse jeweils spezifische neue Leistungsmerkmale zu berücksichtigen, während die Positionierungsanalyse so anzulegen ist, dass die abgefragten Kriterien über einen möglichst langen Zeitraum relevant sind.
- **Kosten**: Die für die Durchführung der einzelnen Instrumente zu veranschlagenden Kosten variieren zum Teil sehr stark. Einflussfaktoren der Kosten sind die Anzahl der beteiligten Mitarbeitenden, der Bedarf an externem Expertenwissen, die Dauer der Durchführung usw.
- **Organisatorischer Aufwand**: Auch der organisatorische Aufwand bei der Durchführung (und der Vorbereitung) der einzelnen Instrumente variiert erheblich. Dabei hängt der organisatorische Aufwand eng mit anderen hier genannten Beurteilungskriterien zusammen, z.B. Notwendigkeit der unternehmensspezifischen Adaption, Modifikationsbedarf, Komplexität u.a.
- **Komplexität**: Die Methodik der einzelnen Verfahren ist unterschiedlich komplex und erfordert teilweise spezifisches Know-how. In diesen Fällen sind die Analysen nicht durch das Produktmanagement selbst, sondern durch unternehmensinterne oder -externe Spezialisten durchzuführen.
- **Kontinuität des Einsatzes**: Je nach Zielsetzung eines Instruments ist ein eher sporadischer oder eher kontinuierlicher Einsatz ratsam.

- **Häufigkeit des Einsatzes**: Je nach Zielsetzung und finanziellem sowie organisatorischem Aufwand ist ein mehr oder weniger häufiger Einsatz eines Instruments zweckmäßig.

Die Entscheidung über den Einsatz eines Analyseinstrumentes ist in erster Linie von der zu untersuchenden Fragestellung abhängig zu machen. Darüber hinaus lassen sich aber auch die genannten Kriterien zugrunde legen. Im Folgenden sei dies **beispielhaft** verdeutlicht:

- Die **Conjoint-Analyse** ist eine Methode, die sehr valide und reliable Ergebnisse in Bezug auf die Relevanz einzelner Leistungsmerkmale generiert. Jedoch erfordert sie aufgrund ihrer Komplexität ein sehr spezifisches Fachwissen, das meist weder in der Produktmanagement- noch in der Marktforschungsabteilung vorhanden ist. Conjoint-Analysen werden eher fallbezogen als regelmäßig eingesetzt. Dabei ist auch eine jeweilige Anpassung des Instrumentes notwendig.
- **Positionierungsanalysen** sind aufgrund ihres strategischen Charakters eher langfristig ausgerichtet. Sie werden regelmäßig durchgeführt. Dabei ist es wesentlich, dass keine ständigen Modifikationen vorgenommen werden, sondern eine gewisse Kontinuität besteht. Das erforderliche Know-how bewegt sich in Abhängigkeit der spezifischen Methodik auf mittlerem bis hohem Niveau.
- **Strukturanalysen** sind – unter der Voraussetzung vorhandener Daten – ohne spezielles Know-how und ohne großen Aufwand durchführbar. Sie erzeugen sehr valide und reliable Ergebnisse, sind aber nur für einige wenige Fragestellungen verwendbar.
- **Portfolioanalysen** sind methodisch ebenfalls nicht zu anspruchsvoll, jedoch ist der erforderliche Zeitaufwand sehr hoch. Die Analyse erfolgt meist in mehreren Workshops. Darüber hinaus ist in der Regel sehr viel Zeit in die Informationsbeschaffung zu investieren. Davon hängt es schließlich ab, wie valide und reliabel die Analyseergebnisse sind.

Der Einsatz der geeigneten Analyseinstrumente bildet die zentrale Voraussetzung für die systematische und fundierte Ableitung von Produkt- und Servicestrategien sowie von programm- und leistungspolitischen Maßnahmen.

4 Strategische Ausrichtung des Produkt- und Servicemanagements

Ein markt- und kundenorientiertes Produkt- und Servicemanagement lässt sich nur konsequent im Rahmen einer langfristigen programm- und leistungsbezogenen Marketingkonzeption verwirklichen. Diese dient der Bestimmung der strategischen Stoßrichtung des Produkt- und Servicemanagements und stellt den Handlungsrahmen der operativen Produkt- und Serviceaktivitäten dar.

Die strategische Ausrichtung des Produkt- und Servicemanagements ist das Ergebnis detaillierter strategischer Analysen und Planungsprozesse und umfasst drei Konzeptionsebenen (Schaubild 4–1):

- Strategische Zielbestimmung,
- Strategische Marktidentifikation,
- Strategische Marktbearbeitung.

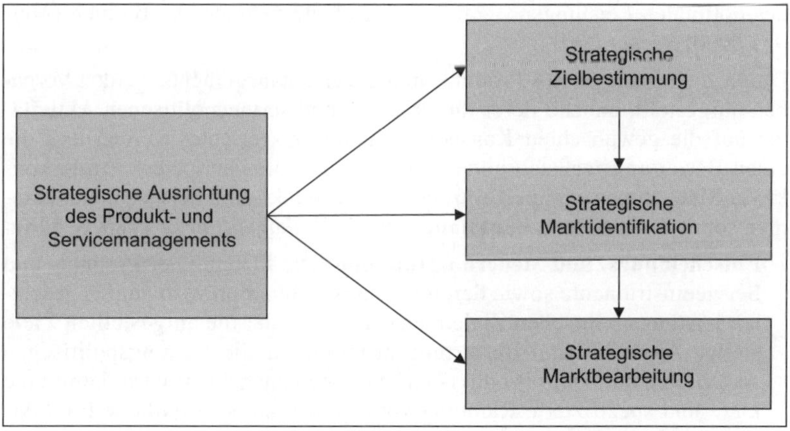

Schaubild 4–1: Strategische Ausrichtung des Produkt- und Servicemanagements

In Abhängigkeit von den Ergebnissen der Programm- und Leistungsanalyse sowie unter Berücksichtigung der übergeordneten Unternehmens- und Marketingziele sind zunächst die **strategischen Ziele des Produkt- und Servicemanagements** zu bestimmen (Abschnitt 4.1). Diese Ziele legen das Ausmaß, das Gebiet und die Richtung zukünftiger Entwicklungen fest.

Konkrete Zielformulierungen finden vor allem bezogen auf die unterschiedlichen **Marktsegmente** (Kundengruppen) statt, in denen das Produkt- und Servicemanagement mit einem differenzierten Einsatz der programm-

und leistungspolitischen Instrumente tätig ist. Daher ist es im Weiteren erforderlich, die relevanten Marktsegmente zu identifizieren (Abschnitt 4.2).

Die **Strategien der Marktbearbeitung** legen die mittel- bis langfristige Stoßrichtung fest, mit der die strategischen Ziele in den festgelegten Marktsegmenten zu erreichen sind (Abschnitt 4.3). Sie geben die mittel- bis langfristigen Schwerpunkte der programm- und leistungspolitischen Aktivitäten wieder, insbesondere im Hinblick auf das Verhalten gegenüber Kunden, Absatzmittlern und der Konkurrenz.

4.1 Bestimmung von Zielen des Produkt- und Servicemanagements

4.1.1 Funktionen von Zielen des Produkt- und Servicemanagements

Die Analyse des Leistungsprogramms ist die Grundlage für die Ableitung von Zielen, die durch bestehende und neue Leistungen zu realisieren sind. Ziele des Produkt- und Servicemanagements sind **Sollzustände**, die die Wahl zwischen den im Bereich des Produkt- und Servicemanagements zur Verfügung stehenden Möglichkeiten mit dem Ziel der Zusammenstellung des optimalen Leistungsprogramms eines Unternehmens bestimmen (*Meffert* 2000; *Becker* 2001).

Durch Zielsetzungen des Produkt- und Servicemanagements werden Vorgaben aufgestellt, anhand derer die produkt- und servicepolitischen Aktivitäten auf die gewünschten Konsequenzen hin ausgerichtet werden und die einen Bewertungsmaßstab bilden, mit dessen Hilfe der spätere Erfolg konkreter Maßnahmen evaluiert werden kann. Produkt- und Servicezielen kommen somit verschiedene **Funktionen** zu (*Steffenhagen/Funke* 1986, S. 546):

- **Entscheidungs- und Steuerungsfunktion**: Die Planung der Produkt- und Serviceinstrumente sowie deren Einsatzkombination wird an den gesetzten leistungspolitischen Zielen ausgerichtet, d.h., die aufgestellten Ziele stellen Auswahl- und Bewertungskriterien für die leistungspolitischen Aktivitäten dar. Dem Produkt- und Servicemanagement wird damit eine klare und spezifizierte Richtung vorgegeben, an der sämtliche Produkt- und Serviceentscheidungen (Segmentauswahl und Instrumentewahl) zu orientieren und zu bewerten sind.
- **Koordinationsfunktion**: Die Formulierung von Produkt- und Servicezielen tragen sowohl zur Verhaltensabstimmung zwischen den Beteiligten innerhalb des Produktmanagements als auch zur Abstimmung zwischen Produktmanagement und anderen Abteilungen des Unternehmen, wie z.B. F&E-, Produktions-, Controlling-, Werbe- und Verkaufsförderungsabteilungen, bei.
- **Motivations- und Identifikationsfunktion**: Die Personen werden darüber in Kenntnis gesetzt, wie ihre leistungspolitischen Aktivitäten auszurichten sind und welche (Teil-) Resultate von ihnen erwartet werden. Sie

identifizieren sich dadurch eher mit den angestrebten Produkt- und Servicezielen und sind motiviert, zu ihrer Realisierung beizutragen. Der Zielerreichungsgrad kann damit auch als Indikator für die Höhe der Zufriedenheit der Beteiligten aufgefasst werden.

- **Kontrollfunktion**: Die Zielformulierung dient der nachfolgenden Kontrolle der produkt- und servicepolitischen Aktivitäten, d.h., der Erfolg der bisherigen Aktivitäten wird anhand des Zielerreichungsgrades gemessen. Dies liefert eine Basis zur Beurteilung der Konsequenzen produkt- und servicepolitischen Handelns.

4.1.2 Anforderungen an die Formulierung von Zielen

Damit Produkt- und Serviceziele die genannten Funktionen erfüllen, sind bei der Formulierung der leistungspolitischen Ziele die folgenden sechs **Anforderungen** zu berücksichtigen (*Steffenhagen/Siemer* 1995, S. 18; *Bruhn* 2005):

(1) Kompatibilität der Produkt- und Serviceziele mit den Unternehmens- und Marketingzielen

Die Ziele des Produkt- und Servicemanagements haben sich an den Oberzielen des Unternehmens und den daraus abgeleiteten Marketingzielen zu orientieren und diese zu unterstützen. Die Zielkompatibilität spiegelt wider, inwiefern die festgelegten Ziele mit den grundlegenden Unternehmenspositionen (z.B. Unternehmensvision, -leitbild, philosophie) und den strategischen Unternehmenszielen übereinstimmen.

(2) Reagibilität und Steuerungskraft der Produkt- und Serviceziele

Die Produkt- und Serviceziele erfordern eine hohe Reagibilität in Bezug auf Maßnahmen des Produkt- und Servicemanagements, d.h., die Änderung der Zielvariablen hat in starkem Maße auf die Variation der leistungspolitischen Aktivitäten zu reagieren. Die Zielvariablen weisen dann eine hohe selektive Steuerungskraft bezüglich der zu ergreifenden leistungspolitischen Aktivitäten auf. Verfügt ein gewählter Zielinhalt über eine hohe selektive Steuerungskraft, so entfaltet ein Produkt- und Serviceziel neben der schon begriffsimmanenten Steuerungswirkung auch eine Motivations- und Befriedigungswirkung. Gleichzeitig helfen Zielvariablen hoher selektiver Steuerungskraft, die leistungspolitischen Maßnahmen besser aufeinander abzustimmen und zu kontrollieren.

(3) Vollständigkeit und Exaktheit der Produkt- und Serviceziele

Eng verbunden mit einer hohen selektiven Steuerungskraft von Produkt- und Servicezielen ist die Forderung nach der Formulierung von vollständigen und präzisen Produkt- und Servicezielen. Eine vollständige Zielformulierung ist eine notwendige Voraussetzung dafür, dass ein Produkt- bzw. Serviceziel überhaupt eine hohe selektive Steuerungskraft entfalten kann. Eine vollständige Zielformulierung liegt dann vor, wenn zu folgenden **Zieldimensionen** klare bzw. eindeutige Aussagen gemacht werden (*Steffenhagen* 2000, S. 71f.):

- Angabe der **Zielart bzw. -variable** („Was soll erreicht werden?“).
  Beispiel: Steigerung des Qualitätsimages …
- Angabe des angestrebten **Ausmaßes** einer Zielvariable („Wieviel soll bei der Zielart bzw. -variable erreicht werden?“)
  Beispiel: … um 10 Indexpunkte …
- Angabe des **Zeitbezugs** der angestrebten Zielerreichung („Wann soll das Ziel erreicht werden?“).
  Beispiel: … innerhalb der nächsten zwölf Monate …
- Angabe des **Objektbezugs** der angestrebten Zielerreichung („Bei welcher Marke, Produktart, Einkaufsstätte, o.Ä. soll das Ziel erreicht werden?“).
  Beispiel: … bei der Marke XY …
- Angabe der **Zielgruppe** („Bei wem soll das Ziel erreicht werden?“).
  Beispiel: … bei Personen mit einem Jahreseinkommen über 50.000 EUR.

(4) Messbarkeit bzw. Überprüfbarkeit von Produkt- und Servicezielen

Die Messbarkeit bzw. Quantifizierung der ausgewählten Ziele erfordert deren Operationalität. Die Festlegung von Zielen ist nur dann sinnvoll, wenn eine Überprüfung der Zielrealisierung und in der Folge eine entsprechende Zielanpassung oder Einleitung von Maßnahmen zur Zielrealisierung möglich ist. Insofern ist es notwendig, die Zielgrößen zu messen und diese Überprüfbarkeit sicherzustellen.

(5) Berücksichtigung der Zielbeziehungen

Im Hinblick auf die Berücksichtigung von Zielbeziehungen lassen sich drei generelle **Typen von Zielbeziehungen** unterscheiden (*Becker* 2001):

- **Komplementäre Ziele** stehen in engem Zusammenhang zueinander, d.h., das Erreichen des einen Ziels trägt zur Realisierung des anderen Ziels bei. Beispiele für komplementäre Zielbeziehungen sind die Zusammenhänge zwischen den Zielen Umsatz – Kundenbindung, Kundenbindung – Kundenzufriedenheit, Kundenzufriedenheit – Produkt- und Servicequalität.
- **Konfligierende Ziele** beeinträchtigen sich gegenseitig, d.h., die Realisierung des einen Ziels wirkt der Realisierung des anderen Ziels entgegen. Ein Beispiel für eine solche Zielbeziehung ist der Zusammenhang Produktqualität – Kosten.
- **Neutrale Ziele** stehen in keinerlei Zusammenhang zueinander, d.h., die Verfolgung des einen Ziels führt zu keiner Beeinflussung des anderen Ziels (z.B. Produktpreis – Markenbekanntheit).

Bei der Zielformulierung ist auf die sich gegenseitig aufhebende Wirkung von konfligierenden Zielen zu achten. Dieser ist beispielsweise durch eine Priorisierung bzw. eine Gewichtung der im Konflikt stehenden Ziele zu begegnen. Darüber hinaus sind auch potenzielle Synergieeffekte bei komplementären Zielbeziehungen zu berücksichtigen. Die sich gegenseitig unterstützende Wirkung von komplementären Zielen trägt zu einer effizienten

Zielerreichung bei. Zielbeziehungen stellen insgesamt wichtige Parameter der Zielformulierung dar, da sie für eine **effektive und effiziente Zielerreichung** von großer Bedeutung sind.

(6) Berücksichtigung von Zielhierarchien

In engem Zusammenhang zu den Zielbeziehungen steht die Anforderung einer Berücksichtigung von Zielhierarchien. Die Ziele des Produkt- und Servicemanagements stehen auf unterschiedlichen Ebenen zueinander in Zusammenhang. Die Zielkategorien bauen aufeinander auf, so dass bei der Verfolgung von Zielen einer vorgelagerten Kategorie indirekt auch immer nachgelagerte Ziele verwirklicht werden können. Dies erfordert insgesamt eine Integrationsfähigkeit aller Zielvariablen in ein System von Ober- und Unterzielen sowie Haupt- und Nebenzielen. Schaubild 4–2 zeigt ein Beispiel für eine Zielhierarchie im Leistungsprogramm eines Unternehmens.

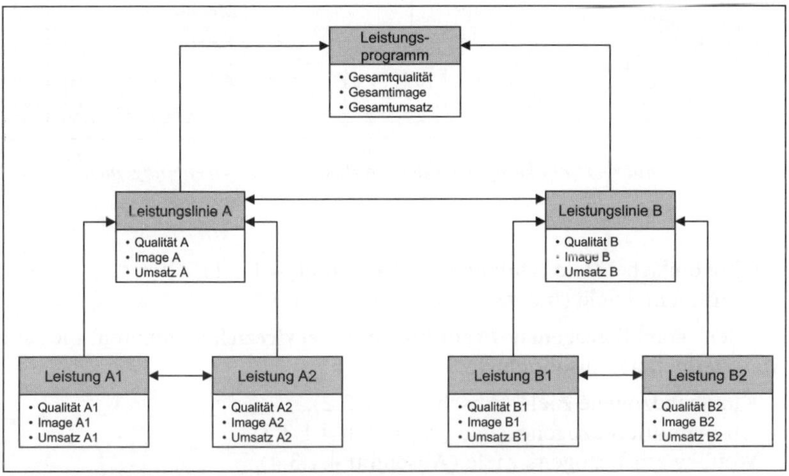

Schaubild 4–2: Exemplarische Zielhierarchie im Leistungsprogramm (Leistung, Leistungslinie, Leistungsprogramm)

4.1.3 Kategorien und Ausprägungen von Produkt- und Servicezielen

Zur systematischen Ableitung und Verfolgung von Zielen des Produkt- und Servicemanagements ist eine Strukturierung leistungspolitischer Ziele sinnvoll. Schaubild 4–3 gibt einen Überblick über **Zielkategorien des Produkt- und Servicemanagements**.

Als leistungspolitische Ziele lassen sich grundsätzlich markt- und unternehmensbezogene Ziele unterscheiden. **Unternehmensbezogene Ziele** des Produkt- und Servicemanagement sind folgende Kategorien:

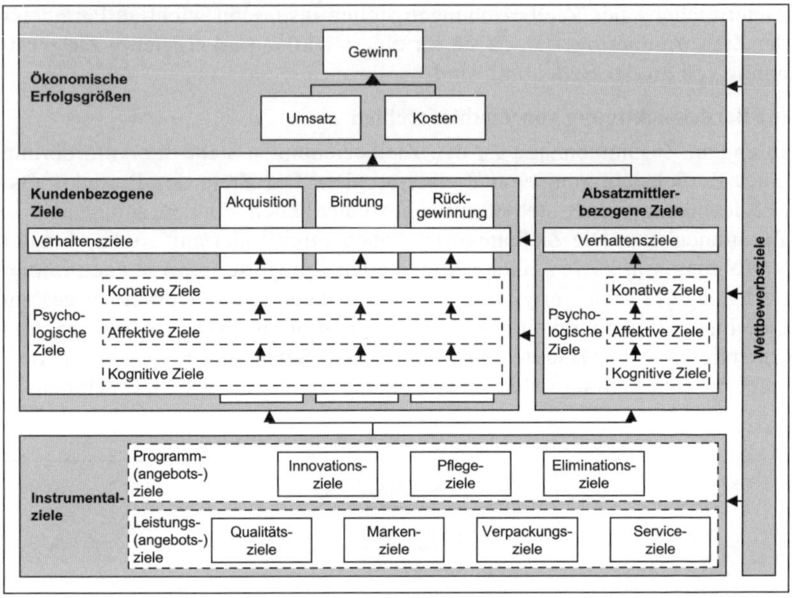

Schaubild 4–3: Zielkategorien des Produkt- und Servicemanagements

- Ökonomische Ziele (Outputziele) (Abschnitt 4.1.3.1),
- Instrumentalziele (Inputziele) (Abschnitt 4.1.3.5).

Zu den **marktbezogenen Produkt- und Servicezielen** gehören die auf Marktteilnehmer ausgerichteten Zielgrößen:

- Kundenbezogene Ziele (Abschnitt 4.1.3.2),
- Absatzmittlerbezogene Ziele (Abschnitt 4.1.3.3),
- Wettbewerbsbezogene Ziele (Abschnitt 4.1.3.4).

4.1.3.1 Ökonomische Ziele

Die ökonomischen Ziele sind globale Marktziele und stellen innerhalb des Produkt- und Servicemanagements originäre Ziele dar. Es lassen sich u.a. die folgenden **ökonomischen Ziele** unterscheiden:

- Absatz (Anzahl verkaufter Mengeneinheiten),
- Umsatz (zu Verkaufspreisen bewertete abgesetzte Mengeneinheiten),
- Marktanteil (Umsatz oder Absatz in Relation zu Umsatz oder Absatz des Marktes),
- Deckungsbeitrag (Umsatz abzüglich der variablen Kosten der Produktion),
- Gewinn (Umsatz abzüglich Kosten),
- Rendite (Gewinn in Relation zum eingesetzten Kapital oder zum Umsatz).

Dem **Marktanteil** kommt in der Unternehmenspraxis besondere Bedeutung zu. Der mengenmäßige (Basis: Absatzmenge) wie auch der wertmäßige Marktanteil (Basis: Umsatzwerte) sind häufig Ausdruck der Marktstellung des Unternehmens und geben Hinweise auf Wettbewerbsvorteile gegenüber Konkurrenten.

Beispiel: Marktanteil als Indikator der Marktstellung von Persil gegenüber Handelsmarken

Die Stagnation der Realeinkommen großer Bevölkerungsteile in Verbindung mit dem Wunsch, bestehende Konsumstandards beizubehalten, erhöhen die Preisorientierung beim Kauf, was zu einem erheblichen Anstieg der Bedeutung der Discounter geführt hat. Diese Entwicklung ist vor allem in Deutschland stark ausgeprägt, insbesondere durch die Discounter *ALDI* und *Lidl*. Gerade hier finden die Konsumenten preisattraktive Handelsmarken, die auch durch Qualitätsanpassung angenommen werden. Die Marktanteilsentwicklung im Universalwaschmittelmarkt in den Jahren 2000 bis 2002 zeigt, dass der Marktführer *Persil* seine Marktpositionen behauptet hat (Schaubild 4–4). Die Marktanteilszugewinne der Handelsmarken gingen zu Lasten der zweiten und der übrigen Herstellermarken (*Morwind* 2004, S. 2007).

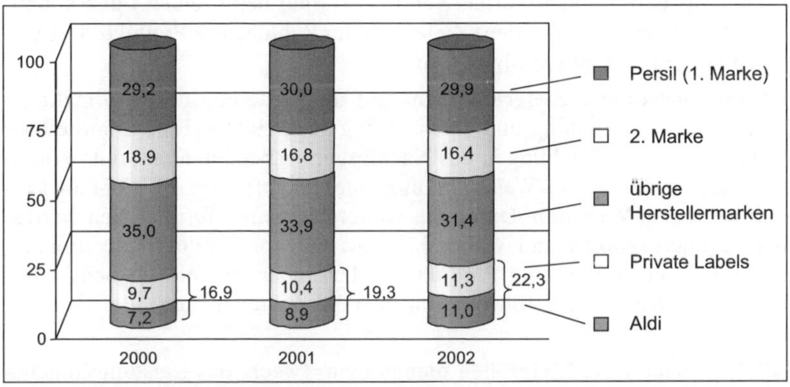

Schaubild 4–4: Wertmäßige Marktanteilsentwicklung im Universalwaschmittelmarkt nach Markenklassen (in Prozent)
(Information Resources GfK GmbH 2000–2002: IRI/GfK Handelspanel (inkl. Aldi) 2000–2002; Morwind 2004, S. 2007)

Den **Vorteil** von ökonomischen Zielen stellt deren eindeutige Messbarkeit und Quantifizierbarkeit mit Hilfe von monetären oder wirtschaftlichen Größen dar. Aufgrund der folgenden **Nachteile** ist aber von einer ausschließlichen Berücksichtigung als Produkt- und Serviceziele abzusehen. So fehlt den ökonomischen Zielen die Vorgabe einer hohen Reagibilität, da die Veränderung der genannten Größen in starkem Maße vom Einsatz des gesamten Marketinginstrumentariums des Unternehmens im Umfeld seiner Konkurrenten und Absatzmittler beeinflusst wird (*Kroeber-Riel/Esch* 2004). Darüber hinaus mangelt es an einer hohen selektiven Steuerungskraft, um dem weiteren Planungsprozess eine zielorientierte Ausrichtung zu verleihen. Die genannten Größen sind Global- oder Oberziele, die in der

Zielhierarchie an der Spitze stehen. Im Gegensatz zu den Zwischenzielen lassen sich jedoch aus den Oberzielen als anzustrebende Ergebnisse geplanter programm- und leistungspolitischen Aktivitäten kaum Handlungsimpulse oder gar Ideen für eine situationsgerechte Produkt- und Serviceentwicklung ableiten.

4.1.3.2 Kundenbezogene Ziele

Die Umsetzung der ökonomischen Ziele hängt wesentlich von der Realisierung von **psychologischen Zielen** ab, da z.B. die Verbesserung der vom Kunden wahrgenommenen Leistungsqualität indirekt gleichzeitig zur Umsetzung der ökonomischen Zielgrößen beiträgt. Vor diesem Hintergrund werden die psychologischen Ziele innerhalb des Produkt- und Servicemanagements als sekundäre Ziele aufgefasst und bilden notwendige Unter- bzw. Zwischenziele des gesamten Zielsystems. Insbesondere in Konsumgüter- und Dienstleistungsbranchen sind die ökonomischen Oberziele langfristig nur über die psychologischen Ziele zu erreichen. Eine weit verbreitete **Kategorisierung von psychologischen Zielen** unterscheidet nach kognitiven (die Erkenntnis betreffenden), affektiven (das Gefühl betreffenden) und konativen (Aktivitäten betreffenden) Zielen, die im Rahmen des Produkt- und Servicemanagements zu verfolgen sind.

Kognitiv-orientierte Zielgrößen sind auf die Steuerung der Informationsaufnahme, -verarbeitung und -speicherung ausgerichtet. Eine unmittelbare Wirkung auf die Handlungen des Nachfragers haben sie nicht, d.h., kognitive Ziele setzen an der Wahrnehmung eines Nachfragers an, nicht aber direkt an dessen Verhalten. Durch die Weitergabe von Informationen werden u.a. Aufmerksamkeit und Wahrnehmung (z.B. von Produktinnovationen), Kenntnis von Marken und Produkten (Markenbekanntheit, Namenskenntnis) sowie Wissen und Information über Produktneuheiten oder -vorteile erreicht.

Affektiv-orientierte Zielgrößen dienen dem Zweck, das Leistungsangebot eines Unternehmens gegenüber den Konkurrenzleistungen abzugrenzen und emotional zu positionieren sowie spezifische Einstellungen, Markenimages und -präferenzen aufzubauen. Hierzu gehören beispielsweise das Interesse an Leistungsangeboten, Image, Präferenzen, Kundenzufriedenheit und Beziehungsqualität sowie Emotionen gegenüber Marken.

Beispiel: Markenimage bei BMW
Bei *BMW* werden über alle Submarken hinweg die gleichen Markenimagewerte vermittelt. Dennoch sind Modifikationen bei einem 7er-Modell gegenüber einem 3er-Modell notwendig, da bei einem 7er-Modell andere Ansprüche der relevanten Zielgruppe hinzukommen, die Aspekte wie z.B. Komfort und Bequemlichkeit betreffen. Bei einem 3er-Modell geht es hingegen eher um Aspekte wie beispielsweise Jugendlichkeit und Spritzigkeit (*Esch et al.* 2004, S. 758).

Konativ-orientierte Zielgrößen beinhalten die Reaktionen von Konsumenten in Form einer Verhaltensabsicht. Konativ-orientierte Zielgrößen sind z.B. (Wieder-) Kauf (Markentreue), Cross Buying, Weiterempfehlung und Preiserhöhungstoleranz.

Die Entscheidung über den Kauf oder die Nutzung einer Leistung resultiert letztlich aus dem Zusammenspiel aller drei Zielkategorien und deren aufeinander aufbauender Wirkung. Im Gegensatz zu den ökonomischen Zielen gestaltet sich bei den psychologischen Zielgrößen eine quantitative Operationalisierung jedoch wesentlich problematischer (vgl. zur Operationalisierung von psychologischen Zielgrößen Abschnitt 8.4.1).

Das Erreichen der psychologischen Ziele trägt zur Realisierung von **Verhaltenszielen** bei (*Oliver* 1996). Hierzu gehören:

- Kaufverhaltensziele (z.B. Kauf, Wiederkauf (Markentreue), Probierkäufe, Kauffrequenzsteigerung, Cross Buying),
- Informationsverhaltensziele (z.B. Einschränkung des Kundenbedürfnisses, nach Konkurrenzinformationen zu suchen),
- Integrationsverhaltensziele (z.B. starke Beteiligung des Kunden an der Leistungserstellung) und
- Kommunikationsverhaltensziele (z.B. positive Mund-zu-Mund-Kommunikation).

Aufgrund der allgemein abnehmenden Loyalitätsraten gewinnt die **Kundenbindung** in Dienstleistungs- und Industriegüterbranchen sowie die **Markenbindung** in Konsumgüterbranchen an Bedeutung. Die Kunden- bzw. Markenbindung lässt sich durch eine Verbesserung des Leistungsprogramms halten oder sogar erhöhen. Dazu gehört beispielsweise auch das Angebot von Sekundärdienstleistungen, die als Kundenbindungsinstrument ausgestaltet werden können (z.B. Kundenzeitschrift, Kundenclub, E-Services).

Abgesehen von den ökonomischen Zielen haben die meisten Ziele nicht für alle Zielgruppen eines Unternehmens die gleiche Bedeutung. Deshalb ist auch eine **Zielformulierung nach Kundensegmenten** anzustreben (*Kotler* 2000). Unabhängig von einer spezifischen Kundensegmentierung sind die programm- und leistungspolitischen Ziele in Anlehnung an den Kundenbeziehungslebenszyklus im Hinblick auf potenzielle, aktuelle und abgewanderte Kunden zu unterscheiden (*Bruhn* 2001). Schaubild 4–5 gibt einen

	Kundenakquisitionsphase	Kundenbindungsphase	Kundenrückgewinnungsphase
Kognitive Produkt- und Serviceziele	– Bekanntheit der Leistung bzw. Marke – Aufmerksamkeit	– Bekanntheit z.B. von Produktinnovationen	– Wissen über Leistungsverbesserungen
Affektive Produkt- und Serviceziele	– Interesse – Markenimage – Markenpräferenz – Emotionales Erleben	– Kundenzufriedenheit – Markenimage – Vertrauen – Beziehungsqualität – Commitment	– Qualitätsverbesserung – Imageverbesserung – Wiederhergestelltes Vertrauen
Konative Produkt- und Serviceziele	– Probekauf – Erstkauf – Informationsverhalten	– Wiederkauf (Markentreue) – Weiterempfehlung – Cross Buying	– Wiederaufnahme des Markenkaufs – Vermeidung von negativer Mund-zu-Mund-Kommunikation

Schaubild 4–5: Beispiele für psychologische Produkt- und Serviceziele im Kundenbeziehungslebenszyklus

Überblick über mögliche psychologische Zielsetzungen in den Phasen des Kundenbeziehungslebenszyklus.

Im Rahmen der **Kundenakquisition** versuchen Unternehmen, ihren Kundenstamm weiter auszubauen, Kundenverluste zu kompensieren oder den Kundenstamm hinsichtlich der Profitabilität zu verbessern. Dabei gehören die Aufmerksamkeit, das Interesse, das Markenimage und die Markenpräferenz der potenziellen Kunden zu den vorrangigen Zielen. Auf diese Weise wird der Erstkauf oder das Informationsverhalten gesteuert (*Bruhn* 2001).

Die **Kundenbindung** dient dem Aufbau stabiler Kundenbeziehungen und der Vermeidung größerer Fluktuationen im Kundenstamm, wodurch sich Kostensenkungspotenziale nutzen und Transaktionskosten senken lassen. In **Industriegüter- und Dienstleistungsbranchen** stellen die Sicherstellung der Leistungsqualität, Kundenzufriedenheit und Beziehungsqualität sowie des Commitments der aktuellen Kunden gegenüber dem Unternehmen und dessen Mitarbeitern die wichtigsten Ziele zur Steigerung von Wiederkauf, Weiterempfehlung und Cross Buying dar (*Bruhn* 2001). In **Konsumgütermärkten** stehen die Markenbekanntheit und das Markenimage sowie das resultierende Markenvertrauen im Fokus der Markenbindung.

Beispiel: Kundenbindungsziele für die Marke Pitralon

Die Rasierwasser-Marke *Pitralon* erreichte im Jahre 1995 eine Wiederkaufrate von 40 Prozent. Der Umsatzanteil der Wiederkäufer am Gesamtumsatz betrug dabei insgesamt 72 Prozent. Auf Neukunden entfielen entsprechend 28 Prozent des Gesamtumsatzes. Die Folge einer Abwanderung von 10 Prozent der gebundenen Kunden würde einer Umsatzeinbuße von ca. 20 Prozent entsprechen (*Brusa* 1995, S. 21).

Die **Kundenrückgewinnung** dient der Sicherung des Umsatzes und dem Erhalt der Cross-Selling-Möglichkeiten. Zu den vorgelagerten Zielen der Kundenrückgewinnung gehören die Verhinderung negativer Mund-zu-Mund-Kommunikation und die Verbesserung der Informationsgrundlagen in Bezug auf Abwanderungsgründe und -prozesse, um zukünftig präventive Maßnahmen ergreifen zu können. Die Verbesserung der Qualitätswahrnehmung und des Markenimages stellen mögliche psychologische Ziele dar, über die neues Interesse und eine wiederhergestellte Präferenz beim abgewanderten Kunden wieder erreicht wird. Verhaltensbezogene Ziele sind ein (wiederholter) Erstkauf, d.h., eine Wiederaufnahme des Markenkaufs, und/ oder die Vermeidung von negativer Mund-zu-Mund-Kommunikation.

Im **Konsumgüterbereich** liegt das Problem der Kundenrückgewinnung oft in der Identifikation von abgewanderten Kunden. Aufgrund der Anonymität der Kunden und des indirekten Anbieter-Kunden-Kontaktes sind die Kunden dem Unternehmen nicht aus der Beziehung heraus bekannt, d.h., dass gesonderte Maßnahmen (z.B. der Marktforschung) zu ergreifen sind, um abgewanderte Kunden zu identifizieren. Vor dem Hintergrund ist das Thema Kundenrückgewinnung vor allem im **Industriegüterbereich** und teilweise auch in **Dienstleistungsbranchen** (z.B. Private Banking, Mobilfunk) von Relevanz.

4.1.3.3 Absatzmittlerbezogene Ziele

Ebenso wie die kundenbezogenen Ziele werden auch die auf die Absatzmittler gerichteten Ziele in psychologische Ziele und Verhaltensziele unterschieden. Die Differenzierung der **psychologischen Ziele** lässt sich ebenfalls nach kognitiven, affektiven und konativen Zielen vornehmen:

- Die **kognitiven Zielgrößen** sind in erster Linie auf die Vermittlung von Produktinformationen, das Wissen über Produktneuheiten und -vorteile, die Endverbraucherpreisvermittlung sowie auf die Steigerung von Markenbekanntheit bei den Absatzmittlern ausgerichtet.
- Zu den **affektiven Zielgrößen** gehören u.a. das Wecken von Interesse an (neuen) Leistungen, der Aufbau bestimmter Images und die Steigerung der Absatzmittlerzufriedenheit. Allerdings ist bei Absatzmittlern davon auszugehen, dass Entscheidungen rationaler gefällt werden und emotional weniger stark beeinflussbar sind als bei Konsumenten.
- Bei den **konativen Zielgrößen** handelt es sich um Verhaltensabsichten der Absatzmittler, wie z.B. Produktlistungs- und Produktplatzierungsabsicht.

Beispiel: Händlerbindung durch Compaq

Der Computerhersteller *Compaq* verfolgt im Rahmen seiner Vertriebspolitik das Ziel, eine hohe Händlerbindung zu erreichen. Aus diesem Grunde bietet er dem Handel ein spezielles Abverkaufs- und Betriebsführungspaket, das so genannte *Compaq-Salespaq*-Programm, an (*Müller* 1994).

Als **verhaltensbezogene Ziele** sind z.B. die Produktlistung, Lagerhaltung, Erst- oder Zweitplatzierung eines Produktes zu nennen.

Die absatzmittlerbezogenen Ziele lassen sich sowohl auf direktem als auch auf indirektem Weg beeinflussen. Die **indirekte Beeinflussung** ergibt sich über eine konsumentengerichtete Marktbearbeitung, die zu einem Nachfragesog führt. So wird beispielsweise durch eine im Rahmen von Verkaufsförderungsaktionen induzierte konsumentenseitige Erhöhung der Kaufhäufigkeit eines Produktes eine Verhaltensänderung der betreffenden Absatzmittler hervorrufen (z.B. in Form einer Aufstockung seiner Lagerbestände).

Die **direkte Beeinflussung** der verhaltensbezogenen Ziele lässt sich über die Schaffung von Anreizen realisieren. So werden beispielsweise eingeschaltete Absatzmittler eher dazu veranlasst, ein Produkt entsprechend der Wünsche des Herstellers zu platzieren (Erst- und Zweitplatzierungen), wenn der Hersteller den Absatzmittler etwa bei dessen Verkaufsförderungsarbeit unterstützt oder Handelsinteressen in die herstellerseitige Verkaufsförderung am Point of Sale einbindet. Weitere Maßnahmen der direkten Beeinflussung der psychologischen und verhaltensbezogenen Absatzmittlerziele sind z.B. Erhöhung der Produkthaltbarkeit, Sortimentskomplettierung und regalkonforme Packungsdimensionierung.

4.1.3.4 Wettbewerbsbezogene Ziele

Ein zentraler Fokus von wettbewerbsbezogenen Zielen liegt in der Schaffung von Wettbewerbsvorteilen gegenüber der Konkurrenz, um im Bewusstsein des Kunden eine gewisse **Alleinstellung im Markt** zu erreichen (*Porter* 2000). Diese Denkhaltung, die bei der Ableitung von wettbewerbsbezogenen Ziele im Vordergrund steht, ist in Schaubild 4–6 aufgezeigt. In diesem Kontext wird auch vom **Denken im „Strategischen Dreieck"** gesprochen. Unternehmen haben sich in ihren Aktivitäten nicht ausschließlich auf die Schaffung von Kundennutzen zu konzentrieren, sondern haben gleichzeitig Wettbewerbsvorteile gegenüber der Konkurrenz zu realisieren, da diese häufig ähnliche Nutzendimensionen beim Kunden erfüllen.

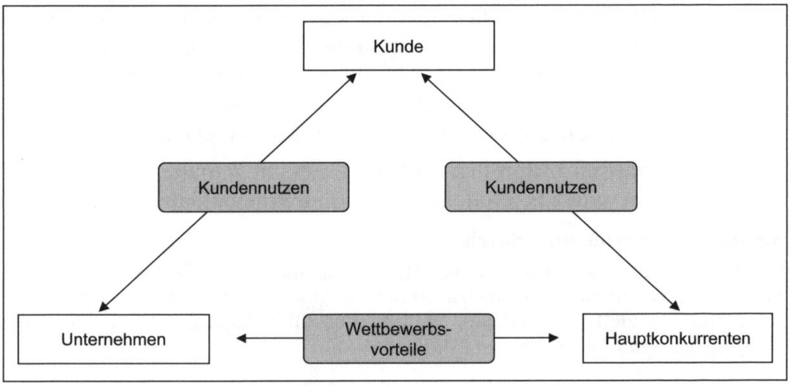

Schaubild 4–6: Strategisches Dreieck zur Realisierung von Wettbewerbsvorteilen

Wettbewerbsbezogene Ziele beinhalten eine Aussage über die Art und das Ausmaß des angestrebten Wettbewerbsvorteils. Diese relative Wettbewerbsposition lässt sich in allen Zielkategorien des Produkt- und Servicemanagements bestimmen, indem die einzelnen Ziele relativ zum Wettbewerb definiert werden. Beispiele für **Wettbewerbsziele** des Produkt- und Servicemanagements sind:

- **Wettbewerbsgerichtete ökonomische Ziele** (z.B. Verteidigung der Marktführerschaft durch Sicherung des relativen Marktanteils, überlegene Produktrentabilität),
- **Wettbewerbsgerichtete Kundenziele** (z.B. Imageprofilierung gegenüber Konkurrenzprodukten, Akquisition von Kunden der Wettbewerber),
- **Wettbewerbsgerichtete Absatzmittlerziele** (z.B. Anstreben einer gegenüber Konkurrenzprodukten überlegenen Stellung der Produkte im Handelssortiment),
- **Wettbewerbsgerichtete Programmziele** (z.B. Realisierung von Programmtiefenvorteilen gegenüber Konkurrenzprogrammangeboten durch eine verstärkte Leistungsdifferenzierung),
- **Wettbewerbsgerichtete Leistungsziele** (z.B. Übertreffen der Produkte und des Serviceniveaus des bisherigen Qualitätsführers, Realisierung von Zeitvorteilen bei der Entwicklung neuer Leistungen).

4.1.3.5 Instrumentalziele

Die Formulierung von expliziten Instrumentalzielen gehört zu den zentralen Aufgaben bei der Ausarbeitung von Produkt- und Servicestrategien. Instrumentalziele sind in erster Linie projektgebundene Ziele, die ohne die konkrete Definition von Projekten nur sehr allgemein formuliert werden können. Die im Folgenden genannten Ziele sind daher als allgemeine Leitlinien anzusehen.

Mit der Entwicklung von **Innovationen** werden als Ziele insbesondere die Erschließung neuer Märkte sowie die Sicherung der aktuellen Marktposition verfolgt (Schaubild 4–7). Hierzu sind im Rahmen von Innovationen Wettbewerbsvorteile in Form einer Leistungs- und/oder Kostenführerschaft anzustreben. Im Hinblick auf die kundenseitige Akzeptanz von Leistungsinnovationen sind vor allem der relative Vorteil, die Kompatibilität, die Komplexität, die Testbarkeit sowie die Beobachtbarkeit der Produkt- oder Serviceneuheit relevante Zielgrößen (vgl. Abschnitt 5.1.8).

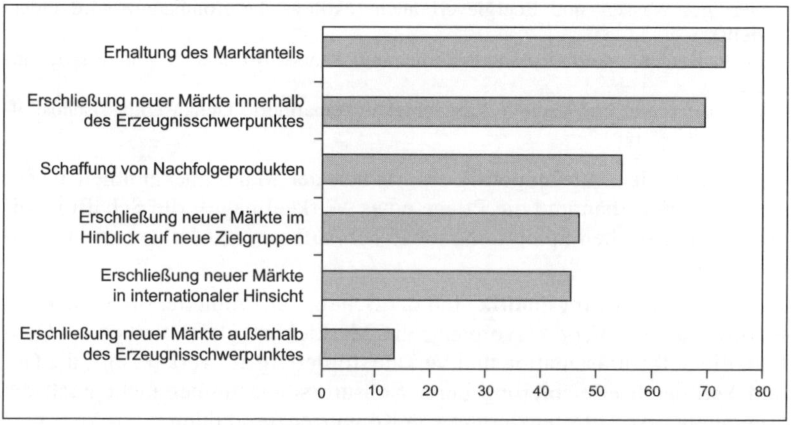

Schaubild 4–7: Zielsetzung der Produktinnovationstätigkeit in der deutschen Industrie (Angaben in Prozent; Mehrfachnennungen möglich) (Penzkofer 2005, S. 44)

Beispiel: Innovationsziele von 3M

Eines der zentralen Innovationsziele von *3M* lautet: 30 Prozent des Umsatzes sollen mit Produkten erreicht werden, die weniger als vier Jahre auf dem Markt sind. Aus diesem Grunde werden jährlich 7 Prozent des Umsatzes zur Entwicklung von neuen Produkten eingesetzt (*Rüttimann* 1998, S. 145f.).

Ziele der **Leistungspflege** sind insbesondere die Verlängerung des Produktlebenszyklus, die Absicherung der Marktposition, Realisierung von Kostensenkungspotenzialen, das Umsatz- und Gewinnwachstum, die Ausschöpfung von Leistungs- und Kundenpotenzialen, die Verbesserung der Leistung und der Kapazitätsauslastung sowie der Leistungserstellungsprozesse.

Zu den Zielen der **Leistungselimination** gehören beispielsweise die Programmbereinigung, Optimierung der Budgetverteilung im Leistungsprogramm, Wiederherstellung der Klarheit des Angebots, verbesserte Nutzung von Synergien im Leistungsprogramm sowie die Vermeidung von negativen Imageeffekten (*Raabe* 2004).

In der **Qualitätspolitik** zählt die Erfüllung von Kundenerwartungen zu den übergeordneten Zielen. Hierbei sind die Identifikation und Priorisierung von Kundenerwartungen sowie deren Übersetzung in technische Leistungsmerkmale von zentraler Bedeutung.

Beispiel: Qualitätsziele von Miele

Die Qualität der *Miele*-Produkte ist die zentrale Voraussetzung für die Zufriedenheit der Kunden. Gemäß dem Markenversprechen sind die Kundenerwartungen bei *Miele* sehr hoch. Die Qualitätsziele sind umfangreich und umfassend. Hierzu zählen u.a. (*Plüss* 2004, S. 1963):

- Langlebigkeit (20 Jahre),
- Zuverlässigkeit (keine überflüssigen Reparaturen),
- Funktionsgüte (beste Wasch- und Spülergebnisse),
- Geringer Wasser- und Energieverbrauch (ökologische Kompetenz wird unterstellt),
- Beste Bedienbarkeit (Einknopf-Bedienung, Klarschriftblenden statt Piktogramme),
- Geräuscharmut und visuelle Langlebigkeit (emaillierte Gehäuse/klassisches, altersloses Design).

Im Rahmen der **Markenpolitik** sind neben der Markenbekanntheit insbesondere der Aufbau und die Pflege eines Markenimages, die Schaffung eines preispolitischen Spielraums sowie der Aufbau von Markentreue bedeutende Ziele.

Ziele der **Verpackungspolitik** sind der Schutz der Produkte, die Dimensionierung für den Verkaufsvorgang, die Markierung gleichbleibender Qualität, die Selbstpräsentation und Verkaufsförderung am Verkaufsort, die Ge- und Verbrauchserleichterung beim Konsum sowie immer mehr auch die kommunikative Differenzierung von Konkurrenzprodukten.

Ziele der **Servicepolitik** stellen die Erreichung einer Wettbewerbsabgrenzung über die Sicherstellung eines bestimmten Serviceniveaus sowie die Schaffung eines Mehrwerts bzw. Zusatznutzens dar.

Die Formulierung von Zielen erfolgt mittlerweile in allen Branchen nicht pauschal für den gesamten (relevanten) Markt, sondern findet differenziert, bezogen auf die unterschiedlichen Marktsegmente eines Unternehmens, statt. Die Untergliederung des zu bearbeitenden Marktes in verschiedene Segmente hat durch die zunehmende Differenzierung von Konsumentenbedürfnissen und die steigende Zahl der Produktangebote in der Vergangenheit an Bedeutung gewonnen.

4.2 Marktsegmentierung im Produkt- und Servicemanagement

4.2.1 Ziele und Vorgehensweise der Marktsegmentierung

Mit der Entscheidung über die differenziert zu bearbeitenden Marktsegmente wird die langfristige Ausrichtung der programm- und leistungspolitischen Aktivitäten des Produkt- und Servicemanagements wesentlich festgelegt. Der langfristige Charakter dieser Entscheidung verdeutlicht sich auch an der Tatsache, dass sie sich oft in einer marktsegmentspezifischen Organisationsstruktur des Produkt- und Servicemanagements niederschlägt (z.B. Produktmanagement für Privat- und Geschäftskunden).

Marktsegmentierung ist ein **Prozess der Marktaufteilung** bzw. Markterfassung, der den Markt in – bezüglich ihrer Marktreaktion – intern homogene, und extern heterogene Untergruppen aufteilt, um einen oder mehrere Teilmärkte individuell zu bearbeiten (*Freter* 1983; *Freter/Obermeier* 2000).

Die Marktsegmentierung dient demzufolge dazu, Unterschiede und Gemeinsamkeiten zwischen und innerhalb der Absatzmittler sowie Nachfrager offen zu legen und programm- und leistungspolitische Schlussfolgerungen für eine differenzierte Marktbearbeitung abzuleiten. Mit der Einteilung von Märkten in Kundensegmente lassen sich **Kosten- und Nutzenvorteile** realisieren. Auf der Kostenseite ermöglicht eine Marktsegmentierung die Konzentration der produkt- und servicebezogenen Marketingausgaben auf attraktive Kundensegmente; Kunden, die kein Interesse an den angebotenen Leistungen haben, werden nicht angesprochen. Auf der Nutzenseite erlaubt die Marktsegmentierung eine differenzierte Berücksichtigung von Nachfragerbedürfnissen durch eine Annäherung an deren Präferenzfunktionen, die mit einer höheren Kundenzufriedenheit und höherer Kundenbindung verbunden ist.

Das **Vorgehen** zur Marktsegmentierung erfolgt allgemein in drei Schritten:

(1) Identifikation und Bildung von Segmenten

In diesem ersten Schritt wird der Markt in mehrere Teilmärkte, d.h. Segmente, aufgeteilt. In methodischer Hinsicht erfordert eine wirkungsvolle Segmentierung leistungsfähige (multivariate) statistische Verfahren (z.B. Cluster-Analyse) und aussagekräftige **Segmentierungskriterien**, anhand derer sich der Gesamtmarkt unterteilen lässt. Als Segmentierungskriterien werden grundsätzlich Leistungsmerkmale, Bedürfnismerkmale und Kundenmerkmale unterschieden (*Steffenhagen* 2000, S. 59):

- **Segmentierung nach Leistungsmerkmalen**: z.B. Unterteilung des Automobilmarktes in Kleinwagen, Mittel- und Luxusklassewagen, Unterscheidung des Marktes für alkoholfreie Getränke nach Limonaden, Säften, Wasser usw.
- **Segmentierung nach Bedürfnismerkmalen**: z.B. Unterteilung des Kosmetikmarktes nach den Bedürfnissen reinigende, pflegende und dekora-

tive Kosmetik, Aufspaltung des Reisemarktes in die Bedürfnissegmente Bildungsreisen, Erholungsreisen, Abenteuerreisen usw.

- **Segmentierung nach Kundenmerkmalen**: z.B. Aufteilung des Marktes nach dem Alter der Nachfrager in Senioren- und Jugendmarkt usw.

Markt- bzw. kundenorientierte Unternehmen stellen im Allgemeinen auch bei der Marktsegmentierung den Kunden in das Zentrum der Planungen. Aufgrund der zunehmenden Ausdifferenzierung von Märkten gewinnt die Marktabgrenzung nach Kundenmerkmalen in der Praxis immer mehr an Bedeutung.

(2) Beschreibung von Segmenten

Nach der Aufteilung des Gesamtmarktes in mehrere Segmente ist es sinnvoll, die einzelnen Segmente genauer zu beschreiben. In diesem Zusammenhang werden meist die Merkmale herangezogen, die die Elemente einzelner Segmente untereinander verbinden. Bezogen auf die Segmentierung in **Konsumgütermärkten** lassen sich demographische, sozioökonomische, psychologische und Verhaltensmerkmale heranziehen. In **Industriegütermärkten** kommen branchen-, unternehmens-, gruppen- und personenbezogene Beschreibungsmerkmale zum Einsatz.

(3) Auswahl und Bearbeitung von Segmenten

Nachdem die einzelnen Segmente des Gesamtmarktes identifiziert und beschrieben wurden, ist eine Entscheidung über die **Auswahl der zu bearbeitenden Segmente** erforderlich. Dabei spielen vor allem Wirtschaftlichkeitsaspekte eine wichtige Rolle. Im Rahmen einer Wirtschaftlichkeitsanalyse sind die jeweiligen segmentbezogenen Kosten dem jeweiligen segmentbezogenen Nutzen gegenüber zu stellen. Da auch im Rahmen der Marktsegmentierung selbst das ökonomische Prinzip zu beachten ist, ist eine Segmentierung nur dann durchzuführen, wenn der Nutzen der Segmentbildung die Kosten der spezifischen Bearbeitung übersteigt. Dies verdeutlicht die Notwendigkeit für Unternehmen, eine Kosten-Nutzen-Analyse ihrer Segmentierung vorzunehmen, d.h., die Frage zu beantworten, ob eine differenzierte Ansprache der verschiedenen Segmente finanziell sinnvoll ist. Dabei ist eine ausreichende Segmentgröße eine zentrale Voraussetzung für die Wirtschaftlichkeit der Bearbeitung. Erst Marktsegmente, die ein hinreichendes Potenzial aufweisen, rechtfertigen eine eigenständige Bearbeitung und ermöglichen Synergien im Rahmen ihrer Bearbeitung.

Die ausgewählten Segmente des Gesamtmarktes werden schließlich spezifisch bearbeitet. Eine **segmentspezifische Bearbeitung** bezieht sich auf die einzelnen programm- und leistungspolitischen Instrumente des Produkt- und Servicemanagements, d.h., die Leistungsinnovations-, -pflege- und -eliminationspolitik sowie die Qualitäts-, Marken-, Verpackungs- und Servicepolitik sind entsprechend den Anforderungen und Bedürfnissen der einzelnen Teilmärkte spezifisch anzupassen, um das Ziel einer bestmöglichen Marktbearbeitung zu erreichen.

4.2.2 Anforderungen an Segmentierungskriterien

Als Voraussetzungen für eine sinnvolle Segmentidentifikation und -beschreibung haben die gewählten Segmentierungskriterien bestimmten **Anforderungen** zu genügen (*Freter* 1983, S. 43f.; *Meffert* 2000, S. 186f.):

- **Kaufverhaltensrelevanz**: Die Kriterien haben von entscheidender Bedeutung für das Kaufverhalten zu sein. Anhand der Kriterien sind Segmente abzugrenzen, die im Hinblick auf das Kaufverhalten in sich weitgehend homogen, untereinander jedoch weitgehend heterogen sind. So hat beispielsweise das Alter einen bedeutenden Einfluss auf die Wahl bestimmter Bekleidungsstücke. Handelt es sich jedoch um Grundnahrungsmittel (z.B. Brot), so werden in Abhängigkeit der Ausprägung dieses Merkmals kaum Kaufverhaltensunterschiede festzustellen sein.
- **Messbarkeit (Operationalität)**: Die Segmentierungskriterien sind so auszuwählen, dass sie mit vorhandenen Marktforschungsmethoden operational erfasst werden können. Es ist notwendig, dass die Kriterien mit den gängigen Methoden der Marktforschung zu erfassen sind, da sich die Segmente andernfalls nur sehr schwer identifizieren lassen. Schwierig bzw. kostspielig ist die Erfassung bestimmter Persönlichkeitsmerkmale, wie z.B. Toleranz, Gewissen, Selbstvertrauen.
- **Erreichbarkeit bzw. Zugänglichkeit**: Die Erreichbarkeit ist Voraussetzung dafür, dass ein Unternehmen die Segmente selektiv und differenziert über ihr Leistungsprogramm informieren kann. Es ist nicht hinreichend, Segmente zu bilden und zu beschreiben, die anschließend nicht mit den produkt- und servicepolitischen Instrumenten erreichbar sind, d.h., es ist insbesondere sicherzustellen, dass die Teilsegmente über bestimmte Kanäle zugänglich sind.
- **Handlungsfähigkeit:** Die Ausprägungen der Kriterien haben den gezielten und differenzierten Einsatz der programm- und leistungspolitischen Instrumente zu ermöglichen; nur dann sind sie als geeignet anzusehen. Die gewählten Kriterien haben wichtige Nutzendimensionen der Konsumenten zu implizieren, auf die die programm- und leistungspolitischen Aktivitäten abgestimmt werden.
- **Zeitliche Stabilität**: Eine Marktsegmentierung kann nur dann erfolgreich durchgeführt werden, wenn die Ergebnisse der Markterfassung zum Zeitpunkt der Marktbearbeitung noch Bestand haben. Dies erfordert, dass die zum Zeitpunkt der Segmentbildung unterstellte Verhaltensrelevanz der Kriterien sowie die erhobenen Kriterien selbst über den Planungszeitraum hinweg weitgehend stabil sind.
- **Ausreichende Segmentgröße**: Um eine eigenständige Bearbeitung zu rechtfertigen ist es erforderlich, dass die Marktsegmente ein hinreichendes Potenzial aufweisen.

4.2.3 Segmentierung des Absatzmarktes

Im Rahmen der Segmentierung des Absatzmarktes existiert eine Vielzahl von Segmentierungsvariablen. Eine Unterscheidung dieser Kriterien lässt sich nach Absatzmittlern und Nachfragern vornehmen. Hinsichtlich der Nachfrager ist darüber hinaus die Auswahl der Kriterien nach Konsumgüter-, Industriegüter- und Dienstleistungsbranchen zu differenzieren (Schaubild 4–8).

Branche / Kriterien	Nachfrager		Absatzmittler
	– Konsumgüterbranche – Konsumtive Dienstleistungsbranche	– Industriegüterbranche – Investive Dienstleistungsbranche	– Konsumgüterbranche – Dienstleistungsbranche
(Firmen-) Demographische Merkmale	– Alter – Geschlecht – Familienstand – Wohnort – usw.	– Unternehmensgröße – Branche – Standort (Region) – usw.	– Größe der Verkaufsstellen – Branchenzugehörigkeit – Regionale Präsenz – usw.
(Sozio-) Ökonomische Merkmale	– Haushaltsgröße – Einkommen, Kaufkraft – Soziale Schichtung – Schulbildung, Beruf – usw.	– Finanzkraft – Bestandsdaten (Anlagen bzw. Gerätebestand) – usw.	– Finanzkraft – Geschäftsvolumen – Ausstattung – usw.
Psychologische Merkmale	– Persönlichkeitsmerkmale – Kenntnisse – Interessen (Motive) – Einstellungen – Absichten – usw.	– Kenntnisse – Interessen (Ziele) – Einstellungen – Absichten – usw.	– Unternehmensziele – Sortimentspräferenzen – Kooperationsbereitschaft – usw.
Verhaltensmerkmale	– Kaufmengen/ -häufigkeit – Verwendungsverhalten – Einkaufsstättenwahl – Kommunikationsverhalten – usw.	– Kaufverhalten – Zusammensetzung des Einkaufsgremiums – Rollenverteilung im Buying Center – Produktionsverfahren – Produktverwendungsverhalten – usw.	– Bezugswege – Organisation der Einkaufsabwicklung – Bisherige Marktbearbeitung – usw.

Schaubild 4–8: Beispiele für Segmentierungskriterien in Konsumgüter-, Industriegüter- und Dienstleistungsmärkten (Kotler/Bliemel 2001, S. 431f., 446; Steffenhagen 2000, S. 49)

Bei der **Segmentierung in Konsumgütermärkten** kommen demographische, sozioökonomische, psychologische und Verhaltensmerkmale zum Einsatz (*Freter* 1983, S. 18; *Freter/Obermeier* 2000, S. 742ff.; *Kotler/Bliemel* 2001, S. 430ff.; Schaubild 4–8).

Die **demographischen und sozioökonomischen Segmentierungskriterien** stellen die klassischen Merkmale wie z.B. Alter, Geschlecht, Einkommen, soziale Schicht dar. Diese Kriterien sind in der Regel zwar leicht zugänglich – meist sind entsprechende Daten aus sekundärstatistischem Material wie Verbraucheranalysen zu entnehmen (*Rogge* 2000, S. 108). Nachteilig ist jedoch die häufig festzustellende mangelnde Relevanz für das Kaufverhalten. Die Kriterien geben zwar Auskunft, welche Konsumenten welche Produkte kaufen, sind aber nicht in der Lage, die Beweggründe dieser Verhaltensweisen zu erklären. Die Steuerungskraft dieser Kriterien für den Einsatz des produkt- und servicepolitischen Instrumentariums ist daher als gering einzuschätzen.

Beispiel: Sozioökonomische Kundensegmentierung bei VW

Das Leistungsprogramm der *Volkswagen AG* differenziert Marken nach vermögens- bzw. einkommensorientierten Kundensegmenten: *Audi*, *Bentley*, *Bugatti*, *Lamborghini*, *Seat*, *Skoda*, *VW*.

Typische Beispiele für **psychologische Segmentierungskriterien** sind Wertvorstellungen, Motive, Interessen, Einstellungen usw. Eine anhand dieser Kriterien vorgenommene Analyse liefert konkrete Anhaltspunkte für den Einsatz und die Ausgestaltung der leistungspolitischen Aktivitäten. Aus ihnen lassen sich Handlungsimpulse für das weitere Vorgehen im leistungspolitischen Planungsprozess ableiten. Von Nachteil ist jedoch, dass die Kriterien häufig nur schwierig marketingrelevanten Variablen zuzuordnen sind und die Ermittlung der Kriterienausprägungen sich sehr kostspielig gestaltet.

Beispiel: Werteorientierte Kundensegmentierung bei Unilever

In Abhängigkeit der Wertevorstellung von Konsumenten unterscheidet *Unilever* bei Margarine die folgenden Marken: *Rama* (traditionell), *Du Darfst* (leicht), *Lätta* (jung, frech, innovativ).

Eine vergleichsweise leistungsfähige Form der psychologischen Segmentierung ist die **Nutzensegmentierung** (Benefit-Segmentierung) (*Frank/Massy/Wind* 1972), die auf den Nutzenerwartungen der Kunden bezüglich einer Leistung basiert. Dabei wird von der Annahme ausgegangen, dass Nutzenerwartungen das Kaufverhalten beeinflussen und verschiedene Kunden unterschiedliche Nutzenerwartungen haben. Der Nutzen lässt sich beispielsweise unter Einsatz der Conjoint-Analyse messen (vgl. Abschnitt 3.2.3).

Die Besonderheit **(beobachtbarer) Verhaltensmerkmale** besteht in der Tatsache, dass sie nicht Bestimmungsfaktoren für das Kaufverhalten, sondern dessen Ergebnis sind. Beispiele für Verhaltensmerkmale sind Kaufmengen, -häufigkeiten, -zeitpunkte, Einkaufsstättenwahl, Kommunikationsverhalten usw. Sie sind – ähnlich wie demographische und sozioökonomische Kriterien – relativ leicht aus unternehmensinternem Datenmaterial, wie z.B. Verkaufslisten, Absatzzahlen, sowie aus sekundärstatistischem Material von Marktforschungsinstituten ermittelbar.

In vielen Fällen wird eine **mehrdimensionale Segmentierung** durchgeführt. So werden in Konsumgütermärkten Segmente beispielsweise nach dem Preisverhalten der Nachfrager in obere, mittlere und untere Preissegmente eingeteilt und diese simultan nach Alter, Geschlecht, Einkommen, Kaufmotiven und anderen Merkmalen beschrieben. Die psychologischen Kriterien und die Kriterien des beobachtbaren Kaufverhaltens werden hierbei meist zur Segmentbildung herangezogen, während sozioökonomische und demographische Kriterien eher dazu dienen, die gefundenen Segmente zu beschreiben.

Beispiel: Mehrdimensionale Segmentierung auf Basis von Kundennutzen und -zugänglichkeit

Durch die Integration des Kundennutzens und der Zugänglichkeit des Kunden in einer Segmentmatrix ist eine aussagekräftige und praktikable Marktsegmentierung möglich (*Perrey/Hölscher* 2003). Die Operationalisierung der Zugänglichkeitsdimension lässt sich in der Praxis auf vielfältige Weise vornehmen (Schaubild 4–9). Häufig ermöglichen situative Merkmale, wie z.B. die Verbrauchssituation eines nichtalkoholischen Getränkes, die Identifikation verschiedener Kundentypen. Alternativ lassen sich auch demographische Kriterien heranziehen, wie etwa im dargestellten Beispiel einer Nutzensegmentierung im Bereich von Industriefahrzeugen.

Finanzdienstleistung	Hohe Betreuung	Mittlere Betreuung	Geringe Betreuung
Konservativ/älter	2 %	16 %	35 %
Progressiv/jünger	9 %	19 %	18 %

Bahnreisen	Reisezeitminimierer	Preissensible	Komfortorientiert
Geschäftsreise	12 %	12 %	6 %
Privatreise	15 %	33 %	10 %
Pendlerreise	4 %	6 %	2 %

Industriefahrzeuge	Technologiefokus	...	...	Basisorientierung
Grosskunden	10 %	...	...	5 %
...	...	...	...	...
Kleine Betriebe	3 %	...	...	7 %

Nichtalkoholische Getränke	Statusorientiert	...	...	Preisbewusst
Während des Tages		...	...	
Zum Dinner		...	...	
Am Abend mit Freunden		...	...	

Schaubild 4–9: Beispiele für integrative Nutzensegmentierungen (Perrey/Hölscher 2003, S. 11)

Die **Segmentierung von Industriegütermärkten** erfordert eine spezielle Auseinandersetzung mit den Besonderheiten industrieller Nachfrager und ihres Einkaufsverhaltens (*Backhaus* 2003). Eine Unterscheidung von Unternehmen betrifft hierbei bestimmte firmendemographische, ökonomische, psychologische und Verhaltensmerkmale des Unternehmens sowie der am Kaufentscheidungsprozess beteiligten Personen (Schaubild 4–8).

Zur **Segmentierung von Dienstleistungsmärkten** lassen sich – abhängig von der Art der Dienstleistung (konsumtive oder investive Dienstleistung) – analog die jeweiligen Segmentierungskriterien der Konsumgüter- bzw. Industriegüterbranche heranziehen (*Meffert/Bruhn* 2006; Schaubild 4–8).

Die Ausführungen zu den Merkmalen für Nachfrager in Industriegütermärkten gelten in ähnlicher Weise auch für die **Segmentierung von Absatzmittlern** in Konsumgüter- und Dienstleistungsmärkten (Schaubild 4–8).

Für die identifizierten und als relevant erachteten Marktsegmente sind im Rahmen der Strategieentwicklung Entscheidungen über die konkrete Form der Marktbearbeitung zu treffen.

4.3 Strategische Optionen des Produkt- und Servicemanagements

4.3.1 Begriff und Ausprägungen

Auf Basis der leistungspolitischen Ziele ist die mittel- bis langfristige Stoßrichtung als Rahmen für die Produkt- und Servicepolitik zu determinieren. Die Produkt- bzw. Servicestrategie bildet somit das zentrale Bindeglied zwischen den Zielen und der operativen Maßnahmenplanung. Dabei ist es von wesentlicher Bedeutung, dass die Produkt- bzw. Servicestrategie kompatibel mit den übergeordneten strategischen Grundsätzen des Unternehmens ist (*Haedrich/Tomczak* 1996, S. 185).

Eine **Produkt- bzw. Servicestrategie** ist ein bedingter, langfristiger, globaler Verhaltensplan zur Erreichung der Produkt- und Serviceziele eines Unternehmens. Strategien sind auf der Grundlage der Produkt- und Serviceziele zu entwickeln und dienen der Kanalisierung der produkt- und servicepolitischen Maßnahmen (*Meffert/Bruhn* 2006, S. 226).

Eine **Systematisierung von Produkt- bzw. Servicestrategien** lässt sich nach den folgenden Dimensionen vornehmen (Schaubild 4–10):

- Das grundlegende Element der Strategiesystematik bildet die Festlegung von **Geschäftsfeldstrategien** (Abschnitt 4.3.2). Beginnend mit der Überprüfung, welche marktfeldstrategische Option das Unternehmen wahrnehmen kann (Abschnitt 4.3.2.1), werden als weitere Elemente der Geschäftsfeldstrategie die Wettbewerbsvorteils- (Abschnitt 4.3.2.2) sowie die Marktabdeckungsstrategien (Abschnitt 4.3.2.3) diskutiert.
- Auf den Geschäftsfeldstrategien bauen die **Marktteilnehmerstrategien** auf (Abschnitt 4.3.3). Zunächst sind marktbearbeitungsspezifische Optionen (Abschnitt 4.3.3.1) zu wählen. Darüber hinaus sind marktteilnehmerbezogene Verhaltensstrategien zu formulieren. Als zentrale marktteilnehmerbezogene Strategien werden in diesem Zusammenhang Strategien bezogen auf die Kunden (Abschnitt 4.3.3.2), die Wettbewerber (Abschnitt 4.3.3.3) sowie die Absatzmittler (Abschnitt 4.3.3.4) diskutiert.
- Schließlich gilt es, darauf aufbauende **Instrumentalstrategien** festzulegen (Abschnitt 4.3.4). Diese beinhalten Konkretisierungen der Strategien hinsichtlich des Instrumenteeinsatzes.

<table>
<tr><td rowspan="3">Geschäftsfeldstrategien</td><td colspan="2">Marktfeldstrategie</td><td colspan="6">• Marktdurchdringung • Leistungsmultiplikation • Leistungsentwicklung • Diversifikation</td></tr>
<tr><td colspan="2">Wettbewerbsvorteilsstrategie</td><td colspan="6">• Differenzierungsvorteil • Kostenvorteil • Zeitvorteil</td></tr>
<tr><td colspan="2">Marktabdeckungsstrategie</td><td colspan="6">• Gesamtmarkt • Nische</td></tr>
<tr><td rowspan="4">Marktteilnehmerstrategien</td><td colspan="2">Marktbearbeitungsstrategien</td><td colspan="6">• Undifferenzierte Bearbeitung • Differenzierte Bearbeitung • Segment-of-One-Ansatz</td></tr>
<tr><td rowspan="3">Verhaltensstrategien</td><td>Kundengerichtet</td><td colspan="6">• Akquisition • Bindung • Rückgewinnung</td></tr>
<tr><td>Wettbewerbsgerichtet</td><td colspan="6">• Ausweichen • Kooperation • Konflikt • Anpassung</td></tr>
<tr><td>Absatzmittlergerichtet</td><td colspan="6">• Ausweichen • Kooperation • Konflikt • Anpassung</td></tr>
<tr><td rowspan="2">Instrumentalstrategien</td><td>Leistungsinnovation</td><td>Leistungspflege</td><td>Leistungselimination</td><td>Programmpolitik</td><td>Qualitätspolitik</td><td>Markenpolitik</td><td>Verpackungspolitik</td><td>Servicepolitik</td></tr>
<tr><td colspan="4">Programmangebotspolitik</td><td colspan="4">Leistungsangebotspolitik</td></tr>
</table>

Schaubild 4–10: Strategische Optionen des Produkt- und Servicemanagements (In Anlehnung an Meffert/Bruhn 2006, S. 227)

4.3.2 Geschäftsfeldstrategien

4.3.2.1 Entwicklung von Marktfeldstrategien

Für eine grobe Strukturierung möglicher Strategiealternativen zur Bestimmung der generellen strategischen Stoßrichtung zur Erschließung von Wachstumsquellen kann die klassische **Ansoff-Matrix** (*Ansoff* 1966, S. 13ff.) herangezogen werden. Danach lassen sich vier **Marktfeldstrategien** unterscheiden (Schaubild 4–11):

(1) Marktdurchdringung,
(2) Leistungsmultiplikation,
(3) Leistungsentwicklung,
(4) Diversifikation.

Leistungen \ Märkte	Gegenwärtig	Neu
Gegenwärtig	Marktdurchdringung	Leistungsmultiplikation
Neu	Leistungsentwicklung	Diversifikation

Schaubild 4–11: Produkt-Markt-Matrix (Ansoff 1966)

Im Rahmen der **Marktdurchdringungsstrategie** erfolgt eine Intensivierung der Bemühungen, das Potenzial in bestehenden Märkten durch bereits vorhandene Leistungen vermehrt auszuschöpfen (*Meffert* 2000). Dies lässt sich durch die Gewinnung von Kunden der Konkurrenz (z.B. durch Preisreduktion, Verkaufsförderungsaktionen, Leistungsoptimierung) sowie von bisherigen Nichtverwendern der Leistung (z.B. durch intensivierte Kommunikation, Einsatz neuer Distributionskanäle) realisieren. Darüber hinaus ist auch ein Cross Selling sowie ein Up Selling, d.h. eine Erhöhung der Leistungsverwendung bei bestehenden Kunden (z.B. Schaffung neuer Anwendungsbereiche) möglich.

Beispiel: Marktdurchdringungsstrategie im schweizerischen Mobilfunkmarkt

Seit Beginn der 1990er Jahre standen im schweizerischen Mobilfunkmarkt überwiegend Nichtverwender im Fokus der Neukundenakquisition von Unternehmen. Im Rahmen von kommunikationspolitischen Maßnahmen wurden Konsumenten, die lediglich das Festnetztelefon nutzten, von den Vorteilen der Mobiltelefonie überzeugt. So wird auch der erfolgreiche Markteintritt des Unternehmens *Orange* im schweizerischen Mobilfunkmarkt im Jahre 1999 zu einem wesentlichen Teil auf die Werbekampagne zurückgeführt, mit der es gelungen war, Mobiltelefonie zu verbreiten. Seit Ende der 1990er Jahre wird jedoch davon ausgegangen, dass diejenigen Konsumenten, die bisher nicht von der Mobiltelefonie überzeugt werden konnten, sich auch in Zukunft nicht als Kunden gewinnen lassen. Der strategische Fokus der Mobilfunkanbieter veränderte sich daher dahingehend, dass eine weitere Marktdurchdringung durch die Akquisition von Kunden der Konkurrenz angestrebt wurde. Diese Strategie wird bis heute weitestgehend über Preiskämpfe verfolgt.

Beispiel: Umsetzung der Marktdurchdringungsstrategie durch ein überlegenes Marketingbudget

Die Marktdurchdringungsstrategie wird in der Praxis sehr häufig durch einen überlegenen Einsatz des Marketinginstrumentariums verfolgt. *Procter & Gamble* hat durch einen überlegenen Budgeteinsatz bereits bei vielen Produkten Erfolge verzeichnet. So beispielsweise mit der Marke *Charmin* im Markt für Toilettenpapier.

Innerhalb der **Leistungsmultiplikationsstrategie** wird angestrebt, für die gegenwärtigen Leistungen einen oder mehrere neue Märkte zu finden (*Meffert* 2000). Eine Leistungsmultiplikation lässt sich durch die Erschließung zusätzlicher Märkte (z.B. durch regionale, nationale oder internationale Ausdehnung) und die Gewinnung neuer Marktsegmente (z.B. durch ein Upgrading einer Leistung für höhere Preissegmente) realisieren.

Beispiel: Leistungsmultiplikationsstrategie

Zielgruppe für die *Milchschnitte* von *Ferrero* waren ursprünglich nur Kinder. Heute wird das Produkt beispielsweise in einem Werbespot mit den Klitschko-Brüdern auch als Zwischenmahlzeit für sportliche Erwachsene beworben. Den Schokoriegel *Duplo* positionierte Ferrero als „wahrscheinlich längste Praline der Welt" und erweiterte damit den Markt um das Marktsegment „Junge Erwachsene".

Die Strategie der **Leistungsentwicklung** basiert auf der Überlegung, für die gegenwärtigen Märkte neue, innovative Leistungen zu entwickeln (*Meffert* 2000). Unternehmen stehen dabei vor der Wahl zwischen zwei grundlegenden Handlungsalternativen. Zum einen besteht die Möglichkeit der Schaffung von neuen Leistungen im Sinne von echten Marktneuheiten. Zum anderen kann das Unternehmen eine Programmerweiterung durch Angebot zusätzlicher Leistungsvarianten (Leistungsvariation) vornehmen. Die Marktorientierung des Unternehmens stellt dabei jeweils den zentralen Erfolgsfaktor dar. Dieser ist insbesondere in Märkten bedeutsam, in denen Verdrängungswettbewerb und die damit einhergehende Neuproduktinflation bzw. verkürzte Produktlebenszyklen herrschen.

Eine **Diversifikationsstrategie** ist durch die Ausrichtung der Unternehmensaktivitäten auf neue Leistungen für neue Märkte charakterisiert. In der Literatur finden sich unterschiedliche Klassifikationsansätze für Diversifikationsstrategien. Hinsichtlich der **Richtung der Diversifikation** werden drei Diversifikationsstrategien unterschieden (*Meffert* 2002, S. 245f.; *Wiedmann/Meissner* 2004):

(1) Bei der **horizontalen Diversifikation** werden Leistungen derselben Produktions- oder Vertriebsstufe wie die bisherigen Leistungen eingeführt. Die neuen Leistungen stehen in einem sachlichen Zusammenhang mit dem bisherigen Leistungsprogramm, schaffen jedoch einen für das Unternehmen neuen Absatzmarkt.

Beispiel: Horizontale Diversifikation

Ein PKW-Hersteller beginnt mit der Produktion von Lastkraftwagen oder Motorrädern.

(2) Bei der **vertikalen Diversifikation** handelt es sich um eine Erweiterung der Leistungstiefe durch Aufnahme vor- oder nachgelagerter Produktions- oder Vertriebsstufen in das Leistungsprogramm.

Beispiel: Vertikale Diversifikation im Bekleidungshandel

In den letzten Jahren haben insbesondere die vertikal von der Beschaffung bis zur Distribution integrierten Unternehmen, wie z.B. *H&M*, *Zara* oder *Mango*, den Bekleidungsmarkt dynamisiert. Diese Unternehmen haben den Geschäftsprozess von der Modeidee bis zur Präsentation des Produktes im Handel beschleunigt, so dass kurzfristig auf neue Modeimpulse und das Kaufverhalten des Konsumenten reagiert werden kann. Mit bis zu zwölf Kollektionen im Jahr erfolgt eine permanente Sortimentsauffrischung am Point of Sale (*Sälzer* 2004, S. 2046f.).

(3) Die **laterale Diversifikation** nimmt eine Ausdehnung des Leistungsprogramms auf neue, mit der bisherigen Tätigkeit in keinem sachlichen Zusammenhang stehende Geschäftsfelder vor.

Beispiel: Laterale Diversifikation

Beispiel für eine laterale Diversifikation des Leistungsprogramms ist die *Siemens AG*, die unter anderem Haushaltsgeräte und Industrieanlagen anbietet.

Die Entscheidung für eine Diversifikationsstrategie lässt sich durch unternehmensinterne und -externe Entwicklungen begründen. Als **unternehmensexterne Gründe** sind u.a. steigende Wettbewerbsintensität, Veränderungen der wirtschaftlichen Kontextbedingungen (z.B. aufgrund veränderter rechtlicher Rahmenbedingungen), zunehmende Internationalisierung, stagnierende oder schrumpfende Märkte sowie kürzere Produktlebenszyklen zu nennen. Nicht ausgeschöpfte Ressourcen, wie z.B. Personal, Betriebsmittel oder auch F&E-Ressourcen, stellen **unternehmensinterne**

Gründe dar. Schließlich sind irrationale Beweggründe ein potenzieller Anlass für eine Diversifikationsstrategie. Beispielsweise ist die zunehmende Diversifikation von Konkurrenten oft Anlass für Unternehmen, ebenfalls eine Diversifikationsstrategie zu verfolgen, um Wettbewerbsnachteile zu vermeiden.

Die mit einer Diversifikationsstrategie angestrebten Ziele lassen sich zu den folgenden fünf **Oberzielen** zusammenfassen (*Wiedmann/Meissner* 2004):

(1) Unternehmenswachstum,
(2) Risikoreduktion,
(3) Festigung und Verbesserung der Wettbewerbsposition,
(4) Verbesserung der Wirtschaftlichkeit und
(5) Reduktion des Wettbewerbsdrucks.

In Abhängigkeit von den situativen Rahmenbedingungen und der Fähigkeit des jeweiligen Unternehmens, die durch eine Diversifikationsstrategie entstehenden Potenziale zu nutzen, sind mit der Diversifikation sowohl Chancen als auch Risiken verbunden. Zu den **Chancen** gehören insbesondere der Ausgleich von Nachfrageschwankungen in unterschiedlichen Geschäftsfeldern, die Realisierung von Synergiepotenzialen und damit eine Verbesserung der Kosten- und Gewinnsituation des Unternehmens. Als **Risiken** einer Diversifikation sind vor allem Marktein- und Marktaustrittsrisiken, die Verminderung der Leistungsfähigkeit des Unternehmens mit zunehmender Entfernung von den Kernkompetenzen sowie die Gefahr zu nennen, die mit zunehmender Diversifikation entstehende Komplexität besonders auf organisationaler, kultureller, personeller Ebene nicht zu beherrschen und damit Synergiepotenziale nicht auszuschöpfen.

Bei der **Umsetzung von Diversifikationsstrategien** lassen sich sowohl unternehmenseigene als auch unternehmensexterne Potenziale nutzbar machen. Bei der externen Diversifikation werden fremde Potenziale z.B. durch Kooperationen, Allianzen, Lizenzen, An- bzw. Eingliederungen, Unternehmensbeteiligungen oder -käufe im Rahmen von M&A-Aktivitäten erworben (*Wiedmann/Meissner* 2004).

4.3.2.2 Entwicklung von Wettbewerbsvorteilsstrategien

Die Bestimmung des zu verfolgenden Wettbewerbsvorteils nimmt eine zentrale Rolle bei der Festlegung der Geschäftsfeldsstrategie ein. Üblicherweise werden drei **Dimensionen von Wettbewerbsvorteilsstrategien** unterschieden (Schaubild 4–12):

(1) Differenzierungsvorteile

Die Differenzierungsstrategie verfolgt das Ziel, durch Schaffung von Leistungsvorteilen gegenüber der Konkurrenz die Marktstellung zu verbessern bzw. sich von den Wettbewerbern abzuheben. Die Wahrnehmung der Überlegenheit beruht oft nicht (nur) auf objektiven Leistungsmerkmalen (z.B. Produktzuverlässigkeit), sondern bezieht sich auf subjektiv empfundene Vorteile der Leistung (z.B. Image einer Marke). Eine gelungene dauerhafte Differenzierung ermöglicht es dem Produkt- und Servicemanagement,

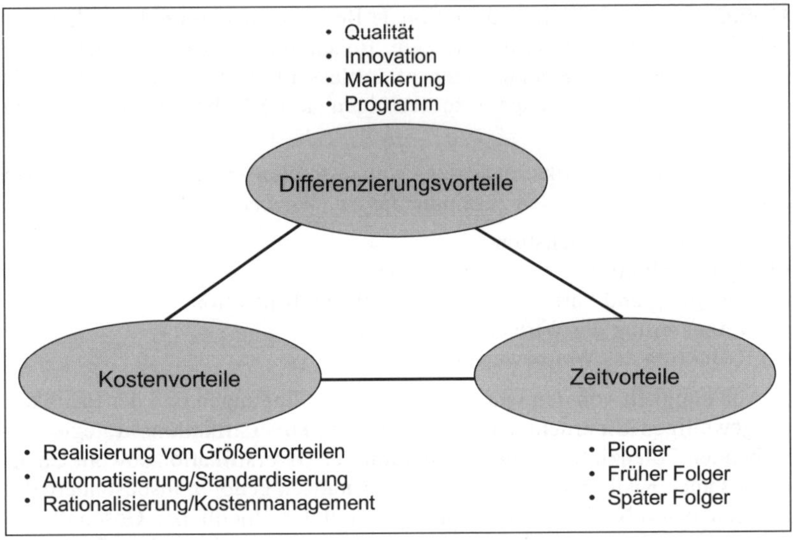

Schaubild 4–12: Dimensionen zur Umsetzung von Wettbewerbsvorteilsstrategien (In Anlehnung an Meffert/Bruhn 2006, S. 246)

höhere Preise am Markt durchzusetzen. Differenzierungsvorteile lassen sich auf verschiedene **Basisfaktoren** zurückführen:

- Qualitätsvorteil,
- Innovationsvorteil,
- Markierungsvorteil,
- Programmvorteil.

Die überlegene **Qualität** eines Anbieters und seiner Leistungen gilt im Allgemeinen als der wichtigste Differenzierungsvorteil (Insert 4–1). Ziel ist es, basierend auf der aktuellen Qualitätsposition des Unternehmens eine eindeutige Positionierung des Unternehmens bzw. der Leistung oder Marke am Markt zu erreichen und gleichzeitig ein Gewinn bringendes Marktpotenzial zu erschließen (z.B. *Lufthansa*, *Toyota*, *Patek Philippe*).

Ein Differenzierungsvorteil lässt sich ferner durch **Innovationsvorteile** realisieren. Neben der Entwicklung und Einführung echter Marktinnovationen (z.B. MP3-Player) werden Innovationsvorteile durch spezielle Leistungsverbunde verwirklicht. Bei solchen Bundling-Innovationen werden bestehende Leistungen in neuartiger Weise miteinander kombiniert. Dabei stellt die vom Kunden subjektiv wahrgenommene Affinität im Hinblick auf die kombinierten Teilleistungen eine wesentliche Determinante des Markterfolges von neuen Leistungsbündeln dar. In Form einer Innovationsorientierung lassen sich z.B. Vorteile der Stellung einer Pionierstrategie durch frühzeitige Markteintritte realisieren, die sich zum einen direkt auf die Präferenzen von Konsumenten auswirken (z.B. Schaffung eines progressiv-technologischen Images usw.) und zum anderen die Voraussetzung für die

Insert 4–1: Qualitätsvorteil am Beispiel der Uhrenmarke IWC

Ausnutzung von Wettbewerbsvorteilen in späteren Phasen der Marktentwicklung schaffen (z.B. Entwicklung von Markt-Know-how, Begründung von Standards usw.).

Eine Differenzierung gegenüber den Wettbewerbern ist des Weiteren in Form von **Markierungsvorteilen** möglich. Dabei dient die Marke der psychologischen Differenzierung – vor allem in Märkten mit einer hohen Homogenität und Austauschbarkeit von Leistungen (z.B. Bekleidung, Telekommunikation, Lebensmittel).

Leistungsprogrammvorteile lassen sich sowohl über die Breite als auch die Tiefe des angebotenen Leistungsprogramms realisieren. Beispiel für einen Programmbreitenvorteil ist beispielsweise das Angebot so genannter „Lösungen aus einer Hand", das die Ausschöpfung eines möglichst hohen Cross-Selling-Potenzials anstrebt. Auch die Tiefe des Leistungsprogramms führt zu Differenzierungsvorteilen.

(2) Kostenvorteile

Die Strategie der Kostenführerschaft zielt auf die Erreichung der günstigsten Kostenposition ab, die dem Anbieter im Allgemeinen einen größeren Spielraum bei der Gestaltung der Produktpreise einräumt. Diese Kostenposition lässt sich durch hohe Marktanteile bzw. die Produktion von hohen Stückzahlen erreichen. Entsprechende strategische Instrumente sind:

- Realisierung von Größenvorteilen,
- Standardisierung und Automatisierung,
- Rationalisierungen und Kostenmanagement.

Größenvorteile (Economies of Scale, Skaleneffekte) sind Kostenvorteile, die aus einer wachsenden Ausbringungsmenge und einem damit verbundenen degressiven Stückkostenverlauf resultieren. Sie lassen sich z.B. durch den Aufbau von Produktionsanlagen realisieren. Anbieter mit großer Ausbringungsmenge haben demzufolge häufig strukturelle Kostenvorteile. Dem **Erfahrungskurvenkonzept** zufolge werden Kostensenkungspotenziale auch durch im Zeitablauf kumulierte „Erfahrungen" ausgeschöpft. Die kumulierten Erfahrungen werden dabei als kumulierte Produktionsmenge interpretiert. Mit jeder Verdoppelung der im Zeitablauf kumulierten Produktionsmenge eines Produktes besteht – bezogen auf alle in der Wertschöpfung des Produktes enthaltenen Stückkosten – ein Kostensenkungspotenzial von 20 bis 30 Prozent.

Des Weiteren lassen sich Kostensenkung bzw. Produktivitätssteigerung durch die **Standardisierung** von Leistungen erzielen. Eine weiter gehende Standardisierung ist durch eine **Automatisierung** der Leistungserstellung möglich.

Beispiel: Kostenvorteile durch Standardisierung von Marken

Insbesondere im Rahmen des internationalen Markenmanagements werden Marken sehr oft international standardisiert (z.B. wurde *Raider* im Zuge einer globalen Markenstandardisierung in *Twix* umbenannt). Grundlegendes Ziel ist dabei die Nutzung von Kostensenkungspotenzialen durch Realisierung einheitlicher Markenkonzepte in den Auslandsmärkten (*Meffert* 2000; *Becker* 2004, S. 665).

Rationalisierungspotenziale bestehen vor allem im Bereich der Leistungsplanung (Rationalisierung beim Design) und im Rahmen der Leistungserstellung (Rationalisierung in der Produktion). Im Rahmen des **Kostenmanagements** geht es u.a. um das Erreichen eines optimalen Verhältnisses von Fixkosten zu variablen Kosten (*Homburg/Faßnacht* 2001).

(3) Zeitvorteile

Neben den Differenzierungs- und Kostenvorteilen kommt der Zeit als strategischem Wettbewerbsvorteil eine steigende Bedeutung zu. Der **Markteintrittszeitpunkt** stellt den zentralen Ansatzpunkt zur Realisierung von Zeitvorteilen dar. Im Hinblick auf die Wahl des Markteintrittszeitpunktes lassen sich verschiedene Timingstrategien unterscheiden (Schaubild 4–13). Folgende **Grundtypen von Timingstrategien** sind in der Literatur zu finden (*Remmerbach* 1988; *Fritz/von der Oelsnitz* 2002, S. 86ff; *Schewe* 2002, S. 59):

- Pionierstrategie,
- Frühe Folgerstrategie,
- Späte Folgerstrategie.

Der **Pionier** führt als erstes Unternehmen eine Leistungsinnovation in einen Markt ein. Hierbei sind Möglichkeiten zur Risikoreduktion für Erstkäufer der Leistung zu schaffen (z.B. durch Probeangebote, verbilligte Einführungspreise). Zur Beschleunigung des Diffusionsverlaufes sind in dieser Phase des Markteintritts möglichst viele positive Mund-zu-Mund-Kommunikationskontakte zu initiieren. Der Pionier strebt nach seinem Markteintritt an, den Eintritt neuer Wettbewerber durch den Aufbau von Marktein-

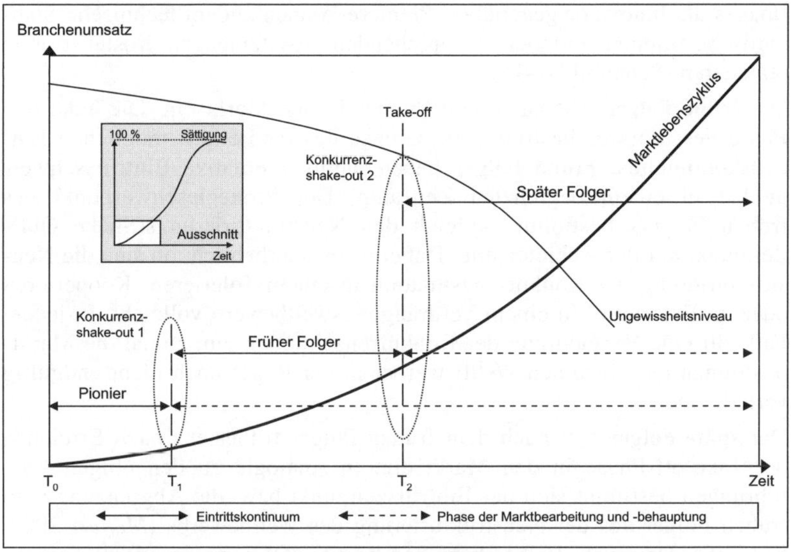

Schaubild 4–13: Abgrenzung von Timingstrategien im Marktlebenszyklus (Remmerbach 1988)

	Pionier	Früher Folger	Später Folger
Vorteile	– Bekanntheits- und Imagevorsprung – Kostenvorteile durch Größendegression	– Penetration noch einfach – Beeinflussbarkeit der Konkurrenzsituation	– Hohe Erfahrungseffekte durch Pionier und frühe Folger
Nachteile	– Höheres Eintrittsrisiko – Höhere Investitionen	– Markteintrittsbarrieren des Pioniers – Aufbrechen des Pioniermonopols	– Hohe Aufwendungen für Bekanntheit – Gefestigte Marktstrukturen
Beispiele	– Sony (Walkman) – Minolta (Autofokus-Kamera) – DuPont (Teflonbeschichtung)	– Matsushita mit dem VHS-System (Video) – Hewlett Packard (Drucker)	– Coca-Cola (Diät-Softdrinks) – Nintendo (Computerspiele) – Nike (Europäischer Sportartikelmarkt)

Schaubild 4–14: Vor- und Nachteile der Pionier- und Folgerstrategie (Fritz/von der Oelsnitz 2002, S. 86f.; Schewe 2002, S. 60)

trittsbarrieren zu verhindern. Dies lässt sich z.B. durch die Patentierung der Innovation zur langfristigen Sicherung von Leistungsvorteilen oder durch eine schnelle Marktdurchdringung realisieren. Das zentrale Problem der Pionierstrategie ist die hohe Imitationsgeschwindigkeit, die aus den eingeschränkten Möglichkeiten zur Absicherung von Innovationsvorsprüngen resultiert. Den Nachteilen eines höheren Eintrittsrisikos und höherer Investitionen stehen die Vorteile des Bekanntheitsvorsprungs und des positiven

Images als Innovator gegenüber. Pioniere können zudem technische Standards bestimmen und bei entsprechenden Absatzmengen Kostenvorteile realisieren (Schaubild 4–14).

Der **frühe Folger** tritt nach dem Pionier in den Markt ein. Die Take-off-Phase des Marktes bestimmt die Grenze des theoretisch möglichen Eintrittskontinuums. Frühe Folger haben damit alternative Eintrittsschwerpunkte in einem begrenzten Zeitraum. Der Strategieschwerpunkt des frühen Folgers bestimmt zugleich den Neustrukturierungs(Shake Out)-Zeitpunkt auf der Anbieterseite. Dabei ist es unerheblich, ob sich die Neustrukturierung der Konkurrenzsituation in einem Tolerieren, Kooperieren oder im Extremfall in einem Verdrängungswettbewerb vollzieht. In jedem Fall tritt eine Veränderung der Konkurrenzsituation ein, zumal die Marktpositionen der einzelnen Wettbewerber in der Regel noch nicht endgültig verteilt sind.

Der **späte Folger** tritt nach dem frühen Folger frühestens nach Erreichen der Take-off-Phase in den Markt ein. In Analogie zu den obigen Ausführungen bestimmt sich der Eintrittszeitpunkt bzw. die Abgrenzung zum frühen Folger aus der Neustrukturierung des Wettbewerbs (*Meffert* 2002, S. 257ff.). Der späte Folger kann auf bereits etablierte Standards zurückgreifen und hat keine Markterschließungskosten mehr zu tragen. Der Strategie des späten Folgers werden allgemein nur geringe Erfolgschancen zugesprochen.

Beispiel: Erfolgreiche späte Folger

Dennoch sind in der Praxis – vor allem in Märkten mit unvorhergesehenem Wachstum – sehr erfolgreiche Beispiele für späte Folger zu beobachten. So sind *IBM* in den Markt für Personal Computer, *Coca-Cola* in den Markt für Diät-Softdrinks, *Nintendo* in den Computerspielemarkt und *Nike* in den europäischen Sportartikelmarkt teilweise erst Jahrzehnte nach dem jeweiligen Pionier eingetreten und haben sich zwischenzeitlich in dem Markt erfolgreich durchgesetzt bzw. etabliert (*Fritz/ von der Oelsnitz* 2002, S. 86f.).

Insgesamt sind beim Einsatz von Timingstrategien **deutliche Unterschiede** in Konsumgüter- gegenüber Dienstleistungsbranchen zu beobachten. In Konsumgüterbranchen spielen technische oder produktbezogene Standards eine besonders zentrale Rolle, so dass sich in vielen Fällen eine Folgerstrategie anbietet. In Dienstleistungsbranchen sind die Konsumentenpräferenzen von entscheidender Bedeutung. Deshalb empfiehlt sich in Dienstleistungsbranchen häufig ein früher Markteintritt, um die entstehenden Kaufpräferenzen als entscheidende Markteintrittsbarrieren gegenüber den Folgern zu nutzen.

4.3.2.3 Entwicklung von Marktabdeckungsstrategien

Im Rahmen der Marktabdeckungsstrategie geht es um die Frage, welchen Grad der Abdeckung und Bearbeitung des relevanten Marktes ein Unternehmen anstrebt. Dabei werden allgemein zwei **Optionen der Marktabdeckung** unterschieden (*Meffert* 2000):

- Gesamtmarktstrategie,
- Nischenstrategie.

Bei der **Gesamtmarktstrategie** bietet ein Unternehmen Produkte für alle Bedürfnissegmente des Marktes an. Typische Merkmale dieser Strategie sind ein eher breites Leistungsprogramm, die Nutzung von Know-how-Synergien sowie Größeneffekten, um Wettbewerbsvorteile und Eintrittsbarrieren gegenüber den Wettbewerbern aufzubauen.

Im Rahmen der **Nischenstrategie** versucht ein Unternehmen durch Spezialisierung auf spezifische Marktsegmente Wettbewerbsvorteile gegenüber jenen Konkurrenten zu erlangen, die eine breitere Marktabdeckung anstreben. Auf Basis der genauen Kenntnis der Bedürfnisse eines spezifischen Segments (z.B. Jäger) werden sehr unterschiedliche Produkte für diesen Zielmarkt entwickelt und angeboten (z.B. *Frankonia*). Die Gründe für diese Strategie liegen beispielsweise in der Unternehmensgröße, der Vernachlässigung dieser Nische durch die Konkurrenz oder der außerordentlichen Attraktivität dieses Segments (z.B. *Ferrari*).

Beispiel: Gesamtmarkt- und Teilmarktstrategie im Zigarettenmarkt
Die so genannten Mainstream-Zigarettenmarken, wie z.B. die *Lucky Strike Family* in Deutschland, zielen auf eine breite Verwenderschaft ab (Gesamtmarktstrategie). Dabei wird das Prinzip der Vereinheitlichung zugrunde gelegt, d.h., nicht die möglichen Unterschiede in den Bedürfnissen der Nachfrager stehen im Vordergrund, sondern das, was sie gemeinsam verbindet. Die Strategie und das operative Marketingprogramm werden so ausgerichtet, dass die größtmögliche Zahl der Raucher angesprochen und erreicht wird. Mainstream-Zigarettenmarken sind so ausgerichtet, dass sie zum Inbegriff von Normalität und Kontinuität werden. Die Marketingmixelemente, wie z.B. Produkt- und Leistungsstandard, Preis-Leistungs-Verhältnis, Vertrieb oder Kommunikation sind am Standard des Marktes ausgerichtet. Gerade in Zeiten rasch wechselnder Umweltbedingungen bieten Mainstream-Zigaretten, wie z.B. *Lucky Strike*, den Rauchern Verlässlichkeit sowie Stabilität und sind geeignete Alltagsbegleiter. Die so genannten Besonderungsmarken wählen den entgegen gesetzten Weg (Teilmarktstrategie). Insbesondere in entwickelten und ausdifferenzierten Märkten, wie dem Zigarettenmarkt, in dem Grundbedürfnisse weitgehend befriedigt sind, gilt es, die feineren Strukturierungen und Segmente zu erkennen, hinter denen spezielle Zielgruppen stehen. Diese Konsumenten sind durch spezifische Nutzenansprüche, insbesondere so genannte Zusatz- bzw. Added-Value-Ansprüche, gekennzeichnet. Strategisches Ziel ist es, solche speziellen Zielgruppen mit spezifisch darauf abgestellten Imagepositionierungen und Marketingprogrammen zu bedienen. Eine Zigarettenmarke, wie z.B. *P&S* in Deutschland, ist als Marke für ein sehr kleines Segment positioniert. Die grüne Weichbecherpackung verstärkt die Besonderungswirkung und setzt den selbstbewussten Verbraucher mit dem Wunsch nach Abgrenzung voraus (*Dahm* 2004, S. 2087f.).

4.3.3 Marktteilnehmerstrategien

4.3.3.1 Entwicklung von Marktbearbeitungsstrategien

Als Strategien der Marktbearbeitung lassen sich die Strategien der undifferenzierten und differenzierten Marktbearbeitung (*Kotler* 1967; *Bauer* 1976) sowie die Segment-of-One-Strategie (*Meffert/Bruhn* 2006) verfolgen. Diese Strategien werden im Allgemeinen für den gesamten bearbeiteten Markt festgelegt.

Im Rahmen der **undifferenzierten Marktbearbeitung** werden standardisierte Leistungen angeboten, die den typischen Erwartungen der Zielgruppe entsprechen (*Meffert* 2000). Die produkt- und servicepolitischen Bemühungen sind also auf die durchschnittlichen Erwartungen der Nachfrager ausgerichtet und konzentrieren sich auf die Gemeinsamkeiten und nicht auf die Unterschiede in den Bedürfnissen und Verhaltensweisen der Kunden. **Vorteile** einer undifferenzierten Marktbearbeitung liegen in der Realisierung von Kostensenkungspotenzialen durch Nutzung von Volumen-, Spezialisierungs- und Lerneffekten, Förderung eines einheitlichen Erscheinungsbildes im Sinne einer Corporate Identity, Erleichterung einer Optimierung der produkt- und servicepolitischen Aktivitäten, Erhöhung des Kundennutzens durch einheitliche Standards und eine gleich bleibende Qualität. Zu den **Nachteilen** gehört insbesondere die mangelnde Berücksichtigung von spezifischen Konsumentenbedürfnissen und die Umsatzeinbußen infolge einer unzureichenden segmentspezifischen Ansprache.

Die **differenzierte Marktbearbeitung** berücksichtigt die Unterschiede zwischen verschiedenen Zielsegmenten im Hinblick auf ihre Kundenbedürfnisse (*Meffert* 2000). Die Ausrichtung an den unterschiedlichen Bedürfnissen der Kunden bedeutet nicht zwangsläufig, für jeden einzelnen Kunden eine individualisierte Leistung anzubieten. Vielmehr besteht der Leitgedanke der differenzierten Marktbearbeitung darin, sich nicht an den Durchschnittsbedürfnissen des gesamten Zielmarktes zu orientieren, sondern diesen so in Teilmärkte mit weitgehend homogenen Präferenzstrukturen zu zerlegen, dass der für die Nachfrager gestiftete Nutzen in einem optimalen Verhältnis zu den Kosten der differenzierten Leistungserstellung steht. Die Präferenzen der einzelnen bearbeiteten Marktsegmente werden durch das Angebot spezifischer Produktvarianten oder Leistungsbündel befriedigt. **Vorteile** sind in einem höheren preispolitischen Spielraum, der Differenzierung von Konkurrenzangeboten und Minderung der Wettbewerbsgefährdung vor allem auf engen Märkten zu sehen. **Nachteile** sind hohe Entwicklungskosten, großer Personalbedarf, schwierige Planung der Auslastung der Fertigungskapazität, starke Sensibilität gegenüber Absatzschwankungen, geringere Rationalisierungsmöglichkeiten, hoher F&E-Aufwand sowie erhebliche Kalkulationsrisiken.

Die **Individualisierung** (Segment-of-One-Strategie) ist eine Sonderform der differenzierten Marktbearbeitung. Hier werden die produkt- und servicepolitischen Aktivitäten an den Bedürfnissen des Einzelkunden ausgerichtet (*Meffert/Bruhn* 2006). Mit Leistungen, die auf die spezifischen Bedürfnisse bestimmter Nachfrager zugeschnitten sind, verfolgen Unternehmen das Ziel, die Nachfrager dauerhaft an das Unternehmen zu binden. Die **Vorteile** der Individualisierung entsprechen den genannten Vorteilen der differenzierten Marktbearbeitung – jedoch in verstärkter Form. Zu den bereits oben genannten **Nachteilen** lassen sich noch die geringe Bereitschaft der Nachfrager, für die individuellen, maßgeschneiderten Leistungen zusätzlich zu zahlen sowie die hohen Kosten für Ersatzteilhaltung und für die individuellen Reparaturen ergänzen.

4.3.3.2 Entwicklung von kundengerichteten Verhaltensstrategien

Über die grundsätzliche Entscheidung zur Bearbeitung des Marktes hinaus ist festzulegen, welche Kundenstrategie das Unternehmen primär verfolgt. In Anlehnung an den Kundenbeziehungslebenszyklus lassen sich drei alternative **Kundenstrategien** unterscheiden (*Bruhn* 2001; Schaubild 4–15):

- Kundenakquisitionsstrategie,
- Kundenbindungsstrategie,
- Kundenrückgewinnungsstrategie.

Phase im Kundenbeziehungslebenszyklus		Strategie	Instrumente
Kundenakquisition	Anbahnungsphase	Überzeugung	– Kommunikation – Qualitätsgarantien – Preis als Qualitätsindikator
		Stimulierung	– Sonderangebote – Leistungsproben
	Sozialisationsphase	Eingewöhnung	– Markenkonstanz – Servicenummer – Kundenschulung
Kundenbindung	Wachstumsphase	Individualisierung	– Kundenintegration – Value Added Services
		Cross Selling	– Qualitätsorientierung – Preisorientierung
	Reifephase	Aufbau von Wechselbarrieren	– Ökonomische Barrieren – Technisch-funktionale Barrieren – Vertragliche Barrieren
		Effizienzsteigerung	– Standardisierung – Absatzsteigerung
Kunden-rückgewinnung	Gefährdungsphase	Fehlerkorrektur	– Leistungsnachbesserung – Ersatzleistung
		Wiedergutmachung	– Kundenschulung – Entschuldigungen – Preisnachlässe
	Auflösungsphase	Überzeugung	– Preisnachlässe
		Stimulierung	– Leistungsindividualisierung

Schaubild 4–15: Strategien und Maßnahmen im Kundenbeziehungslebenszyklus

Die meisten Unternehmen verfolgen lediglich die beiden erst genannten Kundenstrategien. Wenn es sich dabei um Anbieter handelt, die auf stark wachsenden, jungen Märkten agieren, so steht in der Regel die **Neukundenakquisition** im Vordergrund. Hierbei wird durch gezielte Kundenakquisitionen versucht, den Gesamtmarkt zu erweitern bzw. den eigenen Marktanteil zu steigern. Unternehmen versuchen aber auch, neue, bisher nicht bearbeitete Märkte zu erschließen. In der Kundenakquisition werden produkt- und servicepolitische Maßnahmen eingesetzt, um das Interesse und die Aufmerksamkeit der potenziellen Kunden zu erreichen. Die Akquisition von Kunden lässt sich durch Stimulierung und durch Überzeugung verfolgen:

- Neukundenakquisition durch **Stimulierung** beruht auf der Gewährung von Anreizen, die potenzielle Kunden davon überzeugen, die Unternehmensleistung in Anspruch zu nehmen. Wenn es gelungen ist, den Kunden von der Zweckmäßigkeit der Leistung zu überzeugen, sind ihm Anreize zu liefern, mit dem Unternehmen in Kontakt zu treten und die Leistung erstmals zu nutzen. Dies geschieht beispielsweise durch Sonderangebote, Produktproben u.a. Wichtig ist in dieser Phase der ersten Kaufentscheidung, dass das Wiedererkennen der Leistung am Point of Sale durch die Marke, d.h. den Namen oder das Logo, sichergestellt wird.
- Ein potenzieller Kunde erhält unter Umständen zahlreiche Informationen von unterschiedlichen Anbietern der entsprechenden Marken. Aufgrund der häufig anzutreffenden Informationsasymmetrie des Kunden gegenüber den Anbietern fällt es dem Kunden vielfach schwer, die rezipierten Informationen richtig einzuordnen. Daher ist es notwendig, dass ein Unternehmen den Kunden durch **Überzeugung** zu der Einsicht bringt, dass die Unternehmensleistungen am Besten zu seiner Bedürfnisbefriedigung beitragen. Die Aktivitäten des Produkt- und Servicemanagements zielen in der Anbahnungsphase daher darauf ab, die Marke bei den Nachfragern bekannt zu machen sowie die Konsumenten von der Leistung zu überzeugen. Hierbei hat die Kommunikation eine zentrale Bedeutung zur Steigerung der Bekanntheit einer Marke und Beeinflussung der Einstellung der Konsumenten zur Leistung. Darüber hinaus lässt sich durch Versprechen – z.B. in Form von Qualitätsgarantien oder dem Preis als Qualitätsindikator – Überzeugungsarbeit leisten.

Beispiel: Maßnahmen der Kundenakquisition in Konsumgüterbranchen

Um bei potenziellen Kunden Bekanntheit, Interesse und Präferenz zu steigern, werden im Konsumgüterbereich Leistungsproben bereitgestellt (z.B. in Apotheken oder Parfümerien), Produkttests bekannt gemacht (z.B. Tests der *Stiftung Warentest*) oder Sonderangebote am Point of Sale platziert.

Eine **Kundenbindungsstrategie** ist vor allem in Märkten mit starkem Verdrängungswettbewerb zu beobachten (*Homburg/Bruhn* 2005). Ziel dieser Strategie ist der Aufbau von langfristigen Kundenbeziehungen. Hierbei lassen sich die Gebundenheits- und die Verbundenheitsstrategie unterscheiden:

(1) Die **Gebundenheitsstrategie** realisiert Kundenbindung durch den Aufbau von Wechselbarrieren. Gebundenheit bezeichnet einen Bindungszustand, der für einen bestimmten Zeitraum fixiert ist. Auch wenn der Kunde in diesen Zustand mehr oder weniger freiwillig eintreten kann, ist er innerhalb dieses Zeitraums aufgrund von vertraglichen, technisch-funktionalen und ökonomischen Parametern in seiner Entscheidungsfreiheit hinsichtlich der Nutzung von Leistungen des entsprechenden Anbieters eingeschränkt.

Beispiel: Gebundenheit durch technisch-funktionale, vertragliche und ökonomische Kundenbindung

Technisch-funktionale Kundenbindung lässt sich durch einen Verbund von Zusatzleistung und Kernleistung aufbauen, wie z.B. Kundendienst bei *BMW* oder ein *Renault Twingo*-Radio. Bei der vertraglichen Kundenbindung wird der Kunde im Rahmen von Verträgen (Leasing, Garantien, Versicherungen usw.) an den Hersteller oder Händler gebunden. Die ökonomische Kundenbindung zielt darauf ab, dass eine Abwanderung für den Kunden ökonomisch unvorteilhaft erscheint (z.B. Verlust von 3 Prozent Händlerrabatt auf Serviceleistungen von VW).

(2) Bei der **Verbundenheitsstrategie** wird eine Kundenbindung über psychologische Determinanten angestrebt (z.B. Markensympathie, -vertrauen). Über Verbundenheit tritt ein Bindungszustand ein, der auf psychologischen Ursachen beruht (*Bliemel/Eggert* 1998, S. 39f.) und auf Größen wie Vertrauen usw. zurückzuführen ist. Über Verbundenheit wird eine „freiwillige Kundenbindung" hervorgerufen, die auf eine vom Kunden wahrgenommene Vorteilhaftigkeit der Beziehung zum Unternehmen im Vergleich zur Nichtexistenz dieser Beziehung und/oder Beziehungen zu anderen Unternehmen zurückzuführen ist.

Beispiel: Kundenbindung durch individuelle Ansprache bei Toyota

Die *Lexus*-Kunden von *Toyota* erhalten im Rahmen des Kundenbetreuungsprogramms zwei Mal im Jahr eine Direct Mail. Ziel ist es, durch das Aufgreifen interessanter Themengebiete, wie z.B. Beschreiben der Glasherstellung, den Aufbau eines dynamischen, positiven Images bei dem Kunden zu unterstützen. In diesem Zusammenhang wurde auch die Idee entwickelt, jedem *Lexus*-Kunden eine persönliche Flasche *Beaujolais Primeur* zukommen zu lassen. Dieses Geschenk bekam seinen besonderen Reiz durch die Tatsache, dass die *Lexus*-Kunden ihre Weinflasche bereits einen Tag vor dem offiziellen Verkaufsbeginn im Handel genießen konnten. Die Grundidee dieser Aktion bestand darin, den *Lexus*-Kunden das Gefühl zu vermitteln, sie seien anderen Kunden stets einen Schritt voraus (*Kress* 1995).

Beispiel: Kundenbindung durch Events bei dem Fahrradhersteller Cannondale

Der Fahrradhersteller *Cannondale* organisiert für seine Kunden im Rahmen des *Cannondale*-Chain-Gang-Teams die Teilnahme an den größten Radsportveranstaltungen weltweit. Um die Teammitgliedschaft können sich interessierte Kunden bei *Cannondale*-Händlern oder im Internet bewerben. Den ausgewählten Teamfahrern wird für die Teilnahme an den Wettfahrten ein *Cannondale*-High-Tech-Straßenrad gestellt. Sie erhalten außerdem das offizielle Teamoutfit und werden professionell durch das Unternehmen betreut (http://de.cannondale.com/bikes/chain/team.html, Zugriff am 18.07.2002).

Wenn es nicht gelingt, den Kunden emotional an das Unternehmen zu binden, und wenn keine technisch-funktionalen, vertraglichen oder ökonomischen Wechselbarrieren vorliegen, wird der Kunde den Anbieterwechsel in Betracht ziehen und bei vorhandenen besseren Alternativen zu einem Konkurrenzunternehmen abwandern. Die **Kundenrückgewinnungsstrategie** dient der Rückgewinnung von abwanderungsgefährdeten oder abgewanderten Kunden.

Strategien der Kundenrückgewinnung sind die Kundenrückgewinnung durch Wiedergutmachung und die Kundenrückgewinnung durch Verbesserung der zur Abwanderung führenden Probleme. Weiterhin lassen sich abwandernde (emotionale Rückgewinnung) oder bereits abgewanderte Kunden anvisieren. Demzufolge ergeben sich vier grundlegende **Strategien der Rückgewinnung** (*Bruhn* 2001):

(1) Die **Wiedergutmachung** einer fehlerhaften Leistung, z.B. durch eine Kompensationszahlung, verhindert unter Umständen die Abwanderung eines enttäuschten oder verärgerten Kunden. Darüber hinaus ist es erforderlich, dem Kunden zu dokumentieren, dass sich das Unternehmen des Fehlers bewusst ist, und dass es sich dabei um eine Ausnahme handelt.

Beispiel: Wiedergutmachung als Treiber des Rückgewinnungserfolges
Im Rahmen einer Studie wurde untersucht, welche Merkmale die Beschwerdezufriedenheit bzw. -unzufriedenheit beeinflussen. Basierend auf Kundenbefragungen wurde festgestellt, dass als Hauptgrund für eine zufrieden stellende Problemlösung eine Wiedergutmachung in Form eines Kompensationsangebotes angesehen wurde. Weiterhin hielten die befragten Kunden eine schnelle Reaktion des Unternehmens, die Freundlichkeit und das Einfühlungsvermögen der Unternehmensmitarbeiter bei der Beschwerdeannahme für ausschlaggebend (*Estelami* 2000, S. 294f.).

(2) **Nachbesserungsstrategien** beziehen sich auf die Verbesserung oder Reparatur eines fehlerhaften Produktes.

Beispiel: Nachbesserung durch Rückrufaktionen in der Automobilbranche
Rückrufaktionen sind in der Automobilbranche längst Alltag. Im Jahre 2004 riefen Automobilhersteller in Deutschland 137 Mal Autos wegen Sicherheitsproblemen zurück, mehr als 1,4 Mio. Autos rollten in die Werkstätten. Im Jahre 1998 wurde nur 55 Mal Alarm geschlagen. Solche Zahlen lassen das Ausmaß der Mängel nur erahnen. Fahrzeuge, die jünger als ein halbes Jahr sind, tauchen in der Statistik gar nicht erst auf, stehen sie doch in der Regel beim Erstkäufer oder sogar noch im Autohaus. Öffentliche Rückrufaktionen, bei denen das Kraftfahrzeugbundesamt eingeschaltet wird, sind dann nicht nötig. Außerdem müssen die Hersteller Autos nur dann offiziell in die Werkstätten rufen, wenn Fehler die Sicherheit beeinträchtigen. Harmlosere Mängel werden nicht selten stillschweigend bei der nächsten Inspektion behoben (*o. V.* 2005c).

(3) **Stimulierungsstrategien** bezwecken eine kurzfristige Aktivierung des Kunden durch attraktive Rückgewinnungsangebote, die den abgewanderten Kunden (spontan) zu einer sofortigen Wiederaufnahme der Beziehung bewegen.

(4) **Überzeugungsstrategien** setzen an den Gründen für die Abwanderung des Kunden an. Wenn diese bekannt sind, ist der Kunde davon zu überzeugen, dass die damaligen Gründe zum jetzigen Zeitpunkt nicht mehr aktuell sind. Es ist ein Mehrwert für den Kunden anzustreben, damit die Wiederaufnahme der Beziehung erfolgt (z.B. durch Innovation gemäß den Kundenbedürfnissen).

4.3.3.3 Entwicklung von wettbewerbsgerichteten Verhaltensstrategien

Im Rahmen einer konkurrenzgerichteten Verhaltensstrategie werden die spezifischen Verhaltensweisen des Anbieters gegenüber seinen Konkurrenten festgelegt. Eine Systematisierung konkurrenzgerichteter Strategien ist anhand von zwei **Dimensionen** möglich (*Meffert* 2000, S. 282):

- Die erste Dimension unterscheidet zwischen **innovativem** (aktivem) und **imitativem** (eher passivem) **Verhalten** des Unternehmens (*Miller/Friesen* 1982; *Murray* 1984; *Magyar/Magyar* 1987).
- Die zweite Dimension unterscheidet zwischen **wettbewerbsvermeidendem** und **wettbewerbsstellendem Verhalten**. Hier kommen vor allem jene Kriterien zur Anwendung, die in der Literatur unter den Aspekten des offensiven und defensiven bzw. proaktiven und reaktiven Verhaltens diskutiert werden (*Easton* 1987; *Meffert* 1994).

Bei einer Kombination der beiden Verhaltensdimensionen lassen sich vier **wettbewerbsgerichtete Verhaltensstrategien** ableiten:

(1) Eine **Kooperationsstrategie** (passiv/wettbewerbsstellend) wird in Form von Managementverträgen, Joint Ventures sowie Lizenzverträgen umgesetzt.

Beispiel: Kooperation zwischen Ralph Lauren und Schwab Company

Ein Beispiel für eine erfolgreiche Kooperation zwischen Unternehmen, die im horizontalen Wettbewerb zueinander stehen, ist die Allianz zwischen *Ralph Lauren* und *Schwab Company*. Obgleich die Produktlinie „Ralph Lauren Children" am Markt erfolgreich positioniert ist, bot die amerikanische Kultmarke *Ralph Lauren* dem Unternehmen *Schwab Company* aus Cumberland die Zusammenarbeit an. *Ralph Lauren* profitiert von dem großen Marktwissen und den Kenntnissen hinsichtlich des Aufbaus und der Pflege einer Kinderbekleidungsmarke, wohingegen *Schwab* Know-how im Luxusmarkenmanagement sammelt (*Huber* 2004, S. 271).

(2) Eine **Konfliktstrategie** (aktiv/wettbewerbsstellend) zielt darauf ab, durch ein im Vergleich zum Wettbewerber stark unterschiedliches (aggressives) Verhalten Marktanteile zu gewinnen und die Marktführerschaft zu realisieren (z.B. Automobilbranche).

Beispiel: Konflikt der Automobilhersteller um Billigautos

Im Jahre 2005 hat der *VW Fox* den Reigen der neuen Billigautos auf dem deutschen Markt eröffnet. *Toyota*, *Peugeot*, *Citroën* und *Renault* sind kurz darauf gefolgt. *Renault* entwickelte den *Dacia Logan,* der französische *PSA*-Konzern brachte gemeinsam mit *Toyota* die Drillinge *Citroën C1*, *Peugeot 107* und *Toyota Aygo* auf den Markt. Damit ist der Kampf im „U-9000-Wettbewerb" (Fahrzeugkosten unter 9.000 EUR) eröffnet. Schon Wochen bevor der Kunde die Autos probefahren konnte, versuchten die Wettbewerber die jeweiligen Vor- und Nachteile gegenüber der Konkurrenz hervorzuheben. Der 107 etwa habe nicht nur Front-, sondern auch Seiten-Airbags, betonen die deutschen *Peugeot*-Verkäufer (das geht gegen den Fox), die *VW*-Leute halten dagegen, dass ihr Auto viel mehr Platz biete als die französisch-japanischen Drillinge (weil es fast einen halben Meter länger ist). Gegen den *Dacia Logan*, der von den Platzverhältnissen sogar in die *Golf*-Klasse gehört, zitieren die Konkurrenten gerne die Tester von *Auto Bild*. Die hatten sich vorab einen *Logan* besorgt und ihn parallel mit einem gleich teuren, vier Jahre alten *Golf* einem Crashtest unterzogen. „Das Ergebnis tut weh", lautete das Fazit der Tester über den *Logan*, der beim Vergleich mit dem *Golf* klar den Kürzeren zog (*o.V.* 2005d).

(3) Bei einer **Ausweichstrategie** (aktiv/wettbewerbsvermeidend) wird versucht, einem erhöhten Wettbewerbsdruck durch im Vergleich zur Konkurrenz innovative Aktivitäten zu entgehen (z.B. innovatives Onlineangebot).

(4) **Anpassungsstrategien** (passiv/wettbewerbsvermeidend) bezwecken die Erhaltung der realisierten Produkt-Markt-Position. Dazu wird das eigene Verhalten auf die Reaktion der Wettbewerber abgestimmt (z.B. Tankstellenmarkt).

Beispiel: Anpassungsstrategie von Michelin

Michelin trat zu Beginn der 1970er Jahre in den nordamerikanischen Reifenmarkt ein. Der amerikanische Reifenhersteller *Goodyear*, dessen Position durch den Vorstoß von *Michelin* am stärksten bedroht war, reagierte nicht mit einem Gegenschlag auf dem Heimatmarkt, sondern baute seine bis dahin eher schwache Position im europäischen Stammmarkt von *Michelin* aus.

4.3.3.4 Entwicklung von absatzmittlergerichteten Verhaltensstrategien

Vor dem Hintergrund der Handelskonzentration und der steigenden Handelsmacht ist die Orientierung am Handel eine sehr wichtige Aufgabe des Produkt- und Servicemanagements geworden. Der Handel übernimmt die **Rolle des Gatekeepers** bzw. Filters im Vermarktungsprozess (*Meffert* 2000, S. 290):

- Imagefilter (Inwieweit wird das Herstellerprodukt imagegerecht vertrieben?),
- Distributionsfilter (Wird ein Produkt im Sortiment gelistet?),
- Platzierungsfilter (Welche Regalplatzfläche wird dem Produkt gegeben?),
- Beratungs- und Servicefilter (Beratungs- und Serviceleistungen im Handel?).

Die Optimierung der **Beziehungen zum Handel** ist deshalb eine wesentliche Herausforderung. Hierbei kommen verschiedene Maßnahmen, wie z.B. handelsgerichtete Verkaufsförderungsaktionen, Handelswerbung, Regalpflege oder Key Account Management zum Einsatz. Eine weitere wichtige Aufgabe des handelsgerichteten Produkt- und Servicemanagements stellt die Erschließung neuer Vertriebskanäle dar. Dies gilt vor allem für Vertriebsschienen mit überdurchschnittlichen Zuwachsraten (z.B. Tankstellenshops, Internet), aber auch für Kunden, die selbst als Absatzmittler auftreten (mehrstufige Kundenbeziehung), jedoch nicht dem Handel zuzurechnen sind (z.B. Ärzte aus Sicht eines Pharmaunternehmens).

Absatzmittlerorientierte Strategieansätze sind globale Verhaltenspläne des Produkt- und Servicemanagements gegenüber den Absatzmittlern. Bei einer Kombination der Verhaltensdimensionen Aktivität bzw. Passivität des Anbieters in der Gestaltung der Absatzwege sowie Aktivität bzw. Passivität in der Reaktion der Absatzmittler auf die Aktivitäten des Anbieters, lassen sich vier **Typen von absatzmittlergerichteten Strategien** unterscheiden (*Meffert* 2000, S. 291ff.):

(1) Ein Unternehmen kann sich in Bezug auf die Gestaltung seiner Absatzwege passiv verhalten. Wenn es darüber hinaus auf mögliche Forderungen des Handels ohne Widerspruch eingeht, wird von einer **Anpassungsstrategie** gesprochen.

Beispiel: Machtduldung durch den Hersteller

Als Machtduldung lässt sich die erzwungene Übernahme der ehemals vom Händler ausgeübten Regalplatzpflege (z.B. Warenauszeichnung) durch den Hersteller nennen, wenn der Hersteller für die entstehenden Zusatzkosten vom Absatzmittler nicht entschädigt wird (*Meffert* 2000, S. 291).

(2) Die kostenintensivste und risikoreichste Strategie ist die **Umgehungsstrategie**, bei der die bestehenden Absatzmittler durch den Aufbau eines eigenen Vertriebsnetzes umgangen werden. Manche Unternehmen haben sich für den ausschließlichen Vertrieb der Leistung über **direkte Absatzwege** (z.B. über das Internet) entschieden.

Beispiel: Umgehungsstrategie durch Direktvertrieb am Beispiel Vorwerk

Das Unternehmen *Vorwerk* mit Hauptsitz in Wuppertal vertreibt seine Staubsauger ausschließlich im Direktvertrieb. Im Einzelhandel sind die Produkte nicht erhältlich. Es gibt lediglich Bezirkshandlungen für die Nachbestellung von Ersatzteilen oder zur Vereinbarung eines Vertreterbesuchs.

(3) Im Rahmen der **Kooperationsstrategie** werden Leistungsversprechen zwischen Hersteller und Absatzmittler vertraglich festgelegt (z.B. Platzierung von Produkten).

Beispiel: Kooperation in der Süßwarenindustrie

Das Unternehmen *Mars* nennt sein Konzept des Handelsmarketing „Kooperation statt Konfrontation". Es bietet professionelle Beratung für Regal- und Flächenoptimierung und stimmt die Promotionpakete rund um den Point of Sale mit den jeweiligen Handelspartnern individuell ab. Seit einigen Jahren folgen zahlreiche Süßwarenhersteller, wie z.B. *Kraft Foods*, *Griesson de Beukelaer* und *Bahlsen*, dieser Vorgehensweise (*Bühlbecker* 2004, S. 1996).

(4) Übernimmt ein Anbieter eine aktive Rolle bei der Gestaltung der vorhandenen Absatzwege und versucht, seine Vorstellungen gegen die Interessen der Absatzmittler durchzusetzen, so wird diese Vorgehensweise als **Konfliktstrategie** bezeichnet.

Beispiel: Konfliktstrategie von Jägermeister

Der ehemalige Aufsichtsratsvorsitzende der Marke *Jägermeister* hat in der Satzung des Unternehmens festgelegt, dass kleine und mittelständische Händler gegenüber den großen Handelsunternehmen nicht durch Rabatte oder finanzielle Zuwendungen zu benachteiligen sind. Aus diesem Grund kaufen bis heute alle Händler *Jägermeister*-Produkte nach Preisliste ein.

4.3.4 Instrumentalstrategien

Dem Produkt- und Servicemanagement steht eine Reihe von marktbeeinflussenden Instrumenten zur Verfügung. Für diese gilt es, vor dem Hintergrund der zuvor getroffenen Marketingentscheidungen, dezidierte Strategien zu entwickeln, um damit die Ziele des Produkt- und Servicemanagements operativ umzusetzen. Die Gesamtheit dieser Instrumente sind in folgende **Kategorien** zu unterscheiden:

(1) Instrumente der Programmpolitik und
(2) Instrumente der Leistungspolitik.

(1) Instrumente der Programmpolitik

Unter **Leistungsinnovation** ist die Entwicklung von Leistungen zu verstehen, die für den Markt und/oder das Unternehmen vollkommen neuartig sind (*Bruhn* 2004c, S. 131). Die Innovation stellt das Ergebnis zweier Prozesse dar. Zum einen geht es um den Wandel des Angebotes von Problemlösungen durch neue Ideen, Erfindungen und Entdeckungen, und zum anderen um die Nachfrage nach Problemlösungen, die ebenfalls veränderlich ist. Werden Angebot und Nachfrage in Übereinstimmung gebracht, also eine Anwendung bzw. Verwendung erreicht bzw. durchgesetzt, wobei auf mindestens einer Seite etwas Neues auftritt, so wird von einer Innovation gesprochen.

Leistungsdifferenzierung bedeutet, dass neben die bestehende Leistung noch eine abgewandelte Leistung tritt. Der Grund für die weite Verbreitung dieser Vorgehensweise in der Praxis liegt im Bestreben von Unternehmen, den Besonderheiten einzelner Märkte Rechnung zu tragen. Die Notwendigkeit, den segmentspezifischen Anforderungen zu genügen, kann sowohl von gesetzlichen Regelungen als auch von unterschiedlichen Nachfragerpräferenzen herrühren. Im Allgemeinen wird durch die Leistungsdifferenzierung der Heterogenität im Bedarf der Konsumenten Rechnung getragen. Obgleich die Leistungsdifferenzierung als geeignetes Instrument zur segmentspezifischen Bearbeitung der Nachfrager und zur teilmarktbezogenen Herausforderung der Wettbewerber gilt, tauchen bei ihrer konsequenten Umsetzung einige Schwierigkeiten auf. So sind z.B. der Handlungszeitpunkt, die Anzahl der Varianten und das Ausmaß der Veränderung festzulegen. Darüber hinaus stehen die Varianten häufig in einem vielschichtigen Wirkungsverbund, der sich im Partizipations- und Substitutionseffekt niederschlägt. Der Partizipationseffekt bezeichnet die durch die Produktvariante hinzugewonnenen Nachfrager, die bislang Produkte der Konkurrenten erwarben. Ein Substitutionseffekt liegt vor, sofern die Kunden von einer Produktvariante zu einer anderen wechseln, d.h., es besteht Wettbewerb zwischen den Erzeugnissen eines Anbieters (Kannibalisierung) (*Meffert* 2000).

Leistungsvariation ist die Veränderung von Eigenschaften bzw. Nutzenkomponenten, die eine bisher angebotene Leistung auszeichnen. Die Frage, inwieweit hierdurch ein völlig neues oder nur ein abgewandeltes Erzeugnis entsteht, vermag letztlich nur der Käufer zu entscheiden. Grundsätzlich bleiben bei der Leistungsvariation die Basisfunktion der Leistung sowie sein Verwendungszweck und seine Anwendungsmöglichkeiten erhalten. Vornehmlich geht es darum, ästhetische Facetten, wie Design, Farbe und Form, sowie symbolische Aspekte, zu denen etwa die Zusatznutzen stiftenden Attribute gehören, zu modifizieren (*Haedrich/Tomczak* 1996; *Koppelmann* 2001).

Bei der **Leistungselimination** geht es um die Herausnahme einer Leistung aus der Angebotspalette eines Unternehmens zu Zwecken der Programmerneuerung, -straffung oder -bereinigung. Diese Maßnahme betrifft Leistungen, die ein bestimmtes Absatz-, Umsatz- oder Gewinnziel nicht erreichen, in den Augen der Nachfrager zur Bedürfnisbefriedigung nicht geeignet erscheinen oder im Wettbewerb mit den Konkurrenzprodukten nicht bestehen. Insofern bedarf es einer systematischen und kontinuierlichen Untersuchung der Produktpalette – mit dem Anliegen, die Berechtigung für die Beibehaltung oder die Notwendigkeit für die Elimination der einzelnen Objekte nachzuweisen (*Hansen/Hennig-Thurau/Schrader* 2001, S. 239).

Im Rahmen der **Programmstrategie** ist zwischen einem breiten Programm (z.B. sämtliche Klassen von Automobilen) oder einem hoch spezialisierten, engen Programm (z.B. Luxusuhren) zu entscheiden. Dabei hat das Produkt- und Servicemanagement den Umfang des Portfolios und dessen Struktur, d.h. die Hierarchie der Leistungen und deren Verhältnis zueinander, zu bestimmen. Die Entscheidungssituation ist vor dem Hintergrund der Veränderungen der Rahmenbedingungen, wie z.B. der Fragmentierung von Märkten, von zunehmender Komplexität geprägt.

(2) Instrumente der Leistungspolitik

Die **Qualitätspolitik** umfasst die Gesamtheit der qualitätsbezogenen Tätigkeiten und Zielsetzungen eines Unternehmens, d.h., sämtliche Planungs-, Durchführungs- und Kontrollaktivitäten, die auf die Sicherstellung einer geforderten Qualität der Produkte und Services abstellen (*Bruhn* 2006a). Zu den Aufgaben der Qualitätspolitik zählen die Bestimmung der Qualitätsposition des Unternehmens, die Ermittlung der Kundenanforderungen im Hinblick auf die Qualität von Produkten und Services, das Aufstellen von konkreten Qualitätszielen sowie die Entwicklung von Konzepten zur Verwirklichung der Qualitätsziele.

Die **Markenpolitik** beschäftigt sich mit allen Entscheidungen und Maßnahmen, die mit der Markierung von Produkten oder Services in Zusammenhang stehen. Die Markenpolitik ist ein zentrales Element des Marketing und wird häufig auch als das „Herzstück" der Produktpolitik angesehen, da die Marke beim Konsumenten zum Synonym für die Leistungsfähigkeit des Produktes wird. Der Aufbau und die Pflege von Marken stellt daher eine wichtige Aufgabe des Produktmanagements dar, die sich auf immer mehr Branchen bezieht (*Meffert* 2000). Produktmanager werden in der Praxis aufgrund der Bedeutung der Markenpolitik auch häufig Brand Manager genannt.

Die **Verpackungspolitik** bezeichnet die Gesamtheit aller sich im Rahmen des Marketing auf die Verpackung erstreckenden Maßnahmen (*Nieschlag/Dichtl/Hörschgen* 2002, S. 671f.). Die Notwendigkeit einer effizienten Verpackungspolitik ergibt sich aus der zunehmenden Austauschbarkeit und Homogenität der Produkte. Ziel der Verpackungspolitik ist es daher, über die Umhüllung zum Zweck des Schutzes, des Transportes und der Lagerung hinaus, alle technischen und gestalterischen Möglichkeiten auszuschöpfen. Zudem vermag ein Unternehmen durch eine Verpackung einen Wettbewerbsvorteil dadurch generieren, dass ein Produkt durch eine ansprechende Umhüllung begehrenswert erscheint. Die Verpackung wird somit zu einem den Erfolg beeinflussenden akquisitorischen Mittel im Rahmen des Produktmanagements.

Die **Servicepolitik** umfasst neben technischen Kundendienstleistungen, wie Lieferung, Aufbau, Montage und Wartung bzw. Reparatur eines Produktes auch kaufmännische Leistungen. Die Servicepolitik hat in den letzten Jahren stark an Bedeutung gewonnen, da sie ein Instrument darstellt, das es den Unternehmen ermöglicht, durch die Schaffung eines zusätzlichen Kundennutzen (Added Value) sich in immer homogeneren Produktmärkten von Wettbewerbern zu differenzieren. Die Servicepolitik umfasst ein breites Leistungsspektrum, das in grundsätzlich vier Formen von Services unterschieden wird (*Haedrich/Tomczak* 1996; *Koppelmann* 2001): Garantieleistungen, Lieferleistungen und Kundendienstleistungen sowie Value Added Services.

Beispiel: Differenzierung durch Services bei Mercedes Benz

Die *Mercedes Benz AG* bietet für Nutzfahrzeuge die kostenlose *Mercedes Service-Card* an. Mit dieser Karte kann der Fahrer u.a. europaweit bargeldlos tanken, Fähr-, Maut- und Tunnelgebühren bezahlen sowie einen 24-Stunden Pannen- und Notfallservice in Anspruch nehmen (www.mercedes-benz.com, Zugriff am 18.07.2005).

Die strategische Ausrichtung des Produkt- und Servicemanagements und die damit verbundenen strategischen Grundsatzentscheidungen auf der Ziel-, Marktsegment- und Marktbearbeitungsebene stellen den Rahmen für die konkrete Festlegung der programm- und leistungspolitischen Aktivitäten dar.

5 Operative Gestaltung der Programmpolitik

Im Rahmen der Gestaltung der Programmpolitik sind Entscheidungen über die Veränderung des Leistungsprogramms eines Unternehmens zu treffen. Diese Entscheidungen werden auch als eigentlicher Kern des Produkt- und Servicemanagements bezeichnet. Die Aufgaben der Programmpolitik lassen sich in vier Entscheidungstatbestände unterteilen (Schaubild 5–1). Ausgehend vom Konzept des Produktlebenszyklus sind folgende **phasenspezifische Instrumente** des Produkt- und Servicemanagements auf der Ebene der Produktentscheidung zu unterscheiden:

- Gestaltung der Leistungsinnovation (Abschnitt 5.1),
- Gestaltung der Leistungspflege (Abschnitt 5.2) und
- Gestaltung der Leistungselimination (Abschnitt 5.3).

Die Variation des Leistungsprogramms (Abschnitt 5.4) stellt das **phasenübergreifende Instrument** der Programmpolitik dar.

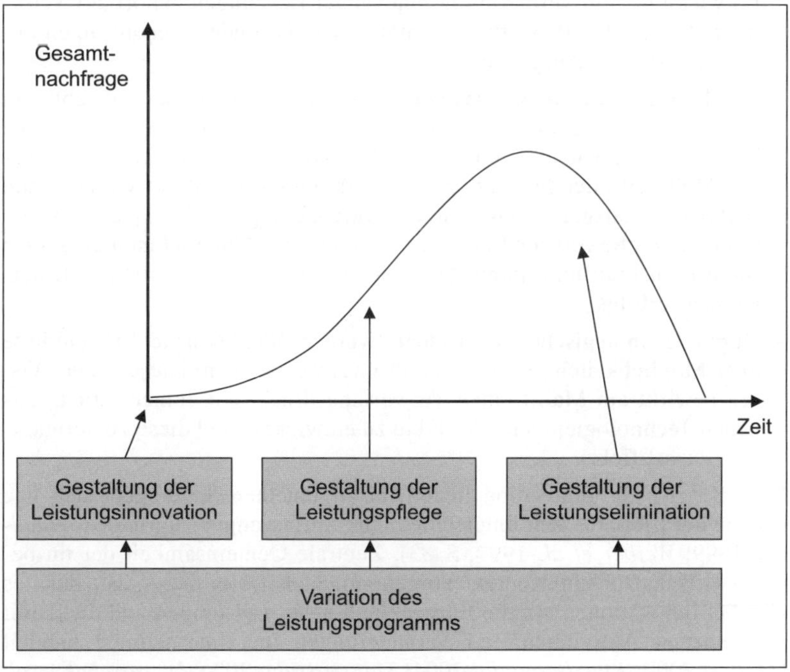

Schaubild 5–1: Ansatzpunkte zur Gestaltung der Programmpolitik im Produktlebenszyklus

5.1 Gestaltung der Leistungsinnovation

5.1.1 Grundlagen und Begriffe der Leistungsinnovation

In Wissenschaft und Praxis wird der Innovationspolitik allgemein eine herausragende Bedeutung für die Sicherung des Unternehmenserfolgs zugeschrieben. Die zentrale Rolle von Innovationen wurde bereits in den 1930er Jahren von *Schumpeter* betont, der die Innovation als Basis für den ökonomischen Wandel und Wohlstand verstand (*Weiber et al.* 1999, S. 78). Ursachen für die hohe wirtschaftliche **Bedeutung von Leistungsinnovationen** sind u.a. (*Sabisch* 1991, S. 2ff., 13f.):

- **Sicherung des Unternehmenswachstums**: Die stetige Alterung von sich im Markt befindenden Leistungen führt zu Umsatzstagnation bis -rückgängen. Durch neue Leistungen ist es möglich, den Umsatz zu sichern und zu steigern.
- **Sicherung der Unternehmensprofitabilität**: In vielen Märkten führt ein starker Wettbewerb zu Preisreduzierungen, denen Unternehmen nur bis zu einem bestimmten Limit folgen können. Zur Sicherung der Profitabilität ist es daher notwendig, Kostensenkungen durch Verfahrensinnovationen, Erhöhung von Stückzahlen usw. zu realisieren. Aber auch die Entwicklung und Vermarktung innovativer Leistungen gehört auf Märkten mit hoher Wettbewerbsintensität zu den besonders bedeutsamen unternehmerischen Aufgaben.
- Durch **steigende bzw. veränderte Kundenbedürfnisse** entsteht ein Marktsog (Pull-Effekt), der bei Unternehmen bewirkt, dass sie neue Leistungen entwickeln, um diesen Veränderungen gerecht zu werden. Die Mehrheit aller Innovationen wird durch die im Markt vorhandenen Bedürfnisse ausgelöst. Die schnelle Veränderung von Kundenbedürfnissen und Wettbewerbsbedingungen erfordert von Unternehmen eine hohe Innovationskraft und -kompetenz zur Sicherung des langfristigen Unternehmenserfolgs.
- Durch **technologischen Fortschritt** werden ständig neue Erkenntnisse über Möglichkeiten von Problemlösungen gewonnen. Dieses neue Wissen bewirkt am Markt einen Verwertungsdruck, d.h., einen Druck, aus neuen Technologien neue Produkte zu entwickeln und diese zu vermarkten (Push-Effekt).

Dem **Begriff** der Innovation liegen im allgemeinen Sprachgebrauch wie auch in der Literatur sehr unterschiedliche Auffassungen zugrunde (*Schneider* 1999; *Weiber et al.* 1999, S. 83). Zentrale Gemeinsamkeit der im betriebswirtschaftlichen Kontext vorgenommenen Definitionen ist, dass es sich bei Innovationen um die Entwicklung neuer Leistungen und die damit verbundenen Aktivitäten und Veränderungen im Unternehmen handelt (*Meffert* 2000; *Kunz/Mangold* 2004; *Stauss/Bruhn* 2004; *Woratschek et al.* 2004).

Leistungsinnovation ist die Entwicklung von Leistungen, die für den Markt und/oder das Unternehmen vollkommen neuartig sind.

Unabhängig von den gewählten Interpretationsformen lassen sich Innovationen durch vier **konstitutive Merkmale** kennzeichnen. Diese haben einen wesentlichen Einfluss auf die Gestaltung und Steuerung von Innovationsprozessen und werden daher kurz beschrieben (*Thom* 1980):

- Neuheit,
- Komplexität,
- Unsicherheit,
- Konfliktgehalt.

Neuheit: Einem Beurteilungsobjekt wird die Eigenschaft „neu" zuerkannt, wenn es merklich vom Vertrauten abweicht (*Ostlund/Tellefsen* 1974). Wird die Assoziation der Neuheit beim Kunden nicht erreicht (Produkt ist „nicht neu") oder wird ein zu starker technologischer Fortschritt wahrgenommen (Produkt ist „zu neu"), so ist die Gefahr des Scheiterns am Markt relativ groß (*Gierl* 1995, S. 488).

Komplexität: Bei Innovationsprojekten handelt es sich stets um komplexe, wenig strukturierte Entscheidungsprobleme, die durch eine große Anzahl unterschiedlicher Elemente, interdependenter Beziehungen und eine hohe Eigendynamik gekennzeichnet sind. Je größer die Komplexität des Entscheidungsproblems, desto schwieriger wird die systematische Planung von Innovationen.

Unsicherheit: Innovationen sind ferner durch das Merkmal der Unsicherheit gekennzeichnet. Beispielsweise ist unsicher, ob die Innovationsidee von den Kunden akzeptiert wird, inwieweit eine Durchsetzung der Innovation auch unter Effizienzgesichtspunkten möglich ist und ob die Innovationsidee nicht bereits von der Konkurrenz realisiert wurde bzw. diese kurz vor dem Abschluss steht. Das Merkmal der Unsicherheit wird durch die zunehmende Dynamik der Umwelt intensiviert, die sich dadurch äußert, dass Trendzyklen immer kürzer werden. In den verschiedenen Phasen der Produktentwicklung stehen zur Unsicherheitsreduktion unterschiedliche Instrumente zur Verfügung.

Konfliktgehalt: Neues hat auch seine „unangenehmen Seiten", da die Auseinandersetzung mit dem Neuen die Verarbeitung mehrdeutiger Informationen sowie den Umgang mit Risiko beinhaltet (*Gierl* 1995, S. 307). Deshalb löst die Abkehr von Vertrautem hin zu etwas Neuem häufig Widerstände und Abwehrreaktionen bei Mitarbeitenden und Kunden des Unternehmens aus. Dieses Konfliktpotenzial ist bei der Planung von Produkt- und Serviceinnovationen zu berücksichtigen, indem das Ausmaß (Innovationshöhe) und die Geschwindigkeit (Innovationsintervall), mit der Innovationen auf den Markt gebracht werden, auf die Kundenwünsche abgestimmt werden.

Beispiel: Konfliktgehalt von Innovationen bei Coca-Cola

Die Einführung der so genannten *„New Coke"* in den USA löste so starke Abwehrreaktionen auf Kundenseite aus, dass kurz nach der Einführung die „alte" Classic *Coke* wieder eingeführt wurde, obwohl sich im Blindtest eine überwältigende Mehrheit für die „neue" *Coke* ausgesprochen hatte.

Die **Arten von Innovationen** lassen sich nach drei Dimensionen unterscheiden, deren Zusammenhänge in Schaubild 5–2 wiedergegeben sind (*Schmitt-Grohé* 1972, S. 26f.; *Hauschildt* 1997, S. 7; *Benkenstein/Steiner* 2004, S. 33; *Stauss/Bruhn* 2004, S. 6f.):

(1) Subjektdimension (Für wen neu?),
(2) Objektdimension (Was ist neu?),
(3) Intensitätsdimension (Wie sehr neu?).

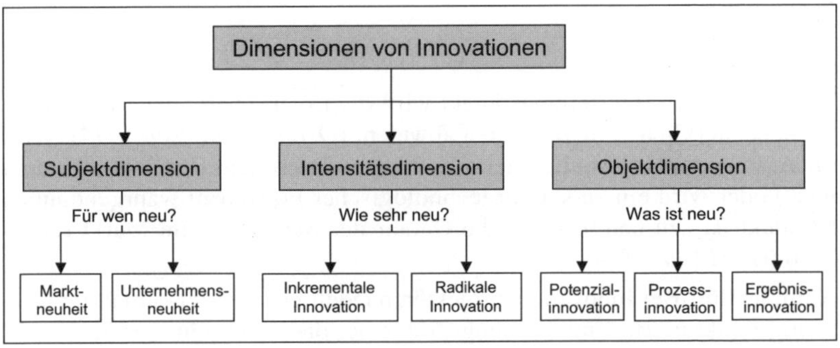

Schaubild 5–2: Dimensionen von Innovationen (In Anlehnung an Benkenstein/Steiner 2004, S. 31)

Die **Subjektdimension** unterscheidet Innovationen danach, aus welcher Perspektive eine Innovation eine Neuerung darstellt. Dabei wird vor allem zwischen der Anbieterperspektive (Unternehmensneuheit, d.h., die Innovation ist lediglich für das Unternehmen neu) und der des Kunden bzw. Marktes unterschieden (Marktneuheit, d.h., es wird eine vollkommen neuartige Marktleistung erstellt).

Die **Objekt- oder Inhaltsdimension** betrifft den Gegenstand der Neuerung. Hier sind drei verschiedene Perspektiven zu unterscheiden:

- Mögliche Objekte der Innovation sind sämtliche Phasen des Leistungserstellungsprozesses. Dementsprechend ist zwischen Potenzialinnovation, Prozessinnovation und Ergebnisinnovation zu unterscheiden (*Benkenstein/Steiner* 2004).
- Die Neuerung betrifft die gesamte Leistung (Kernleistungsinnovation) oder bestimmte Teilleistungen (z.B. Innovation von produktbegleitenden Services).
- Neben der Innovation durch Neugestaltung von Potenzialen und Prozessen und daraus resultierenden Ergebnisveränderungen (Leistungsinnovation) ist Innovation auch durch neuartige Bündelung, Gestaltung und/ oder Vermarktung bestehender Angebote möglich (Angebotsinnovation) (*Meyer/Blümelhuber* 1998).

Die **Intensitätsdimension** betrifft das Ausmaß des Neuigkeitsgrades einer Innovation. Der Differenzierung von Innovationen nach der Intensität werden in der Literatur zwei **Dimensionen** zugrunde gelegt (*Chandy/Tellis* 1998, S. 476):

- Das Ausmaß, in dem eine neue Technologie in das Produkt eingeflossen ist.
- Das Ausmaß, in dem das neue Produkt die Kundenbedürfnisse besser als alte Produkte erfüllt.

Schaubild 5–3 zeigt, dass Innovationen in Bezug auf die Intensität sehr unterschiedliche Positionen zwischen umwälzenden Neuerungen (**Radikale Innovationen**) und Modifikationen von bekannten Lösungen (**Inkrementale Innovationen**) einnehmen (*Meiren/Liestmann* 2002, S. 13; *Freiling/Weißenfels* 2003, S. 471; *Reckenfelderbäumer/Busse* 2003, S. 148).

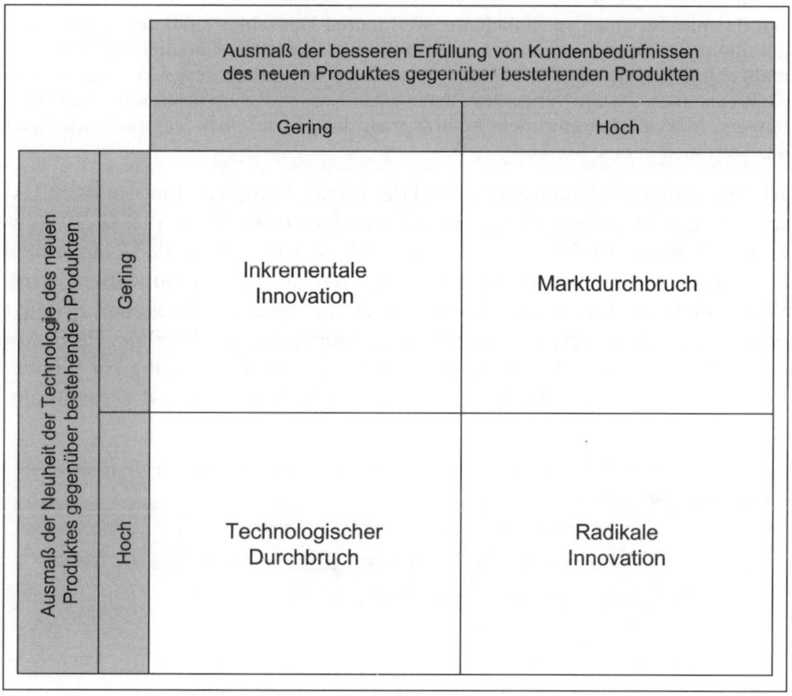

Schaubild 5–3: Typen von Innovationen (Chandy/Tellis 1998, S. 476)

Im Rahmen der Diskussion über die **Innovationspolitik deutscher Unternehmen** wird kritisiert, dass Unternehmen ihre Innovationsanstrengungen auf traditionelle Märkte und Technikfelder und dort vor allem auf Verbesserungs- und Prozessinnovationen – also inkrementale Innovationen – konzentrieren. Dabei wird vor allem eine zunehmende Risikoaversion deutscher Manager kritisiert, die radikale Innovationen „eher als Risiken denn als Chancen betrachten" (*Klotz* 2003, S. 9).

5.1.2 Aufgaben und Prozess der Leistungsinnovation

Im Konsumgüterbereich verschwinden 75 bis 90 Prozent aller neuen Produkte innerhalb von zwei Jahren wieder vom Markt, womit neben den F&E-Ausgaben auch die Listungs- und Werbegelder verloren gehen (*Barrenstein/Junghans* 2002, S. 11). Die Misserfolge von Markteinführungen neuer Leistungen zeigen, dass es sinnvoll ist, der Neuentwicklung von Leistungen einen **systematischen Innovationsprozess** voranzustellen (Insert 5–1). Studien zur Diskriminierung erfolgreicher und erfolgloser Leistungsentwicklungen belegen, dass ein formalisierter und institutionalisierter Entwicklungsprozess eine kritische Determinante der erfolgreichen Markteinführung ist (*Edgett* 1994; *Zeithaml/Bitner* 2000).

Beispiel: Misserfolg des Satelliten-Betreibers Iridium

Ein Beispiel für einen spektakulären, weil teuren Fehlschlag stellt der Konkurs des Satelliten-Betreibers *Iridium* dar, an dem das amerikanische Unternehmen *Motorola* maßgeblich beteiligt war. Der damit verbundene Verlust beziffert sich auf fünf Mrd. EUR (*Erichson* 2002). Neben den finanziellen Konsequenzen beschädigt eine misslungene Markteinführung nicht zuletzt auch das Image eines Unternehmens oder das Vertrauen in eine Marke.

Als alternative Vorgehensweisen bei der Entwicklung von Innovationen lassen sich der Technology-Push-Ansatz und der Market-Pull-Ansatz differenzieren (*Corsten* 1989, S. 7; *Rothwell* 1995, S. 10ff.). Zentraler Unterschied der beiden Ansätze ist die Richtung, aus der die Innovation initiiert wird. Während beim Technology-Push-Ansatz die Idee für ein neues Produkt oder einen neuen Service aus dem Unternehmen (in der Regel der F&E-Abteilung) stammt, geht beim Market-Pull-Ansatz die Überlegung zur Innovation vom Kunden aus. Beide Ansätze werden in Schaubild 5–4 verdeutlicht.

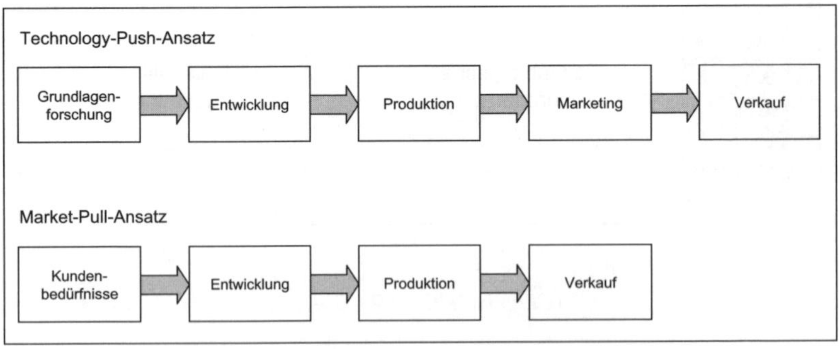

Schaubild 5–4: Alternative Innovationsstrategien (Technology Push vs. Market Pull) (Carter/Williams 1957; Smookler 1966; Rothwell 1992)

Unternehmen, die den **Technology-Push-Ansatz** betonen, bemühen sich, für ihre erarbeitete (technologische) Lösung bzw. Erfindung eine adäquate Anwendungsmöglichkeit zu finden.

Doppelherz-Joghurt und Luxus-Limousine

In den vergangenen Jahren ist die Zahl der Marketingflops drastisch gestiegen. Bei Lebensmitteln erfüllen mittlerweile über 90 Prozent der eingeführten Produkte die Erwartungen nicht. Was tun?

Offiziell bestätigt VW gar nichts. Nein, die Angaben von PricewaterhouseCoopers (PWC), wonach die Auslastung der Gläsernen Manufaktur in Dresden bei gerade 21 Prozent liegt, möchte der Sprecher nicht kommentieren. In Sachsen fertigt Volkswagen das Luxusmodell Phaeton. Als die Wolfsburger das Projekt begannen, gehörten Autos dieser Art und Größe zum Business und zum Glanz der New Economy. Dann drehte sich der Markt massiv – und VW hatte mit dem fünf Meter langen und wenigstens 60000 Euro teuren Flaggschiff ein Problem. 20000 Stück weltweit wollte der frühere Vorstandschef Ferdinand Piëch pro Jahr verkaufen. Ganze 6000 waren es nach Werksangaben 2003.

Von Wolfsburg und Dresden nach Düsseldorf. Vodafone und andere strichen die Preise für die Multimedia-Nachrichten MMS radikal zusammen, um die Umsätze mit den Datendiensten zu befeuern. Ein Trend: Statt bis zu 1.99 Euro zum Start im April 2002 berechnet Vodafone heute nur noch 39 Cent pro Sendung. Von den 25.5 Millionen Vodafone-Telefonierern in Deutschland zählt die „mobile Erlebniswelt“ (Eigenwerbung) Vodafone live, die viele Dienste bündelt, drei Millionen Kunden.

Waren die Erwartungen nicht einmal höher? Man sei dabei, „langsam den Markt zu ebnen“, so eine Vodafone-Sprecherin tapfer, die Telefongesellschaft bleibe vom Erfolg überzeugt. Zwar zeichnet Frost & Sullivan (Deutschland-Sitz: Frankfurt/Main) ebenfalls ein durchaus positives Bild von den künftigen Umsatzchancen. Aber Research Analyst Ashish Maheshwari räumt ein, dass MMS es bislang „nicht geschafft hat, den Massenmarkt zu erobern“.

Überhaupt: Hatten die Anbieter nicht schon längst eine schöne neue Welt aus vielen Mobile-Services versprochen? „Gerade bei Datenprodukten kamen anfangs Qualitätsmängel hoch“, gab Lutz Schüler jüngst bei den Münchner Medientagen unumwunden zu. Schüler ist bei 0_2 als Senior Vice President & Member of the Board für New Business und Product Marketing zuständig.

„Die Anbieter sind zu sehr darauf bedacht, ihren Wettbewerbern über Funktionen wie MMS Marktanteile abzuringen, und vernachlässigen dabei etwa den simplen Wunsch der Kunden nach günstigen Verbindungspreisen“, kritisiert Susanne Söffge, Vice President Telecom, Media & Entertainment bei Capgemini, Stuttgart/Berlin, die Prioritätensetzung in der Branche.

Schlechter noch erging es der deutschen Musikwirtschaft. Sie scheiterte mit Phonoline, einem zusammen mit T-Com realisierten Download-Dienst. Mit großem Tam-tam hatten Bundeskanzler Gerhard Schröder und Telekom-Vorstandschef Kai-Uwe Ricke das Prestige-Projekt im März 2004 anlässlich der CeBIT feierlich ins World Wide Web entlassen, um der illegalen Konkurrenz Paroli zu bieten. Doch der „Meilenstein in der Musikwelt“ (Gerd Gebhardt, Vorsitzender der deutsche Phonoverbände) ist zum Grabstein geworden. Im September drehten die Partner der Cyber-Jukebox den Saft ab.

Von Phaeton bis Phononline, vom Doppelherz-Joghurt bis zum Maggi-Tomatenketchup – anders als in den achtziger Jahren, wo laut BBDO Consulting, Düsseldorf, noch über 60 Prozent der Einführungen glückten, scheitern Schätzungen zufolge heute je nach Branche bis zu 90 Prozent und mehr oder bleiben zumindest weit hinter den ursprünglichen Erwartungen zurück. Mit teils gravierenden Folgen für Image und Umsatz, wie das Beispiel Levi Strauss & Co. zeigt. Dem Jeans-Hersteller gelang es in den Achtzigern nicht, unter der Marke Levi's Herrenanzüge zu etablieren – stattdessen ging der Umsatz im Kerngeschäft zurück. Umgekehrt sind Produkte wie Red Bull, die neue Märkte schaffen, rar gesät.

Für die Food-Branche errechnet ACNielsen sogar eine Flop-Rate von 96 Prozent. Die Frankfurter Forscher sprechen dann von einem „Flop“, wenn es dem Hersteller nach einem Jahr nicht gelingt, die Distribution über die Marke von 50 Prozent zu hieven. Bezugsgröße ist dabei die Anzahl der Geschäfte, über die das jeweilige Produkt unter die Leute gebracht wird.

Die Ursachen für das Scheitern sind so vielfältig wie die Warengruppen: Sie reichen von einer Produktentwicklung, die Sicherheit groß schreibt und das Risiko scheut, bis zu Zerfall der altbekannten Produktlebenszyklen in etlichen Sparten. Über allem steht das Argument, Verbraucher und Märkte seien in den vergangenen Jahren immer unberechenbarer, satter, zumindest aber sehr viel preissensibler geworden.

Den vielleicht wichtigsten Grund nennt Birgit Feldhusen, Senior Consultant Deutschland, Österreich, Schweiz im Hamburger

Büro von ACNielsen: den Mangel an echten Innovationen und die weiter anschwellende Flut an Me-too-Artikeln. Experten schätzen, dass im LEH mittlerweile nur noch zwischen drei (ACNielsen) und fünf Prozent (BBDO Consulting) der Waren, die auf den Markt geworfen werden, als echte Innovationen gelten können. Der Rest sind unzählige Ableger und Geschmacksvarianten.

„Neue Bedürfnisse zu wecken, ist bei Fast Moving Consumer Goods extrem schwierig geworden, weil die Märkte nahezu dicht sind", sagt Consulterin Feldhusen. Gerade die Markenartikler mutieren dabei zu Getriebenen: Um sich vom Discount zu unterscheiden und abzusetzen, sind sie zu Innovationen gezwungen, „nahezu um jeden Preis", wie die ACNielsen-Expertin betont. Andererseits müssen sie dem kurzfristigen Zwang zum Profit und den verkürzten Entwicklungszyklen Rechnung tragen.

Faktor Zeit, Beispiel Pudding. Weil sich Grundmischung plus Aroma und die industrielle Fertigung kaum unterscheiden, können Wettbewerber erfolgreiche Geschmacksrichtungen schnell kopieren. So dauert es keine vier Wochen, bis erste Plagiate im Supermarkt-Regal stehen. Aufwändige Marktforschung birgt da immer das Risiko, dass andere noch schneller sind.

Ohnehin entstehe gerade am PoS massiver Leistungsdruck beim Wettlauf um die Gunst der Kunden, so Feldhusen. „Um Vertrauen in eine Marke aufzubauen, benötigen Hersteller mindestens zwei Jahre. Der Handel gibt Einführungen heute aber kaum mehr als ein Jahr Zeit" – wenn überhaupt. Folge: „Viele Produkte müssen schon in den Kinderschuhen Erwachsenen-Erträge abwerfen."

Diese Erfahrung blieb Queisser Pharma nicht erspart (u.a. Doppelherz). Der Flensburger Firma und dem Milchproduzenten Bauer misslang der Versuch, mit ihrem „Doppelherz Omega-3 Joghurt" („herzgesunde Ernährung") die Marke zu dehnen. Der Handel so heisst es, hatte keine Geduld. Schon Ende Januar – nach nur einem Jahr – war Schluss.

So schließt sich ein scheinbarer Teufelskreis. Zur Innovation verdammt und in dem Versuch, gleichzeitig das unternehmerische Risiko zu drücken, überfluten die Hersteller den Verbraucher mit eilig entwickelten Me-toos. Der Konsument stumpft ab, das Neue nimmt er kaum mehr wahr: Gaben im Jahr 2000 noch 60 Prozent an, beim Kauf auf neue Produkte zu achten und diese auszuprobieren, so waren es 2003 laut ACNielsen nur noch 55 Prozent – eine klare Tendenz nach unten.

„Die Konsumenten können gar nicht so schnell reagieren, wie Produkte auf den Markt kommen", sagt Björn Sander, Principal bei BBDO Consulting. „Immer noch ein neues Fahrzeugmodell, immer noch ein neuer Snack", bringt er die Malaise der Markenartikler auf den Punkt. Angesichts millionenschwerer Investments, die Neueinführungen erfordern, sei es „unverständlich, dass viele Markenmanager ihre Hausaufgaben nicht ordentlich machen".

Was also können die Gescholtenen tun? Experten sehen Möglichkeiten auf mehreren Feldern, um das Risiko von Flops wenigstens zu minimieren. Sie können:

- Durch eine systematische Verbraucherbeobachtung und mittels Trendforschung versuchen, eventuelle Bedürfnisse der Konsumenten aufzuspüren. Daraus ergibt sich vielleicht ein Zeitvorteil.
- Brachliegende Segmente identifizieren und nach einer Analyse des Wettbewerbsumfelds besetzen. So ging Reckitt Benckiser Deutschland, Mannheim, zu dessen Marken Calgonit, Woolite, Kukident und Sagrotan gehören, 2003 mit dem Fleckenentferner „Vanish Oxi Action" in einen Markt, der nach Unternehmensangaben im selben Jahr zweistellig wuchs.
- Zuerst einmal das Produkt in Testmärkte geben.
- Neue Nischen über Kooperationen und Co-Branding erschließen. Markenartikler sollten dabei aber einen zu großen Markenspagat vermeiden. Doppelherz-Joghurt und der Phaeton sind nur zwei Beispiele von vielen.

Besonders sorgfältig geht im Vorfeld eines Launches der Markenartikler Beiersdorf vor, wo bei Vorstand Uwe Wölfer nicht nur Marketing und Vertrieb, sondern auch Forschung und Entwicklung (F&E) angesiedelt sind. 2003 investierte Beiersdorf 100 Millionen Euro (Vorjahr: 93 Millionen) in F&E. Von der Grundlagenforschung bis zur Marktreife durchläuft jedes Produkt drei Schritte: vom Test der Substanzen und Kombinationen (Phase eins, drei Jahre) über die finale Bewertung und Auswahl der Rohstoffe (Phase zwei, zwei Jahre) bis hin zur eigentlichen Produktentwicklung (eineinhalb Jahre).

Der Erfolg scheint den Hamburgern, die in der Hansestadt ein Forschungszentrum unterhalten, Recht zu geben: Über 40 Prozent des Umsatzes erwirtschaftet Beiersdorf nach eigenen Angaben mit Produkten, die nicht älter als fünf Jahre sind. Der Vorstandsvorsitzende Rolf Kunisch verfolgt eine dreidimensionale Wachstumsstrategie „mit neuen Produktkategorien wie etwa Nivea Visage Young, einer Markanteilserhöhung wie im Fall von Nivea Sun in Italien und Erschließen neuer

Absatzmärkte wie bei der Einführung von Eucerin in Frankreich". Nivea wuchs 2003 um weltweit 5,3 Prozent.

ACNielsen mahnt an, sich in Marketing und Vertrieb realistische Ziele zu setzen und diese möglichst monatlich anhand der Kriterien Distribution, Penetration und Zahl der Wiederkäufer zu überprüfen. Birgit Feldhusen: „Da gibt es in den Unternehmen zum Teil erheblichen Nachholbedarf." Bereits nach zwei bis drei Monaten mache es Sinn, erste Daten zu Erst- und Wiederkäufern zu erheben.

Je nach Warengruppe existieren Benchmarks, die bei einer fundierten Einschätzung helfen. Beispiel Duschbäder. Die zehn erfolgreichsten Marken erreichen nach etwa vier Monaten eine Distribution von 60 Prozent (Durchschnitt: 48 Prozent), während die „Flop Ten" bei rund 35 Prozent verharren. Die Penetration sollte nach sechs Monaten einen Prozentpunkt nicht unterschreiten – Top-Produkte kommen auf zwei –, die Wiederkäuferrate nach fünf Monaten einen Wert von annähernd zehn Prozent erreichen.

Denn wenn Produktentwicklung und -einführung versagen, das Controlling vernachlässigt oder das Leistungsversprechen nicht gehalten wird, stößt auch das Marketing an seine Grenzen. BBDO-Berater Sander: „Werbung allein macht noch keine Marke." Und schon gar keine „volksnahe" Luxus-Limousine.

Insert 5–1: Erfolgs- und Misserfolgsfaktoren der Innovationspolitik (Werben&Verkaufen 2004, S. 29f.)

Beispiel: Suche nach adäquaten Anwendungsmöglichkeiten von Innovationen

Auf der Suche nach einer Produktinnovation entwickelten Forscher einen Saft, der zwar hervorragend gegen Husten und Schnupfen wirkte, jedoch gleichzeitig eine einschläfernde Wirkung aufwies. Diese aus Kundensicht unerwünschte Eigenschaft brachte den Hersteller auf die Idee, gerade diesen Aspekt als Produktvorteil zu vermarkten. Der Erkältungssaft *„Wick Medi-Nait"* wurde so als Erkältungssaft für die Nacht daraufhin erfolgreich am Markt durchgesetzt (*Rasner/Nagel* 1998).

Von **Vorteil** ist bei diesem strategischen Ansatz insbesondere die Tatsache, dass sich relativ viele Innovationsideen entwickeln lassen. Allerdings ist damit auch ein höheres Risikopotenzial und eine höhere Innovationsfloprate – insbesondere aufgrund einer eher geringeren Orientierung am Kundenwunsch – verbunden.

Wesentliche Erfolgsvoraussetzung des Technology-Push-Ansatzes ist ein effizientes Technologie- sowie F&E-Management. Tendenziell gilt, dass mit zunehmendem Innovationsgrad eher der Technology-Push-Ansatz erfolgreich ist (*Meffert* 2000, S. 383).

Beispiel: Technology-Push-Ansatz bei 3M

Ein Beispiel für den Technology-Push-Ansatz ist die Entwicklung der Haftnotizen (*Post it*) von *3M*. Ein Entwicklungsingenieur des Unternehmens hatte in seiner frei verfügbaren Forschungszeit einen neuen Klebstoff entwickelt, der jedoch – wie die Testphase ergab – sehr schlechte Klebeeigenschaften aufwies. Der Kundenwunsch nach einem Klebstoff mit hoher Klebekraft wurde diese Entwicklung folglich nicht gerecht. Der Mitarbeitende suchte deshalb nach anderen Anwendungsgebieten für seine Erfindung. Dabei fiel ihm ein, dass er sich beim Kirchenbesuch schon sehr häufig gewünscht hatte, dass das lästige Blättern nach neuen Liedern entfiele. Er bestrich einige Blätter Papier mit seinem neuen Kleber und markierte bei seinen Kirchengängen die Seiten des Gesangbuches. Die Idee gefiel dem Entwicklungsingenieur so gut, dass er anfing, Haftnotizen mit geringer Klebekraft in Eigenproduktion herzustellen, die er kostenlos an sämtliche Kollegen verteilte. Der Erfolg war nicht nur unternehmensintern, sondern auch am externen Markt sehr groß (*www.3m.com/about3M/innovation/index.jhtml*, Zugriff am 01.04.04).

Der Grundgedanke des **Market-Pull-Ansatzes** basiert auf der Annahme, dass die ausschlaggebenden Impulse für neue Produkt- oder Serviceinnovationen vom Markt bzw. den Bedürfnissen der Kunden (Nachfragesog) ausgehen. In dieser Situation „verlangt“ der Markt nach einer Innovation, d.h., die Ansatzpunkte zur Steigerung des Kundennutzens wurden von den aktuellen Kunden bereits artikuliert.

Beispiel: Market-Pull-Ansatz bei Sony

Einen erfolgreichen Market-Pull-Ansatz realisierte das Unternehmen *Sony* mit der Einführung des Walkman. Das Konsumentenbedürfnis bestand darin, an jedem beliebigen Ort Musik hören zu können. Die Umsetzung dieses Kundenwunsches durch einen tragbaren Kassettenrekorder erforderte neben der Innovationsidee zudem auch die Fähigkeit, dies intern – beispielsweise gegen die Widerstände der Techniker – durchzusetzen. Es waren zahlreiche Barrieren zu überwinden, bevor der Walkman schließlich zum Welterfolg wurde (*Meffert* 2000, S. 383).

Zentrales Prinzip des Market-Pull-Ansatzes ist es, die zukünftigen Bedürfnisse der Kunden zu analysieren und Ansatzpunkte zur Steigerung der Kundenorientierung zu entdecken. Voraussetzung für den Erfolg ist vor allem eine zielführende Marktforschung sowie ein gutes Marketingkonzept.

Beispiel: Customer-Integration-Ansatz bei Siemens und Junghans

Der Customer-Integration-Ansatz wird bei der *Siemens AG* in der Art realisiert, dass Kundenveranstaltungen und darüber hinaus auch Kundenbefragungen durchgeführt werden, deren Ergebnisse in den Produktentstehungsprozess einfließen (*Pfeifer* 1996). Derart identifizierte Konsumententrends, z.B. zu High-Tech-Lösungen, wurden auch von dem Uhrenhersteller *Junghans* genutzt, beispielsweise um eine funkgesteuerte Uhr einzuführen, deren Zeitabweichung maximal eine Sekunde beträgt.

Eine Gefahr dieses Strategieansatzes besteht darin, dass „frühe Folger“ relativ schnell am Markt auftreten, da auch die Wettbewerber die latent vorhandenen Kundenwünsche analysieren und ihrerseits an der Entwicklung von Innovationen arbeiten.

Technology-Push- und Market-Pull-Ansatz wurden lange Zeit als alternative Strategieansätze intensiv und kritisch diskutiert. Dabei zeigen Untersuchungen, dass Unternehmen, die den Market-Pull-Ansatz betonen, am Markt langfristig erfolgreicher sind (*Johne/Pavlidis* 1995; *Hauschildt* 1997). Jedoch wird in jüngster Zeit immer mehr die Ansicht vertreten, dass die Entscheidung über den strategischen Ansatz des Innovationsmanagements situativ unter Berücksichtigung der grundsätzlichen strategischen Ausrichtung des Unternehmens (Kunden-, Wettbewerbs-, Technologieorientierung) zu treffen ist (*Gatignon/Xuereb* 1997, S. 77ff.). Insgesamt wird damit eher eine **integrierte Innovationsstrategie** empfohlen (*Rothwell* 1995, S. 13), die sowohl die Technologie- als auch die Marktkomponente berücksichtigt (Schaubild 5–5).

Die Gesamtheit der Aktivitäten, die im Verlaufe einer Leistungsinnovation notwendig sind, lässt sich im Rahmen des **Innovationsprozesses** verschiedenen Phasen zuordnen. Ziel des Innovationsprozesses ist es, durch eine Systematisierung der Aktivitäten die Erfolgswahrscheinlichkeit von Innovationen zu erhöhen.

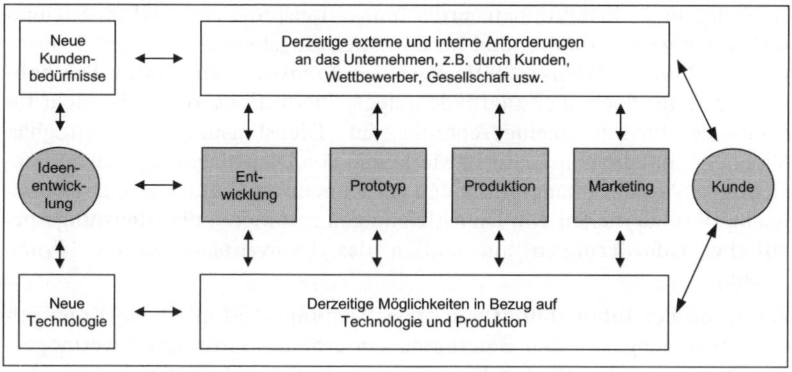

Schaubild 5–5: Integriertes Modell des Innovationsmanagements (Rothwell 1995, S. 13)

In der Literatur finden sich zahlreiche **Vorschläge für Innovationsprozesse**, die zum einem in der Ausdifferenzierung der Aktivitäten und damit in der Zahl der Phasen variieren (Schaubild 5–6). Die verschiedenen Innovationsprozesse umfassen zwischen drei und sieben Phasen. Zum anderen unterscheiden sich die Ansätze im Beginn und Ende des Innovationsprozesses. So setzt der Innovationsprozess bei einigen Autoren bereits bei der Problemerkenntnis und bei anderen erst bei der Ideengenerierung ein. In den meisten Ansätzen bildet die Einführung einer neuen Leistung das Ende des Innovationsprozesses. Wenige Autoren gehen darüber hinaus, indem sie den Abschluss des Prozesses in der laufenden Verwertung einer neuen Leistung sehen.

Autoren	Phasen						
	1	2	3	4	5	6	7
Müller/Deschamps 1986	Invention	Inkubation	Implementierung				
Reeder/Brierty/Reeder 1987	Ideengenerierung	Screening	Ideenbewertung	Vorläufiger Businessplan	Produktentwicklung/Test	Formaler Businessplan	Markteinführung
Trommsdorff/Schneider 1990	Problemerkenntnis	Ideengenerierung	Screening und Analyse	Entwicklung	Test und Vermarktung		
Cooper/Kleinschmidt 1991	Idee	Ideenselektion	Entwicklung	Test und Validierung	Produktion und Markteinführung		
Brockhoff 1992	Projektidee	F&E	Invention	Investition	Einführung		
Geschka/Laudel 1992	Strategische Orientierung	Ideenfindung	Auswahl von Vorschlägen	Erarbeitung der Aufgabenstellung	Präzisierung der Aufgabenstellung	Realisierung	
Thom 1992	Ideengenerierung	Ideenakzeptierung	Ideenrealisierung				
Hauschildt 1997	Idee	Entdeckung/Beobachtung	Forschung	Entwicklung	Erfindung	Einführung	Laufende Verwertung

Schaubild 5–6: Beispiele für Innovationsprozesse (Weiber et al. 1999, S. 89)

Konzepte eines institutionalisierten Innovationsprozesses sind im **Sachgüterbereich** weit verbreitet und im **Dienstleistungsbereich** eher selten anzutreffen (*Bullinger/Meiren* 2001; *Backhaus/Brzoska/Theile* 2002). Der üblicherweise für Sachgüter zugrunde gelegte Innovationsprozess ist nicht für sämtliche Phasen uneingeschränkt auf Dienstleistungen übertragbar. Vielmehr sind die konstitutiven Merkmale von Dienstleistungen zu berücksichtigen. Aus der Intangibilität und der Kundenbeteiligung als charakteristische Besonderheiten von Dienstleistungen resultieren **dienstleistungsspezifische Anforderungen** hinsichtlich des Innovationsprozesses (*Bruhn* 2006b).

Aufgrund der **Intangibilität von Dienstleistungen** erfordert die Konzeptionsentwicklung von den Beteiligten ein erhöhtes Abstraktionsvermögen. Darüber hinaus lassen sich Dienstleistungen nur mit vergleichsweise hohem Aufwand in der Form einer Vorabversion entwickeln und eingehend testen.

Aus der **Kundenbeteiligung an der Leistungserstellung** folgt, dass bei interaktiven Dienstleistungen innovative Kundenanregungen, -wünsche und -ideen bereits im normalen Dienstleistungserstellungsprozess aufgenommen werden können. Des Weiteren sind die Art und das Ausmaß der Kundenbeteiligung an der Leistungserstellung selbst Gegenstand einer (Prozess-) Innovation (Kunde als Co-Designer bzw. Prosumer). Deshalb sind Überlegungen zur Veränderung von Kundenprozessen nicht primär unter Effizienzgesichtspunkten anzustellen, sondern vor allem gewünschte Prozessveränderungen und gelernte Verhaltensweisen der Kunden im Innova-

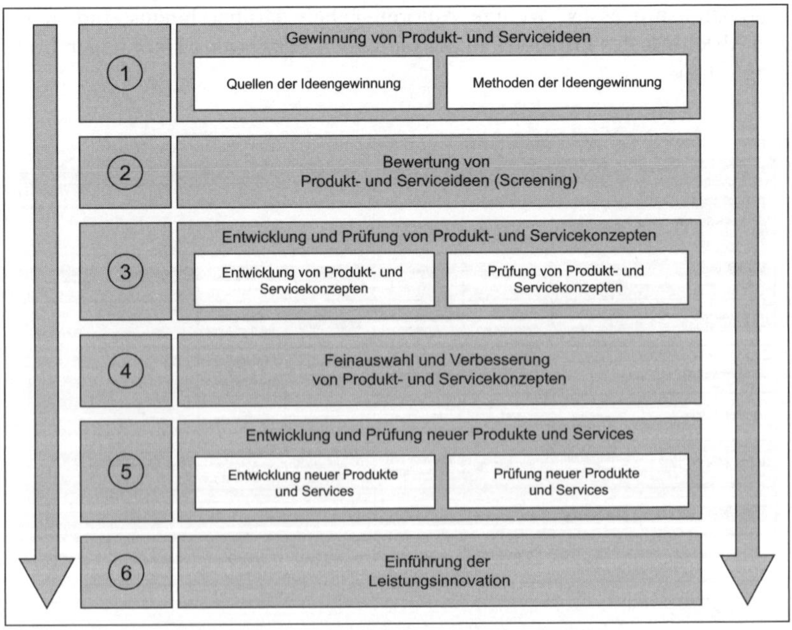

Schaubild 5–7: Planungsprozess für Innovationen

tionsprozess zu berücksichtigen. Insbesondere bei Verbesserungsinnovationen bestehen vergleichsweise gute Voraussetzungen für die Integration von Kunden in den Innovationsprozess, da diese über Wissen und Erfahrung aus der bisherigen Dienstleistungsnutzung verfügen.

Um die mit diesen besonderen Bedingungen verbundenen Chancen zu nutzen bzw. die spezifischen Risiken zu vermeiden, bedarf es des **Einsatzes dienstleistungsspezifischer Instrumente** im Innovationsprozess (vgl. hierzu die folgenden Abschnitte 5.1.3 bis 5.1.8).

Aufbauend auf den vorangegangenen Ausführungen wird im Folgenden ein sechsstufiger **Planungsprozess für Leistungsinnovationen** zugrunde gelegt, um die Entscheidungen über die Leistungsinnovation systematisch zu fundieren (Schaubild 5–7):

(1) Gewinnung von Produkt- und Serviceideen,
(2) Bewertung von Produkt- und Serviceideen (Screening),

Wie man eine verlorene Zielgruppe zurückgewinnt

1998 beauftragte der Ravensburger Spieleverlag die Marktforscher von Ears and Eyes mit der Entwicklung eines Konzepts für die extrem schwierige Zielgruppe der 12- bis 14-Jährigen. Eine faszinierende Herausforderung, die die Marktforscher zu Produktentwicklern werden ließ.

von Peter Hanser

Vex-Spielkarten: Die geheimnisvoll ineinander verschlungenen Buchstaben machen neugierig.

„Erzähl allen, in wen du gerade verliebt bist.", „Hast du jemandem schon mal absichtlich wehgetan? Und warum?", „Glaubst du, du bist ein guter Liebhaber/eine gute Liebhaberin? Begründe.", „Warum können Kühe nicht schwimmen?", „Act: Affentheater". Das sind wenige von vielen spannenden bis harten Fragen aus dem Kartenspiel Vex für 12- bis 14-jährige Teenies. „Vierzehnjährige und Karten spielen?", zweifeln die meisten, „die sitzen doch eher vor Computer oder Spielekonsole." Sollte man meinen, aber mit ausgefeilter Marktforschung und einem Produkt, das die Bedürfnisse der Heranwachsenden aufgreift, lassen sich auch diese kritischen Käufer für ein solches Produkt begeistern.

Was aber nicht so leicht ist, wie die Markt- und Trendforscher von Ears and Eyes feststellen mussten. Das erste Problem: Wie kann man Kinder in diesem Alter befragen, um zu erfahren, was sie sich wünschen oder wovon sie genervt sind? Die zur damaligen Zeit vorhandenen Studien begannen zumeist bei einem Alter von 14 Jahren. Zu Hilfe kam den Marktforschern die Tatsache, dass die Jugendlichen in diesem Alter schon sehr stark im Internet vertreten sind. Die Hamburger bildeten deshalb einen Online-Pool mit 500 Kindern der Zielgruppe. In drei großen Befragungswellen mit immer konkreter werdenden Themen erforschten sie die Befindlichkeiten und Lebenseinstellungen der anvisierten Zielgruppe, wie sie ihre Freizeit verbringt, was sie spielt und was sie mag.

SEPARARIEREN UND INTEGRIEREN

Die positiven Erkenntnisse dieser Befragung zuerst: Die 12- bis 14-Jährigen wollten in erster Linie zwei Dinge, die die Hamburger Marktforscher mit „separate" und „integrate" umschreiben. Einerseits wollen sie sich von den kleineren Kindern abgrenzen, aber auch von den Erwachsenen. „Ein Spiel kann nur dann erfolgreich sein, wenn es andere Bezugsgruppen ausgrenzt", zieht Susanne Maisch, geschäftsführende Gesellschafterin Ears and Eyes, eine erste Schlussfolgerung. Gleichzeitig streben die Kids in diesem Alter nach Integration, nach Kommunikation und Öffnung innerhalb einer Peergroup. „Deshalb müsste auch ein Spiel den Zweck verfolgen, Integration innerhalb der Gruppe zu ermöglichen", ergänzt Geschäftsführungskollege Oliver Leisse die zweite wichtige Schlussfolgerung.

Als weniger erfreulich erwiesen sich die Erkenntnisse für den Spieleverlag. „Es bestand kein Interesse an Ravensburger oder an Brettspielen, weil diese Teil der abgeschlossenen kindlichen Vergangenheit der Jugendlichen waren", resümiert Leisse. Die 12- bis 14-Jährigen hielten die aus ihrer Kindheit bekannte Marke einfach nicht mehr für relevant. Deshalb wurde eine neue Marke kreiert: Fishtank.

Aufgrund von Umstrukturierungen beim Spielehersteller Ravensburger ruhte das Projekt erst einmal zwei Jahre. In der Zwischenzeit hatte sich Ears and Eyes auf die Trendforschung spezialisiert. Entstanden war ein Netzwerk von Deutschen im Ausland, das 50 Metropolen und rund 500 Mitarbeiter umfasst.

Als das Projekt 2001 wieder aufgenommen wurde, setzte man die Trendforschung ein, um herauszufinden, wie die Kids ihre Freizeit gestalten, welche Probleme sie in diesem Alter haben, welches die aktuellen Spieletrends sind und welche Erwartungen sie an Spiele haben. 50 Kinder in aller Welt wurden in ihrem Tagesablauf begleitet und befragt. Die Marktforscher trugen sich in Gästebücher ein, gingen auf von Jugendlichen bevorzugte Internet-Seiten und konnten sie auch direkt ansprechen. Heute wäre diese Vorgehensweise nicht mehr möglich, damals brachte sie ein enormes Feedback.

Die Erkenntnisse aus diesen Analysen: Die Kinder in der Welt gleichen sich in vielen Merkmalen. Sie spielen ähnliche Spiele, tragen fast dieselbe Mode, haben fast dieselben Tagesabläufe und verfügen über ähnliche Bedürfnisse.

VON TRENDFORSCHERN ZU PRODUKTENTWICKLERN

Mit den Ergebnissen aus der Trendforschung und dem Wissen von Ravensburger entstand die Strategie für das Spiel. Kinder spielen nicht, um sich die Zeit zu vertreiben, sondern sie stehen schon in diesem Alter unter hohem Erwartungsdruck. Sie haben in ihrer nahen Zukunft viele Entscheidungen zu treffen. Sie sind interessiert daran, sich frühzeitig aufzustellen und zu üben, wie es sein wird, wenn man Entscheidungen treffen muss. „Aus dieser eigentlichen Überforderung der Kinder und ihrem Wunsch nach Training ist dieses Spiel entstanden. Aber es sind mehr als spielerische Elemente, weil sie auch für die Entwicklung der Persönlichkeit wichtig sind", erläutert Leisse den strategischen Spielansatz.

Die Hamburger Marktforscher fanden vier Felder, die für die Jugendlichen wichtig sind: Selbst-Bewusstsein, Selbst-Entdeckung, Selbst-Entwicklung und Selbst-Vermittlung. An dieser Stelle wäre ihre Aufgabe erledigt gewesen, und sie hätten nur noch das Briefing für die Produktentwickler schreiben müssen. Doch die zuständige Produktmanagerin von Ravensburger, Bianca Wolfer, erkannte, wie tief das Team von Ears and Eyes mit dem Thema verwurzelt war. Sie zeigte Mut, indem sie den Markt- und Trendforschern, die eigentlich schon das Spiel im Kopf fertig hatten, auch die Produktentwicklung übertrug. „Auf einmal waren wir Autoren", erinnert sich Trendforscherin Maisch. Das Resultat sind 500 Fragen, die – wie es auf dem Rücken der Spielkarten-Box heißt – an die Schmerzgrenze gehen.

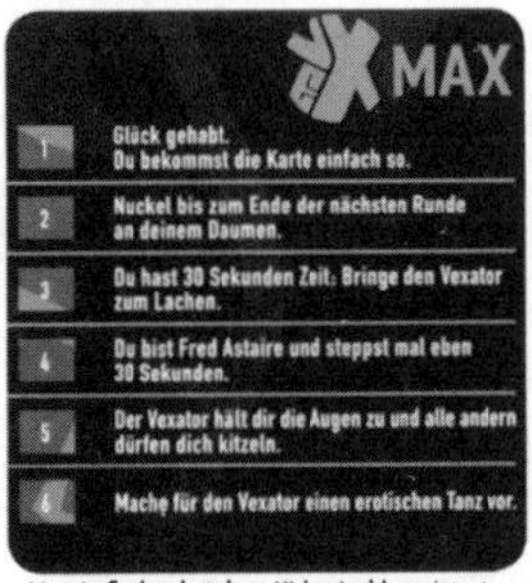

Vex-Aufgabenkatalog: Kids sind begeistert.

Damit begann die nächste große Herausforderung für die Trendforscher und das Ravensburger Marketing: Wie gewinnt man Jugendliche, für die Kartenspielen Kinderkram darstellt, für das Spiel? „Separate" hieß auch für diese Aufgabe der strategische Schlüssel, verdeutlicht durch den Warnhinweis auf der Verpackung: „Nicht mit den Eltern spielen." Zudem musste das Spiel erst als solches decodiert werden: So ist das in sich verschlungene Logo auf der edlen Metallbox, die wie eine Designer-Dose für das Schulbrot aussieht, nicht sofort zu erkennen. Und der Name Vex ist – wenn überhaupt – nur auf den zweiten Blick durchschaubar. Ein durchsichtiger Würfel versinnbildlicht Vielschichtigkeit. Schwer zu entschlüsselnde Geheimnisse wurden integriert. Beispielsweise befinden sich auf den Kartenrückseiten geheimnisvolle Texte, die zu einem poetisch-philosophischen Text zusammengelegt werden können. Es wurde auch eine sehr kleine Typo gewählt, was Älteren das Lesen erschwert. Um die geheimnisvolle Anmutung des Spiels zu unterstützen, wurde auch auf der Verpackung auf erklärende Hinweise verzichtet. Dagegen gab es nur einen Warnhinweis: „Sag deiner Mutter, es wäre Bridge. Sag deinem Bruder, es wäre ein Partyspiel. Sag deinen Freunden die Wahrheit." So entstand insgesamt ein Design, das durchaus abgrenzend wirkte.

WEGE ABSEITS DER KLASSISCHEN WERBUNG

In der Kommunikation vermieden Ears and Eyes und Ravensburger, ausgetretene Pfade zu beschreiten. „Wir wollten keine klassische Werbung, weil diese nicht den richtigen Ton für die Zielgruppe treffen würde", konstatiert Leisse, „lediglich die Tatsache, dass Vex da ist, ist interessant." Vielmehr sollte den Kindern die Gelegenheit gegeben werden, das Spiel einmal zu spielen, zu bewerten und bei Gefallen weiterzugeben. „Das war der einzige Weg. Entweder er funktioniert oder er funktioniert nicht", konstatiert Leisse. Deshalb wurde als einzige kommunikative Maßnahme zur Einführung des Spiels der Jugendzeitschrift „Bravo" ein Mini-Probeset beigelegt. Urteil der Kids: „mega-super-klasse Spiel". Die Besucherzahlen auf www.get-vex.com stiegen um 500 Prozent.

Mitte 2004 wurde das Spiel über Amazon bis zum Fachhandel eingeführt und schaffte es innerhalb kürzester Zeit in die Top Ten der verkauften Spiele bei Karstadt. Seit April ist eine neue – härtere – Version auf dem Markt, an der die Zielgruppe kräftig mitgewirkt hat. Im Vex-Forum kann sie nämlich Frage-Vorschläge machen. Weitere Editionen sollen folgen, womit sich Vex zum „Longseller" entwickelt. „Der Markt entwickelt sich noch weiter, ohne dass wir etwas dafür tun", freut sich Susanne Maisch darüber, dass die Strategie des Empfehlungskaufs voll aufgegangen ist. ■

Insert 5–2: Innovationsprozess beim Spieleverlag Ravensburger (absatzwirtschaft, Nr. 10, 2005, S. 38f.)

(3) Entwicklung und Prüfung von Produkt- und Servicekonzepten,
(4) Feinauswahl und Verbesserung von Produkt- und Servicekonzepten,
(5) Entwicklung und Prüfung neuer Produkte und Services,
(6) Einführung der Leistungsinnovation.

Insert 5–2 zeigt einen unternehmensspezifischen Planungsprozess von der Idee bis zur Markteinführung am Beispiel des Spieleverlags Ravensburger.

Branchenspezifische Unterschiede im Hinblick auf den Innovationsprozess ergeben sich insbesondere in der **Dienstleistungsbranche**. Hier ist zu beachten, dass bei Serviceinnovationen die Abbruchwahrscheinlichkeit in späteren Phasen des Innovationsprozesses besonders ausgeprägt ist, während bei den klassischen Produktinnovationen die Abbruchwahrscheinlichkeit bereits in der Konzeptionsphase sehr hoch ist. Diese Tendenz ist insbesondere auf den jeweiligen Investitionsbedarf zurückzuführen. Bei Produktinnovationen steigt der Finanzmittelbedarf mit der Beendigung der Konzeptionsphase und dem Beginn der Entwicklungsphase überproportional an (*Benkenstein* 1993, S. 23ff.). Die Konzeption und Umsetzung von neuen Services ist dagegen mit einem vergleichsweise geringen Investitionsbedarf verbunden. Der Finanzmittelbedarf steigt erst in der Markteinführungsphase und der damit verbundenen Implementierung der Serviceinnovation überproportional an (*Benkenstein* 2001, S. 700). Die Unterschiede im Bewertungs- und Selektionsprozess zwischen klassischen Produktinnovationen und Serviceinnovationen sind in Schaubild 5–8 dargestellt.

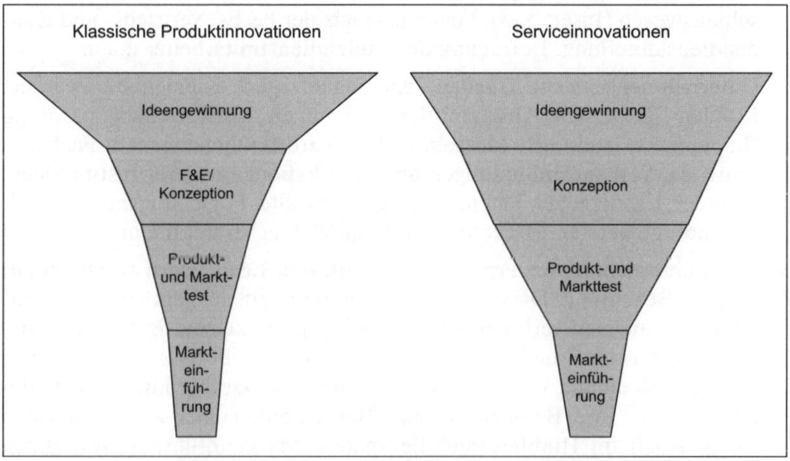

Schaubild 5–8: Trichtermodell der Selektion Erfolg versprechender Innovationen (Benkenstein 2001, S. 700)

Im Management von Serviceinnovationen lassen sich vor diesem Hintergrund nahezu sämtliche Ideen konzeptionell entwickeln und im Hinblick auf ihre Erfolgsaussichten im Markt testen. Erst danach wird ein sehr restriktiver Bewertungs- und Selektionsprozess einsetzen (*Benkenstein* 2001, S. 700).

5.1.3 Gewinnung von Produkt- und Serviceideen

Die Ideengewinnung stellt den ersten Schritt der Entwicklung von neuen Leistungen dar. Die Ideengewinnung kann sowohl systematisch als auch unsystematisch erfolgen. Bei der **unsystematischen Ideengewinnung** verzichtet ein Unternehmen auf gezielte Suchaktivitäten und verlässt sich darauf, dass Konsumenten, unternehmensexterne Experten oder die eigenen Mitarbeiter Innovationsideen an das Unternehmen herantragen.

Im Rahmen der **systematischen Ideengewinnung** lässt sich eine Vielzahl von Quellen (Abschnitt 5.1.3.1) und Methoden der Ideengewinnung (Abschnitt 5.1.3.2) einsetzen.

5.1.3.1 Quellen der Ideengewinnung (Ideensuche)

Anregungen zur Entwicklung von Ideen kommen vom Markt, wenn eine Leistung eines Unternehmens nicht mehr konkurrenzfähig ist oder sich Bedürfnisse der Kunden verändert haben. Dabei beginnt die Ideensuche in der Regel zunächst damit, unternehmensinterne und -externe Quellen zu nutzen. Für eine **Ideensammlung** sind folgende Quellen von besonderer Bedeutung (*Meffert* 2000; *Bruhn* 2004c, S. 132):

- **Unternehmensinterne Quellen**: Kundendienstberichte, Betriebliches Vorschlagswesen (Insert 5–3), Vorschläge aus der F&E-, Vertriebs- und Kundendienstabteilung, Befragung der Außendienstmitarbeiter u.a.m.
- **Unternehmensexterne Quellen**: Kundenanfragen, Kundenbeschwerden, Kunden-, Experten-, Absatzmittlerbefragungen, Konkurrenzbeobachtung (In- und Ausland, z.B. Messebesuche), Veröffentlichungen in Fachzeitschriften, Verbandsmitteilungen und Publikationen anderer Institutionen, Erfinder, Lizenzgeber, Patentämter und -anwälte, Forschungsinstitute und Technologieberater, Marketing- und Innovationsberater u.a.m.

Bei den unternehmensexternen Quellen gilt den **Lead Usern** (Leitkunden) besondere Beachtung. Diese zeichnen sich durch ein ausgeprägtes Produktinvolvement aus und verfügen über ein hohes produktspezifisches Fachwissen. Dadurch zeigen die Lead User häufig ein hohes Potenzial an kreativen Neuproduktideen und Verbesserungsvorschlägen. Darüber hinaus artikulieren Lead User ihre Bedürfnisse und Beschwerden eher als die übrigen Kunden. Auch im Hinblick auf die spätere Markteinführung von neuen Leistungen spielen Lead User eine wichtige Rolle. Als Trendsetter und Meinungsführer tragen sie zur Diffusion neuer Leistungen bei. Deshalb erweist es sich als wichtig, dass sie von den Neuproduktideen überzeugt sind. Dies stellt ein Unternehmen durch die frühzeitige Einbindung der Lead User in den Innovationsprozess sicher.

Beispiel: Lead User als Innovationsquelle bei der Novo Nordisk Pharma AG

Die *Novo Nordisk Pharma AG*, ein Schweizer Unternehmen, das Insulin für Diabetiker produziert, lud zwölf Meinungsbildner (Ärzte, Krankenschwestern, Ernährungsberaterin) zu einem dreitägigen Innovationsworkshop ein. Ziel war es, neue Lösungsansätze für Ärzte zu entwickeln, damit diese ihre an Diabetes erkrankten Patienten besser betreuen können. Als Restriktionen musste eine leichte Handhabung, geringe Zeitintensität und ein geringer Raumbedarf der neuen Lösung gewährleistet sein. Als Ergebnis wurde das so genannte „Instructionscenter" entwickelt; eine Drehscheibe, auf der die relevanten Patientengruppen sowie die dazu passenden Behandlungsmethoden schnell zusammengestellt werden können. Die Ärzte beurteilten diese neue Lösung im Vergleich zu den sonst üblichen Broschüren oder Informationsblättern als sehr gut (*Belz* 1998, S. 272ff.).

Ein **Beispiel** für die Nutzung von unternehmensinternen und -externen Quellen zur Generierung von Produktideen bei einem Haushaltsgeräteher-steller zeigt Schaubild 5–9.

Das betriebliche Vorschlagswesen zahlt sich für die Unternehmen mindestens zweifach aus

Holger Hättich fährt Porsche. Normalerweise könnte sich der gewerbliche Arbeitnehmer bei Beiersdorf diesen Spaß nicht leisten. Doch Holger Hättich ist ein engagierter Mensch und bringt seine Verbesserungsideen regelmäßig ein. Einige davon haben dem Unternehmen zu großen Einsparungen und ihm zu hohen Prämien verholfen. Für einen Vorschlag bei der Beschichtung eines Tesa-Spezialprodukts erhielt er 35.000 Euro. „Ich sehe Ideenmanagement als Dach auf einem Tempel mit mehreren Säulen", sagt Christiane Kersting, Bereichsleiterin am Deutschen Institut für Betriebswirtschaft (DIB), der einschlägigen Dachorganisation. „Eine davon ist das betriebliche Vorschlagswesen BVW, eine andere der kontinuierliche Verbesserungsprozess KVP, außerdem gibt es den Qualitätszirkel." Das BVW umfasst Vorschläge, die sich nicht direkt auf das eigene Arbeitsumfeld beziehen. Es zielt eher auf die Einzelperson und zentrale Ideen im Sinne der „sprunghaften Innovation", erläutert Kersting. Beim umfassenderen Ideenmanagement kommt der eigene Aufgabenbereich hinzu. Prämien gibt es allerdings nur dann, wenn die Anregungen über das Engagement hinausgehen, das man am Arbeitsplatz ohnehin erwarten kann.

Führungskräfte müssen überzeugt werden

Ziel all dieser Instrumente ist, die Mitarbeiter zu motivieren, sich mit ihren Impulsen und Erfahrungen einzubringen. Und zwar über das Maß hinaus, für das sie bezahlt werden. Egal ob es darum geht, Abläufe zu verändern oder Produkte zu optimieren. Doch ebenso die Führungskräfte müssen oftmals noch überzeugt werden. „Die Lehmschicht ist eindeutig das Mittelmanagement", weiß Kersting. Denn die blockt häufig ab – aus Bequemlichkeit, weil die Überzeugung fehlt, vielfach aber auch aus schlichter Arbeitsüberforderung. Abhilfe schaffen klare Zielvereinbarungen, welche die kreative Beteiligung der Mitarbeiter zum Erfolgskriterium machen, an dem sich auch der Chef messen lassen muss. Jeder darf, keiner muss", lautet das Motto der Beiersdorf-Ideenbörse, die von Bernd Aschmutat geleitet wird. Sie umfasst sowohl das klassische Vorschlagswesen als auch kontinuierliche Verbesserungsmaßnahmen. Über das Intranet kann man seine Vorschläge einreichen. Etwa jeder fünfte nutzt diese Chance. Ein Ausschuss, paritätisch aus Mitgliedern des Betriebsrats und Vertretern der Geschäftsleitung besetzt, prüft und bewertet die Eingänge. In KVP-Gruppen setzen sich die Mitarbeiter gezielt mit vorgegebenen Problemen auseinander. Leitende Angestellte sind als „Promotoren" ansprechbar, um guten Gedanken zum Erfolg zu verhelfen.

Elf Prozent der Vorschläge bergen laut Aschmutat großes Potenzial. Wichtig seien sie aber allesamt. „Das sind kritische Menschen, die hartnäckig und mitunter konfrontativ Abläufe hinterfragen", beschreibt er den Typus des innovativen Kollegen.

Mit dem Gesamtergebnis ist er sehr zufrieden: „Es bleibt nach Abzug aller Kosten immer noch eine stolze Summe übrig." Einsparungen von 2,3 Millionen Euro im vergangenen Jahr standen Prämien in Höhe von 462.000 Euro gegenüber.

Incentives schaffen zusätzliche Anreize

Für den Henkel-Konzern ist „das Ideenmanagement ein wichtiger Bestandteil, um die Innovationskraft des Unternehmens zu sichern und weiterzuentwickeln", sagt Stephan Zöllner. Er koordiniert diesen Bereich bei dem Konsumgüterhersteller mit seinen 10.800 Beschäftigten an 19 Standorten. Auch dort erweitern KVP-Teams, Qualitätszirkel und Workshops das klassische BVW zum umfassenderen Ideenmanagement. Mit Incentives wie Städtereisen schafft Zöllner zusätzliche Anreize. „Dann verdoppeln sich die Vorschlagszahlen." Diese gehen aber auch wieder zurück, wenn die Aktion vorbei ist.

Mit Geld- und Sachleistungen für Einzelpersonen und Teams belohnt der Konzern das Engagement. 15 Prozent der Jahres-Einsparsumme werden als Prämie gezahlt. Eine Obergrenze gibt es nicht. Der höchste Betrag, der bisher vergeben wurde, war 115.000 Euro für einen Vorschlag, der deutlich gesenkte Wasserkosten zur Folge hatte. Jeder investierte Euro bringt doppelten Gewinn, bilanziert Zöllner. Pro Jahr spart Henkel so durchschnittlich drei Millionen Euro. Christiane Kersting vom DIB hält sogar eine Kosten-Ertragsrelation von eins zu fünf für realistisch. Meist zahlen Unternehmen 15 bis 20 Prozent der ersten Jahreseinsparung als Prämie aus. Die Kostenreduktion wirke jedoch in der Regel länger als zwölf Monate.

„Wir können nicht wettbewerbsfähig bleiben, wenn wir uns nicht ständig verbessern", sagt Oliver Conradi, Personalleiter im Procter & Gamble-Werk Groß-Gerau. Dort werden Zahnpasten und -bürsten sowie Hustenbonbons für den weltweiten Markt hergestellt. Die Fabrik hat sich neben dem klassischen BVW einer asiatischen Variante – Kaizen – verschrieben. Sie zielt auf kontinuierliche Verbesserung des eigenen Arbeitsbereichs. „Das ergänzt sich", meint Conradi. An sinkenden Stückkosten und einer gesteigerten Produktivität misst er den Erfolg. Prämien vergibt P&G in beiden Systemen – maximal 7.700 Euro. Eine Summe, die schon mehrfach ausgezahlt wurde. Unter anderem für den Vorschlag, die Form eines Hustenbonbons so zu verändern, dass sie besser zur Produktionsanlage passt.

Insert 5–3: Ideengewinnung durch das Betriebliche Vorschlagswesen (Lebensmittel Zeitung 2005b)

Unternehmensinterne Quellen	Unternehmensexterne Quellen
– Rückmeldungen aus den Vertriebszentren und dem Kundendienst über Häufungen von Anfragen, Problemen und Störfällen – Top-Vorschläge (Betriebliches Vorschlagswesen): Mitarbeiter und deren Angehörige – Inhome-Test (Haushaltserprobung): Mitarbeiter erhalten zur praktischen Erprobung Geräte für ein bis zwei Jahre zur Verfügung gestellt	– Fachgespräche mit Anwendern (Fokusgruppe): Diskussion über vorgegebene und selbst ausgedachte Neu- und Weiterentwicklungen – Kunden-Hotlines des Herstellers: Kunden können Ideen direkt an den Hersteller weitergeben – Kundenbefragungen: Untersuchung der Produkturteile von Kunden (z.B. Beurteilung der Verständlichkeit der Bedienungsanleitung)

Schaubild 5–9: Quellen eines Haushaltsgeräteherstellers zur Generierung von Produktideen (Gierl/Helm 2002)

5.1.3.2 Methoden der Ideengewinnung (Ideenproduktion)

Bei der Ideenproduktion stehen analytische Verfahren im Vordergrund, mit deren Hilfe Ideen generiert werden sollen. Als Methoden der Ideengewinnung lassen sich unternehmensexterne und -interne Methoden unterscheiden.

5.1.3.2.1 Unternehmensexterne Methoden der Ideengewinnung

Zu den unternehmensexternen Methoden gehören Trendanalysen sowie die kundenorientierten Methoden.

(1) Trendanalysen zur Ideengewinnung

Die Trendanalyse ist ein Ansatz zur frühzeitigen und systematischen Erschließung von Ideen durch die Überwachung und Projektion von **umfeldbezogenen Entwicklungen**, die das Produkt- und Servicemanagement zukünftig beeinflussen. Die Trendanalyse gliedert sich in vier **Phasen** (*Hennig-Thurau* 2004, S. 709):

(1) Aus der Vielzahl der relevanten Umfeldfaktoren sind jene auszuwählen, die zukünftig einen großen Einfluss auf das Produkt- und Servicemanagement haben.

(2) Die ausgewählten Umfeldfaktoren sind kontinuierlich zu beobachten (Monitoring).

(3) Auf Basis der erhobenen Daten werden mit Prognosetechniken, wie z.B. der Delphi-Methode, zukünftige Entwicklungen prognostiziert. Dabei sind die leistungspolitisch relevanten Umwelttrends zu identifizieren.

(4) Die identifizierten Trends dienen schließlich dazu, leistungspolitische Implikationen, wie z.B. Ideen für neue Leistungen, abzuleiten.

Ein **Beispiel** für das Ergebnis einer Trendanalyse wäre, dass das zunehmende Umweltbewusstsein in der Gesellschaft sowie steigende Kraftstoffpreise sehr gute Absatzchancen für verbrauchsarme Kraftfahrzeuge eröffnen. Auch rechtliche Vorschriften erfordern alternative Lösungen von Anbietern (z.B. Einbau von Rußpartikelfiltern aufgrund der Feinpartikel-Verordnung). Insert 5–4 zeigt die Reaktion des *Unilever*-Konzerns auf den zunehmenden Gesundheitstrend im Nahrungsmittelbereich.

Eine spezifische Form der Trendanalyse sind **Technologiefrüherkennungsmodelle**, wie z.B. Technologieportfolios und Technologielebenszyklusmodelle (vgl. Kapitel 3 und 4). Sie dienen dem Erkennen und der Beurteilung der Entwicklungspotenziale neuer Technologien, der Leistungsfähigkeit der bekannten Technologien, der Austauschbarkeit zwischen Technologien sowie der voraussichtlichen Technologiesprünge.

(2) Kundenorientierte Methoden der Ideengewinnung

Die frühzeitige Einbindung der Kunden in den Innovationsprozess gewährleistet, dass die neuen Leistungen den Wünschen und Bedürfnissen der Kunden in möglichst optimalem Maße entsprechen, um eine möglichst hohe Akzeptanz auf dem Markt zu schaffen. Die kundenorientierten Methoden lassen sich danach unterscheiden, wie stark Kunden in den Prozess der

Rolle des Kunden	Mögliche Methoden	Integrationsgrad
Kunde als passives Beobachtungsobjekt	Beobachtung	Niedrig
Kunde als fremdbestimmter Dialogpartner	Befragung	↓
Kunde als selbstbestimmter Dialogpartner	Beschwerdeanalyse	↓
Kunde als gleichberechtigter Interaktionspartner des Unternehmens	Workshops	↓
Kunde als gleichberechtigter Mitarbeiter des Unternehmens	Innovationszirkel	↓
Kunde als selbstständiger Innovator	Toolkits	Hoch

Schaubild 5–10: Rollen des Kunden im Prozess der Ideengenerierung (In Anlehnung an Kunz/Mangold 2004, S. 334)

Leicht abheben

Der Unilever-Konzern will die Entwicklung gesünderer Eiscreme-Alternativen vorantreiben. Ausgewiesenes Ziel der so genannten Vitality-Strategie: die Verringerung des Fettgehaltes in den Produkten.

Von Dieter Heimig

Der Megatrend Gesundheit hat jetzt auch den Markt für Eiscreme erfasst. Unilever Ice Cream, mit einem Marktanteil von 17 Prozent weltweit das führende Unternehmen für Speiseeis, verpflichtete sich kürzlich zur so genannten Vitality-Strategie. Konkret: Der Konzern will in den kommenden Jahren die Entwicklung gesünderer Eiscremealternativen vorantreiben und damit die Sparte an den schnell wachsenden Gesundheits- und Wellnessbereich heranführen. Das nötige finanzielle Fundament hierfür haben die Verantwortlichen bereits gelegt: Von den 50 Millionen Euro, die jährlich insgesamt für Forschung und Entwicklung ausgegeben werden, steckt das Unternehmen nun 40 Prozent in dieses Projekt.

Die nötige Portion Optimismus hat man sich jenseits des großen Teiches geholt. „In den USA haben bereits 60 Prozent unserer neuen Eiscremeprodukte einen Gesundheits- oder Wellnessbezug. Diesen Trend sehen wir auch auf Europa zukommen", so Bernd Ellmann, Unilever Group Vice President für das europäische Tiefkühlkost- und Eiskremgeschäft. Der Manager schätzt, dass bis zum Jahr 2010 etwa 15 bis 20 Prozent des europäischen Produkt-Portfolios im Health- und Wellness-Segment angesiedelt sein werden. In diesem Zusammenhang verweist Ellmann auf die stattlichen Wachstumsraten im Gesundheits- und Wellnessbereich, die er weltweit auf jährlich elf Prozent beziffert.

Vor den Erfolg haben die Götter den Schweiß gesetzt, und so hat man zunächst in Zusammenarbeit mit dem Unilever Health Institute über einen Zeitraum von 18 Monaten die Nährwertprofile von allen 2 000 Eiscremeprodukten auf Möglichkeiten zur Weiterentwicklung und Verbesserung überprüft. Dabei wurden die Ernährungsrichtlinien der Weltgesundheitsorganisation zugrunde gelegt. Im Fokus der Vitality-Mission steht aber nicht nur die Optimierung von Nährwertprofilen. „Wir wollen den Verbrauchern auch mehr Auswahl bieten als je zuvor und es ihnen erleichtern, Entscheidungen informiert zu treffen. Auf den Punkt gebracht: Die Konsumenten sollen erfahren, wie Eiscreme Teil einer ausgewogenen Ernährung werden kann", erläutert Harald Melwisch, Global Brand Director bei Unilever Ice Cream. In der Praxis sieht das so aus: Seit dieser Saison enthalten die Verpackungen Angaben zum Kalorien-, Fett-, Kohlenhydrat- und Proteingehalt der Produkte. Darüber hinaus erhält man auf der Website des Unternehmens entsprechende Informationen über vier weitere Schlüsselnährwerte.

Ausgewiesenes Ziel der Vitality-Strategie ist die Verringerung des Fettgehaltes in den Produkten. Mit Hilfe neuer Rezepturen konnte dies bei den Marken Solero, Cremissimo und der Kids-Range bereits umgesetzt werden. Was die Kinderprodukte angeht, wurden außerdem bei fast allen Sorten künstliche Aromastoffe durch natürliche ersetzt. Für die jungen Eiskonsumenten hat man zudem etwas Neues im Programm: Gemeinsam mit Milka bringt Langnese diesen Sommer „Big Milk" in die Truhen. Das Eis in Kuhflecken-Optik enthält 70 Prozent Vollmilch bei 70 Kalorien pro Stück. Runter mit dem Energiegehalt geht es auch bei Solero. „Im Zuge eines Relaunches haben wir die Rezeptur verbessert. Solero Red Fruits hat nun bei einem Fettgehalt von drei Prozent 99 Kalorien, Solero Orange Fresh kommt sogar ohne Fett aus und weist einen Energiegehalt von 77 Kalorien auf", so Melwisch. Mehr Milch und Frucht, aber weniger Fett – diese Maxime gilt überdies für die Marke Cremissimo. Die im vergangenen Jahr eingeführten Varianten „Leichter Genuss Bourbon Vanille" und „Amarena" bieten 40 Prozent weniger Fett als die Standardprodukte. Der Geschmack scheint dennoch zu stimmen, denn die Light-Version kommt bei den Verbrauchern nach Unternehmensangaben ausgesprochen gut an. „Cremissimo leichter Genuss" war die erfolgreichste Neueinführung 2004 und übertraf die europäischen Absatzprognosen um 30 Prozent", konstatiert Melwisch.

Die Freunde des Eisklassikers Magnum haben seit geraumer Zeit ebenfalls die Möglichkeit, sich für eine fettreduzierte Variante zu entscheiden. Die „abgespeckte" Sorte hat 33 Prozent weniger Fett und 35 Prozent weniger Kalorien als „Magnum Classic"

Für Unilever Ice Cream ist das Ende der Fahnenstange damit aber noch nicht erreicht. So kündigt man bereits für das kommende Jahr weitere Rezeptoptimierungen an. Konkret: Die Menge an zugesetztem Zucker soll weiter gesenkt und die Fruchtanteile entsprechend erhöht werden. Darüber hinaus prüft der Konzern derzeit, inwieweit Produkte mit gesundheitlichem Zusatznutzen, zum Beispiel solche, die zur Senkung des Cholesterinspiegel beitragen, das Eiskremsortiment bereichern können. Voll in die Karten schauen lässt sich Unilever verständlicherweise nicht. Es scheint jedoch ziemlich sicher, dass im Zuge der Vitality-Offensive im kommenden Jahr weitere Innovationen mit Health- oder Wellnesscharakter auf den Markt kommen werden. Dabei haben die Verantwortlichen unter anderem die so genannten early adopters im Visier, also Zielgruppen, die sich in höherem Maße und früher als andere mit dem Thema Gesundheit befassen. Und hierzu zählen vor allem junge Frauen und Mütter. ■

UNTERNEHMEN

Unilever

Unilever ist mit einem Marktanteil von 17 Prozent und 4,4 Milliarden Euro Umsatz der weltweit größte Hersteller von Eiscreme. Das Unternehmen mit Hauptsitz in London und Rotterdam hat mehr als 223 000 Beschäftigte und vermarktet in 41 Ländern 2 000 verschiedene Markeneisprodukte.

In Deutschland kommen die Produkte von Unilever unter dem Dach von Langnese in die Truhen des Handels. Das Portfolio umfasst hierzulande über 50 verschiedene Sorten, darunter Magnum, Solero, Cornetto und Cremissimo. Langnese ist Teil der Langnese-Iglo GmbH, die 3 000 Mitarbeiter und 100 Auszubildende beschäftigt. ■

Insert 5–4: Gesundheitstrend als Ausgangspunkt für Innovationen bei Unilever (Lebensmittel Zeitung, 02.09.2005, S. 52)

Ideengenerierung eingebunden werden (*Kunz/Mangold* 2004). Die verschiedenen Rollen des Kunden sind in Schaubild 5–10 dargestellt.

Durch die **Beobachtung von Kunden** lassen sich Informationen gewinnen, die für den Innovationsprozess von besonderer Relevanz sind (*Ehret* 1998). Der Kunde hat innerhalb des Innovationsprozesses eine eher passive Rolle, da er dabei meistens nicht aktiv und bewusst daran beteiligt wird (*Busse/Reckenfelderbäumer* 2001). Die Beobachtung findet im direkten Umfeld, d.h. dem Alltag der Kunden statt. Die Durchführung der Beobachtung übernimmt ein interdisziplinäres Team von Ingenieuren, Sozialpsychologen, Designern usw. Wenn die Beobachter genauer wissen wollen, wie bestimmte Handlungen der beobachteten Person zu verstehen sind, stellen sie u.U. auch Fragen, wie z.B.: „Warum machen Sie das?". Die meisten Daten entstammen visuellen, auditiven und sensorischen Eindrücken. Bei der Beobachtung werden daher häufig Fotoapparate oder Videogeräte eingesetzt. Im Anschluss an die Datenerhebung steht die Analyse der Eindrücke im Mittelpunkt. Die Teammitglieder versuchen alle denkbaren Probleme und Bedürfnisse der Kunden zu identifizieren. Im Anschluss daran werden die Beobachtungen in potenzielle Lösungen übersetzt.

Beispiel: Kundenbeobachtung zur Ideengewinnung bei der Hilti AG

Die *Hilti AG*, ein weltweit agierendes Unternehmen für Befestigungstechnik, Abbautechnik und Bauchemie, erforscht Kundenbedürfnisse und Kundenprobleme durch fortwährende Studien auf Baustellen. Mit Hilfe von Videoaufnahmen werden durch unbefriedigte Kundenbedürfnisse Potenziale für Neuprodukte sowie durch vorhandene Kundenprobleme Verbesserungspotenziale bei bestehenden Produkten identifiziert (*Boutellier/Völker* 1997, S. 49).

Im Rahmen der **Kundenbefragung** nimmt der Kunde im Vergleich zur Beobachtung eine aktivere Rolle ein. Die Initiative und Steuerung der Interaktion gehen dabei vom Anbieter aus. Durch den Einsatz qualitativer Befragungsmethoden lassen sich die Motiv- bzw. Bedürfnisstrukturen von Konsumenten analysieren (*Hennig-Thurau* 2004, S. 708). Diese dienen als Ideenbasis zur besseren Befriedigung bestehender Konsumentenbedürfnisse. Dabei sind einzel- und gruppenanalytische Verfahren zu unterscheiden (*Wind* 1982, S. 254). **Einzelanalytische Verfahren** sind z.B. motivbezogene Tiefeninterviews und projektive sowie assoziative Fragetechniken. Das bekannteste und in der Praxis sehr weit verbreitete **gruppenanalytische Verfahren** ist das Fokusgruppeninterview (*Hennig-Thurau* 2004, S. 708).

Die **Beschwerdeanalyse** basiert auf von Kunden initiierten Informationen. Beschwerdekunden liefern häufig selbst schon erste Lösungsmöglichkeiten für vorgebrachte Probleme (*Meyer/Blümelhuber* 1998). Eine systematische Beschwerdeanalyse erfordert den anbieterseitigen Aufbau eines Beschwerdemanagementsystems. Für die Ideengenerierung ist es von besonderer Bedeutung, dass sich ein möglichst hoher Anteil der unzufriedenen Kunden beschwert und dass die Beschwerdeinhalte sorgfältig erfasst und dokumentiert werden. Der Beschwerdestimulierung sowie der Beschwerdeerfassung sind deshalb große Beachtung zu schenken. Die Beschwerdeanalyse bietet so die Chance, innovative Ideen durch Kundenanregungen, -wünsche und -bedürfnisse zu generieren. Das Potenzial der Methode ist jedoch dahingehend einzuschränken, dass durch die Beschwerdeerfassung vor allem inkrementelle Innovationen, d.h. nur Verbesserungen von bestehenden Leistungen, angestoßen werden. Radikale Innovationen werden dagegen nur selten initiiert (*Herstatt* 1991; *Kleinschmidt/Geschka/Cooper et al.* 1996; *Oppermann* 1998).

Beispiel: Beschwerdeanalyse zur Ideengewinnung

Das Unternehmen *3M* gibt an, dass mehr als zwei Drittel der Produktverbesserungsideen durch das Auswerten von Kundenbeschwerden entstehen (*Kotler* 2000, S. 48).

In einem **Kundenworkshop** diskutieren Kunden während eines ein- oder mehrtägigen Treffens ein meist bereits im Vorfeld bestimmtes Thema unter Leitung eines fachkundigen Moderators (*Busse/Reckenfelderbäumer* 2001). Bei dieser Methode der Ideengenerierung kann eine stark interaktive Zusammenarbeit zwischen Kunde und Unternehmen entstehen. Aufgrund dieser Interaktionsmöglichkeit sowie der zur Verfügung stehenden Zeit eignen sich Kundenworkshops vor allem auch für komplexere Fragestellungen (*Kleinschmidt et al.* 1996; *Busse/Reckenfelderbäumer* 2001).

Innovationszirkel sind regelmäßig unter Einbezug von Mitarbeitenden oder ausgewählten Kunden stattfindende Gruppendiskussionsrunden, die der Entdeckung und Entwicklung neuer Problemlösungsansätze und Innovationsmöglichkeiten dienen (*Roepke-Abel/Gerpott* 1986). Durch einen regelmäßigen Austausch von Mitgliedern des Innovationszirkels lässt sich für eine kontinuierliche Auffrischung des Zirkels sorgen (*Busse/Reckenfelderbäumer* 2001), die eine höhere Kreativität der Beiträge gewährleistet (*Kunz/Mangold* 2004).

Beispiel: Innovationszirkel zur Ideengewinnung im Servicesektor

Im Rahmen der jährlich stattfindenden Innovationserhebung des *Zentrums für Europäische Wirtschaftsforschung* (*ZEW*) wurde festgestellt, dass Innovationszirkel insbesondere von Serviceunternehmen eingesetzt werden. So verwendeten etwa vier von fünf Unternehmensberatungen bei ihren Kunden dieses Instrument. Intern griffen die Berater zu einem Drittel auf Innovationszirkel für die Einführung neuer Konzepte zurück (http://www.netzeitung.de/arbeitundberuf/293764.html, Zugriff am 16.11.05).

Toolkits sind Bündel von Designwerkzeugen, die es dem Kunden ermöglichen, innovative Leistungen nach den eigenen Vorstellungen selbständig zu entwickeln (*Kunz/Mangold* 2004). Mit Hilfe von Toolkits wird es Kunden ermöglicht, ein Leistungsdesign innerhalb eines definierten Lösungsraums zu kreieren, zu simulieren, die Funktionsweise zu bewerten und in Trial-and-Error-Zyklen schrittweise zu verbessern, bis sie mit ihrem Entwurf zufrieden sind (Insert 5–5). Dabei ist die Benutzung in einer für den Anwender gewohnten Sprache möglich und baut auf dessen Fähigkeiten auf. Neben der Entwicklung kundenspezifischer Leistungsinnovationen lassen

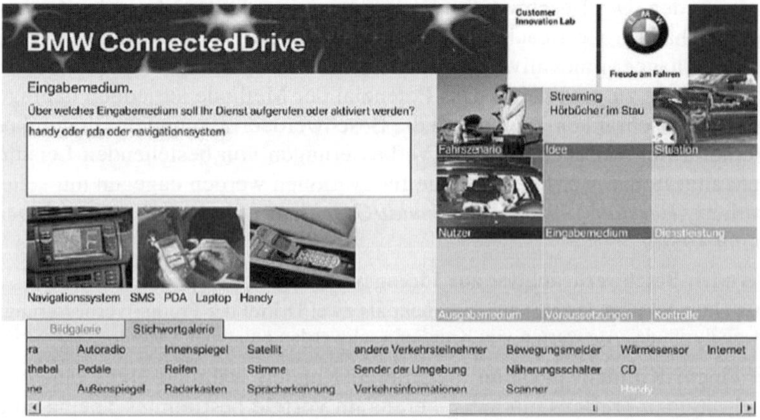

Insert 5–5: Beispiel für den Einsatz eines Toolkit im Customer Innovation Lab von BMW (http://www.bmw.de, Zugriff: 31.10.2005)

sich die durch Toolkits gewonnenen Kundeninformationen auch zu Marktforschungszwecken für die zukünftige Ausgestaltung des eigenen Leistungsprogramms nutzen (*Hippel/Katz* 2002; *Urban/Hauser* 2002).

5.1.3.2.2 Unternehmensinterne Methoden der Ideengewinnung

Im Mittelpunkt der unternehmensinternen Methoden der Ideengewinnung stehen kreative Denkprozesse, die durch verschiedene Kreativitätstechniken unterstützt werden. **Kreativitätstechniken** werden mit dem Ziel eingesetzt, durch die Mobilisierung der innovativen Potenziale einer oder mehrerer Personen auch ungewöhnliche Vorschläge für neue Leistungen oder Leistungsveränderungen zu generieren (*Schlicksupp* 1977; *Hennig-Thurau* 2004, S. 705). Kreativität lässt sich als ein „mentaler Prozess des schöpferischen Denkens" bezeichnen, bei dem an sich nicht zusammen gehörende Elemente vor dem Hintergrund einer gemeinsamen Aufgabenstellung zu einer neuartigen Problemlösung zusammengefügt werden.

Als Kreativitätstechniken werden vom Produktmanagement sowohl intuitive als auch diskursive Verfahren eingesetzt, die in Schaubild 5–11 aufgezeigt sind (*Hüttel* 1998, S. 182ff.; *Brockhoff* 1999, S. 127ff.; *Bruhn* 2004c, S. 132ff.). Während bei den **intuitiven Verfahren** die spontane Eingebung der beteiligten Personen stimuliert wird, werden bei den **diskursiven Verfahren** Lösungen durch logisch-systematisches Denken generiert. Kreativitätstechniken lassen sich im Hinblick auf das Ideen auslösende Element in Techniken mittels Assoziation und Konfrontation unterteilen.

Ideenauslösendes Element / Arbeitsweise	Assoziation bzw. Abwandlung	Konfrontation
Verstärkung der Intuition	**Intuitive Assoziation** ▪ Brainstorming ▪ Brainwriting (6-3-5)	**Intuitive Konfrontation** ▪ Synektik ▪ Reizwortanalyse
Systematisch-analytisches Vorgehen	**Systematische Abwandlung** ▪ Fragenkataloge/Checklisten ▪ Funktionsanalysen ▪ Morphologische Analyse	**Systematische Konfrontation** ▪ Bionik ▪ Systematische Reizobjektermittlung

Schaubild 5–11: Systematisierung von Kreativitätstechniken (In Anlehnung an Geschka 1982, S. 188)

(1) Verfahren der intuitiven Assoziation

Brainstorming

Das Brainstorming als intuitives Verfahren stellt eine der am häufigsten eingesetzten Kreativitätstechniken dar (*Uebele* 1988, S. 780). Eine Gruppe von etwa drei bis acht Personen aus möglichst unterschiedlichen Abteilungen ohne Hierarchieprobleme entwickeln spontane Ideen zu einer vorgegebenen Problemstellung. Hier geht es nicht darum, eine anwendungsreife Produktidee hervorzubringen, sondern möglichst viele (unkonventionelle) Anstöße zu liefern, die in späteren Phasen des Innovationsprozesses konkretisiert werden und hinsichtlich ihres Erfolgspotenzials zu beurteilen sind (*Hennig-Thurau* 2004, S. 706). Dabei ist besonders wichtig, dass Vorschläge zwar verbessert und mit anderen Ideen kombiniert werden, jedoch keine Bewertung oder gar Kritik an einzelnen Ideen erfolgen darf, um die Kreativität nicht zu bremsen. Im Vordergrund von Brainstorming-Sitzungen steht zunächst die Quantität der Ideenvorschläge. Die Vorschläge werden protokolliert und später durch das Produktmanagement bewertet.

Der Erfolg eines Brainstorming hängt in besonderem Maße davon ab, ob die Teilnehmer die folgenden vier **Grundprinzipien des Brainstorming** berücksichtigen:

- Zurückstellen jeglicher Kritik:
  - Keine Unterbrechung des Ideenflusses
  - Unterlassen langatmiger Diskussionen
  - Unterbinden von „Killer-Phrasen“ (z.B. „Das haben wir schon immer so gemacht!“, „So etwas können wir gar nicht finanzieren!“)
  - Kritik erst in der nachfolgenden Phase der Ideenbewertung
- Aufgreifen, Kombinieren oder Weiterentwickeln geäußerter Ideen
- Ideen freien Lauf lassen
- Quantität geht vor Qualität

Als **Vorteile** des Brainstorming sind insbesondere die schnelle Erlernbarkeit, leichte Anwendbarkeit und rasche Durchführbarkeit zu nennen. Es werden viele Alternativen erarbeitet, die die Wahrscheinlichkeit erhöhen, eine gute Lösung zu finden. Darüber hinaus sind außer einer Visualisierungsmöglichkeit für die gefundenen Ideen keine Hilfsmittel nötig. Wesentliche **Nachteile** sind, dass Brainstorming nur für relativ einfache Probleme geeignet ist und die Verfolgung der Ideenvorschläge meist eher an der Oberfläche der Ideenproblematik bleibt. Des Weiteren besteht die Gefahr der Unterschätzung der Komplexität des Brainstorming, da gewohnte Denkroutinen (u.a. Betriebsblindheit) zu überwinden sind. Letztlich wirkt sich das dominante Verhalten von Teilnehmern bzw. die Vernachlässigung der oben genannten Grundprinzipien hemmend auf die Kreativität der Mitglieder aus. Hierbei kommt dem Moderator eine Schlüsselstellung zu.

Brainwriting

In ähnlicher Weise wie das Brainstorming, aber ohne Gefahr der öffentlichen Kritik, verläuft das Brainwriting, in dem Produktideen durch die Gruppenteilnehmer schriftlich festgehalten werden. Ein bekanntes Verfahren ist die **Methode 6-3-5**, d.h. **sechs Personen** notieren jeweils **drei Produktideen**. Diese Ideen werden in der Runde **fünf Mal** an das nächste Gruppenmitglied weitergegeben, das die drei ihm vorliegenden Ideen jeweils weiterentwickelt.

Zu den wichtigsten **Vorteilen** des Brainwriting gehören, dass Kritik an den Beiträgen der anderen ausgeschlossen ist und kein Teilnehmer eine dominierende Rolle übernehmen kann. Darüber hinaus ist kein Moderator erforderlich. Das Sitzungsprotokoll entsteht automatisch und die Ideenurheberschaft kann festgehalten werden. Letztlich ist diese Methode auch für größere Gruppen geeignet (Formulare werden fünf Mal weitergegeben). Als **Nachteil** gilt, dass Rückfragen nicht zugelassen sind und somit Ideenformulierungen missverstanden werden können. Die Methode ist weniger spontan und dynamisch. Außerdem ist der Raum zur Ideendarlegung begrenzt und der Ideenfindungsprozess quantitativ limitiert. Besonders kreative Gruppenmitglieder werden in ihrer kreativen Leistung eingeschränkt.

(2) Verfahren der intuitiven Konfrontation

Synektik

Bei diesem Gruppenverfahren geht es im Gegensatz zum Brainstorming und Brainwriting nicht primär darum, eine Menge von Ausgangsideen zu generieren, sondern alternative Wege für die Realisierung eines definierten Ziels zu finden. Zunächst wird das aus unternehmensinternen und externen Personen, möglichst interdisziplinär zusammengesetzte Team von einem professionellen Synektikleiter mit der zu lösenden Problemstellung in groben Umrissen vertraut gemacht. In einem nächsten Schritt werden die Gruppenteilnehmer aufgefordert, die Problemstellung zu verfremden, indem sie diese auf andere Bereiche übertragen, in denen ähnliche Probleme vorliegen (z.B. Natur, Technik, Alltag). Hierdurch wird versucht, den „natürlichen" Verlauf kreativer Denkprozesse zu imitieren (*Hennig-Thurau* 2004, S. 706). Mit dem Mechanismus der Verfremdung in andere Lebensbereiche (Analogien) werden Produktideen gefunden, die ungewöhnlich sind. Im letzten Schritt sind die vorgeschlagenen Lösungsansätze auf die konkrete Ausgangsfragestellung zurück zu übertragen und adäquate Lösungswege aufzuzeigen.

Beispiel: Synektik

Ein häufig zitiertes Beispiel zur Synektik ist die Entwicklung einer transportablen 20-Meter-Antenne, die in kurzer Zeit aufgerichtet und wieder zusammengebaut werden kann (*Hüttel* 1998, S. 187; *Hennig-Thurau* 2004, S. 706). Die Analogie bestand in der Betrachtung der Wirbelsäule von Dinosauriern, die sehr beweglich ist und eine große Länge aufweist. Der Transfer der Analogie auf die konkrete Problemstellung führte zu dem Vorschlag, die Wirbelsäulenknochen durch Plastikelemente nachzubilden und diese mit einem Stahlseil zu verbinden. Das Stahlseil ermöglichte den Auf- und Abbau der Antenne in sehr kurzer Zeit.

Zentraler **Vorteil** der Synektik ist, dass mit Hilfe dieser Methode oft besonders neuartige Lösungen generiert werden. Die Synektik zählt zu den leistungsfähigsten Kreativitätstechniken, da sie das kreative Denken in besonderer Weise fördert. Als **Nachteil** ist allerdings zu nennen, dass es sich um eine anspruchsvolle und komplizierte Methode der Ideenfindung handelt, die hohe Anforderungen an die kreativen Fähigkeiten der Teilnehmer stellt und relativ zeitaufwändig ist (zwischen zwei und mehreren Tagen). Bei der Bildung von persönlichen Analogien ist mit Hemmungen bei den Teilnehmern zu rechnen. Schließlich hängt der Erfolg der Synektik stark von der qualifizierten Moderatorentätigkeit ab.

Reizwortanalyse

Bei der Reizwortanalyse handelt es sich um eine vereinfachte Form der Synektik. Es werden im Rahmen einer Gruppendiskussion aktuelle Reizwörter aus einem Referenzbereich (z.B. aus dem Lebensmittelbereich: „Light“, „Bio“, „Vital“) gesucht, deren Eignung dann für den Suchbereich (z.B. Tierfutter) geprüft wird.

Die **Vorgehensweise** der Reizwortanalyse gliedert sich in drei Schritte. Zunächst suchen sich die Teilnehmer ein Wort, das nichts mit dem zu lösenden Problem zu tun hat und aus einem anderen Bereich entstammt. In einem zweiten Schritt wird in etwa fünf Minuten alles zusammengeschrieben, was den Teilnehmern zu diesem Begriff einfällt. Mögliche **Leitfragen** dabei sind:

- Wie sieht das Objekt aus?
- Welche Eigenschaften hat es?
- Wie ist es konstruiert?
- Gibt es besondere Fähigkeiten?

Der dritte Schritt der Reizwortanalyse besteht darin, dass die Sammlung wieder mit dem Anfangsproblem zusammengeführt wird.

Als **Vorteil** der Reizwortanalyse lässt sich – wie auch bei der Synektik – herausstellen, dass die Methode zu relativ neuartigen Ideen führt. Zudem ist sie nicht so anspruchsvoll und auch weniger zeitintensiv als die Methode der Synektik. **Nachteil** ist, dass gebiets- bzw. themenfremde Ideen unter Umständen durch die Reizworte oder Bilder beeinflusst oder beschränkt sind.

(3) Verfahren der systematischen Abwandlung

Fragenkataloge/Checklisten

Bei Fragenkatalogen oder Checklisten wird durch Vorlage eines Sets von meist standardisierten Fragen nach Anregungen für Produktveränderungen gesucht. **Beispiele** für solche Fragestellungen sind:

- Lässt sich das Produkt vergrößern oder verkleinern?
- Gibt es andere Verwendungsmöglichkeiten?
- Kann es mit anderen Produkten kombiniert werden?
- Lässt sich die Technologie anpassen?
- Wo liegt das größte Optimierungspotenzial?

Vorteile von Fragenkatalogen bzw. Checklisten sind die Einfachheit und die universelle Einsetzbarkeit des Verfahrens. Außerdem ist der Detaillierungsgrad beliebig festlegbar. **Nachteile** liegen insbesondere darin, dass bei Ja/Nein-Entscheidungen Produktideen nicht differenziert bewertet werden. Darüber hinaus ist keine Gewichtung der Kriterien möglich.

Funktionsanalyse

Bei dieser Methode werden diejenigen Funktionen beschrieben, die die Produkte bereits erfüllen. Durch eine Kombination verschiedener Funktionen sollen Anregungen für neue Produkte entstehen. Vorteile der Funktionsanalyse sind die systematische Vorgehensweise sowie die Möglichkeit, vollkommen neuartige Ideen zu entwickeln. Allerdings ist mit der Methode auch ein relativ hoher Aufwand verbunden. Ein Beispiel hierzu zeigt Schaubild 5–12.

Beispiel: Funktionsanalyse

Ein Hersteller von Milcherzeugnissen stellt Milch, Butter und Joghurt mit Früchten her. Durch eine Kombination der Produktfunktionen – wie z.B. Gesund ernähren und Durstlöschen – entstehen neue Produktideen, wie z.B. die *LC1* Drinks des Unternehmens *Nestlé*.

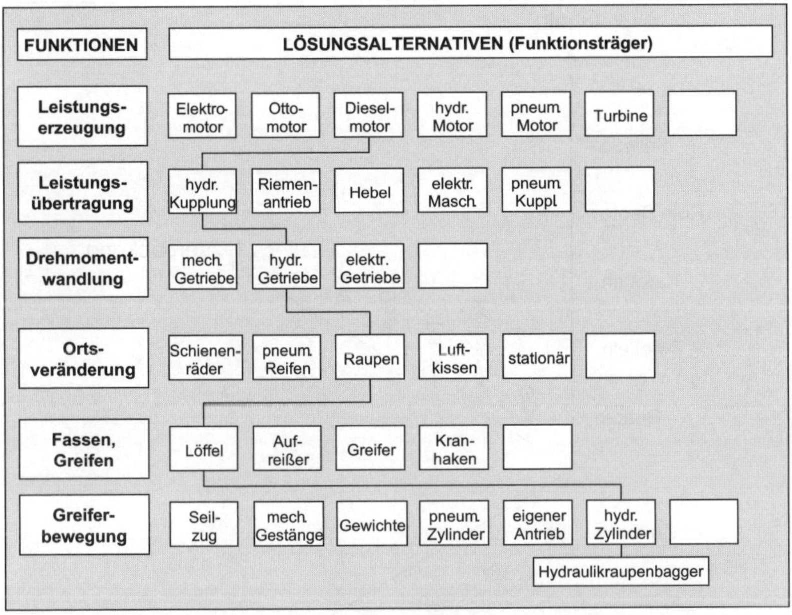

Schaubild 5–12: Funktionsanalyse am Beispiel eines Baggers (Koppelmann 2001)

Morphologische Analyse

Die morphologische Analyse stellt einen Oberbegriff dar, dem verschiedene Verfahrenstypen zuzuordnen sind (*Hennig-Thurau* 2004, S. 707). Gemeinsames Prinzip dieser Verfahren ist die Kombination von unabhängigen Teilen zu einem neuen Ganzen. Entsprechend werden bei der morphologischen Analyse bestehende Eigenschaften oder Eigenschaftsausprägungen eines Objektes hinterfragt und alternative Gestaltungsformen geprüft. Für die Generierung von neuen Produktideen wird die Bedarfserfüllung von Produkten in bestimmte Grunddimensionen zerlegt, um durch Kombination der Merkmalsausprägungen der einzelnen Dimensionen Hinweise auf neue Produkte zu erhalten.

Beispiel: Morphologische Analyse

Ein Lebensmittelhersteller kann beispielsweise Gemüse nach drei Grunddimensionen mit folgenden Merkmalsausprägungen aufteilen (Schaubild 5–13):

(1) Produktinhalt (Gurken, Zwiebeln, Karotten usw.),
(2) Produktgeschmack (sauer, süß, salzig usw.),
(3) Verpackung (Glas, Konserve, Fass usw.).

Durch systematisches Kombinieren sämtlicher Merkmalsausprägungen lassen sich vielfältige, neuartige Produktideen generieren (z.B. scharfe Zwiebelpaste aus der Tube).

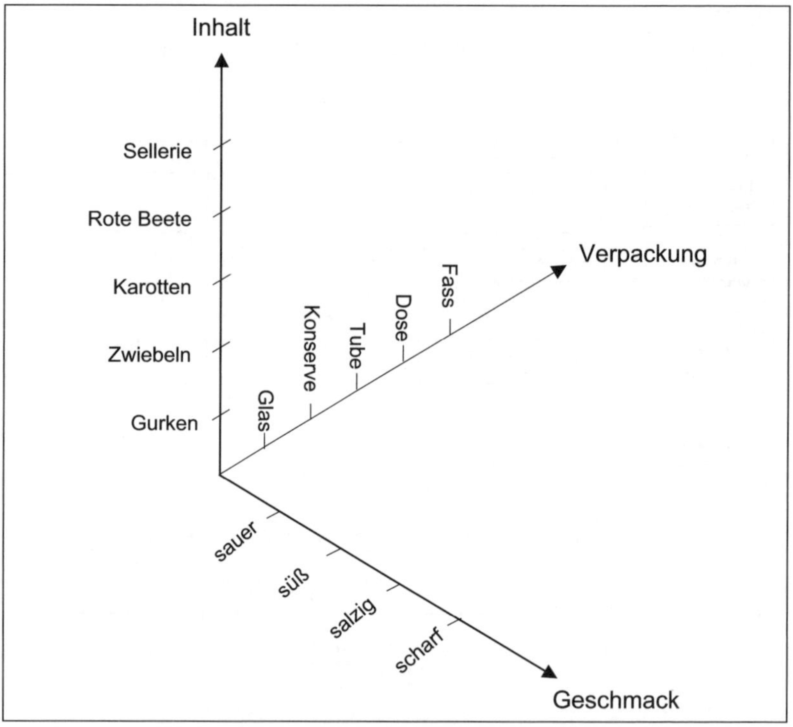

Schaubild 5–13: Beispiel für die morphologische Analyse

Vorteile der morphologischen Analyse sind deren universelle Anwendbarkeit für viele Fragestellungen sowie die Möglichkeit zur Verdichtung von Informationen. Die Methode ermöglicht es, auch komplexe Problembereiche zu strukturieren und zu analysieren. Als **Nachteil** ist zu nennen, dass die Anzahl von Lösungsmöglichkeiten bei komplexen Problembereichen mit einer Vielzahl von Parametern und Ausprägungen sehr hoch wird. In solchen Fällen besteht die Notwendigkeit des Herunterbrechens der übergeordneten Problemstellung auf spezifische Teilbereiche mit höherem Detaillierungsgrad. Dementsprechend handelt es sich um eine eher zeitintensive Methode (bis zu mehreren Tagen).

(4) Verfahren der systematischen Konfrontation

Bionik

Die Bionik basiert auf der Erkenntnis, dass „Tiere, Pflanzen und Menschen die vorbildlichsten Maschinen des bekannten Universums sind" (*Blüchel* 2001, S. 25) (Insert 5–6). Prinzip dieser Methodik ist die systematische Übertragung von biologischen Problemlösungen auf die Entwicklung von Neuprodukten. Anders als bei der Synektik, die natürliche Vorgänge als Bezugspunkte für kurzfristige kreative Prozesse nutzt, werden in der Bionik biologische Prozesse im Rahmen von langfristigen Forschungsarbeiten analysiert und technische „Nachbauten" der auf evolutionäre Weise entstandenen Problemlösungsmuster entwickelt (*Hennig-Thurau* 2004, S. 708). Die Vorbilder aus der Natur ermöglichen effizientere Lösungen für die Befriedigung von Konsumbedürfnissen (Insert 5–7).

Systematische Reizobjektermittlung

Hierbei werden systematisch Reizobjekte bzw. -worte ermittelt, die in ihren Eigenschaften den Anforderungen an die Problemlösung gerecht werden. Dazu erfolgt nach der Formulierung der Problemstellung (neues Tiershampoo) sowie der Ermittlung der zentralen Einflussfaktoren auf das Problem (neue Wirksubstanzen, Verpackung) die Definition jener Anforderungen, die jede noch zu findende Lösung zu erfüllen hat (z.B. Vitamine, fettfrei). Danach erfolgt die Auswahl relevanter Analogiebereiche (z.B. Shampoo für Menschen) und die Ableitung von Reizobjekten bzw. -worten aus diesem Analogiebereich. Schließlich werden zu jedem Reizobjekt neue Lösungsmöglichkeiten für das Problem erarbeitet.

Kreative Verfahren führen zu einer Vielzahl von Vorschlägen, die Hinweise auf Leistungsinnovationen und -verbesserungen geben. Bei den dargestellten Verfahren handelt es sich jedoch um **heuristische Methoden**, die keineswegs mit Sicherheit zu guten Lösungen führen. Studien über den Zusammenhang zwischen den verschiedenen Verfahren und dem Innovationserfolg liegen allerdings nur sehr eingeschränkt vor, so dass „der empirische Nachweis der Leistungsfähigkeit der Methoden [...] bisher unzureichend" ist (*Brockhoff* 1999, S. 130). Von den vielfältigen Ansätzen werden in der Praxis vor allem die genannten diskursiven Verfahren und die Methoden des Brainstorming und Brainwriting eingesetzt, da diese leicht zu handhaben sind. Die Bionik erfährt seit den 1990er Jahren wachsende Aufmerksamkeit (*Nachtigall* 1998).

Die Gitterwerkstruktur der Blattunterseite der **Riesenseerose** diente als Vorlage für Glashauskonstruktionen, wie z.B. den Crystal Palace, der für die Weltausstellung 1851 in London errichtet wurde.

Die Eigenschaft der Ballen von **Katzenpfoten**, bei der Landung oder beim abrupten Stopp breiter zu werden, wurde bei der Konstruktion von Autoreifen übernommen, wodurch der Bremsweg um zehn Prozent reduziert werden konnte.

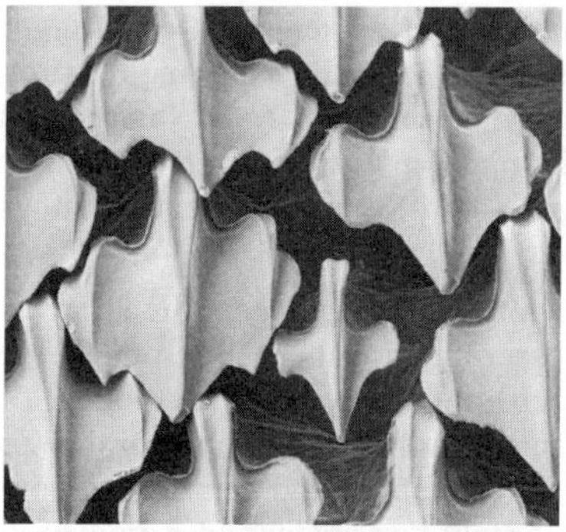

Die mikroskopisch fein geriffelten Längsrillen der **Haifischhaut** führen zu einem extrem geringen Strömungswiderstand. Nach diesem Prinzip wurde die so genannte Riblet-Haut für Rennboote und Flugzeuge entwickelt.

Die Selbstreinigung der **Lotusblume** wird durch die fein genoppte und mit Wasserkristallen aufgeraute Blattoberfläche möglich. Nach diesem Prinzip wurden Fassadenfarben entwickelt, die den Schmutz mit dem Regen abperlen lassen.

Insert 5–6: Beispiele für Bionik
(In Anlehnung an Hafen 2005, S. 18ff.)

Produktinnovation: BMW lernt von Pferden

Für die Gestaltung von Formen oder die Auswahl von Materialien nutzt BMW die Grundlehren aus der Bionik. Unter Bionik verstehen die Entwickler allerdings kein reines Kopieren der Natur. Es ist vielmehr ein Lernen von der Natur. Erforderlich ist die enge Zusammenarbeit zwischen Ingenieuren und Biologen. Häufig werden Evolutionsprinzipien auch als Grundlage für computergestützte Optimierungsverfahren im Fahrzeug- und Antriebsbau verwendet. Sind die biologischen Hintergründe erst einmal erkannt und die Prinzipien verstanden, dann sind die möglichen technischen Anwendungen vielfältig. Mit „bionischen Denkweisen" lassen sich nach Meinung von Prof. Dr. Burkhard Göschel, Mitglied des Vorstands der BMW AG, „Effizienzpotenziale im Produktentstehungsprozess erschließen." Göschel nennt auch ein Beispiel: „Beim aktuellen BMW 5er und dem neuen BMW 3er haben wir die Gewichtsspirale durchbrechen können: trotz deutlich mehr Komfort- und Sicherheitsausstattungen wurde das Gesamtgewicht nicht erhöht, beim BMW 5er sogar um über 40 Kilogramm reduziert." Ein Vorbild ist unter anderem das Pferd gewesen, besser gesagt, der Gewichtsanteil des Gerippes im Vergleich zu seinem Gesamtgewicht. Beim BMW 3er nimmt die Karosserie rund 20 Prozent des Totalgewichts ein. Das Skelett eines Menschen schlägt mit bis zu 18 Prozent zu Buche. Beim Pferd wurde dieser Quotient perfektioniert: nur zwischen sieben bis zehn Prozent bezogen auf das Gesamtgewicht sind Knochen. Nicht zuletzt deshalb sind Pferde hocheffiziente Arbeits-, Lasttier und Renntiere. Das mussten auch die Urväter des Automobils gewusst haben. Denn die PS sind nach wie vor eine magische Zahl für die Leistungskraft eines Fahrzeugs.

Insert 5–7: BMW lernt von Pferden
(absatzwirtschaft 2005)

5.1.4 Bewertung von Produkt- und Serviceideen (Screening)

Im Anschluss an die Generierung von Produktideen wird eine Prüfung von Neuproduktideen zunächst in Form einer **Grobauswahl** (Screening) erfolgen, in der einzelne Produktideen nach vorgegebenen Beurteilungskriterien bewertet werden.

Die systematische Bewertung von Produktideen in dieser frühen Phase des Innovationsprozesses ist von besonderer Bedeutung, da die Weiterführung von Ideen, die sich später als Flop erweisen, erhebliche Kosten im weiteren Entwicklungsverlauf und bei der Markteinführung mit sich bringen. Jede einzelne Innovationsidee verursacht im Verlauf des Innovationsprozesses progressiv zunehmende Kosten (Schaubild 5–14). Demgegenüber ist mit der Ablehnung von Ideen, die sich nach der Markteinführung zu Erfolgsprodukten entwickelt hätten, das Risiko entgangener Gewinne verbunden.

Für die Grobauswahl sind zunächst die für die Entscheidungssituation geeigneten **Beurteilungskriterien** festzulegen. Beispiele für anbieterseitige Soll-Anforderungen sind in Schaubild 5–15 dargestellt.

Da es sich um eine komplexe Entscheidung unter Berücksichtigung einer Vielzahl von Kriterien handelt, kann zur Entscheidungsunterstützung u.a. das Punktbewertungsverfahren – auch Scoringmodell genannt – eingesetzt werden. Das **Grundmodell des Punktbewertungsverfahrens** umfasst die folgenden Ablaufschritte (Schaubild 5–16):

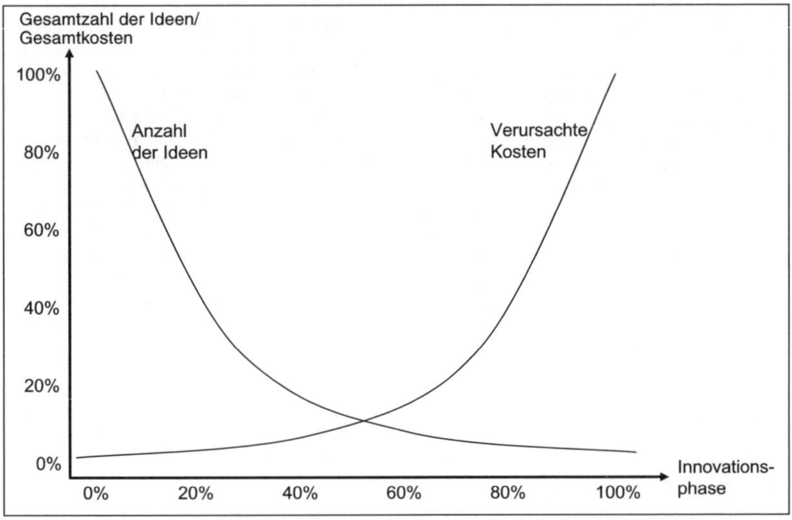

Schaubild 5–14: Kosten- und Ideenverlauf im Innovationsprozess

Kundenbezogene Kriterien	– Anzahl der potenziellen Kunden – Zahlungsbereitschaft der Kunden – Imageeffekte – Sichtbarkeit des Kundennutzens – Erschließung neuer Käuferschichten – Verbesserung der Marktstellung – Marktvolumen, -wachstum
Unternehmensbezogene Kriterien	– Umsatz-, Deckungsbeitragserwartungen – Übereinstimmung mit Unternehmensleitbild, -zielen, -strategien – Kompetenztransfer bzw. Synergiepotenziale (z.B. in den Bereichen Entwicklung, Produktion, Distribution) – Absatzbeziehungen zum vorhandenen Leistungsprogramm (z.B. die Gefahr von Kannibalisierungseffekten) – Kosten der Entwicklung und Markteinführung – Vorhandenes Know-how – Payback-Zeitraum
Wettbewerbsbezogene Kriterien	– Potenzielle Wettbewerber und deren Verhalten – Technologische Imitierbarkeit – Erlangung von Wettbewerbsvorteilen – Nachahmung der Konkurrenz – Gegenaktionen der Konkurrenz – Preis- und Konditionendruck
Handelsbezogene Kriterien	– Akzeptanz im Handel – Zusätzliche Handelsprofilierung – Kooperationsbereitschaft des Handels
Technologiebezogene Kriterien	– Technische Umsetzbarkeit der Produktidee – Realisierungszeitraum
Rechtliche Kriterien	– Juristische Umsetzbarkeit – Patentierbarkeit – Rechtliche Barrieren (z.B. Eingriff in Rechte eines anderen Unternehmens)
Gesellschaftsbezogene Kriterien	– Mögliche Konflikte mit Forderungen wichtiger gesellschaftlicher Anspruchsgruppen (z.B. Umweltverbände)

Schaubild 5–15: Beurteilungskriterien für die Grobauswahl von Leistungsideen

		Bewertung (0 = keine Eignung; 10 = ideale Eignung)	Gewichtung (0 = keine Bedeutung; 1 = höchste Bedeutung)	Punktwert (= Bewertung x Gewichtung)
Kundenbezogene Eignung	Anzahl Kunden			
	Zahlungsbereitschaft			
	Globalisierungspotenzial			
	Voraussichtliche Lebens-zyklusdauer			
Summe Bereich				
Max. Bereichspunktzahl				
Wettbewerbsbezogene Eignung	Möglichkeit zur Erzielung eines strategischen Wett-bewerbsvorteils			
	Imitierbarkeit der Idee			
Summe Bereich				
Max. Bereichspunktzahl				
Handelsbezogene Eignung	Wahrscheinlichkeit der Aufnahme durch den Handel			
	Serviceaufwand für den Handel			
Summe Bereich				
Max. Bereichspunktzahl				
Unternehmensbezogene Eignung	Synergiepotenziale mit bestehendem Programm			
	Technische Kompetenzen vorhanden?			
	Kapitalbedarf			
Summe Bereich				
Max. Bereichspunktzahl				
Technologische Eignung	Technische Umsetzbarkeit			
	Erwarteter Zeitbedarf			
Summe Bereich				
Max. Bereichspunktzahl				
Rechtliche Eignung	Konflikte mit geltendem Recht			
	Patentierbarkeit			
Summe Bereich				
Max. Bereichspunktzahl				
Gesellschaftsbezogene Eignung	Gesellschaftliches Konfliktpotenzial			
Summe Bereich				
Max. Bereichspunktzahl				
Gesamtwert				

Schaubild 5–16: Beispiel für ein Punktbewertungsmodell zur Grobauswahl von Produktideen

(1) **Festlegung der Beurteilungskriterien**, die das Unternehmen zur Entscheidungsfindung heranzieht. Diese Kriterien haben möglichst überschneidungsfrei zu sein.

(2) **Festlegung von Gewichtungsfaktoren**, um die unterschiedliche Bedeutung der verschiedenen Kriterien zu berücksichtigen. Die Gewichtungsfaktoren werden in einer Gruppensitzung mit den beteiligten Abteilun-

gen bzw. Personen für die einzelnen Beurteilungskriterien festgelegt. Der Gewichtungsfaktor, der einen Wert zwischen Null und Eins annehmen kann, repräsentiert die Kompatibilität der Leistungsidee mit den Gegebenheiten des Unternehmensbereiches.

(3) **Vergabe von Punktwerten** für die einzelnen Leistungsideen. Diese wird meist individuell vorgenommen, um anschließend unterschiedliche Meinungen und Einschätzungen über die Leistungsideen darzulegen und in der Gruppe zu erörtern.

(4) Für die einzelnen Leistungsideen erfolgt dann eine Multiplikation der Punktwerte pro Kriterium mit dem jeweiligen Gewichtungsfaktor und eine **Addition** der daraus resultierenden **gewichteten Punktwerte**.

(5) Die Summe der gewichteten Punktwerte ist **Maßstab für die Entscheidung** über eine weitere Verfolgung der betreffenden Leistungsidee. Diese Entscheidung lässt sich beispielsweise durch die vorherige Festlegung eines Mindestpunktwertes (für die Summe der gewichteten Punktwerte, aber auch für das Erreichen von Mindestpunkten ausgewählter Beurteilungskriterien, z.B. des notwendigen Investitionsvolumens) treffen. Ebenso lässt sich festlegen, nur eine bestimmte Anzahl von Leistungen weiterzuverfolgen. In diesem Falle werden die Leistungsideen mit den höchsten Punktwerten weiterverfolgt.

Die Grobauswahl von Produktideen mit Hilfe des Punktbewertungsverfahrens hat den **Vorteil**, dass der unternehmensspezifischen Situation Rechnung getragen wird, da das Produktmanagement selbst die relevanten Beurteilungskriterien bestimmt. Darüber hinaus lässt sich eine Vielzahl quantitativer und qualitativer Kriterien einbeziehen. Ein weiterer Vorteil ist, dass die Entscheidung für oder gegen bestimmte Produktideen für alle Beteiligten transparent und nachvollziehbar ist. Dem steht jedoch als **Nachteil** gegenüber, dass das Verfahren bei der Auswahl der Beurteilungskriterien und Gewichtungsfaktoren, bei der Punktevergabe sowie der Entscheidungsregel über die Höhe der gewichteten Punktwerte mit subjektiven Einschätzungen arbeitet und der Aufwand für die Handhabung relativ groß ist. Insgesamt aber zwingt das Verfahren alle beteiligten Entscheidungsträger, ihre Beurteilungskriterien offen zu legen und mit der Einschätzung anderer Beteiligter zu konfrontieren.

Eine **Ergänzung und Verfeinerung** bieten weitere Entscheidungstechniken, insbesondere die Wert-, Risiko- und Sensitivitätsanalyse (*Bruhn* 2004c, S. 136).

Die **Wertanalyse** ist eine systematische Untersuchungsmethode zur Bestimmung der Nutzenbeiträge der Teilfunktionen und Bestandteile einer Leistung (*Buro* 1989, S. 354ff.). Sie beinhaltet die systematisch analytische Durchdringung von Funktionsstrukturen mit dem Ziel, diese in Richtung einer Wertsteigerung zu beeinflussen. In Arbeitsgruppen wird hierbei zunächst der Ist-Zustand einer Leistung durch Beschreibung der Funktionen der einzelnen Produktbestandteile und Ermittlung der Funktionskosten aufgenommen. In einem weiteren Schritt wird die Funktionserfüllung im Hinblick auf die Erfüllung von Qualitätszielen und die Kosten im Hinblick auf

Kostensenkungspotenziale (bei gleicher Qualität) überprüft. Ergebnis der Wertanalyse ist eine Evaluation von Qualität und Kosten einer Produktidee sowie diesbezügliche Verbesserungsvorschläge. Die Wertanalyse kommt insbesondere bei Großunternehmen zum Einsatz.

Ziel der **Risikoanalyse** ist die Ermittlung der Wahrscheinlichkeitsverteilung einer Zielgröße aus den (unterstellten) Wahrscheinlichkeitsverteilungen der Inputgrößen. Dabei werden zunächst die Wahrscheinlichkeitsverteilungen für die unsicheren Inputgrößen (z.B. Image, Absatzmengen) geschätzt. Diese bilden die Basis für die Ermittlung der Wahrscheinlichkeitsverteilung der Zielgröße mittels analytischer Methoden oder Simulation. **Analytische Verfahren** sind sehr aufwändig, so dass häufig auf die so genannte **Monte-Carlo-Simulation** zurückgegriffen wird. Die Schätzung der Wahrscheinlichkeitsverteilung der Inputgrößen stellt in der Praxis häufig ein Problem dar, so dass die Risikoanalyse insbesondere zur Vorbereitung von größeren Investitionsentscheidungen eingesetzt wird.

Die **Sensitivitätsanalyse** ist ein Verfahren zum Einbezug von Unsicherheiten bei Entscheidungen, indem die Empfindlichkeit des Entscheidungskriteriums (z.B. Kapitalwert) gegenüber der Variation von (unsicheren) einzelnen oder mehreren Einflussgrößen (z.B. Preis, Absatzmengen) gemessen wird. Es lassen sich zwei Ausgestaltungsformen der Sensitivitätsanalyse unterscheiden. Mit Hilfe der **Kritische-Werte-Rechnung** wird geprüft, in welchem Maß der Wert von einer oder mehreren Einflussgrößen von dem geschätzten Wertansatz abweichen darf, ohne dass das Entscheidungskriterium einen vorgegebenen Wert über- bzw. unterschreitet. Währenddessen ermittelt die **Bandbreitenrechnung** den Wert des Entscheidungskriteriums jeweils auf Basis der wahrscheinlichsten, günstigsten sowie ungünstigsten Datenkonstellation. Die Differenz der Zielfunktion für die beiden Extrempositionen ist ein Indikator für das Ausmaß der Unsicherheit. Ist der Wert für die pessimistische (optimistische) Situation positiv (negativ), so ist die Entscheidungsalternative als (un)vorteilhaft anzusehen. Die Sensitivitätsanalyse eignet sich vor allem für den sehr frühen Einsatz in der Produktentstehung. So lassen sich z.B. kritische Werte für Mindestabsatzmengen usw. ermitteln.

5.1.5 Entwicklung und Prüfung von Produkt- und Servicekonzepten

5.1.5.1 Entwicklung von Produkt- und Servicekonzepten

Nach der Grobauswahl wird in der dritten Phase eine reduzierte Zahl von Leistungsideen durch das Produkt- und Servicemanagement weiter verfolgt. Hierzu sind für die einzelnen Produktideen detaillierte Leistungskonzepte auszuarbeiten. Ein Leistungskonzept ist eine von Konsumenten beurteilbare Darstellung der Leistungsidee. Ein **Leistungskonzept** beinhaltet eine genauere Beschreibung der Leistung, die angestrebte Positionierung, die Vorteile gegenüber anderen Leistungen, die Zielgruppe und die Verwendungssituation (*Hüttel* 1998, S. 182ff.; *Hansen/Hennig-Thurau/Schrader* 2001, S. 142ff.; *Erichson* 2002).

Ausgangspunkt für die Erarbeitung des Leistungskonzeptes ist wiederum der **Kundennutzen**. Hierzu sind Leistungsunterschiede im Wahrnehmungsraum der Kunden zu identifizieren und eine Platzierung der neuen Leistung im Positionierungsraum vorzunehmen (Brockhoff 1999, S. 134ff.).

Zur systematischen Entwicklung von Leistungskonzepten und zur Sicherstellung einer hohen Leistungsqualität ist durch das Produktmanagement ein **Lastenheft** zu erstellen. In diesem wird spezifiziert, welche Anforderungen die zu entwickelnde Leistung gemäß den Markt- und Kundenanalysen zu erfüllen hat. Im Lastenheft ist die Frage „Was ist wofür zu lösen?" zu beantworten. Dabei sind auch alle Randbedingungen (z.B. Anforderungen an die Produktion, Anforderungen des Vertriebs, Anforderungen des Unternehmens usw.) zu beschreiben. Schaubild 5–17 zeigt ein beispielhaftes Lastenheft aus der Uhrenindustrie, in dem Anforderungen aus Kundensicht sowie aus produktionstechnischer Sicht aufgeführt sind.

Anforderungen aus Kundensicht	Anforderungen aus Produktionssicht
– Quarzuhr mit flachem Kunststoffgehäuse – Analoge Anzeige – Wasserdicht – Lebensdauer der Batterie über drei Jahre – Viele Designvarianten – Niedriger Verkaufspreis	– Geringe Herstellungs- und Montagekosten – Geringe Ausschussrate – Vereinfachung der Automatisierung – Hohe technische Qualität

Schaubild 5–17: Beispiel für ein einfaches Lastenheft aus der Uhrenindustrie

Aufgabe der Entwicklungsabteilung ist es dann, im **Pflichtenheft** festzulegen, wie und womit die im Lastenheft festgeschriebenen Anforderungen zu realisieren sind. Das Pflichtenheft umfasst die organisatorischen und/oder technischen Vorgaben zur Erstellung einer Leistung und gibt Antwort auf die Frage „Wie und womit werden die Anforderungen aus dem Lastenheft realisiert?". Schaubild 5–18 zeigt ein Beispiel für die Struktur eines Pflichtenhefts.

1. Projektübersicht	Gegenstand des Projektes, Projektorganisation, Projektleiter und -team, Einordnung in die Unternehmensstruktur
2. Wirtschaftliche Ziele des Projektes	Zielkunden, Kundenanforderungen, Marktpreise, Zielkosten, Service, Stückzahl, Vertriebswege
3. Zeitziele	Entwicklungsdauer, Markteintrittstermin
4. Produkteigenschaften	Funktion, Leistungsparameter, Lebensdauer, usw.
5. Designziele	Designprägnanzen
6. Produktionsbezogene Ziele	Herstellungstechnologie
7. Ökologische Ziele – Umweltschutz	Materialieneinsatz, Recyclingfähigkeit
8. Schutzrechtliche Ziele	Patentschutz

Schaubild 5–18: Beispiel für die Struktur eines Pflichtenhefts aus der Uhrenindustrie

Zentraler **Vorteil** der Erstellung von Lasten- und Pflichtenheften besteht darin, dass sich durch eine systematische Dokumentation und die Vereinheitlichung von Vorgaben Missverständnisse und Versäumnisse bei der Entwicklung von neuen Leistungen reduzieren lassen. Damit entsteht eine höhere Entwicklungssicherheit. Als **Nachteil** ist vor allem der relativ hohe Aufwand der Lasten- und Pflichtenhefterstellung zu nennen, der insbesondere durch die Koordination sehr unterschiedlicher Unternehmensbereiche entsteht. Eine Standardisierung dieser Prozesse ist nur schwer möglich.

Zur systematischen Überführung der Kundenanforderungen (Lastenheft) in konkrete Produktmerkmale (Pflichtenheft) bietet sich der Einsatz der Methode des **Quality Function Deployment** an (vgl. ausführlich Abschnitt 6.1.2.2). Durch diese Methodik wird sichergestellt, dass sich die Leistungsentwicklung auf jene Leistungsmerkmale konzentriert, die aus Sicht der Kunden besonders wichtig sind (z.B. Sparsamkeit, Beschleunigung, Sicherheitsausstattung eines PKW).

Im Rahmen der Konzeptentwicklung gilt es bereits mit der Kostenplanung zu beginnen. Diesbezüglich hat das **Target Costing** als ein zentrales Instrument des marktorientierten Kostenmanagements an Bedeutung gewonnen (*Göpfert/Knecht* 2000, S. 514). Im Gegensatz zu klassischen Preis- und Kostenplanungsmethoden steht hierbei statt der Frage „Was wird ein Produkt kosten?" die Frage „Was darf ein Produkt kosten?" im Vordergrund. Mit der Kostenplanung bzw. -rechnung wird so bereits in den Phasen der Produktentstehung begonnen statt erst in der Produktionsphase. Hierzu wird in einem ersten Schritt mit Hilfe der Marktforschung ein potenzieller Marktpreis für eine neue Leistung ermittelt. In einem zweiten Schritt werden die vom Markt erlaubten Kosten der Leistung („Allowable Costs") durch Subtraktion des angestrebten Gewinns („Target Profit") vom erzielbaren Verkaufspreis berechnet. Durch Gegenüberstellung der erlaubten Kosten und der geschätzten Standardkosten („Drifting Costs") lässt sich die Notwendigkeit von Kostensenkungsmaßnahmen im Rahmen der Produktentwicklung bestimmen. Die Kosten sind so weit zu senken, dass die erlaubten Kosten bzw. Target Costs erreicht werden. Schaubild 5–19 zeigt ein **Beispiel** für die Entwicklung einer Getränkekühlung für einen PKW.

Im **Industriegüterbereich** ist es darüber hinaus spätestens in der Phase der Entwicklung von Produkt- und Servicekonzepten von Vorteil, die (potenziellen) Kunden direkt in den Produktentwicklungsprozess als Partner einzubinden (**Lead-User-Ansatz**). Innovative Leistungskonzepte lassen sich so den tatsächlichen, oft sehr speziellen Kundenanforderungen frühzeitig anpassen. Zudem leisten derartige „Pilotkunden" wertvolle Überzeugungsarbeit bei der tatsächlichen Einführung der Produktinnovation (*Backhaus* 2003, S. 348f.).

Gleiches gilt wegen der Integration des Kunden bei der Dienstleistungserstellung auch für den **Dienstleistungsbereich**. Dort ist für eine systematische Entwicklung eines Leistungskonzeptes zudem eine Auflistung der einzelnen Ablaufschritte bzw. eine Zerlegung der Dienstleistung in Phasen vorzunehmen (**Blueprinting**) (vgl. ausführlich Abschnitt 6.1.2.4).

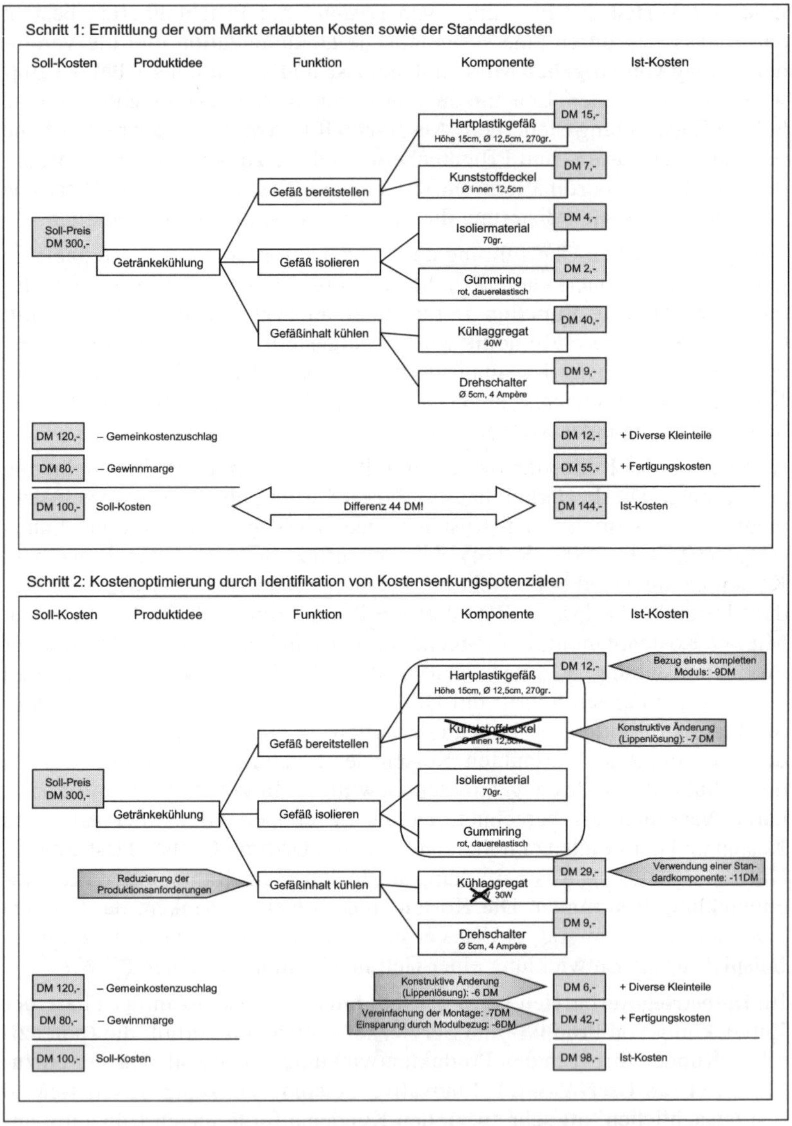

Schaubild 5–19: Target Costing im Innovationsprozess am Beispiel einer PKW-Getränkekühlung (Göpfert/Knecht 2000, S. 521f.)

5.1.5.2 Prüfung von Produkt- und Servicekonzepten

Die Prüfung von Produkt- und Servicekonzepten erfolgt durch ausgewählte **Testpersonen**. Dabei sind nicht nur die Endabnehmer relevant. Vielmehr ist ein neues Leistungskonzept auch mit Händlern oder anderen Absatzmittlern rechtzeitig durchzusprechen. Aufgrund der besonderen Marktnähe zu den Endkunden sind Händler oft sehr gut in der Lage, dem Hersteller eine realistische Einschätzung der Marktchancen und -risiken von neuen Leistungskonzepten zu geben.

Dabei erfolgt die Evaluation der (noch) hypothetischen Leistung durch die Testpersonen anhand von **anschaulichen Beschreibungen**, die in verbaler Form als Text oder als mündliche Erklärung sowie in visueller Form als Zeichnung oder Modell präsentiert werden.

Konzepttests finden meistens im Rahmen von **Einzelinterviews** oder **Gruppendiskussionen** statt, wobei die Einzelinterviews durch höhere Interpretierbarkeit zu besseren Ergebnissen führen. Leistungskonzepte lassen sich nicht in realen Kaufsituationen überprüfen, so dass die in den Testsituationen ermittelten Antworten über Kaufwahrscheinlichkeiten mit Vorbehalt zu interpretieren sind.

Durch verschiedene Fragen werden bei Konzepttests Eignung, Innovationsgehalt und Marktchancen einer Leistungsinnovation getestet. Beispiele für **Fragestellungen** in dieser Phase sind:

- Wird der Kundennutzen verstanden?
- Welches sind die wichtigsten Konkurrenzleistungen?
- Sind die Leistungsvorteile gegenüber Konkurrenzleistungen ausreichend?
- Wie wird das Preis-Leistungs-Verhältnis beurteilt?
- Bestehen Präferenzen und Kaufabsichten bezüglich der neuen Leistung?
- Welche Leistungen werden durch die neue Leistung substituiert?
- Welche Kaufbarrieren werden wahrgenommen?
- Bestehen Vorschläge für Leistungsverbesserungen?

Mit Hilfe der Testpersonen wird überprüft, ob aus deren Sicht die neue Leistung Vorteile gegenüber bereits existierenden Leistungen – mit vergleichbaren Funktionen – aufweist. Durch die Reaktion der Probanden wird abgeschätzt, ob ein ausreichender Käuferkreis zu erwarten ist. Auch die Grenzen, in denen sich der Preis der Leistung zu bewegen hat, lassen sich abstecken. Neben den Vorteilen, die eine neue Leistung aufweist, interessieren aber auch die Nachteile, die aus Sicht der Probanden existieren. So ist es möglich, Mängel schon während der Konzeptionsphase zu beseitigen. Während eines Konzepttests können aber auch wichtige neue, bisher nicht oder nur ungenügend bedachte Aspekte aufgegriffen werden und in die weitere Entwicklung der Leistung einfließen.

Bei einem Konzepttest werden die Probanden teilweise auch allgemein über Soll-Eigenschaften einer Leistung befragt. Mit Hilfe der Multidimensionalen Skalierung (MDS) oder der Conjoint-Analyse werden für den Konsumenten **nutzenoptimale Merkmalskombinationen** von Leistungen ermittelt (vgl. hierzu ausführlich Kapitel 3).

Oft werden mehrere Konzeptalternativen sowohl unabhängig voneinander, als auch im direkten Vergleich zueinander getestet, so dass diejenige Alternative ausgewählt wird, die den Kundenbedürfnissen am ehesten entspricht.

Im Anschluss an die Prüfung der Leistungskonzepte werden **Leistungsverbesserungen** vorgenommen. Dies gilt insbesondere in Bezug auf eine klarere und konsequentere Positionierung der Leistung bzw. der Marke gegenüber Konkurrenzleistungen bzw. -marken sowie einer Feinabstimmung des Preises.

Die Prüfung von Leistungskonzepten wird in der **Praxis** regelmäßig vernachlässigt. Unternehmen sind von einer Idee und dem Leistungskonzept oft so sehr überzeugt, dass auf genauere Tests verzichtet wird. Fehleinschätzungen werden deshalb jedoch nicht rechtzeitig aufgedeckt. Die damit verbundenen Fehlplanungen werden nicht korrigiert, so dass die Gefahr besteht, im weiteren Leistungsentwicklungsprozess für viel Geld eine Leistung am Markt vorbei zu entwickeln.

5.1.6 Feinauswahl und Verbesserung von Produkt- und Servicekonzepten

In der Phase der Feinauswahl sind jene Leistungskonzepte auszuwählen, die weiterzuentwickeln und am Markt durchzusetzen sind. Im Rahmen von **Wirtschaftlichkeitsanalysen** wird bestimmt, inwiefern die einzelnen Leistungskonzepte zum Erreichen ökonomischer Ziele (z.B. Absatz, Umsatz, Gewinn, Deckungsbeitrag) beitragen (*Hüttel* 1998, S. 216ff.).

Grundlage der Wirtschaftlichkeitsanalyse ist die Schätzung der Umsätze und Kosten der einzelnen Leistungskonzepte. Für die **Umsatzprognose** sind entsprechend zu erwartende Umsatzverläufe abzuschätzen. Der jeweils branchentypische Umsatzverlauf bietet dabei häufig wichtige Anhaltspunkte. In Verbrauchsgütermärkten sind Erst- und Probierkäufe sowie Wiederkaufraten der Kunden im zeitlichen Ablauf abzuschätzen. Bei Gebrauchsgütern ist es aufgrund der größeren Kaufintervalle vor allem die Schätzung der Erstkäufe und des Ersatzbedarfs, die für die Umsatzprognose herangezogen wird. Im Industriegüterbereich sind die potenziellen Kunden meistens überschaubar, so dass zur Umsatzprognose Schätzungen hinsichtlich der Kaufwahrscheinlichkeiten einzelner Kundensegmente möglich sind. Die **Kostenschätzung** hat sämtliche dem Leistungskonzept zurechenbaren Kosten aus den Bereichen F&E, Produktion, Marketing, Vertrieb und Administration zu berücksichtigen. Hier liegen häufig im Rechnungswesen Erfahrungswerte vor, die für die Kostenkalkulation heranzuziehen sind.

Bei der Wirtschaftlichkeitsanalyse ist zu beachten, dass die Umsatz- und Kostenplanung der einzelnen Jahre mit teilweise erheblichen Risiken behaftet ist. Insbesondere die Abschätzung der Preisentwicklung sowie der Handels- und Konkurrenzreaktionen unterliegt erheblichen Unsicherheiten. Deshalb sind Kosten- und Umsatzwerte unter Wahrscheinlichkeitsgesichtspunkten zu ermitteln und diese entsprechend auszuweisen. Weiterhin ist es notwendig, dass die berechneten Erfolgsdaten zu den angestrebten ökonomischen Unternehmens- und Marketingzielen in Beziehung gesetzt werden. Es ist zu beurteilen, ob die geplanten Umsatz-, Marktanteils- und Renditeziele durch die neuen Leistungen erreicht werden und wie hoch das Investitionsrisiko ist.

Im Rahmen der Wirtschaftlichkeitsanalyse kommen **Verfahren der Investitionsrechnung** zum Einsatz, die sich in Verfahren der statischen und dynamischen Investitionsrechnung einteilen lassen:

(1) Statische Investitionsrechnung

Die statische Investitionsrechnung verwendet als Berechnungsgrundlage Kosten und Erträge und vernachlässigt damit zeitliche Unterschiede im Anfall der Zahlungen einer Investition. Zu den wichtigsten Verfahren der statischen Investitionsrechnung gehören:

- Break-Even-Analyse,
- Statische Rentabilitätsrechnung und
- Statische Amortisationsrechnung.

Break-Even-Analyse

Die Break-Even-Analyse ist eine Methode zur Ermittlung der Profitabilität von Leistungsinnovationen. Dazu wird diejenige Absatzmenge ermittelt, bei der die Gesamtkosten gerade gedeckt sind und ein Ergebnis von Null realisiert wird. Der Break-Even-Punkt lässt sich durch eine Gegenüberstellung der linear verlaufenden Erlöse einer Leistung mit den linear verlaufenden Kosten in Abhängigkeit von der Ausbringungsmenge ermitteln. Durch das Gleichsetzen der Erlöse (E) mit den Kosten (K) ergibt sich die Break-Even-Menge (x_0) im Falle einer Einproduktfertigung als Quotient aus Fixkosten (K_f) und Deckungsbeitrag je Stück (d). Der Deckungsbeitrag je Stück ergibt sich aus der Differenz von Preis (p) und variablen Kosten (k_v). Der Zusammenhang lässt sich damit wie folgt ausdrücken:

$$E(x_0) = K(x_0)$$

$$\Leftrightarrow p \cdot x_0 = K_f + k_v \cdot x_0$$

$$\Leftrightarrow x_0 = \frac{K_f}{p - k_v} = \frac{K_f}{d}$$

Das Leistungskonzept ist weiterzuverfolgen, wenn der erwartete Absatz über der Break-Even-Menge liegt.

Statische Rentabilitätsrechnung

Mit der statischen Rentabilitätsrechnung werden Leistungskonzepte hinsichtlich der Durchschnittsverzinsung des durchschnittlich gebundenen Kapitals, d.h. die Rentabilität der Investition bewertet (*Haedrich/Tomczak* 1996, S. 211). Zur Berechnung der Rentabilität (R) wird der durchschnittliche Gewinn pro Zeitabschnitt (G) ins Verhältnis zum durchschnittlich gebundenen Kapital (K) gesetzt:

$$R = \frac{G \cdot 100}{K}$$

Ein Leistungskonzept ist nach dieser Berechnung weiterzuverfolgen, wenn der durchschnittliche Gewinn pro Zeitabschnitt das durchschnittlich gebundene Kapital übersteigt oder eine unternehmensintern definierte Mindestrentabilität erreicht. Bei der Beurteilung mehrerer Leistungsalternativen ist das Leistungskonzept mit der höchsten Rentabilität auszuwählen, sofern es die zuvor genannten Kriterien erfüllt. Ein Vergleich von Leistungsalternativen bedingt jedoch, dass die Wirkungsdauer und der Kapitaleinsatz der Alternativen annähernd identisch sind.

Statische Amortisationsrechnung

Bei der statischen Amortisationsrechnung erfolgt die Beurteilung der Leistungskonzepte anhand der Dauer der Amortisation des investierten Kapitals, d.h. die Zeit, in der das im Rahmen einer Leistungsinnovation eingesetzte Kapital wieder in das Unternehmen zurückfließt. Es handelt sich in diesem Sinne um eine zeitpunktbezogene Break-Even-Analyse. Die Amortisationsdauer bzw. **Payback Period** ist der Zeitraum, in dem die Summe der geplanten Nettoeinzahlungen (jährliche Erträge nach der Markteinführung der Innovation) den Investitionsbetrag der Innovation (I) mindestens erreicht. Mathematisch beschreibt sich der Zusammenhang bei einem jährlich konstanten Gewinn (G) wie folgt:

$$T = \frac{I}{G}$$

T entspricht der **Ist-Amortisationsdauer**. Ist die Ist-Amortisationsdauer kleiner als die Soll-Amortisationsdauer wird das Produktkonzept weiterverfolgt, andernfalls wird es aufgegeben. Bei mehreren Leistungsalternativen ist jene auszuwählen, die die kürzeste Ist-Amortisationsdauer aufweist – sofern diese kürzer als die festgelegte Soll-Amortisationsdauer ist.

(2) Dynamische Investitionsrechnung

Die **dynamische Investitionsrechnung** berücksichtigt mit Hilfe von finanzmathematischen Methoden die zeitlichen Unterschiede im Zahlungsanfall einer Investition. Die zu unterschiedlichen Zeitpunkten anfallenden Zahlungen werden dabei mittels Diskontierung rechnerisch vergleichbar gemacht werden. Schwierigkeiten ergeben sich aus der Notwendigkeit, zukunftsbezogene Rechnungsgrößen (Zahlungen, Lebenszyklusdauer) abzuschätzen. Die wichtigsten Verfahren sind:

- Kapitalwertmethode,
- Interne Zinsfußmethode sowie
- Dynamische Amortisationsrechnung.

Kapitalwertmethode

Die Kapitalwertmethode basiert auf dem Prinzip, dass zukünftige Zahlungen weniger wert sind als gegenwärtige. Zur Berechnung des Kapitelwertes (K) werden die zukünftigen Einzahlungen am Ende der Periode t (E_t) und Auszahlungen am Ende der Periode t (A_t), die aus der Einführung der neuen Leistung resultieren, kumuliert und mit einem Kalkulationszinsfuß (i) entsprechend der Anzahl der zu betrachtenden Perioden (t = 0, 1, 2, …, n) abgezinst:

$$K = \sum_{t=0}^{n} (E_t - A_t)(l + i)^{-t}$$

Eine Leistungsinnovation ist als vorteilhaft zu bewerten, wenn ein positiver Kapitalwert ermittelt wird. Ein **Beispiel** zeigt Schaubild 5–20. Bei mehreren Innovationsalternativen ist in der Rangfolge der (positiven) Kapitalwerte vorzugehen.

	Angaben in Mio. GE	t_0	t_1	t_2	t_3	t_4
1	Umsatzerlöse	0	2	4	5	6
2	./. variable Herstellkosten (25%)	0	0,5	1	1,25	1,5
3	Deckungsbeitrag I	0	1,5	3	3,75	4,5
4	./. variable Marketingkosten	0	0,5	0,7	0,9	1,0
5	Deckungsbeitrag II	0	1	2,3	2,85	3,5
6	./. anteilige Gemeinkosten	0	0,2	0,4	0,5	0,6
7	Deckungsbeitrag III	0	0,8	1,9	2,35	2,9
8	./. F&E-Kosten	1,0	0	0	0	0
9	./. Marketing-Fixkosten	0	1	1	1	1
10	Nettoerfolg	–1,0	–0,2	0,9	1,35	1,9
11	Diskontierter Nettoerfolg (i = 10%)	–1,0	–0,18	0,74	1,01	1,30
12	Kumulierter Nettoerfolg	–1,0	–1,18	–0,44	0,57	1,87

Schaubild 5–20: Beispiel für die Gewinnplanung von neuen Produkten (Bruhn 2004c, S. 140)

Interne Zinsfußmethode

Der interne Zinsfuß ist jener Diskontierungssatz, bei dem sich ein Kapitalwert von Null ergibt. Zur Berechnung des internen Zinsfußes (i) wird in der oben genannten Kapitalwertformel der Kapitalwert gleich Null gesetzt:

$$\sum_{t=0}^{n} (E_t - A_t)(l + i)^{-t} = 0$$

wobei:

i = interner Zinsfuß
E_t = Einzahlungen am Ende der Periode t
A_t = Auszahlungen am Ende der Periode t
t = Periode (t = 0, 1, 2, …, n)

Bei alternativen Innovationsprojekten wird bei der Selektionsentscheidung in der Rangfolge der jeweilig errechneten internen Zinssätze vorgegangen.

Dynamische Amortisationsrechnung

Mit Hilfe der dynamischen Amortisationsrechnung wird der Zeitraum ermittelt, in dem die Summe der geplanten Nettoeinzahlungen (Erträge nach der Markteinführung der Innovation) unter Berücksichtigung einer bestimmten Verzinsung den Investitionsbetrag mindestens erreicht.

Bei einer **Gesamtwürdigung der Verfahren der Investitionsrechnung** ist festzuhalten, dass dynamische Verfahren aufgrund ihrer theoretischen Exaktheit vorzuziehen sind. Wegen ihrer einfachen und schnellen Durchführung kommen statische Verfahren vor allem bei Investitionen von geringerer Höhe zum Einsatz (*Haedrich/Tomczak* 1996, S. 214f.). Letztlich hängt die Eignung der dargestellten Verfahren von deren Realitätsnähe ab. Da jedes der dargestellten Verfahren von bestimmten Prämissen ausgeht, hängt die Aussagekraft des Verfahrens davon ab, wie nah dieses den spezifisch vorliegenden Bedingungen der Realität kommt. Darüber hinaus liegen den Verfahren bestimmte Annahmen über die zukünftige Entwicklung eines Leistungskonzeptes zugrunde. Diese Prognosen unterliegen teilweise dem Einfluss subjektiver Einschätzungen, so dass die den Verfahren der Investitionsrechnung anmutende Objektivität nicht immer erfüllt ist.

5.1.7 Entwicklung und Prüfung neuer Produkte und Services

5.1.7.1 Entwicklung neuer Produkte und Services

Nach Abschluss der Wirtschaftlichkeitsanalyse hat das Produktmanagement über die **Aufgabe oder Weiterverfolgung der betrachteten Leistungskonzepte** zu entscheiden. Im Falle einer positiven Entscheidung ist das Leistungskonzept weiterzuentwickeln, zu verfeinern und schließlich in möglichst kurzer Zeit in eine marktreife Leistung zu überführen.

Dabei stellen die endgültige (technische) Definition der Leistung und die Erstellung von Prototypen die zentralen Schritte dar (*Hennig-Thurau* 2004, S. 715ff.). Bei der **technischen Leistungsdefinition** ist insbesondere der Zeitpunkt der endgültigen Festlegung technischer Details von Leistungen zu berücksichtigen. Traditionell erfolgt diese linear, d.h., dass die Prototypenerstellung und die Durchführung von Produkttests der Produktdefinition zeitlich nachgelagert ist. Der damit verbundene hohe Zeitbedarf ist jedoch angesichts sich stetig verkürzender Innovationszyklen als gravierendes Problem anzusehen (*Buro* 1989, S. 360). Zur **Verkürzung der Konstruktionszeit** wird deshalb häufig die endgültige Fertigstellung der technischen Produktspezifikation zeitlich bis kurz vor die Markteinführung des Produktes verlagert. Damit verbunden ist eine zeitliche Überlappung zwischen der Produktkonstruktionsphase und traditionell nachfolgenden Phasen wie Produktbewertung und Nullserienfertigung (*Hennig-Thurau* 2004, S. 716). Schaubild 5–21 zeigt das Konzept der dargestellten „flexiblen" Produktdefinition.

Die Vorgehensweise der flexiblen Produktdefinition ist insbesondere in einem dynamischen Umfeld relevant, d.h. immer dann, wenn Zeit einen kritischen Erfolgsfaktor des Innovationsprozesses darstellt. Die mit dieser Strategie verbundenen Risiken verdeutlichen Beispiele wie der Fall der *A-Klasse* von *Mercedes-Benz*. Hier wurden zur Verkürzung der Entwicklungszeit verschiedene Testverfahren parallel zur weiteren Entwicklung des PKW am PC simuliert und deshalb die sich in der Realität ergebenden Stabilitätsprobleme des Fahrzeugs nicht erkannt (*Töpfer* 1999; *Hennig-Thurau* 2004, S. 716).

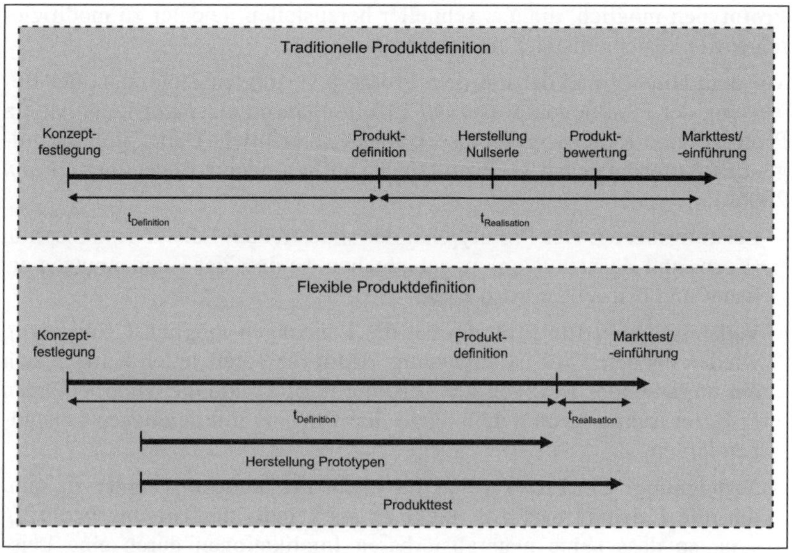

Schaubild 5–21: Traditionelle versus flexible Produktdefinition (Hennig-Thurau 2004, S. 716)

Bei der **Erstellung von Prototypen** wird das Leistungskonzept in eine Testversion überführt. Prototypen sind Vorabversionen eines Produktes und werden zur Erforschung einer bestimmten Anwendungsproblematik, zum Experimentieren mit speziellen Lösungsmöglichkeiten oder zur sukzessiven Entwicklung mehrerer Versionen eines Erzeugnisses herangezogen (Schaubild 5–22). Zudem lassen sich Prototypen im Rahmen von Messen und Ausstellungen zu Demonstrationszwecken, als Schulungsobjekt für die Mitarbeiter und Benutzer oder als Basis für die Weiterentwicklung eines Produktes einsetzen. Prototypen eignen sich insbesondere für Leistungen, die sehr komplex sind oder mit denen im Unternehmen keine große Erfahrung besteht. Moderne Technologien machen den Einsatz von **virtuellen**

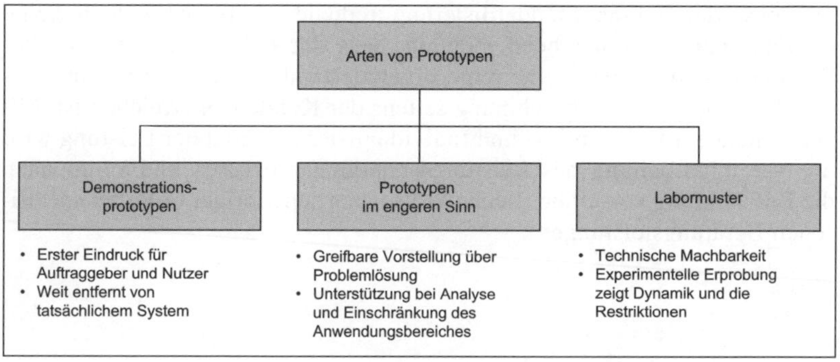

Schaubild 5–22: Arten von Prototypen

Prototypen möglich, die u.a. schneller herzustellen, leichter zu modifizieren sowie kostengünstiger sind (Insert 5–8).

Vor dem Hintergrund der mit dem Prototyp verfolgten Ziele, d.h., der Bewertung der Funktionalität und der Erfolgschancen einer Leistung, hat ein Prototyp eine Reihe von Voraussetzungen zu erfüllen. Dabei sind die folgenden **Anforderungen an Prototypen** von besonderer Bedeutung (*Bruhn* 2006b):

- **Leistungsbezug:** Der Prototyp hat der angestrebten Leistungskonzeption (Kern- und Zusatznutzen) zu entsprechen, so dass der Kundennutzen erkannt und beurteilt werden kann.
- **Vollständigkeit:** Ein Prototyp hat die Leistungen möglichst vollständig wiederzugeben. Dies ist notwendig, damit die potenziellen Kunden sich ein umfassendes Bild von der Leistung machen und die Mitarbeitenden (z.B. im Rahmen von Schulungen) den Umgang mit den neuen Leistungen lernen.
- **Testeignung:** Ein Prototyp hat für einen Produkttest geeignet zu sein, d.h. die Leistung darf z.B. nicht zu stark individualisierungsbedürftig sein, so dass keine generalisierbaren Implikationen durch eine Leistungsevaluation gewonnen werden.
- **Variationsmöglichkeit:** Beim Prototyping sind alternative Leistungsvarianten in Betracht zu ziehen (z.B. Leistungsqualität, Preise, Serviceniveau usw.)
- **Validität:** Ein Prototyp hat valide Aussagen darüber zu ermöglichen, welche Verbesserungen notwendig sind und welche Erfolgswahrscheinlichkeit für die Markteinführung und den Markterfolg gegeben ist.

Die Erstellung von **Prototypen für Dienstleistungen** bringt insbesondere aufgrund der Kundenintegration in den Leistungserstellungsprozess Probleme mit sich (Bruhn 2006b). Ein Prototyp liefert zuverlässigere Prognoseergebnisse über den zu erwartenden Markterfolg, wenn der Interaktions- und Individualisierungsgrad der Leistung gering ist. Je autonomer eine Leistung erstellt wird, desto höher sind die Standardisierungspotenziale sowie die Aussagekraft von Pilotversuchen. Das Problem von Qualitätsschwankungen aufgrund der Integration des externen Faktors lässt sich teilweise durch eine Standardisierung reduzieren. Es ist jedoch keine Gewährleistung dahingehend möglich, dass durch Standardisierung aller Potenziale und Prozesse eine reine Ergebnisstandardisierung und eine vergleichbare Qualitätswahrnehmung seitens der Kunden zu erreichen ist. Mit zunehmendem Integrations- und Individualisierungsgrad der Leistung wird die Vereinheitlichung des Leistungserstellungsprozesses und somit auch die Entwicklung von einheitlichen Prototypen schwieriger (z.B. bei spezifischen Beratungsleistungen).

VW testet neue Modelle lebensnah

3D-Technik simuliert Lichtbrechungen, Reflexionen und Schatten an der Karosserie

CHRIS LÖWER
HANDELSBLATT, 15.10.2004

WOLFSBURG. Wie der Kühlergrill des neuen Golf GTI bei Tag, Nacht, Sonne und Wolken wirkt, ob die Rückleuchten mit den verschiedenen Wagenfarben harmonieren und sich das Bremslicht vom Fahrlicht abhebt, diese Fragen untersuchen Designer und Entwickler bei VW heute nicht mehr am Modell, sondern in Echtzeit am PC. Der Autobauer hat 20 Millionen Euro in zwei virtuelle Visualisierungszentren investiert, die weltweit ihresgleichen suchen.

Das Unternehmen verspricht sich von der neuen Technik eine um bis zu einem Drittel verkürzte Entwicklungszeit und Einsparungen in Millionenhöhe. „Die 3D-Technologie erlaubt einen nahezu realistischen Eindruck, so dass der Bau von physischen Modellen in verschiedenen Entwicklungsstadien entfallen kann – was Zeit und Geld spart", sagt VW-Sprecher Hans-Georg Kusznir. Allein um Lichteffekte, Spiegelungen und Schattenwürfe auf der Karosserie zu simulieren, waren bisher zum Teil Tage dauernde Berechnungen nötig. Und Gestaltungsfragen mussten durch eine Reihe von Modellen gelöst werden, die jeweils dem Vorstand zur Begutachtung präsentiert wurden, um den Feinschliff voranzutreiben.

Heute diskutieren Designer und Produktmanager bei VW Details der Entwicklung in einer Cave, einem Würfel mit 2,35 Metern Seitenlänge, auf dessen Seiten wie im 3D-Kino Bilder des Innenraums projiziert werden. Mit einer Spezialbrille entsteht ein plastischer Eindruck, so dass der Entwickler lenken, Außenspiegel einstellen oder die beleuchteten Instrumente lesen kann. Später einmal sollen sogar Fahrten durch die Stadt täuschend echt simuliert werden.

Möglich macht dies eine neue interaktive Visualisierungstechnik, die so genannte Ray-Tracing-Technologie, die Philipp Slusallek, Professor für Graphische Datenverarbeitung an der Universität Saarbrücken, mit seinem Team entwickelt hat. Den Wissenschaftlern gelang es, durch neue Algorithmen und eine Software für Standard-PCs eine Alternative zu üblichen hardwarebasierten 3D-Graphik-Technologien zu entwickeln. Mit geringem Aufwand ist es nun möglich, die Beleuchtung von Objekten mehrmals pro Sekunde vollständig und physikalisch korrekt zu berechnen, was eine ungeheure Wirklichkeitsnähe erzeugt.

In der Cave werde der Anwender künftig um virtuelle Prototypen herumlaufen und sich darin spiegeln können, „wodurch eine größtmögliche Realitätstreue entsteht", sagt Forscher Andreas Pomi. Eine derartige Komplexität würde bei heute gängigen Visualisierungstechniken schlicht die Speicherkapazität sprengen. Allerdings ist beim Ray-Tracing die Datenaufbereitung recht aufwendig. Von jedem Bauteil müssen alle geometrischen Daten – bis ins kleinste Detail – eingelesen werden.

Die Ray-Tracing-Software der Saarbrücker Forscher wird inzwischen von der Firma In-Trace vermarktet. Neben VW zählen Audi, EADS und Airbus zu den ersten Kunden. Zwar sind 3D-Simulationen in Design-, Ergonomie-, Montage- und Crashtestabteilungen weit verbreitet, aber immer noch hapert es an der wirklichkeitsgetreuen Darstellung. Daher arbeiten in vielen anderen Firmen die Entwickler in bestimmten Phasen auch heute noch mit Modellen.

Um beurteilen zu können, ob das Blechkleid dynamisch genug daherkommt, arbeiten die VW-Entwickler mit einer fünf mal zwei Meter grossen Powerwall. Auf die Projektionsfläche können Design-Entwürfe bis hin zur Wirkung verschiedener Lackierungen projiziert und von den Produktverantwortlichen kritisch beäugt werden.

Organisatorisch werden nun bisher getrennt verlaufende Entwicklungsprozesse in den neuen Visualisierungszentren zusammengeführt, so dass nun Fahrwerktechniker, Karosseriebauer und Designer gemeinsam planen und entscheiden können – etwa wo, welche Aggregate und Leitungen im Motorraum eingebaut werden. So läuft der Prozess koordinierter ab. Planungsfehler werden durch die Simulation schon früh ausgeschlossen. Der Motorraum beispielsweise kann so wartungsfreundlich und so ansehnlich wie möglich gestaltet werden.

Am Ende der Entwicklung können sogar die Simulationen am PC mit dem realen Entwicklungsfahrzeug verglichen werden. Eine Kamera nimmt das Testauto aus verschiedenen Perspektiven auf und vergleicht die Bil-

Autoentwicklung bei VW: Im dreidimensionalen Projektionsraum wird der Innenraum eines neuen Modells wirklichkeitsgetreu visualisiert.

der mit denen der Simulation. „Differenzen werden sichtbar und Fehler können korrigiert werden noch bevor ein Bauteil produziert wurde", erklärt VW-Sprecher Kusznir einen weiteren Vorteil der neuen Technik.

Visualisierung in der Automobilproduktion

- In der Entwicklung: Mit Hilfe von dreidimensionalen Simulationstechniken wird der Entwicklungsprozess beschleunigt. Planungsfehler werden frühzeitig sichtbar und können beseitigt werden bevor ein Fahrzeug gebaut wurde.
- Im Vorfeld der Produktion: Nicht nur die Produkte werden virtuell am PC entwickelt und simuliert, sondern zunehmend auch der Produktionsprozess. Die Herstellung und der Materialfluss werden für jedes Modell am Rechner vorgeplant.
- Im laufenden Betrieb: Das so genannte EAP-System überwacht schließlich die laufende Produktion. Die Computer steuern die Arbeitsplanung, die Materialwirtschaft und die Qualitätssicherung.

Insert 5–8: Virtueller Prototyp bei VW (Handelsblatt, 15./16./17.10.2004, S. 23)

5.1.7.2 Prüfung neuer Produkte und Services

Um weitere Hinweise auf mögliche Verbesserungen der neuen Leistung zu erhalten und die Erfolgschancen abzuschätzen, sind die Leistungen vor der eigentlichen Markteinführung einem Produkt-, Markt- und/oder Storetest zu unterziehen (*Haedrich/Tomczak* 1996, S. 200ff.; *Hüttel* 1998, S. 288ff.).

Ein **Produkttest** ist ein Test von Produkteigenschaften durch ausgewählte Testpersonen unter kontrollierten Bedingungen.

Produkttests zielen auf eine Präzisierung der Ergebnisse des Konzepttests ab. Dabei werden die Testpersonen mit der Leistung konfrontiert und zu einer Stellungnahme zu bestimmten Leistungsmerkmalen aufgefordert. Im

Gegensatz zum Konzepttest basieren Produkttests also „auf dem konkreten Produkterlebnis statt lediglich auf einer Produktvorstellung" (*Haedrich/ Tomczak* 1996, S. 200). Produkttests werden in der Regel bei eine sehr kleinen Stichprobe durchgeführt und finden in einem durch das Unternehmen kontrollierbaren Umfeld statt (*Hennig-Thurau* 2004).

Schaubild 5–23 gibt einen Überblick über verschiedene **Formen von Produkttests** (*Brockhoff* 1999; *Hennig-Thurau* 2004).

Differenzierungskriterium	Ausprägungen von Produkttests
Testzweck	Volltest, Partialtest
Anzahl der zu testenden Produkte	Einzeltest, Vergleichstest
Präsentation des Produktes	Offener Test, Blindtest
Testdauer	Kurzzeittest, Langzeittest
Testort	Studiotest, Home-Use-Test
Art der Fragestellung	Präferenztest, Deskriptionstest, Akzeptanztest, Diskriminationstest, Evaluationstest
Häufigkeit der Testdurchführung	Einmaltest, Mehrfachtest
Stichprobengröße	Einzeltest, Gruppentest
Zusammensetzung der Stichprobe	Repräsentative Stichprobe, Auswahl von einzelnen Personengruppen (z.B. Lead User, Zielgruppe)

Schaubild 5–23: Gestaltungsoptionen von Produkttests

Nach dem **Testzweck** lassen sich Voll- und Partialtest unterscheiden. Während bei Volltests das Produkt in seiner Gesamtheit geprüft wird, um einen Eindruck über die Akzeptanz der gesamten Leistung zu erhalten, werden bei Partialtests ausgewählte Leistungsmerkmale, wie z.B. Qualität, Preis, Geschmack, Markenname oder die Verpackung geprüft.

Je nach **Anzahl der zu testenden Produkte** werden Einzeltests und Vergleichstests durchgeführt. Die Vergleichstests lassen sich in Paarvergleiche, triadische Tests und Tests mit Bildung einer Rangreihenfolge untergliedern.

Bei der **Präsentation des Produktes** wird zwischen dem Blindtest, bei dem auffällige Merkmale wie Markenname, Form oder Farbe entfernt werden, und dem offenen Test differenziert, bei dem das Produkt in marktüblicher Form präsentiert wird.

In Abhängigkeit der **Testdauer** wird von Kurzzeittests oder Langzeittests gesprochen. Dabei wird das Produkt entweder nur einmalig und kurz oder mehrmals und über einen längeren Zeitraum zur Verfügung gestellt.

Eng damit verbunden ist die Unterscheidung nach dem **Testort** in Haushaltstests und Studiotests. Bei den Haushaltstests wird das Produkt den Testpersonen üblicherweise nach Hause zugeschickt und die Antwort in Form eines Fragebogens geliefert (Home-Use-Test). Der Studiotest wird meist auf offener Straße in mobilen Studios durchgeführt.

Weiter lässt sich der Produkttest nach der **Art der Fragestellung** differenzieren. Bei einem Präferenztest wird geprüft, ob und warum das Testprodukt einem vergleichbaren Produkt vorgezogen wird. Mit Hilfe eines Deskriptionstests werden die Produkteigenschaften identifiziert, die den Probanden am auffälligsten erscheinen. Der Akzeptanztest dient dazu, Informationen über die Kaufabsichten von Probanden zu gewinnen. Bei einem Diskriminationstest wird überprüft, welche Unterschiede die Probanden zwischen Produkten wahrnehmen. Schließlich wäre noch der Evaluationstest zu nennen, bei dem das Produkt, unter Einbeziehung aller Kriterien, bewertet wird.

Vorteil von Produkttests ist ihre relativ schnelle und kostengünstige Abwicklung. Die durch Produkttests gewonnenen Informationen geben wertvolle Hinweise für eine Verbesserung der Produktinnovation. **Nachteil** ist, dass die Testbedingungen meist nicht den realen Kaufsituationen entsprechen.

Wenn die Produkttests einen Erfolg des Produktes als wahrscheinlich erscheinen lassen, wird das fertige Produkt in einer zu bestimmenden Anzahl hergestellt. Diese so genannte **Nullserie** stellt die Grundlage für die Durchführung von Markttests dar (*Hennig-Thurau* 2004). Markttests sind insbesondere bei einer Markteinführung, die mit einem hohen finanziellen Risiko verbunden ist, in Erwägung zu ziehen.

Ein **Markttest** ist die Prüfung des Abverkaufs von Produkten in einem Testgebiet unter Einsatz des gesamten Marketinginstrumentariums.

Bei einem Markttest wird ein neues Produkt zunächst probeweise eingeführt. Je nach Ausmaß der Verbreitung des neuen Produktes lassen sich die folgenden **Formen des Markttests** unterscheiden (*Meffert* 2000; *Bruhn* 2004c):

- Regionaler Testmarkt,
- Mini-Testmarkt,
- Labor-Testmarkt (Testmarktsimulation).

Regionaler Testmarkt

Beim regionalen Testmarkt wird ein regional abgegrenztes, für den nationalen Markt repräsentatives Gebiet (z.B. einzelne Bundesländer) ausgewählt und das gesamte Marketinginstrumentarium unter realen Bedingungen eingesetzt. Erst wenn sich das Produkt im Testgebiet bewährt hat, wird es endgültig national eingeführt.

Mini-Testmarkt

Verschiedene Marktforschungsinstitute bieten lokale Testmärkte – so genannte Mini-Testmärkte – an (z.B. ERIM, TELERIM und BehaviorScan). Bei Mini-Testmärkten handelt es sich um kleinere Städte, in denen durch technische Hilfsmittel eine Einteilung der Bevölkerung in Gruppen erfolgt, so dass gezielt eine oder mehrere Gruppen mit der zu testenden Marketingmaßnahme konfrontiert werden können (z.B. durch speziell eingeblendete Fernsehspots im Kabelfernsehen, eigens aufbereitete Programmzeitschriften mit unterschiedlichen Anzeigen). Durch die Verwendung von Identifikationskarten der Kunden in den Einkaufsstätten lassen sich im Rahmen eines experimentellen Untersuchungsdesigns die Faktorwirkung der Marketingmaßnahmen bei Experimentier- und Kontrollgruppen messen. Dies ermöglicht Schlussfolgerungen über die Akzeptanz neuer Produkte bei einzelnen Zielgruppen und über das (Wieder-) Kaufverhalten im Zeitablauf. Den **Vorteilen** von umfassenden Erkenntnissen und der weit reichenden Gestaltbarkeit der Marketinginstrumente stehen die **Nachteile** der begrenzten Repräsentanz der Ergebnisse und eine eingeschränkte Kontrollierbarkeit der Umfeldvariablen gegenüber. Der Mini-Testmarkt ist außerdem mit hohen Einrichtungs- und Unterhaltungskosten verbunden.

Labor-Testmarkt (Testmarktsimulation)

Der Labortest besteht aus einer Kombination von Produkttest und einer Kaufsimulation. Die Durchführung einer Testmarktsimulation im Labor gliedert sich in mehrere Schritte (Schaubild 5–24). Zunächst werden die Probanden in einem Teststudio zu den Themen Markenbekanntheit und Markenverwendung befragt. Dem folgt eine Werbevorführung über das Testprodukt und konkurrierende Produkte, bei der eine erste Konfrontation der Probanden mit dem neuen Produkt stattfindet. Anschließend wird das Erstkaufverhalten der Probanden in einer Kaufsimulation getestet. Die Testperson hat dabei eine Auswahl zwischen Konkurrenzprodukten und dem neuen Produkt. Zum Abschluss des Labortests erhalten die Probanden das Testprodukt für die Verwendung zu Hause. Nach einiger Zeit werden die Probanden zu ihren Erfahrungen mit dem neuen Produkt befragt, wobei Informationen über Stärken und Schwächen zur Verbesserung des Produktes vor der Einführung als auch Hinweise für die Ausgestaltung der Markteinführung ausgewertet werden. Den letzten Schritt der Testmarktsimulation bildet eine erneute Kaufsimulation, bei der das Wiederkaufverhalten der Probanden beobachtet wird.

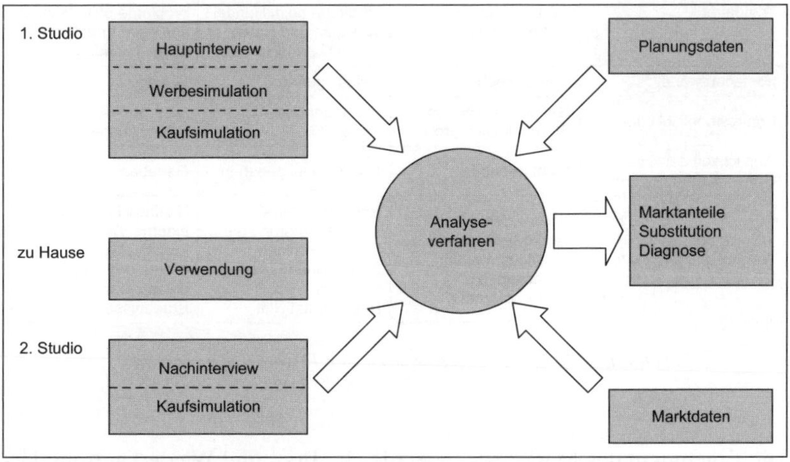

Schaubild 5–24: Ablauf der Testmarktsimulation

Die **Vorteile** des Markttests liegen neben der einfachen Ermittlung der Verkaufszahlen in der Möglichkeit, verschiedene Werbe- und Preisstrategien unter regulären Marktbedingungen zu überprüfen und somit ein optimales Marketingkonzept zu entwickeln. **Nachteile** von Markttests sind, dass sie sehr kostenintensiv sind, die Konkurrenz von eventuellen (Einführungs-) Absichten des Unternehmens frühzeitig erfährt und das Testergebnis bewusst beeinflusst sowie entsprechende Gegenmaßnahmen in der eigenen Produktpolitik plant. Darüber hinaus sind mit der Durchführung von Markttests schwerwiegende Probleme verbunden. So fehlen häufig regionale Medien, in denen für das Testprodukt geworben werden kann, oder (inter-)nationale Handelskonzerne, deren Mitarbeit benötigt wird, lehnen einen Markttest in ihren Geschäften ab bzw. lassen sich diesen teuer bezahlen. Des Weiteren ist die Kontrolle der Einflussfaktoren im Testmarkt problematisch (störende Umfeldeinflüsse und insbesondere Konkurrenzreaktionen). Daher sind Markttests meist nur auf gesättigten Konsumgütermärkten zu beobachten, in denen Markteinführungen neuer Produkte oder Marken mit einem erheblichen Investitionsvolumen und entsprechendem -risiko verbunden sind (z.B. im Waschmittel-, Zigaretten- und Zeitschriftenmarkt). Schaubild 5–25 fasst die wichtigsten Merkmale der Markttests zusammen.

Testverfahren / Beurteilungskriterien	Regionaler Testmarkt	Mini-Testmarkt	Labor-Testmarkt
Durchführungsart	Feld	Feld	Labor
Gewinnung von Informationen	Konsument, Handel, Konkurrenz	Konsument	Konsument
Anwendbarkeit für den Test aller Marketingmixinstrumente	Ja	Nein	Nein
Testdauer	Längerer Zeitraum, da die Vertriebskanäle erst aufzufüllen sind.	Kurzer Zeitraum, da keine Vertriebsprobleme beim Handel vorliegen und Daten schnell verfügbar sind.	Kurzer Zeitraum, da keine Vertriebsprobleme beim Handel vorliegen und Daten schnell verfügbar sind.
Kostenaufwand	Relativ hoch	Relativ gering	Gering
Kontrollmöglichkeiten	Gering; Gefahr von Störeinflüssen groß	Hoch; geringe Störeinflüsse	Sehr hoch; kaum Störeinflüsse
Möglichkeit der Geheimhaltung	Nicht gegeben	In der Regel gegeben	Gegeben
Prognosemöglichkeiten	Hohe externe Validität, da größere Realitätsnähe und umfassende Testprogramme	Niedrige externe Validität aufgrund der eingeschränkten Realitätsnähe und geringen Repräsentativität	Niedrige bis hohe externe Validität. Empirische Untersuchungen zeigen unterschiedliche Ergebnisse

Schaubild 5–25: Charakteristika der Testmarktalternativen (Meffert 2000, S. 413)

Die Ergebnisse des Markttests, wie z.B. die Erst- und Wiederkaufrate, lassen sich zur Abschätzung des Markterfolgs eines neuen Produktes heranziehen. Als **Methoden zur Prognose des Markterfolgs** sind insbesondere das *Parfitt-Collins*-Modell, das ASSESSOR-Modell und das *Fourt-Woodlock*-Modell zu nennen (*Meffert* 2000; *Homburg/Krohmer* 2003):

Parfitt-Collins-Modell

Das *Parfitt-Collins*-Modell dient der Prognose des **langfristigen Absatzpotenzials eines neuen Produktes** auf Basis von Erst- und Wiederkauf. Die Prognose der erstmaligen Käufe Y(t) zum Zeitpunkt t erfolgt auf Basis der folgenden Gleichung (*Parfitt/Collins* 1968; *Herrmann* 2004a, S. 615):

$$Y(t) = M \cdot (1 - e^{-rt}), \ (0 \leq r \leq 1)$$

Hierbei stellt M den Anteil der potenziellen Erstkäufer im Hinblick auf die interessierende Produktklasse dar, die in der Periode einen Erstkauf tätigen. Die Größe r entspricht dem konstanten Teil potenzieller Erstkäufer, die zu jedem Zeitpunkt das Produkt erwerben. Der Grenzwert ergibt sich wie folgt:

$$\lim Y(t) = M \text{ für } t \rightarrow \infty,$$

wobei sich der Parameter M unter Zuhilfenahme von Schätzfunktionen aus Kaufdaten errechnet. Darüber hinaus ist eine langfristige Wiederkaufrate w zu ermitteln, die den Anteil der Erstkäufer angibt, die zu dauerhaften Wiederkäufern wurden. Dieser Wert unterliegt während der Produkteinführungsphase allerdings deutlichen Schwankungen. Durch die Multiplikation von M und w erfolgt eine Prognose des mengenmäßigen Marktanteils, den das Neuprodukt langfristig erreichen kann. Schaubild 5–26 zeigt beispielhaft, welche Schlussfolgerungen sich aus den Ausprägungen der Erst- und Wiederkaufrate ableiten lassen.

Erstkaufrate	Wiederkaufrate	Implikationen
Hoch	Hoch	Leistung einführen
Hoch	Niedrig	Leistung neu bearbeiten oder aufgeben
Niedrig	Hoch	Werbung und Verkaufsförderung intensivieren
Niedrig	Niedrig	Leistung aufgeben

Schaubild 5–26: Ergebnisse und Implikationen des Parfitt-Collins-Modells

ASSESSOR-Modell

Das ASSESSOR-Modell dient der **Schätzung des langfristigen Marktanteils** bei einer Neuprodukteinführung. Der langfristige Marktanteil M wird wie folgt geschätzt (*Silk/Urbau* 1978; *Homburg* 1998, S. 236; *Herrmann* 2004b, S. 56):

$$M = T \cdot S$$

$$T = F \cdot K \cdot D + C \cdot U - (F \cdot K \cdot D) \cdot (C \cdot U)$$

Dabei stellt T die Versuchskaufrate und S die Wiederholkaufrate dar. F gibt die Wahrscheinlichkeit eines Versuchskaufes unter der Bedingung der Verfügbarkeit und Bekanntheit wieder. K und D stehen für die Wahrscheinlichkeiten der Bekanntheit bzw. Verfügbarkeit. C ist die Wahrscheinlichkeit für den Erhalt einer Produktprobe und U stellt die Kaufwahrscheinlichkeit unter der Bedingung des Erhalts einer Probe dar. Die Wiederholkaufrate S lässt sich anhand des Gleichgewichtszustandes eines Markov-Prozesses schätzen.

Fourt-Woodlock-Modell

Das *Fourt-Woodlock*-Modell dient der **Absatzprognose von Neuprodukten** (*Fourt/Woodlock* 1960; *Herrmann* 2004c). Erst- und Wiederkäufe werden dabei getrennt betrachtet. Die Prognose der Erstkäufe in Periode t basiert auf der Annahme, dass ein in jeder Periode konstanter Anteil r aller potenziellen Erstkäufer das Produkt tatsächlich kauft. Die potenziellen Erstkäufer sind der Anteil der Gesamtbevölkerung, der sich im Laufe der Zeit für einen Erstkauf entscheidet. Der Zusammenhang zwischen der Anzahl M der potenziellen Erstkäufe und den prognostizierten Erstkäufen in Periode t (Y(t)) wird mit Hilfe einer geometrischen Reihe formuliert. Die Prognose der Wiederkäufe beruht auf der Annahme, dass ein stets konstanter Teil der Erstkäufer einen Wiederkauf (Wiederkauf erster Ordnung) oder mehrere Wiederkäufe (Wiederkäufe höherer Ordnung) tätigt. Aus den prognostizierten Erst- und Wiederkäufen resultiert schließlich der geschätzte Absatz des Neuproduktes. Dabei erweist sich insbesondere die Bestimmung der Zeiträume, innerhalb derer ein Käufer einen Wiederkauf tätigt, als problematisch.

Über den Markttest hinaus lassen sich mit der Einführung von Neuprodukten verbundene handelsspezifische Maßnahmen (z.B. Verkaufsförderungsmaßnahmen oder Sonderplatzierungen) im Rahmen eines Storetests überprüfen (Insert 5–9).

Ein **Storetest** überprüft die Wirkung von Marketingmaßnahmen in ausgewählten Betriebsformen des Handels unter realen Bedingungen.

Bei einem Storetest wird ein Produkt in zehn bis 30 Geschäften in Verbindung mit einer speziellen Marketingmaßnahme probeweise zum Verkauf angeboten. Neben diesen Testgeschäften wird die Wirkung auch in anderen (Kontroll-) Geschäften beobachtet. Meistens handelt es sich um Geschäfte, die bereits Teil eines Handelspanels sind, was die Durchführung des Storetests erleichtert. Während der Dauer des Storetests (etwa drei bis vier Monate) werden die Verkaufszahlen des Testproduktes und vergleichbarer Konkurrenzprodukte erfasst und ausgewertet, um Informationen über die Wirksamkeit der getroffenen Maßnahmen zu erhalten. Heute werden auch von Marktforschungsinstituten Storetests angeboten. Einige Institute verfügen bereits über eigene Storetest-Panels, die die Geschwindigkeit bei der Durchführung eines Storetests merklich erhöhen.

Vorteile von Storetests sind die relative Kostengünstigkeit und die im Vergleich zum Markttest kürzeren Durchführungszeiten. Zudem sind Storetests gut geeignet, um Ansatzpunkte für die Zusammenarbeit mit dem Handel zu gewinnen. Als **Nachteil** gilt vor allem die mangelnde Repräsen-

Rossmann setzt auf Instore-Tests

Kooperative Marktforschung direkt in den Filialen – Entscheidungsgrundlage für Category-Management – „Shopper Research Box"

Frankfurt, 11. August. Mit Befragungen und Beobachtungen in den Filialen und der Analyse von Scannerdaten ist Rossmann dem Einkaufs- und Besucherverhalten seiner Kunden auf der Spur. Die Ergebnisse fließen in Sortiments- und Preisentscheidungen und in das Category Management (CM) ein. Als neutraler Berater in den CM-Projekten, die mit Lieferanten gemeinsam aufgesetzt werden, fungiert die Hamburger Forschungsgruppe GDP, die für Design und Umsetzung der Analysen zuständig ist.

Wie verhalten sich die Kunden, wenn die Platzierung von Produkten im Regal geändert wurde? Können durch eine Werbeaktion in der Filiale neue Käufer in der Kategorie gewonnen werden? Wo müssen neue Produkte stehen, damit sie besser ankommen? Welche Beachtung wird Zweitplatzierungen geschenkt? Wie verändert sich die Konversionsrate mit einem Relaunch der Verpackung? – Diesen und ähnlichen Fragen gehen der Drogeriemarktfilialist Rossmann und seine Lieferanten in gemeinsamen Projekten gezielt nach.

Neuer Partner ist dabei seit Frühjahr dieses Jahres die Forschungsgruppe GDP. „Uns ist wichtig, dass wir einen neutralen Partner mit im Boot haben, der wissenschaftlich fundierte Analysen erstellt", sagt Dirk Böger, Leiter der Marktforschung bei Rossmann. Die Hamburger Experten von GDP führen Instore-Tests in Form von Befragungen oder Beobachtungen in den Filialen durch und nehmen die Kassendaten unter die Lupe. „Wir analysieren damit das Entscheidungsverhalten der Kunden am POS", sagt Clemens Steckner, Geschäftsführer GDP. „Die Kaufentscheidung hat sich gegenüber früher verlagert, sie fällt spontan vor dem Regal anstatt vorm Fernseher", lautet eine wichtige Erfahrung der Marktforscher.

Ansprechend: Kunden entscheiden sich immer öfter spontan am Point of Sales, wissen die Marktforscher. Das Regal-Layout kann entscheidend sein. Foto: Rossmann

Folglich wird die Analyse des Verhaltens in der Filiale und die Gestaltung des Verkaufsregals und -raumes immer wichtiger. „Doch beim Verständnis dessen, was die Entscheidung wirklich beeinflusst, stehen wir noch relativ am Anfang", sagt Steckner. Das soll sich bei Rossmann jetzt ändern. Unter anderem sind CM-Projekte und entsprechende Kundentests mit L'Oreal, Nestlé und Schwarzkopf Henkel abgesprochen.

Die Tests in den Filialen werden projektweise durchgeführt und sollen zu neuen Erkenntnissen führen, aus denen zum Beispiel Umplatzierungen im Regal abgeleitet werden. Diese werden in Kontroll-Filialen umgesetzt und unter Ausschluss externer Faktoren, die das Ergebnis beeinflussen könnten, erneut überprüft. Der Roll-out der Maßnahmen erfolgt erst, wenn in den kontrollierten Tests positive Ergebnisse erzielt wurden.

„Wir können alle POS-Maßnahmen auf ihre Wirkung hin überprüfen vom aufgestellten Display über veränderte Produkt-Facings und Preise bis hin zu der Wirkung von Handzetteln oder einer neuen Verpackung", sagt Steckner. Im Methodenkasten der Marktforscher ist neu die so genannte „Shopper Research Box" enthalten, die bei Rossmann auch zum Einsatz kommt. Mit der kleinen Kamera wird das Kundenverhalten am Regal unbemerkt festgehalten. Die Box, kaum größer als eine dickes Buch, lässt sich unauffällig platzieren. Sie nimmt in schneller Folge Fotos auf und erfasst dabei Kundenläufe und Veränderungen in den Regalen.

Verweildauer, Laufrichtung, Suchzeiten und Kaufraten können auf diese Art und Weise ermittelt werden. „Das Besondere ist, dass sie auch Zugriffe des Kunden erfasst und wir erkennen können, auf welcher Stufe dieser abspringt", so Steckner. Die Shopper Research Box sei datenschutzrechtlich unbedenklich, weil sie nur grobe Aufnahmen der Personen erzeuge, so dass das Individuum nicht zu erkennen sei.

„Die Ergebnisse der Instore-Tests verbessern unsere Entscheidungsgrundlage in den CM-Projekten und helfen, den Wünschen der Kunden noch besser zu entsprechen", sagt Böger in einer ersten Bilanz. Die Fragestellungen in den Tests seien äußerst vielfältig. Neben dem Layout von Regal und Laden werden auch Preisreduzierungen auf ihre Wirkung analysiert. Für Rossmann ist insbesondere die detaillierte Auswertung der Scanner-Daten wichtig. Damit könne das stark aktionsgetriebene Geschäft, in dem Flyer und Promotionaktivitäten eine große Rolle spielen, genauer unter die Lupe genommen werden, so Böger. Gezahlt werden die Einsätze und Analysen der externen Marktforscher, je nach Interesse und Fragestellung, entweder gemeinsam von Händler und Hersteller oder nur von der Industrie. *Elisabeth Kapell*

Insert 5–9: Storetest bei einer Drogeriemarktkette (Lebensmittel Zeitung, 12.08.2005, S. 19)

tativität der Ergebnisse, da oft nur wenige Einkaufsstätten in den Test einbezogen werden.

5.1.8 Einführung der Leistungsinnovation

Nicht auf jede Leistungsentwicklung und Markteinführung folgt auch eine erfolgreiche Marktverbreitung, da sich jede Innovation **Floprisiken** gegenübersieht (Insert 5–10). Dieses Risiko wird immer wieder durch Untersuchungen über die Höhe von Flopraten belegt, die zwischen 40 und 90 Prozent liegen. Die alleinige Bereitstellung von Leistungsinnovationen reicht demnach nicht aus. Entsprechend sind auch in der Endphase des Innovationsprozesses planerische Maßnahmen erforderlich, um die **Durchsetzung der neuen Leistung** beim Konsumenten, im Handel und im Unternehmen sicherzustellen.

Bei der **Durchsetzung der Leistungsinnovation beim Konsumenten** ist insbesondere die zu erwartende Akzeptanz (Adoption) und Verbreitung (Diffusion) der Leistung näher zu analysieren, um geeignete Markteinführungsstrategien abzuleiten.

Unter **Adoption** wird die Entscheidung zur Übernahme einer Innovation verstanden. Die Entscheidung kann dabei von einzelnen oder mehreren Nachfragern für eigene oder organisationsbezogene Zwecke getroffen wer-

IRI-STUDIEN

Hohe Flopraten

In Deutschland fallen rund 73 Prozent aller Neuprodukteinführungen durch. Das ist das Ergebnis zweier Studien aus dem Hause Information Resources. Danach waren bereits gut 45 Prozent der rund 30 000 Neuheiten im Beobachtungszeitraum Mai 2003 bis April 2004 nicht mehr in den Regalen des Handels vertreten. Von den übrigen 55 Prozent entwickelte sich die Hälfte so schlecht, dass sie ebenfalls aus den Regalen verschwanden. Lediglich die verbleibenden gut 27 Prozent aller neuen Produkte haben echte Überlebenschancen. Die Top-Flop-Analyse aus dem IRI Scannerpanel LEH und Drogeriemärkte zeigt aber auch, dass die Floprate nach Warengruppen deutlich schwankt. So ist sie im Bereich Pet Care mit fast 83 Prozent am höchsten, aber auch Wein, Sekt und andere alkoholhaltige Getränke, Düfte oder Duschbäder floppen deutlich häufiger als der Durchschnitt. Auf der anderen Seite erweisen sich Wasch- und Geschirrspülmittel, Mundpflege und Damenhygieneartikel als neuproduktfreundliche Warengruppen; im Bereich der Herrenpflege wurde sogar mehr als jedes vierte Neuprodukt ein Erfolg. ■

Kontakt: Dr. Stefan Müller
E-Mail: stefan.mueller@infores.com

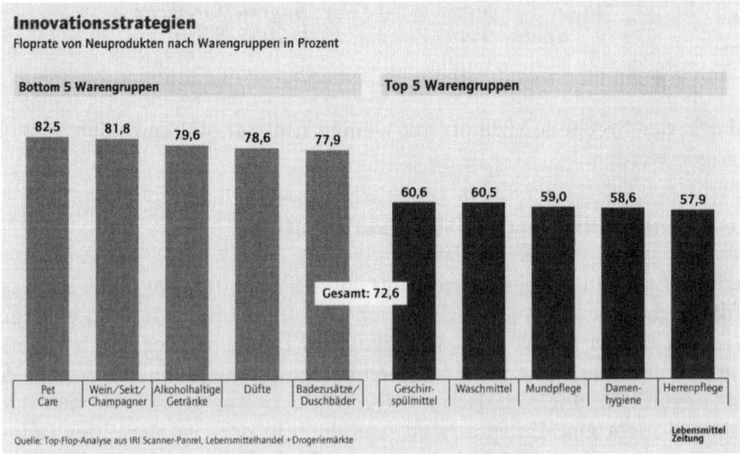

Insert 5–10: Flopraten in Deutschland
(Lebensmittel Zeitung, 02.09.2005, S. 30)

den. Mit der Frage, wie eine neue Leistung von Konsumenten angenommen wird, setzt sich die so genannte Adoptionsforschung auseinander. Im Allgemeinen wird für die Übernahme von Innovationen ein fünfphasiger **Adoptionsprozess** unterstellt:

(1) **Aufmerksamkeit**: Die Zielpersonen erkennen das Angebot der neuen Leistung, haben jedoch keine näheren Informationen über die neue Leistung.

(2) **Interesse**: Die Zielpersonen interessieren sich für die neue Leistung und suchen nach spezifischen Informationen.

(3) **Bewertung**: Die Zielpersonen beurteilen das Produkt und entscheiden, ob es sich lohnt, die Innovation auszuprobieren.

(4) **Versuch**: Die Zielpersonen kaufen die Leistung erstmalig, um es auszuprobieren (Versuchskauf) und ihren Nutzen noch besser einschätzen zu können.

(5) **Annahme**: Die Zielpersonen entscheiden sich, die Leistung erneut zu kaufen (Wiederholungskäufe).

Von besonderer Bedeutung bei der Betrachtung des Adoptionsprozesses ist die **Analyse der Bestimmungsfaktoren der Adoption** (Schaubild 5–27). Hierzu gehören die spezifisch genutzten Informationsquellen, die Merkmale der Zielpersonen, das Unternehmensimage, das gesellschaftliche Normensystem sowie die wahrgenommenen Eigenschaften der Neuerung. Diese sind im Adoptionsprozess zu untersuchen und – soweit als möglich – zu gestalten.

Im Allgemeinen werden fünf **wahrgenommene Eigenschaften von Leistungsinnovationen** unterschieden, die den Adoptionsprozess wesentlich bestimmen (*Rogers* 1962; *Vahs/Burmester* 2002, S. 375ff.):

(1) Den **relativen Vorteil**, den sie gegenüber Technologien aufweisen, die durch sie verdrängt werden. Dieser Vorteil ist ein subjektives Maß, das außer der ökonomischen Dimension auch Sozialprestige und andere Faktoren umfasst.

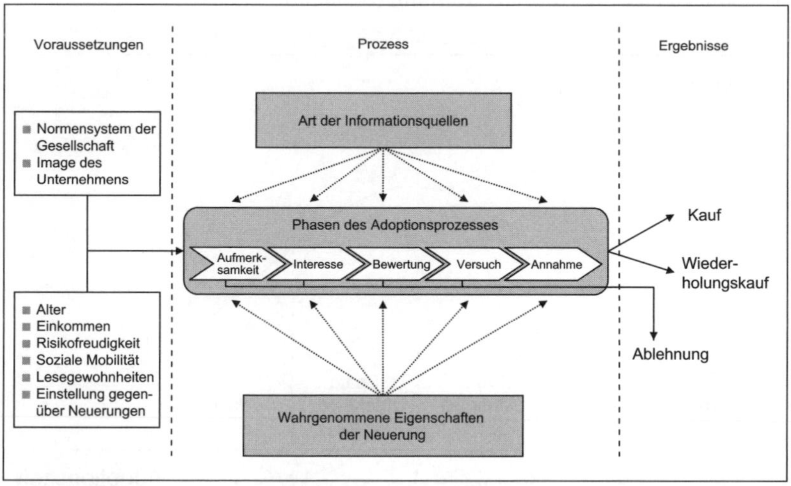

Schaubild 5–27: Voraussetzungen, Prozess und Ergebnisse der Adoption (Meffert 2000, S. 419)

(2) Die **Kompatibilität** der Innovation, also das Ausmaß, in dem die Innovation mit bestehenden Werten, Erfahrungen und Anforderungen der potenziellen Adopter im Einklang stehend wahrgenommen wird.

(3) Die **Komplexität**, die ein Maß für Schwierigkeit bei Verständnis oder Anwendung einer Innovation ist.

(4) Die **Testbarkeit** bringt zum Ausdruck, inwieweit eine Innovation partiell (zeitweise oder nur in Teilbereichen) übernommen werden kann.

(5) Die **Beobachtbarkeit**, also das Ausmaß, in dem andere Personen das Ergebnis einer Innovationsübernahme sehen, spielt wegen seiner kommunikationsfördernden Rolle unter gleichrangigen Mitgliedern der Population eine wichtige Rolle.

Grundsätzlich wird unterstellt, dass sich eine Innovation mit höherem relativen Vorteil, größerer Kompatibilität, geringerer Komplexität, größeren Testmöglichkeiten und höherer Beobachtbarkeit schneller ausbreitet.

Durch die anbieterseitige Gestaltung der Bestimmungsfaktoren der Adoption ist der Konsument darin zu unterstützen, die einzelnen Phasen des Adoptionsprozesses mit möglichst geringem Aufwand zu durchlaufen. Beispielsweise können Konsumenten, die an einer Innovation ernsthaft interessiert sind, durch das Verteilen von Gratisproben im Konsumgüterbereich oder durch Probefahrten bei Autos zum Ausprobieren einer Innovation motiviert werden.

Konsumenten lassen sich in Abhängigkeit von ihrer Adoptionsfreudigkeit in verschiedene **Adopterkategorien** unterteilen. Allgemein wird zwischen den Innovatoren, den frühen Übernehmern, der frühen Mehrheit, der späten Mehrheit und den Nachzüglern differenziert. Bei einer Betrachtung der Anzahl der Adopter im Zeitverlauf, d.h. von den ersten Innovatoren bis zu den letzten Nachzüglern, ergibt sich für fast alle bisher untersuchten Innovationen eine Gauß'sche Normalverteilung (Schaubild 5–28).

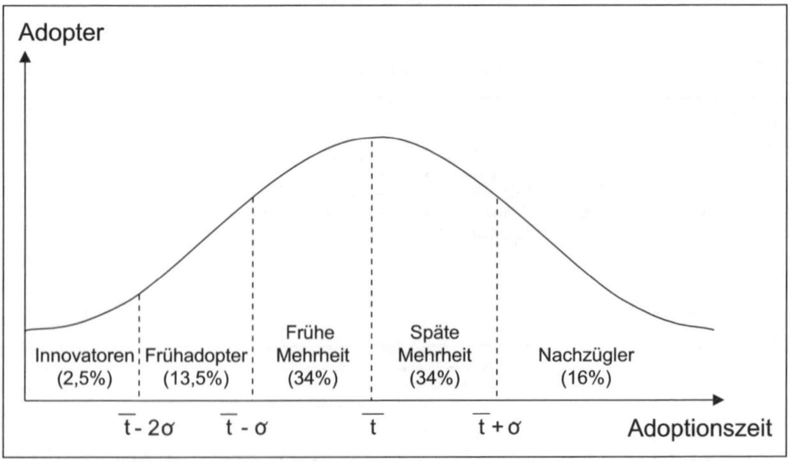

Schaubild 5–28: Klassen von Adoptern

Über die Bestimmung von Adopterklassen hinaus wird in der Literatur teilweise auch der Versuch einer **Charakterisierung der einzelnen Adopterklassen** unternommen. Dabei wird eine Unterscheidung im Hinblick auf deren Wertorientierung vorgenommen, die die Beschreibung jedes Segments aufgrund eines typischen Musters ermöglicht und die beispielsweise wie folgt aussieht:

- **Innovatoren** werden als eher unternehmungslustig und bei Neuheiten auch risikobereiter charakterisiert.
- **Frühadopter** werden von ihrem Wunsch nach Respekt geleitet und gelten in ihrem gesellschaftlichen Umfeld als Meinungsführer. Sie übernehmen neue Ideen frühzeitig, sind gleichzeitig aber auch vorsichtig.
- Die **frühe Mehrheit** handelt wohl überlegt, übernimmt aber neue Ideen immer noch früher als der „durchschnittliche Konsument".
- Die **späte Mehrheit** ist eher skeptisch und nimmt eine Innovation erst an, wenn sie sich bei der Mehrheit der Konsumenten bereits bewährt bzw. durchgesetzt hat.
- **Nachzügler** sind traditionsbewusst und gegenüber Veränderungen eher misstrauisch. Diese Gruppe übernimmt Innovationen nur, weil sie in ihrem Umfeld inzwischen in einem gewissen Maß traditionell erscheinen.

Die Identifikation und gezielte Ansprache der Innovatoren und Frühadopter ist notwendig, um den **Diffusionsprozess** von Leistungsinnovationen, d.h. die kumulierte Adoption der Neuerung im Zeitablauf, zu fördern. Der Verlauf von Diffusionsprozessen hängt damit von allen Adoptionen und deren Einflussfaktoren ab.

Bei der Diffusion wird dem **Kommunikationsverhalten** der Konsumenten eine zentrale Rolle eingeräumt. Dabei werden Informationen über neue Leistungen im Rahmen der Mund-zu-Mund-Kommunikation zwischen Meinungsführern und Meinungsfolgern ausgetauscht. Aufgrund der hohen Glaubwürdigkeit dieser Informationsquelle nehmen Meinungsführer eine wichtige Rolle bei der Adoption von Innovationen ein. Meinungsführer kaufen als Innovatoren ein neues Produkt aufgrund ihrer hohen Affinität zu Neuheiten und/oder des damit zu erzielenden persönlichen Imagegewinns. Da konsumentenseitig in dieser Phase noch wenige Informationen über die Neuheit vorhanden sind, greifen Meinungsführer überwiegend auf Informationen des Unternehmens zurück. Meinungsfolger kaufen als Imitatoren das neue Produkt erst, wenn es eine gewisse Verbreitung im Markt hat und es von anderen Konsumenten akzeptiert worden ist. Für die Markteinführung neuer Leistungen empfiehlt sich daher ein zweistufiges Vorgehen: neben der Ansprache der Konsumentenmehrheit sind Innovatoren und Frühadopter gezielt anzusprechen, um durch deren Beeinflussungsverhalten den Diffusionsprozess zu beschleunigen.

Der **Diffusionsverlauf** kann aus der Aggregation der individuellen Kaufprozesse abgebildet werden. Die dabei zugrunde gelegten Diffusionsmodelle berücksichtigen meist ausschließlich Erstkäufe, vernachlässigen dementsprechend Wiederholungskäufe. Aus diesem Grund sind sie insbesondere dafür geeignet, Diffusionsverläufe für **Gebrauchsgüter** abzubilden. Bei Verbrauchsgütern ist eine Beschränkung auf Erstkäufe dagegen wegen der hohen Bedeutung von Wiederholungskäufen nicht zweckmäßig.

Eines der ersten Diffusionsmodelle, das zwischenzeitlich von zahlreichen Autoren abgewandelt und ausgebaut wurde, stammt von *Bass* (1969). Das so genannte **Bass-Modell** ist ein integratives Diffusionsmodell, nach dem sich die Absatzmenge eines Produkts in einer Periode aus der Nachfrage der Innovatoren und Imitatoren zusammensetzt. Zentrale Annahme des Modells ist, dass ein neuartiges Gebrauchsgut zunächst nur für Erstkäufer und nicht für Ersatzkäufer in Betracht kommt (*Bass* 1969; *Homburg/Krohmer* 2003, S. 492ff.; *Herrmann/Huber* 2004, S. 73).

Die zeitliche Verteilung der Erstkäufe wird als Diffusionskurve $f(t) = h_t\ [1-F(t)]$ dargestellt. Diese Diffusionskurve lässt sich als Dichtefunktion einer Zufallsvariable, die typischerweise einen glockenförmigen Verlauf aufweist, interpretieren. Die Zufallsvariable gibt dabei die Wartezeit eines Nachfragers zwischen der Markteinführung eines neuen Produktes und dem Erstkauf an. F(t) ist eine s-förmig verlaufende korrespondierende Verteilungsfunktion. Der (Erstkauf-)Absatz in einer bestimmten Periode (S_t) resultiert aus dem unbelieferten Käuferpotenzial ($M-X_{t-1}$), also der Bedarfslücke, multipliziert mit der Kaufwahrscheinlichkeit in der betrachteten Periode (h_t):

$$S_t = h_t \cdot (M - X_{t-1}) \text{ mit } h_t = (p + q \cdot \frac{X_{t-1}}{M})$$

Aus der bedingten Wahrscheinlichkeit, dass ein Nachfrager ein Produkt zum Zeitpunkt t unter der Voraussetzung kauft, dass er sie bis zum Zeitpunkt t-1 noch nicht gekauft hat, ergeben sich diffusionsendogene und -exogene Einflussgrößen. **Diffusionsendogene Einflussgrößen** basieren auf der Eigendynamik der Nachfrage und werden über den Verbreitungsgrad des Produktes im Zeitpunkt t (X_{t-1}/M) erfasst. Je mehr Käufer ein Produkt bereits besitzen, desto größer ist der Druck, der auf den Nachfragern lastet, die es bisher noch nicht gekauft haben (Positive Eigendynamik der Nachfrage). Es ist auch möglich, dass der Kaufanreiz für bestimmte Nachfrager mit zunehmender Verbreitung eines Produktes abnimmt, da es keinen Snob-Effekt mehr gibt (Negative Eigendynamik der Nachfrage).

Diffusionsexogene Einflussgrößen sind beispielsweise das Verhalten der Unternehmen und ökonomische Rahmenbedingungen. Der Innovationskoeffizient p beinhaltet alle Komponenten, die mit dem sozialen Effekt nicht verbunden sind. Mit zunehmendem Innovationskoeffizient steigt die Ausgeprägtheit des exponentiellen Verlaufes der Absatzentwicklung. Der Imitationskoeffizient q steuert die Wirkung von weiteren Größen, wie z.B. der Intensität der Kommunikation. Durch einen großen Imitationskoeffizient entsteht eine deutlich logistische Verteilung des Absatzes. Für die beiden Extremfälle $p = 0$ und $q = 0$ ergibt sich das exponentielle bzw. logistische Modell als Spezialfall.

Bei der Rekonstruktion des Diffusionsverlaufes mit Hilfe des Bass-Modells werden häufig verschiedene Nachfragergruppen voneinander unterschieden, um das unterschiedliche innovative und imitative Verhalten der Nachfrager bei der Übernahme neuer Produkte zu berücksichtigen. Der momentane Sättigungsgrad des Marktes für Erstkäufe entspricht genau der Wahrscheinlichkeit eines Erstkaufes bis zu dem betrachteten Zeitpunkt $X_{t-1}/M = F(t)$, wenn die bedingte Wahrscheinlichkeit für die gesamte Käuferschaft gleich ist (**Homogenitätsannahme**).

Die **Durchsetzung der Leistungsinnovation im Handel** wird insbesondere durch eine gute Leistungsqualität, die Möglichkeit der Sortimentsabrundung, ein positives Image des Anbieters, die Bereitstellung von Werbematerial sowie einen hohen Anteil an Neuverwendern der Leistung gefördert (*Meffert* 2000, S. 420) (Insert 5–11).

Innovationen – Das Kalkül der Warenprofis

Listung: Bewährungsprobe

Das Klischee vom hemmungslos zockenden Einkäufer, der in Verhandlungen mit der Industrie stets schwere Geschütze auffährt, um Bestkonditionen zu erzielen, wird nur allzu häufig von der Realität eingeholt. „Einkäufer im Handel sind maßlos, gierig und leben in einer Schwarz-Weiß-Welt, in der es vor Gegnern nur so wimmelt", lautet ein (Vor-)Urteil über die eigenwillige Spezies, die sich gerne rar macht, wenn es ums Erzählen über ihr Metier geht. Nur keine Geheimnisse ausplaudern, kein Insiderwissen preisgeben, dem anderen keine Argumente zuspielen – beim nächsten Jahresgespräch könnte das schamlos ausgenutzt werden. Einkäufer sehen sich gern in der Rolle des Königsmachers und Kämpfers. Das Nadelöhr Handel bewachen sie kompromisslos. Wer Einlass begehrt, muss zahlen, lautet die Parole. Wer das nicht kann, soll draußen bleiben, ganz einfach! Schließlich hängt das Wohl und Wehe ihrer Unternehmen von guter und günstiger Beschaffung ab, argumentieren sie. Spanne, Roherträge und Gewinne sind unabdingbar an gute Konditionen geknüpft. Das erklärt den Sportsgeist, den Einkäufer in den Jahresgesprächen beweisen. „Da wird mit harten Bandagen gekämpft", wissen Insider. Seit Jahr und Tag kommen die gleichen Gesprächsthemen aufs Tapet. Was hat der eine Industrievertreter zu bieten, was der andere nicht hat? Wo können die größten Vorteile herausgeholt werden?

Einkäufer als Königsmacher und Kämpfer

Versierte Einkaufschefs wie Georg Dietrich von der Edeka Nordbayern-Sachsen-Thüringen sehen dies als notwendigen Prozess, in dessen Mittelpunkt naturgemäß das liebe Geld steht. „Aufgrund der sehr hohen Floprate sind Listungsgelder und Werbekostenzuschüsse ein nahezu unverzichtbarer Bestandteil, denn jeder Reinfall verursacht erhebliche Kosten", so die Argumentation, die viele Kollegen mit ihm teilen. Die Nordbayern listen jährlich rund 3.000 neue Produkte inklusive einmaliger Aktionsartikel. Nur rund ein Drittel jedoch ist mittel- bis langfristig erfolgreich. Bei Distributa in Saarlouis sieht die Bilanz ähnlich aus. „Besonders bei Kosmetik floppt nach einem Jahr die Hälfte, nach zwei Jahren sind es 75 Prozent", moniert Top-Einkäufer Hans-Jürgen Sander. Die Waren seien häufig nicht gut durchdacht, würden nicht mit genügend Werbung unterstützt, von Discountern zu schnell und zu billig aufgegriffen oder fänden zu rasch Me-too-Produzenten, so die häufigsten Vorwürfe seitens des Handels. „Im Gegensatz zu anderen Ländern, wo die Zusammenarbeit zwischen beiden Seiten konfliktfreier verläuft, sind Jahresgespräche in Deutschland häufig durch zähe Verhandlungen und unbefriedigende Ergebnisse geprägt", analysiert Thomas Golly. Er ist Autor der Sempora-Studie, die Konditionensysteme der Markenartikler untersucht. „Nur etwa zwanzig Prozent empfinden die Zusammenarbeit als partnerschaftlich und fair", hat er herausgefunden. Sechzig Prozent der Hersteller seien davon überzeugt, dass der Handel nur auf die Verbesserung eigener Konditionen abzielt und ihn gemeinsame Konzepte mit der Industrie wenig interessieren. Jahr für Jahr schlage sich das in einem „steigenden Anteil leistungsloser Machtkonditionen des Handels" nieder. Je kleiner dabei der Hersteller, umso „destruktiver" der Druck.

Händler mahnen bessere Tests an

Selber schuld, meint der Handel. Wer keine schlüssigen Produktkonzepte zu bieten habe, müsse sich damit abfinden, dass alles nur über die Preisschiene laufe. „Es ist heute extrem schwer zu erkennen, was wirkliche Innovationen sind, die den Markt voranbringen, Mehrwert versprechen und noch dazu bessere Erträge ermöglichen“, schildert Wolfgang Rose das Dilemma. Er verantwortet den Einkauf bei Tegut in Fulda. Oft seien neue Artikel zu wenig getestet, um Abverkauf und Preisakzeptanz zu garantieren. Oft werde Werbung versprochen, die dann aber letztlich ausbleibe, wodurch das Produkt kläglich scheitere. Und oft seien Nachahmer am Werk, die den Erfolg des Originals extrem schnell schmälern und ihm dadurch jede Chance nehmen. „Produkte müssen noch besser sein, als sie es in der Werbung vollmundig versprechen“, fordert Rose. Dabei ist der Handel Neuheiten gegenüber generell sehr aufgeschlossen. „Wir wollen möglichst alle vom Start weg haben, damit der Kunde auswählen kann“, sagt er stellvertretend für viele seiner Mitstreiter. Distributa-Manager Sander fügt hinzu, wie wichtig Innovationen für die Erträge sind. „Wir wären bereit, auf Listungsgelder zu verzichten, wenn es auf Seiten der Industrie mehr Verlässlichkeit und Datenmaterial gäbe“, räumt er ein. Dass es auch ohne WKZ geht, zeige das Beispiel Ferrero, dessen Neuheiten man blind einlisten könne, weil sie vorbildlich getestet werden.

Vier Wochen auf Bewährung

Wurde ein Produkt erst einmal präsentiert, reagieren die meisten Händler schnell. Innerhalb von zwei Wochen sei eine Einlistung inklusive Zweitplatzierung möglich, sagt Rose. Auch die Edeka-Nordbayern verschwendet keine Zeit. So sei etwa „Oxi Action“ zwölf Wochen vor Einführung von Reckitt Benckiser vorgestellt und von den Genossen für gut befunden worden, erzählt Georg Dietrich. Parallel zum Launch im April 2003 wurde es dem Edeka-Vertrieb und den selbstständigen Kaufleuten per Rundschreiben angekündigt. Kurz darauf erfolgte die Erstzuteilung. Gleichzeitig startete die Einführungswerbung im Fernsehen, in Edeka-Handzetteln und -Anzeigen. „Die ersten vier Wochen sind eine Bewährungsprobe“, beschreibt Dietrich den Prozess. Schlägt sich der Neuling gut, wird nach zwei bis drei Monaten nachgefasst. Die Quartalszahlen geben erste Anhaltspunkte für den dauerhaften Erfolg. Nach sechs Monaten wird anhand der Umsatzwerte über weitere Vermarktungsmaßnahmen oder die Auslistung entschieden. Wie die Edeka-Nordbayern verfügt auch die Siegburger Dohle-Gruppe über Testmärkte, in denen sich Neuheiten beweisen müssen. Distributa denkt ebenfalls darüber nach. Zu oft habe man sich darin getäuscht, ob ein neues Produkt toppt oder floppt. Noch mehr jedoch wurmt die Vollsortimenter derzeit, dass die Hersteller keinen Unterschied zwischen ihnen und den Discountern machen. Erste Drohungen – „Wir listen Langnese-Iglo aus“ – sprach die Edeka bereits aus, nun sollen Taten folgen. „Wir erwarten von der Industrie, dass sie uns Vollsortimentern grundsätzlich innovative Artikel vorrangig anbietet“, formuliert Dietrich das Ziel stellvertretend für alle sieben Großhandlungen. Hoffnungsvoll richtet sich der Blick so mancher Einkäufer auf diesen Vorstoß. Bislang jedoch hat sich am Konditionengefeilsche noch nicht viel geändert.

Insert 5–11: Einführung von Produktinnovationen im Handel (Lebensmittel Zeitung 2005c)

Zur **Durchsetzung der Leistungsinnovation im Unternehmen** sind organisatorische, systembezogene und kulturelle Voraussetzungen zu schaffen (vgl. hierzu ausführlich Kapitel 7). Von besonderer Bedeutung ist die Abstimmung der verschiedenen beteiligten Abteilungen im Innovationsprozess. Neben der engen Zusammenarbeit des Produktmanagements mit der F&E- sowie Produktionsabteilung ist dabei eine sachliche und zeitliche Koordination von verschiedenen Stellen in anderen Marketingabteilungen notwendig. Dies gilt z.B. für die Werbung (rechtzeitige Buchung von Werbezeiten und -flächen), die Verkaufsförderung (Vergabe von Druckaufträgen und Verteilung des Prospektmaterials), den Vertrieb (Information und Schulung der Außendienstmitarbeitenden) und den Kundendienst (Sicherstellung der Ersatzteilversorgung). Darüber hinaus ist ein Abbau möglicher Innovationswiderstände seitens der Mitarbeitenden notwendig (z.B. durch eine aktive Einbeziehung der Mitarbeitenden in den Innovationsprozess).

5.2 Gestaltung der Leistungspflege

5.2.1 Gegenstand und Prozess der Leistungspflege

Nach der Markteinführung einer Leistungsinnovation gilt es, die Leistung fortwährend zu pflegen. Auch wenn die Leistungspflege heute in vielen Unternehmen – insbesondere der Konsumgüterbranche – als Tagesgeschäft der Produktmanager gilt, wird sie in anderen Unternehmen immer noch stark vernachlässigt (Insert 5–12).

> Unter **Leistungspflege** wird die Veränderung von Leistungen verstanden, die sich bereits im Markt befinden.

Zu den **Zielen der Leistungspflege** gehören insbesondere die Verlängerung des Produktlebenszyklus, die Absicherung der Marktposition, das Umsatz- und Gewinnwachstum, die Ausschöpfung von Leistungs- und Kundenpotenzialen und die Verbesserung der Kapazitätsauslastung sowie der Leistungserstellungsprozesse.

Zentrale **Aufgaben der Leistungspflege** stellen dabei die Identifikation des Handlungsbedarfs sowie die Entscheidung über die Leistungsveränderung dar (*Büschken/von Thaden* 2002, S. 597ff.).

Bei der **Identifikation des Handlungsbedarfs** gilt es, rechtzeitig zu erkennen, dass die bisherige Leistung die gewünschte Marktentwicklung nicht aufweist. Hierzu ist ein Frühwarnsystem mit relevanten Indikatoren zu entwickeln (vgl. hierzu ausführlicher Kapitel 8). Beispiele für solche Indikatoren sind:

- Sinkende absolute Verkaufszahlen,
- Unausgeschöpfte Verkaufspotenziale,
- Sinkender relativer Marktanteil,
- Abnehmendes Umsatzwachstum,
- Unausgeschöpfte Umsatzwachstumspotenziale,
- Sinkende Markentreue.

Als Problem ist die mangelnde Prognosekraft von Frühwarnindikatoren zu sehen, wenn für die Veränderung von Leistungen sehr lange Entwicklungszeiten notwendig sind.

Grundlage der Entscheidung über die Veränderung von Leistungen ist der **Planungsprozess der Leistungspflege**, der eine ähnliche Struktur wie der Innovationsprozess aufweist (*Meffert* 2000, S. 440f.):

(1) Bei der **Ideengewinnung** sind ausgehend von der bestehenden Leistung mögliche neue Eigenschaftsausprägungen zu suchen. Der Grundnutzen einer Leistung ist bei der Leistungsmodifikation nicht veränderbar, so dass der Suchraum deutlich eingeschränkt wird. Ansatzpunkte der Modifikation sind z.B. ästhetische Eigenschaften (Design, Farbe), physikalische Eigenschaften (Material, Qualität), symbolische Eigenschaften (Markenname) und funktionale Eigenschaften (Kundendienst, Finanzierung). Meistens führen hierbei Verfahren, die sich an bestehenden

Aspirin als Muster der Markenpflege

Selten wird im Pharmageschäft eine Marke über eine so lange Zeitspanne hinweg so gewinnbringend gepflegt wie das Kopfschmerzmittel Aspirin von Bayer. Aspirin aber ist die große Ausnahme, das Gegenteil ist die Regel: Gerade Pharmaunternehmen lassen viele Chancen ungenutzt, den Wert ihrer Produkte, die in der Regel für Hunderte Mio. Euro entwickelt werden, über den gesamten Lebenszyklus der jeweiligen Medikamente zu maximieren. „Investitionen in das sogenannte Lebenszyklus-Management, das für diese Maximierung sorgen müßte, genießen in den Unternehmen bisher keine Priorität", sagte Günther Illert, Vice President des Beratungsunternehmens Capgemini Deutschland GmbH und dort für die Pharmabranche zuständig, dieser Zeitung.

Zwar sei den meisten Pharmakonzernen klar, daß es sinnvoll ist, die Indikationsgebiete, für die ein patentgeschütztes Medikament eingesetzt werden kann, also die Breite des Anwendungsspektrums, nach der Produkteinführung stetig weiter auszudehnen. Das geschieht vor allem, um auf diesem Weg den Patentschutz zu verlängern. „Daß ein gutes Lebenszyklus-Management aber schon bei einer Bereinigung des Produktportfolios und der Beschleunigung der Entwicklungszeiten einsetzen, vor allem aber zu einer langfristig besseren Zusammenarbeit von Entwicklung, Marketing und Vertrieb führen muß, wird sehr oft nicht beherzigt", sagt Illert. „Den großen Pharmakonzernen geht es noch immer zu sehr darum, das nächste große Kassenschlager-Medikament zu entwickeln. Die Planungen, was passiert, wenn der Patentschutz weg ist, werden viel zu oft vernachlässigt", sagt Illert, der seine Erkenntnisse auf eine Umfrage von Capgemini unter 74 Führungskräften der Pharmaindustrie aus 12 Ländern und mehr als 8000 Ärzten stützt.

Nach den Erfahrungen von Capgemini ist es auch nicht allein damit getan, in der Organisation der Pharmakonzerne entsprechende Strukturen einzuführen, die allein in der Theorie ein gutes Lebenszyklus-Management sicherstellen. Vielmehr müßten die Mitarbeiter ihr Verhalten ändern: „In den einzelnen Abteilungen gibt es meist ein viel zu starkes Silo-Denken; es fällt den Mitarbeitern in Pharmaunternehmen sehr schwer, weiterhin funktionsübergreifend zusammenzuarbeiten, wenn ein gemeinschaftlich entwickeltes Präparat einmal auf dem Markt eingeführt ist." An diesem Fehlverhalten müsse sich auch deshalb etwas ändern, weil die Produktivität der Pharmaforschung immer stärker nachlasse. Den eindrucksvollen Beweis dafür liefert die Zulassungsstatistik: Die amerikanische Gesundheitsbehörde FDA hat nach den Zahlen der Investmentbank Credit Suisse First Boston im vergangenen Jahr mit 35 Präparaten lediglich halb so viele Medikamente zugelassen wie noch im Jahr 1996. Zudem bekommen eingeführte Medikamente heute sehr viel früher Konkurrenz durch Wettbewerbspräparate als in der Vergangenheit. Waren früher Medikamente nicht selten 20 Jahre lang ohne ernsthafte Konkurrenz, bekam das Rheumamittel Celebrex, das 1999 eingeführt worden ist, nur rund ein Jahr später ernsthaften Wettbewerb durch das in der Wirkung vergleichbare Präparat Vioxx. Vor diesem Hintergrund sind sich die Führungskräfte der Pharmakonzerne der Defizite, die ihre Unternehmen beim Lebenszyklus-Management haben, durchaus bewußt: Nur 19 Prozent der Befragten bewerten ihre derzeitige Organisation als ausgezeichnet. Zwar finden sie 30 Prozent wenigstens gut, die restlichen rund 50 Prozent kommen aber über die eigene Bewertung ihrer Arbeit als „durchschnittlich" oder sogar als „schlecht" nicht hinaus.

Oft gibt es sogar innerhalb eines Unternehmens voneinander abweichende Meinungen zur Qualität des eigenen Lebenszyklus-Managements, was für Capgemini ein weiterer Beweis für die mangelnde ressortübergreifende Zusammenarbeit ist. Besonders die Autoindustrie ist ein Beispiel für ein besseres Lebenszyklus-Management. „Die Entwicklungszeit für ein neues Auto wurde in den vergangenen Jahren durch die stärkere Einbindung der Zulieferer deutlich verkürzt", sagt Illert. Eine verbesserte Arbeitsteilung empfiehlt Illert deshalb auch der Pharmabranche: „In der Zukunft wird es wahrscheinlich eine Dreiteilung geben: Unternehmen, die in der Wirkstoffsuche stark sind, effiziente Hersteller der jeweiligen Medikamente und Unternehmen, die sich auf die Kommerzialisierung und Markenpflege konzentrieren.

Insert 5–12: Mangelnde Produktpflege in der Pharmabranche (Frankfurter Allgemeine Zeitung, 27.09.2004, Nr. 225, S. 18)

Leistungen orientieren, wie z.B. Fragenkataloge, Funktionsanalyse oder die Positionierungsanalyse, zu befriedigenden Ergebnissen.

(2) Die **Prüfung von Leistungsvarianten** beschränkt sich meist auf die zu erwartenden Auswirkungen der Änderung. Ansonsten sind die grundsätzlichen Daten bereits vorhanden (z.B. Marktpotenzial, Vertriebswege usw.).

(3) Bei der **Feinauswahl von Leistungsvarianten** ist im Rahmen von Wirtschaftlichkeitsanalysen die Frage zu klären, ob die durch die Modifikation bedingten zusätzlichen Kosten die Erlöse übersteigen.

(4) Bei der **Prüfung der Leistungsvariante** sind Markttests vor allem bei einschneidenden Veränderungen von Leistungseigenschaften notwendig. Im Rahmen von Produkttests ist zu ermitteln, ob und wie die Veränderungen der Leistung von den potenziellen Kunden wahrgenommen werden.

(5) Die **Markteinführung der Leistungsvariante** ist insbesondere durch entsprechende kommunikationspolitische Maßnahmen zu unterstützen, die Konsumenten z.B. über die Leistungsveränderungen und deren Vorteile informieren.

Als **Formen der Leistungspflege** gelten allgemein die Leistungsvariation (Abschnitt 5.2.2) und die Leistungsdifferenzierung (Abschnitt 5.2.3).

5.2.2 Leistungsvariation

Die Variation von Leistungen stellt eine kontinuierliche Aufgabe der Leistungspflege im Rahmen des Produkt- und Servicemanagements dar. Durch sie wird die Verlängerung des Produktlebenszyklus sichergestellt.

> Die **Leistungsvariation** umfasst die Verbesserung bestimmter Eigenschaften oder sonstiger Leistungsmerkmale von bereits im Markt eingeführten Leistungen (z.B. Qualitätsverbesserung, verlängerte Garantiezeit, Verpackungsänderungen). Dabei wird die Ursprungsleistung durch die verbesserte Variante ersetzt.

Beispiel: Produktvariation bei Coca-Cola

Im Jahre 1985 wurde die klassische *Coca-Cola* durch *„New Coke“* ersetzt, da der Konkurrent *Pepsi* kurze Zeit zuvor mit dem Werbeslogan „Mach den Pepsi-Test“ zum Marktführer geworden war. *Coca-Cola* variierte Geschmack und Name, blieb damit aber erfolglos.

Eine spezifische Ausprägung der Leistungsvariation ist der so genannte **Relaunch**, der eine sehr **umfassende Veränderung** einer Leistung vorsieht. Unter einem Relaunch ist daher die grundlegende Modifikation, Reaktivierung und Repositionierung einer Leistung zu verstehen. Der Relaunch kommt in der Regel in einer späteren Phase des Produktlebenszyklus zum Einsatz, um den Preisverfall zu stoppen. Ziel des Relaunch ist es, den Absatz wieder zu erhöhen und von einer Phase der Sättigung oder gar des Rückgangs in eine erneute Wachstumsphase einzutreten (Insert 5–13).

Nescafé auf gutem Kurs

Kräftiger Wachstumsschub nach erfolgtem Cappuccino-Relaunch

Sieht auch in Zukunft große Wachstumspotenziale für löslichen Kaffee: Carsten Fredholm, Vorsitzender der Geschäftsführung der Nestlé Erzeugnisse GmbH

Frankfurt, 1. September. Während sich die Röstkaffee-Anbieter im rückläufigen Markt schwer tun, partizipiert Nescafé an der guten Entwicklung bei löslichem Kaffee. Der Relaunch beim Cappuccino brachte kräftige Zugewinne. Eine neue Werbekampagne mit Harald Schmidt soll das Geschäft zusätzlich ankurbeln.

Als „Riesen-Erfolg" bezeichnet Carsten Fredholm, Vorsitzender der Geschäftsführung bei der Frankfurter Nestlé Erzeugnisse GmbH, die Entwicklung des Cappuccino-Geschäftes nach dem Relaunch von Nescafé Cappuccino vor einem Jahr. Die Qualitäts-Verbesserung sei bei den Verbrauchern angekommen. Trotz der Preiserhöhung von durchschnittlich 1,99 Euro für zehn Portionen auf 2,49 Euro sei es gelungen, die Marktführerschaft zu erreichen.

Vor dem Relaunch habe Nescafé Cappuccino einen Marktanteil von weniger als 16 Prozent gehabt, in diesem Jahr seien schon über 23 Prozent erreicht worden. Dieser Erfolg belege, dass die Konsumenten bereit sind, für verbesserte Qualitäten tiefer in die Tasche zu greifen.

Hohe Zuwächse weist der Teilmarkt mit Latte Macciato vor, der sich seit Anfang 2004 vervielfacht hat. Hier habe Nescafé ebenfalls deutlich zugelegt.

Bei den löslichen Spezialitäten, sogenannten Family Cappuccinos, verbuche das Unternehmen ebenso wie der Markt eine sehr erfreuliche Entwicklung. Dieser Bereich zeige eine starke Dynamik. Seit Anfang vergangenen Jahres konnten die Family Cappuccinos Umsatzsteigerungen um gut ein Viertel erzielen. Dieser Bereich ist dem Nestlé-Spartenchef zufolge das einzige Segment der löslichen Kaffees, in dem die Frankfurter nicht Marktführer sind. Dieses Geschäft ist die Domäne von Krüger.

Generell befinden sich die Produzenten von löslichen Kaffees auf der Überholspur gegenüber ihren Röstkaffee-Kollegen. Allerdings ist das Segment kleiner. Von den 2,3 Mrd. Euro, die die Deutschen laut Marktforschung 2004 für Kaffee ausgaben, entfielen knapp 550 Mio. Euro auf löslichen Kaffee. Dazu steuerte purer Löskaffee 213 Mio. Euro bei. Hier ist Nescafé mit einem Drittel des Marktes unumstrittene Nummer Eins. Aktuell entwickle sich dieses Geschäft von Nestlé überproportional zum Markt.

Die Mischungen kamen 2004 auf 333 Mio. Euro. Family Cappuccinos erreichten 143 Mio. Euro Umsatz, 170 Mio. Euro entfielen auf den Premium-Bereich.

Generell sieht Fredholm für den Markt der löslichen Kaffees noch sehr gute Perspektiven – insbesondere für Nestlé als Premium-Anbieter. Verbesserte Extraktionsverfahren hätten qualitative Impulse gegeben. Löslicher Kaffee entspreche wegen der einfachen Zubereitung dem Bedürfnis nach Convenience. Gerade jüngere Verbraucher zeigten sich hier besonders aufgeschlossen.

Die Nestlé-Sparte investiere in den Ausbau des Geschäftes, mit einem Paket aus Promotions und Werbung. Zusätzliche Impulse erhofft sich Fredholm von dem Entertainer Harald Schmidt, mit dem neue TV-Spots für Nescafé Cappuccino gedreht wurden. *ach*

Insert 5–13: Erfolgreicher Relaunch bei Nescafé (Lebensmittel Zeitung, 02.09.2005, S. 10)

Eine Leistungsvariation ist notwendig, wenn die Leistung am Markt nicht mehr den gewünschten Erfolg hat. **Gründe für eine Leistungsvariation** sind z.B. Entwicklungen in den folgenden Bereichen (*Büschken/von Thaden* 2002, S. 596f.):

- **Anspruchsänderungen der Konsumenten**: In der Regel wird davon ausgegangen, dass sich die Bedürfnisse und Erwartungen der Konsumenten im Laufe der Zeit verändern. Dies ist Anlass für Anbieter, ihre Leistungen kontinuierlich anzupassen.

  Beispiel: Ansatzpunkte der Variation von Lebensmittelprodukten aus Sicht von Großverbrauchern

  Im Rahmen des Großverbraucher-Barometers für die *INTERNORGA* der *Hamburger Messe und Congress GmbH* ermittelte *Roland Berger Market Research*, dass Entscheidungsträger im Großverbraucher-Bereich in Anstalten und Betriebsrestaurants ein überdurchschnittlich hohes Interesse an neuen Lebensmittelprodukten zeigen. Verbesserungen werden vor allem hinsichtlich Geschmack, Zubereitungssicherheit und Optik erwartet (Schaubild 5–29).

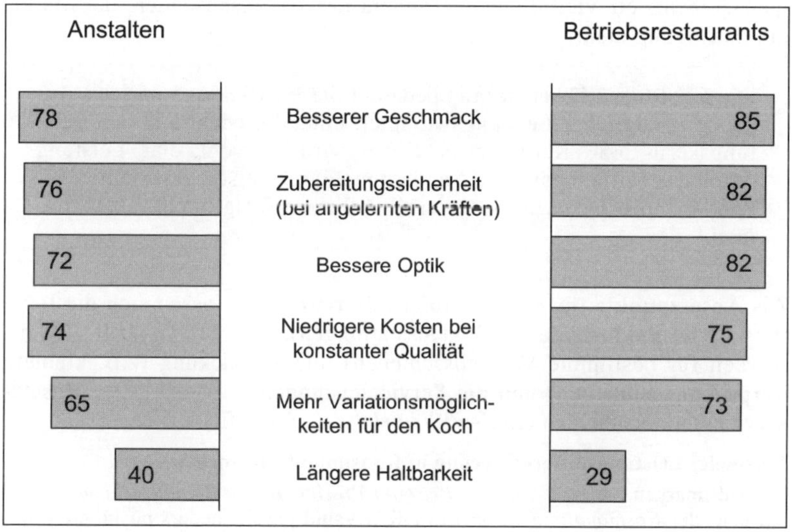

Schaubild 5–29: Ansatzpunkte für Verbesserungen bei neuen Lebensmittelprodukten aus Sicht von Großverbrauchern (in Prozent; Anteil „wichtig") (Roland Berger Market Research 2004)

- **Technologischer Fortschritt**: In zahlreichen Branchen sind aktuelle technologische Neuerungen von den Herstellern aufzunehmen, um ihre Produkte zu verbessern und so konkurrenzfähig zu bleiben.

  Beispiel: Variation von Produkten aufgrund technologischen Fortschrittes

  Servolenkung, Bremskraftverstärker und ABS sind heutzutage selbstverständliche technische Standards bei Kraftfahrzeugen. Neuere technische Entwicklungen, wie beispielsweise ESP, gehören zu den neueren technischen Standards, die Automobilhersteller bei der Entwicklung neuer Fahrzeuge mit zu berücksichtigen haben.

- **Rechtliche Änderungen**: Neue gesetzliche Regelungen erzwingen häufig eine Variation von bestehenden Produkten.

  Beispiel: Variation von Produkten aufgrund rechtlicher Änderungen

  Aufgrund rechtlicher Änderungen kam es zur Entwicklung von FCKW-freien Kühlschränken (FCKW-Verbot) und zum standardmäßigen Einbau von Rußpartikelfiltern in PKWs (Feinstaubbestimmung).

- **Konkurrenzaktivitäten**: Vom Kunden wahrgenommene Verbesserungen bei Konkurrenzprodukten sind ebenfalls ein mögliches Motiv dafür, dass ein Unternehmen eine Produktvariation vornimmt.

Neben der Leistungsvariation zählt die Leistungsdifferenzierung zu den Instrumenten der Leistungspflege.

5.2.3 Leistungsdifferenzierung

Die Leistungsdifferenzierung stellt im Rahmen des Produkt- und Servicemanagements ein vielfältiges Instrument dar, das insbesondere der Marktdurchdringung dient.

> Die **Leistungsdifferenzierung** bedeutet die Entwicklung und das Angebot zusätzlicher Leistungsvarianten unter Beibehaltung des Leistungskerns bzw. Kernnutzens. Dabei wird versucht, eine Leistung durch das zeitlich parallele Angebot mehrerer Leistungsvarianten gezielt auf die Bedürfnisse unterschiedlicher Zielgruppen abzustimmen.

Als **Ansatzpunkte für eine Leistungsdifferenzierung** lassen sich die Leistung (z.B. exklusivere Produktausstattungen), die Marke (z.B. Zweitmarken für bestimmte Vertriebsschienen), die Verpackung (z.B. kleinere Verpackungseinheiten) und die Serviceleistungen (z.B. exklusive Zusatzservices) unterscheiden (*Kotler/Bliemel* 2001, S. 475ff.).

Beispiele: Leistungsdifferenzierung in Konsumgüterbranchen

Die Duftmarken *Naomi Campbell*, *Priscilla Presley*, *Bruno Banani*, *Chiemsee*, *Puma* usw. der *Cosmopolitan Cosmetics (Wella)* sind jeweils anders positioniert, obwohl sie alle auf jugendliche Käufer abzielen. Ebenso haben die auf der gleichen Plattform basierenden Automodelle *VW-Golf*, *Audi A 3*, *Skoda Oktavia* und *Seat Ibiza* unterschiedliche Positionierungen (*Koppelmann* 2004, S. 376).

Im Rahmen der Leistungsdifferenzierung stellen **Substitutionseffekte** das zentrale Risiko dar. Dabei wechseln Kunden von anderen Leistungen der Kategorie zu den neuen Leistungsvarianten, d.h., die Absatzerfolge einer Leistungsvariante gehen zu Lasten der Absätze anderer Leistungsvarianten (deshalb auch **Kannibalisierungseffekte**). Diesen Sachverhalt verdeutlicht Schaubild 5–30. Laut Pressebericht führte vor einigen Jahren die fehlende technische Differenzierung der Marken im *Volkswagen*-Konzern aufgrund der intensiven Verwendung von Gleichteilen zu einer zunehmenden Homogenisierung des Marktauftritts (*o.V.* 2000, S. 12). Die Marke *VW* verlor in der Folge zunehmend Käufer an die preislich niedriger positionierten Mar-

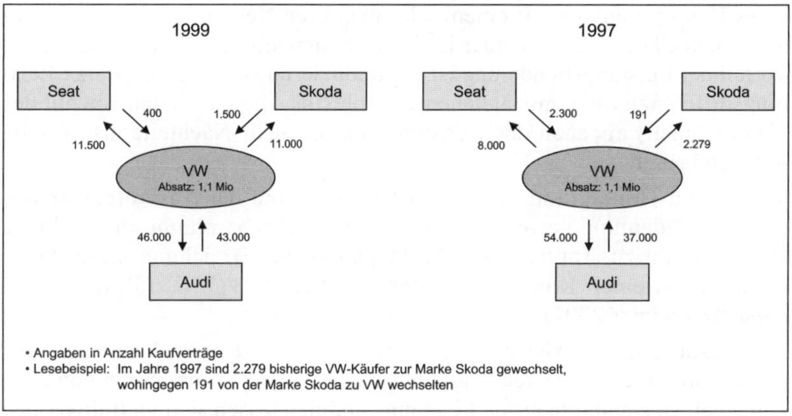

Schaubild 5–30: Substitutionseffekte zwischen Marken des Volkswagen-Konzerns (o.V. 2000, S. 12)

ken *Skoda* und *Seat*. Vor allem gegenüber der preisaggressiv auftretenden Marke *Skoda* hatten sich die Verluste im Jahre 1999 gegenüber dem Jahre 1997 nahezu verfünffacht.

Von **Partizipationseffekten** wird dagegen gesprochen, wenn durch die Leistungsdifferenzierung neue Käufer gewonnen werden, die bisher Konkurrenzleistungen erworben haben oder keine Käufe in der Leistungskategorie getätigt haben (*Gutenberg* 1979, S. 548; *Jacob* 1988).

Die Untersuchung von Partizipations- und Substitutionseffekten im Rahmen von **Wanderungsanalysen** stellt einen zentralen Ansatzpunkt zur Analyse der Wirksamkeit einer Leistungsdifferenzierung dar (vgl. hierzu ausführlich *Meffert/Koers* 2004). Im Spannungsfeld zwischen Substitution und Partizipation gilt es, eine bestmögliche Marktabdeckung unter Minimierung von Kannibalisierungseffekten sicherzustellen.

Neben der allgemeinen Leistungsdifferenzierung haben sich im Laufe der letzten Jahre **spezifische Formen und Konzepte der Leistungsdifferenzierung** etabliert:

- Leistungsbündelung,
- Variantenmanagement,
- Leistungsmodularisierung und
- Mass Customization.

Bei der **Leistungsbündelung** handelt es sich um eine in vielen Branchen populäre Aktivität, die darin besteht, einzelne Komponenten (im Automobilbereich z.B. Aluminiumfelgen, Sportlenkrad, Sportsitze und Metalliclackierung) zu verschiedenen Bündeln zusammenzufassen, dieses mit einem bestimmten Nutzenversprechen zu versehen (z.B. Sportpaket) und am Markt zu offerieren. Hierzu gehört auch die Verknüpfung von Erzeugnissen, die funktional nicht zwingend zusammengehören (z.B. ein aus einer Armbanduhr und einem Parfüm bestehendes Paket) und die Verquickung eines Hauptproduktes mit einem oder mehreren Nebenprodukten (z.B. ein aus einem CD-Player und einer Disk zusammengefügtes Bündel). Zentraler Vorteil der Leistungsbündelung ist die Reduzierung einer durch starke Leistungsdifferenzierung entstandenen Komplexität, die auf Seiten sowohl des Unternehmens als auch des Konsumenten oft mehr Nachteile als Vorteile mit sich bringt.

Vor diesem Hintergrund hat in den letzten Jahren das **Variantenmanagement** an Bedeutung gewonnen, das sich zur Aufgabe nimmt, die optimale Variantenzahl zu ermitteln und Ansatzpunkte zur Erreichung dieses Optimums durch einen Komplexitätsabbau zu liefern (vgl. ausführlich *Herrmann/Seilheimer* 2002).

Die **Leistungsmodularisierung** ermöglicht insbesondere die kostengünstige Bereitstellung einer breiten Angebotspalette. Durch Kombination von einigen wenigen standardisierten Leistungsmodulen lassen sich vielfältige, den Kundenwünschen angepasste Produktvarianten generieren. Die einzelnen Standardmodule werden in großer Stückzahl unter Ausnutzung von Economies of Scale und Economies of Scope hergestellt. Zur Befriedigung der heterogenen Kundenwünsche werden Bausteine nach einem Baukastensystem hinzugefügt oder weggelassen. Auf diese Weise wird eine hohe Vielfalt bei gleichzeitiger Kontrolle und Reduktion der Komplexitätswirkung erreicht (*Herrmann* 2004d).

Beispiel: Produktmodularisierung im chinesischen Restaurant

In Chinarestaurants findet sich meistens ein reichhaltiges Angebot, das nur aus wenigen Komponenten besteht. Die Speisekarte führt teilweise mehr als 100 verschiedene Gerichte auf, die aber allesamt aus wenigen Grundkomponenten, wie z.B. Reis, Hühner- und Rindfleisch bestehen (*Herrmann* 2004d).

Die Leistungsmodularisierung erlaubt es, die Vorratshaltung durch eine geschickte Kombination in Grenzen zu halten und dennoch den Kunden Vielfalt und Abwechslung zu bieten. Eine zu starke Modularisierung führt allerdings oft zu sehr ähnlichen Produkten. Dabei besteht die Gefahr, dass die Wertschätzung der Kunden sinkt und das Kannibalisierungsrisiko steigt.

Mass Customization ist die Produktion von Leistungen für einen großen Absatzmarkt unter Berücksichtigung der individuellen Kundenbedürfnisse. Dabei liegt der Preis nicht erheblich über dem eines Standardproduktes (*Piller* 2000).

Beispiel: Mass Customization des Bekleidungsherstellers Levi Strauss & Co. Inc.

Bekanntes Beispiel ist das „Personal Spin“-Programm des Bekleidungsherstellers *Levi Strauss & Co. Inc.*, der maßgeschneiderte Damen- und Herrenjeans zu einem Aufpreis von 10 Prozent verkauft. Im Laden werden die Maße und die individuellen Kundenwünsche ermittelt. Diese Daten werden dann über ein Computernetzwerk direkt an den Laser-Schnittroboter einer Fabrikationsstätte des Unternehmens gesandt. Diese individuell zugeschnittenen Stoffe werden dann von Nährobotern und Schneiderinnen verarbeitet. Innerhalb weniger Werktage kann dann die Hose dem Kunden zugeschickt werden (*Piller* 2000).

Beispiel: Mass Customization bei Dell Computer Corporation

Ein Beispiel für ein Unternehmen, das erfolgreich die Strategie der Mass Customization verfolgt, ist die Dell Computer Corporation (www.dell.com). *Michael Dell* gründete das Unternehmen 1984 mit einer damals für High-Tech-Unternehmen neuartigen Geschäftsidee. Dell vertreibt die PCs per Telefon und Internet direkt an die Endkunden und bietet ihnen persönlichen technischen Support sowie Vor-Ort-Service am nächsten Arbeitstag. Durch den direkten Kundenkontakt vor und nach dem Kauf können die Wünsche der Verbraucher effizient analysiert werden und maßgeschneiderte Lösungen angeboten werden. Die Berücksichtigung der Kundenbedürfnisse wird auch dadurch ermöglicht, dass erst nach Eingang einer Bestellung die PC-Systeme nach den individuellen Angaben der Besteller konfiguriert werden. Durch dieses so genannten „Built-to-Order"-Fertigungsprinzip kann beispielsweise jeder Kunde die Größe der Festplatte individuell auswählen oder die Geschwindigkeit des Prozessors entsprechend seinen Bedürfnissen und Vorstellungen bestimmen. Die *Dell Computer Corporation* ist heute – nicht zuletzt aufgrund des flexiblen Fertigungsmodells – einer der weltweit erfolgreichsten Computerhersteller. Dieser Erfolg war sicherlich mit ausschlaggebend dafür, dass weitere Firmen das Konzept der Mass Customization bei ihren Produkten umsetzten. Beispielsweise können Kunden auf den Internetseiten des Taschenherstellers *Freitag* (www.freitag.ch) mit einem virtuellen Designertool eine individuelle Tasche nach ihren Wünschen fertigen lassen. Weitere Beispiele für Branchen, in denen flexible Fertigungssysteme Einsatz finden sind u.a. Automobilhersteller, Kosmetikproduzenten oder Hersteller von Vitaminpräparaten.

Voraussetzung dieser Strategie ist eine **modulare Produktarchitektur**. Hierzu hat der Produktmanager zunächst die Produktbestandteile zu bestimmen, die das Grundgerüst des Produktes darstellen und standardisiert werden. Gleichzeitig hat das Produktmanagement durch Marktforschung jene Produktbestandteile zu identifizieren, die die Individualität des Produktes ausmachen. Im nächsten Schritt ist dafür zu sorgen, dass eine durchgängige Informationsverbindung vom Kunden bis zur Produktion aufgebaut wird. Neben der Information des Kunden hinsichtlich seiner Wahlmöglichkeiten bei der Produktauswahl ist auch die Beratung sowie Unterstützung des Kunden sicherzustellen. Daher ist im Produktmanagement ein Umdenken insofern notwendig, als dass es nicht mehr reicht, die Verantwortung und Gestaltung des Kundenkontaktes an den Handel bzw. den Vertrieb zu übergeben. Der Nachfrager sieht sich einer komplexen Kaufentscheidung gegenüber, die so schnell und einfach wie möglich zu gestalten ist. In der Nachkaufphase sind die Informationen von dem Konfigurationsvorgang durch den Produktmanager systematisch auszuwerten, um eine dauerhafte Kundenbindung sicherzustellen (*Piller* 2000, S. 883ff.).

5.3 Gestaltung der Leistungselimination

Da Leistungen um die sehr knappen Ressourcen eines Unternehmens konkurrieren, ist es erforderlich, die Vermarktungsanstrengungen lediglich auf erfolgreiche oder Erfolg versprechende Leistungen zu beschränken. Insofern bedarf es einer systematischen und kontinuierlichen Untersuchung der Produkt- und Servicepalette, mit dem Anliegen, die Berechtigung für die

Beibehaltung oder die Notwendigkeit für die Elimination einzelner Leistungen nachzuweisen.

Die **Leistungselimination** betrifft die Herausnahme von Leistungen aus dem Leistungsprogramm eines Unternehmens.

Die rechtzeitige Elimination ertragsschwacher Leistungen stärkt den Markterfolg eines Unternehmens entscheidend, da Verlustträger frühzeitig aufgegeben werden und eine Konzentration der Ressourcen auf die erfolgsträchtigen (neuen) Produkte stattfindet (*Backhaus* 2003; *Riedi/Fasnacht* 2003).

Beispiele: Erfolgsrelevanz der Elimination

Die Erfolgsrelevanz der Elimination von Leistungen bzw. Marken aus einem vorhandenen Programm zeigen folgende Beispiele (*Raabe* 2004, S. 856):

- *Procter & Gamble* reduzierte im Laufe der 1990er Jahre das Produktprogramm auf etwa zwei Drittel der ursprünglichen Palette. Im Haarpflegebereich wurde die Anzahl der Produkte beinahe halbiert, wodurch der Marktanteil um 5 Prozent anstieg (*Knudsen et al.* 1997, S. 190).
- *Colgate-Palmolive* reduzierte Anfang der 1990er Jahre sein Markenportfolio um 25 Prozent. Das dadurch realisierte Einsparvolumen von 20 Mio. USD pro Jahr führte zu einer Stärkung der Marktposition (*Knudsen et al.* 1997, S. 190).
- Das Unternehmen *Unilever* reduzierte das Markenportfolio von 1.600 auf 400 Kernmarken und erzielte so Umsatz- und Gewinnzuwächse im zweistelligen Prozentbereich (*Skarka* 2001, S. 16).

Die Leistungselimination ist als **kontinuierliche Aufgabe** zu verstehen, die nicht nur – wie in der Praxis häufig zu beobachten – in schlechten Zeiten aufzugreifen ist (*Hill/Lederer* 2001, S. 90f.). Die genannten Erfolge täuschen jedoch nicht über das **Risiko von Fehlschlägen** bei der Leistungselimination hinweg. Eine Untersuchung von *McKinsey* stellt auf der Basis von 23 Fallanalysen fest, dass sich die Erfolgsrate in Abhängigkeit von der gewählten Eliminationsstrategie auf lediglich 13 bis 50 Prozent beläuft (*Knudsen et al.* 1997, S. 190f.). Besonders risikobehaftet sind demnach Adhoc-Eliminationen, die ohne eine fundierte Programmstrategie durchgeführt werden. Die Leistungselimination stellt eine wichtige leistungspolitische Maßnahme zur Konsolidierung des Leistungsprogramms dar, deren Voraussetzungen und Ziele präzise zu klären sind und die in eine konsistente Entwicklungsplanung für das Leistungsprogramm zu integrieren ist (*Raabe* 2004).

Insofern bedarf es einer systematischen und kontinuierlichen Untersuchung der Leistungspalette, mit dem Anliegen, die Berechtigung für die Beibehaltung oder die Notwendigkeit für die Elimination der einzelnen Objekte nachzuweisen. Die **Schwächen eines Leistungsprogramms** sind insbesondere auf der Ebene negativer Entwicklung einzelner Leistungen zu suchen (*Raabe* 2004). Hierbei lassen sich die abrupte und die schleichende Negativentwicklung von Leistungen unterscheiden. Bei der **abrupten Negativentwicklung** handelt es sich um Krisensituationen, die einzelne Leistungen betreffen und das Produktmanagement unvorbereitet überraschen (z.B. der *Lipobay*-Skandal bei *Bayer*). In der Praxis weit häufiger verbreitet ist aber die **schleichende Negativentwicklung**, die häufig nicht rechtzeitig erkannt wird, da sich über lange Zeit kein Gefühl der Dringlichkeit zur Programmkonsolidierung im Unternehmen einstellt. In der Mehrzahl sind die Ursachen für diese Entwicklung in einer verfehlten Pflege von Leistungen zu finden. Typische **Ursachen für eine schleichende Negativentwicklung** sind das Trading Down einer Leistung durch häufige, auf kurzfristige Umsätze zielende Preisaktionen im Handel, die Markenüberdehnung durch übermäßige Markentransfers, falsche Anreizsysteme, die Produktmanager zu kurzfristiger Umsatzorientierung unter Vernachlässigung der langfristigen Produktentwicklung verleiten sowie fehlende oder nicht ausreichend genutzte Monitoringsysteme (*Aaker* 1992, S. 24; *Kapferer* 1992, S. 32; *Esch/Wicke/Rempel* 2005, S. 39).

Als Indikatoren einer negativen Leistungsentwicklung lassen sich quantitative und qualitative Kriterien heranziehen. **Quantitative Entscheidungskriterien** sind z.B. Absatzmengen, Umsätze, Kosten, Marktanteile, Deckungsbeiträge oder Renditen u.a.m. Von zentraler Bedeutung ist dabei die Kosten- und Erlösrechnung. In Abhängigkeit der Kosten, die dabei Berücksichtigung finden, ist zwischen einer Voll- und einer Teilkostenrechnung zu unterscheiden (vgl. hierzu Abschnitt 5.4.3). Darüber hinaus sind auch **qualitative Entscheidungskriterien** zu berücksichtigen. Dazu gehören z.B.:

- Einführung verbesserter Leistungen durch Konkurrenten,
- Negative Imagewirkung der Leistung für das gesamte Leistungsprogramm,
- Änderungen der Anforderungen seitens der Konsumenten,
- Gesetzesänderungen u.a.m.

Die genannten quantitativen und qualitativen Entscheidungskriterien sind nicht als zwingende Gründe für Leistungseliminationen, sondern als (Frühwarn-) Indikatoren dafür zu verstehen, dass es sich bei den betrachteten Leistungen um „eliminationsverdächtige" Leistungen handelt. Es sind darüber hinaus auch die **Folgewirkungen der Eliminationsentscheidung** zu berücksichtigen. Risiken einer Leistungselimination sind z.B. negative Imagewirkungen durch die Programmbereinigung bei Kunden und Absatzmittlern, Stärkung der Konkurrenzposition durch die Elimination der Leistung oder Fehleinschätzung der zukünftigen Erfolgsaussichten der Leistung. Diese möglichen Folgewirkungen sind vor der Eliminationsentscheidung kritisch zu prüfen.

Die genannten Kriterien bilden die Ausgangsbasis für den **Entscheidungsprozess der Leistungselimination** (*Hill/Rieser* 1990, S. 259):

(1) **Identifikation und Analyse** von kritischen Leistungen anhand klar definierter qualitativer und quantitativer Kriterien.

(2) **Prüfung möglicher Alternativen** zur Elimination (z.B. Möglichkeit der Anpassung der Leistung an veränderte Bedürfnisse, Angebot an andere Zielgruppen oder für andere Verwendungszwecke).

(3) **Prüfung der Auswirkungen** einer Eliminationsentscheidung (z.B. Verbundwirkungen mit anderen Leistungen im Programm).

(4) **Entscheidung** über die Elimination und über die Umsetzung.

In Bezug auf die **Umsetzung bei der Elimination** ist zu prüfen, ob die Leistung eventuell an ein anderes Unternehmen veräußert werden kann. Andernfalls ist zu entscheiden, ob die Leistung langsam oder schnell eliminiert wird und wie lange noch Ersatzteile und/oder Serviceleistungen angeboten werden.

Neben den Entscheidungen über die konkreten Desinvestitionsaktivitäten sind **Kommunikationsmaßnahmen** im Hinblick auf alle von der Leistungselimination betroffenen Gruppen zu planen (Kunden, Mitarbeitende usw.) (*Riedli/Fasnacht* 2003). Dabei ist es oft zweckmäßig, zunächst ausgewählte Kunden (Key Accounts), Partner, Lieferanten und – wenn der Eliminationsentscheid für die Finanzmärkte als genügend relevant erscheint – Finanzanalysten über die Leistungselimination zu informieren, bevor sie in der breiten Öffentlichkeit bekannt gegeben wird. Im Rahmen der Kommunikation ist insbesondere sicherzustellen, dass die Information und Argumentation über die verschiedenen Zielgruppen hinweg einheitlich ist. Unstimmigkeiten schaden dem Unternehmen und führen zu einem Imageverlust.

5.4 Variation des Leistungsprogramms

5.4.1 Gegenstand der Programmvariation

Die einzelnen Entscheidungen der Leistungsinnovation, -pflege und -elimination sind nicht lediglich isoliert, sondern im Gesamtzusammenhang der Programmpolitik zu sehen (*Hansen/Hennig-Thurau/Schrader* 2001, S. 227ff.).

Die **Programmpolitik** umfasst sämtliche Entscheidungen, die mit der Erstellung und Umstrukturierung (Erweiterung oder Elimination) von Leistungsangeboten in einem Gesamtsystem verbunden sind.

Die Programmpolitik betrifft die Gesamtheit aller Leistungen eines Unternehmens. Sie beschränkt sich nicht auf das einzelne Erzeugnis, sondern bezieht sich auf die Kombination der verschiedenen Leistungen oder Produktgruppen zu einer Gesamtheit. Deswegen berücksichtigt die Programmpolitik auch die **Interdependenzen**, die zwischen den einzelnen Leistungen existieren.

Diese Interdependenzen führen zu erwünschten, teilweise aber auch zu unerwünschten Ausstrahlungseffekten einer Leistung auf andere Leistungen bzw. eine Produktlinie. Dabei werden drei **Typen von Verbundeffekten** unterschieden (*Meffert* 2000):

(1) Der **Bedarfsverbund** resultiert aus der Verflechtung von Leistungen bei deren Ge- bzw. Verbrauch. Ein positiver Bedarfsverbund liegt bei **komplementären Beziehungen** zwischen Leistungen vor, d.h., dass sich die Leistungen beim Ge- bzw. Verbrauch einander ergänzen (z.B. Kaffee und Filtertüten, Farbe und Pinsel, Briefpapier und Briefumschläge). Ein

negativer Bedarfsverbund entsteht, wenn eine **substitutive Beziehung** zwischen den Leistungen besteht (z.B. verschiedene Margarinamarken eines Herstellers).

(2) Der **Nachfrageverbund** orientiert sich an den verbundenen Beschaffungsentscheidungen von Konsumenten. Der Nachfrageverbund entsteht aus dem Bedürfnis des Konsumenten heraus, insbesondere bei Gütern des täglichen Bedarfs einen möglichst großen Teil des Einkaufs in einem Geschäft zu erledigen. Es wird zwischen dem **zeitpunktbezogenen Nachfrageverbund** (z.B. Kauf unterschiedlicher Waren in einem Kaufakt zur Reduzierung der Beschaffungskosten) und dem **zeitraumbezogenen Nachfrageverbund** (z.B. Markentreue/Ladentreue) unterschieden. Häufig lassen sich bei Konsumenten Verhaltensmuster und -konstanten erkennen, die eine bestimmte Eigenschaft oder eine Kombination von Eigenschaften aufweisen, die die Beschaffungsstrategien widerspiegeln und Anhaltspunkte für programmpolitische Entscheidungen bieten.

(3) Der **Kaufverbund** bezieht sich im Gegensatz zum Nachfrageverbund auf lediglich einen Kaufakt. Konsumenten kaufen üblicherweise mehrere Leistungen auf einmal. Den Leistungen ist lediglich gemeinsam, dass sie zusammen angeboten und beworben werden (Akquisitionsverbund). Der gleichzeitige Kauf mehrerer Leistungen wird oft durch den Einsatz von absatzpolitischen Aktivitäten (z.B. werbliche Förderung) verursacht.

Im Rahmen der **Analyse von Verbundeffekten** werden Leistungspaare identifiziert, die sehr häufig im Verbund erworben werden, während andere nie oder nur ganz selten gemeinsam gekauft werden. Zwischen den verschiedenartigen Produkten besteht damit eine unterschiedliche Verbundintensität.

Programmentscheidungen stellen eine **Führungsentscheidung** dar, von der der Erfolg eines Unternehmens wesentlich abhängt. Darüber hinaus wird das Leistungsprogramm für einen längerfristigen Zeitraum festgelegt, so dass Programmentscheidungen in zeitlicher Hinsicht weit weniger flexibel sind als Entscheidungen bei anderen produkt- und servicepolitischen Instrumenten.

Programmentscheidungen beinhalten die programmpolitische Grundorientierung und die Breite sowie Tiefe des Leistungsprogramms eines Unternehmens:

- Die **programmpolitische Grundorientierung** bezieht sich auf die alle angebotenen Leistungen prägenden Gemeinsamkeiten.
- Die **Programmbreite** legt die Anzahl unterschiedlicher Produktangebote fest, d.h. die Zahl der Produktlinien in einem Leistungsprogramm.
- Die **Programmtiefe** gibt die Anzahl der Einzelprodukte innerhalb einer Produktlinie wieder.

Das Leistungsprogramm reflektiert in hohem Maß die spezifische Kompetenz eines Unternehmens. Während ein Spezialist in der Regel ein schmales, aber sehr tiefes Programm hat, weist ein Universalanbieter eine hohe Programmbreite bei nur geringer Programmtiefe auf.

5.4.2 Aufgabenbereiche der Programmvariation

Bei der **Planung des Leistungsprogramms** ist zwischen strategischen und operativen Entscheidungen zu unterscheiden (*Meffert* 2000).

Im Rahmen der **strategischen Programmplanung** werden die Programmbreite, d.h. die Anzahl der Produktlinien, und die Programmtiefe festgelegt, d.h. die Zahl der Leistungen innerhalb einer Produktlinie. Diese Entscheidung beeinflusst die Wahl der Marktabdeckungsstrategie.

Die **operative Programmplanung** beinhaltet alle Entscheidungen über die Gestaltung der Produktlinien. Dabei steht die Frage im Mittelpunkt, welche Produkte zu einer Produktlinie gehören. Weiterhin gilt es zu diskutieren, inwiefern sich eine Ausweitung der Produktlinie empfiehlt, ob das Auffüllen einer Produktlinie durch neue Produkte zu einer Kannibalisierung führt, ob eine Modernisierung der Produktlinie angebracht erscheint, inwiefern es sinnvoll ist, einzelne Produkte aus der Linie herauszustellen oder ob in der Produktlinie eine Bereinigung notwendig ist.

Bei der Zusammenstellung des Programms sind unterschiedliche Vorgehensweisen zu differenzieren. Zentrale Aufgabenbereiche der Programmplanung sind Entscheidungen der Programmerweiterung und -bereinigung.

5.4.2.1 Entscheidungen der Programmerweiterung

Die Programmerweiterung gehört zur strategischen Programmplanung. Es ist darüber zu entscheiden, in welchem Umfang zusätzliche Leistungen in das Programm aufgenommen werden und welchen Bezug diese zum bisherigen Programm aufweisen. Durch eine Programmerweiterung ist es dem Anbieter möglich, neue Kundenschichten zu erschließen, dem Wettbewerb im angestammten Segment auszuweichen, Marktlücken zu schließen und das Qualitätsimage zu verändern. Als **Entscheidungen der Programmerweiterung** lassen sich die Ausdehnung, die Auffüllung, die Erweiterung einer Produktlinie (Line Extension) und die Einführung neuer Produktlinien unterscheiden.

(1) Ausdehnung einer Produktlinie

Die Ausdehnung einer Produktlinie erfolgt durch die **Leistungsdifferenzierung** und das Anbieten neuer Leistungsvarianten im Rahmen bestehender Produktlinien.

Ziele der Ausdehnung von Produktlinien sind die bessere Ausschöpfung bestehender Kundenpotenziale, die Gewinnung neuer Kundengruppen, die Verbesserung der Programmattraktivität für den Handel sowie die Abwehr der Konkurrenz. Ausgangspunkt für die Programmausdehnung ist zunächst das bestehende Programm, das in einer bestimmten Qualitäts- und Preisklasse vom Unternehmen definiert wurde. Eine Ausdehnung kann in zwei **Richtungen** vorgenommen werden (*Meffert* 2000; *Bruhn* 2004c):

- **Strategie des „Trading Down"**, d.h., dass ein Unternehmen bereits in oberen Qualitätsklassen aktiv ist und mit Leistungen in die unteren Qualitäts- und Preisklassen eintritt. Zentrales Ziel ist dabei die Erschließung von Niedrigpreissegmenten. Der Gefahr des Verlustes eines guten Qualitätsimages kann dadurch begegnet werden, dass die Leistung unter einem anderen (Marken-) Namen angeboten werden (z.B. Markenartikelhersteller bieten Produkte in preisaggressiven Betriebsformen wie *Aldi* an). Darüber hinaus kann mit Hilfe von flankierenden Marketingmaßnahmen sichergestellt werden, dass der Kunde mit dem Verzicht auf gewohnte Leistungen andere Vorteile – im Wesentlichen den Preisvorteil – bewusst wahrnimmt und daher ein geringeres Qualitätsniveau akzeptiert.

- **Strategie des „Trading Up"**, d.h., dass ein Unternehmen bestrebt ist, durch Leistungen in ein höheres Qualitäts- und Preisniveau vorzudringen. Auf diesem Weg lässt sich ein Hochpreissegment erschließen. Aus Imagegründen bietet es sich auch hier an, die Qualitätsprodukte unter einer speziellen Exklusiv- oder Premiummarke anzubieten (z.B. das *Galeria*-Konzept von *Kaufhof* oder *TUI Select*). Ein anderes Beispiel ist *Ikea*, dessen ursprüngliche Idee eines reines Mitnahmekonzept war. Seit einigen Jahren wird auch ein Liefer- und Montageservice angeboten.

Beispiel: Trading-Up-Strategie bei BMW

Das erste *BMW*-Nachkriegsautomobil kam im Jahre 1952 auf den Markt. Schon bald gehörte *BMW* mit dem *501* und dem Roadster *BMW 507* wieder zu den technisch führenden Herstellern. Der Markterfolg stellte sich allerdings nicht wie erhofft ein. Im Jahre 1962 brachte der *BMW 1500* („Neue Klasse") dann den Durchbruch: Die bis heute einzigartige Kombination aus Motorleistung und überlegenen Fahreigenschaften, gepaart mit voller Alltagstauglichkeit, traf exakt die Nachfrage (Schaubild 5–31). Mit dem *BMW 1500* gelang es erstmals, ein **höherpreisiges Modell** in großen Stückzahlen abzusetzen. BMW schaffte damit die Voraussetzungen für den bis heute andauernden Erfolg des Hauses. Weitere Modellreihen, die dieser Philosophie folgten, erweiterten nun kontinuierlich das Produktprogramm (*Kalbfell* 2004, S. 1939).

Schaubild 5–31: Der BMW 1500, die „neue Klasse": Keimzelle der BMW Produktphilosophie bis heute (rechts der aktuelle BMW 5er) (Kalbfell 2004, S. 1939)

Beide Strategien zur Ausdehnung der Produktlinie sind mit Risiken verbunden. Dies gilt nicht nur für die genannten Imagewirkungen, sondern auch für die Akzeptanz auf Seiten des Handels und die Reaktion von Konkurrenten, die in den angestrebten Preissegmenten vertreten sind.

(2) Auffüllung einer Produktlinie

Von der Auffüllung der Produktlinie wird gesprochen, wenn innerhalb einer Produktlinie für einen definierten Qualitätsbereich weitere Produkte angeboten werden. Diese Form der Programmerweiterung verfolgt das Ziel einer intensiveren Marktausschöpfung, der Verbesserung der Position beim Handel und einer verstärkten Kapazitätsauslastung.

Dabei besteht jedoch die **Gefahr** einer Programmverzettelung und Markenverwässerung. Um diesem Risiko entgegenzuwirken, werden dem bestehenden Programm meist neue Produktvarianten hinzugefügt (z.B. neue Geschmacksrichtungen für eine Schokoladenmarke, sportliche Variante eines bestehenden Automodells).

(3) Erweiterung einer Produktlinie (Line Extension)

Im Rahmen der Produktlinienerweiterung (Line Extension) werden Produkte in eine Produktlinie aufgenommen, die in enger Beziehung zu den bisherigen Leistungen stehen (Insert 5–14). Eine enge Beziehung äußert sich darin, dass die Leistungen eine ähnliche Funktion haben, an dieselbe Zielgruppe verkauft werden, über die gleichen Distributionspunkte verteilt werden oder in eine bestimmte Preisklasse fallen (*Kotler/Armstrong* 1991). Die Einführung zusätzlicher Produktvarianten im gleichen Markt (z.B. weitere Lichtschutzfaktoren im Sonnenschutzmarkt) ist daher keine Line Extension, sondern lediglich eine Leistungsdifferenzierung (*Wölfer* 2004).

Insert 5–14: Programmerweiterung am Beispiel eines Herstellers von laktosefreien Milchprodukten (Lebensmittel Zeitung, 30.09.2005, S. 17)

Beispiel: Line Extension bei Nivea

Bis Mitte der 1970er Jahre verfolgte *Nivea* mit der marktführenden *Nivea Creme* eine sehr limitierte, produktgeprägte Markentransferstrategie. Zunehmende Wettbewerbsintensität durch neue Marken sowie sich ändernde Verbraucherbedürfnisse erforderten von der Universalcreme *Nivea* eine deutliche Verstärkung des Nutzen- und Qualitätsimages. Diese Strategie wurde in den 1970er Jahren konsequent und erfolgreich betrieben, wodurch es gelang, einen nutzen- und qualitätsgeprägten *Nivea*-Markenkern (*Nivea* = Hautpflege und Qualität) aufzubauen. Damit war die wesentliche Voraussetzung für eine aktive Produktlinienerweiterungsstrategie der Marke geschaffen. Die systematische Ausdehnung der *Nivea*-Linie erfolgte dann zuerst in Marktsegmenten, deren Nutzenerwartung vollkommen der aufgebauten Markenkompetenz entsprach. Dadurch gelang eine zusätzliche Stärkung des Markenkerns durch die Line Extensions. Die in den 1980er Jahren zunehmende Ausprägung spezifischer, pflegeorientierter Nutzenerwartungen der Verbraucher ermöglichte dann der Marke auch die glaubwürdige Besetzung bzw. Etablierung von Marktsegmenten im Duschbad-, Haarpflege- und Deomittelmarkt. Mit der Einführung des *Nivea* After Shaves gelang mit einem innovativen Produktkonzept – neben der Erschließung eines neuen Marktes – sogar die Ausrichtung auf eine neue Zielgruppe. Das Ergebnis des konsequenten Ausbaus der Marke *Nivea* durch Line Extensions, die kontinuierlich mit Produktvarianten (Produktdifferenzierung) ausdifferenziert wurden, zeigt Schaubild 5–32 (*Wölfer* 2004).

Einführung		Marktposition in Deutschland 2002
1911	NIVEA Creme	1
Linie Extensions		
1912	Cremeseife	4
1922	Rasiermittel	1
1958	Sonnenschutz	1
1963	Hautmilch	1
1977	Schaumbad	1
1978	Duschbad	1
1980	After Shave Balsam	1
1982	Gesichtsreinigung	1
1984	Shampoo/Spülung	3
1990	Gesichtscreme	1
1991	Deodorant	1
1993	Männer-Gesichtspflege	1
1995	Baby	-
1996	Styling	5
1997	Dekorative Kosmetik	4

Schaubild 5–32: Nivea Line Extensions und Produktvarianten (Wölfer 2004, S. 813)

Der Entscheidung, einen Markt durch die Erweiterung der bestehenden Produktlinie zu erschließen, liegt die Annahme zugrunde, dass die Produktlinienerweiterung durch das bereits vorhandene, aufgebaute Markenimage unterstützt wird. **Vorteile** der Produktlinienerweiterung liegen darin, dass sie eine gewisse Erfolgssicherheit bietet, aufwändige Markttests überflüssig macht, niedrigere Vermarktungskosten verursacht, beim Handel leichter durchsetzbar ist usw. Die konsequente Strategie der Produktlinienerweiterung ist für viele Unternehmen – insbesondere Markenartikelhersteller – in den letzten Jahren neben der Akquisition der wichtigste **Wachstumsgenerator** gewesen. Grund für die große Bedeutung der Produktlinienerweiterung besteht darin, dass vielen Unternehmen die Finanzkraft für die mit dem Aufbau neuer Produktlinien verbundenen Investitionen fehlt.

Nachteile der Produktlinienerweiterung bestehen insbesondere in Bezug auf die Gefahr einer Markenerosion (Markenverwässerung). Mit zunehmendem Umfang der Produktlinie steigen – im Falle des Scheiterns eines Produktes – die Badwill-Transfereffekte, d.h., dass die negative Konsequenz des Defizits eines einzelnes Produktes auf die gesamte Produktlinie mit dessen Umfang zunimmt.

(4) Einführung neuer Produktlinien

Die Einführung neuer Produktlinien eines Unternehmens kann zur Strategie der **Leistungsdiversifikation** gerechnet werden (vgl. zu den Diversifikationsstrategien Abschnitt 4.3.2.1). Dabei wird angestrebt, Wachstumspotenziale durch die Erschließung neuer Märkte zu nutzen und das Unternehmensrisiko zu streuen. Dies betrifft insbesondere Unternehmen, die in ihrer Programmpolitik eine „Monokultur" aufgebaut haben und sich zu stark auf bestimmte Produktbereiche konzentrieren. Daraus resultiert beispielsweise das Engagement von Zigaretten- und Automobilherstellern der letzten Jahre in neuen Märkten. Je weiter sich dabei ein Unternehmen von seinen Kernkompetenzen und seinem ursprünglichen Tätigkeitsbereich und Marktumfeld entfernt, desto höher sind die mit einer Diversifikation verbundenen Risiken.

5.4.2.2 Entscheidungen der Programmbereinigung

Die Bereinigung des Leistungsprogramms ist ein weiterer, zentraler Aufgabenbereich der Programmplanung. Alternative Strategien der Programmbereinigung stellen die Typenreduktion, die Spezialisierung und die Modernisierung dar (in Anlehnung an *Hansen/Hennig-Thurau/Schrader* 2001):

- Bei einer **Typenreduktion** werden einzelne Leistungen aus dem Programm genommen, ohne dabei eine Produktlinie aufzugeben (z.B. eliminiert ein Werkzeugmaschinenhersteller innerhalb der Produktlinie Drehmaschinen den Typ X, produziert jedoch die anderen Drehmaschinentypen weiter).
- Eine **Spezialisierung** beinhaltet die Elimination einer gesamten Produktlinie (z.B. gibt ein Werkzeugmaschinenhersteller die Produktion von Fräsmaschinen gänzlich auf, um sich auf Drehmaschinen zu konzentrieren). Insert 5–15 zeigt ein Beispiel aus der Konsumgüterbranche.
- Bei einer **Modernisierung** tritt anstelle einer alten Leistung eine neue Leistung, die z.B. im Hinblick auf die Technik, das Styling oder den Geschmack usw. angepasst wurde (Insert 5–16).

Jede Programmbereinigung erfolgt durch die Elimination von Leistungen. Diese lässt sich sowohl unter strategischen Gesichtspunkten (Aufgabe ganzer Produktlinien) als auch unter taktischen Aspekten (Aufgabe bestimmter Artikel unter Beibehaltung der Produktlinie) vornehmen.

Bei der Entscheidung über eine Programmbereinigung sind neben den Eliminationsüberlegungen auf der Ebene der einzelnen Leistung (vgl. hierzu

Fisch-Fertigkost der Marke Iglo: Unilever-Chef Cescau klopft alle Sparten des wachstumsschwachen Konzerns systematisch auf ihre Ertragsleistung ab

Unilever prüft Verkauf der Tiefkühlsparte

Konsumgüterkonzern untersucht Optionen · Möglicher Erlös beträgt rund 2 Mrd. Euro · Finanzinvestoren interessiert

Von **Titus Kroder**, London

Der in einer Ertragskrise steckende Konsumgüterhersteller Unilever forciert das Tempo der Neuausrichtung. Nach der Parfümsparte könnte es nun auch zügig zum Verkauf der wachstumsschwachen Tiefkühlkost in der Region Westeuropa kommen. Man habe eine Untersuchung der „strategischen Optionen" für die Sparte eingeleitet, teilte der britisch-niederländische Konzern mit.

Der Unternehmensteil, zu dem unter anderem die in Deutschland geführte Marke Iglo gehört, erzeugt etwa fünf Prozent des Konzernumsatzes und könnte im Fall des Verkaufs rund 2 Mrd. € erlösen. Als Käufer kommen Finanzinvestoren in Frage, die auch Spartenteile erwerben könnten, heißt es in Branchenkreisen. Der Verkauf an einen Konkurrenten sei unwahrscheinlich. In einem separaten Schritt könnte auch der auf Tiefkühl-Snacks spezialisierten Anbieter Mora verkauft werden, der in Belgien und den Niederlanden tätig ist. Anfang 2006 sollen die Ergebnisse der Untersuchung für das Gesamtpaket feststehen.

Den Schritt haben Insider bereits erwartet. Der seit Februar amtierende Unilever-Chef Patrick Cescau klopft die Sparten des wachstumsschwachen Konzerns systematisch auf Ertragsleistung ab. Bereits im August hieß es aus Konzernquellen, Unilever bereite die Überprüfung der Tiefkühlsparte vor. Vom Parfüm- und Duftstoffegeschäft trennte sich Cescau bereits im Mai. Es wurde für rund 800 Mio. $ (653 Mio. €) an den US-Konzern Coty verkauft.

Ein Verkauf der Tiefkühlkost in Westeuropa ist laut Unilever ebenso möglich wie verstärkte Investitionen, um das Geschäft wieder auf Expansionskurs zu bringen. Letzteres ist nach Angaben von Brachenexperten derzeit jedoch sehr unwahrscheinlich. Die Sparte, zu der die Marken Birds Eye in Großbritannien und Findus in Italien gehören, setzt rund 2 Mrd. € pro Jahr um und ist mit geschätzten 250 Mio. € Gewinn profitabel. Sie bekommt jedoch in ihren insgesamt elf Märkten wachsende Konkurrenz durch Handelsmarken. Vor allem in Großbritannien ist dieser Prozess bereits weit fortgeschritten. Dort sind führende Supermarktketten wie Sainsbury's sehr erfolgreich mit Eigenmarken. Während Hersteller wie Unilever, Procter & Gamble oder Nestlé Millionen in Werbung und Markenführung stecken müssen, kommen Handelskonzerne mit ihren eigenen Marken und sehr wenig Marketingkosten auf hohe Umsätze.

„Der Verkauf der Tiefkühlkost ist die wahrscheinlichste Lösung", urteilte Analyst Arjan Sweere von Petercam. Das Analystenhaus Morgan Stanley schätzte den Verkaufspreis auf eine Spanne zwischen 2 und 2,5 Mrd. €. „Ein Verkauf würde den Konzernertrag nach oben drücken", sagte dort der Branchenanalyst Michael Steib. Das Tiefkühlgeschäft hatte der Konzern intern bereits 2003 als Problemsparte identifiziert. Der als Sanierer berufene neue Unilever-Chef Cescau sagte Anfang August, man werde sich von weiteren Sparten trennen, sollte der Preis stimmen. Die Börse reagierte positiv auf die Nachricht. Unilevers Aktie stieg zwischenzeitlich um fast zwei Prozent und schloss am Freitag bei 58,30 €.

Nach mehreren Gewinnwarnungen vereinfachte der Unilever-Konzern seine binationale Führungsstruktur und berief den Franzosen Cescau zum alleinigen Vorstandschef. Das Unternehmen wuchs mit 3,3 Prozent im vorigen Quartal vergleichsweise bescheiden. Ein Programm zur Konzentration auf Kernmarken zeigt bislang nur wenig Erfolg. Ceskau will vor allem in Schwellenländern expandieren, von wo bisher nur 11 der 40 Mrd. € Konzernumsatz herrühren.

Erlösbringer Körperpflege

Unilever, Umsatz nach Sparten 2004 in %

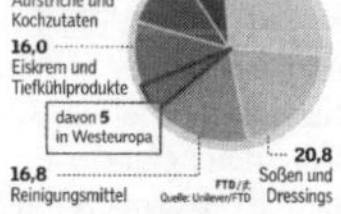

Gewichtig Die Sparte Eiskrem und Tiefkühlkost, zu der das auf der Kippe stehende Tiefkühlgeschäft in Westeuropa gehört, erzielt etwa 16 Prozent des Konzernumsatzes.

Insert 5–15: Spezialisierung bei Unilever (Financial Times Deutschland, 19.09.2005, S. 15)

ausführlich Abschnitt 5.3) insbesondere die **Verbundwirkungen der Programmbereinigung** zu berücksichtigen. Dabei handelt es sich z.B. um negative Verbundwirkungen für den Verkauf der verbleibenden Leistungen (z.B. Absatzverbund) oder für den Einkauf (geringere Rabattstaffeln u.a.) sowie um Nutzungsprobleme der durch eine Elimination freigewordenen Kapazitäten im Unternehmen. Die Entscheidung über eine Programmbereinigung ist erst auf Basis einer fundierten Einschätzung dieser qualitativen Folgewirkungen zu treffen.

Volkswagen stellt die Produktion des Käfer bis 2005 ein

Der Käfer läuft und läuft – und demnächst läuft er aus. Das bekannteste deutsche Auto wird nur noch in Mexiko gebaut und verkauft, aber jetzt sind auch dort seine Tage gezählt: Spätestens Ende 2004 werde der letzte Käfer der Welt vom Band laufen, sagt Reinhard Jung, der neue Vorstandsvorsitzende von Volkswagen de México S.A. de C.V., Puebla, in einem Gespräch mit dieser Zeitung. Der legendäre Kleinwagen weicht immer mehr seinem Namensvetter New Beetle (Neuer Käfer), der seit 1998 weltexklusiv in Mexiko gebaut wird. Derzeit laufen im VW-Werk in Puebla, der größten Fertigungsstätte des Konzerns in Amerika, die ersten Cabriolet-Versionen des New Beetle vom Band. Das neue Modell wird im Oktober der Fachpresse in Miami und im Januar der Öffentlichkeit auf der Automesse in Detroit vorgestellt. Die Markteinführung in den Vereinigten Staaten und in Europa ist für das erste Quartal 2003 geplant. Der Preis dürfte dem des Golf Cabrio entsprechen; in Amerika sind das etwa 22.000 Dollar.

Im Jahr 2000 produzierte VW noch mehr als 41.000 „Sedan", wie der alte Käfer in Mexiko heißt. In diesem Jahr werden es nur noch halb so viele sein, etwa 60 am Tag. „Wenn die Zahl unter 50 sinkt, machen wir nicht weiter", sagt Jung. Bis 2003 will VW am Käfer – dem mit 7.000 Euro billigsten Auto in Mexiko – noch festhalten. Ob der „Vocho", das „Volkswägelchen", aber 2004 noch gefertigt wird, hängt von der Nachfrage in einem Marktsegment ab, in dem die Volkswagen-Gruppe und die Konkurrenz mittlerweile viele andere preiswerte Kleinwagen anbieten; so die neu eingeführten Seat-Modelle oder den Chevy (Opel Corsa) von General Motors. Von 2005 an gilt in Mexiko eine strengere Abgasnorm, die der Käfer, der seit 1954 in Mexiko verkauft wird, nicht erfüllt.

„Wir rüsten den Sedan nicht nach", sagt Jung. „Deshalb nimmt spätestens Ende 2004 die Käfer-Produktion ein Ende." Derweil setzt VW Mexiko darauf, daß die Markteinführung des Beetle Cabrio den Produktionsrückgang des Werkes aufhält. Der Gesamtausstoß in Puebla, anderthalb Autostunden östlich von Mexiko-Stadt, schrumpfte 2001 um 10 % auf rund 380.000 Fahrzeuge. Für dieses Jahr erwartet Jung einen weiteren Rückgang um beinahe 8 % auf 350.000 Einheiten bei einem stagnierenden Umsatz von etwa 7 Mrd. Dollar. Die Zahl der Beschäftigten ist seit dem Rekordjahr 2000 um etwa 10 % auf 14.400 Mitarbeiter gesunken. In der Fabrik im Schatten des Vulkans Popocatépetl wird neben dem New Beetle und dem Käfer der Jetta/Bora für ganz Amerika gefertigt. Fast zwei Drittel aller Autos gehen in die Vereinigten Staaten. Für den Produktionsrückgang wird vor allem die Konjunkturschwäche im Nachbarland verantwortlich gemacht.

Das Beetle Cabrio werde das Marktsegment des Golf Cabrio besetzen und mindestens einen ähnlich hohen Absatz wie dieses finden, hofft Jung. Vom Golf Cabrio, das nicht mehr gebaut wird, wurden im vergangenen Jahr 30.000 Stück gefertigt, rund die Hälfte davon in Mexiko. „Wir blicken zuversichtlich in die Zukunft, weil uns das Beetle Cabrio einen kräftigen Schub bringen wird und weil der mexikanische Automarkt stark wächst", sagt Jung. Die nationale Nachfrage nach Personenwagen und leichten Nutzfahrzeugen werde 2002 um 8 % auf fast eine Mio. Stück steigen. In diesem Segment sei die Volkswagen-Gruppe aus VW, Audi und Seat mit einem Anteil von fast 26 % Marktführer vor General Motors und Nissan, versicherte Jung.

Nicht nur die fremden Automarken, sondern auch die anderen VW-Standorte stehen in Konkurrenz zu Volkswagen de México. Innerhalb des Konzerns buhlen die einzelnen Werke beständig um Investitionen und neue Produktlinien, um ihre langfristige Auslastung zu gewährleisten. VW plant, im Zeitraum 2000 bis 2005 eine Mrd. Dollar in Puebla zu investieren, unter anderem in ein Logistikzentrum für Nordamerika. Der größte Teil des Kapitals, in diesem Jahr etwa 300 Mio. Dollar, entfällt auf die neue Cabrio-Produktion. Für den internen Konzernvergleich sei es wichtig gewesen, daß es bei den Tarifverhandlungen in diesem Jahr zum ersten Mal seit drei Jahren keinen Streik gegeben habe, sagt Jung. Vergangene Woche hatte sich die Werksleitung mit der Gewerkschaft auf eine Lohnerhöhung um 5,5 Prozent geeinigt, etwa ein Prozentpunkt mehr als die Inflationsrate. Die Löhne in Mexiko seien mittlerweile nicht nur höher als in China, sondern auch als in Ungarn, der Tschechischen Republik und in der Slowakei, sagt Jung. „Das Land ist kein Niedrigkosten-Standort mehr."

Insert 5–16: Modernisierung des VW-Käfers durch den New Beetle (Frankfurter Allgemeine Zeitung, 11.09.2002, Nr. 211, S. 22)

5.4.3 Methoden der Programmvariation

Zur systematischen Fundierung der Programmentscheidungen sind verschiedene **Methoden der Programmplanung** heranzuziehen. Neben der Berücksichtigung einfacher Kennzahlen, wie z.B. der Umschlagshäufigkeit, sind unter Einbeziehung entscheidungsrelevanter Informationen der Kostenrechnung **gewinnorientierte Kennzahlen** für die Programmentscheidung zugrunde zu legen. Folgende drei Entscheidungssituationen lassen sich dabei unterscheiden: Entscheidung ohne Engpässe, Entscheidung bei einem Engpass und Entscheidung bei mehreren Engpässen. Schaubild 5–33 gibt einen Überblick über die verschiedenen Entscheidungssituationen der Programmplanung sowie die jeweiligen Lösungsmethoden.

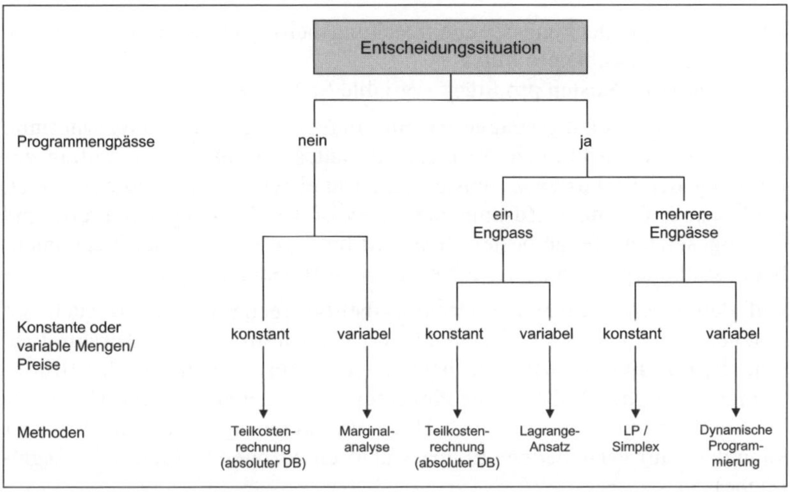

Schaubild 5–33: Methoden der Programmplanung (Bruhn 2004c, S. 164)

(1) Entscheidung ohne Engpässe

Die einfachste Form der Programmplanung beruht auf der Methode der **Vollkostenrechnung**. Dabei sind Produkte mit einem positiven Stückgewinn im Programm zu belassen und Produkte mit einem Stückverlust zu eliminieren. Der Stückgewinn berechnet sich nach der Formel:

$$SG = \frac{U - K}{x}$$

wobei:

SG = Stückgewinn (bzw. Stückverlust)
U = Umsatz
K = Kosten (fixe und variable Kosten)
x = Absatzmenge

Die Anwendung der Vollkostenrechnung kann allerdings kurzfristig zu Fehlentscheidungen führen, da bei einer Elimination von Produkten fixe

Kosten einbezogen werden, obwohl diese Fixkosten (zumindest kurzfristig) auch bei der Aufgabe der Produkte weiterhin bestehen bleiben und damit den Stückgewinn der Produkte belasten, die im Programm verbleiben.

Deshalb empfiehlt es sich für eine eher kurzfristige Betrachtung, die **Methode der Teilkostenrechnung** für die Programmplanung heranzuziehen. Wenn keine Engpässe bestehen, sind alle Produkte mit einer positiven Deckungsspanne (Beitrag eines einzelnen Produktes zur Deckung der Fixkosten und zur Erwirtschaftung eines Gewinns) im Programm zu belassen. Alle Produkte, die eine negative Deckungsspanne haben, sind dagegen zu eliminieren. Die **absolute Deckungsspanne** berechnet sich nach der Formel:

$$DS_a = p - k_v$$

wobei:

DS_a = absolute Deckungsspanne (Deckungsbeitrag pro Stück)
p = Verkaufspreis pro Stück
k_v = variable Kosten pro Stück (variable Selbstkosten)

Die absolute Deckungsspanne ist ein sinnvolles Entscheidungskriterium, wenn keine Restriktionen vorliegen, da jedes Produkt einen Beitrag zur Deckung der Fixkosten zu leisten hat. Dabei wird jedoch vorausgesetzt, dass kein funktionaler Zusammenhang zwischen der Höhe der Preise und der abgesetzten Menge besteht (existiert hingegen ein solcher Zusammenhang, sind marginalanalytische Verfahren anzuwenden).

Auf den Überlegungen der Deckungsbeitragsrechnung basiert auch der Versuch von Industrie und Handel im Lebensmittelbereich, **Direkte-Produkt-Rentabilitäten (DPR)** zu berechnen. Dabei werden von der Bruttospanne (zuzüglich Rabatte) die einzelnen, direkt zurechenbaren Handlingkosten subtrahiert, um einen direkten Produktertrag zu erhalten. Dieser kann dann auf verschiedene Engpassfaktoren bezogen werden (z.B. Regalfläche).

(2) Entscheidung bei einem Engpass

In der Regel treten Engpässe auf, die bei Programmentscheidungen zu berücksichtigen sind. Dabei kann es sich z.B. um begrenzte Produktionskapazitäten, knappe Rohstoffe oder Mangel an Personal handeln.

Die **Methode der Deckungsbeitragsrechnung** bietet sich auch an, wenn nur ein Engpass und konstante Preise und Absatzmengen vorliegen. Dabei ist in diesem Fall von **relativen Deckungsspannen** auszugehen. Die Engpassbelastung bezieht sich auf die Beanspruchung der Engpassfaktoren durch die einzelnen Produkte. Für die Programmplanung wird für Einzelprodukte eine Rangfolge nach relativen Deckungsspannen erstellt, um dann die Produkte mit den höchsten relativen Deckungsspannen bis zum Erreichen der Maximalkapazität des Engpassfaktors in das Programm aufzunehmen bzw. darin zu belassen. Die übrigen Produkte sind zu eliminieren. Die **relative Deckungsspanne** (DS_r) berechnet sich dabei nach der Formel:

$$DS_r = \frac{absolute\ Deckungsspanne\ (DS_a)}{Engpassbelastung\ pro\ Stück}$$

Das Arbeiten mit relativen Deckungsspannen ist ein zweckmäßiges Verfahren, das sich allerdings nur bei konstanten Preisen und Absatzmengen anwenden lässt.

Der **Lagrange-Ansatz** ist für die Programmplanung heranzuziehen, wenn ein funktionaler Zusammenhang zwischen der Höhe des Preises und der abgesetzten Menge in Form einer Preis-Absatz-Funktion besteht. Auf Basis der Preis-Absatz-Funktion erfolgt dabei die Maximierung des Gewinns mit unterschiedlichen Produkten unter Berücksichtigung der Engpassrestriktion. Dabei ergibt sich für den Zwei-Produkt-Fall folgende Zielfunktion:

$$G(x_A, x_B) = x_A (p_A - k_{vA}) + x_B (p_B - k_{vB}) - K_f \rightarrow max.!$$

wobei:

G = Gewinn
$x_{A,B}$ = Absatzmengen der Produkte A bzw. B
$p_{A,B}$ = Verkaufspreise der Produkte A bzw. B
K_f = Fixkosten des gesamten Programms
$k_{v,A,B}$ = Variable Stückkosten der Produkte A bzw. B

Als **Engpassrestriktion** lässt sich formulieren:

$$ax_A + bx_B - NB = 0$$

wobei:

a, b = Faktoren der Beanspruchung der Kapazitäten von Produkt A bzw. B
NB = zur Verfügung stehende Einheiten des Engpassfaktors (z.B. Kapazitätsgrenze)

Somit lautet die **Zielfunktion** unter Berücksichtigung der Restriktion:

$$G(x_A, x_B) = x_A (p_A - k_{vA}) + x_B (p_B - k_{vB}) - K_f - \lambda (ax_A + bx_B - NB) \rightarrow max.!$$

Die Auflösung der Zielfunktion ergibt das **optimale Programm** unter Berücksichtigung der Engpasssituation.

Bei der Ermittlung der Programmentscheidung mit Hilfe des Lagrange-Ansatzes wird durch die Auflösung der Gleichungssysteme ein Wert für **Lambda** (λ) ermittelt, der wie folgt zu interpretieren ist: Wird die Engpassrestriktion um eine (infinitesimal kleine) Einheit verändert, so ändert sich der Funktionswert der Zielfunktion um den Faktor Lambda.

(3) Entscheidung bei mehreren Engpässen

Treten mehrere Engpässe auf (z.B. gleichzeitig knappe Produktionszeiten, Beschaffungsengpässe, Arbeitsstunden der Mitarbeiter), sind in der Programmplanung andere Planungsmethoden, wie etwa Verfahren der Linearen Programmierung (z.B. Simplex-Methode) heranzuziehen.

Bei einer **kritischen Würdigung** der Methoden der Programmplanung ist hervorzuheben, dass die Verfahren in der Lage sind, quantitative Informationen zur Unterstützung der Entscheidung über das Programm zur Verfügung zu stellen. Diese Informationen können jedoch allenfalls eine unterstützende Funktion bei der Entscheidungsfindung wahrnehmen. Neben Rahmenbedingungen der gesamten **Programmstrategie** sind weitere qualitative Aspekte für eine endgültige Entscheidung zu berücksichtigen.

Das [illegible] Deckungsspanne ist ein zweckmäßiges Verfahren, das sich allerdings nur bei [illegible] Preisen und Absatzmengen anwenden lässt.

Der Lagrange-Ansatz ist, die [illegible] Preis [illegible], heranzuziehen, wenn [illegible] funktionaler Zusammenhang zwischen der Höhe des Preises und der abgesetzten Menge [illegible] und [illegible] Absatzmengen [illegible]. Auf Basis [illegible] Funktion [illegible] unterschiedliche [illegible] Restriktionen [illegible] Lagrange-Funktion [illegible]:

[illegible]

wobei [illegible]

[illegible]

[illegible]

[illegible] Stückkosten [illegible]

[illegible] der gesamten Produktion

[illegible] Stückkosten [illegible]

Die Lagrange-Funktion lässt sich formulieren:

[illegible]

wobei

[illegible] des Restriktion [illegible] Produkte A und B

[illegible]

[illegible]

[illegible]

[illegible] die Zusammenhänge [illegible] und [illegible]

[illegible]

[illegible]

[illegible]

(3) Entscheidungen bei [illegible] Engpässen

[illegible]

[illegible] geeignete [illegible] Methode der linearen [illegible] Planungsmodelle, wie etwa [illegible] der linearen [illegible]

In [illegible] Methoden der Produktionsplanung ist [illegible] Verfahren in der Lage sind, [illegible] zur Bestimmung der [illegible] das Programm zur Verfügung [illegible]

[illegible]

[illegible] Programmplanung [illegible]

[illegible] zur [illegible] Zuordnung [illegible] zu [illegible]

6 Operative Gestaltung der Leistungspolitik

Unter der **Zusammenstellung des Leistungsangebotes** ist ein Prozess zu verstehen, in dem zu einem festgelegten Leistungskern schrittweise weitere Leistungsmerkmale hinzugefügt werden, die zusammen ein ganzheitliches Leistungsangebot ergeben (*Kotler/Bliemel* 2001; *Lehmann/Winer* 2001).

Ausgangspunkt des Leistungsangebotes ist die Frage, welche Leistungsmerkmale ein Produkt bzw. Service beim Kunden „einzigartig" bzw. „unverwechselbar" machen. Grundlage ist also der einzigartige **Kundennutzen**, der durch das Produkt bzw. den Service geschaffen wird und von konkurrierenden Leistungen nicht vermittelt wird. Es geht um die Definition der **Unique Selling Proposition (USP)** von Leistungen, d.h. um jene Eigenschaft, die eine Leistung von Konkurrenzleistungen in besonderem Maße unterscheidet und die daher im Mittelpunkt der Verkaufsargumentation steht. Bei der Suche nach einer USP ist darauf zu achten, dass diese mittelfristig gilt, von der Konkurrenz nur schwer zu imitieren ist und das Kriterium der Einzigartigkeit auch ein kaufverhaltensrelevantes Kriterium aus Sicht des Kunden darstellt.

Erst wenn die Einzigartigkeit der Leistung bzw. der USP definiert ist, befasst sich das Produkt- und Servicemanagement mit der **Gestaltung der Leistung**. Hierbei erfolgt eine Feinabstimmung hinsichtlich des Einsatzes der folgenden leistungspolitischen Instrumente (Schaubild 6–1):

- Gestaltung der Qualitätspolitik (Abschnitt 6.1),
- Gestaltung der Markenpolitik (Abschnitt 6.2),
- Gestaltung der Verpackungspolitik (Abschnitt 6.3) und
- Gestaltung der Servicepolitik (Abschnitt 6.4).

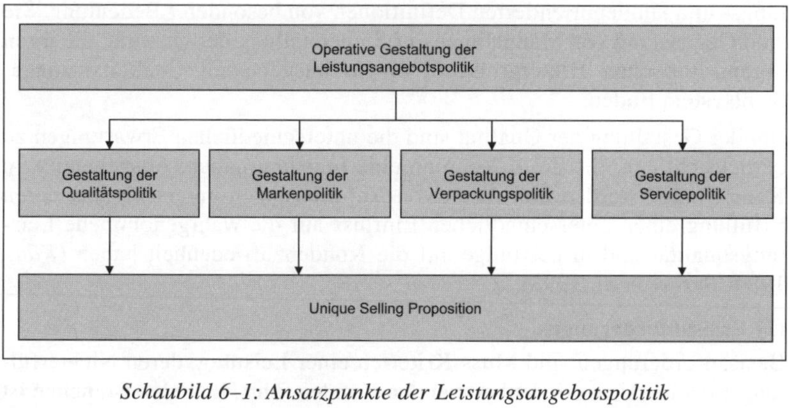

Schaubild 6–1: Ansatzpunkte der Leistungsangebotspolitik

6.1 Gestaltung der Qualitätspolitik

6.1.1 Grundlagen und Begriffe der Qualitätspolitik

Die Qualitätspolitik beinhaltet Entscheidungen über die Konzeption funktionaler Leistungseigenschaften sowie über die ästhetische Gestaltung von Produkten.

> Qualität gilt als „die Gesamtheit von Eigenschaften und Merkmalen eines Produktes oder einer Tätigkeit, die sich auf deren Eignung zur Erfüllung gegebener Erfordernisse bezieht“ (ISO 8402).

Diese Definition, die für Sach- und Dienstleistungen gleichermaßen anzuwenden ist, rückt die Erfüllung bestimmter Anforderungen in den Vordergrund. Sie konkretisiert allerdings noch nicht, von welcher Institution bzw. von welchem Personenkreis (Kunde, Mitarbeitende, Unternehmen) die Maßstäbe zur Qualitätsbeurteilung festgelegt werden.

Die Auffassung der Deutschen Gesellschaft für Qualität verbindet zwei **Ansätze der Qualitätsdefinition** (*Bruhn* 2006a, S. 34):

- **Leistungsbezogener Qualitätsbegriff**: Qualität kann als Summe bzw. als Niveau der vorhandenen Eigenschaften verstanden werden. Die Betrachtung objektiver Kriterien rückt dabei in den Vordergrund.
- **Kundenbezogener Qualitätsbegriff**: Die Qualitätsbetrachtung aus Kundenperspektive ist auf die Wahrnehmung der Leistungseigenschaften bzw. Leistungen durch den Kunden fokussiert. Letztlich entscheiden nicht allein die objektiv vorhandenen Qualitätsmerkmale über die Qualitätsposition einer Leistung beim Kunden. Diese Positionierung erfolgt vielmehr vor dem Hintergrund eines subjektiven Urteils über die von ihm als wichtig erachteten Eigenschaften.

Für die Qualitätspolitik im Produkt- und Servicemanagement sind die leistungs- und kundenorientierten Definitionen von besonderer Bedeutung. Sie sind Gegenstand von Maßnahmen zur Sicherstellung der Qualität, die ihren organisatorischen Hintergrund in einem ausgebauten Qualitätsmanagementsystem finden.

Bei der Gestaltung der Qualität sind die unterschiedlichen Erwartungen zu berücksichtigen, die die Kunden an eine Leistung haben. Ausgehend vom **Kano-Modell** werden drei Arten von Anforderungen unterschieden, deren Erfüllung einen unterschiedlichen Einfluss auf die wahrgenommene Leistungsqualität und in der Folge auf die Kundenzufriedenheit haben (*Kano* 1984; *Berger et al.* 1993):

(1) Basisanforderungen

Basisanforderungen sind Muss-Kriterien einer Leistung, deren Nichterfüllung zu hoher Unzufriedenheit bei den Kunden führt. In vielen Branchen ist heute ein „gutes Produkt“ bereits eine Basisanforderung des Kunden. Eine positive Differenzierung vom Wettbewerb ist hierüber kaum noch möglich. Die Anforderungen werden von den Kunden vorausgesetzt, so dass deren Erfüllung nicht als erhöhte Qualität wahrgenommen wird.

(2) Leistungsanforderungen

Bei Leistungsanforderungen verhält sich die wahrgenommene Qualität proportional zum Erfüllungsgrad: je höher der Erfüllungsgrad, desto höher ist die wahrgenommene Qualität und somit die Zufriedenheit. Im Gegensatz zu den Basisanforderungen, die von den Kunden als selbstverständlich angenommen und deshalb nicht explizit verlangt werden, werden Leistungsanforderungen von den Kunden deutlich artikuliert. Es wird von Soll-Kriterien einer Leistung gesprochen.

(3) Begeisterungsanforderungen

Unter Begeisterungsanforderungen werden jene Leistungskriterien gefasst, deren Erfüllung zu einer überproportional hohen Wahrnehmung der Qualität führen. Werden diese Anforderungen nicht erfüllt, entsteht kein Gefühl der Unzufriedenheit. Diese so genannten Kann-Kriterien werden von den Kunden nicht explizit formuliert und auch nicht erwartet.

Schaubild 6–2 zeigt am Beispiel eines Autos eine mögliche Differenzierung von Basis-, Leistungs- und Begeisterungsanforderungen.

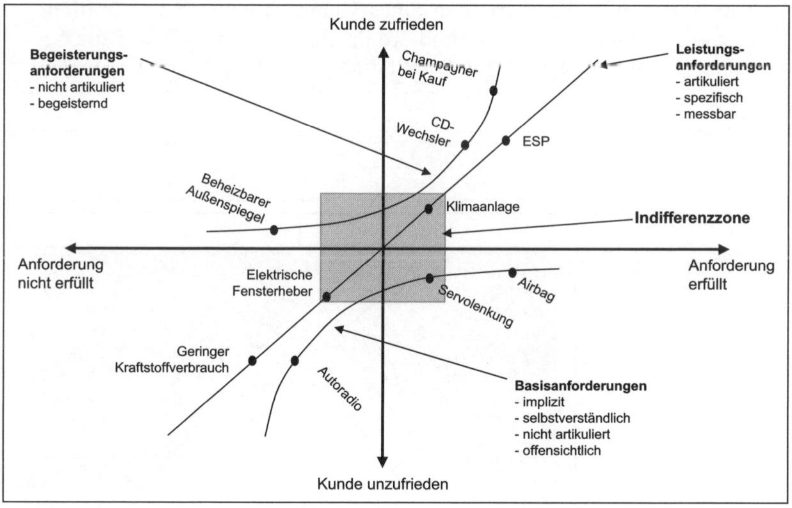

Schaubild 6–2: Kano-Modell am Beispiel der Serienausstattung eines Neuwagens

Aus der Klassifizierung von Leistungsanforderungen lassen sich Prioritäten für die Ausgestaltung des Leistungsangebotes im Sinne einer Qualitätsoptimierung ableiten. Aufgrund der zunehmenden Homogenisierung von Leistungsangeboten hat sich der Wettbewerb in den letzten Jahren auf die Ebene der Begeisterungsanforderungen verlagert. Unternehmen versuchen, die Potenziale dieser Anforderungskategorie zu nutzen, um sich gegenüber den

Wettbewerbern zu differenzieren und bei den Kunden eine hohe Zufriedenheit zu erzielen. Die Übererfüllung dieser Anforderungen führt zwar zur Wahrnehmung einer hohen Qualität, verursacht aber auch hohe Kosten. Problematisch ist weiterhin, dass diese Anforderungen meist keinen langfristigen Charakter haben. Zum einen werden Kann-Kriterien sehr schnell von Wettbewerbern imitiert und zum anderen führt die Erfüllung solcher Begeisterungsanforderungen kontinuierlich zu höheren Erwartungen bei den Konsumenten, so dass längerfristig aus Begeisterungsanforderungen Basisanforderungen werden (**Erwartungsspirale**). Bei der Fokussierung auf Begeisterungsanforderungen werden häufig die Basisanforderungen vernachlässigt und das dahinter stehende Unzufriedenheitspotenzial bei deren Nicht-Erfüllung übersehen. Dies führt unter Umständen dazu, dass Kunden trotz der Erfüllung von Begeisterungsanforderungen unzufrieden sind, da die Muss-Kriterien unerfüllt bleiben. Im Rahmen der Optimierung der Qualität ist deshalb die Sicherstellung der Erfüllung von Basisanforderungen zu gewährleisten. Basisanforderungen stellen das Fundament der Qualitätswahrnehmung dar, bei dem das notwendige Qualitätsniveau sichergestellt werden muss. Während Begeisterungsanforderungen unter Kostengesichtspunkten durchaus rationalisiert werden können, sollten solche Überlegungen bei Basisanforderungen nicht Platz greifen.

Die **Qualitätspolitik** umfasst die Gesamtheit der qualitätsbezogenen Tätigkeiten und Zielsetzungen eines Unternehmens, d.h., sämtliche Planungs-, Durchführungs- und Kontrollaktivitäten, die auf die Sicherstellung der geforderten Qualität abstellen (Schaubild 6–3).

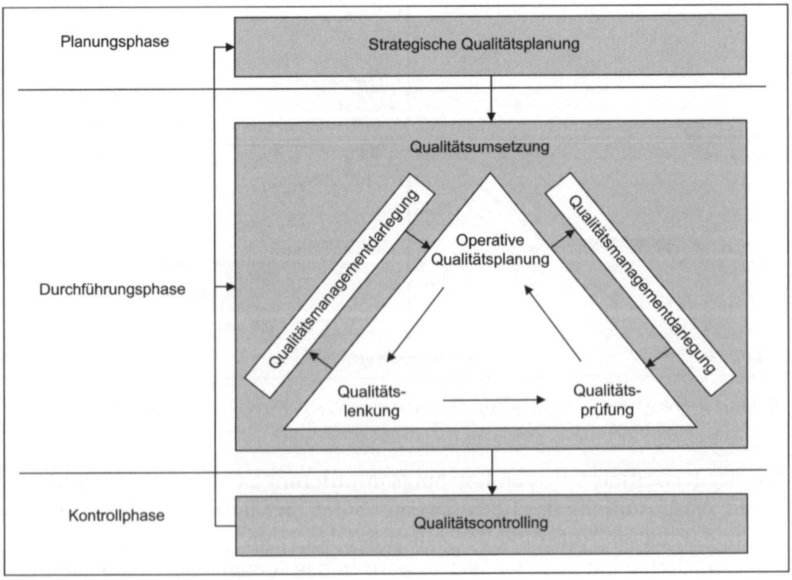

Schaubild 6–3: Planungsprozess und Instrumente der Qualitätspolitik (Bruhn 2006a, S. 77)

Im Rahmen der **strategischen Qualitätsplanung** gilt es, den grundsätzlichen Handlungsrahmen der Qualitätspolitik und somit die qualitätsbezogene strategische Ausrichtung des Leistungsangebotes in Abstimmung mit der Unternehmensstrategie festzulegen. Eine Konkretisierung erfährt die Qualitätsstrategie durch die Festlegung von Qualitätsgrundsätzen. Die Formulierung verbindlicher Qualitätsgrundsätze bildet das Fundament der durch das Produktmanagement durchzuführenden Qualitätsaktivitäten. Die Richtlinien sollten durch entsprechende Kommunikationsmaßnahmen (z.B. Qualitätsgrundsatzheft) sämtlichen Mitarbeitenden transparent gemacht werden.

Im Rahmen der **Qualitätsumsetzung** wird die Qualitätsstrategie realisiert. Im Mittelpunkt der Qualitätsumsetzung stehen die – vor allem durch Kunden gestellten – Qualitätsanforderungen (Kundenerwartungen), die in der operativen Qualitätsplanung ermittelt, in der Qualitätslenkung realisiert, und deren Erfüllung in der Qualitätsprüfung analysiert wird. Häufig wird zudem die Qualitätsverbesserung angeführt, die nach der Qualitätsprüfung angesiedelt werden kann. Gemäß der Aufgabe der Qualitätslenkung zählt die Qualitätsverbesserung jedoch zur Qualitätslenkung. Ein flankierender Baustein der Qualitätsumsetzung ist die Qualitätsmanagementdarlegung, die der Schaffung von internem und externem Vertrauen in die Qualitätsfähigkeit des Unternehmens gilt, d.h. der Fähigkeit, seine Leistungen gemäß den Kundenanforderungen zu erstellen.

Im Rahmen des **Qualitätscontrolling** erfolgt die strategische Kontrolle der Qualitätsaktivitäten eines Unternehmens. Gegenstand ist die Ermittlung von Wirtschaftlichkeits- bzw. Kosten-Nutzen-Kennziffern, die als Wertmaßstab für die Wirtschaftlichkeit von Qualitätsaktivitäten herangezogen werden. Hierzu gehören beispielsweise der Qualitätsgewinn, d.h. die Differenz aus Nutzen und Kosten der Qualitätspolitik, sowie die Qualitätsrendite (Return on Quality), d.h. der Quotient aus dem Gewinn der Qualitätspolitik und deren Kosten.

Im Rahmen des Produkt- und Servicemanagements findet insbesondere die **operative Qualitätsplanung** bei der Leistungsgestaltung Anwendung. Diese betrifft sämtliche Maßnahmen des Auswählens, Klassifizierens und Gewichtens der Qualitätsmerkmale sowie eines schrittweisen Konkretisierens aller Einzelforderungen an die Beschaffenheit einer Leistung zu Realisierungsspezifikationen, und zwar im Hinblick auf die durch den Zweck der Einheit gegebenen Erfordernisse, auf die Anspruchsklasse und unter Berücksichtigung der Realisierungsmöglichkeiten. Im Rahmen der operativen Qualitätsplanung werden die konkreten Anforderungen der Kunden an die Qualität von Produkten und Services ermittelt. Darüber hinaus werden die konkreten Qualitätsziele definiert und Konzepte zu deren Verwirklichung entwickelt.

6.1.2 Instrumente der Qualitätspolitik

In der Praxis kommt eine Vielfalt von Methoden der Qualitätspolitik zum Einsatz (vgl. für einen umfassenden Überblick *Bruhn* 2006a). Im Folgenden erfolgt eine Konzentration auf die wichtigsten Verfahren. Bei der Gestaltung der Leistung sind neben der konkreten funktionalen und ästhetischen Leistungsgestaltung (Abschnitt 6.1.2.1) insbesondere das Quality Function Deployment (QFD) (Abschnitt 6.1.2.2) und die Fehlermöglichkeits- und -einflussanalyse (FMEA) (Abschnitt 6.1.2.3) von Bedeutung. Für die Entwicklung von Services ist darüber hinaus auch das Blueprinting relevant (Abschnitt 6.1.2.4).

6.1.2.1 Funktion und Design als Gestaltungselemente

Ein (physisches) Produkt verkörpert das Resultat einer Kombination von Material, Form und Farbe in Verbindung mit Arbeit und Intellekt (*Herrmann* 2004e, S. 457). Der Einfluss des Produkt- und Servicemanagements auf die Produktgestaltung beschränkt sich meist auf Anregungen, die aus den Kundenwünschen abgeleitet werden. Darüber hinaus gehende Festlegungen z.B. im Hinblick auf die konkrete Verwendung von Werkstoffen erfolgen nur selten. Beispiele für **kundenseitige Ansprüche** an die Gestaltung eines Produktes sind (*Herrmann* 2004e, S. 457f.):

- **Bequemlichkeit**: Es ist heute kaum mehr möglich, einem Nachfrager ein Produkt anzubieten, das noch einer Be- und Verarbeitung bedarf.
- **Sicherheit**: Konsumenten haben in der Regel ein Bedürfnis nach sicheren Produkten. Hierzu Zählen neben der Stör- und Bedienungssicherheit auch der Schutz vor Diebstahl und Zerstörung.
- **Wirtschaftlichkeit**: Die Forderung nach Wirtschaftlichkeit bezieht sich nicht nur auf die Nutzung des Produktes (z.B. Kraftstoffverbrauch bei einem Pkw). Es ist auch eine wirtschaftliche Produktion notwendig, um den Nachfragern einen akzeptablen Preis zu bieten.
- **Umweltfreundlichkeit**: Die Umweltfreundlichkeit steht der Wirtschaftlichkeit teilweise entgegen. In zunehmendem Maße beklagen Konsumenten die bei der Produktion auftretende Vergeudung nicht regenerierbarer Ressourcen.

Bei der Produktgestaltung kommt neben der funktionalen Zwecktauglichkeit und Leistungsfähigkeit der **ästhetischen Faszination** des Nachfragers eine zentrale Bedeutung bei der Kaufentscheidung zu (*Herrmann* 2004e). Bei vielen Produkten bzw. für viele Konsumenten ist die Produktästhetik sogar das einzig wirklich entscheidende Kaufkriterium. So lassen sich beispielsweise billige Massenprodukte durch modisches Design erheblich aufwerten (z.B. Swatch) (Insert 6–1). Durch veränderte Designprägnanzen wird somit eine grundsätzliche Repositionierung eines Produktes möglich. Die Gestaltung des Produktäußeren bietet ein wirksames und leistungsfähiges Instrument des Produkt- und Servicemanagements.

Vor allem die ästhetische Qualität der Form, des Materials und der Farbe ist in diesem Zusammenhang von großer Bedeutung (*Kappelmann* 2001; *Herrmann* 2004e). Durch Auswahl des **Materials** werden einzelne Substanzen bestimmt, die unterschiedliche Empfindungen auslösen. Von Holz geht z.B. das Gefühl der Geborgenheit und Behaglichkeit aus, während Metall fest und Glas reinlich anmuten. Bei der **Formgebung** stehen nahezu unend-

Insert 6–1: Alessi-Design als Verkaufsargument der Marke WC Frisch (Lebensmittel Zeitung, 29.07.2005, S. 21)

lich viele Formen zur Auswahl. Diese lassen sich jedoch auf die Grundformen Kugel, Ellipsoid, Würfel, Zylinder, Pyramide und Kegel zurückführen. Auch bei der Formgebung ist die Unterschiedlichkeit der durch Formen ausgelösten Anmutung zu berücksichtigen. Die **Farbe** ist ein sehr kostengünstiges und äußerst flexibles Mittel, um Produkte zu verändern. Hier kann auf eine breite Palette von Grundfarben und Farbkombinationen zurückgegriffen werden, die wiederum unterschiedliche Gefühle bei Konsumenten auslösen.

Nach dem physiologischen Ansatz lässt sich Ästhetik durch klare, geordnete, einander nicht widersprechende, möglichst symmetrische Elemente eines Objekts erreichen. Auf das ästhetische Empfinden nehmen jedoch auch der Geschmack, die Tradition und die Umgebung einen starken Einfluss (*Herrmann* 2004e).

6.1.2.2 Quality Function Deployment

Das Konzept des **Quality Function Deployment (QFD)** stellt eine umfassende Systematik zur kundenorientierten Qualitätsplanung dar (*Pfeifer*

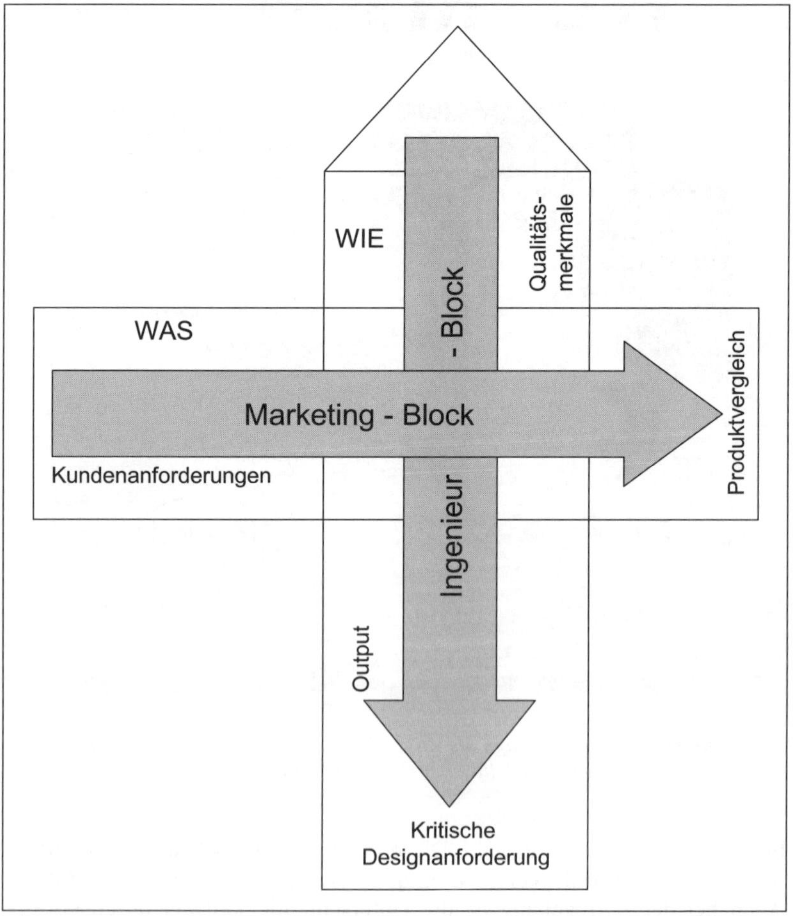

Schaubild 6–4: Grundkonzept des Quality Function Deployment als House of Quality

2001, S. 313ff.). Die Methode wurde Ende der 1960er Jahre in Japan entwickelt und Mitte der 1980er Jahre von den Europäern übernommen. Sie dient der Sicherstellung der Kundenorientierung in sämtlichen Phasen der Planung und Realisierung von Produkten oder auch Dienstleistungen. Das wesentliche Ziel liegt in der systematischen Überführung von Kundenanforderungen in technische Leistungsmerkmale. Plakativer wird dies oft als die Übersetzung der „Stimme des Kunden“ in die „Sprache des Ingenieurs“ formuliert. Quality Function Deployment wird sowohl in der Neuproduktentwicklung als auch bei der Modifikation von Produkten eingesetzt. Anwendungsbereich sind überwiegend komplexere technische Produkte (z.B. Automobile, TV-/Video-, HiFi-Anlagen).

Das **Kernstück des Quality Function Deployment** ist das so genannte „House of Quality“ (Schaubild 6–4). Dabei handelt es sich um eine Matrixanordnung, in der die verschiedenen Analyse- und Planungsschritte der Produkt- bzw. Servicekonzeption sowie Entwicklungsplanung dokumentiert sind.

In Bezug auf die konkrete **Vorgehensweise** bei der QFD-Methode lassen sich folgende zentralen Ablaufschritte festhalten (*Pfeifer* 2001, S. 316ff.; *Gogoll* 2003, S. 5ff.) (Schaubild 6–5):

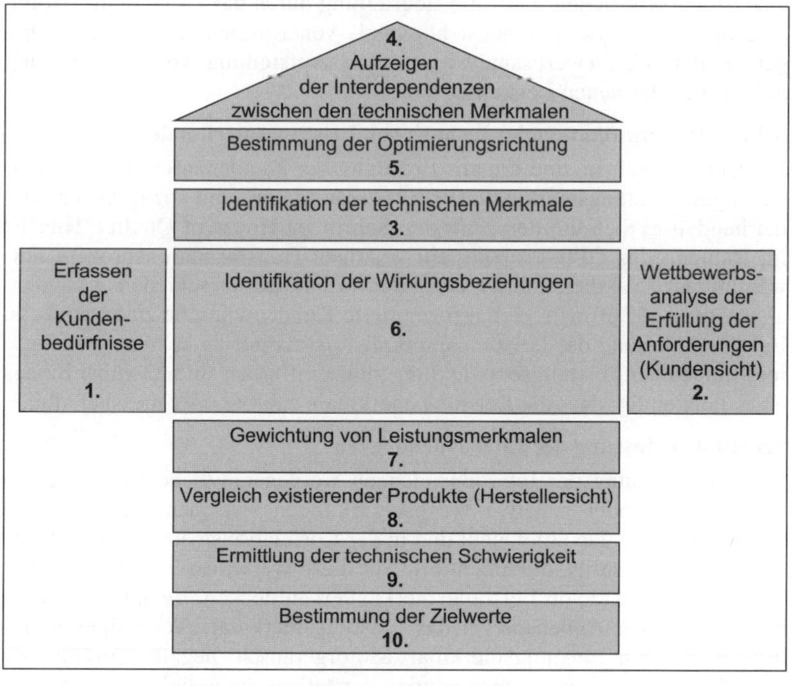

Schaubild 6–5: Ablaufschritte der QFD-Methodik

Schritt 1: Erfassung der Kundenanforderungen und -bedürfnisse

Der QFD-Prozess startet mit einer Identifikation der Zielgruppen, d.h. der relevanten Kundengruppen (WER?). Anschließend sind die Wünsche, Bedürfnisse und konkreten Anforderungen der Kunden (WAS?) an die Leistung zu ermitteln und zu gliedern. Die Kundenanforderungen sind schließlich im Hinblick auf ihre Relevanz für die Kunden zu gewichten. Für die Erfassung und Gewichtung der Kundenbedürfnisse sind Daten der primären und sekundären Marktforschung heranzuziehen. Kundenanforderungen lassen sich darüber hinaus durch Anforderungen des Unternehmens, des Gesetzgebers usw. ergänzen. Diese sind aber getrennt zu gewichten.

Schritt 2: Wettbewerbsanalyse der Erfüllung der Kundenanforderungen

Bei der Wettbewerbsanalyse wird ein Vergleich der entstehenden Leistung mit bereits existierenden Leistungen hinsichtlich der Erfüllung der Kundenbedürfnisse angestellt. Als Beurteilungsbasis lassen sich einzelne Konkurrenzleistungen, das Gesamtangebot der Konkurrenz oder „Best-in-Class"-Leistungen heranziehen. Im Rahmen der Leistungsmodifikation ist die eigene Leistung, die im Rahmen des Modifikationsprozesses beispielsweise verbessert wird, als Vergleichsobjekt zu berücksichtigen. Von besonderer Bedeutung ist, dass bei dem Wettbewerbsvergleich die Kundensicht einzunehmen ist. Idealtypisch sind daher auch Kunden in die Wettbewerbsanalyse einzubeziehen. Falls die Beurteilung durch das QFD-Team erfolgt, sind die Ergebnisse zumindest nochmals von Kunden zu evaluieren. Ergebnis der Wettbewerbsanalyse ist eine Aufstellung von Stärken und Schwächen der neuen Leistung.

Schritt 3: Identifikation der technischen Leistungsmerkmale

Im nächsten Schritt sind die zur Erfüllung der Kundenanforderungen notwendigen Leistungsmerkmale (WIE?) zu definieren und abzugrenzen. Dabei handelt es sich um den zentralen Schritt im House of Quality. Hier ist im Rahmen des QFD-Projekts ein geistiger Transformationsprozess notwendig, der Exaktheit und Kreativität erfordert, um verschiedene Lösungsalternativen für oftmals global formulierte Kundenwünsche zu entwickeln. Bei der Ableitung der Leistungsmerkmale ist darauf zu achten, dass diese im Rahmen der Leistungsentwicklung zu beeinflussen sind. Darüber hinaus ist es notwendig, dass die Leistungsmerkmale zählbar oder messbar sind.

Schritt 4: Erfassung der Interdependenzen

Bei der Erfassung der Interdependenzen werden mögliche Korrelationen bzw. positive oder negative Wechselwirkungen zwischen den einzelnen Qualitätsmerkmalen untersucht und in der Korrelationsmatrix, dem „Dach" des House of Quality, dokumentiert. Auf diese Weise lassen sich z.B. mögliche Zielkonflikte von Leistungsmerkmalen aufdecken. Beispielsweise ist bei einem PKW-Außenspiegel das Leistungsmerkmal „Verstellgeschwindigkeit" mit dem Leistungsmerkmal „Motorgeräusch" negativ korreliert, da das Motorgeräusch mit zunehmender Verstellgeschwindigkeit lauter wird (Schaubild 6–6). Da der von den Kunden gewünschte „geräuschlose Außenspiegel mit sehr hoher Verstellgeschwindigkeit" technisch nicht realisierbar ist, ist im Rahmen der weiteren Leistungsplanung abzuwägen, in welcher Weise dieser Zielkonflikt zu lösen ist.

Schritt 5: Bestimmung der Optimierungsrichtung

Inwiefern zwei Leistungsmerkmale miteinander komplementär oder konfliktär realisierbar sind, ist durch die Optimierungsrichtung gekennzeichnet. Die Verstellgeschwindigkeit des PKW-Außenspiegels ist zu erhöhen, während das Motorgeräusch zu senken ist. Da die Interdependenzen von Leistungsmerkmalen bereits in Schritt 4 thematisiert werden, lassen sich die beiden Schritte 4 und 5 auch umkehren.

Schritt 6: Identifikation von Wirkungsbeziehungen

Anschließend sind die Einflüsse der Leistungsmerkmale auf die Kundenanforderungen zu identifizieren und ihre Stärke zu beurteilen. Die Beurteilung des Einflusses eines Leistungsmerkmals auf eine Kundenanforderung erfolgt durch Diskussion der Fakten. Der Unterschied zwischen starkem und schwachem Einfluss entspricht dem zwischen direktem und diffusem Einfluss. Die Einflussstärke wird durch Skalenwerte ausgedrückt (z.B. von 0 = „Kein Einfluss“ bis 5 = „Sehr starker Einfluss“).

Schritt 7: Gewichtung der Leistungsmerkmale

In diesem Schritt wird die technische Bedeutung der Leistungsmerkmale berechnet, um die Schlüsselmerkmale zu identifizieren. Hierzu wird spaltenweise die Summe der Produkte des Kennwertes für die Einflussstärke mit der Bedeutung der absoluten Kundenanforderungen gebildet. Ergebniswerte lassen sich als Bedeutungsgewichte interpretieren, die z.B. ein Ranking der Leistungsmerkmale erlauben.

Schritt 8: Technischer Vergleich mit existierenden Leistungen

In diesem Schritt werden die technischen Merkmale des Neuproduktes mit denen der Konkurrenz bzw. mit den eigenen Leistungen verglichen, die durch die neue Leistung ersetzt werden. Ziel des Vergleichs ist das Benchmarking der technischen Funktionen. Hierzu werden eigene und fremde Kunden, aber auch Mitarbeiter des Unternehmens gebeten, über die eigenen Leistungen und diejenigen der engeren Wettbewerber zu urteilen. Die Gegenüberstellung der Antworten auf Fragen, wie beispielsweise „Wie gut ist die eigene Leistung?“ und „Wie gut ist die Leistung des Hauptwettbewerbers?“, ergibt Hinweise auf Entwicklungspotenziale und Wettbewerbsvorteile.

Schritt 9: Ermittlung der technischen Schwierigkeit

Ziel dieses Schrittes ist es, die technische Realisierbarkeit von Leistungsmerkmalen zu evaluieren. Die technischen Schwierigkeiten lassen sich auf Basis von Erfahrungswerten vorausgegangener, ähnlicher Entwicklungen beurteilen.

Schritt 10: Bestimmung von Zielwerten

In diesem Arbeitsschritt werden den Leistungsmerkmalen messbare bzw. bezifferbare Zielgrößen und -einheiten (WIEVIEL?) zugeordnet. Ziel ist die Bestimmung der quantitativen Ausprägungen der Leistungsmerkmale, die als Sollwerte für die Leistungsmerkmale dienen. Dabei sind deren technische Bedeutung, technische Schwierigkeiten, technische Benchmarks und Wechselwirkungen zu berücksichtigen.

Sämtliche Ergebnisse der beschriebenen Tätigkeiten werden in dem House of Quality festgehalten. Schaubild 6–6 zeigt ein House of Quality am Beispiel eines PKW-Außenspiegels.

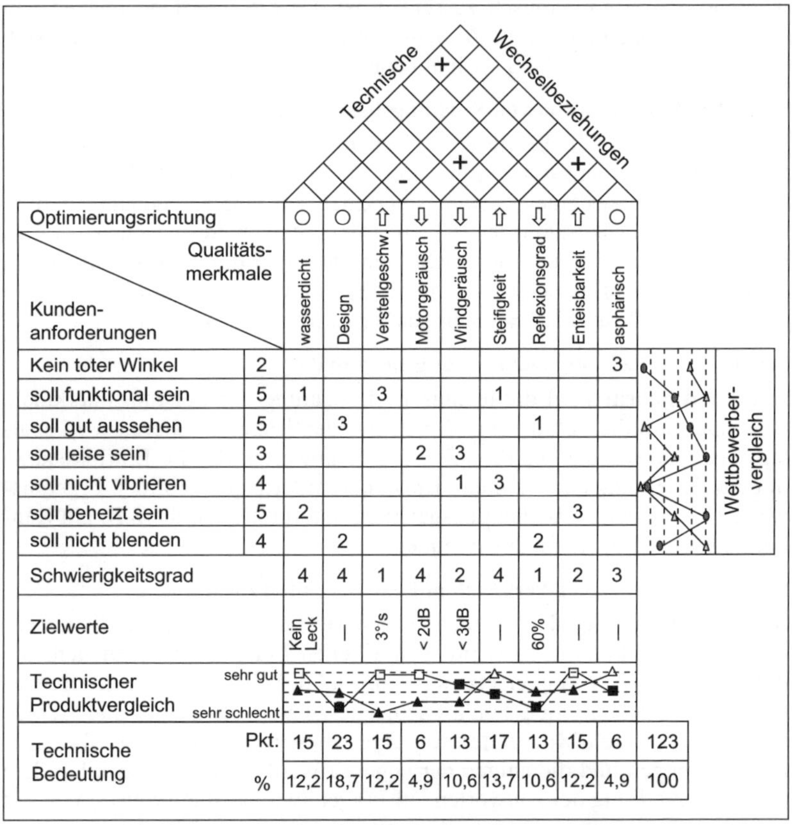

Schaubild 6–6: House of Quality für einen PKW-Außenspiegel (In Anlehnung an Klein 1999, S. 83)

Die Resultate eines QFD-Diagramms sind zugleich Eingangsgrößen für ein weiteres QFD-Projekt (*Pfeifer* 2001, S. 319). Wie Schaubild 6–7 darstellt, erfolgt in weiteren Schritten die technische Spezifierung bis hin zu konkreten Produktionsvorgaben. Die Anzahl der notwendigen QFD-Planungsschritte ist dabei abhängig von der Komplexität der betrachteten Leistung. Nach Durchführung des Quality Function Deployment ist in Pilotprojekten zu testen, inwiefern die erarbeiteten Maßnahmen von den Kunden akzeptiert bzw. positiv bewertet werden.

Zu den wesentlichen **Vorteilen** des Quality Function Deployment gehören die Möglichkeit einer systematischen Überführung von Kundenbedürfnissen in technische Leistungsmerkmale, die Verkürzung der Entwicklungs-

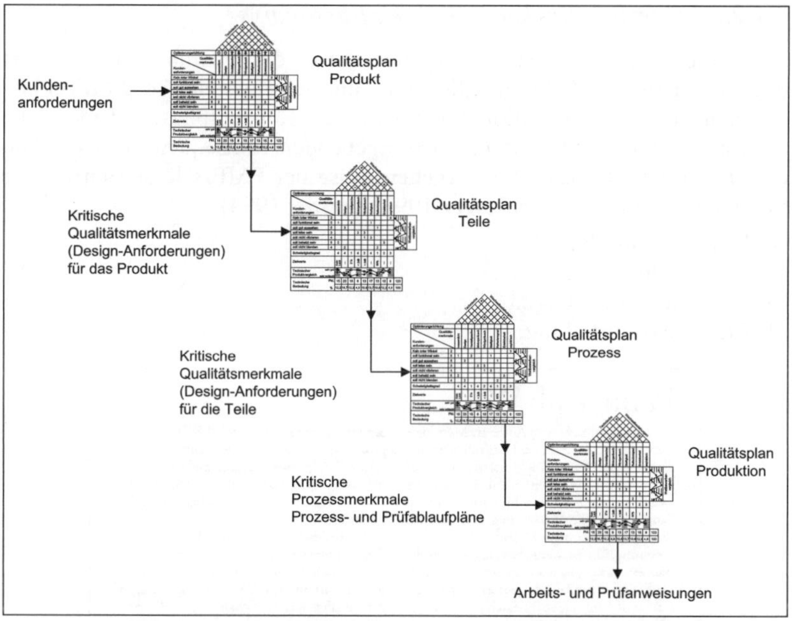

Schaubild 6–7: Verzahnung des House of Quality im QFD-Prozess (In Anlehnung an Klein 1999, S. 82)

zeit, die Reduktion nachträglicher Änderungen und die Interdisziplinarität sowie Teamorientierung. Als **Nachteile** sind der sehr hohe Aufwand, die Notwendigkeit von qualifizierten Projektmitgliedern, die hohe Komplexität der Methodik und die Gefahr von Übersetzungsfehlern beim Übergang von Kundenanforderungen in technische Merkmale zu nennen.

Für den Einsatz der QFD-Methode im **Servicebereich** ist es erforderlich, das Konzept zu modifizieren. Die Immaterialität von Services sowie die Notwendigkeit der Integration des externen Faktors erschweren eine trennscharfe Erstellung der Abhängigkeitsmatrizen. Dennoch ermöglicht die QFD-Methode eine Fokussierung des gesamten qualitätsbezogenen Planungsprozesses auf die Wünsche der Kunden. Wenn ein Dienstleistungsunternehmen die QFD-Methode bei der Qualitätsplanung nutzen will, ist es zweckmäßig, konkrete QFD-Projekte für die Realisierung einzelner, möglichst quantifizierbarer, Qualitätsziele zu definieren, die verfügbaren Ressourcen zu bestimmen und die Mitarbeiter und Kunden auszuwählen, die an dem Projekt beteiligt sein werden (*Gogoll* 2003, S. 5). Es ist hierbei sinnvoll, diejenigen Mitarbeitenden – meist unterschiedlicher Unternehmensbereiche – in das Projekt einzubeziehen, die an den das Qualitäts- bzw. Projektziel betreffenden Serviceprozessen unmittelbar beteiligt sind. Wenn beispielsweise das Projektziel „Verringerung der Wartezeiten am Bankschalter um 10 Prozent" lautet, ist es zweckmäßig, sowohl Mitarbeitende im Schalterbereich, im Back Office und der EDV-Abteilung, als auch Filialleiter und betroffene Kunden, an dem QFD-Projekt zu beteiligen.

6.1.2.3 Fehlermöglichkeits- und -einflussanalyse

Die Fehlervermeidung ist ein zentrales Thema der Qualitätspolitik (Insert 6–2). Mit Hilfe der Fehlermöglichkeits- und -einflussanalyse (FMEA) lassen sich Leistungsinnovationen bereits in der Konzeptphase auf mögliche Schwachstellen prüfen und die sich ergebenden Konsequenzen feststellen (*Masing* 1995, S. 252). Die **Vorgehensweise** der FMEA lässt sich in vier Phasen untergliedern (*Stockinger* 1993; *Kersten* 1994):

(1) Fehlerbeschreibung,
(2) Risikobeurteilung,
(3) Maßnahmen/Lösungen,
(4) Ergebnis/Beurteilung.

Pannen ab Werk

Baut Lada verlässlichere Autos als Mercedes? Gemessen an der Zahl der Rückrufe scheinen die kantigen Wagen aus Russland einwandfrei montiert. Während nämlich Mercedes zwischen Juni 2002 und Juni 2004 achtmal Fahrzeuge in die Werkstätten rief, mussten die Ladas kein einziges Mal offiziell zur Nachbesserung. Ebenso wenig belästigt wurden die Besitzer eines Daewoo (heute: Chevrolet), Daihatsu, Hyundai oder Maserati, fand das Center of Automotive Research (CAR) an der FH Gelsenkirchen heraus.

Rückrufaktionen sind längst Alltag. Im vergangenen Jahr riefen die Hersteller 137-mal Autos wegen Sicherheitsproblemen zurück, mehr als 1,4 Millionen Autos rollten 2004 in die Werkstätten. Zum Vergleich: 1998 wurde nur 55-mal Alarm geschlagen. Solche Zahlen lassen freilich das Ausmaß der Mängel nur erahnen. Fahrzeuge, die jünger als ein halbes Jahr sind, tauchen in der Statistik gar nicht erst auf, stehen sie doch in der Regel beim Erstkäufer oder sogar noch im Autohaus. Öffentliche Rückrufaktionen, bei denen das Kraftfahrzeugbundesamt eingeschaltet wird, sind dann nicht nötig. Außerdem müssen die Hersteller Autos nur dann offiziell in die Werkstätten rufen, wenn Fehler die Sicherheit beeinträchtigen. Harmlosere Mängel werden nicht selten stillschweigend bei der nächsten Inspektion behoben.

Mittlerweile gelten die Alarme aber nicht mehr als Schande. »Heute haben Hersteller ein Imageproblem, wenn sie von einem Mangel wissen und nichts unternehmen«, sagt Anton Demmel, Technikexperte beim ADAC. Die zunehmende Zahl von Rückrufen ist auch nicht unbedingt ein Zeichen für schlampige Qualitätskontrollen, sondern eher für technisch überladene Autos. Gerade deutsche Fabrikate wetteifern mit elektronischen Spielereien um Kunden und erhöhen damit die Fehleranfälligkeit.

Manche Mängel muten bisweilen skurril an, wenn sie nicht ernste Folgen haben könnten. BMW etwa rief im vergangenen Winter weltweit 75 000 Limousinen zurück, um deren Besitzern heiße Hintern wegen möglicherweise defekter Sitzheizungen zu ersparen. Heiß wurde es auch manchem Mercedes-Lenker, als ihm sein Display signalisierte, dass seine High-Tech-Bremse namens Sensotronic Brake Control (SBC) ins Notprogramm schaltete. Obwohl laut Mercedes solche Defekte nur vereinzelt auftraten, wurden vergangenes Jahr weltweit 680 000 E- und SL-Klasse-Fahrzeuge sicherheitshalber überprüft.

Besonders kritisch schauen die US-Behörden den Herstellern auf die Finger; auch denen exotischer Kleinserien. Im Februar musste Maserati in den USA 495 Sportwagen zurückrufen, weil ein Schalter in den Flitzern nur Attrappe war. Ausgerechnet der Knopf, mit dem der Airbag für den Beifahrersitz ausgeschaltet werden kann, wenn dort ein Baby im Kindersitz festgeschnallt ist. Das wichtige Knöpfchen war in dem Wagen für 95 500 US-Dollar einfach nicht verdrahtet. TOK

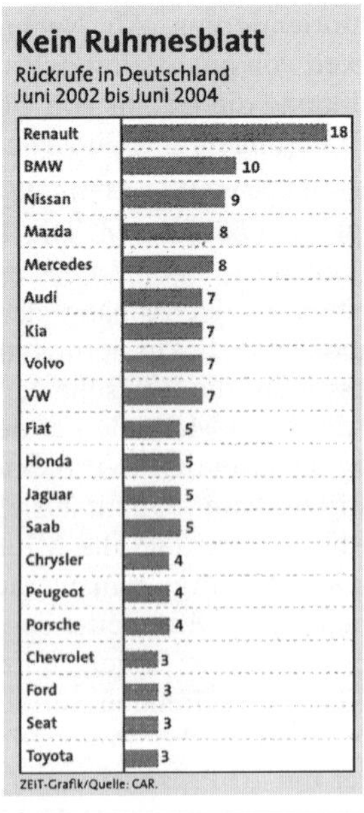

Insert 6–2: Rückrufaktionen in der Automobilbranche (Die Zeit, Nr. 15, 2005)

Im Rahmen der **Fehlerbeschreibung** werden zunächst alle potenziellen Fehlerquellen innerhalb des Leistungsprozesses ermittelt. Dies setzt eine möglichst umfassende Beschreibung des Gesamtsystems, der Funktionen und Prozesse des Unternehmens voraus. Hierzu gehört auch, dass die möglichen Ursachen und die Konsequenzen eines potenziellen Fehlers ermittelt werden. Im Rahmen dieses Verfahrens werden alle, d.h. auch „unwahrscheinliche" Fehler Berücksichtigung finden, um die Vollständigkeit des Vorgehens zu gewährleisten.

Aufgabe der **Risikobeurteilung** ist es, die Schwere eines Fehlers, die Wahrscheinlichkeit seines Auftretens sowie die Wahrscheinlichkeit der Entdeckung des Fehlers zu quantifizieren. Die Bewertung erfolgt mit Punktwerten zwischen 1 und 10. Aus dem Produkt der drei Werte ergibt sich die Risikoprioritätszahl (RPZ), die den Ausgangspunkt für die weiteren Aktivitäten darstellt.

Beispiel: Anfertigung einer Kreditkarte

(a) Fehler: Fehlprägung des Namens des Kreditkarteninhabers auf der Karte

Auftretenswahrscheinlichkeit (A)	3
Bedeutung des Fehlers (B)	9
Entdeckungswahrscheinlichkeit (E)	7

RPZ = A x B x E = 189

(b) Fehler: Nichtlesbarkeit des Magnetstreifens

Auftretenswahrscheinlichkeit (A)	4
Bedeutung des Fehlers (B)	5
Entdeckungswahrscheinlichkeit (E)	1

RPZ = A x B x E = 20

Besondere Priorität ist jenen Fehlern einzuräumen, die zu einer insgesamt hohen Risikoprioritätszahl führen und/oder besonders hohe Einzelwerte aufweisen. Das Beispiel macht deutlich, dass die Vermeidung eines fehlerhaften Namens auf einer Kreditkarte besonders hohe Priorität hat. Für den Karteninhaber ergeben sich negative Konsequenzen (z.B. unangenehme Nachfragen in Geschäften, die Karte wird unter Umständen überhaupt nicht akzeptiert), und die Entdeckungswahrscheinlichkeit ist niedrig (hohe Punktzahl).

Zur Einleitung von **Maßnahmen** der Qualitätsverbesserung bzw. der Lösung des zugrunde liegenden Problems bieten sich prinzipiell vier verschiedene Ansätze an (*Kersten* 1994, S. 477f.):

(1) Vermeidung der Fehlerursache(n),
(2) Reduzierung der Wahrscheinlichkeit des Auftretens eines Fehlers,
(3) Reduzierung der Bedeutung des Fehlers,
(4) Erhöhung der Wahrscheinlichkeit der Fehlerentdeckung.

Aus Qualitätsgesichtspunkten ist dabei in jedem Falle jenen Maßnahmen der Vorzug zu geben, die das Auftreten eines Fehlers vermeiden. Wurde beispielsweise im Rahmen der Fehlerquellenanalyse festgestellt, dass mangelnde Beleuchtung die Lesbarkeit der Antragsformulare erschwert, so lässt sich die Auftretenswahrscheinlichkeit dieses Fehlers durch eine bessere Arbeitsplatzgestaltung verringern.

Die **Erfolgsbeurteilung** ist schließlich über einen Vergleich der Risikoprioritätszahl im Ausgangszustand und nach durchgeführten Verbesserungen möglich. Das tatsächliche Ergebnis der eingeleiteten Maßnahmen lässt sich nur nach der tatsächlichen Umsetzung der fehlervermeidenden Maßnahmen bzw. Prüfprozesse ermitteln.

6.1.2.4 Blueprinting zur Gestaltung von Services

Das Blueprinting ist eine Methode zur Visualisierung und Strukturierung des Serviceprozesses eines Anbieters und dessen Aktivitäten. Ein Blueprint stellt einen Serviceprozess zweidimensional dar und ist grundsätzlich folgendermaßen aufgebaut: In der **horizontalen Dimension** werden die einzelnen bei der Erstellung von Services durchzuführenden Aktivitäten chronologisch abgetragen. Diese Aktivitäten werden in der **vertikalen Dimension** verschiedenen Ebenen zugeordnet (*Zeithaml/Bitner* 2000, S. 205ff.). Wie Schaubild 6–8 zeigt, lassen sich fünf **Ebenen** voneinander unterscheiden (*Fließ* 2001, S. 45).

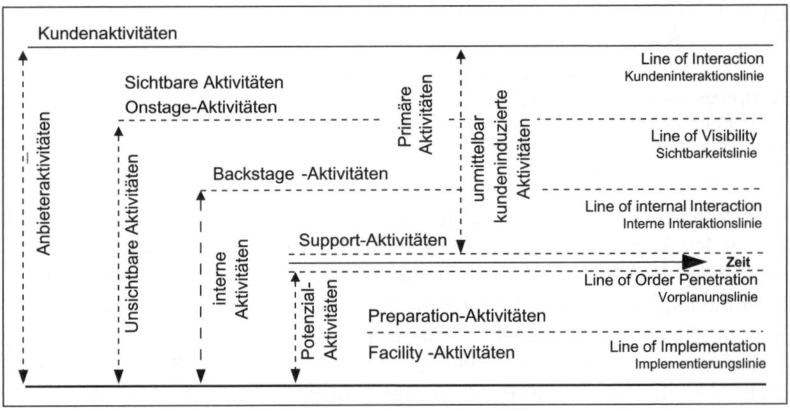

Schaubild 6–8: Struktur des ServiceBlueprint (Fließ 2001, S. 45)

(1) Die **Line of Interaction** (Kundeninteraktionslinie) unterteilt die Kundenprozesse und Anbieterprozesse.

(2) Die **Line of Visibility** (Sichtbarkeitslinie) trennt die für den Kunden sichtbaren von den für ihn unsichtbaren Anbieterprozesse. Für den Kunden nicht sichtbare Aktivitäten der Mitarbeiter sind Backstage-Aktivitäten und liegen im Blueprint unterhalb der Sichtbarkeitslinie. Onstage-Aktivitäten, d.h. die vom Kunden wahrnehmbaren Mitarbeiteraktivitäten sind dagegen oberhalb dieser Linie abgetragen.

(3) Durch die **Line of Internal Interaction** (Interne Interaktionslinie) werden unterstützende Aktivitäten von den sichtbaren kundenbezogenen Aktivitäten unterschieden. Alle Aktivitäten oberhalb der Linie werden

durch das Servicepersonal durchgeführt. Aktivitäten unterhalb der Linie werden von anderen Mitarbeitenden übernommen.

(4) Mit Hilfe der **Line of Order Penetration** (Vorplanungslinie) werden die Aktivitäten des Serviceerstellungsprozesses, die unmittelbar kundeninduziert sind, von den Aktivitäten des Leistungspotenzials getrennt, die auch unabhängig von einem konkreten Kunden vordisponiert werden.

(5) Die Prozesse innerhalb des Leistungspotenzials lassen sich durch die **Line of Implementation** (Implementierungslinie) in Preparation-Aktivitäten und in Facility-Aktivitäten unterscheiden. Preparation-Aktivitäten werden vom Anbieter autonom disponiert und dienen der Vorbereitung des Serviceerstellungsprozesses. Zu den Facility-Aktivitäten sind die autonomen Dispositionen zu zählen, die den Preparation-Aktivitäten logisch und meist auch zeitlich vorgelagert sind.

Zur Modifikation von bestehenden Serviceprozessen sind die folgenden drei **Schritte** zu durchlaufen (*Fließ/Völker-Albert* 2002, S. 278ff.):

(1) Aufnahme des bestehenden Serviceprozesses (Ist-Blueprint),

(2) Überprüfung des bestehenden Serviceprozesses im Hinblick auf Verbesserungsmöglichkeiten,

(3) Entwicklung eines neuen (variierten, differenzierten) Serviceprozesses (Soll-Blueprint).

Im Fall der **Entwicklung eines neuen Services** ist der erste Schritt als völlige Neukonzeption des Serviceprozesses zu verstehen, d.h., dass ein Soll-Blueprint zu erstellen ist. Dieser Vorschlag wird z.B. mit den beteiligten Mitarbeitenden verschiedener Abteilungen so lange diskutiert und verändert, bis alle Beteiligten vom Servicedesign überzeugt sind.

6.2 Gestaltung der Markenpolitik

6.2.1 Grundlagen und Begriffe der Markenpolitik

Die Markenpolitik gilt als das zentrale Element des Marketing und wird häufig auch als das „Herzstück" des Produkt- und Servicemanagements bezeichnet, da die Marke beim Konsumenten zum Synonym für die Leistungsfähigkeit eines Produktes wird. So sprechen 82 Prozent aller Konsumenten der Marke gleichbleibend gute Qualität zu und 67 Prozent der Verbraucher haben zur Marke ein größeres Vertrauen als zu anderen Angeboten. Dies korrespondiert mit der Aussage, dass 72 Prozent der Verbraucher der Überzeugung sind, Marken seien ihren Preis wert (*Lindenberg* 2004). Schaubild 6–9 zeigt die Bedeutung von Marken im Kaufentscheidungsprozess. Der Aufbau und die Pflege von Marken stellt demzufolge eine wichtige Aufgabe des Produkt- und Servicemanagements dar.

Hinsichtlich des **Begriffs** der Marke und damit in Verbindung stehender weiterer Begriffe (z.B. dem Markenartikel) findet sich in der Literatur eine große Anzahl unterschiedlicher Definitionen und Auffassungen. Im Folgen-

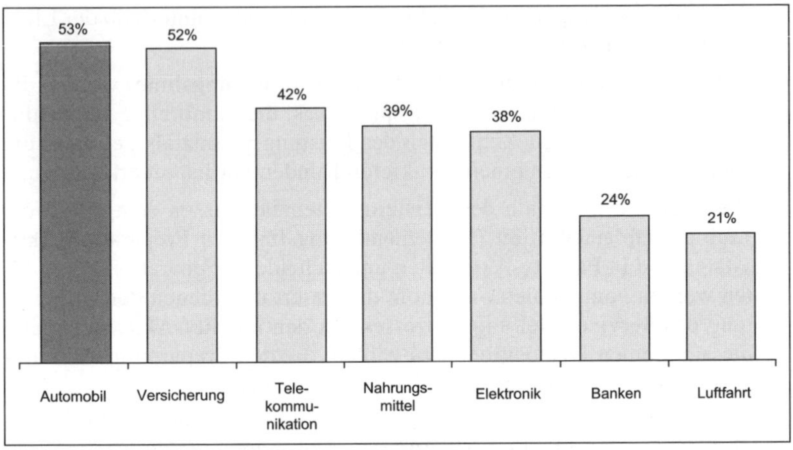

Schaubild 6–9: Bedeutung der Marke beim Kaufentscheidungsprozess im Branchenvergleich (BBDO Consulting 2004)

den wird zwischen markierten Leistungen und Marken unterschieden (*Bruhn* 2004b):

Als **markierte Leistungen** werden vereinfacht Produkte und Dienstleistungen betrachtet, die durch ein marken- und schutzfähiges Zeichen, eine unterscheidungskräftige Markierung aufweisen. Sie erfüllen jedoch nicht die Anforderungen an eine Marke. Um eine Leistung als „Marke" zu bezeichnen, müssen zusätzliche Anforderungen erfüllt sein.

Als **Marke** werden Leistungen bezeichnet, die neben einer unterscheidungsfähigen Markierung durch ein systematisches Absatzkonzept im Markt ein Qualitätsversprechen geben, das eine dauerhaft werthaltige, nutzenstiftende Wirkung erzielt und bei der relevanten Zielgruppe in der Erfüllung der Kundenerwartungen einen nachhaltigen Erfolg im Markt realisiert bzw. realisieren kann.

6.2.2 Erscheinungsformen der Marke

Neben den verschiedenen Definitionsansätzen der Marke gibt es in der Literatur eine Vielzahl von Klassifizierungsansätzen, mittels derer reale Erscheinungsformen von Marken mit Hilfe von typenbildenen Elementen bzw. Kriterien systematisiert werden. Dabei kommt insbesondere den im Folgenden dargestellten (messbar und zeitlich) stabilen Kriterien besondere Bedeutung zu. Schaubild 6–10 gibt Beispiele für die verschiedenen Erscheinungsformen von Marken.

Nach dem **Wirtschaftssektor** des markierenden Unternehmens bzw. des Inhabers einer Marke (Eigentum) lassen sich Marken in Konsumgüter-, Industriegüter- und Dienstleistungsmarken unterscheiden.

Nach dem Kriterium der **Zahl der unter einer Marke geführten Leistungen** erfolgt eine Unterscheidung in Einzel-, Familien- und Dachmarken. Das gesamte Produkt- bzw. Leistungsprogramm eines Unternehmens wird im Hinblick auf die Fragestellung betrachtet, ob einzelne, mehrere zusammengehörige Produkte oder gar das gesamte Produkt- bzw. Leistungsprogramm dieselbe Markierung tragen. Eine **Einzelmarke** (auch als Produktmarke, Monomarke oder „Individual Brand" bezeichnet) liegt vor, wenn lediglich für ein Produkt oder eine Leistung des Herstellers eine eigene Marke geschaffen und am Markt durchgesetzt wird. Die **Familienmarke** (auch als Produktgruppenmarke, Rangemarke oder „Product Line Name" bezeichnet) liegt vor, wenn eine bestimmte Produktgruppe (Produktlinie) die gleiche Markenbezeichnung trägt. Von einer **Dachmarke** (oder auch Company-Marke, Programm-Marke, „Corporate Brand Name") wird gesprochen, wenn sämtliche Produkte bzw. Leistungen eines Unternehmens unter einer einheitlichen Marke am Markt vertrieben werden (*Meffert/Bruhn* 1984, S. 17).

Des weiteren lässt sich als Kriterium die **geographische Reichweite** des Absatzraumes einer Marke zur Unterscheidung heranziehen. Nach diesem Kriterium können Marken in regionale, nationale, internationale und globale (Weltmarke) Marken unterschieden werden (z.B. *Kelz* 1989). **Regionale Marken** sind aufgrund ihres sehr eingeschränkten Absatzgebietes lediglich von lokal begrenzter Bedeutung. **Nationale Marken** hingegen sind innerhalb einer Staatsgrenze verbreitet. Als **internationale Marken** werden solche Marken bezeichnet, die über die Ländergrenzen hinaus verbreitet sind. Eine **Weltmarke** ist „[...] ein prägnantes, in seinem Erscheinungsbild weltweit weitgehend einheitliches Erzeugnis [...]" (*Kelz* 1989, S. 120f.), das weltweit u.a. eine hohe Wertschätzung und Verkehrsgeltung sowie einen hohen Marktanteil aufweist. Zu den bekanntesten weltweit erhältlichen Marken im Sinne von echten Globalmarken zählen neben *Coca-Cola* und

Markenarten		Konsumgütermarke	Industriegütermarke	Dienstleistungsmarke
Bezugsobjekt	Einzelmarke	Mon Chéri Red Bull	WAKAIR®II	Lufthansa-Party-Service T-Online
	Familienmarke	Nivea Maggi	Linoscan Unimog	IDEAL DRETOUR
	Dachmarke	BMW SWATCH	SIEMENS	HILTON Allianz
Reichweite der Marke	Regionale Marke	Basler Leckerli	Turbomach	Air Zermatt Frankfurter Oper
	Nationale Marke	Warsteiner Pils Tannenzäpfle Bier	Stahlgruber Küppersbusch	CinemaxX Deutscher Wetterdienst (DWD)
	Internationale Marke	Coca-Cola Kodak	ABB Würth	American Express UPS

Schaubild 6–10: Beispiele für verschiedene Typen von Marken (Bruhn 2004c, S. 146)

Marlboro u.a. *Nescafé*, *Pampers*, *Sony* und als Dienstleistungsmarke insbesondere *McDonald's*.

Nach der **institutionellen Stellung** des markierenden Unternehmens bzw. des Inhabers einer Marke (Eigentum) lassen sich Marken in Herstellermarken und Handelsmarken unterscheiden. Ist ein Herstellerunternehmen der Inhaber bzw. Träger dieses Schutzrechts, dann werden die mit seiner Marke versehenen Produkte oder Leistungen als **Herstellermarken** (genauer: Herstellermarkenwaren) bezeichnet. Ist der Träger bzw. Inhaber ein Handelsunternehmen oder ein Handelsverbund, so handelt es sich bei den mit ihrer Marke versehenen Produkten oder Leistungen um eine **Handelsmarke** (genauer: Handelsmarkenware). Die Entwicklung einer erfolgreichen Markenpolitik wird aufgrund des zunehmenden Wettbewerbs zwischen Hersteller- und Handelsmarken zu einer immer schwierigeren Herausforderung (*Esch* 2004) (Insert 6–3).

Seit vielen Jahren ist im deutschen Handel eine Zunahme des Marktanteils von **Handelsmarken** zu beobachten (Schaubild 6–11). Dieser Trend wird voraussichtlich auch in den nächsten Jahren anhalten (*Zentes/Morschett* 2004). Die *GfK* stellt zwar fest, dass ein Teil der deutschen Konsumenten sich auf dem Weg zurück zum Markenartikel befindet, der größere Teil der Konsumenten jedoch einen kontinuierlich steigenden Anteil seines Bedarfs mit Handelsmarken deckt. Diese Entwicklung wird darüber hinaus auch vom Wachstum der Discounter begünstigt, bei denen die Handelsmarkenumsatzanteile in der Regel sehr hoch sind (*Garber* 2003, S. 14f.).

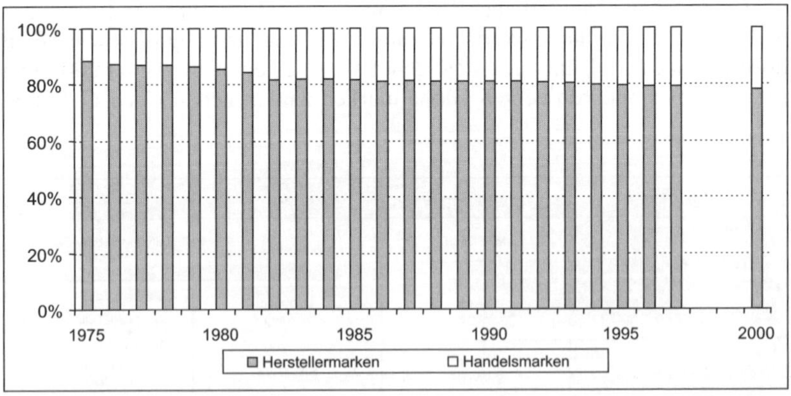

Schaubild 6–11: Marktanteilsentwicklung von Markenartikeln und Handelsmarken (GfK 1975–2000; Zentes/Morschett 2004)

Durch hohe Handelsmarkenanteile strebt der Handel u.a. **Spannenverbesserungen** an (*Goerdt* 1999, S. 88; *Whale* 2001, S. 7), da die Bruttomarge für Handelsmarken deutlich über der für Herstellermarken liegt. Vor dem Hintergrund der Realisierung von Economies of Scale und einer damit verbundenen Steigerung der Rentabilität von Eigenmarken ist bei einer zuneh-

Handelsmarken weiter auf dem Vormarsch – Weltweit entfallen rund 15 Prozent des Umsatzes im Konsumgüterbereich auf „Private Labels"

Die Handelsmarken lehren die traditionellen Markenartikler immer mehr das Fürchten. Produkte von Marken wie TCM, Salto, Today oder auch Ikea landen immer häufiger im Einkaufswagen, während die traditionellen Markenartikel zunehmend unter Druck geraten. Mittlerweile entfallen weltweit bereits rund 15 Prozent des Umsatzes bei Konsumgütern auf „Private Labels" – Tendenz steigend.

Vor allem in Osteuropa wächst der Umsatz mit Handelsmarken deutlich stärker als derjenige mit Herstellermarken. Wie das Marktforschungsunternehmen ACNielsen ermittelt hat, hat Europa mit einem Anteil von 22 Prozent am Umsatz des Lebensmitteleinzelhandels den weltweit höchsten Handelsmarkenanteil. In Deutschland liegt der Anteil sogar noch darüber, nämlich bei 33,4 Prozent. Vor allem die große Bedeutung, die Aldi hat, sorgt hierzulande für die überragende Stellung der Handelsmarke.

Schwerpunkt Discounter

Bei den schnelldrehenden Konsumgütern entfällt mehr als die Hälfte des Handelsmarkenumsatzes in Deutschland nach Erhebungen der Gesellschaft für Konsumforschung (GfK) auf den Discounter. Die Gründe für den Vormarsch der Handelsmarken liegen auf der Hand: Die anhaltend schlechte Konjunktur, nachlassende Markentreue der Konsumenten sowie die bessere Distribution der Handelsmarken – allein Aldi erreicht mit seinen rund 3800 Filialen rund 90 Prozent der Verbraucher – sorgen dafür, daß die Konsumenten Herstellermarken immer öfter verschmähen. Hinzu kommt: Es hat sich bei den Verbrauchern mehr und mehr die Meinung festgesetzt, Handelsmarken würden ohnehin von den Herstellern „richtiger" Markenprodukte produziert.

Eine Studie hat unlängst ergeben, daß 72 Prozent der Bundesbürger der Ansicht sind, Handelsmarken würden von namhaften Markenartiklern hergestellt.

Handelsmarken sind im Schnitt erheblich billiger als Herstellermarken – die Nielsen-Studie kommt auf einen durchschnittlichen Preisunterschied von 31 Prozent. Allerdings weichen die Werte verschiedener Länder erheblich voneinander ab. Während in Polen Handelsmarken nicht einmal halb so teuer sind wie Herstellermarken, beträgt der Preisunterschied in Hongkong lediglich 10 Prozent. In Deutschland spart der Verbraucher beim Kauf einer Handelsmarke im Schnitt 45 Prozent. Von den zehn Ländern mit den größten Preisunterschieden liegen sieben in Europa.

Private Labels

Die „Private Labels" nur mit Billigangeboten zu verbinden greift heute jedoch zu kurz. Handelsmarken sind mehr und mehr auf dem Weg heraus aus dem reinen Billigsegment, hinein in den Premium-Bereich. Die Marktforscher von Nielsen haben herausgefunden, daß das bis vor kurzem noch weitgehend unbekannte Phänomen der Premium-Handelsmarke rapide an Bedeutung gewinnt. Dadurch seien auch in solchen Warengruppen, die bisher für Handelsmarken unerreichbar schienen, immer mehr Produkte der „Private Labels" zu finden.

Wirft man einen Blick auf die weltweite Bedeutung der Handelsmarken in verschiedenen Warenkategorien, so nehmen Fertiggerichte mit einem Handelsmarkenanteil von 51 Prozent die Spitzenposition ein. Das größte Wachstum der Private Labels verzeichnen Trinkjoghurts und Sportgetränke. In 56 der 80 untersuchten Produktkategorien wuchsen die Handelsmarkenumsätze stärker als diejenigen der Herstellermarken. Die größten Preisunterschiede zwischen Handels- und Herstellermarke machten die Nielsen-Forscher bei Körperpflegeprodukten (45 Prozent) aus.

Insert 6–3: Wettbewerb zwischen Hersteller- und Handelsmarken (Frankfurter Allgemeine Zeitung, 13.10.2003, Nr. 237, S. 21)

menden Handelskonzentration ein weiter steigender Handelsmarkenanteil zu erwarten (*Dhar/Hoch* 1997, S. 212).

Die Verbreitung von Handelsmarken hängt in starkem Maß von der Warengruppe ab. So wurde beispielsweise gezeigt, dass bei Warengruppen, in denen **Vertrauen** von hoher Bedeutung ist, so z.B. Babynahrung, der Markenartikelanteil stabil geblieben ist (*Garber* 2003).

6.2.3 Funktionen der Marke

Die Motive für den aufwändigen Aufbau und die Pflege von Marken sind vielfältig und liegen in unterschiedlichen Funktionen der Marke begründet. Dabei ist es zweckmäßig, die Funktionen nach den Marktbeteiligten zu differenzieren. In Schaubild 6–12 sind die wichtigsten Funktionen von Marken aus Sicht der Anbieter, Absatzmittler und Nachfrager wiedergeben.

Anbieter	Absatzmittler	Nachfrager
– Renditefunktion, – Kommunikationsfunktion, – Profilierungsfunktion, – Imagefunktion, – Innovationsfunktion, – Absatzförderungsfunktion, – Stabilisierungsfunktion, – Innovationsfunktion, – Schutzfunktion u.a.m.	– Risikominderungsfunktion, – Renditefunktion, – Vorverkaufsfunktion, – Entlastungsfunktion im eigenen Marketingmix, – Profilierungsfunktion, – Stabilisierungsfunktion u.a.m.	– Orientierungsfunktion, – Informationsfunktion, – Identifikationsfunktion, – Vertrauensfunktion, – Entlastungsfunktion, – Qualitätssicherungsfunktion, – Risikominderung, – Angebotsindividualisierung, – Prestigefunktion u.a.m.

Schaubild 6–12: Funktionen von Marken

(1) Funktionen der Marke aus Anbietersicht

Die wichtigste Funktion einer Marke für Anbieter von Konsumgüter-, Industriegüter- und Dienstleistungsmarken ist die **Renditefunktion**, d.h. die Investition in die Markenführung, um über einen höheren Preis im Vergleich zu den Wettbewerbern höhere Gewinne zu erwirtschaften. Neben der Renditefunktion erfüllt die Marke eine **Kommunikationsfunktion**. Die Marke als Informationsmittel mit ihrer „direkten" Verbindung zum Endabnehmer der Produkte oder Leistungen nimmt dabei die Rolle einer so genannten „Kommunikationskonstanten" ein (*Hansen/Leitherer* 1984, S. 105).

Hiermit verbunden sind weitere Funktionen: Damit Leistungen überhaupt wahrgenommen und die mit Marken verbundenen Marktchancen genutzt werden, ist mit Hilfe der Marke eine Markenbekanntheit im Markt aufzubauen (**Awareness-Funktion**). Diese dient als Anker für das spezifische Markenimage und stellt eine wesentliche Voraussetzung für den Markterfolg der Marke dar. Hinsichtlich des Images geht es darum, der Zielgruppe ein prägnantes Bild der Marke zu vermitteln (**Imagefunktion**), das dazu geeignet ist, die eigenen Leistungen von denen der Konkurrenz abzugrenzen (**Profilierungsfunktion**). Die Profilierungsfunktion der Markenprodukte gegenüber Konkurrenzmarken lässt sich ebenso auf das gesamte Unternehmen beziehen, so dass der Markenartikel als Instrument zum Aufbau eines Firmenimages einsetzbar ist.

Auf Seiten des Konsumenten führen die beschriebenen Funktionen zu Markenpräferenz und im besten Fall zu Markentreue. Starke Marken lösen auf diese Weise einen Nachfragesog im Handel aus (**Absatzförderungsfunkti-**

on) und stellen zudem hohe Gewinnspannen für die Handelsunternehmen in Aussicht. Die daraus für den Hersteller resultierende verbesserte Verhandlungsposition verringert bei der Zusammenarbeit mit dem Handel beispielsweise die Gefahr des Auslistens (**verbesserte Verhandlungsposition im Rahmen der Hersteller-Handels-Beziehung**; *Bruhn* 1994, S. 22). Prinzipiell ermöglicht die Marke dem Hersteller eine weitgehende „Emanzipation" vom Handel, indem ein direkter Kontakt zwischen Hersteller und Konsument hergestellt sowie der Waren- und Kommunikationsfluss in sämtlichen Absatzkanälen kontrolliert wird.

Gleichzeitig weist die geringere Anfälligkeit des Markenartikels für Marktschwankungen für den Hersteller eine stabilisierende Wirkung im Rahmen langfristiger Absatzpläne auf und garantiert folglich eine erhöhte Absatzsicherheit (**Stabilisierungsfunktion**; *Bruhn* 1994, S. 21).

Mit dem Angebot von Marken ist zugleich eine **Innovationsfunktion** verbunden: Zum einen erfordert das Angebot erfolgreicher Marken laufend Innovationen, zum anderen ermöglicht die Marke den Schutz vor missbräuchlicher Nachahmung oder Fälschung durch einen Wettbewerber, sofern er den Bestimmungen des Markengesetzes genügt (**Schutzfunktion**).

(2) Funktionen der Marke aus Absatzmittlersicht

Auch die **Absatzmittler** (z.B. Handel, Versicherungsmakler, Reisebüros, Intermediäre) nutzen die Marke des Anbieters zu ihrer eigenen Profilierung. Marken sind für Absatzmittler des Weiteren von Vorteil, da die gegenüber anonymer Ware vergleichsweise klaren Vorstellungen, die die Konsumenten von Qualität und Preis einer Marke aufweisen, zu einer hohen Selbstverkäuflichkeit dieser Produkte beitragen (**Vorverkaufsfunktion**) und das Absatzrisiko vermindern (**Risikominderungsfunktion**).

Die gegenüber anonymer Ware **verminderte Beanspruchung** des Verkaufspersonals und weiterer handelsspezifischer Marketinginstrumente, ein **schneller Produktumschlag** sowie in der Regel hohe Handelsspannen führen zu einer Gewinngarantie für das Handelsunternehmen (**Renditefunktion**). Dies ist insbesondere dann der Fall, wenn der Hersteller dem Handel einen derart hohen Endverbraucherpreis vorschlägt, dass auch weniger leistungsfähige Absatzmittler gute Deckungsspannen erwirtschaften (*Dichtl* 1992b, S. 21).

(3) Funktionen der Marke aus Nachfragersicht

Marken haben für Nachfrager in erster Linie eine **Orientierungsfunktion** und stellen damit eine Entscheidungshilfe beim Einkauf dar. Sie erlauben ihnen, sich über die Waren- und Leistungsvielfalt Transparenz zu verschaffen sowie Unterschiede zu erkennen, und zwar im Sinne eines so genannten „Information Chunking" (*Kroeber-Riel/Weinberg* 2003), d.h. einer Blockbildung von Informationen (**Informationsfunktion**).

Marken ermöglichen darüber hinaus, spezifische Produkte, Services bzw. Problemlösungen und ihre Unterschiede nicht nur zu identifizieren, sondern sie vor allem auch wiedererkennbar zu machen (**Identifikationsfunktion**). So werden Wiederkaufabsichten und Markentreue initiiert. Kaufentscheidungsprozesse werden dabei durch das „Evoked Set" gesteuert, das diejenigen Markenalternativen widerspiegelt, die von vornherein in die engere Wahl einer Kaufentscheidung gelangen (*Bruhn* 1994, S. 23). Marken schaffen zudem die Voraussetzung dafür, **Leistungsangebote zu individualisieren**.

Ferner erfüllen Marken auch eine **Entlastungsfunktion**. Kunden, die im Rahmen vorangegangener Kaufakte mit einer Marke zufrieden waren, neigen dazu, in der Wiederkaufsituation die gleiche Marke zu wählen. Auf diese Weise erfährt der Kunde eine erhebliche Beschleunigung und Vereinfachung des Kaufentscheidungsprozesses (*Bruhn* 1994, S. 23).

In diesem Zusammenhang kommt häufig auch die **Vertrauensfunktion** von Marken zum Tragen. Markenartikeln wird aufgrund ihrer Images und ihrer Bekanntheit Vertrauen entgegengebracht, denn sie bürgen für eine bestimmte Produkt- bzw. Leistungsqualität (**Qualitätssicherungsfunktion**). Gleichzeitig **reduzieren Marken das Risiko einer möglichen Fehlentscheidung**, indem sie häufig die Sicherheit der Produktnutzung bzw. Leistungsinanspruchnahme – bezogen auf die einzelnen Phasen des Lebenszyklus – garantieren (*Meffert/Burmann/Koers* 2002, S. 9f.).

Schließlich erfüllen Marken die Funktion, Produkte und Leistungen in der Wahrnehmung der Konsumenten klar zu positionieren, ihnen in konkreten Merkmalsräumen des Marktes einen schlüssigen, möglichst eigenständigen Platz zuzuweisen, der für die Konsumenten als komparativer Konkurrenzvorteil erkennbar ist. Die Nachfrager nutzen dann Marken – mit aus ihrer Sicht attraktivem Image – nicht nur zur funktionalen Bedürfnisbefriedigung, sondern auch als Ausdruck ihrer Persönlichkeit (**Prestigefunktion**; *Meffert/Burmann/Koers* 2002, S. 11).

6.2.4 Ziele der Markenpolitik

Marken erfüllen erkennbar unterschiedliche Funktionen, die bei der markenstrategischen Ausrichtung des Unternehmens zu berücksichtigen sind. Um die mit der Markenpolitik zusammenhängenden Entscheidungen treffen und die einzelnen Maßnahmen durchführen zu können, ist es notwendig, sich mit den markenpolitischen Zielen auseinanderzusetzen, die sich u.a. aus den Funktionen von Marken ableiten lassen. Die folgenden globalen, ökonomischen und psychologischen Zielgrößen der Markenpolitik lassen sich wie folgt differenzieren:

(1) Globale Ziele der Markenpolitik
- Schaffung von Wettbewerbsvorteilen,
- Steigerung des Markenwerts,
- Erhöhung der Kundenzufriedenheit,
- Aufbau von Markentreue bzw. Kundenbindung.

(2) Ökonomische Ziele der Markenpolitik
- Steigerung von Absatz, Umsatz, Gewinn,
- Schaffung eines preispolitischen Spielraums,
- Erzielung einer absatzfördernden Wirkung,
- Möglichkeit der differenzierten Marktbearbeitung.

(3) Psychologische Ziele der Markenpolitik

- Verbesserung der Markenbekanntheit und des Markenimages,
- Schaffung von Präferenzen,
- Schaffung von Identifikationspotenzialen bei den Marktteilnehmern.

Die **ökonomische Bedeutung der Marke** lässt sich etwa mit dem Anteil des Markenwerts am gesamten Unternehmenswert zum Ausdruck bringen. Allerdings differiert der Wert je nach Branche. Während in Industriegütermärkten Marken ca. 18 Prozent des Unternehmenswertes repräsentieren, machen in Konsumgütermärkten Marken durchschnittlich 56 Prozent des Unternehmenswertes aus (*Sattler* 2001; *Esser/Schmidt* 2004, S. 38; Schaubild 6–13).

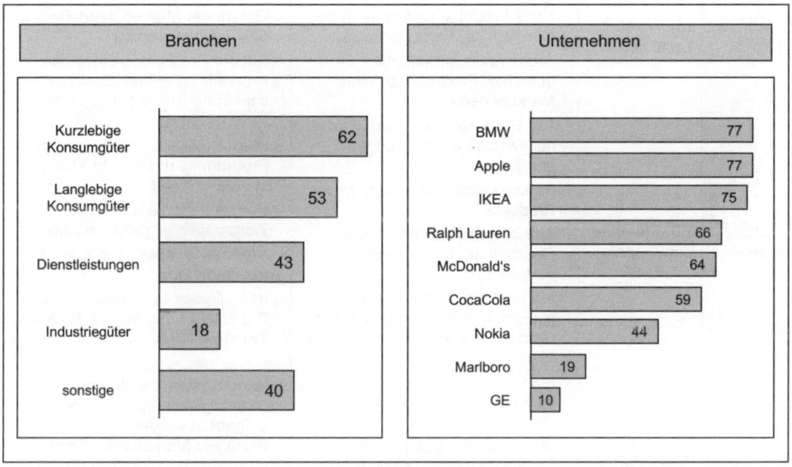

Schaubild 6–13: Ökonomische Bedeutung des Markenwertes (Angaben in Prozent des Unternehmenswertes) (Sattler 2001)

6.2.5 Erscheinungsformen von Markenstrategien

Folgende grundlegende Markenstrategien sind voneinander abzugrenzen (*Meffert* 2000, S. 856ff.; *Meffert/Burmann/Koers* 2002; Schaubild 6–14):

- Einzelmarkenstrategie,
- Markenfamilienstrategie,
- Dachmarkenstrategie,
- Mehrmarkenstrategie,
- Markentransfer,
- Co-Branding.

Einzelmarkenstrategien zielen darauf ab, für einzelne Leistungen unterschiedliche Marken zu entwickeln und im Markt durchzusetzen. Die Konsumenten sind häufig nicht in der Lage zu erkennen, dass unterschiedliche

Strategie	Beispiele	Vorteile	Nachteile
Einzel-marke	z.B. Ariel, Punica, Oil of Olaz, Ellen Betrix, Pampers und Bounty von Procter & Gamble	– Klare („spitze") Profilierung eines Produktes möglich – Konzentration auf eine definierte Zielgruppe – Wahl einer spezifischen Positionierung gegeben – Gute Darstellungsmöglichkeiten des Innovationscharakters eines neuen Produktes – Vermeidung eines Badwill-Transfereffektes bei Misserfolg des Produktes auf andere Produkte	– Produkt hat den gesamten Aufwand (Markenbudget) alleine zu tragen – Voraussetzung ist ein tragfähiges Marktvolumen – Bei immer kürzeren Produktlebenszyklen Gefahr, dass der Break-Even-Punkt nicht mehr erreicht wird – Durch Strukturwandel von Märkten kann die Überlebens-fähigkeit produktspezifischer Marken gefährdet sein
Marken-familie	z.B. Nivea, Tesa, Ricola	– Mehrere Produkte tragen das erforderliche Markenbudget – Neue Produkte partizipieren am Goodwill der Familienmarke – Jedes neue „philosophie-gerechte" Produkt stärkt das Markenimage	– „Markenkern" begrenzt die Innovationsmöglichkeiten – Gefahr der Markenüberdehnung bzw. -verwässerung – Bei der Profilierung einzelner Produkte ist auf die Basisposi-tionierung Rücksicht zu nehmen
Dach-marke	z.B. Siemens, Sony, Apple	– Alle Produkte tragen das notwendige Markenbudget gemeinsam – Relativ leichte Einführung neuer Produkte – Jedes neue Produkt kann am Goodwill der Dachmarke partizipieren – Kurze Produktlebenszyklen bei einzelnen Produkten gefährden nicht die gesamte Ökonomie der Marke	– Klare Profilierung eines ganzen Programms unter einer Marke ist stark erschwert – Konzentration auf einzelne Zielgruppen ist nicht möglich – allgemeine, eher unspezifische Positionierung – Im Falle des Scheiterns eines Produktes ergeben sich Badwill-Transfereffekte
Mehr-marke	z.B. Marlboro, Philip Morris und Chesterfield von Philip Morris	– Markenwechselnde Kunden können dem Unternehmen erhalten bleiben – Marktausschöpfungs- und Marketingsynergiepotenziale – Hohe Markteintrittsbarrieren für Wettbewerber – Reduktion des Marktrisikos und höhere Aktionsflexibilität – Breitere Marktabdeckung durch differenzierte Positionierung	– Hohe Kosten, da für jede Leistung eine eigene Marke aufgebaut werden muss (Parallele Marktbearbeitung) – Kannibalisierungseffekte durch gegenseitige Marktanteilssubstitution – Gefahr der Übersegmentierung – Suboptimale Verwendung personeller und finanzieller Ressourcen
Marken-transfer	z.B. Camel Reisen, Camel Kleidung, Swatch, Benetton	– Mehrere Produkte tragen das Markenbudget – Reduzierung des Floprisikos durch den Einsatz einer etablierten Marke	– Negative Einstellungsänderung des Kunden gegenüber der Marke, falls das Transferprodukt den „Mindestqualitätsstandard" nicht erfüllt – Tragfähigkeit der Marke kann überstrapaziert werden
Co-Branding	z.B. Smarties und Coppenrath & Wiese, Baedeckers Allianz-Reiseführer	– Zusätzliche Umsatzpotenziale – Bearbeitung von Märkten, die für einen Markentransfer zu weit entfernt sind – Kostenvorteile und Reduzierung der notwendigen Investitionen – Transfer von positiven Eigenschaften	– Ablehnung aufgrund von Dissonanzen durch einen fehlenden Fit – Markenverwässerung, Markenerosion – Negative Spill-Over-Effekte durch Skandale und Imageprobleme der Partnermarke

Schaubild 6–14: Überblick über die Erscheinungsformen von Markenstrategien

Marken von einem einzigen Anbieter stammen (z.B. *Punika* und *Pampers* von *Procter & Gamble*).

Markenfamilienstrategien stellen eine einheitliche Markenbezeichnung in den Vordergrund einer Produktgruppe, unter der dann verschiedene einzelne Leistungen angeboten werden. Die einzelnen Leistungen profitieren vom Image der gesamten Markenfamilie. Vor allem im Bereich der Körperpflege und Kosmetik ist diese Markenstrategie häufig zu beobachten (z.B. *Nivea*, *Dove*, *Bebé Young Care*).

Dachmarkenstrategien verbinden den Firmennamen mit sämtlichen Leistungen eines Unternehmens (Firmenmarke). Der Unternehmensname gilt als Dachmarke, selbst wenn sehr unterschiedliche Leistungsangebote vorliegen (z.B. *Siemens*, *Sony*, *Philips*). Damit sind nicht nur positive, sondern auch negative Ausstrahlungseffekte von einzelnen Geschäftsbereichen auf das Firmenimage möglich. Insbesondere in Dienstleistungsbranchen ist diese Markenstrategie sehr weit verbreitet. Ein Beispiel der Dachmarkenstrategie im Konsumgüterbereich ist die Marke *Heinz*, die unter diesem Markennamen sowohl Suppen als auch Mayonnaise und Ketchup sowie Baked Beans anbietet (*Brassington/Pettitt* 2000, S. 285).

Bei der **Mehrmarkenstrategie** werden mehrere Marken in einem speziellen Leistungsbereich eingeführt, die nicht jeweils ein spezielles, klar abgegrenztes Segment ansprechen. Vielmehr sind mehrere Marken parallel auf den Massenmarkt ausgerichtet. Die Mehrmarkenstrategie ist vor allem in stark gesättigten Märkten, wie z.B. Waschmittel- und Zigarettenmarkt, stark verbreitet. Ziel ist es, eine bessere Marktausschöpfung zu erreichen. Diese Strategie ist mit einem hohen Aufwand verbunden, da sämtliche Marken selbständig zu vermarkten sind. Einer besseren Marktausschöpfung steht allerdings die Gefahr der Substitution innerhalb des eigenen Programms (Kannibalisierungseffekt) gegenüber. Negative Ausstrahlungseffekte, z.B. ausgelöst durch „Flops“, lassen sich jedoch vermeiden. In den letzten zehn Jahren war auch in der **Automobilindustrie** eine Dominanz der Mehrmarkenstrategie zu beobachten, die durch die Übernahme von Konkurrenzmarken realisiert wurde (Schaubild 6–15). Insert 6–4 zeigt, dass diese Mehrmarkenstrategie einer Markenfokussierung nicht unbedingt überlegen ist.

Beim **Markentransfer** werden Markenimage und Bekanntheitsgrad bereits eingeführter Marken von den bestehenden Angeboten auf andere Angebotskategorien ausgedehnt (*Meffert/Heinemann* 1990; *Sattler* 1998). Ein etabliertes Markenzeichen wird dazu auf andere Angebotskategorien übertragen. Ausgangspunkt ist die Überlegung, bereits für eine Marke bestehende Präferenzen auch für weitere Leistungen nutzbar zu machen (z.B. Übertragung der Marke *Odol* vom Mundwasser auf Kaugummis). Das Markenimage lässt sich auch auf Produkte völlig anderer Leistungsbereiche übertragen (z.B. Übertragung der Marke *Marlboro* von Zigaretten auf Reisen oder *Camel* auf Kleidung), um neue Märkte schneller zu erschließen.

Das **Co-Branding** gewinnt insbesondere im Hinblick auf strategische Allianzen und Kooperationen an Bedeutung. Rein formal kennzeichnet beim

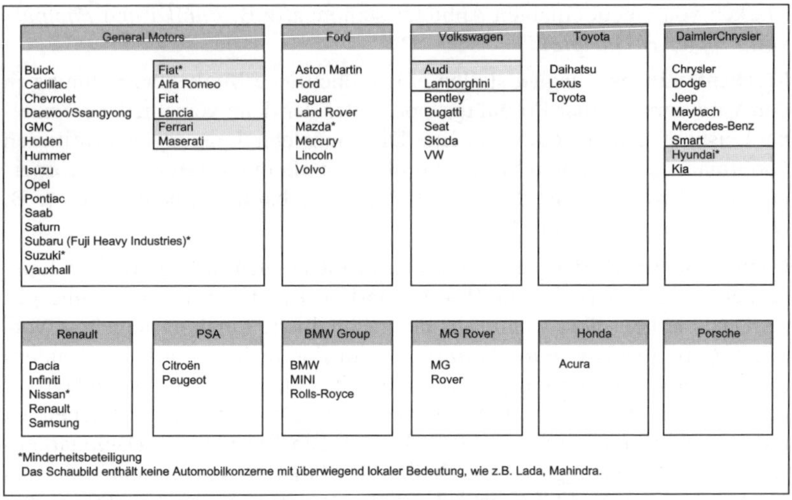

Schaubild 6–15: Mehrmarkenkonzerne als vorherrschende Unternehmensstruktur in der Automobilindustrie (In Anlehnung an Wright Curtis 2003, S. 5)

Co-Branding ein Anbieter ein bereits mit einer unternehmenseigenen Marke versehenes Leistungsbündel mit einem zusätzlichen Markenzeichen, wobei sich die Rechte an diesem im Besitz einer anderen Organisation befindet (*Ohlwein/Schiele* 1994, S. 577). So versieht beispielsweise *VISA* Kreditkarten u.a. mit der Dienstleistungsmarke *ADAC* und das Logo der *Allianz Versicherungs AG* ist auf *Baedeckers Allianz* Reiseführern zu finden. Als zentrales Ziel einer Co-Branding-Strategie kann das Bemühen gelten, im Wege der Übertragung eines Markenzeichens einen Goodwill- bzw. Imagetransfer zu initiieren. Das Unternehmen, in dessen Besitz sich das Schutzrecht an der übertragenen Marke befindet, möchte mit einem Co-Branding-Engagement den Bekanntheitsgrad der in die Partnerschaft eingebrachten Marke erhöhen. Als zentrale Voraussetzung für den langfristigen Erfolg eines derartigen Engagements ist die systematische Auswahl des Partners zu nennen. Insbesondere die Kompatibilität der Images jener Marken, die zusammengeführt werden sollen, bedarf einer eingehenden Überprüfung. Schaubild 6–16 zeigt ein Co-Branding mit gleichberechtigtem Auftreten mehrerer Logos, wie z.B. in der gemeinsamen Anzeige von *Siebel* und *IBM* oder dem Mailing von *IBM* als Co-Branding mit *SAP*.

Autokonzerne mit wenigen Marken sind die Gewinner

„Fokussierte" Hersteller verdienen deutlich mehr als breit aufgestellte Unternehmen

kön. FRANKFURT, 5. September. Automobilunternehmen, die sich auf wenige Marken konzentrieren, haben sich in den vergangenen Jahren bei Absatz und Ertragskraft besser entwickelt als breit aufgestellte Hersteller. Während fokussierte Konzerne in den Jahren 1998 bis 2003 ihre Produktion deutlich um durchschnittlich 37 Prozent ausgeweitet hatten, mußten die Voll-Anbieter in diesem Zeitraum einen leichten Rückgang hinnehmen. In der Umsatzrendite zeigt sich ebenso eine Diskrepanz: Unternehmen wie Honda und Toyota erzielten im Durchschnitt 7,7 beziehungsweise 7,6 Prozent, General Motors hingegen nur 1,2 Prozent. Dies ist das Ergebnis einer Studie von Willi Diez vom Institut für Automobilwirtschaft (IFA).

„In der Vergangenheit haben Full-Line-Konzerne ihre Größe offensichtlich nicht in gleicher Weise in Wachstum und Profitabilität umsetzen können wie die fokussierten Unternehmen", sagt Diez. Er definiert Hersteller als „strategisch fokussiert", die sich auf eine oder auf maximal drei Marken konzentrieren wie Toyota mit der Luxuswagen-Marke Lexus, BMW mit Rolls-Royce und Mini oder Renault mit Nissan. Die Studie kommt in einer Zeit, in der angesichts der schwachen Nachfrage das Überangebot auf den Auto-

mobilmärkten offensichtlich und mehr denn je den Abbau von Kapazitäten notwendig macht. In der vergangenen Wochen haben mehrere Hersteller in Europa und in den Vereinigten Staaten Produktionskürzungen angekündigt, da sie in den nächsten Monaten entgegen der ursprünglichen Erwartung nicht mit einer steigenden Nachfrage rechnen.

Der als Automobilexperte in der Branche anerkannte Professor der Fachhochschule Nürtingen nennt mehrere Faktoren, die zu der unterschiedlichen Entwicklung führen. Erstens würden die erhofften Synergie-Effekte – die durch höhere Produktionsvolumen realisierbaren Kostenvorteile – überschätzt. In der Industrie gelte ein Kostensenkungspotential von 2,3 Prozent bei einer Verdoppelung der Absatzmenge als Durchschnitt. In Mehrmarken-Konzernen mit einem Angebot im Premium-, Nischen- und Massensegment falle dieser Effekt geringer aus als bei den stärker fokussierten Herstellern. Denn der positive Einfluß aus vereinheitlichten Komponenten, Aggregaten (Getriebe, Motoren) oder kompletten Plattformen sei begrenzt.

Hinzu käme, daß wegen der rückläufigen Fertigungstiefe und der Verlagerung von Arbeiten nach außen ein großer Teil der Synergien bei den Zulieferern anfallen würde. Die Synergieeffekte durch zusammengefaßte Produktionsumfänge kämen also vielmehr kleineren Herstellern zugute.

Zweitens wird der Unternehmenserfolg mehr durch eine höhere Durchdringung und bessere Erschließung der Märkte erreicht als durch Synergien. Fokussierte Hersteller würden ihre Märkte besser ausschöpfen. Diez nennt BMW als Beispiel, die in relativ kurzer Zeit den Markt im Premiumsegment in Asien ausgebaut hätten. Drittens sei die Komplexität bei einem umfassenden Markenangebot mit zusätzlichem Planungs-, Abstimmungs- und Umsetzungsaufwand verbunden, was gegen einen beschleunigten und vereinfachten Entscheidungsprozeß spreche.

Diez betont aber auch, daß die Mehrmarken-Konzepte nicht grundsätzlich unterlegen sein müssen. Unternehmen mit einem breiten Angebot hätten den Vorteil mehrerer strategischer Optionen, um die Profitabilität zu erhöhen. So könnten sie über Premiumautos die durchschnittliche Wertschöpfung je Fahrzeug erhöhen und das Markenimage verbessern, dabei gleichzeitig Kostenvorteile über die Volumenmarken erzielen. Schließlich würde ja auch Toyota dazu übergehen, den derzeit zwei Marken eine dritte mit dem Namen „Scion" in Nordamerika hinzuzufügen, um sich in zunehmend differenzierten Märkten zu etablieren. Umgekehrt müsse General Motors darüber nachdenken, ob nicht eine weitere Markenbereinigung sinnvoll sei.

Der Erfolg des jeweiligen Geschäftsmodells hänge vor allem von der konsequenten Umsetzung ab, die Unternehmensorganisation an die strategischen und operativen Aufgaben anzupassen. Daher, so Diez, sei es unwahrscheinlich, daß sich nur ein Modell langfristig durchsetze. Vielmehr gebe es Anzeichen, daß beide Strategien angesichts der durchgeführten und noch zu erwartenden Marktbereinigungen aufeinander zugingen.

Insert 6–4: Mehrmarken- versus Markenfokussierungsstrategie von Autokonzernen (Frankfurter Allgemeine Zeitung, 06.09.2005, S. 16)

Schaubild 6–16: Co-Branding von IBM in einer Anzeige mit Siebel (links) und einem Mailing mit SAP (rechts) (Peters et al. 2004, S. 2129)

6.2.6 Planungsprozess der Markenpolitik

Grundsätzliche Entscheidungen bezüglich der markenstrategischen Optionen sind unter Berücksichtigung einer gegebenen Entscheidungssituation (Unternehmens-, Markt- und Umweltsituation) und im Hinblick auf die angestrebten Ziele (Unternehmens-, Marketing- und Markenziele) zu bewerten. Aufgabe der strategischen Markenpolitik ist es dabei, in einem dynamischen Prozess die Aufgaben der einzelnen Marken eines Unternehmens zu definieren. Einen Überblick über die Phasen eines solchen Planungsprozesses gibt Schaubild 6–17.

Aufbauend auf der Situationsanalyse und der Festlegung der markenpolitischen Ziele sind im Zuge der **Markenpositionierung** Aussagen über die Kunden (Marktsegmente, Zielgruppen), deren Bedürfnisse (Probleme, Wünsche, Zufriedenheit), die Konkurrenz (angestrebte Vorteilsstellung) und das jeweilige Leistungsangebot (Problemlösung) zu treffen. Dabei gilt es, die relevanten Bedürfnisse einer bestimmten, ausreichend großen Kundengruppe mit einem maßgeschneiderten Angebot in der subjektiven Wahrnehmung der Kunden dauerhaft besser als die Wettbewerber zufrieden zu stellen bzw. zu lösen (*Tomczak/Ludwig* 1998, S. 54). An die Entscheidung der Markenpositionierung schließt sich die Wahl der **Markenstrategie** an.

Diese Basisentscheidungen liefern die Leitidee für die Markengestaltung. Aufgabe der **Markengestaltung**, d.h. der zielgerichteten Beeinflussung ein-

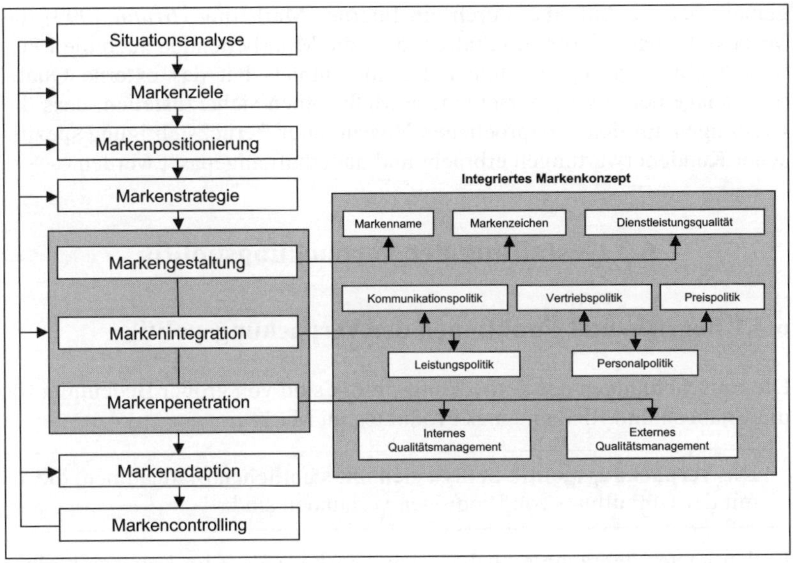

Schaubild 6–17: Planungsprozess der Markenpolitik (In Anlehnung an Meffert 1992, S. 132)

zelner Markenbestandteile, ist es, den richtigen Mix aus im Zeitablauf konstanten und zu verändernden Markenkomponenten zu bestimmen. Neben der Markenphilosophie, für die nur ein sehr geringer **Gestaltungsspielraum** vorliegt und größerer Anpassungsbedarf zweckmäßiger durch die Etablierung einer neuen Marke vorgenommen wird, ist der Anpassungsspielraum auch beim Markennamen, der kulturellen und geografischen Verankerung und bei der Markenhistorie sehr begrenzt. Gleiches gilt für den Markteintrittszeitpunkt und die Branchen- sowie Unternehmenszugehörigkeit. Hinsichtlich der technisch-qualitativen Konzeption und der Preisstellung der Markenprodukte sowie hinsichtlich des Verhaltens der die Marke repräsentierenden Mitarbeiter besteht hingegen größerer Gestaltungsspielraum. Insbesondere aber die Markenkommunikation und die Gestaltung von Markenzeichen und -symbolen zur Anpassung an veränderte Wettbewerbssituationen und Konsumentenbedürfnisse weisen einen umfangreichen Anpassungsspielraum auf.

Im Rahmen der **Markenintegration** findet eine Abstimmung aller Marketingmaßnahmen auf die Markenpositionierung als strategischen Kern der Marke statt. So sind beispielsweise der hohe Preis der *Davidoff*-Zigarette und der Niedrigpreis der *Swatch*-Uhr unabdingbarer Bestandteil der Marke.

Die Phase der **Markenpenetration** ist durch einen kontinuierlichen Markenauftritt im Zeitablauf gekennzeichnet. Dabei ist die Sicherstellung einer gleich bleibenden Leistungsqualität von hoher Bedeutung. Im Rahmen der Markenpenetration ist daher durch ein internes und externes Qualitätsmanagement das Leistungsniveau sicherzustellen. Das interne Qualitätsmanagement hat die Aufgabe, durch ein Internes Marketing (*Bruhn* 1999) die Voraussetzungen dafür zu schaffen, dass die Mitarbeitenden auch die Leistungsqualität erbringen können. Darüber hinaus hat das externe Qualitätsmanagement durch verschiedene Maßnahmen sicherzustellen, dass die Leistungen auf dem versprochenen Niveau unter Berücksichtigung spezifischer Kundenerwartungen erbracht und dauerhaft angepasst werden.

6.3 Gestaltung der Verpackungspolitik

6.3.1 Begriffe und Funktionen der Verpackungspolitik

Die Entscheidungen der Verpackungspolitik sind von großer Bedeutung für die Chancen und Risiken eines Produktes im Markt.

> Die **Verpackungspolitik** befasst sich mit sämtlichen Maßnahmen, die mit der Umhüllung von Produkten verbunden sind.

In den letzten Jahrzehnten haben sich – insbesondere im Lebensmittelbereich – die **Funktionen der Verpackung** erheblich gewandelt. Schaubild 6–18 zeigt die zeitliche Entwicklung der Verpackungsfunktionen (*Hansen/Hennig-Thurau/Schrader* 2001, S. 180ff.; *Koppelmann* 2001, S. 507f.).

Funktionen / Entwicklungsstufen	Schutz bei Transport und vor Verderb	Dimensionierung für den Verkauf	Markierung gleich bleibender Qualität	Selbstpräsentation am Verkaufsort	Ge- und Verbrauchserleichterung	Träger einer Kommunikationsbotschaft
Verpackung als Schutz bei Transport und Lagerung	X					
Verpackung als Verkaufseinheit	X	X				
Verpackung als Qualitätsbestandteil	X	X	X			
Verpackung als Medium der Verkaufsförderung	X	X	X	X		
Verpackung als Kaufargument	X	X	X	X	X	
Verpackung mit einer kommunikativen Funktion	X	X	X	X	X	X

Schaubild 6–18: Entwicklungsstufen und Funktionen der Verpackung (In Anlehnung an Hansen/Leitherer 1984)

(1) Schutz und Sicherung der Produkte beim Transport und der Lagerung

Zu der Zeit, als der Begriff der Verpackungspolitik noch weitgehend unbekannt war, stand die Schutzfunktion von Verpackungen im Vordergrund. Durch die Verpackung war das Packgut vor Verderb durch klimatische, biologische oder Lichteinflüsse sowie mechanische Beanspruchung durch Druck und Stoß zu schützen und die Qualität des abgepackten Gutes zu sichern. Daneben steht heute immer mehr im Fokus, die Umwelt und den

Verbraucher vor Schäden durch unsachgemäßen Ge- und Verbrauch zu schützen. Der erforderliche Schutz ist weitgehend von den Produkteigenschaften abhängig.

(2) Dimensionierung für den Verkaufsvorgang

Die Verpackung erfordert in der Regel eine Dimensionierung des Produktes, die das Angebot einheitlicher Verkaufsmengen im Hinblick auf Gewicht, Anzahl u.a. ermöglicht (z.B. Verpackung mit zwölf oder mit sechs Eiern).

(3) Markierung gleichbleibender Qualität

Durch die Verpackung ist auch eine optimale Produktqualität sicherzustellen. Der Qualitätsaspekt umfasst zudem die Vermittlung intendierter Qualitätsvorstellungen. Unter dem Verkaufsaspekt ist die optimale Präsentation der Produkte im Regal zu berücksichtigen und die Förderung des Abverkaufs im Handel z.B. durch Displaymaterial, Regalstopper usw. zu ermöglichen.

(4) Selbstpräsentation und Verkaufsförderung am Verkaufsort

Je nach Geschäftstyp sind heute zwischen 2.000 und 40.000 Produkte in den Regalen des Handels zu finden. Die Verpackung hat dabei durch Form, Darbietung und Farbe am Point of Sale einen Kaufanreiz zu schaffen, wozu ihr in der Regel nur Bruchteile von Sekunden verbleiben. Darüber hinaus ist die Wiedererkennung der Verpackung zu gewährleisten, da sich selbst ein geplanter Einkauf für den Konsumenten angenehmer und einfacher gestaltet, wenn die gesuchte Marke aufgrund ihrer Verpackung leicht aufzufinden ist.

(5) Ge- und Verbrauchserleichterung beim Konsum

Die Verwendungsfunktion einer Verpackung hat die Aufgabe, den Ge- und Verbrauch eines Versorgungsobjektes zu erleichtern oder überhaupt zu ermöglichen. Im Rahmen dieser Funktion sind Aspekte wie das bequeme Öffnen, die Wiederverschließbarkeit, Portionierbarkeit und Bruchfestigkeit zu nennen. Insbesondere aktuelle Trends im Konsumentenverhalten, die das Angebot von Fertigmenüs, Mikrowellenprodukten und Tiefkühlkost vergrößern, verlangen von kreativen Verpackungen Bedienungserleichterungen und einfache Handhabungshinweise.

Beispiel: Gebrauchserleichterung als Erfolgsfaktor

Die Firma *Henkel* hat es erst nach mehreren vergeblichen Anläufen geschafft, erfolgreich eine Zahncreme (*Theramed*) gegen die schon fest etablierten Konkurrenten bzw. Konkurrenzmarken wie *Blendax* oder *Colgate* im Markt einzuführen. Entscheidend dabei geholfen hat ein besonderer Dosierspender mit Gebrauchsvorteil. *Henkel* hat *Theramed* nicht zuletzt deshalb gut im Markt eingeführt, weil das Unternehmen sich für diesen Spender für eine bestimmte Zeit Ausschließlichkeitsrechte beim ursprünglich einzigen Lieferanten gesichert hatte (*Becker* 2000, S. 3).

(6) Träger einer Kommunikationsbotschaft

Durch die gezielte Anwendung werbepsychologischer Erkenntnisse lässt sich die Verpackung zur Unterstützung der Produkt- und Servicekommunikation einsetzen (Insert 6–5).

Krombacher bewirbt neuen Kasten

Die Krombacher-Brauerei, Kreuztal, macht ihren überarbeiteten Bierkasten im gesamten Februar per TV-Kampagne zum Hero. Nach w&v-Informationen sollen die unter der Regie von Georg Jecel von Telemaz, Hamburg, produzierten 20- und 25-Sekünder auf RTL, Sat.1 und ProSieben ausgestrahlt werden. Mit „voraussichtlich fast 300 Millionen Kontakten", so Krombacher-Sprecher Franz-J. Weihrauch, werde jeder Biertrinker in Deutschland ein- bis zweimal pro Woche erreicht. Den Mediaplan hat die hauseigene Agentur DMS erstellt.

Der von der Agentur Wensauer und Partner, Ludwigsburg, kreierte Auftritt verzichtet bewusst darauf, Vorteile und Details des neuen Kastens darzustellen. Stattdessen wird er prominent in die typische Krombacher-Werbewelt mit Kameraschwenk über den See eingebunden. Flankiert werden die TV-Spots von Privatanzeigen unter anderem in Auto Bild, Computer Bild, Kicker, Bild am Sonntag und mehreren Programmzeitschriften. Hierfür rechnet sich Weihrauch „fast 13 Millionen Kontakte in der relevanten Zielgruppe" aus.

Der in zweieinhalb Jahren und mit einem Investitionsvolumen von rund 50 Millionen Euro entwickelte Krombacher-Kasten löst das seit Anfang der neunziger Jahre genutzte Modell ab. Kennzeichnend sind eine aufmerksamkeitsstarke Optik und weiche Tragegriffe. Die seit dem 3. Januar 2005 laufende bundesweite Umstellung soll bereits im März zu 90 Prozent abgeschlossen sein. Bis Jahresende kommen laut Weihrauch – alle Krombacher-Sorten und -Gebinde eingerechnet – etwa zehn Millionen neue Kästen in Umlauf. [06.01.2005 – bp]

Insert 6–5: Krombacher bewirbt neuen Kasten (o.V. 2005e)

Schutzaspekt	...das Produkt gegen äußere und innere Einflüsse so schützen, dass es bis zum Ablauf der Konsumationsfrist in der definierten Qualität erhalten bleibt.
Logistikaspekt	...die logistischen Anforderungen bei Produktion und Verkauf erfüllen.
Convenience-aspekt	...dem Inhalt gerecht werden ... dem Konsumenten dienen und ihn hinreichend über das Produkt informieren.
Kostenaspekt	...so beschaffen sein, dass der Anteil der gesamten Verpackungskosten an den Gesamtkosten des Produkts so niedrig wie möglich ist.
Ökologieaspekt	...so beschaffen sein, dass die durch ihre Herstellung, ihren Gebrauch und ihre Entsorgung verursachte Belastung der Umwelt möglichst gering ist.
Kommunikations-aspekt	...die bestmögliche Verkaufswirkung erzielen.

Schaubild 6–19: Verpackungskonzept des Migros-Genossenschafts-Bundes (Bruhn 1997)

Schaubild 6–19 zeigt die verschiedenen Verpackungsfunktionen am Beispiel des Migros-Genossenschafts-Bundes (Schweiz) auf.

6.3.2 Anforderungen an die Verpackungspolitik

Produkte durchlaufen auf ihrem Weg vom Hersteller bis zum Konsumenten verschiedene Stationen. Unter Berücksichtigung dieses Marktweges stellen sich verschiedene **Anforderungen** an die Verpackungspolitik (*Hansen/Hennig-Thurau/Schrader* 2001, S. 184ff.):

(1) Verpackungsgestaltung für den Warenweg zwischen Hersteller und Handel

Der Hersteller hat dafür zu sorgen, dass die physische Distribution zum Händler möglichst kostengünstig abläuft und die Verpackung in der Lage ist, die Produktqualität zu erhalten und knappe Lagerräume optimal zu nutzen (Insert 6–6). Mit Hilfe der Verpackungsgestaltung lässt sich des Weiteren der warenwirtschaftliche Informationsfluss zwischen Industrie und Handel beschleunigen. Dazu dient auch das System der **E**uropäischen **A**rtikel-**N**ummer (**EAN**), das durch einen Strichcode eine rasche und eindeutige Identifikation von Artikeln ermöglicht.

Pepsi weiter auf Wachstumspfad

Zweistelliges Plus im Deutschland-Geschäft – Verpackungsstrategie soll Zuwächse sichern

Frankfurt, 29. September. Nach einem erneuten zweistelligen Absatzplus im 1. Halbjahr 2005 schaut Pepsi-Deutschland-Chef Hermann Gottwald weiter optimistisch in die Zukunft. Die vom Kontrahenten Coca-Cola eingeleitete massive Gegenoffensive nimmt er gelassen.

Immerhin ist Coca-Cola wieder in den Discount zurückgekehrt und forciert seit wenigen Wochen wieder Coke in Dosen. Gottwald sieht dennoch wenig Gefahr: „Diejenigen, die heute Coca-Cola im Discount kaufen, haben vorher Coca-Cola im klassischen Lebensmittelhandel gekauft,“ so seine Einschätzung.

Ein großen Vorteil von Pepsi ist laut Gottwald die verfolgte Verpackungsstrategie. Nach seiner Ansicht wird mit dem Inkrafttreten der neuen Verpackungsverordnung im Mai 2006 PET-Einweg einen gewaltigen Boom erleben.

Der Handel habe bereits signalisiert, dass er diese Gebinde stark präferieren werde. Der Grund ist ein 9-prozentiger Kostenvorteil im Handling gegenüber Mehrweg: Es muss keine „Luft in Flaschen“ transportiert werden und auf eine Palette passen statt 480 Liter Mehrweg 756 Liter Einweg.

„Aus diesem Grunde werden wir massiv in PET investieren“, kündigt Gottwald an. Entwickelt wurde für das Stammprodukt Pepsi bereits eine neue Flasche unter der Bezeichnung „Carolina“. Auch für die kürzlich übernommene Fruchtsaftmarke Punica sind ähnliche Initiativen in Vorbereitung. Für den Pepsi-Manager stehen damit die Zeichen weiter auf Wachstum, nachdem das Plus im ersten Halbjahr bei deutlich über 10 Prozent lag. Sein Optimismus stützt sich auch auf die positiven Umfragewerte von GfK-ConsumerScan (s.S. 3 und Tabelle). Außerdem hat Pepsi wichtige Referenzkunden wie die Deutsche Bahn AG oder das Feinkosthaus Käfer gewonnen. Dass Pepsi mit diesen Kunden die Hauptzielgruppe von jungen Verbrauchern irritiere, lässt Gottwald nicht gelten: „Unser Problem war, dass wir häufig von Schlüsselentscheidern übergangen worden sind. Wenn sich die Bahn und Käfer nun für Pepsi entschieden haben, dann ist dies mit Blick auf Image und Qualität ein klares Signal für andere Key Accounter. Unsere überwiegend jungen Konsumenten tangiert das überhaupt nicht.“

Gottwald will die deutsche Dependance langfristig zur „all-beverage-company“ ausbauen, die alle wesentlichen Getränkesegmente abdeckt. Mit der Marke „Fit for Fun“ mit sehr guten Absatzsteigerungen bedient er bereits gesundheitsbewusste Konsumenten. Die Marke Punica soll ebenfalls verstärkt in diese Richtung zielen.

Die Komplettierung zur all-beverage-company könnte schon bald Realität werden. Wie die LZ bereits vermutet hatte (s. LZ 36/05) und was inzwischen nun die internationale Presse bestätigt, hat PepsiCo beim möglichen Kauf des europäischen Getränkegeschäfts von Cadbury Schweppes Interesse angemeldet. Gottwald könnte somit bald auch Chef von Apollinaris werden.

Die im Gang befindliche Integration von Punica bei Pepsi soll für neue Impulse sorgen. Das Key Account und der Außendienst werden für beide Bereiche zusammengefasst. Gottwald ist überzeugt, dass der Umbau im 2. Quartal 2006 abgeschlossen ist. Er lobt in diesem Zusammenhang seine Mannschaft die das erhebliche Wachstum ermöglicht hat. Wie er sagt, brenne das Team darauf, neue Anforderungen anzufassen. Bei den positiven Zahlen ist dies kein Wunder. *vos*

Hohe Wiederkaufraten

Coke und Pepsi im Vergleich

	Coca-Cola		Pepsi-Cola		
	2004	2005	2004	2005*1)	2006*2)
Käuferreichweite in Prozent der Haushalte	32,0	32,7	9,4	10,2	12
Wiederkaufsrate in Prozent	60,3	57,6	57,2	60,6	62
Intensität (Liter)	34,1	31,8	31,3	33,5	35
Aktionsvolumen in Prozent	38	38	21	21	26
Preis per Liter (Euro)	0,70	0,69	0,50	0,50	0,53

*1) 1. Halbjahr
2) Prognose

Quelle: Gfk Consumer Scan

©Lebensmittel Zeitung Grafik

Insert 6–6: Verpackungsgestaltung bei Pepsi (Lebensmittel Zeitung, 30.09.2005, S. 12)

(2) Verpackungsgestaltung für den Verkaufsvorgang im Handel

In diesem Bereich sorgt die Verpackungspolitik dafür, dass die Regalfläche im Handel effizient genutzt und das Produkt optimal im Regal präsentiert wird. Ebenso tragen Displaymaterialien, Regalstopper u.a. zur Förderung des Abverkaufs im Handel bei. Hinsichtlich einer erwünschten Selbstverkäuflichkeit von Produkten in den Einkaufsstätten ist dafür Sorge zu tragen, dass Kunden durch die Verpackung mit produktspezifischen Informationen versorgt werden. Damit hat die Verpackung auch kommunikativen

Charakter. Insert 6–7 zeigt eine absatzmittlergerichtete Anzeige der *Cölner Hofbräu Früh*, in der mit dem neuen Design des Bierkastens als Umsatzimpuls geworben wird.

Insert 6–7: Design des Bierkastens als Argument gegenüber dem Handel (Lebensmittel Zeitung, 26.08.2005, S. 35)

(3) Verpackungsgestaltung für den Ge- und Verbrauch beim Konsumenten

Auf Konsumentenebene hat die Verpackung den Produktge- und -verbrauch zu erleichtern. Von besonderer Bedeutung sind hierbei z.B. die Packungsgröße, die Wiederverschließbarkeit oder auch die Möglichkeit der Wiederverwendung (Insert 6–8). Eine weitere wichtige Anforderung für den Verbrauch beim Konsumenten stellt die einfache und umweltfreundliche Entsorgung (z.B. Altglas) dar.

Machen Verpackungen alt?

SENIORENMARKETING – Produktverpackungen sind oft so gestaltet, dass sich die Benutzer bei ihrem Gebrauch alt und unzulänglich fühlen. Verwirrend gestaltet, unübersichtlich und unleserlich bedruckt, schwer zu öffnen und unbequem in der Handhabung. Nachteile, die keine andere Zielgruppe so konsequent mit Nichtkauf abstraft wie die immer selbstbewusster werdende, kaufkräftige Generation 60-plus, fand eine Studie des Instituts Facit Marketing-Forschung im Auftrag des Verbandes Pro Carton heraus. Dabei werden betulich seniorengerechte Aufmachungen als Diskriminierung empfunden und erzeugen Ablehnung. Gefragt sind authentische, überzeugende Leistungen und altersneutrale Ästhetik. Dazu gehören hohe Ansprüche an den Informationsgehalt und die Präsentation sowie Wiedererkennung der Marke, ein angenehmes Handling und Bedienkomfort. Dazu zählen auch verschiedene Packungsgrößen und Portionierungsmöglichkeiten. Ein Investment in entsprechende Verpackungen rechnet sich, denn Seniorenmärkte wachsen weltweit, wie nebenstehende Meldung beweist.

Kontakt: www.procartongermany.com

Insert 6–8: Gestaltung von Verpackungen für Senioren (absatzwirtschaft, Nr. 6, 2005, S. 38)

6.3.3 Instrumente der Verpackungspolitik

Im Rahmen der Verpackungspolitik stehen die folgenden **Instrumente** im Mittelpunkt:

- Auswahl der Packungsform,
- Auswahl der Packungsstoffe,
- Auswahl der Packungsfarben,
- Integration von Gedächtnisankern.

Packungsform, -stoff und -farbe prägen die Anmutung der Verpackung. Bei der **Form** sind es Konstanz, Dimension, Proportion, Kontur und Struktur, beim **Packstoff** Art, Konsistenz, Gewicht, Transparenz, Oberfläche und Stofftemperatur, die durch unterschiedliche Ausprägungen die Anmutungsleistung prägen. Dazu kommen die verschiedenen **Farben**, von denen jede ihre eigene Auswirkung auf die Anmutung der Verpackung hat.

Wie die **Integration von Gedächtnisankern** aus der Werbung auf der Verpackung wirkt, ist in einer Studie von *Keller* untersucht worden (*Keller* 1996). Für die Studie wurden vier Produkte mit fiktiven Markennamen ausgewählt. Jede Testperson wurde mit zwei Produktanzeigen für je 40 Sekunden in einer geringen Interferenzsituation (jeweils eine weitere Konkurrenzanzeige) und zwei Produktanzeigen in einer hohen Interferenzsituation (jeweils drei weitere Konkurrenzanzeigen) konfrontiert. Im Anschluss erhielten die Probanden einen Folder mit den Verpackungen der Produkte (entweder mit oder ohne Gedächtnisstütze) und es wurde die Gedächtnisleistung sowie die Einstellung zur Marke und die Kaufabsicht erfasst. Die Resultate zeigen, dass sich der Einsatz von Werbeelementen auf der Verpackung signifikant positiv auf die Erinnerung an Werbeaussagen zum Produkt auswirkt. Außerdem verringert der Einsatz von Werbeelementen auf der Verpackung die Überlagerung der eigenen Werbeaussagen durch Konkurrenzwerbung. Schließlich erfolgt durch die Probanden eine eindeutig bessere Markenbeurteilung, wenn ein Element der Werbung auf der Verpackung eingesetzt wird.

Der Einsatz von Gedächtnisankern als Komponenten der Verpackungsgestaltung erfordert die konsequente **Übertragung der Schlüsselsignale** einer Marke auf die Verpackung. Diese Schlüsselsignale funktionieren als Gedächtnisanker und Symbol der Markenpersönlichkeit. Die Gedächtnisanker müssen den Kern der Marke und ihre einmalige Leistung einsichtig machen. Als „Flagge der Verpackung" betrachtet, erzeugen die Gedächtnisanker bei den Konsumenten die gewünschten Assoziationen auf der Grundlage der Markenpositionierung (z.B. *Meister Propper*: Reinigungskraft, Sauberkeit, Stärke, schnelle Hilfe).

Schließlich unterstützt auch die **Kontinuität der Verpackung** deren Verankerung als Marke im Gedächtnis der Konsumenten. Abgesehen von einzelnen größeren Veränderungen sind beispielsweise die Gestaltungsmerkmale der *Persil*-Packung im Wesentlichen konstant geblieben (Schaubild 6–20). Sie hat sich in den ersten 50 Jahren nur geringfügig verändert; der Farbcode wurde stets beibehalten. Im Jahre 1973 wurde das grüne Logo durch ein rotes ersetzt. Seit Mitte der 1980er Jahre wird das Design neben dem Logo durch das grüne Energiefeld bestimmt. Letztlich vollzog sich die Änderung

Schaubild 6–20: Entwicklung der Persil-Packung im Zeitverlauf (Morwind 2004, S. 2021)

des Packungsbildes also eher in langsamen Schritten. Die Kombination aus Weiterentwicklung und Kontinuität stellt eine wesentliche Grundlage für das Vertrauen der Konsumenten in die Marke dar (*Morwind* 2004, S. 2021).

Mit Hilfe der Verpackung ist es möglich, eine vorhandene Markenpersönlichkeit zu festigen oder sogar neu aufzubauen; eine Markenprofilierung am Markt lässt sich so unterstützen, aber auch behindern. Hierbei ist allerdings das **Prinzip der Produktadäquanz** zu beachten, d.h., dass die Aufmachung und der Text der Verpackung nicht mehr verspricht, als der Packungsinhalt zu halten vermag (*Dichtl* 1992a, 1992b, S. 17).

Die Verpackung stellt nicht nur im Produktmanagement, sondern auch in der Kommunikations- und Vertriebspolitik ein wichtiges Instrument dar. Die **Vielfachfunktion der Verpackung** im Marketingmix verdeutlicht die zentrale Bedeutung dieses Instruments.

6.4 Gestaltung der Servicepolitik

6.4.1 Begriff von Serviceleistungen

Der Stellenwert der Servicepolitik hat sich in den letzten Jahrzehnten stark gewandelt. Ursprünglich wurde Servicepolitik ausschließlich als **technischer Kundendienst** verstanden, dem die Funktion von Anpassung, Installation, Montage, Pflege, Wartung, Inspektion, Reparatur und Ersatzteilversorgung zukam. Später wurde der Kundendienst um **kaufmännische Leistungen** erweitert. Der traditionelle technische Kundendienst begann sich damit immer stärker in Richtung **Kundenservice** zu entwickeln (*Harms* 1999, S. 24ff.).

Heute sind bei ausgereiften Ge- und Verbrauchs- sowie Industriegütern aufgrund steigender Produkthomogenität kaum noch Vorteile über das eigentliche Produkt zu realisieren. Um sich dennoch von den Wettbewerbern zu differenzieren, bieten Unternehmen neben dem Produkt als Primärleistung in zunehmendem Maße Serviceleistungen als **Sekundärleistungen** sowohl für Endkunden wie auch für Händler an (*Bliemel/Fassot* 2002, S. 148f.; Insert 6–9). Serviceleistungen können aber auch **eigenständige Leistungen** (z.B. *Opel Bank*) sein. Durch das Angebot marktorientierter Serviceleistungen kann die Servicepolitik zur Profilierung des Leistungsprogramms beitragen. Studien belegen, dass insbesondere im Industriegüterbereich Serviceleistungen ein wichtiges Kaufentscheidungskriterium sind (*Mann* 2000). Serviceleistungen sind für zahlreiche Unternehmen der Ausweg aus einem in vielen Branchen stetig wachsenden Margendruck und geringen Wachstumsmöglichkeiten bei den Sachgütern. Serviceleistungen haben oft höhere Margen als Sachgüter. Letztlich wird mit der Einführung einer Servicepolitik im Unternehmen auch das Ziel eines Imagewechsels von der Produkt- zur Kundenorientierung verbunden (*Beutin* 2005, S. 299).

Da Entscheidungen einer auf eigenständige Serviceleistungen bezogenen Servicepolitik bereits im Rahmen der Leistungsinnovation (Abschnitt 5.1),

Verschenkte Gewinne

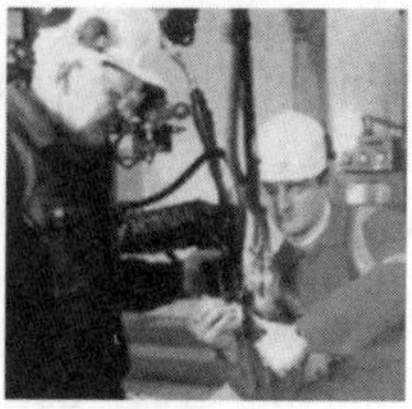

SERVICE – 95 Prozent der mehr als 100 befragten Unternehmen im Maschinen- und Anlagenbau sowie der Elektroindustrie bestätigen die Wichtigkeit des Themas Service-Marktbearbeitung mit dem Ziel der Abschöpfung bisher ungenutzter Potenziale, gefolgt von der ebenso hohen Einstufung eines aktiven Kostenmanagements. Tatsächlich jedoch schöpfen viele Unternehmen lediglich 25 Prozent des Service-Potenzials ab. Ein Grund hierfür könnte sein, dass nur 30 Prozent der befragten Unternehmen in der Studie „Service-Trends 2005 – Wohin entwickelt sich der After-Sales-Service" über eine klare Service-Strategie verfügen. Obwohl den Unternehmen bewusst ist, dass ein professioneller Service deutlich profitabler ist als das Produktgeschäft und dass das Service-Marktpotenzial noch wachsen wird, werden diese Potenziale nicht optimal ausgeschöpft. Die konsequente Orientierung an den Bedürfnissen der Kunden gewinnt deshalb für die Hersteller von Investitionsgütern zunehmend an Bedeutung.

Kontakt: www.absatzwirtschaft.de/studien

Insert 6–9: Bedeutung von Services in Industriegütermärkten (absatzwirtschaft, Nr. 6, 2005, S. 39)

Leistungspflege (Abschnitt 5.2) und Leistungselimination (Abschnitt 5.3) behandelt wurden, werden die Ausführungen in diesem Abschnitt auf das Angebot von Serviceleistungen als Sekundärleistungen beschränkt. Diese Services stellen nicht die Kernleistung eines Anbieters dar, sondern sind vielmehr additive Elemente von Angebots- und/oder Leistungsbündeln.

Serviceleistungen als Sekundärleistungen umfassen ein breites Leistungsspektrum. Diesbezüglich können grundsätzlich vier **Formen von Serviceleistungen** unterschieden werden (*Haedrich/Tomczak* 1996; *Koppelmann* 2001):
- Garantieleistungen,
- Lieferleistungen,
- Kundendienstleistungen sowie
- Value Added Services.

6.4.2 Garantieleistungen

Garantieleistungen sind sehr eng mit der Primärleistung verbunden und werden durch den Garantieumfang und die Garantiedauer bestimmt (*Haedrich/Tomczak* 1996; *Harms* 1999; *Koppelmann* 2001). Der **Garantieumfang** bestimmt die Produktteile und -leistungen sowie Bedingungen, bei denen der Kunde zur Inanspruchnahme von Garantieleistungen berechtigt ist. Die **Garantiedauer** legt fest, wie lange der Hersteller nach Kauf des Produktes Garantieleistungen erbringt. **Beispiel** für eine typische Garantieleistung: 12 Jahre (Garantiedauer) Garantie gegen Durchrostung (Garantieumfang). Umfangreiche Garantieleistungen werden insbesondere bei komplexeren Produkten mit höherer Störanfälligkeit sowie bei Produkten eingeräumt, bei denen eine Störung zu hohen Folgekosten des Kunden führen, z.B. bei einer Produktionsanlage.

Garantieleistungen eignen sich zur Profilierung in Branchen mit hohem Wettbewerbsdruck und tragen zum Abbau von Kaufhemmnissen bei. Allerdings lassen sich Garantieleistungen schnell von der Konkurrenz nachahmen, so dass sie folglich nur zeitlich begrenzt zur Profilierung des Anbieters beitragen. Garantieversprechen lösen eventuell auch negative Imagewirkungen aus, wenn sie durch übertriebene Klauseln vom Kunden als unseriös und undurchschaubar erachtet werden (*Bruhn* 2004c).

6.4.3 Lieferleistungen

Lieferleistungen betreffen die räumliche und zeitliche Überbrückung von Produkten zwischen dem Anbieter und dem Konsumenten. Lieferleistungen haben oft eine sehr hohe Wirkung auf die Kundenbindung, da sie einen erheblichen Teil des Produktes darstellen. Autowerkstätten bieten z.B. für besonders wichtige Kunden einen Abhol- und Bringservice für reparatur- und inspektionsbedürftige Autos an. Viele Unternehmen bieten Lieferleistungen nur unsystematisch an (z.B. ohne ein klares Preissystem), obwohl auf Kundenseite diesbezüglich oft eine erhebliche Zahlungsbereitschaft vorliegt (*Beutin* 2005, S. 304).

Sofern das Produkt nicht selbst vom Kunden abgeholt wird, hat das Unternehmen über die Lieferbereitschaft, Lieferzuverlässigkeit und gelieferte Produktqualität zu befinden (*Haedrich/Tomczak* 1996; *Koppelmann* 2001).

Zur Bestimmung der **Lieferbereitschaft** wird festgelegt, wie schnell und in welchem Umfang das Unternehmen auf kundenseitige Lieferwünsche reagiert. Das Ausmaß der Lieferbereitschaft hängt von zahlreichen Faktoren ab, z.B. Ausmaß des Konkurrenzdrucks, Auslastung der Produktionskapazitäten, Schnelligkeit des technischen Fortschritts und Wartebereitschaft des Kunden. Mit steigender Lieferbereitschaft wird das Risiko von Fehlmengen vermindert. Allerdings steigen damit auch die Lagerhaltungskosten, da größere Mindestlagerbestände vorzuhalten sind. Ein Lieferbereitschaftsgrad von 100 Prozent bedeutet, dass keine Fehlmengen entstehen. In diesem Fall sind jedoch relativ große Mindestlagerbestände erforderlich. Es ist deshalb ein ökonomisch gerechtfertigter Kompromiss zwischen Fehlmengen- und Lagerkosten zu finden.

Die **Lieferzuverlässigkeit** besagt, inwiefern zugesagte Liefertermine vom Hersteller eingehalten werden. Die termingerechte Lieferung wird von den Kunden im Prinzip als Selbstverständlichkeit vorausgesetzt und nimmt besonders bei saison- und modeabhängigen Produkten sowie Produkten mit hohen Umschlagsraten, wie z.B. Lebensmitteln, aber auch bei Industriegütern, wie z.B. einer Produktionsstraße, einen hohen Stellenwert ein. Schließlich ist mit der **gelieferten Produktqualität** der Zustand des Produktes angesprochen. Dabei ist vom Unternehmen sicherzustellen, dass das gelieferte Produkt in unversehrtem Zustand und entsprechend der Kundenbestellung ankommt (*Bruhn* 2004c).

Der Sicherstellung einer **optimalen Lieferleistungspolitik** kommt vor allem im Business-to-Business-Bereich ein hoher Stellenwert zu, da infolge der Just-in-Time-Produktion Mängel in der Lieferbereitschaft, -zuverlässigkeit sowie gelieferten Produktqualität unmittelbare Auswirkungen auf den Produktionsprozess haben. Das Niveau der Lieferleistungspolitik hängt dagegen im Gebrauchsgüterbereich vor allem von marktspezifischen Faktoren ab. Während die Auslieferung eines PKW in den USA nur wenige Wochen dauert, betragen die Lieferzeiten in Deutschland mehrere Monate.

6.4.4 Kundendienstleistungen

Zu den Kundendienstleistungen zählen technische und kaufmännische Dienstleistungen. Die **technischen Dienstleistungen** stellen die „klassischen" Zusatzdienstleistungen dar, die von beinahe jedem Unternehmen, das ein mehr oder weniger technisches Produkt vertreibt, z.B. in Form einer „technischen" Beratung angeboten werden. Ein Beispiel ist die technische Hotline bei IT-Unternehmen wie *Dell* und *HP* u.a. Die technischen Dienstleistungen haben in den vergangenen Jahren als Profilierungsinstrument an Bedeutung verloren. Die diesbezügliche Zahlungsbereitschaft der Kunden ist eher gering, da diese Services bisher eher kostenlos angeboten wurden (*Beutin/Kühlborn/Daniel* 2003).

Kaufmännische Dienstleistungen sind vor allem Finanzierungen, Leasingverträge, Versicherungen usw. Hierzu sind auch die Zusammenstellung eines Konsortiums, die Kontaktherstellung zu Banken oder die Anbahnung von staatlichen Krediten zu zählen, wie sie in Industriegüterbranchen angeboten werden. Die Zahlungsbereitschaft der Kunden für diese Dienstleistungen ist relativ hoch (*Beutin* 2005, S. 305). In Deutschland sind kaufmännische Zusatzdienstleistungen im internationalen Vergleich bisher eher weniger verbreitet. Die Anwendungshäufigkeiten von verschiedenen kaufmännischen Dienstleistungen liegt z.B. bei deutschen Maschinenbau-, Elektrotechnik- und Metallerzeugnisunternehmen bei nur 4 bis 37 Prozent (*Homburg/Günther/Faßnacht* 2000).

Schaubild 6–21 zeigt Beispiele für unterschiedliche **Formen von Kundendienstleistungen** vor, während und nach der Inanspruchnahme von Unternehmensleistungen. Kundendienstleistungen lassen sich danach unterscheiden, inwieweit sie vom Kunden erwartet werden:

- **Muss-Leistungen** sind solche Services, die zur Produktnutzung unbedingt notwendig sind (z.B. Montage, Installation). Die Erbringung dieser Leistungen führt nicht zu Differenzierungsvorteilen gegenüber der Konkurrenz, wohl aber zu Nachteilen, wenn sie nicht erbracht werden (z.B. Unzufriedenheit der Kunden).

- **Soll-Leistungen** umfassen marktübliche Standards, die von den Abnehmern erwartet und den Wettbewerbern meist ebenfalls erbracht werden (z.B. Wartung, 24-Stunden-Service). Eine Nichterfüllung würde zu Nachteilen und eine Erfüllung zu Vorteilen bei der Vermarktung führen.
- Zur Profilierung und Nutzensteigerung des Kunden dienen in erster Linie **Kann-Leistungen** (z.B. Schulungsangebote), die von den Kunden zwar nicht explizit gefordert werden, jedoch kundenspezifische Bedürfnisse erfüllen.

Zeitpunkt der Nutzung / Art des Kundenservices	Vor der Nutzung	Während der Nutzung	Nach der Nutzung
Technische Leistungen	– Technische Beratung – Erarbeitung von Projektlösungen – Demontage alter Anlagen	– Technische Einweisung – Installation – Reparaturen – Wartung	– Umbauarbeiten – Erweiterungen – Abbau – Entsorgung
Kaufmännische Leistungen	– Kaufmännische Beratung – Wirtschaftlichkeitsanalyse – Bestelldienst – Testlieferung	– Schriftliche Anleitung – Schulung – Ersatzteilversorgung – Beschwerde-management – Telefon-/Onlinehilfe	– Information über Neuentwicklungen – Informationen über Entsorgungs-möglichkeiten – Rabatte bei Updates

Schaubild 6–21: Formen und Beispiele von Kundendienstleistungen (Bruhn 2004c, S. 152)

Kundendienstleistungen stellen auf **Gebrauchs- und Industriegütermärkten** ein zentrales Kaufentscheidungskriterium dar. Jedoch setzt sich auch im **Verbrauchsgüter- und Dienstleistungsbereich** die Erkenntnis durch, dass ein gezielter Kundendienst zur Profilierung des Unternehmens beiträgt. Aufgrund der Bedeutung des Kundendienstes im Rahmen des Marketingmix lassen sich als **generelle Kundendienstziele** die Schaffung von Präferenzen beim Kunden, Erhöhung der Kundenzufriedenheit, Steigerung der Kundenbindung bzw. Markenbindung, Förderung positiver Verbundwirkungen im Programm des Anbieters, Imageverbesserung und Profilierung gegenüber Konkurrenten aufführen.

Auf der Ebene der Kundendienstabteilung sind genauere Ziele zu formulieren. Zu diesen **speziellen Kundendienstzielen** zählen (*Bruhn* 2004c):

- **Kundendienstzeit**: Zeitspanne zwischen Eingang eines Kundendienstauftrages und dessen Erledigung beim Kunden (gemessen in Stunden oder Tagen).
- **Kundendienstbereitschaft**: Anzahl aller eingegangenen Kundendienstaufträge, die innerhalb eines vorgegebenen Zeitraumes (z.B. 24 Stunden oder drei Tage) von der Kundendienstabteilung erledigt werden (gemessen in Prozent).

- **Kundendienstzuverlässigkeit**: Qualität der erledigten Kundendienstaufträge (gemessen durch Indikatoren wie z.B. Anzahl Reklamationen im Monat).

Zu den **psychologischen Zielen** zählen das Kundendienstimage und die Kundendienstzufriedenheit. Da Kundendienstabteilungen meist als Profit Center geführt werden, lassen sich ebenfalls **ökonomische Ziele** wie Kundendienstkosten bzw. Kundendienstgewinne als Zielgrößen formulieren.

Vielfach sind Unternehmen nicht aus eigener Kraft in der Lage, eine breite Marktabdeckung sämtlicher Kundendienstleistungen sicherzustellen und sind daher auf die Zusammenarbeit mit anderen Serviceanbietern angewiesen. Generell kommen als **Kundendienstträger** Hersteller, Servicepools, Handelsbetriebe (Groß- und Einzelhändler) oder Handwerksbetriebe in Frage.

Industriegüteranbieter erbringen ihre Kundendienstleistung selbständig oder schließen sich einem Servicepool an. Demgegenüber sind Hersteller von Gebrauchsgütern (z.B. Haushaltsgeräten) und Industriegütern für den breiteren Bedarf (z.B. EDV- und Bürogeräte) darauf angewiesen, Handels- und Handwerkerbetriebe in die Sicherstellung von Kundendienstleistungen einzubeziehen und ein **Kundendienstsystem** mit mehreren Kundendienstträgern zu entwickeln. Dabei sind hohe Anforderungen an den Hersteller im Hinblick auf Ersatzteilversorgung, Einhaltung von Qualitätsrichtlinien bei der Leistungserstellung, Ausbildung und Schulung der Techniker usw. gestellt.

6.4.5 Value Added Services

Aufgrund der zunehmenden Homogenisierung von Leistungen hinsichtlich Qualität und Preis versuchen immer mehr Unternehmen, sich durch das Angebot von Value Added Services im Wettbewerb zu differenzieren bzw. zu profilieren.

> **Value Added Services** sind Serviceleistungen, die zusammen mit der Primärleistung dem Kunden einen höheren Nutzen bzw. „Wert" stiften als Angebote von Wettbewerbern mit gleicher Primärleistung (*Laakmann* 1995).

Sie zielen darauf ab, aus Kundensicht den Wert einer Leistung zu erhöhen und damit die Kundenloyalität zu steigern. Value Added Services werden nicht nur als Garantieleistungen, Lieferleistungen und Kundendienstleistungen angeboten, sondern beinhalten auch darüber hinausgehende Serviceleistungen, die nicht unmittelbar im Zusammenhang mit der Leistung stehen.

Die Eignung von Value Added Services zur Profilierung im Wettbewerb hängt zum einen von den Erwartungen der Kunden an die Serviceleistungen des Unternehmens und zum anderen vom Grad der **Affinität der Primär- und Sekundärleistung** ab. Schaubild 6–22 zeigt mögliche Profilierungsfelder im Sekundärleistungsbereich am Beispiel der Automobilbranche.

Bei weit von der Primärleistung entfernten Services besteht die Möglichkeit, dass diese getrennt von der Primärleistung wahrgenommen werden. Allerdings können sie bereits für sich alleine zur Profilierung beitragen, wenn sie vom Kunden als überraschend und innovativ wahrgenommen werden (Profilierungsfeld I). Durch sehr affine Serviceleistungen (Profilierungsfeld II) kann sich der Anbieter bei Übertreffen der Kundenerwartungen profilieren. Ferner wird die Zufriedenheit mit der Zusatzleistung auf die Primärleistung übertragen. Im Profilierungsfeld III hängt es von der einzelnen Serviceleistung ab, ob diese vom Kunden als wichtig angesehen wird und bei hoher Zufriedenheit zu einer Profilierung der Primärleistung führt (*Laakmann* 1995).

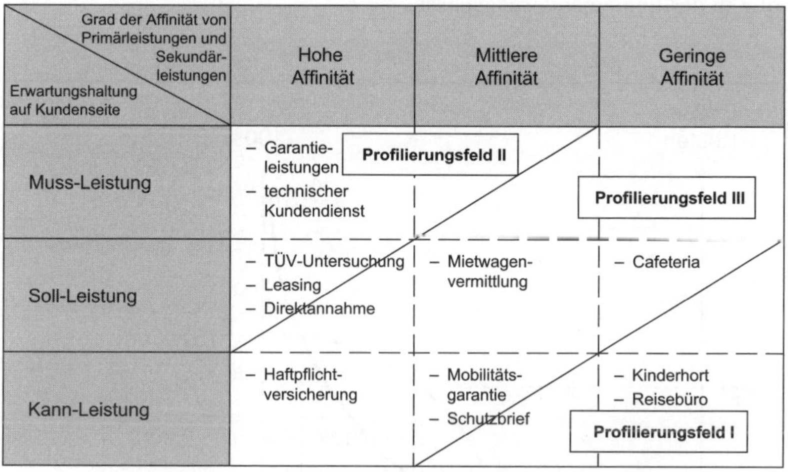

Schaubild 6–22: Profilierungsfelder für Value Added Services (Laakmann 1995, S. 19)

Aufgrund der Bedeutung von Value Added Services zur Wettbewerbsprofilierung haben Unternehmen in der Vergangenheit vielfältige Serviceleistungen ohne Berücksichtigung der Serviceanforderungen und Kostenkonsequenzen entwickelt (**Service Overkill**). Bei der Entwicklung von Value Added Services ist insbesondere darauf zu achten, dass sich Kunden mit der Zeit an den Service gewöhnen und diese Zusatzleistungen aus Kundenperspektive zur Kernleistung werden. Deshalb sind Unternehmen gezwungen, sich permanent mit der Einführung neuer Value Added Services auseinander zu setzen. Zur erfolgreichen Profilierung ist es zudem erforderlich, die Serviceerwartungen sowie die Preisbereitschaft der Kunden für die Inanspruchnahme des Services zu analysieren.

6.4.6 Optimierung des Serviceniveaus

Aufgrund der Vielzahl unterschiedlicher Serviceleistungen lassen sich in der Literatur lediglich Grobkonzepte für eine Bestimmung des optimalen Serviceniveaus auffinden. Allgemein lässt sich das Optimierungsproblem als **Kosten-Nutzen-Kalkül** betrachten, bei dem das Optimum bei einem Ausgleich von Grenznutzen und -kosten erreicht ist.

Schaubild 6–23 zeigt die grafische Problemlösung anhand eines einfachen **Deckungsbeitragsmodells** auf, bei dem der Gewinn in Abhängigkeit vom Serviceniveau optimiert wird. Das optimale Serviceniveau ist erreicht, wenn die Differenz zwischen dem durch die Serviceleistung generierten Nutzen und den dafür aufzuwendenden Kosten maximal ist (*Hammann* 1982, S. 165f.).

Die Umsetzung und Durchsetzung der festgelegten programm- und leistungspolitischen Maßnahmen durch sämtliche Unternehmensmitglieder erfolgt in der Implementierungsphase.

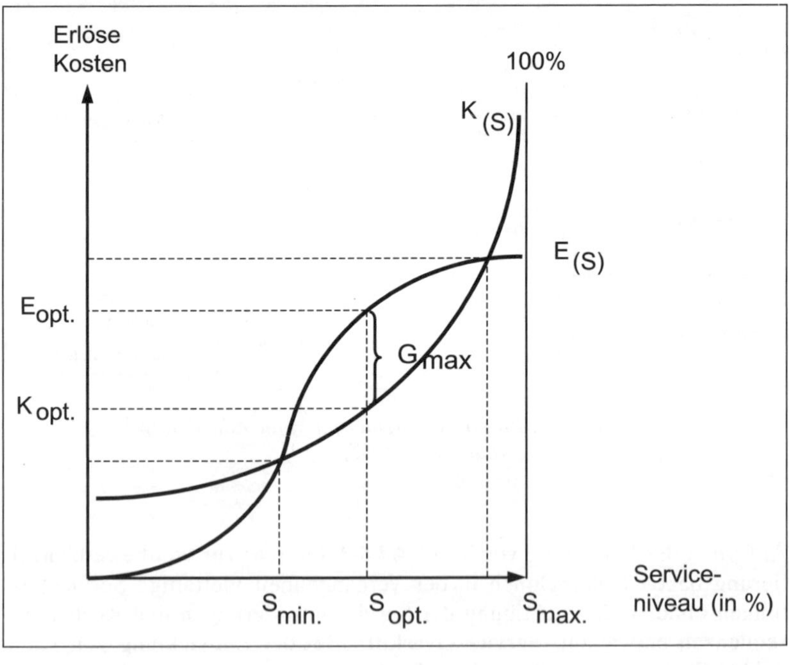

Schaubild 6–23: Serviceoptimierung auf Basis eines Kosten-Erlös-Vergleichs (Bruhn 2004, S. 156)

7 Umsetzung des Produkt- und Servicemanagements

Während die bisher dargestellten Phasen des Planungsprozesses des Produkt- und Servicemanagements, d.h., die Analysephase sowie die Strategie- und Maßnahmenfestlegung planerischen Charakter haben, dient die Implementierungsphase der Umsetzung des Produkt- und Servicemanagements.

Trotz sorgfältiger Marktanalyse und Strategieentwicklung scheitern viele Strategien und Maßnahmen an der konkreten Umsetzung in der betrieblichen Praxis. Der Grund für dieses Umsetzungsdefizit besteht häufig darin, dass ein geschlossenes Konzept zur Implementierung der entwickelten Strategien und Maßnahmen fehlt. Daher ist es unabdingbar, sich detailliert mit dem Implementierungsprozess des Produkt- und Servicemanagements sowie dessen Erfolgsbedingungen auseinander zu setzen (*Müller-Stewens/ Lechner* 2001, S. 371ff.; *Tarlatt* 2001; *Benkenstein* 2002, S. 207ff.).

Die Umsetzung des Produkt- und Servicemanagements beginnt zunächst mit der Identifikation der Umsetzungsbarrieren des Produkt- und Servicemanagements sowie mit der Ableitung von Schlussfolgerungen für die Gestaltungsebenen der Umsetzung (Abschnitt 7.1). Die weitere Ausgestaltung der Umsetzung des Produkt- und Servicemanagements umfasst die folgenden Aspekte (Schaubild 7–1):

– Strukturbezogene Anforderungen und Konzepte der Umsetzung des Produkt- und Servicemanagements (Abschnitt 7.2),

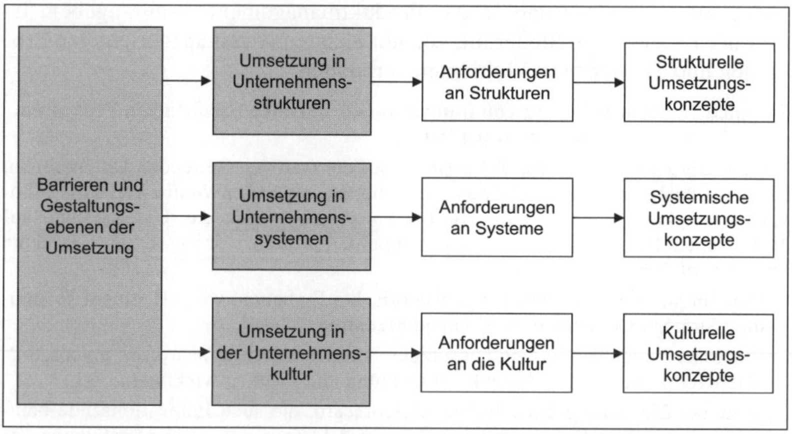

Schaubild 7–1: Umsetzung des Produkt- und Servicemanagements

- Systembezogene Anforderungen und Konzepte der Umsetzung des Produkt- und Servicemanagements (Abschnitt 7.3),
- Kulturbezogene Anforderungen und Konzepte der Umsetzung des Produkt- und Servicemanagements (Abschnitt 7.4).

7.1 Barrieren und Gestaltungsebenen der Umsetzung des Produkt- und Servicemanagements

Der Erfolg von produkt- und servicepolitischen Strategien hängt wesentlich von einem geschlossenen Konzept der Implementierung im Unternehmen ab. **Implementierung** wird dabei als Prozess verstanden, der die Umsetzung einer Strategie beschreibt. Dieser umfasst jene Maßnahmen, die die Erreichung der Ziele der Strategie fördern.

Zur erfolgreichen Umsetzung von Strategien im Unternehmen sind verschiedene Anpassungen innerhalb des Unternehmens vorzunehmen, die sich aus der Notwendigkeit eines **Fits zwischen der Strategie und den Unternehmenspotenzialen** ableiten lassen.

Zunächst ist es für eine erfolgreiche Implementierung erforderlich, dass ein Fit zwischen der Strategie und den Unternehmensstrukturen besteht. Ein **Strategie-Struktur-Fit** liegt beispielsweise vor, wenn im Unternehmen Produktmanagementstrukturen und -prozesse so eingerichtet sind, dass eine markt- und kundennahe Entwicklung und Pflege von Produkten und Services möglich ist. In diesem Zusammenhang existiert eine Diskussion diverser Vor- und Nachteile unterschiedlicher organisatorischer Strukturen.

Die Implementierung wird des Weiteren oft durch einen mangelnden Fit zwischen Strategie und Managementsystemen des Unternehmens, wie z.B. Informationssystemen, behindert. Ein fehlender **Strategie-System-Fit** liegt beispielsweise vor, wenn die Informationssysteme des Unternehmens nicht in der Lage sind, marktrelevante Informationen zu generieren, zu speichern, zu verarbeiten und an das Produktmanagement weiterzugeben. Ist dies der Fall, ist eine Steuerung von am Kundennutzen ausgerichteten Produkten und Services mit Problemen verbunden.

Beispiel: Implementierung von innovationsfördernden Strukturen, Prozessen und Systemen bei Tetra Pak

Vor einigen Jahren beschloss *Tetra Pak*, eines der weltweit führenden Unternehmen für Verpackungen, angesichts eines immer härter werdenden Wettbewerbs die Innovationsfähigkeit zu verbessern. Hierbei konzentrierte sich das Unternehmen auf Maßnahmen für die Bereiche Unternehmensstrukturen, -prozesse und -systeme (*Beyer et al.* 2005, S. 90):

- Strukturen: Schaffung neuer organisatorischer Einheiten, wie z.B. einem Technology Strategy Council sowie Kompetenzzentren.
- Prozesse: Neudefinition und Umsetzung der dem Innovationsprozess untergeordneten Teilprozesse, z.B. Produktentwicklung und Ideenentwicklung.
- Systeme: Einführung einer Balanced Scorecard, die auch Innovationsziele beinhaltet, sowie Installation eines webbasierten Instruments zur Unterstützung der Prozessumsetzung sowie der Ausführung von Projekten.

Schließlich treten Implementierungsprobleme auf, wenn es nicht gelingt, einen Fit zwischen Strategie und Unternehmenskultur herzustellen. Ein **Strategie-Kultur-Fit** ist beispielsweise nicht gegeben, wenn die Mitarbeiter im Produktmanagement oder der F&E-Abteilung ein starkes Routinedenken an den Tag legen, das mit einer fehlenden Innovationsbereitschaft verbunden ist. Wenn die Kultur eines Unternehmens die Innovations- und Kundenorientierung nicht mitträgt, wird auch eine entsprechende Ausrichtung des Produktmanagements mit Schwierigkeiten behaftet sein.

In der Praxis sind die **Barrieren für die erfolgreiche Implementierung von Strategien** insbesondere in den Bereichen der Unternehmensstruktur, -systeme und -kultur zu finden (*Plinke* 1996; *Bruhn* 2002).

Die **strukturbezogenen Barrieren** betreffen die organisatorische Verankerung des Produkt- und Servicemanagements im Unternehmen. Häufige Barrieren liegen darin, dass Prozesse, wie z.B. Innovations- und Produktbetreuungsprozesse, und Verantwortlichkeiten innerhalb der einzelnen Prozessphasen nicht klar geregelt sind. Dies führt zu einer mangelnden Koordination und Kooperation zwischen Produktmanagement, F&E, Marktforschung, Vertrieb, Kommunikationsabteilung, Produktion usw. Das organisatorische Dilemma wird zudem oft von einem zu hohen Spezialisierungsgrad und zu vielen Hierarchieebenen verursacht oder zumindest begünstigt.

Zu den **systembezogenen Barrieren** gehören Defizite im Einsatz von Informations-, Kommunikations-, Planungs- und Kontrollsystemen. Hierzu zählen beispielsweise unzureichende Datenbanken, fehlende Frühwarnsysteme oder der mangelnde Einsatz von Planungsmethoden. Die Mängel hinsichtlich der Gewinnung von Marktinformationen und deren Kommunikation im Unternehmen behindert zwangsläufig die Umsetzung eines am Kundenutzen ausgerichteten Produkt- und Servicemanagements. Ferner ist oft zu beobachten, dass die Unternehmenssysteme zu wenig auf die Schaffung eines günstigen Innovationsklimas ausgerichtet sind. In diesem Zusammenhang ist an die Förderung der bereichsübergreifenden Kommunikation oder an die Entwicklung neuer Methoden zur Ideenfindung zu denken. Gleichzeitig gilt es, die Mitarbeiter durch materielle und immaterielle Anreizsysteme zur Ideengenerierung und -umsetzung zu motivieren (*Specht/Beckmann/Amelingmeyer* 2002, S. 23).

Die **Barrieren im kulturellen Bereich** liegen z.B. in einem fehlenden kunden- und innovationsorientierten Bewusstsein von Mitarbeitern oder im mangelnden Commitment des Topmanagements für eine kunden- und innovationsorientierte Unternehmenskultur.

Beispiel: Vorbildfunktion des Topmanagements bei Henkel

Ein Schritt in diese Richtung ist die Verpflichtung des Managements, sich wieder in direkten Kundenkontakten zu begeben und die Probleme bei der Umsetzung der Kundenorientierung selbst zu erleben. Bei *Henkel* (Düsseldorf) haben die Geschäftsführungsmitglieder für einige Zeit Beratungsgespräche und Produktpräsentationen in Supermärkten übernommen.

Die aufgezeigten Herausforderungen im Rahmen der Implementierung von produkt- und servicepolitischen Strategien verdeutlichen die Notwendigkeit, ein umfassendes System zu entwickeln, mit dessen Hilfe diese Strategien zielgerichtet und systematisch umgesetzt werden. Im Vordergrund steht das Ziel, bislang vorhandene Einzelinitiativen des Produkt- und Servicemanagements innerhalb eines Unternehmens in ein möglichst geschlossenes und aufeinander abgestimmtes Gesamtsystem zu integrieren. Schaubild 7–2 weist den drei genannten Gestaltungsebenen ausgewählte Maßnahmen zur Implementierung des Produkt- und Servicemanagements zu.

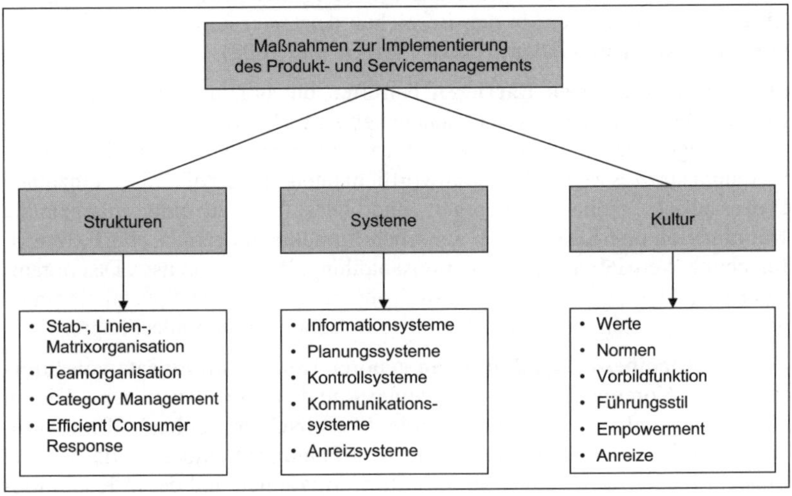

Schaubild 7–2: Maßnahmen zur Implementierung des Produkt- und Servicemanagements (In Anlehnung an Bruhn 2002, S. 33)

7.2 Strukturen des Produkt- und Servicemanagements

7.2.1 Anforderungen und Ansatzpunkte der Organisation des Produkt- und Servicemanagements

Im Rahmen der Organisation des Produktmanagements wird das **Produktmanagement als Institution** eines Unternehmens betrachtet und der Frage nachgegangen, welche Aufgabenträger für die Sicherstellung des Markterfolges der Unternehmensleistungen zuständig sind. Mit dem Produktmanagement verbindet sich das Erfordernis der **Querschnittskoordination**, d.h. der übergreifenden Abstimmung verschiedener Aufgabenbereiche im Hinblick auf die Unternehmensleistungen (*Köhler* 2002, S. 725).

Die Organisation des Produkt- und Servicemanagements bezieht sich sowohl auf die Aufbau- als auch Ablauforganisation. Die **Aufbauorganisation** beinhaltet Fragestellungen der Aufgabenverteilung, der Regelung von Zuständigkeiten und Verantwortungsbereichen zwischen den einzelnen Abteilungen. Die **Ablauforganisation** (auch als Prozessorganisation bezeichnet) umfasst Regelungen für die Abfolge und Koordination der Teilaktivitäten zwischen den vielfältigen internen und externen Marketingaktivitäten (*Schreyögg* 1996). Die organisatorische Gestaltung beschränkt sich jedoch nicht nur auf einen dieser beiden Bereiche. Die getrennte Behandlung von aufbau- und ablauforganisatorischen Fragestellungen bezieht sich lediglich auf die Berücksichtigung von Teilproblemen in unterschiedlichen Phasen des Gestaltungsprozesses. In der Praxis umfassen Organisationsstrukturen immer sowohl aufbau- als auch ablauforganisatorische Komponenten (*Frese* 2000, S. 7).

Der Aufbau und die Veränderung einer Organisation gestaltet sich in der Praxis als ein schwieriger Prozess, da eine Vielzahl von Teilaktivitäten in Organisationsprozesse einzubinden ist. Im Laufe der Entwicklung von Unternehmen hat sich meistens eine Reihe relativ eigenständiger Abteilungen etabliert, die es zu koordinieren gilt. Dies sind beispielsweise die Abteilungen Produktion, F&E, Vertrieb, Kundendienst, Marktforschung, Marketingkommunikation usw. Mit dieser **organisatorischen Differenzierung** und der Verteilung von Aufgaben auf unterschiedliche Organisationseinheiten werden Spezialisierungsvorteile realisiert, aber gleichzeitig Probleme des Informationsaustausches sowie der Abstimmung zwischen den Abteilungen generiert. Die Gestaltung der Organisation des Produkt- und Servicemanagements bewegt sich in einem Spannungsfeld von Spezialisierung und daraus resultierendem Koordinationsbedarf.

Jedes Unternehmen hat aufgrund der Besonderheiten seiner Märkte, seiner Leistungen sowie seiner Mitarbeitenden seine spezifische Organisation des Produkt- und Servicemanagements zu gestalten. Dabei sind folgende sich aus der marktorientierten Unternehmensführung ergebende **Anforderungen an die Organisation des Produkt- und Servicemanagements** zu berücksichtigen (*Haedrich/Tomczak* 1996, S. 251; *Hüttel* 1998, S. 93f.; *Meffert* 2000, S. 1064f.; *Köhler* 2002, S. 727f.):

- Die Organisation des Produkt- und Servicemanagements hat eine sinnvolle **Integration** aller produkt- und servicepolitischen Aktivitäten sicherzustellen. Ein integriertes Produkt- und Servicemanagement ermöglicht die Nutzung von **Synergieeffekten** im Einsatz des produkt- und servicepolitischen Instrumentariums und stellt einen abgestimmten Marktauftritt sicher.
- Die Organisation des Produkt- und Servicemanagements hat einen hohen Grad an **Anpassungsfähigkeit** an Marktveränderungen zu erfüllen, d.h., dass das Produkt- und Servicemanagement in die Lage zu versetzen ist, schnell und flexibel Entscheidungen zu treffen und durchzusetzen.
- Die Organisation des Produkt- und Servicemanagements ist so zu strukturieren, dass eine effiziente **Spezialisierung** der Abteilungen und Mitarbeitenden ermöglicht wird. Auf diese Weise lassen sich die technischen und personellen Ressourcen optimal nutzen.
- Im Hinblick auf Unternehmensstrukturen wird insbesondere eine zu **starke Hierarchisierung** als kontraproduktiv für die Förderung von Inno-

vationen und Kundenorientierung bezeichnet (*Klotz* 2003, S. 4). Als Begründung wird dabei angeführt, dass hierarchische Strukturen zu einer starken Orientierung von Mitarbeitern an ihren jeweiligen Vorgesetzten statt an dem Gesamtunternehmen führen.

– Die Spezialisierung erfordert die **Kooperation** zwischen dem Produkt- und Servicemanagement und den an den verschiedenen produkt- und servicepolitischen Aktivitäten beteiligten und involvierten Abteilungen, wie z.B. Kommunikationsabteilung, F&E, Marktforschung und Produktion.

Die Anforderungen an die Organisation des Produkt- und Servicemanagements dienen im Folgenden als **Leitlinien** für die konkrete Gestaltung der Aufbau- und Ablauforganisationen des Produkt- und Servicemanagements. Die Anforderungen sind aber nicht die alleinigen Entscheidungsvariablen für die Organisationsgestaltung; vielmehr ist es notwendig, weitere Variablen zu berücksichtigen, die einen spezifischen Einfluss auf die Entscheidungen haben. Zu diesen **Kontextvariablen** der Organisationsgestaltung des Produkt- und Servicemanagements zählen insbesondere:

– Unternehmensgröße (Klein- vs. Großunternehmen),
– Leistungsprogramm (homogen vs. heterogen),
– Kundenstruktur (homogen vs. heterogen),
– Technologieeinsatz (industrialisiert vs. individualisiert),
– Umfeldbedingungen (stabil vs. dynamisch).

Zur Umsetzung des Produkt- und Servicemanagements ist die Organisation sämtlicher Aktivitäten im Hinblick auf die Erreichung der definierten Ziele und die Realisierung der angestrebten Strategien auszurichten. Somit sind im Kontext des Produkt- und Servicemanagements zwei **Aufgabenbereiche** angesprochen (Schaubild 7–3):

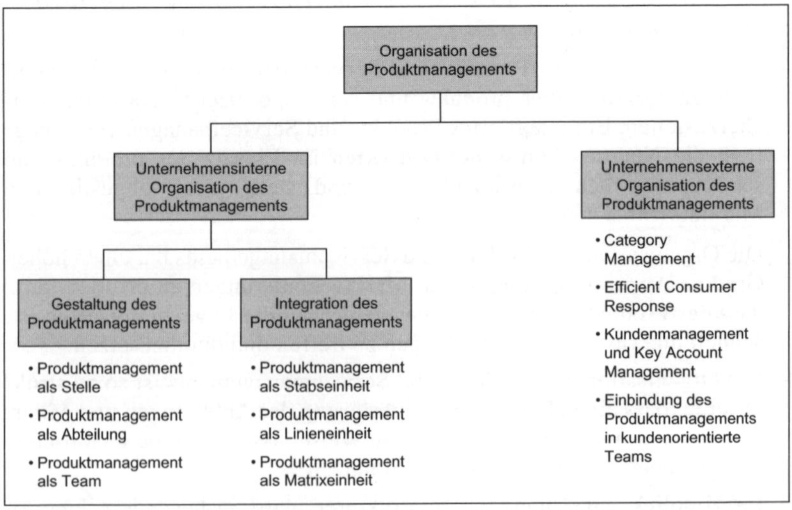

Schaubild 7–3: Organisationskonzepte im Produkt- und Servicemanagement

(1) Die **interne Organisation** des Produkt- und Servicemanagements, die sich mit der Organisation des Produkt- und Servicemanagements selbst sowie der Integration des Produkt- und Servicemanagements in die Unternehmensorganisation auseinandersetzt (Abschnitt 7.2.2) sowie

(2) Die **externe Organisation** des Produkt- und Servicemanagements, die auf die Zusammenarbeit mit externen Stellen, insbesondere Absatzmittlern und Kunden, ausgerichtet ist (Abschnitt 7.2.3).

7.2.2 Interne Organisation des Produkt- und Servicemanagements

7.2.2.1 Aufgaben des Produktmanagers

Die in der Literatur aufgeführten Aufgaben und Funktionen von Produktmanagern sind vielfältig und kaum abschließend zu nennen. Als besonders zentrale Aufgaben von Produktmanagern werden im Allgemeinen funktionsübergreifende Tätigkeiten wie die Vorbereitung neuer und die Begleitung etablierter Leistungen genannt. Die Vielzahl von Aufgaben, für die ein Produktmanager in Bezug auf sein Produkt oder seine Produktgruppe verantwortlich ist, lässt sich vier **Kernaufgaben von Produktmanagern** zuordnen (Schaubild 7–4) (*Diller* 1975, S. 59; *Buro* 1989, S. 344, 359ff.; *Backhaus/Brzoska/Theile* 2002, S. 646):

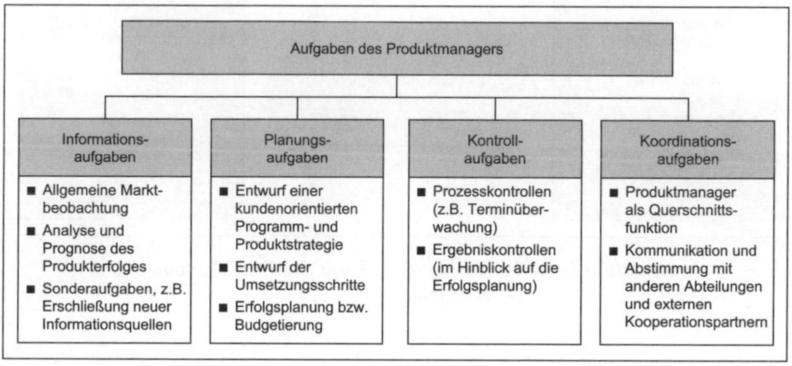

Schaubild 7–4: Aufgaben des Produktmanagers

(1) Informationsaufgaben

Der Produktmanager hat die Aufgabe, alle externen und internen Faktoren, die sein Produkt betreffen, zu analysieren und diese Informationen auch unternehmensintern an die betroffenen Stellen weiterzuleiten. Im Rahmen seiner Informationsaufgaben identifiziert der Produktmanager neue Produktchancen sowie Verbesserungspotenziale für bestehende Produkte.

(2) Planungsaufgaben

Aus den Markt- und Kundenanalysen sind Produktziele abzuleiten und produktbezogene Marketingstrategien zu entwickeln. In Abstimmung mit anderen verantwortlichen Stellen legt der Produktmanager den operativen Produktplan und das notwendige Budget fest.

(3) Kontrollaufgaben

Im Rahmen seiner Kontrollaufgabe überwacht der Produktmanager den prozess- und ergebnisorientierten Erfolg seiner Produkte. Die prozessorientierte Erfolgskontrolle beinhaltet die Überprüfung der sachlichen und inhaltlichen Durchführung der produktbezogenen Aktivitäten. Die ergebnisorientierte Kontrolle umfasst die Messung von Absatzkennzahlen wie Umsatz und Gewinn.

(4) Koordinationsaufgaben

Die Koordinationsaufgabe wird oft als die zentrale Funktion von Produktmanagern bezeichnet. Sie umfasst die arbeitsteiligen, d.h. funktionsübergreifenden Tätigkeiten, die eine sachliche, personelle und zeitliche Abstimmung von Entscheidungen und Handlungen beinhalten. Dies sind horizontale und vertikale Abstimmungsprozesse mit anderen Stellen innerhalb und außerhalb des Unternehmens. Schaubild 7–5 gibt einen Überblick über **unternehmensinterne und -externe Schnittstellen**, die durch Produktmanager zu koordinieren sind.

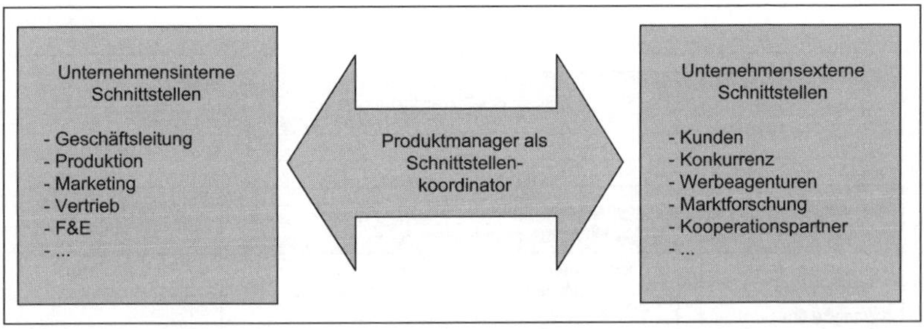

Schaubild 7–5: Koordinationsfunktion des Produktmanagers (Kretschmann 1998, S. 115)

Der Produktmanager erfüllt also gleichermaßen Informations-, Planungs- und Kontrollfunktionen im Rahmen seines Produktmanagements. Er verkörpert einen Koordinator der kundengerichteten Marketingkonzeption einer Leistung und ist Ansprechpartner für sämtliche Abteilungen im Unternehmen, die den Markterfolg „seines" Produktes beeinflussen, z.B. F&E, Produktion, Verkauf, Verkaufsförderung, Rechtsabteilung oder Marktforschung. In diesem Zusammenhang wird auch vom „Mini-Unternehmer" im Unternehmen gesprochen (*Köhler* 2002, S. 725).

Schaubild 7–6 gibt einen Überblick über die **Bedeutung der Aufgaben von Produktmanagern** und deren Veränderung im Zeitverlauf. Die Ermittlung

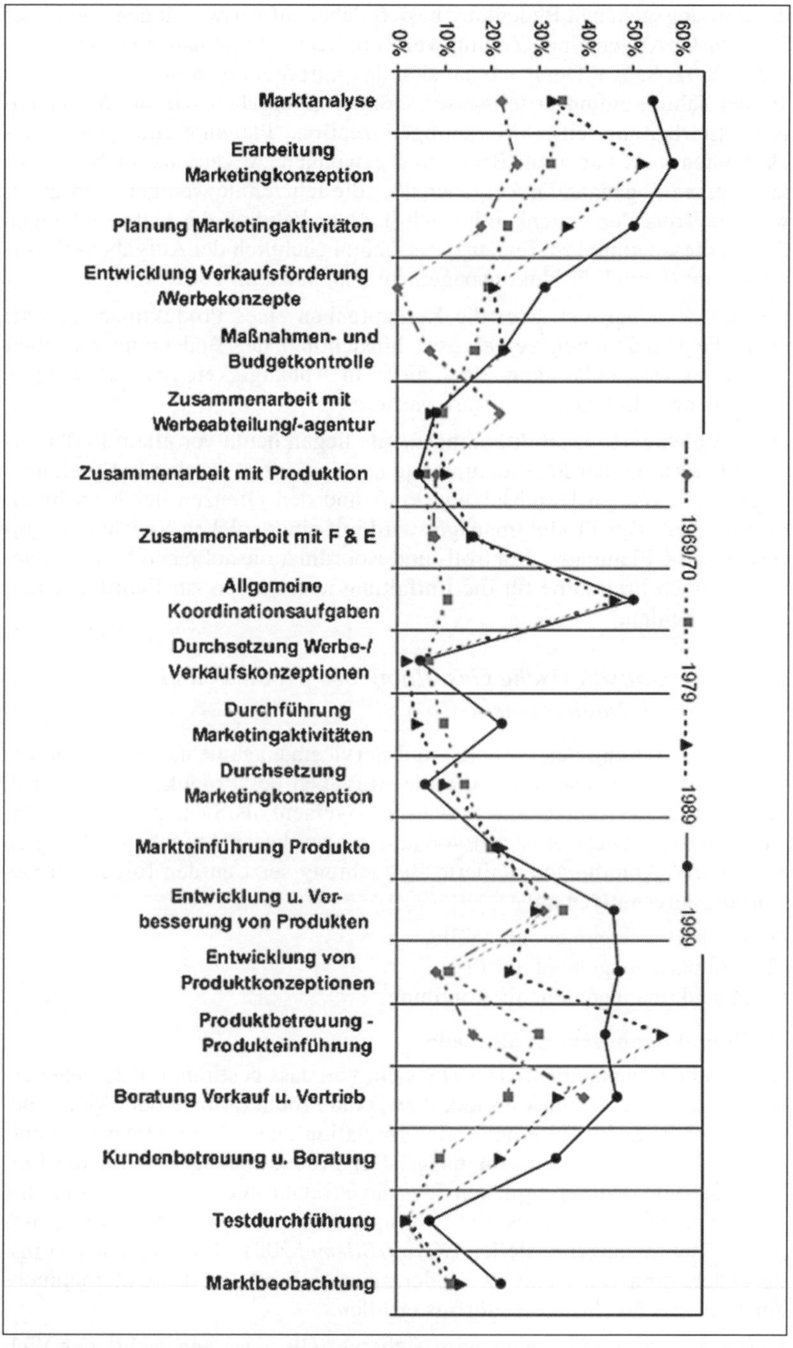

Schaubild 7–6: Überblick über die Bedeutung der Aufgaben von Produktmanagern (Koppelmann 2001, S. 7)

der dort angegebenen Bedeutung basiert dabei auf Auswertungen von in der Frankfurter Allgemeinen Zeitung veröffentlichten Stellenanzeigen (*Koppelmann* 2001, S. 6f.). Demnach hat sich das Anforderungsprofil seit Ende der 1960er Jahre zumindest teilweise verändert. Aufgaben wie die Marktanalyse, Erarbeitung einer Marketingkonzeption, Planung von Marketingaktivitäten usw. haben an Bedeutung gewonnen. Augenscheinlich ist aber kaum eine der genannten Aufgaben über die Jahrzehnte weniger wichtig geworden. Trotz der Bedenken hinsichtlich der Validität der Untersuchungen liefern diese zumindest Tendenzaussagen hinsichtlich der Aufgabenschwerpunkte im Bereich Produktmanagement (*Koppelmann* 2001, S. 7).

Sowohl der Überblick über die Kernaufgaben eines Produktmanagers als auch die Untersuchungsergebnisse hinsichtlich der Bedeutung einzelner Aufgaben vernachlässigen, dass diese in Abhängigkeit der betrachteten Branche bzw. Leistung sehr stark variieren.

Die **Probleme des Produktmanagements** liegen heute vor allem in der Arbeitsüberlastung der Position und – je nach organisatorischer Einbindung – in der mangelnden Durchsetzungskraft und den Grenzen der Koordinationsfähigkeit. Der Produktmanager wird mit einer solchen Vielzahl von Informations-, Planungs-, Kontroll- und Koordinationsaufgaben betraut, dass ihm vielfach Freiräume für die Entfaltung neuer Ideen zur Führung seiner Leistung fehlen.

7.2.2.2 Organisatorische Gestaltung des Produkt- und Servicemanagements

Bei der Gestaltung des Produkt- und Servicemanagements geht es um die Organisation der Institution, die die Aufgaben des Produkt- und Servicemanagements (Produkt- und Servicemanagement als System) hauptverantwortlich trägt. Diese zunächst von anderen an diesen Aufgaben beteiligten Stellen und Abteilungen isolierte Betrachtung setzt an den folgenden **Gestaltungsalternativen** an:

(1) Produktmanagement als Stelle,
(2) Produktmanagement als Team,
(3) Produktmanagement als Abteilung.

(1) Produktmanagement als Stelle

Das Produktmanagement als Stelle sieht vor, dass bestimmte Personen ausschließlich ein spezielles Produkt bzw. eine Produktgruppe oder Marke betreuen. Diese institutionelle Interpretation des Produktmanagements spricht dabei vom **Produktmanager**. Der Produktmanager ist für die Entwicklung von Marketingplänen für sein Produkt und deren Durchsetzung verantwortlich. Für Produkte mit geringem Umsatz lässt sich ein gemeinsamer Produktmanager bestellen (*Kotler/Bliemel* 2001, S. 1247). Dies ist insbesondere sinnvoll, wenn zwei oder mehrere Produkte des Unternehmens ein ähnliches Nachfragerbedürfnis erfüllen.

Durch den Produktmanager wird sichergestellt, dass angesichts der Vielzahl marketingrelevanter Abteilungen und der sich damit ergebenden Komplexität sich eine Person um die gesamte Koordination und Integration des

Marketing eines Produktes bzw. einer Produktgruppe kümmert (strategische Konzeption des Marketing und operative Umsetzung). Dem Produktmanager wird dafür jedoch in der Regel nicht ausreichend formale Autorität eingeräumt. Durch Überredung und Überzeugung hat er die F&E-Abteilung, die Werbeabteilung, den Vertrieb, die Produktion und andere Abteilungen für eine kooperative Zusammenarbeit zu gewinnen. Ein weiteres Problem stellt sich Produktmanagern dadurch, dass es mit zunehmender Macht der großen Handelsketten immer schwieriger wird, eine konsistente, nationale Strategie ohne direkte Zusammenarbeit mit den Handelsunternehmen zu entwickeln.

Die Aufgabe der Produktinnovation wird in Unternehmen teilweise durch **Neuproduktmanager** übernommen, wenn dem Produktmanager ausreichend Zeit sowie die speziellen Kenntnisse fehlen, die für ein effizientes Innovationsmanagement erforderlich sind. Der Neuproduktmanager verfügt über die notwendigen Kenntnisse und Erfahrungen. Ein Nachteil dieser Regelung ist die fehlende Autorität im Unternehmen. Ist der Neuproduktmanager einem Produktgruppenleiter unterstellt, wird der Denkraum häufig auf die entsprechende Produktgruppe beschränkt sein, da die Ideen sonst gegenüber der vorgesetzten Stelle nur schwer durchzusetzen sind.

(2) Produktmanagement als Team

Das Produktmanagement wird organisatorisch des Weiteren in Form von Produktteams umgesetzt. Produktteams lassen sich nach folgenden **Strukturtypen** unterscheiden (*Kotler/Bliemel* 2001, S. 1246) (Schaubild 7–7):

- **Vertikales Produktteam**: Dieses Produktteam besteht aus einem Produktmanager, einem stellvertretenden Produktmanager und einem Produktassistenten.
- **Dreiecksteam**: Das Dreiecksteam ist ein funktionsübergreifendes Team, in dem der Produktmanager von zwei Funktionsspezialisten, wie z.B. aus der Kommunikations- und Marktforschungsabteilung, unterstützt wird.
- **Horizontales Produktteam**: Dieses Team setzt sich aus Mitgliedern verschiedener Abteilungen unter Leitung eines Produktmanagers zusammen und dient zur Lösung spezifischer Abstimmungsprobleme.

Im Zusammenhang mit dem Innovationsmanagement werden auch **Neuproduktteams** eingesetzt. Die Bildung eines solchen Teams, das die Verantwortung für die Entwicklung und Einführung von Leistungsinnovationen trägt, erfolgt nach dem Prinzip des Projektmanagements. Meistens werden die Neuproduktteams aus Mitarbeitern verschiedener Unternehmensfunktionen (z.B. F&E, Controlling, Marketing, Vertrieb) zusammengesetzt. Teilweise werden auch Kunden mit einbezogen. Aufgrund der Zusammenarbeit von Spezialisten aus verschiedenen Funktionsbereichen lässt sich das spezielle Wissen aus diesen Funktionsbereichen nutzen und frühzeitig im Prozess der Neuproduktentwicklung berücksichtigen. Neuproduktteams werden meist speziell für bestimmte Projekte gebildet und werden nach Beendigung des Projektes wieder aufgelöst.

Beispiel: Anpassung der Organisationsstrukturen bei BMW

Die Notwendigkeit zur Anpassung der Organisationsstrukturen wurde bei der *BMW AG* bereits vor einigen Jahren erkannt. Dies konkretisierte sich im Jahre 1991 in einer

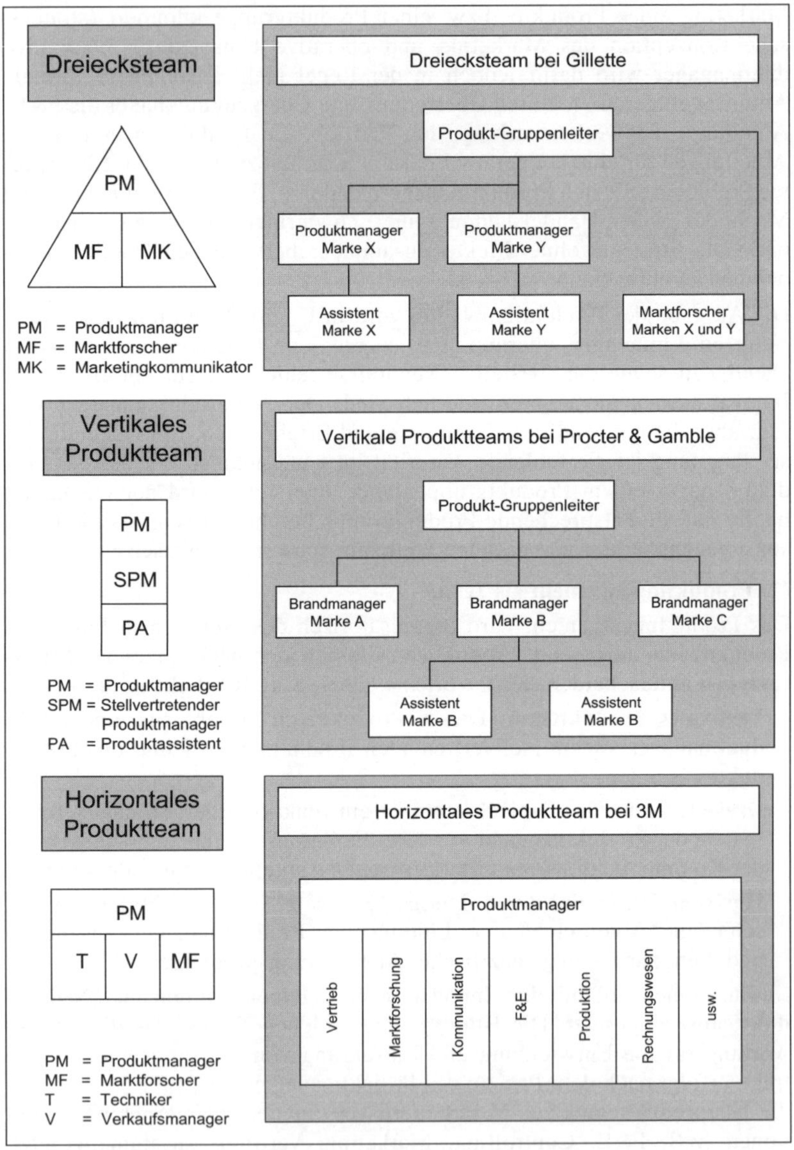

Schaubild 7–7: Organisation von Produktteams (In Anlehnung an Kotler/Bliemel 2001, S. 1246)

so genannten Pilotphase „Arbeitsstrukturen der Zukunft". Die in dieser Phase gesammelten Erkenntnisse führten im Jahre 1995 zu einer konkreten Betriebsvereinbarung, auf dessen Basis sukzessive neue Organisationsformen eingeführt wurden. Basis der neuen Organisation bilden selbständige Arbeitsgruppen mit klar definierten Aufgaben und eigenem Kompetenzbereich. Die Mitarbeitenden werden an den Entscheidungsprozessen beteiligt und gemeinsam werden strategische Entscheidungen getroffen. Um unnötige Schnittstellen abzubauen, werden die Hauptaufgaben des Teams durch Sekundärfunktionen, wie Logistik oder Qualitätssicherung, angereichert. Ergebnis der organisatorischen Veränderung ist eine Steigerung der Produktivität sowie eine Erhöhung der Arbeitszufriedenheit und Produktqualität, die wesentlich zur Steigerung der gesamten Kundenorientierung beitragen (*Bihl et al.* 1997, S. 168ff.).

Als ergänzende Form der Teamorganisation im Produkt- und Servicemanagement sind **Qualitätszirkel** anzusehen (z.B. *Simon/Hess* 1988; *Schubert* 1994; *Bruhn* 2006a). Qualitätszirkel sind auf Dauer angelegte Gesprächsgruppen, bei denen sich fünf bis zehn Mitarbeitende eines oder mehrerer Arbeitsbereiche eines Unternehmens in regelmäßigen Abständen (mindestens einmal im Monat) während oder außerhalb der regulären Arbeitszeit treffen, um ausgewählte Qualitätsprobleme zu diskutieren (*Beriger* 1995, S. 121). Unter Anleitung eines geschulten Moderators sind mit Hilfe spezieller Problemlösungstechniken Lösungsvorschläge zu erarbeiten und deren Umsetzung zumindest zu initiieren und dann auch zu kontrollieren (*Huber* 1992, S. 989). Schaubild 7–8 gibt einen Überblick über die von Unternehmen als bedeutsam eingestuften Ziele von Qualitätszirkeln.

Ziele von Qualitätszirkeln	Bedeutung aus Unternehmenssicht (in Prozent der befragten Unternehmen)
Motivation/Mitarbeiterzufriedenheit	58,8
Produkt-/Servicequalität	52,9
Kosten	47,1
Produktivität	35,3
Kommunikation/Kooperation	27,5
Arbeitsbedingungen	23,5
Personalentwicklung	21,6
Innovation	11,8
Sonstige	7,8

Schaubild 7–8: Ziele von Qualitätszirkeln (Steinle/Eggers/Langemann 1995, S. 38)

(3) Produktmanagement als Abteilung

In größeren Unternehmen, insbesondere der Konsumgüterbranche, liegt häufig eine **Hierarchie des Produktmanagements** vor. Deren Strukturierung lässt sich nach verschiedenen Merkmalen, wie z.B. nach Abnehmergruppen (institutionelle und private Kunden), Ländermärkten oder Produktgruppen, vornehmen.

In der **Konsumgüterbranche** ist die Strukturierung nach Märkten bzw. Produktgruppen üblich. Je nach Anzahl der geführten Produkte ist auch eine kombinierte Strukturierung sinnvoll, indem eine Untergliederung der Märkte nach Produktgruppen erfolgt (*Reidegeld* 1989, S. 610f.).

Innerhalb einer Produktmanagementabteilung starten hier die Nachwuchsführungskräfte ihre Laufbahn als Assistent des Produktmanagers (Junior Produktmanager), werden dann verantwortlicher Produktmanager für eine Marke und erhalten später bei Bewährung die Verantwortung für mehrere Marken einer Produktlinie als Produktgruppenmanager. Nach einer Bewährung als Produktgruppenleiter besteht für sie die Chance, als Marketingleiter in der Hierarchie weiter aufzusteigen.

Im Zusammenhang mit dem Innovationsmanagement werden teilweise auch **Neuproduktabteilungen** eingerichtet, deren Leiter auf einer hohen Hierarchieebene angesiedelt ist. Die Abteilung übernimmt die Aufgaben der Innovationsgewinnung, der Koordination der Leistungsentwicklung und der Bewertungs- sowie Testphase. Die eigentliche Einführungsentscheidung sowie die Vermarktung der Leistung erfolgen in anderen Abteilungen.

7.2.2.3 Aufbauorganisatorische Integration des Produkt- und Servicemanagements

Der Produktmanager trägt die volle Verantwortung für den Erfolg seines Produktes. Dies steht nicht immer im Einklang mit dem formalen Status, der ihm im Rahmen der Marketingorganisation eingeräumt wird. Typischerweise ist das Produktmanagement ein Bestandteil der Marketingabteilung oder technisch orientierter Abteilungen wie beispielsweise F&E. In der Unternehmenspraxis sind die folgenden **Ausprägungsformen organisatorischer Eingliederung** und Kompetenzausstattung des Produktmanagers zu beobachten (*Köhler* 2002, S. 728ff.):

(1) Produktmanagement als Stabsabteilung,
(2) Produktmanagement als Linienabteilung,
(3) Produktmanagement als Element der matrixorientierten Marketingorganisation.

(1) Produktmanagement als Stabsabteilung

Das Produktmanagement als Stabsabteilung arbeitet der Marketing- oder Geschäftseinheitsleitung zu. Die konzeptionellen und analytischen Vorarbeiten des Produktmanagements werden dann von der Marketingleitung im Unternehmen durchgesetzt. Das Produktmanagement selbst verfügt als Stab nicht über die formale Weisungskompetenz, um die geplanten Aktivitäten bei den anderen Funktionen des Unternehmens zu koordinieren und durchzusetzen.

Traditionell ist der Produktmanager als **Stab der Marketingleitung** im Rahmen einer funktionsorientierten Marketingorganisation angesiedelt. Bei der funktionsorientierten Marketingorganisation wird die Marketingabteilung nach marketingspezifischen Funktionen weiter untergliedert, wie z.B. Marketingplanung, Marktforschung, Vertrieb, Kundendienst, Werbung usw. Schaubild 7–9 zeigt beispielhaft das Produktmanagement als Stabsabteilung in einer funktionsorientierten Marketingorganisation. Hierbei hat das Produktmanagement aufgrund der genannten fehlenden Weisungsbefugnisse gegenüber anderen Abteilungen durch eigene Überzeugungskraft und

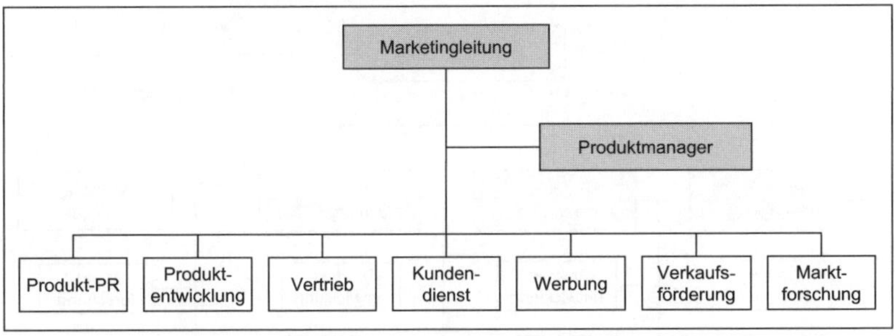

Schaubild 7–9: Beispiel eines Produktmanagements als Stabsabteilung

mit Hilfe seines Expertenwissens die anderen Abteilungsleiter von seinen Anliegen zu überzeugen. Dem Produktmanager kommt allenfalls eine informelle Macht durch die Nähe zur Marketingleitung zu.

Vorteil des Produktmanagements als Stab ist, dass eine Instanz existiert, die sich letztverantwortlich und ausschließlich um alle Belange eines Produktes bzw. einer Produktgruppe kümmert. Von **Nachteil** ist jedoch, dass den Planungs-, Koordinations- und Kontrollpflichten des Produktmanagements keine entsprechenden Weisungsbefugnisse gegenüber stehen. Eine Entlastung der Marketing- bzw. Unternehmensleitung wird nur bedingt erreicht, da der Produktmanager in kritischen Fällen auf deren Unterstützung angewiesen ist. Folglich hat der Produktmanager auf sein Fachwissen und seine Überzeugungskraft zurückzugreifen.

(2) Produktmanagement als Linieninstanz

Beim Produktmanagement als Linieninstanz werden Produktmanager organisatorisch in die Marketingabteilung oder als direkte Unterordnung des Produktmanagements unter die Unternehmens- bzw. Geschäftseinheitsleitung eingegliedert.

Ist der Produktmanager als Linienabteilung in einer **produktorientierten Marketingorganisation** eingerichtet, wird das Produktmanagement gegenüber den anderen funktionalen Linienabteilungen gleichrangig gestellt und verfügt somit auch über den entsprechenden formalen Status zur Durchsetzung von Entscheidungen. Aufgrund der Gleichberechtigung ist jedoch teilweise immer noch eine Unterstützung der Produktmanager durch die Geschäftseinheits- oder Marketingleitung notwendig, um die Ausrichtung von Aktivitäten der anderen Unternehmensfunktionen wie Vertrieb, Produktion und F&E auf die speziellen Anforderungen der vom Produktmanager betreuten Produktgruppe sicherzustellen. Einige Abteilungen, wie etwa die Marktforschungsabteilung, haben für alle Produktsparten Servicecharakter. Schaubild 7–10 zeigt den Aufbau einer produktorientierten Marketingorganisation.

Meistens wird die produktorientierte Marketingorganisation als **Profit-Center-Organisation** realisiert. Dabei ist die Ressortleitung, d.h. der einzelne Produktmanager für den wirtschaftlichen Erfolg verantwortlich. Voraussetzung

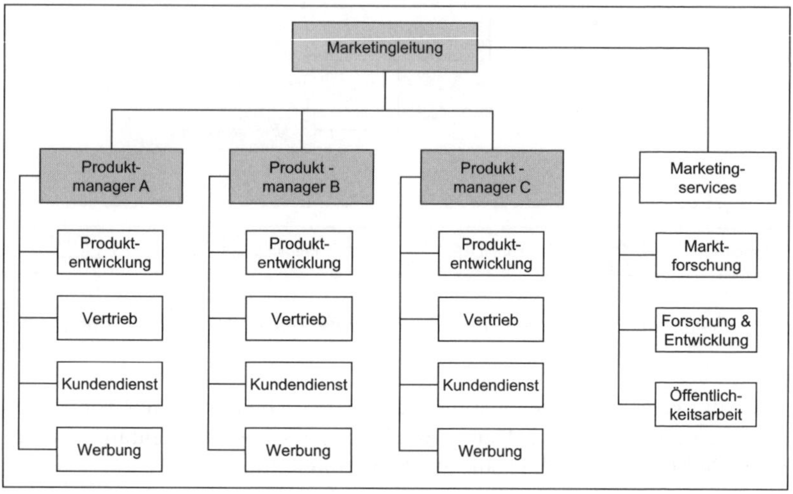

Schaubild 7–10: Beispiel eines Produktmanagements als Linieneinheit

zung für die Zurechenbarkeit der wirtschaftlichen Ergebnisse ist, dass für jede Linie ein identifizierbares Marktsegment existiert.

Neben dem geringen Konfliktpotenzial ist als **Vorteil** zu nennen, dass auf Produktbesonderheiten Bezug genommen wird und durch autonome Organisationseinheiten pro Produktgruppe schnelle und flexible produktspezifische Reaktionen auf Marktveränderungen ermöglicht werden. Als **Nachteil** ist jedoch anzusehen, dass viele unterschiedliche Abteilungen mit ähnlichen Aktivitäten befasst sind. Es werden zwar Produktspezialisierungen, nicht aber Aufgabenspezialisierungen gefördert, so dass Doppelarbeiten und damit Synergieverluste entstehen (Organizational Slack). Eine einheitliche Unternehmenspolitik wird dadurch ebenfalls erschwert. Zur Vermeidung von Parallelarbeiten und zur Sicherstellung einer einheitlichen Erfüllung von Aufgaben, wie z.B. Corporate Identity, werden meist jene Funktionen, die für mehrere oder alle Linien in gleicher Weise anfallen, an zentraler Stelle zusammengefasst.

(3) Produktmanagement als Matrixorganisation

Eine weitere Gestaltungsalternative ist die Eingliederung des Produktmanagements in einer Matrixorganisation. Hier erfolgt die **Strukturierung nach zwei Gliederungskriterien**, die gleichberechtigt nebeneinander stehen und gewissermaßen miteinander konkurrieren. Am häufigsten sind dies die Gliederungskriterien „Funktion" und „Produkte". Schaubild 7–11 zeigt ein Beispiel für eine matrixorientierte Produktmanagementorganisation. Neben diesen beiden Gliederungskriterien sind auch weitere Strukturierungskriterien einer Matrixorganisation denkbar, wie z.B. Kundengruppen, Produktgruppen oder Regionen.

Die Produktmanager und die Manager der einzelnen Funktionen stehen sich wie bei der Linienorganisation gleichrangig gegenüber. Jedoch haben

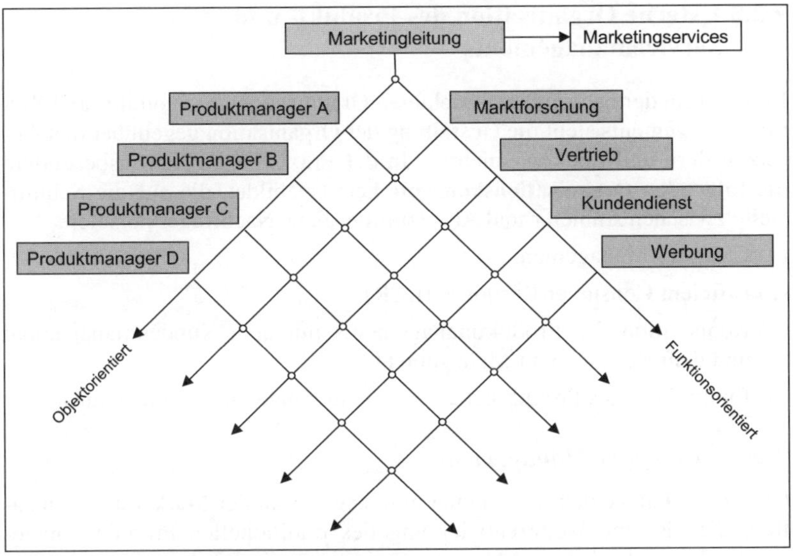

Schaubild 7–11: Beispiel einer matrixorientierten Produktmanagementorganisation

die Produktmanager die Möglichkeit, auf die Mitarbeiter der Funktionsmanager Einfluss zu nehmen. Während die Produktmanager bestimmen, welche Aktivitäten in den einzelnen Funktionen in Bezug auf ihre Produkte durchzuführen sind, legen die Funktionsmanager (z.B. aus Vertrieb, Produktion oder Finanzen) die Gestaltung und die Durchführung dieser Aktivitäten fest. Die Einführung des Produktmanagements als Matrixorganisation ist insbesondere sinnvoll, wenn die zu bewältigenden Aufgaben komplex sind und den gemeinsamen Einsatz von Spezialisten aus verschiedenen Abteilungen erfordern, die betroffenen Mitarbeiter die Fähigkeit zur Kommunikation und Kooperation haben und Konflikte ertragen und austragen können und das Marketingkonzept die Unternehmensphilosophie prägt. Die Matrixorganisation findet sich ausschließlich in Großunternehmen (*Köhler* 2002).

Als **Vorteil** ist zu nennen, dass der Produktmanager als Produktspezialist und Funktionsgeneralist seine Entscheidungen in Übereinstimmung mit Linienmanagern (Produktgeneralisten und Funktionsspezialisten) zu treffen hat. Expertenwissen und gesamtunternehmerische Interessen werden dadurch angemessen berücksichtigt. **Nachteil** ist der hohe Koordinationsaufwand und die mit den vielen Abstimmungsprozessen verbundene Verzögerung der Entscheidungsfindung. Während sich durch Abstimmung zwischen den beteiligten Abteilungen eine höherwertige Synthese erreichen lässt, birgt die Abstimmungsnotwendigkeit in der Matrixorganisation ein erhebliches Konfliktpotenzial.

7.2.3 Externe Organisation des Produkt- und Servicemanagements

Im Zentrum der nach außen gerichteten Organisation des Produkt- und Servicemanagements steht die Gestaltung der Organisation gegenüber den Absatzmittlern und Endkonsumenten. In der Praxis haben sich insbesondere die folgenden **Organisationskonzepte** herausgebildet, die auf die Schnittstelle zwischen Anbieter und Absatzmittler bzw. Nachfrager abzielen:

(1) Category Management,

(2) Efficient Consumer Response (ECR),

(3) Kooperation des Produktmanagements mit dem Kundenmanagement und dem Key Account Management,

(4) Einbindung des Produktmanagements in kundenorientierte Teams.

7.2.3.1 Category Management

Category Management bezeichnet eine neue Form der Marketingorganisation, die als eine Weiterentwicklung des traditionellen Produktmanagements (Stabs-, Linien- und Matrixorganisation) gilt. Die Innovation am Category-Management-Konzept besteht in der gemeinsamen Erkenntnis von Herstellern und Handel, dass der Konsument der gemeinsame Kunde ist, der bei der Kaufentscheidung ein spezifisches Bedürfnis (Bequemlichkeit, Erlebnis usw.) befriedigen will und dabei die Hersteller- und Handelsleistung als integriertes Paket wahrnimmt, ohne bewusst zwischen diesen zu unterscheiden (*Lingenfelder/Kahler/Wiesecke* 2004, S. 69).

> Category Management ist ein wirtschaftsstufen-übergreifendes Prozessmanagement, bei dem Warengruppen durchgängig als selbständige und gewinnverantwortliche Geschäftseinheiten geführt werden, um auf Geschäftsstättenebene die Bedürfnisse der Konsumenten in optimaler Weise zu befriedigen und die eigenen Erlöse zu maximieren.

Die **Ursachen für die Entwicklung des Category Managements** sind vielfältig und sowohl auf der Hersteller- als auch auf der Handelsseite zu suchen (Schaubild 7–12). Dabei sind aus der **Herstellerperspektive** insbesondere zwei zentrale Ursachen hervorzuheben. Zum einen besteht im traditionellen Produktmanagement das Problem, dass der unternehmensinterne Wettbewerb zwischen Produktmanagern, die für unterschiedliche Produkte verantwortlich sind, zu Kannibalisierungseffekten zwischen diesen Produkten führt, so dass sich Synergiepotenziale zwischen den einzelnen Funktionen wie Marketing, F&E und Produktion nicht vollständig ausschöpfen lassen. Zum anderen führte die seit vielen Jahren zunehmende Macht und Professionalisierung des Handels dazu, dass traditionelle Aufgaben des Produktmanagements (Preisfindung, Werbung, Merchandising, Verkaufsförderung) durch den Handel selbst durchgeführt werden. Die Bedeutung der Produktmanager wurde somit eingeschränkt. Mit dem Category Manager wird dem mächtigen Handel ein **produktgruppenübergreifender Ansprechpartner** gegenübergestellt (*Hahne* 1995, 1997; *Krohmer* 2004, S. 115f.).

Herstellerseitige Ursachen	Handelsseitige Ursachen
– Verschiebung der Marktmacht zugunsten des Handels aufgrund der fortschreitenden Konzentration – Vergrößerung der Informationsmacht des Handels durch den Einsatz computergestützter geschlossener Warenwirtschaftssysteme – Forcierung der Handelsmarkenpolitik durch den Handel – Sinkende Markentreue der Verbraucher – Vielzahl konkurrierender Marken, die sich um den knappen Regalplatz bewerben – Geringe Einflussmöglichkeiten auf den Handel durch Produkt- und Key-Account-Management	– Mangelhafte Profilierung der Einkaufsstätten durch austauschbare Sortimente und gleiche Präsentationsformen – Profilierungsversuche gegenüber der Konkurrenz über den Preis verringern die Margen – Starker horizontaler Verdrängungswettbewerb durch preisagressive Anbieter – Möglichkeit der optimalen Integration eigener Marken in das bestehende Sortiment – Möglichkeit des Erhalts qualitativ hochwertiger Handelsmarken durch Produktionsverträge mit etablierten Markenartikelherstellern

Schaubild 7–12: Ursachen für die Entwicklung des Category Managements aus Hersteller- und Handelsperspektive

Zentrales **Ziel des Einsatzes eines Category Managements** ist die langfristige Bindung von Konsumenten an die Marke und Einkaufsstätte durch eine konsequente Kundenorientierung bei der Festlegung des Leistungsangebotes (*Hahne* 1995, 1997). Darüber hinaus wird die Realisation von Synergieeffekten durch die Integration des jeweils spezifischen Know-hows beim Kooperationspartner angestrebt. So werden beispielsweise die täglichen Abverkäufe des Handels im Rahmen eines computergestützen Warenwirtschaftssystems an den Hersteller weitergegeben, der im Gegenzug sein Fachwissen über die Kaufverhaltensweisen spezifischer Zielgruppen bereitstellt. Das Category Management dient schließlich der Optimierung des Marketing durch die Koordination von Marketing- und Vertriebsaktivitäten der von verschiedenen Produktmanagern geführten Produkte und Marken. Die übergeordnete Instanz koordiniert alle Aktivitäten, die Produktüberschneidungen betreffen. Es lässt sich beispielsweise eine Kundenbefragung so ausrichten, dass die Informationen mehrere Produktmanager unterstützen und nicht jeder eine eigene Befragung durchführt. Auch bei Produkten verschiedener Art ist Category Management sinnvoll. Steht die Kundenorientierung im Zentrum, lässt sich ein ganzes Paket an Leistungen vermarkten. So ist es z.B. sinnvoll, im Bereich der Haarpflege eine einheitliche Werbekampagne für das Shampoo und die Spülung anzusetzen (*Köhler* 2002, S. 738). Die gemeinsame Neuproduktentwicklung ermöglicht die Reduzierung der Kosten und Flopraten (*Lingenfelder/Kahler/Wiesecke* 2004, S. 69).

Beispiel: Category Management der Gardena International GmbH

Im Rahmen des Category Managements richtete die *Gardena International GmbH* – Spezialist für Geräte zur Gartenbewässerung – gemeinsam mit der Baumarktkette *Globus* das Sortiment „Pumpen" neu aus mit dem Ziel, durch eine kundenorientierte Sortimentspräsentation den Kunden die Auswahl der Produkte in den eher unübersichtlichen Baumärkten zu erleichtern. Die Zusammenführung der Marktforschungsdaten des Herstellers und der Abverkaufsinformationen aus den Scannerkassen des Händlers bildete die Grundlage für die Abstimmung der Sortimentsstruktur.

Insbesondere der Mangel an Produktspezialisten bei dem Händler ließ sich durch die Kooperation mit dem Hersteller kompensieren. Nach Abschluss der Umgestaltung der Verkaufsfläche schulte dieser die *Globus*-Berater mit dem Ziel, dass diese durch aktive Beratung der Kundschaft den Absatz des renditeträchtigen Zubehörs fördern (*o.V.* 2004b, S. 44).

Im Rahmen der **organisatorischen Umsetzung** wird den Produktmanagern ein Category Manager als zusätzliche Leitungsinstanz zugewiesen bzw. wird der bisherige Zuständigkeitsbereich von Produktmanagern erweitert. Der Category Manager bzw. das Category Team ist für die Betreuung festgelegter Produktkategorien verantwortlich (Warengruppen) (*Krohmer* 2004, S. 116). Schaubild 7–13 zeigt ein Beispiel für die Struktur eines Category Managements bei *Procter & Gamble*, bei der verschiedene Marken zu den Kategorien Waschmittel und Reinigungsmittel zusammengefasst sind.

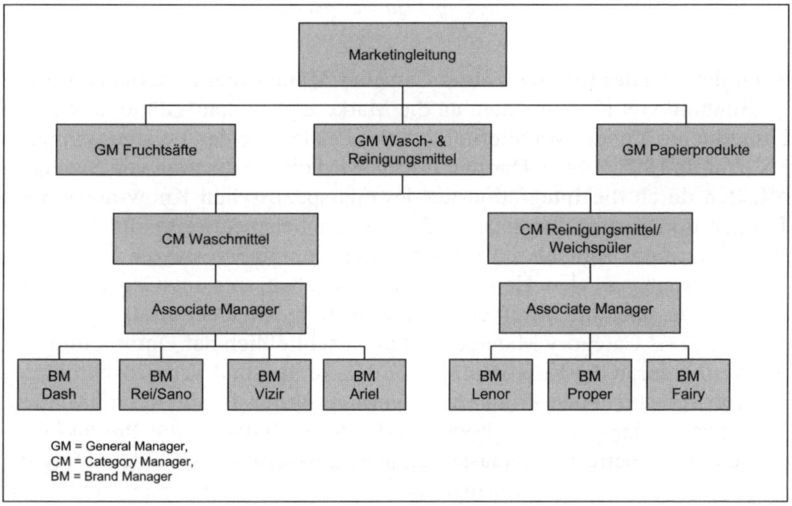

Schaubild 7–13: Category Management bei Procter & Gamble

Zu den **Problembereichen** des Category Managements gehören insbesondere die Verteilung der Gewinnspanne eines Produktes auf die Marktpartner, die Tendenz des Handels, verstärkt eigene Marken in die einzelnen Warengruppen zu integrieren und diese zu unterstützen, Konflikte hinsichtlich der Marketingführerschaft im Absatzkanal sowie Sicherstellung eines engen Informationsaustausches zwischen Hersteller und Handel.

Vor diesem Hintergrund sind wesentliche **Erfolgsfaktoren** eines Category Managements in der gegenseitigen Akzeptanz und dem Vertrauen der Kooperationspartner sowie in der Disziplin bei der Umsetzung der vereinbarten Strategien und Maßnahmen zu sehen. Dies erfordert wiederum die Bereitschaft zu einem permanenten Daten- und Erfahrungsaustausch sowie einer gemeinsamen Erfolgskontrolle.

7.2.3.2 Efficient Consumer Response

Efficient Consumer Response (ECR) bezeichnet eine kundenorientierte und ganzheitliche Betrachtungsweise der Prozesskette vom Hersteller über den Handel bis zum Endverbraucher mit dem Ziel, die Wünsche und den Bedarf des Endverbrauchers schnell und präzise zu ermitteln sowie nachfragegerecht zu decken. Dabei ist der Datenfluss und die Logistikkette zugunsten der Warenverfügbarkeit und der Reduktion der Kosten unternehmensübergreifend zu idealisieren. Anstelle einzelner Kontaktpunkte an der Schnittstelle zwischen Hersteller und Handel (z.B. Key Account Manager und Einkäufer) wird eine unternehmensübergreifende Kooperation angestrebt (Schaubild 7–14).

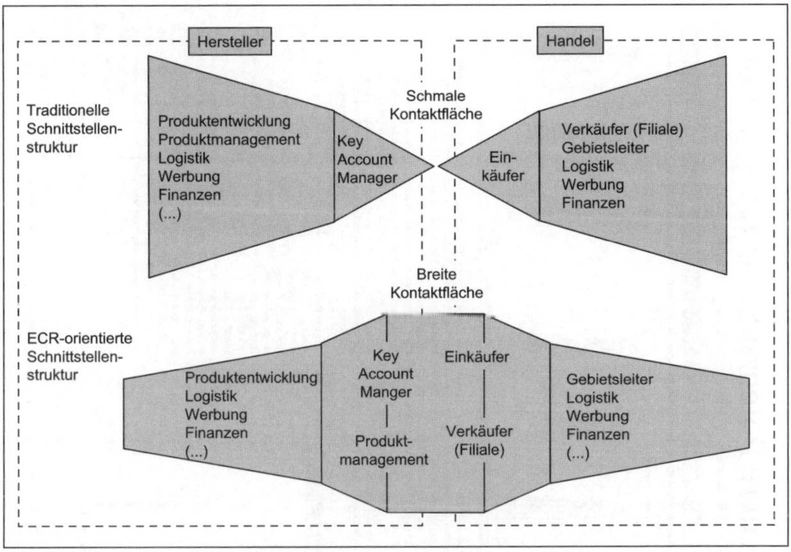

Schaubild 7–14: Schnittstellenstruktur zwischen Hersteller und Handel (Mattmüller/Tundra 2004, S. 174)

Im Rahmen des ECR gehören zu den **Zielen** die Identifikation und Beseitigung von Ineffizienzen entlang der Wertschöpfungskette, um insbesondere durch steigende Kundenzufriedenheit die Gewinne der beteiligten Partner zu maximieren. Von besonderer Bedeutung sind dabei die Ausnutzung von Kostensenkungspotenzialen (z.B. durch niedrigere Lagerbestände und eine damit verbundene Verminderung der Kapitalbindung), Zeiteinsparungen (z.B. durch effiziente Logistikkonzepte und einen elektronischen Informationsaustausch) und die Erhöhung der Umsätze durch die Vermeidung von Fehlmengen. Darüber hinaus stehen die Erhöhung des Servicegrades (z.B. durch die Einhaltung von Lieferterminen und die Vermeidung von Out-of-Stock-Situationen) und Erhöhung der Umsätze (z.B. durch kundenorientierte Produktentwicklung und Sortimentsgestaltung) im Fokus (*Wieczorek* 2004).

Der **Ursprung des ECR** liegt in einem europäischen Zusammenschluss von sieben Händlern (*Albert Heijn, Asko, Auchan, ICA, Promdés, Rewe, La Rinascente*) sowie sieben Herstellern (*Coca-Cola, Johnson & Johnson, Mars, Nestlé, Procter & Gamble, Sardus* sowie *Unilever*) im Jahre 1994 mit dem Ziel, Modelle und Praktiken für das ECR-Konzept zu erarbeiten. Diese ECR Europe Initiative löste eine europaweite Bewegung aus, die dazu führte, dass Ende des Jahres 1997 in nahezu ganz Europa ECR-Konzepte diskutiert und auch realisiert wurden. In einer umfassenden Studie zum Thema ECR im Jahre 2005 wurden als zentrale **Erfolgsfaktoren** für eine gute Wertschöpfungspartnerschaft u.a. der Einsatz moderner Informationstechnologie und das gegenseitige Vertrauen der Partner genannt (Insert 7–1).

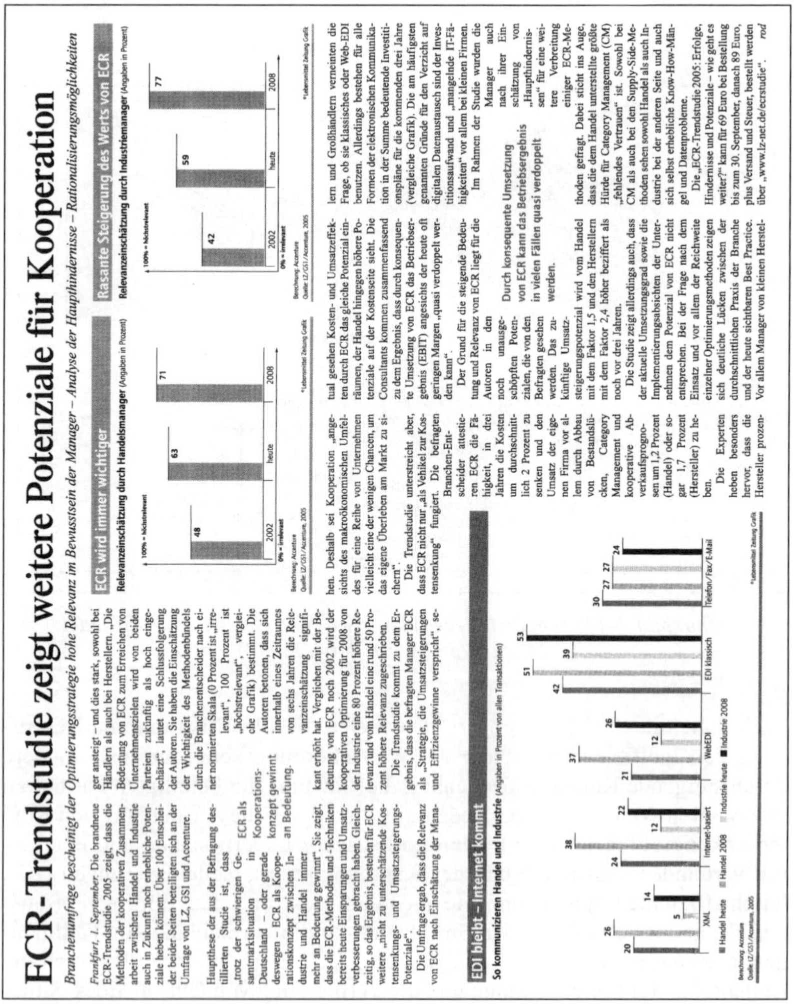

ECR-Trendstudie zeigt weitere Potenziale für Kooperation

Branchenumfrage bescheinigt der Optimierungsstrategie hohe Relevanz im Bewusstsein der Manager – Analyse der Haupthindernisse – Rationalisierungsmöglichkeiten

Frankfurt, 1. September. Die brandneue ECR-Trendstudie 2005 zeigt, dass die Methoden der kooperativen Zusammenarbeit zwischen Handel und Industrie auch in Zukunft noch erhebliche Potenziale heben können. Über 100 Entscheider beider Seiten beteiligten sich an der Umfrage von LZ, GS1 und Accenture.

Hauptthese der aus der Befragung destillierten Studie ist, dass „trotz der schwierigen Gesamtmarktsituation in Deutschland – oder gerade deswegen – ECR als Kooperationskonzept zwischen Industrie und Handel immer mehr an Bedeutung gewinnt". Sie zeigt, dass die ECR-Methoden und -Techniken bereits heute Einsparungen und Umsatzverbesserungen gebracht haben. Gleichzeitig, so das Ergebnis, bestehen für ECR weitere „nicht zu unterschätzende Kostensenkungs- und Umsatzsteigerungs-Potenziale".

Die Umfrage ergab, dass die Relevanz von ECR nach Einschätzung der Manager ansteigt – und dies stark, sowohl bei Händlern als auch bei Herstellern. „Die Bedeutung von ECR zum Erreichen von Unternehmenszielen wird von beiden Parteien zukünftig als hoch eingeschätzt", lautet eine Schlussfolgerung der Autoren. Sie haben die Einschätzung der Wichtigkeit des Methodenbündels durch die Branchenentscheider nach einer normierten Skala (0 Prozent ist „irrelevant", 100 Prozent ist „höchstrelevant", vergleiche Grafik) bestimmt. Die Autoren betonen, dass sich innerhalb eines Zeitraumes von sechs Jahren die Relevanzeinschätzung signifikant erhöht hat. Verglichen mit der Bedeutung von ECR noch 2002 wird der kooperativen Optimierung für 2008 von der Industrie eine 80 Prozent höhere Relevanz und vom Handel eine rund 50 Prozent höhere Relevanz zugeschrieben.

ECR als Kooperationskonzept gewinnt an Bedeutung.

Die Trendstudie kommt zu dem Ergebnis, dass die befragten Manager ECR als „Strategie, die Umsatzsteigerungen und Effizienzgewinne verspricht", sehen. Deshalb sei Kooperation „angesichts des makroökonomischen Umfeldes für eine Reihe von Unternehmen vielleicht eine der wenigen Chancen, um das eigene Überleben am Markt zu sichern".

Die Trendstudie unterstreicht aber, dass ECR nicht nur „als Vehikel zur Kostensenkung" fungiert. Die befragten Branchen-Entscheider attestieren ECR die Fähigkeit, in drei Jahren die Kosten um durchschnittlich 2 Prozent zu senken und den Umsatz der eigenen Firma vor allem durch Abbau von Bestandslücken, Category Management und kooperative Abverkaufsprognosen um 1,2 Prozent (Handel) oder sogar 1,7 Prozent (Hersteller) zu heben.

Die Experten heben besonders hervor, dass die Hersteller prozentual gesehen Kosten- und Umsatzeffekten durch ECR das gleiche Potenzial einräumen, der Handel hingegen höhere Potenziale auf der Kostenseite sieht. Die Consultants kommen zusammenfassend zu dem Ergebnis, dass durch konsequente Umsetzung von ECR das Betriebsergebnis (EBIT) angesichts der heute oft geringen Margen „quasi verdoppelt werden kann".

Der Grund für die steigende Bedeutung und Relevanz von ECR liegt für die Autoren in den noch unausgeschöpften Potenzialen, die von den Befragten gesehen werden. Das zukünftige Umsatzsteigerungspotenzial wird vom Handel mit dem Faktor 1,5 und den Herstellern mit dem Faktor 2,4 höher beziffert als noch vor drei Jahren.

Durch konsequente Umsetzung von ECR kann das Betriebsergebnis in vielen Fällen quasi verdoppelt werden.

Die Studie zeigt allerdings auch, dass der aktuelle Umsetzungsgrad sowie die Implementierungsabsichten der Unternehmen dem Potenzial von ECR nicht entsprechen. Bei der Frage nach dem Einsatz und vor allem der Reichweite einzelner Optimierungsmethoden zeigen sich deutliche Lücken zwischen der durchschnittlichen Praxis der Branche und der heute sichtbaren Best Practice. Vor allem Manager von kleinen Herstellern und Großhändlern verneinten die Frage, ob sie klassisches oder Web-EDI benutzen. Allerdings bestehen für alle Formen der elektronischen Kommunikation in der Summe bedeutende Investitionspläne für die kommenden drei Jahre (vergleiche Grafik). Die am häufigsten genannten Gründe für den Verzicht auf digitalen Datenaustausch sind der Investitionsaufwand und „mangelnde IT-Fähigkeiten" vor allem bei kleinen Firmen.

Im Rahmen der Studie wurden die Manager auch nach ihrer Einschätzung von „Haupthindernissen" für eine weitere Verbreitung einiger ECR-Methoden gefragt. Dabei sticht ins Auge, dass die dem Handel unterstellte größte Hürde für Category Management (CM) „fehlendes Vertrauen" ist. Sowohl bei CM als auch bei den Supply-Side-Methoden sehen sowohl Handel als auch Industrie bei der anderen Seite und auch sich selbst erhebliche Know-How-Mängel und Datenprobleme.

Die „ECR-Trendstudie 2005: Erfolge, Hindernisse und Potenziale – wie geht es weiter?" kann für 69 Euro bei Bestellung bis zum 30. September, danach 89 Euro, plus Versand und Steuer, bestellt werden über „www.lz-net.de/ecrstudie". *rod*

Insert 7–1: Aktuelle Trends im Efficient Consumer Response (ECR) (Lebensmittel Zeitung, 02.09. 2005, S. 74)

Efficient Consumer Response beinhaltet vier zentrale **Basisstrategien** (Schaubild 7–15) (*Wieczorek* 2004):

(1) **Efficient Product Introduction (EPI)** umfasst die Abstimmung zwischen Hersteller und Handel bei der Entwicklung und bei der Markteinführung von Produkten und Packungen mit dem Ziel, das Floprisiko zu senken.

(2) **Efficient Store Assortment (EA)** hat die optimale Nutzung des am Point of Sale zur Verfügung stehenden Platzes und die bedarfsorientierte Gestaltung der Regalfläche zum Gegenstand. Das Space Management stellt dabei das wesentliche Instrument dar (*Günther/Mattmüller* 1993).

(3) **Efficient Promotions (EP)** stimmen die Verkaufsförderungsaktivitäten zwischen Herstellern und Händlern ab, um die Wertschöpfung innerhalb einer Produktkategorie zu maximieren. Hierbei wird die Nachfrage bei gleichzeitiger Vermeidung von Doppelarbeiten stabilisiert.

(4) **Efficient Replenishment (ERP)** hat als logistikorientierte Basisstrategie die Optimierung der Warenversorgung und des damit einhergehenden Informationsflusses zwischen den Kooperationspartnern zum Gegenstand. Ziel ist die Vermeidung von Über- bzw. Unterbevorratung, die stetige Auslastung von Transportkapazitäten (z.B. durch Cross-Docking) sowie die Vereinfachung und Beschleunigung der internen Logistik (*Heydt* 1997).

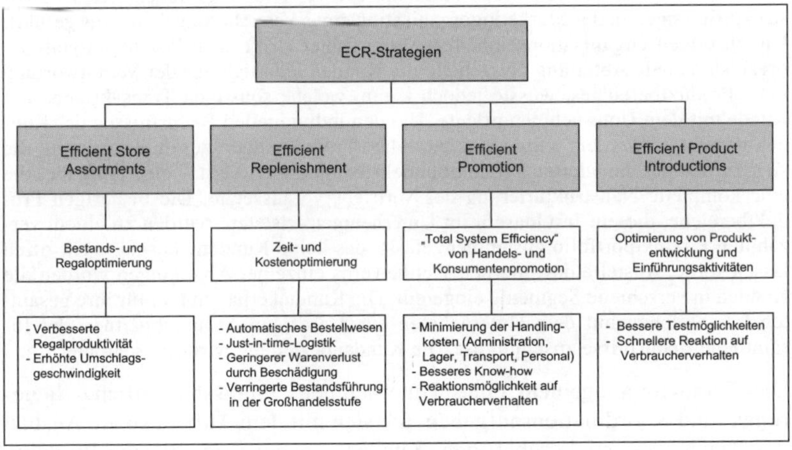

Schaubild 7–15: Basisstrategien des Efficient Consumer Response (Pretzel 1995)

Im zuletzt beschriebenen Modul sind gegenwärtig die meisten Anstrengungen zu beobachten, wobei die eigentlichen Arbeiten von Category Teams erledigt werden (vgl. Abschnitt 7.2.3.1). Während der Handelspartner den Category Captain stellt, ist der Mitarbeiter des Herstellers als Category Advisor wichtiger Entscheidungsberater für die Belange der gesamten Warengruppe (*Wieczorek* 2004).

Insgesamt hat das ECR in Europa bisher noch nicht die breite Akzeptanz und Umsetzung wie in den USA gefunden. Ein Grund dafür liegt wohl in den aufgrund des intensiven Verdrängungswettbewerbs ohnehin geringeren Einsparungspotenzialen auf der Kostenseite. Ein weiterer Grund besteht in der Tatsache, dass bisher der Schwerpunkt der Zusammenarbeit zu stark auf die Supply-Side (ERP) gelegt wurde. Zukünftig sind marketingorientierte Fragestellungen der Demand-Side (EA, EP und EPI) stärker in den Vordergrund der Projektarbeiten zu rücken.

7.2.3.3 Kundenmanagement und Key Account Management

Viele Unternehmen verkaufen eine gleichartige Leistung in unterschiedlichen Märkten und an unterschiedliche Kundengruppen. Wenn die Kunden einer Leistung in Gruppen gleicher Präferenzen zusammengefasst werden können, wird oft ein Kundenmanagement als Organisationsform eingerichtet (*Kotler/Bliemel* 2001, S. 1250). In manchen Unternehmen, wie z.B. der Telekommunikations-, Finanzdienstleistungs- und Automobilbranche, ist beispielsweise ein Kundenmanagement für das Privatkunden- und das Geschäftskundensegment installiert. In Industriegüterbranchen ist häufig eine an den Branchen der Kunden ausgerichtete Organisation des Kundenmanagements zu beobachten.

Beispiel: Kombination von Produkt- und Kundenmanagement

Der wachsende Konkurrenzdruck innerhalb der Versicherungsbranche hat zu Neustrukturierungen in der Marketingorganisation eines Versicherungskonzerns geführt. Die einzelnen Organisationseinheiten waren früher strikt nach Produkten getrennt organisiert. Jede Abteilung betrachtete die Kunden lediglich aus der Verantwortung ihres Produktbereiches, wusste jedoch kaum, welche sonstigen Transaktionen der Kunde mit dem Unternehmen pflegte. Um den individuellen Bedürfnissen der Kunden gerecht zu werden, wurde eine modulare Produktpalette zusammengestellt, die sich zu maßgeschneiderten Produktbündeln kombinieren lässt – eine Aufgabe, die eine komplette Neustrukturierung des Vertriebs voraussetzte. Die bisherigen Produktbereiche, die ein Inseldasein im Unternehmen fristeten, wurden zu einem verzahnten Produktportfolio zusammengefasst, das keine Kundenwünsche mehr offen lassen sollte. Anstelle des internen Wettbewerbs einzelner Abteilungen wurden die Kunden in verschiede Segmente eingeteilt. Die Kunden erhalten nun für ihre gesamten Interaktionen mit dem Unternehmen einen einzigen Ansprechpartner, der für sämtliche Bedürfnisse zuständig ist. Die Kundenbeziehung wird transparenter.

Das **Kundenmanagement** eines Unternehmens umfasst sämtliche Steuerungs- und Koordinationsaufgaben, die sich mit dem Aufbau sowie Ausbau des Kundenstamms beschäftigen. Kundenmanager sind für jene Produkte zuständig, die für einen Kunden in Betracht kommen, und verantworten insbesondere die Planung, Koordination und Kontrolle der auf ihre Kunden gerichteten Marketingaktivitäten. Das **Key Account Management** ist eine besondere Form des Kundenmanagements und hat die Aufgabe der Gestaltung eines an den Bedürfnissen der Key Accounts (Schlüsselkunden) ausgerichteten Marketingmix (*Haedrich/Tomczak* 1996, S. 249).

In der **Konsumgüterbranche** werden die Absatzmittler als Key Accounts aufgefasst. Die Aufgabe, auf die besonderen Belange der Absatzmittler zugeschnittene Marketingkonzeptionen zu entwickeln – in deren Mittelpunkt z.B. Handelsrabatte, Aktionskonditionen, physische Distribution, Servicesysteme, handelsbezogene Marketingplanungs- und -kontrollsysteme – würde den Aufgabenbereich des traditionellen Produktmanagements übersteigen. Deshalb ergänzen Hersteller ihre Produktmanagementorganisation oft um die organisatorische Einheit des Key Account Managers (*Reidegeld* 1989, S. 608).

Sowohl Kundenmanager als auch Key Account Manager sind als Koordinationsstelle zwischen den Kunden und dem Produkt- und Servicemanagement zu verstehen. Sie sind dafür zuständig, die fehlende Markt- und Kundennähe der Produktmanager auszugleichen. Mit Hilfe der folgenden **Koordinationsaktivitäten** lassen sich die Aufgaben des Produkt- und Servicemanagements an die spezifischen Bedürfnissen der Kundensegmente und/oder Key Accounts anpassen:

- **Produktbezogene Aktivitäten** bestehen in der Anpassung von Produkten an die speziellen Bedürfnisse der Kundensegmente bzw. Key Accounts hinsichtlich Design, Verpackung oder Anwendungstechnik. Auch die gemeinsame Neuproduktentwicklung mit Key Accounts und der Austausch von Technologien sind wichtige Aufgabenfelder.
- Im Rahmen der **servicebezogenen Aktivitäten** werden den Key Accounts aus Industriegüter- und investiven Dienstleistungsbranchen sowie Absatzmittlern spezielle Leistungen angeboten, z.B. produktbezogene Schulungen, Marketing-Beratungsleistungen in Form von Marktforschung für die Märkte des Key Accounts, die Durchführung von Kundendiskussionsforen oder das Management von Kundenclubs.
- **Interne Maßnahmen** beziehen sich auf die unternehmensinterne Abstimmung der Aktivitäten, die für die Kundensegmente bzw. Key Accounts erbracht werden. Hierzu gehört die Analyse der kundenbezogenen Informationen durch die Kundenmanager bzw. Key Account Manager (z.B. die Analyse kundenbezogener Kennzahlen wie Umsatzbeitrag, Deckungsbeitrag des Key Accounts sowie Lieferanteil und Wettbewerbsvorteil des Unternehmens beim Key Account, die Analyse der Bedürfnisse der Kundensegmente bzw. Key Accounts, die Analyse des Cross-Selling-Potenzials sowie die Analyse allgemeiner Verbesserungspotenziale in der Geschäftsbeziehung).

Die Koordination von Produkt- und Kunden- bzw. Key Account Management wird teilweise mit Hilfe der Matrixorganisation umgesetzt. Beispielsweise sind in der Textilfasersparte bei *DuPont* Produktmanager für Rayon, Acetat, Nylon, Orlon und Dacron und Kundenmanager für Herrenbekleidung, Damenkleidung, Heimtextilien und industrielle Textilanwender zuständig (Schaubild 7–16; *Kotler/Bliemel* 2001, S. 1251).

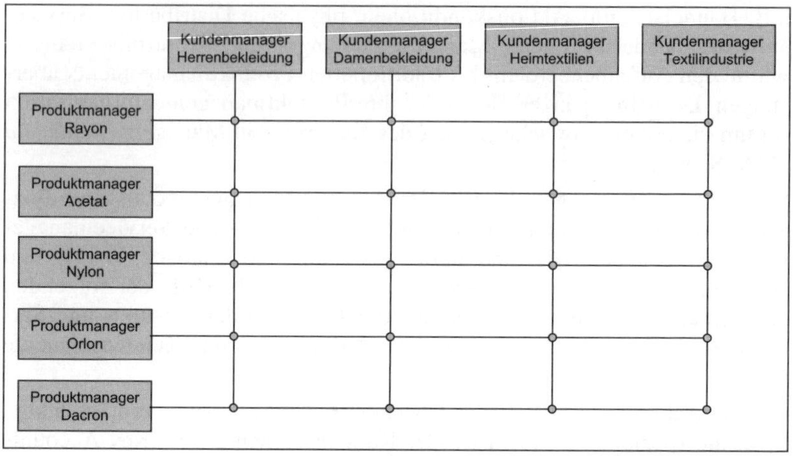

Schaubild 7–16: Produkt- und Kundenmanagement als Matrixorganisation in der Textilsparte von DuPont (Kotler/Bliemel 2001, S. 1252)

7.2.3.4 Einbindung des Produktmanagements in kundenorientierte Teams

Der klassische Produktmanager hat fast keinen direkten Kontakt zu den Kunden seines Produktes. Dies übernimmt in der Regel der Verkauf, das Kundenmanagement oder bei besonders wichtigen Kunden das Key Account Management. In einigen Branchen pflegen jedoch auch Produktmanager intensivere Kontakte zu den Kunden (*Köhler* 2002, S. 739). Dies trifft auf die Gebrauchsgüter- und insbesondere die Industriegüterbranche zu (*Gruner/Garbe/Homburg* 1997, S. 245).

In diesen Branchen erfolgt die Einbindung des Produktmanagements immer mehr in Form von **Kundenteams**, in denen das Produkt- und Kundenmanagement eng zusammenarbeiten, um Kunden eine umfassende Betreuung durch Experten verschiedener Sachgebiete zu bieten (*Köhler* 2002, S. 740). Ziel dieser Kundenteams ist die Verbesserung der Kundenbetreuung, insbesondere wenn das Kundenmanagement dazu z.B. aufgrund einer hohen Programmbreite und einer hohen Komplexität der einzelnen Produkte nicht alleine in der Lage ist und auch eine bilaterale Abstimmung mit dem Produktmanagement nicht ausreicht.

Beispiel: Bildung kundenbezogener Teams bei Procter & Gamble und Volkswagen

Bei *Procter & Gamble* wurde in den 1990er Jahren ein „Customer Business Development Team" innerhalb der Verkaufsorganisation eingerichtet. Es besteht vor allem aus Vertretern der Abteilungen Verkauf, EDV, Logistik, Marktforschung und natürlich aus den verschiedenen Produktmanagern. Eine Teamlösung in Bezug auf das interne Kundenmanagement wurde bei der *Volkswagen AG* eingeführt. Es wurden die Kerngeschäftsprozesse Produktentstehung, Produktionsoptimierung, Beschaffung und Vermarktung definiert, die sich teilweise zeitlich überlappen. Teams, gebildet aus den jeweiligen Bereichen, sorgen für einen reibungslosen Ablauf. Das Produktmanagement ist hier in jedem Team vertreten, so dass es Einfluss von der Konstruktion über Produktion bis hin zum Design gewinnt. Mit diesem System ist das Produktmanagement nicht alleine für die Koordination verantwortlich, sondern auch die Teams entlang des Wertkettenprozesses (*Köhler* 2002, S. 740).

Neben einer Verbesserung der Kundenbetreuung ermöglichen Kundenteams eine stärkere Integration von Kundenbedürfnissen in die Produktmanagementorganisation und damit eine kundenorientierte Produktverbesserung.

7.3 Systeme des Produkt- und Servicemanagements

7.3.1 Anforderungen an die Systeme des Produkt- und Servicemanagements

Neben der Anpassung von Strukturen im Produkt- und Servicemanagement ist im Rahmen einer erfolgreichen Strategieimplementierung gleichzeitig eine Anpassung der Produkt- und Servicemanagementsysteme vorzunehmen. Produkt- und Servicemanagementsysteme bezeichnen sämtliche auf Dauer angelegte (teil-) standardisierte Verfahren, die eine kontinuierliche Bewältigung von Produkt- und Servicemanagementaufgaben erleichtern. Hierbei sind u.a. die folgenden **Anforderungen** zu erfüllen:

- Die Kernanforderung ist die Sicherstellung der **Rationalität** im Willensbildungs- und Entscheidungsprozess. Die Zweckrationalität einer Handlung bemisst sich an der effektiven und effizienten Mittelverwendung bei gegebenen Zwecken.
- Die Absicherung der **Effektivität** bezweckt den Erfolg des produkt- und servicepolitischen Instrumentariums im Hinblick auf die Erreichung einer gewünschten Wirkung bzw. der Erfüllung eines gewünschten Zieles. Effektivität ist keine absolute Größe, sondern erlangt ihre Bedeutung erst im Vergleich zu einer vorherigen, erklärten Absicht.
- Die **Effizienz** stellt auf die Wirtschaftlichkeit von Maßnahmen ab und beurteilt den Erfolg im Verhältnis zu den eingesetzten, in der Regel monetarisierten, Mitteln. Die Effektivität als grundsätzliche Eignung einer Maßnahme ein Ziel zu erreichen, stellt somit eine Voraussetzung für Effizienz dar.
- Der **Bereitstellung der richtigen Informationen** kommt ebenfalls eine wesentliche Bedeutung zu. Ziel ist der Wissensaufbau bei der Willensbildung und -durchsetzung des Managements. Managementsysteme verbinden Willensbildung, -durchsetzung und -kontrolle über Informationsflüsse.

7.3.2 Subsysteme des Produkt- und Servicemanagements

Innerhalb des Managementsystems lassen sich im Allgemeinen verschiedene **Subsysteme**, wie Informations-, Planungs-, Kontroll-, Kommunikationssowie Organisationssysteme unterscheiden (*Althaus* 1995, S. 92; *Küpper* 2001; *Horváth* 2003). Für die Durchsetzung von kunden- und innovationsorientierten Strategien nehmen das Informations-, Planungs-, Kontroll- und Kommunikationssystem eine Schlüsselfunktion ein (Schaubild 7–17).

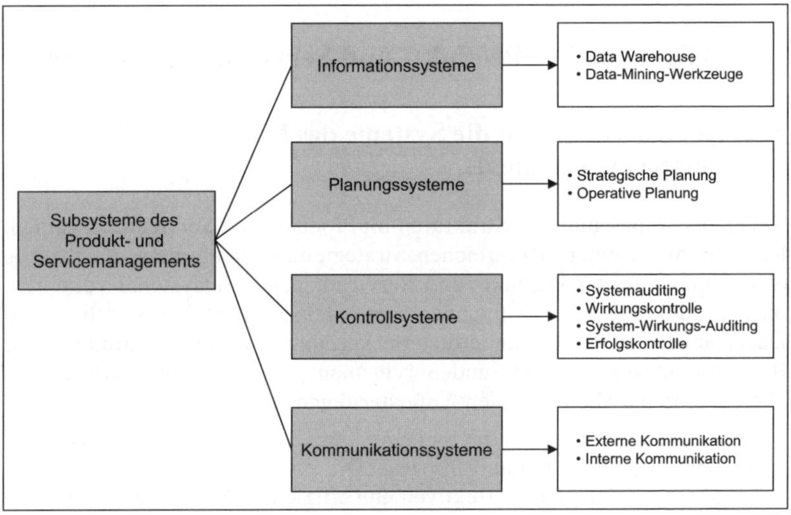

Schaubild 7–17: Subsysteme im Produkt- und Servicemanagement

(1) Informationssystem

Ohne artikelgenaue Bondaten, Daten über Verbundeffekte und Informationen aus Kundenkarten fehlen wesentliche Voraussetzungen für die Steuerung von Leistungen und Leistungsprogrammen. Durch Anpassungen der Informationssysteme ist die permanente Wissensverarbeitung und somit ein kontinuierlicher Lernprozess im Produkt- und Servicemanagement zu ermöglichen.

Beispiel: Informationen über Verbundeffekte bei Tengelmann

Die *Tengelmann Gruppe* fand heraus, dass in ihren Läden Tiernahrung häufig zusammen mit Spielwaren gekauft werden, und folgerte daraus, dass in vielen kinderreichen Familien Tiere gehalten werden. Vor diesem Hintergrund werden heute bei der Tengelmann Gruppe beide Warengruppen als eine Kategorie erfasst (*Ballhaus/Seibold* 2004, S. 56).

Beispiel: Kundeninformationen als Erfolgsursache bei Sharp

Die Entwicklung des ViewCams von *Sharp* basierte zu einem Großteil auf der exakten Analyse der Kundenwünsche. Im Rahmen von Kundeninterviews wurde festgestellt, dass die bisherigen Camcorder-Besitzer weitgehend zufrieden mit den Leistungen der Produkte waren. Allerdings fiel auf, dass Senioren und Frauen im

Kundenprofil stark unterrepräsentiert waren. Viele Senioren konnten den Camcorder aufgrund von Augenproblemen nicht bedienen. Die Zielgruppe der Frauen verzichtete auf dieses Produkt, da der Sucher des Camcorders das Make-up beeinträchtigte. Daraufhin entwickelte *Sharp* ein neues Modell, bei dem statt des Suchers ein kleiner Bildschirm integriert war und so die Kundenprobleme nicht mehr auftreten konnten. Der Erfolg dieser Neueinführung übertraf alle Erwartungen des Unternehmens. In zwei Jahren steigerte sich der Marktanteil von *Sharp* in Japan von 2 auf 20 Prozent (*Griffiths/Buchner* 1999, S. 281ff.).

Zur Entscheidungsfindung im Produkt- und Servicemanagementprozess ist eine Vielzahl unternehmensinterner und -externer Informationen notwendig. Ein Produktmanager hat kontinuierlich konsumenten-, markt- und handelsbezogene Informationen zu sammeln und auszuwerten. Insbesondere die kontinuierliche Ermittlung der Marktanteilsdaten durch die einschlägigen Marktforschungsinstitute (z.B. *Nielsen, GfK*) sind hier zu erwähnen. In der Praxis wird diese erforderliche Verbindung zwischen internen Daten aus dem Bereich der F&E und externen Daten aus dem Bereich der Primärforschung nicht immer sichergestellt. Informationssysteme haben die Aufgabe, alle im Rahmen der Planung und Kontrolle notwendigen Informationen in der erforderlichen Genauigkeit und Verdichtung am richtigen Ort und zum richtigen Zeitpunkt bereitzustellen (*Horváth* 2003). Ein Informationssystem umfasst folgende **Elemente** (*Homburg/Krohmer* 2004):

- Bei der **Informationsbedarfsanalyse** ist festzustellen, welche Informationen für programm- und leistungspolitische Entscheidungen benötigt werden. Ein besonderes Problemfeld ist hierbei die Bestimmung des Bedarfs an strategischen Informationen, da vielfach die Relevanz von Informationen für die strategische Planung nur schwer absehbar ist.
- Im Rahmen der **Informationsgewinnung** sind Daten über Nachfrager, Absatzmittler, Wettbewerber sowie das allgemeine Marktumfeld durch eine systematische Marktbeobachtung sowie durch die Interaktion mit Absatzmittlern und Nachfragern im Rahmen der Marktbearbeitung zu generieren. Nur ein Teil der Informationen lässt sich aus unternehmensinternen Quellen beziehen (z.B. über Administrations-, Dispositions- und Abrechnungssysteme); für einen Großteil der Informationen sind unternehmensexterne Quellen im Rahmen der Sekundärforschung oder aber auch eigene Primärforschungen zu nutzen.

Beispiel: Internationale Unterschiede beim Informationsaustausch zwischen Hersteller und Handel

Im Gegensatz zum britischen und niederländischen Markt müssen Hersteller in Deutschland den Handelspartnern Scannerdaten abkaufen. Rohertragsdaten werden auch nicht gegen Bezahlung geliefert. Hier wird allenfalls das Ranking der Produkte beim Rohertrag zugänglich gemacht (*Ballhaus/Seibold* 2004, S. 56).

- Eine **Speicherung von Informationen** ist notwendig, um die zeitliche Divergenz zwischen Informationsverfügbarkeit und -nutzung zu überwinden. In diesem Zusammenhang bietet sich der Aufbau von Datenbanken oder so genannten Data Warehouses an, auf die sämtliche Mitarbeiter bei Bedarf Zugriff haben. Dabei ist eine sinnvolle Strukturierung der Daten von Bedeutung. Zu den Aufgaben der Informationsspeicherung gehört auch die Bewertung von Informationsquellen und Informationen bezüglich Zuverlässigkeit, Gültigkeit usw.

– Im Rahmen der **Informationsverarbeitung** sind die Informationen zu selektieren, zu gewichten und zu aggregieren bzw. zu disaggregieren. Berichtssysteme dienen der Erstellung bzw. Durchführung von standardisierten Analysen und Kontrollaktivitäten (z.B. monatliche Absatz- und Umsatzstatistiken nach Produktgruppen, Kunden und Regionen; Kontinuierliche Marktanteilsentwicklung einzelner Produkte). Darüber hinaus werden spezifischere Sachverhalte in Spezialanalysen gesondert untersucht (z.B. Kundendaten zur Identifikation und Analyse von Kundensegmenten).
– Schließlich dient die **Informationsübermittlung** der Weitergabe von relevanten Informationen an die jeweiligen Stellen. Die Übermittlung von Informationen ist von besonderer Relevanz für den Benutzer, da sich hier zeigt, ob die Informationen zur Problemlösung beitragen. Ferner ist der Informationsaustausch mit vor- und nachgelagerten Partnern – beispielsweise über Electronic Data Interchange (EDI) – sicherzustellen.

Aus den beschriebenen Aufgaben, die durch die Informationssysteme wahrgenommen werden, ergibt sich für das Produkt- und Servicemanagement u.a. die Notwendigkeit, die vorhandenen Technologien bzw. die IT-Infrastruktur zu evaluieren und zielgerichtet analytische, operative und kommunikative Informationssysteme einzusetzen. Zentrale Gestaltungsaspekte betreffen hierbei den Aufbau einer **integrierten Datenbank**, die alle Anspruchsgruppen berücksichtigt sowie die Sammlung, Speicherung, Auswertung und Weiterleitung sämtlicher relevanten Informationen von diesen Anspruchsgruppen an die Produktmanager ermöglicht. In diesem Zusammenhang ist der Einsatz von **Data-Mining-Werkzeugen** von besonderer Bedeutung. Diese Tools ermitteln relevante Informationen aus Massendaten unter Verwendung von Methoden aus den Bereichen wissensbasierter Systeme und der Statistik (*Lusti* 2001). So ist es z.B. möglich, einen Vergleich von Reaktionsdaten vorzunehmen, um Kunden zu identifizieren, die z.B. auf eine neue Leistungsvariante ähnlich reagieren. Diese Datengrundlage dient dazu, zielgruppenspezifische Produkt- und Servicestrategien abzuleiten.

Beispiel: Technische Umsetzung des Informationsaustausches beim Drogeriemarkt dm

Der Drogeriemarkt *dm* führte bereits zu Beginn der 1980er Jahre Scannerkassen ein und bietet seit dem Jahre 2001 seinen Lieferanten einen Zugriff auf viele wichtige Handelsdaten über das Extranet. Den angebundenen Herstellern ist es so möglich, die PoS-Daten einzelner Verkaufsmärkte sowie auch Performance-Daten zur Belieferung der dm-Warenlager abzurufen. Das System stellt beispielsweise sowohl Umsatz- und Deckungsbeitragszahlen einzelner Produkte als auch Abweichungen im Zeitverlauf dar (*Ballhaus/Seibold* 2004, S. 57).

(2) Planungssysteme

Planungssysteme dienen der Unterstützung, Abstimmung und Koordination von produkt- und servicepolitischen Planungsfragen, d.h. der Bestimmung von programm- und leistungsbezogenen Zielen, Aktivitäten und Budgets.

Im Rahmen von Planungssystemen werden quantitative Produkt- und Serviceplanungsmodelle für wiederholt auftretende Entscheidungsprobleme eingesetzt (z.B. für Absatzprognosen, die Einteilung von Außendienstbezirken, die Zielgruppenselektion oder die Produkt- und Servicebudgetierung) (*Homburg/Krohmer* 2004).

Innerhalb der Planungssysteme ist zwischen strategischer und operativer Sicht zu unterscheiden. Gegenstand der **strategischen Produkt- und Serviceplanung** ist es, künftige Märkte zu analysieren, Marktsegmente auszuwählen und die Gestaltungsgrundsätze für die leistungspolitischen Instrumente festzulegen. Die Instrumente zur Koordination der strategischen Produkt- und Serviceplanung dienen der Strukturierung und Verdichtung von qualitativen und quantitativen Daten. Zur Strukturierung qualitativer Daten werden z.B. SWOT-Analysen, Benchmarking, Szenario-Techniken oder Frühwarnsysteme eingesetzt. Beispiele für die Strukturierung quantitativer Daten sind mehrperiodige Wirtschaftlichkeitsrechnungen und langfristige Budgetierungen. Neben diesen – eher klassischen – Instrumenten zur Unterstützung der strategischen Produkt- und Serviceplanung ist auch das Benchmarking auf Basis der Ergebnisse Nationaler Kundenbarometer (*Bruhn/Murmann* 1998) zu nennen. Hierbei wird anhand der Kundenzufriedenheit und mit dieser in Zusammenhang stehenden Größen (z.B. Kundenbindung) ein Benchmarking innerhalb und außerhalb der Branche ermöglicht.

Die **operative Produkt- und Serviceplanung** dagegen konkretisiert Ziele und Maßnahmen und schätzt die Erfolgskonsequenzen auf kürzere Sicht ab. Das Rechnungswesen repräsentiert die zentrale Informationsbasis der Instrumente zur Koordination der operativen Produkt- und Serviceplanung. Die Daten aus dem Rechnungswesen sind meist durch Daten anderer Bereiche zu ergänzen. Zur umfassenden Wirtschaftlichkeitsbeurteilung sind beispielsweise Daten aus der Marktforschung oder die Meinungen unabhängiger Experten zu berücksichtigen (*Bruhn/Georgi* 1999; *Köhler* 2001, S. 22). Im Rahmen der operativen Produkt- und Serviceplanung werden von Unternehmen jeweils spezifische Instrumente eingesetzt.

Beispiel: Planungssysteme bei Henkel

Das System ARBOR (*Arb*eits*or*ientierung für die Einführung neuer Produkte) des Unternehmens *Henkel* umfasst verbindliche Arbeitsschritte, Testverfahren und Anforderungsnormen, die vor der Einführung eines Neuproduktes zu durchlaufen sind. In anderen Planungssystemen werden beispielsweise Standards für das Agentur-, Verkaufsförderungs- und Verpackungsgestaltungsbriefing, d.h. die im Einzelnen relevanten Aufgaben und die durch das Produktmanagement zu definierenden Inhalte verbindlich festgehalten (z.B. schriftliche Aufgabenstellung, Copy Strategy, Wirkungsziele für ein Agenturbriefing). Für Produkt- und Werbemitteltests sind Standards sowohl in Bezug auf das Testlayout als auch für die im Test zu erfüllenden Normen festgelegt (*Reidegeld* 1989, S. 612f.).

(3) Kontrollsysteme

Im Rahmen der Kontrolle obliegen dem Produktmanager sowohl Ablaufkontrollen, z.B. die Einhaltung der Marktforschungsschritte seitens eines Marktforschungsinstitutes, der Arbeitsschritte einer Werbeagentur oder die Fortschritte im Rahmen einer Produktentwicklung, wie auch Ergebniskontrollen und Abweichungsanalysen (*Köhler* 2002, S. 726ff.). Dabei ist die

Aufgabe von Kontrollsystemen die Prüfung und Beurteilung der Ziele, Strategien und Aktivitäten des Produkt- und Servicemanagements sowie deren Ergebnisse zu unterstützen. Kontrollsystemen kommt darüber hinaus aber auch eine Planungsfunktion zu, da in der Regel auf Grundlage der Kontrollergebnisse eine ursprünglich vorgenommene Planung angepasst wird (z.B. durch das Initiieren von entsprechenden Aktivitäten). Zu den Elementen eines Kontrollsystems gehören das Systemauditing, die Wirkungskontrolle, das System-Wirkungs-Auditing sowie die Erfolgskontrolle (vgl. ausführlich Abschnitt 8.2).

Die Produkt- und Servicekontrolle lässt sich im Hinblick auf die Kontrolle einzelner produkt- und servicepolitischer Aktivitäten (z.B. eine Neuprodukteinführung oder eine Servicedifferenzierung), die Kontrolle bestimmter Organisationseinheiten im Produkt- und Servicemanagement (Produktmanager, Produktteams) und die Kontrolle bestimmter Absatzobjekte (z.B. Produktgruppen, Kundensegmente, Absatzregionen) differenzieren.

(4) Kommunikationssysteme

Kommunikationssysteme zeichnen sich dadurch aus, dass sie eine deutliche Nähe zwischen Unternehmen bzw. Mitarbeitenden und Kunden ermöglichen. Während die externe Kommunikation sich auf die Kommunikation des Unternehmens mit Kunden und Absatzmittlern bezieht, verläuft die interne Kommunikation innerhalb des Unternehmens und beinhaltet zum einen die horizontale Kommunikation der Mitarbeitenden untereinander und zum anderen die vertikale Kommunikation der Vorgesetzten mit ihren Mitarbeitenden. Bei der Implementierung von Kommunikationssystemen ist auf die Möglichkeit der zweiseitigen Kommunikation mit den jeweiligen Anspruchsgruppen zu achten. Die externen und internen asynchronen Formen der Kommunikation ermöglichen dem Adressaten, durch Response-Elemente mit dem Unternehmen in Kontakt zu treten. Jedoch führen erst die synchronen Formen der externen und internen Kommunikation zu einem wirklichen Dialog zwischen beiden Kommunikationspartnern. Der Einsatz multimedialer Kommunikationssysteme ist ein zusätzlicher wichtiger Kommunikationskanal zur Interaktion mit den externen und internen Anspruchsgruppen.

Beispiel: Einsatz von Business TV zur internen Kommunikation von Produktinnovationen

Für den Befestigungs- und Montagetechnikhersteller *Adolf Würth GmbH & Co. KG* war der Zeitfaktor der Hauptgrund, um auf das neue Kommunikationsinstrument Business TV umzusteigen. Seit dem Jahre 1997 werden die Außendienstmitarbeiter des Unternehmens schnell, ausführlich und zeitgleich über Produktneuheiten unterrichtet. Auf diese Weise ist der Außendienst stets aktuell über die umfassende Produktpalette, die *Würth* jedes Jahr auf den Markt bringt, informiert und kann entsprechend schnell am Markt agieren (*media nrw* 1998).

Beispiel: Einsatz des Internet zur externen Kommunikation in der Automobilbranche

Haben in der Automobilbranche bisher fast alle Kundenkontakte über den Händler oder Servicepartner stattgefunden, ist in den vergangenen Jahren parallel dazu ein deutlicher Trend zum Direktkontakt mit dem Hersteller zu beobachten. Insbesondere das Internet führt hierbei zu einer steigenden Informationstransparenz und einfachen Möglichkeit zur Kontaktaufnahme mit dem Hersteller. Kunden nutzen z.B. in der Kaufvorbereitung intensiv die Websites des Herstellers zur Informationsbeschaffung bzw. kontaktieren eine Reihe von Händlern bundesweit per E-Mail auf der Suche nach günstigen Angeboten. Mittlerweile haben z.B. in Deutschland über 50 Prozent der Bevölkerung Zugang zum Internet, in anderen Ländern, wie den USA oder in Skandinavien liegt diese Quote mit über 70 Prozent sogar noch wesentlich höher. Studien zu Folge verwenden 75 Prozent der Internetnutzer dieses Medium zur Informationsbeschaffung vor einem Autokauf. War bisher primär der Händler vor Ort für die Intensivierung der Kundenbindung verantwortlich, gewinnen herstellergestützte, aber intelligent mit dem Handel verknüpfte Loyalisierungsmaßnahmen zunehmend an Bedeutung (*Kloss/Schmidt/Winterhoff* 2005, S. 822).

Beispiel: Call Center zur Erfassung von Kundenbeschwerden bei Henkel
Im Call Center des *Henkel*-Konzerns gehen jährlich ca. 80.000 Anrufe von Konsumenten ein. *Henkel* erfuhr z.B. von Distributionslücken auf der Schwäbischen Alb, da 40 Anrufe die Listung eines neuen Kalklösers in dem dortigen Supermarkt forderten. Ferner wurde mit Hilfe des Servicetelefons festgestellt, dass die Drei-Kilo-Pakete eines Waschmittels aufgrund zu kleiner Tragegriffe nur schwer zu transportieren waren (*Tödtmann* 1998).

7.4 Kultur des Produkt- und Servicemanagements

7.4.1 Anforderungen an die Kultur des Produkt- und Servicemanagements

Eine kunden- und innovationsorientierte Unternehmenskultur gilt als entscheidender Erfolgsfaktor für die Umsetzung der Produkt- und Servicestrategie (Insert 7–2). Der Begriff Unternehmenskultur beschreibt die Grundgesamtheit gemeinsamer Wert- und Normvorstellungen sowie Denk- und Verhaltensmuster, die die Entscheidungen, Handlungen und Aktivitäten der Mitarbeiter eines Unternehmens prägen (*Heinen/Dill* 1990).

Aus den in der Literatur vorhandenen Untersuchungen lassen sich vielfältige Dimensionen einer Unternehmenskultur ableiten. Im Folgenden werden verschiedene **Anforderungen** unterschieden, die eine kunden- und innovationsorientierte Unternehmenskultur zu erfüllen hat:

- Um Kunden- und Innovationsorientierung innerhalb des Unternehmens herzustellen, ist eine Kultur zu schaffen, die eine breite Kompetenz des einzelnen Mitarbeiters im Sinne des **Empowerment** fördert. Dies beinhaltet eine geringe Kontrolle durch die Führungsverantwortlichen (*Hofstede* 1993, S. 212ff.).
- Eine kunden- und innovationsorientierte Unternehmenskultur leitet die Mitarbeitenden dazu, verstärkt **interfunktionale Kooperationen** einzugehen (*Pflesser* 1999, S. 96). Dies ermöglicht einen schnelleren Ablauf zur Erfüllung von Kundenwünschen und fördert die Prozessorientierung.
- Die Organisation des Produkt- und Servicemanagements trägt auch eine Verantwortung hinsichtlich der **Motivation und Teamorientierung** von

MANAGEMENT-SICHT

„Innovationen schnell und unkonventionell umsetzen“

Roger Deromedi

Jan Aström

Peter Brabeck-Letmathe

Alan Lafley

Tiny Sanders

Fotos: LZ-Archiv

Roger Deromedi, Vorstandschef Kraft Foods:

„Wahrscheinlich gab es bei uns in der Vergangenheit zu viele Line-Extensions, die Kannibalisierungseffekte mit sich brachten und kein dauerhaftes Umsatzwachstum gewährleisten konnten. Deshalb ist heute eines unserer Hauptentscheidungskriterien bei der Lancierung von Neuprodukten, ob sie uns und unseren Handelskunden auch längerfristige Erlössteigerungen sichern können. Marken müssen durch neue Geschmacksvarianten und Produktideen frisch gehalten werden, um so das Interesse der Konsumenten neu zu wecken. Wir arbeiten aber auch an wirklich großen „Durchbruch-Ideen“. Hierzu gehörten im vergangenen Jahr unter anderem das „Tassimo“-Heißgetränkesystem oder die vollwertige „Back to Nature“-Range. Kurzum: Wir suchen ständig nach Ideen aus jeder Quelle, hauptsächlich aber bei den Verbrauchern selbst, um zukünftiges Wachstum zu generieren. Als Teil dieses Prozesses will ich, dass unsere Unternehmenskultur noch offener für Veränderungen wird. Wir müssen das Innovationstempo, die Umsetzung neuer Ideen zur Steigerung der Produktivität sowie die Übertragung neuer Produktideen von einem Markt zum anderen beschleunigen.“

Jan Åström, Vorstandschef SCA:

„Im vergangenen Jahr hat unser Konkurrent Procter & Gamble mehr als zwei Milliarden US-Dollar in die Forschung und Entwicklung investiert. Größe allein garantiert aber keine Innovationsqualität. Um unsere Effizienz zu maximieren, haben wir unser Research & Development-Team, das unser globales Category Management unterstützt, in Gotenburg zentralisiert. Außerdem sind wir eine Reihe technischer Joint Venture eingegangen. Vor allem sind wir auf die Geschwindigkeit stolz, mit der wir innovative Ideen umsetzen. Dass wir kleiner sind als die Riesen unserer Branche, ist in diesem Sinne eher ein Vorteil.“

Erhard Schoewel, Europa-Präsident Reckitt Benckiser:

„Wir haben eine ganze Reihe von Innovationen in den Wasch-, Putz- und Reinigungsmittel-Markt eingeführt. Zudem haben wir eine Wachstumsrate in der Sparte Maschinenspülmittel mit andauernden Qualitätsaufwertungen, die den Markt nach oben bewegt haben. Ein weiteres Beispiel liefern die Lufterfrischer, wo wir mit Airwick einen Wachstumsmarkt aus dem

Erhard Schoewel

Nichts gehoben haben. Es ist wirklich so, dass man mit Innovationen auch auf schlafenden Märkten noch Wachstum erzielen kann. Daher investieren wir bereits jährlich viel in Forschung und Entwicklung und werden die Ausgaben weiter steigern. Trotzdem ist es nicht die Höhe der Zahl allein, sondern eher die Fokussierung sowie die Qualität der Mitarbeiter und des Managements. Vor allem muss man den Entwicklungsteams Chancen geben, schnell und auch unkonventionell zu arbeiten. Kurzum glaube ich, dass Research & Development mehr eine Philosophie- als eine Geldfrage ist.“

Peter Brabeck-Letmathe, Vorstandschef Nestlé:

„Will man eine fast neue Produktkategorie aufbauen, kann man nicht erwarten, dass auf Knopfdruck ein Markt entsteht. Nutrition, was man nur notdürftig mit werthaltiger Ernährung übersetzen kann, erfordert eine bedeutend längere Anlaufzeit in puncto Forschung und Entwicklung als bei einem normalen Foodprodukt. Im Gegensatz zu den vielen Opportunisten, die nur auf der Welle reiten und ihre Claims mit negativen Folgen in den Raum stellen, führen wir natürlich auch ausführliche klinische Versuche durch. So liegt die Entwicklungsperiode eines echten Nutrition-Produktes bei uns zwischen vier und sechs Jahren.

Solche Produkte reichen von der Säuglings- und Kinderernährung über die medizinische Spezialernährung bis hin zur Extremernährung für Spitzensportler wie unsere Power-Bar-Riegel. Erzielen die Produkte im klinischen Versuch ein positives Ergebnis, so patentieren wir sie und wandeln sie mit unserem Marketing-Know-how in eine Marke um. So ist LC1 nicht der Name einer Bakterie, sondern der einer Marke. Des Öfteren ist so aus einem Massenprodukt ohne nennenswerte Wertschöpfung wie Milchpulver eine Powermarke mit einer nutritiven Positionierung geworden.

Unserer Auffassung nach ist Nutrition die nächste große Dimension der Wertschöpfung. Sie ist aus der wissenschaftlich gesicherten Erkenntnis heraus geboren, dass eine gesunde Ernährung für Gesundheit und Wohlbefinden, sprich Wellness, absolut essenziell ist. So betreten wir einen Bereich, wo Forschung und Entwicklung äußerst wichtig sind. Da wir in Forschung & Entwicklung jährlich mehr als 1,4 Milliarden Franken investieren, haben wir hier eine Trumpfkarte. Vieles, was wir heute machen, ist noch kein großes Geschäft, aber in zehn Jahren wird es das sein, und wir müssen heute die Saat streuen.“

Alan Lafley, Vorstandschef Procter & Gamble:

„Innovationsstärke ist das Herzblut eines jeden erfolgreichen Markenartiklers und beste Verteidigung gegen Handelsmarken. Nach den Ergebnissen des US-amerikanischen Konsumforschungsinstituts IRI sind wir bei Einführung neuer Produkte führend in den Vereinigten Staaten und einer Reihe anderer Länder. Nur ein Beispiel unter anderem ist das Medikament gegen Osteoporose, das wir vor etwa vier Jahren unter dem Markennamen Actonel lancierten und womit wir bald eine Milliarde Dollar erlösen werden.

Innovationen sind eine Gewähr für Analysten, dass wir imstande sind, unser Umsatzwachstum nachhaltig anzukurbeln, weil sie sich in unserer Branche nicht nur im Einführungsjahr, sondern über mehrere Jahre hinweg positiv auswirken. In unserer Branche zählen wir zu den größten Investoren in Forschung und Entwicklung. Hinter unserer so genannten „Connect & Develop“-Strategie steckt die Überzeugung, dass unsere Investitionen noch ertragreicher sein werden durch Aufgeschlossenheit auch für externe Ideen und Innovationen.

Inzwischen nutzen wir eine Reihe von extern zugekauften Technologien. Im Falle des US-Herstellers von elektrischen Zahnbürsten SpinBrush übernahmen wir sogar die gesamte Firma. Vor zwei Jahren gingen wir zudem ein Joint Venture ein, um ein neues Medikament zur Behandlung von Diabetes herzustellen.

Ferner fördern wir den Austausch von Know-how zwischen unseren vier globalen Geschäftseinheiten. Ein Beispiel sind unter anderem die „Crest WhiteStrips“ im Mundpflegesortiment, die die Technologie aus unserem Papiergeschäft mit einer milden, sicheren Chemietechnologie aus unserem Haushaltspflegebereich kombinieren.“

Tiny Sanders, Hauptgeschäftsführer Campina:

„Bei steigenden Kosten und einem insgesamt stagnierenden Konsum ist Innovation die einzige Möglichkeit, die Rendite dennoch zu steigern. Ein gutes Beispiel ist das Nutri-Start-Trinkfrühstück auf dem Gesundheitsmarkt, der in den Niederlanden seit dem Jahr 2000 stark gewachsen ist. Wenn wir auch weniger Milch vermarkten, durch Innovation haben wir trotzdem mehr verdient. Tatsächlich kommt ein Drittel unserer Umsätze aus neuen Initiativen in der Forschung und Entwicklung. Aus diesem Grund beschäftigen wir mehrere hundert Menschen in diesem Bereich. Mit Spezialprodukten für die Pharmaindustrie und andere Industriekunden sowie beispielsweise durch ein von uns entwickeltes Patent für Lactofarine, die Coli-Bakterien auf Fleisch abtöten, sind wir zuversichtlich, in diesen Bereichen überdurchschnittlich wachsen zu können und tätigen entsprechende Akquisitionen.“ ■

Mit den befragten Managern sprach LZ-Redakteur Mike Dawson.

Insert 7–2: Unternehmenskultur als Erfolgsfaktor für Innovationen (Lebensmittel Zeitung, 02.09.2005, S. 38)

Mitarbeitenden. Der Marketingbereich hat sich mit Blick auf die notwendige Orientierung am Kunden und am Markt als ein „großes Team“ zu verstehen, das kooperativ Problemlösungen erarbeitet. Die Identifikation wird erhöht, wenn das Marketingmanagement das „Wir-Gefühl“ der Gruppe und die **Marketingkultur** der Abteilung nachdrücklich fördert.

– Die Organisation des Produkt- und Servicemanagements hat Mitarbeitenden genügend Freiräume zu bieten, um deren **Kreativität** und **Innovationsbereitschaft** zu fördern. Nur in einem innovationsfreundlichen Unternehmensklima gedeihen kreative Problemlösungen für das Unternehmen und seine Kunden.

7.4.2 Anpassung der Kultur

Sämtliche Ansätze des Produkt- und Servicemanagements lassen sich nur dann erfolgreich umsetzen, wenn sie von den Mitarbeitenden getragen und aktiv gestaltet werden. Dies impliziert für den Mitarbeitenden bzw. das Unternehmen, dass gerade in sich schnell verändernden Wettbewerbssituationen der Wille zur ständigen Anpassung und Veränderung in der Unternehmenskultur verankert wird und die Bedeutung der Innovations- und Kundenorientierung allgemein bekannt und anerkannt ist (*Diller/Müllner* 1998, S. 1230). Über die Frage der Anpassungsfähigkeit bestehender Kulturtypen wurde in der Vergangenheit intensiv und vor allem kontrovers diskutiert (*Homburg* 2000). Mittlerweile hat sich jedoch die Erkenntnis durchgesetzt, dass ein Kulturveränderungsprozess – wenn auch nur sehr langsam – durchaus möglich und auch steuerbar ist.

Eine Anpassung der Unternehmenskultur lässt sich auf den drei **Ebenen** Unternehmen, Gruppe/Abteilungen und Individuum vornehmen.

Auf **Unternehmensebene** ist – im Sinne einer Konsenskultur – ein Selbstverständnis des Unternehmens zu schaffen, das zu einem innovations- und kundenorientierten Verhalten aller Mitarbeitenden führt. Ziel ist eine Stärkung der impliziten und expliziten Werte des Unternehmens und des Handelns der Mitarbeitenden. Hier geht es darum, die Wichtigkeit des gemeinsamen Handelns für die Allgemeinheit, aber auch für das Individuum in den Vordergrund zu stellen. *Hewlett Packard* etwa hat so über Jahre hinweg eine kultartige Zusammengehörigkeit seiner F&E-Belegschaft entwickelt. Am ehesten ist dies durch Leitsätze, Visionen oder die Philosophie eines Unternehmens mit dem Schwerpunkt auf Qualitätsführerschaft oder Kundenorientierung zu prägen. Auch das Commitment des Top Managements in Bezug auf den Stellenwert von Innovation und Kundenorientierung spielt dabei eine wichtige Rolle.

Beispiel: Stellenwert von Innovationen im Top Management

Neun von zehn F&E-Managern beklagen, dass sich ihr Vorstand zu wenig um ihre Aufgaben und Projekte kümmert. Dabei zeigen Erfolgsbeispiele aus der Konsumgüterindustrie, wie wichtig das persönliche Engagement und die enge Führung durch den Vorstandsvorsitzenden für die Innovationskraft des Unternehmens sein kann: Bei *Gillette* hat der ehemalige Vorstandsvorsitzende Alfred M. Zeien mehr als die Hälfte seiner Zeit dem Innovationsmanagement gewidmet; bei *Puma* investiert Jochen Zeitz viel Zeit in die Analyse langfristiger Konsumententrends, und bei *L'Oréal* betreut Lindsay Owen-Jones einige der F&E-Projekte persönlich (*Barrenstein/Junghans* 2002, S. 12).

Neben der so genannten Einheitskultur, die im gesamten Unternehmen vorherrscht, entstehen insbesondere in divisionalisierten, dezentral organisierten Unternehmen **Subkulturen** und existieren neben der Einheitskultur. Da Subkulturen in der Lage sind, eine Entwicklung einer stark ausgeprägten Einheitskultur zu verhindern, ist es ebenso wichtig, dass auf Abteilungsebene die Unternehmensgrundsätze, Prämissen und Werte durchgesetzt werden.

Auf **individueller Ebene** sind Entscheidungsrechte zu verlagern und autonome Handlungsspielräume auf Mitarbeitende unterer Hierarchieebenen zu übertragen. Insbesondere der Führungsstil und das Empowerment führen zu einer verstärkten Innovations- und Kundenorientierung der Mitarbeitenden. Darüber hinaus stellen kunden- und innovationsorientierte Anreizsysteme ein wichtiges Instrument dar.

Der **Führungsstil** und das Führungsverhalten können zum einen als bestimmte Formen der Zusammenarbeit im Unternehmen betrachtet werden, zum anderen spiegeln sich in ihnen typische Merkmale der Beziehungen zwischen Vorgesetzten und Mitarbeitenden wider. Die Auffassungen über Führungsstile gehen weit auseinander. Ebenso ist in der Praxis eine große Bandbreite im Führungsverständnis festzustellen. Dabei ist die Tatsache wichtig, dass der Führungsstil von Vorgesetzten die Motivation der Mitarbeitenden stark beeinflusst.

Empowerment bezeichnet eine Kompetenzerweiterung, d.h., eine Verlagerung von Entscheidungsrechten sowie die Übertragung autonomer Handlungsspielräume auf Mitarbeitende unterer Hierarchieebenen (*Brymer* 1991, S. 59). Diese Vorgehensweise hat insbesondere im Dienstleistungssektor eine große Beachtung gefunden, weil durch eine Stärkung der Kundenkontaktmitarbeiter eine verstärkte Kundennähe realisiert wird. Des Weiteren wird eine Verbesserung in verschiedenen Kundenprozessen erzielt (z.B. schnellere Problemlösung in Beschwerdesituationen), wodurch sich wiederum positive Effekte auf die Kostenstruktur ergeben (z.B. weniger Kosten durch Einsparung von Bearbeitungszeit).

Beispiel: Innovationskultur bei 3M

In dem Unternehmen *3M* stehen den Forschungsteams 15 Prozent ihrer Arbeitszeit für Projekte ihrer eigenen Wahl zur Verfügung. Diese Kultur gilt für alle *3M*-Gesellschaften – egal in welchem Land. Weitere Prinzipien bei *3M* sind im „Spirit of Innovation" festgehalten und lauten wie folgt (http://cms.3m.com/cms/AT/de/1–15/uruuEX/view.jhtml, Zugriff am 19.11.2005):

(1) „Je mehr unser Unternehmen wächst, desto wichtiger wird es, Verantwortung zu delegieren und die Mitarbeiter zu Eigeninitiative aufzufordern. Das verlangt ein hohes Maß an Toleranz. Mitarbeiter, denen wir Autorität und Verantwortung übertragen, wollen – wenn sie gut sind – ihre Aufgaben selbständig erledigen."

(2) „Fehler wird es immer geben. Aber die Fehler der Mitarbeiter, die meist die richtigen Dinge tun, sind nicht so gravierend wie die, die dadurch entstehen, dass das Management den Verantwortlichen genau vorschreiben will, wie sie ihre Arbeit zu verrichten haben."

(3) „Ein Management, das überkritisch auf Fehler reagiert, zerstört Eigeninitiative. Doch Mitarbeiter mit persönlichem Engagement sind lebenswichtig, wenn ein Unternehmen weiter wachsen will."

Ein **Anreizsystem** dient der Leistungssteigerung von Mitarbeitenden und der Erhöhung des Kosten- und Qualitätsbewusstseins. Anreize sind beispielsweise monetäre Anreize (z.B. Bonuszahlungen, Aktienoptionen, Firmenwagen), nichtmonetäre Anreize (z.B. größere Zeitflexibilität durch Sonderurlaube oder persönliche Anerkennung).

Es bleibt festzuhalten, dass noch zahlreiche offene Problemfelder existieren, die zur Überwindung der bestehenden Implementierungslücken zu beseitigen sind. Im Vordergrund stehen Veränderungsprozesse, die individuelle, gruppenbezogene und organisationale Anpassungen bewirken. Nur wenn die Strukturen, Systeme und Kultur adäquat verändert werden, sind die Voraussetzungen zur Implementierung eines innovations- und kundenorientierten Produkt- und Servicemanagements gegeben. Der Umsetzungserfolg zeigt sich schließlich darin, inwiefern die strategischen und operativen Ziele erreicht worden sind. Die Kontrolle des Produkt- und Servicemanagementerfolges ist eine wichtige Fragestellung, der im folgenden Kapitel nachgegangen wird.

8 Controlling des Produkt- und Servicemanagements

Ein strategisches Konzept des Produkt- und Servicemanagements und dazugehörende Maßnahmen sind nur dann mittelfristig erfolgreich, wenn eine Kontrolle der Aktivitäten und ihrer Wirkungen vorgenommen wird. Dabei ist das Controlling des Produkt- und Servicemanagements, auch wenn es als Kontrollphase „am Ende" des Planungsprozesses angesiedelt ist, als eine proaktive und kontinuierliche Kontrollaktivität aufzufassen.

Aufbauend auf der Abgrenzung von Begriffen und Aufgaben des Produkt- und Servicecontrolling (Abschnitt 8.1) ist das Produkt- und Servicecontrolling in Teilsysteme zu untergliedern, die der Bewältigung dieser Aufgaben dienen (Abschnitt 8.2). Dabei sind im Rahmen des Controlling im Produkt- und Servicemanagement folgende Teilsysteme von Relevanz, für die es jeweils Konzepte und Methoden zu entwickeln gilt (Schaubild 8–1):

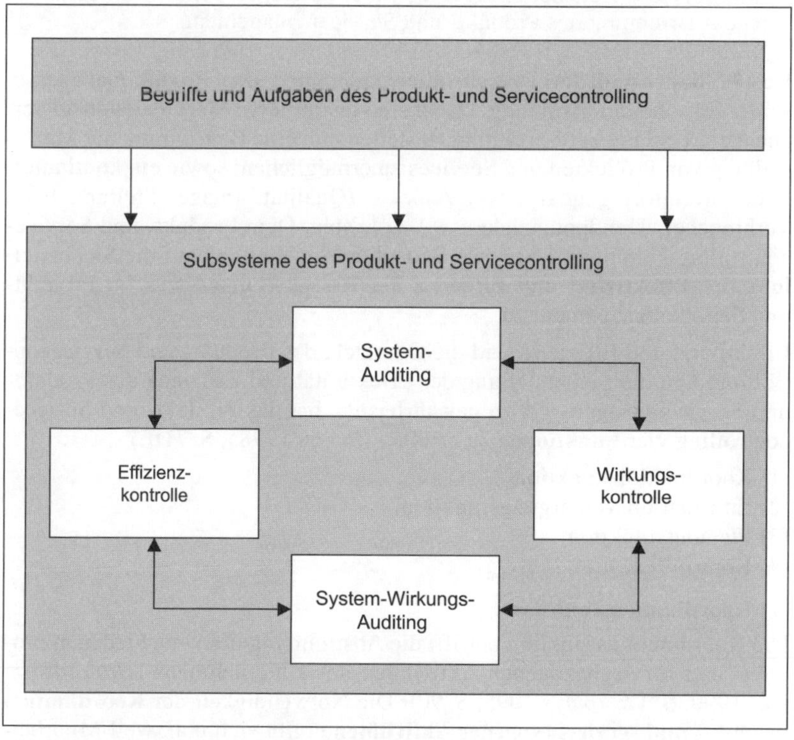

Schaubild 8–1: Controlling des Produkt- und Servicemanagements

- System-Auditing des Produkt- und Servicemanagements (Abschnitt 8.3),
- Wirkungskontrolle des Produkt- und Servicemanagements (Abschnitt 8.4),
- System-Wirkungs-Auditing des Produkt- und Servicemanagements (Abschnitt 8.5),
- Effizienzkontrolle des Produkt- und Servicemanagements (Abschnitt 8.6).

8.1 Begriff und Aufgaben des Produkt- und Servicecontrolling

Das Produkt- und Servicecontrolling stellt eine (Teil-) Perspektive des Marketingcontrolling dar. Alle produkt- und servicerelevanten Aspekte des Marketingcontrolling sind Teil des Produkt- und Servicecontrolling.

Produkt- und Servicecontrolling ist die Analyse, Planung, Durchführung und Kontrolle der Unterstützung und Koordination produkt- und servicebezogener Aktivitäten im Hinblick auf eine wirtschaftliche Ausrichtung des Produkt- und Servicemanagements.

Das Produkt- und Servicecontrolling unterstützt den Produktmanager in seiner Entscheidungsfindung. Dabei sind quantitative Marktdaten in ausreichendem Umfang zur Verfügung zu stellen, um eine Beurteilung der Marktstellung von Produkten und Services zu ermöglichen, sowie ein kontinuierliches Monitoring qualitativer Aspekte (Qualität, Image, Stellung beim Verbraucher, Trendpotenziale usw.) zu leisten. Dem Produkt- und Servicecontrolling kommt eine zentrale Bedeutung im Hinblick auf die Sicherstellung der **Effektivität und Effizienz des Ressourceneinsatzes** im Produkt- und Servicemanagement zu.

Effektivität und Effizienz sind die Oberziele des Produkt- und Servicecontrolling. Um die Sicherstellung der Effektivität und Effizienz des Produkt- und Servicemanagements zu gewährleisten, hat das Produkt- und Servicecontrolling vier **Funktionen** zu erfüllen (*Bruhn* 1998a, S. 71ff.):

(1) Koordinationsfunktion,
(2) Informationsversorgungsfunktion,
(3) Planungsfunktion,
(4) Kontrollfunktion.

(1) Koordinationsfunktion

Die Koordinationsfunktion betrifft die Abstimmung der verschiedenen produkt- und servicebezogenen Aktivitäten des Unternehmens (*Horváth/Urban* 1990, S. 12; *Tomys* 1995, S. 90). Die Notwendigkeit der **Koordination produkt- und servicebezogener Aktivitäten** ergibt sich u.a., weil Mitarbeitende der unterschiedlichen Hierarchiestufen Produkt- und Serviceverantwortung tragen. Ferner haben die Aktivitäten zahlreicher Unternehmensbereiche eine Auswirkung auf den Markterfolg der Produkte und Services. Ausgehend von diesen Überlegungen werden zwei **Richtungen der produkt- und servicebezogenen Koordination** unterschieden (*Bruhn* 1998a, S. 73f.):

- Die **horizontale Koordination** dient der Abstimmung der Maßnahmen zwischen den verschiedenen Unternehmensbereichen (F&E, Produktmanagement, Vertrieb, Produktion, Call Center usw.).
- Durch die **vertikale Koordination** werden die produkt- und servicebezogenen Aktivitäten unterschiedlicher Hierarchiestufen aufeinander abgestimmt (Produktmanager, Produktlinien- und -gruppenmanager, Marketingleiter usw.).

(2) Informationsversorgungsfunktion

Im Rahmen des Produkt- und Servicemanagements eines Unternehmens werden zahlreiche produkt- und servicerelevante Informationen generiert. Dem Produkt- und Servicecontrolling kommen dabei im Rahmen der Informationsversorgungsfunktion folgende **Aufgaben** zu (*Bruhn* 1998a, S. 74ff.):

- Verknüpfung der im Rahmen des Produkt- und Servicemanagements generierten Informationen mit weiteren relevanten Informationen (z.B. aus der Marktforschung und dem Rechnungswesen) (*Horváth/Urban* 1990, S. 54f.),
- Verdichtung und Kombination aller im Unternehmen vorhandenen produkt- und servicebezogenen Informationen,
- Beschaffung von nicht im Unternehmen vorhandenen produkt- und servicebezogenen Informationen (z.B. Wettbewerbsdaten zum Benchmarking).

Zur Sicherstellung der Informationsversorgungsfunktion ist eine Orientierung an den **Phasen des Informationsprozesses** sinnvoll, d.h., der Informationsbedarfsanalyse, Informationsbeschaffung, Informationsaufbereitung und -speicherung sowie Informationsübermittlung (*Berthel* 1975).

(3) Planungsfunktion

Durch das Produkt- und Servicecontrolling sind Methoden bereitzustellen, mit denen die Planungsaktivitäten des Produkt- und Servicemanagements gemäß einer unternehmensweiten Systematik erfolgen.

(4) Kontrollfunktion

Schließlich betrifft das Produkt- und Servicecontrolling auch die Kontrolle produkt- und servicebezogener Aktivitäten durch die Bereitstellung entsprechender Methoden. Dabei sind insbesondere die Wechselwirkungen zwischen Planung und Kontrolle zu berücksichtigen, die nicht als voneinander isolierte Aufgaben zu interpretieren sind (*Bruhn* 1998a, S. 77).

Zur Sicherstellung der Koordinations-, Informationsversorgungs-, Planungs- und Kontrollfunktion wird im Rahmen des Produkt- und Servicecontrolling auf ein breites Spektrum von **Analyseinstrumenten** zurückgegriffen. Zu den wesentlichen Instrumenten im Rahmen des Produkt- und

Servicecontrolling zählen beispielsweise Struktur- und Portfolioanalysen, Instrumente der Kosten- und Erlösrechung (z.B. Absatzsegmentrechnungen) sowie Kennzahlen und Kennzahlensysteme.

8.2 Relevante Subsysteme des Produkt- und Servicecontrolling

Bei einer systemischen Betrachtung des Produkt- und Servicemanagements bilden das Produkt- und Servicelebenszyklusmanagement sowie das Management der Produkt- und Serviceerfolgskette das Produkt- und Serviceausführungssystem (vgl. Kapitel 2) (Schaubild 8–2). Als relevante Subsysteme des Produkt- und Servicecontrollingsystems sind das Planungs-, Informations- sowie Kontrollsystem zu differenzieren.

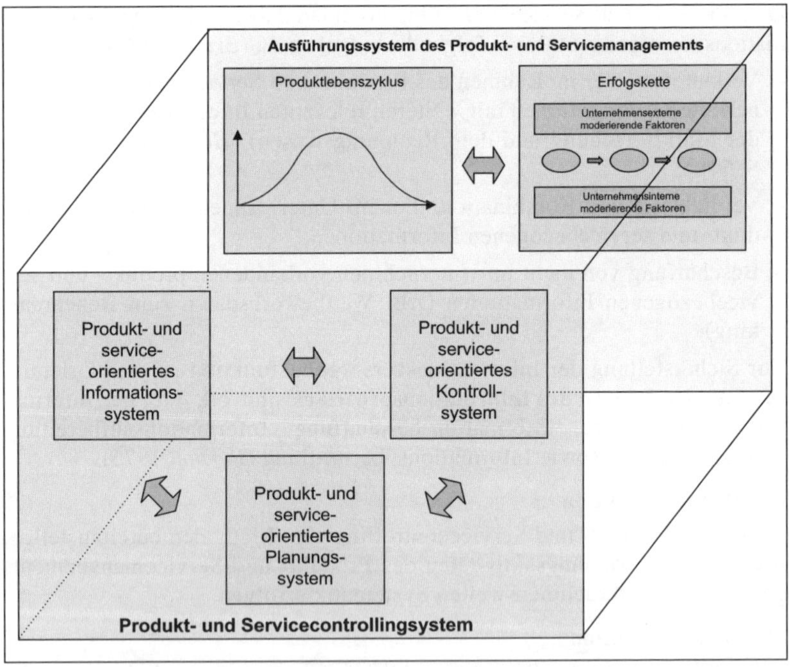

Schaubild 8–2: Subsysteme des Produkt- und Servicecontrolling im Überblick

Das zentrale Ziel des Produkt- und Servicecontrolling ist die Sicherung der Funktionsfähigkeit des Produkt- und Servicemanagements. Dieses Ziel lässt sich innerhalb des **Ausführungssystems** und somit mit direktem Bezug zum Produkt- und Servicelebenszyklus sowie zur Erfolgskette anhand von vier Phasen eines Controllingkreises umsetzen (Schaubild 8–3):

(1) Im Rahmen des **System-Auditing** gilt es, Strukturen und Prozesse des Produkt- und Servicemanagementsystems auf ihre Zweckmäßigkeit hin zu überprüfen (Abschnitt 8.3).

(2) Die **Wirkungskontrolle** dient der Analyse der Wirkungen des Produkt- und Servicemanagements auf seine psychologischen, verhaltensbezogenen und ökonomischen Zielgrößen (Abschnitt 8.4).

(3) Zweck des **System-Wirkungs-Auditing** ist die gemeinsame Überprüfung des Produkt- und Servicemanagements und seiner Wirkungen (Abschnitt 8.5).

(4) Schließlich dient die **Effizienzkontrolle** der Verknüpfung des Produkt- und Servicemanagements mit seinen Wirkungen und somit der Analyse der Profitabilität des Produkt- und Servicemanagements (Abschnitt 8.6).

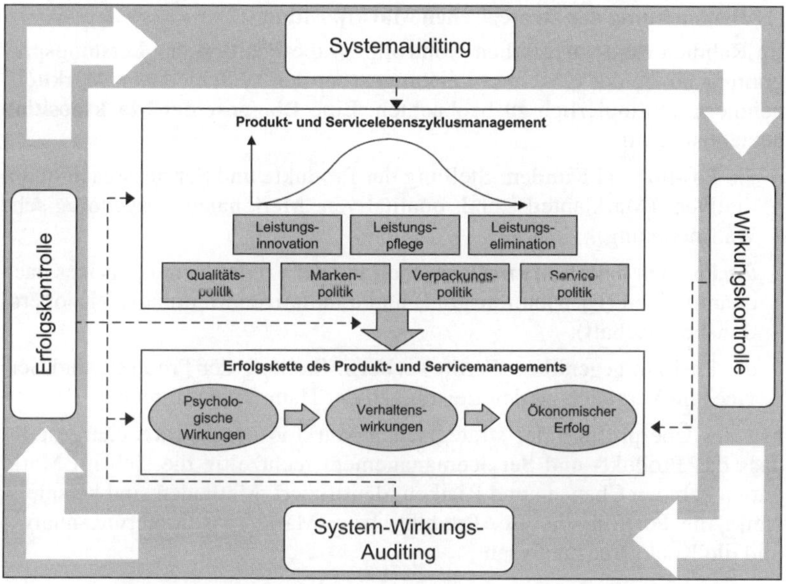

Schaubild 8–3: Controllingkreis im Produkt- und Servicemanagement

8.3 System-Auditing des Produkt- und Servicemanagements

Das System-Auditing beinhaltet eine kritische Überprüfung von Verfahrensweisen und Entscheidungsprozessen im Produkt- und Servicemanagement (*Köhler* 1989, 1993; *Friedl* 2002, S. 824f.). Insofern werden innerhalb des System-Auditing die im Unternehmen bestehenden Strukturen und Prozesse des Produkt- und Servicemanagements auf ihre Zweckmäßigkeit hin untersucht. Hierfür lassen sich Methoden wie Checklisten, Netzpläne und ähnliche Verfahren zur Kontrolle der organisatorischen Ablaufprozesse einsetzen. Das Auditing ist für die einzelnen Systeme des Produkt- und Servicemanagements (z.B. Leistungsinnovation, -pflege, -elimination usw.) durchzuführen.

Es ist zu klären, ob im Rahmen der Analyse, Planung, Organisation und Umsetzung des Produkt- und Servicemanagements das jeweils relevante Informationsmaterial vorlag. Als **Gegenstand des produkt- und servicespezifischen Marketing-Auditing** lassen sich vor allem folgende Bereiche hervorheben (*Böcker* 1988; *Köhler* 1993):

(1) Beobachtung der strategischen Position,
(2) Überprüfung strategischer Produkt- und Servicepläne,
(3) Überprüfung der Planungsprämissen,
(4) Überprüfung der Produktmanagementorganisation.

(1) Beobachtung der strategischen Marktposition

Im Rahmen der strategischen Kontrolle ist die Position des Leistungsprogramms sowie der einzelnen Leistungen bei den verschiedenen Marktteilnehmern kontinuierlich zu beobachten. Eine **Diagnose der Marktposition** bezieht sich auf:

- die **Position bei Kunden**: Stellung der Produkte und Services nach quantitativen (Marktanteil) und qualitativen Merkmalen (psychologische Wahrnehmung),
- die **Position bei Absatzmittlern**: Stellung der Produkte und Services nach quantitativen (Distributionsgrad) und qualitativen Merkmalen (Kooperationsbereitschaft),
- die **Position gegenüber Wettbewerbern**: Stellung der Produkte und Services im Vergleich zu den Leistungen der Hauptkonkurrenten.

Mit der Überprüfung der strategischen Marktposition wird sichergestellt, dass das Produkt- und Servicemanagement rechtzeitig die sich im Markt entwickelnden Chancen und Risiken identifiziert. Methoden sind beispielsweise die Portfolioanalyse, Produkt- bzw. Markenpositionierungsanalyse und die Konkurrenzanalysen.

(2) Überprüfung strategischer Produkt- und Servicepläne

Im Rahmen der Produkt- und Serviceplanung werden Produkt- und Servicestrategien schriftlich fixiert. Die Aufgabe von Produkt- und Service-Audits besteht in der Prüfung dieser Pläne, indem folgende Fragen beantwortet werden:

- Wurden die strategischen Zielgrößen (z.B. Kunden- bzw. Markenbindung, Marktanteil, Rendite, Cash Flow, Wettbewerbsposition) von den Leistungen erreicht?
- Ist davon auszugehen, dass die formulierten strategischen Ziele in den nächsten Planungsperioden realisierbar sind?
- Waren die Produkt- und Servicestrategien mit der Unternehmensphilosophie (Leitbild) vereinbar?

- Wie konsequent wurden die Produkt- und Servicestrategien in ihrer Umsetzung eingehalten?

Zur Überprüfung strategischer Produkt- und Servicepläne werden strategische Planungsmethoden (z.B. Portfolio- und Lückenanalysen) eingesetzt und die formulierten Verhaltensrichtlinien (z.B. Leitbilder, Strategien) mit dem tatsächlichen Marktauftritt von Produkten und Services verglichen.

(3) Überprüfung der Planungsprämissen

Jede Produkt- und Servicestrategie basiert auf Annahmen über die Situation und Entwicklung von Märkten und Marktteilnehmern sowie des Unternehmensumfeldes. Im Rahmen des Auditing sind dabei folgende **Planungsprämissen** kritisch zu prüfen:

- Prämissen über die Entwicklung des Unternehmens und der Leistungen (z.B. hinsichtlich Finanzkraft, Gewinn- oder Marketingpotenzial, Innovationsrate und -geschwindigkeit),
- Prämissen über die Entwicklung der Marktteilnehmer (z.B. hinsichtlich Tendenzen im Käufer-, Absatzmittler- und Konkurrenzverhalten),
- Prämissen über die Entwicklung des Unternehmensumfeldes (z.B. hinsichtlich Tendenzen in Technologie, Wirtschaft, Ökologie, Rechtsprechung und im gesellschaftlichen Wertewandel).

Wichtiges Hilfsmittel bei der Überprüfung von Planungsprämissen sind **Frühwarnsysteme**, deren Installation nach folgenden **Ablaufschritten** erfolgt (*Raffée/Wiedmann* 1989):

(1) Strukturierung der durch das Frühwarnsystem zu erfassenden Beobachtungsbereiche, wie z.B. Unternehmensumfeld, allgemeine Markttendenzen, Präferenzveränderungen der Nachfrager, Entwicklungen im Handel und bei der Konkurrenz.

(2) Ermittlung quantitativer und qualitativer Indikatoren zur Beobachtung der einzelnen Bereiche, wie z.B. Marktanteile, Preisniveaus, Produktneueinführungen durch Wettbewerber, neue Umweltschutzgesetze bzw. Rechtsprechung.

(3) Beobachtung und Überwachung der Indikatoren durch Sammlung von Daten aus internen (Kostenrechnung, Kundenanfragen) und externen Informationsquellen (Zeitungen, Verbandsnachrichten).

(4) Bewertung der Auswirkungen der beobachteten Indikatoren auf die strategischen Produkt- und Serviceziele, wie z.B. Analyse der Betroffenheit für einzelne Produktmärkte, Analyse der Reaktionsdringlichkeit.

(5) Organisatorische Verankerung des Frühwarnsystems im Produkt- und Servicemanagement, z.B. Vereinbarungen über die Ergebnisse des Frühwarnsystems durch ein Berichtswesen oder durch regelmäßige Meetings.

Ein Frühwarnsystem dient dazu, die Veränderungen der Planungsprämissen von Produkt- und Servicestrategien rechtzeitig zu erkennen. Gemäß des **Konzeptes der „schwachen Signale“** werden bereits frühzeitig aus Frühwarnindikatoren potenzielle Auswirkungen auf die eigenen Produkte und Services analysiert (*Ansoff* 1979).

(4) Überprüfung der Produktmanagementorganisation

Im Rahmen des Auditing wird auch die Produktmanagementorganisation kritisch analysiert. Bei der **Prüfung** stehen folgende organisatorische Fragen im Vordergrund:

- Entspricht die Aufbauorganisation des Produktmanagements den innerbetrieblichen Anforderungen (hinsichtlich Integrations- und Anpassungsfähigkeit, Innovationsbereitschaft u.a.)?
- Wird durch die Aufbauorganisation sichergestellt, dass eine enge Zusammenarbeit mit den externen Stellen (z.B. Kunden, Absatzmittlern, Marktforschungsinstituten) erfolgt?
- Erfüllt die Ablauforganisation die Voraussetzungen dafür, dass die Informations-, Koordinations- und Kontrollprozesse im Produkt- und Servicemanagement reibungslos verlaufen?
- Zu welchen Störungen kommt es in den betrieblichen Planungs- und Ablaufprozessen?

Mit der Überprüfung der Produktmanagementorganisation stehen auch Fragen des **Personals** in engem Zusammenhang. Dabei sind Überlegungen zur Einstellung von neuem Personal, Qualifikation der bestehenden Mitarbeitenden, Schulung des Personals usw. auf unterschiedlichen Hierarchiestufen des Produktmanagements anzustellen.

8.4 Wirkungskontrolle des Produkt- und Servicemanagements

Die Wirkungskontrolle umfasst die Kontrolle von Resultaten der produkt- und servicepolitischen Aktivitäten. Anhand von Wirkungskontrollen wird überprüft, ob das angestrebte Ziel von produkt- und servicepolitischen Maßnahmen eingetreten ist. Dabei sind die im Rahmen der Produkt- und Serviceplanung festgelegten Ziele als Kontrollgrößen zu verwenden. In Form von **Soll-Ist-Vergleichen** werden den geplanten die tatsächlich erreichten Zielgrößen gegenübergestellt. Dies wird z.B. in Form von Wochen- und Monatsberichten (Umsätze, Absatzmengen, Marktanteile), Quartalsberichten (Deckungsbeiträge, Gewinne, Distributionsgrade) und Jahresberichten (Kundenzufriedenheit, Rentabilität) erfolgen. Die jeweiligen Ergebnisse sind dann einer Abweichungsanalyse zu unterziehen.

Entsprechend der Erfolgskette des Produkt- und Servicemanagements sind drei Arten der Wirkungskontrolle zu unterscheiden:

- Messung der psychologische Wirkungen,
- Messung der verhaltensbezogenen Wirkungen sowie
- Messung der ökonomischen Wirkungen.

8.4.1 Methoden der psychologischen Wirkungskontrolle

Die Wirkungskontrolle von psychologischen Zielen erfordert eine Operationalisierung der vorökonomischen Zielgrößen der Erfolgskette. Eine Standardmessung von psychologischen Größen stellt die **Merkmalsmessung** (Multiattributive Messung) dar, bei der Einzelmerkmale der jeweiligen Größe gemessen und zu einem Gesamtwert für die jeweilige Zielgröße aggregiert werden. Es wird dabei von der Annahme ausgegangen, dass psychologische Größen, wie z.B. Image und Leistungsqualität, das Ergebnis einer individuellen Einschätzung verschiedener **Einzelmerkmale** sind (*Stauss/Hentschel* 1991; *Hentschel* 2000). Solche Größen sind demnach nicht direkt beobachtbar und werden daher auch als „latente Variablen" oder „Konstrukte" bezeichnet. Das globale Urteil einer Zielgröße entspricht der Summe einer Vielzahl (multi) bewerteter Einzelmerkmale (Attribute). Die zentrale Erhebungsmethode zur Durchführung dieser Merkmalsmessungen stellen standardisierte schriftliche Kundenbefragungen dar.

Für die zentralen Konstrukte der Produkt- und Serviceerfolgskette existieren entsprechende Messskalen in der Marketingliteratur. Im Folgenden werden Messskalen für die in Kapitel 2 diskutierten **psychologischen Wirkungsdimensionen** diskutiert:

(1) Bekanntheit,
(2) Image,
(3) Wahrgenommene Qualität,
(4) Wahrgenommener Wert,
(5) Kundenzufriedenheit.

(1) Bekanntheit

Die Messung der Bekanntheit einer Marke erfolgt im Allgemeinen mit Hilfe von Recall- und Recognitiontests. Ziel von **Recalltests** ist die Bestimmung der aktiven Markenbekanntheit (Schaubild 8–4). Entsprechend werden ungestützte Erinnerungsmessungen eingesetzt, indem Konsumenten aufgefordert werden, aus dem Gedächtnis die ihnen bekannten Marken einer bestimmten Kategorie anzugeben. **Recognitiontests** dienen der Ent-

Konstrukt	Messansatz	Ziel der Messung
Reproduktion („Recall")	Diverse gestützte und ungestützte Gedächtnistests zur Identifikation einer Marke, z.B. unter Vorgabe einer spezifischen Produktkategorie („Welche Marken ordnen Sie der Produktkategorie Z zu?").	Erfassung des Ausmaßes der (aktiven) Bekanntheit einer Marke im Bewusstsein von Probanden.
Rekognition („Recognition")	Diverse gestützte und ungestützte Gedächtnistests zur Zuordnung einer Marke in die Kategorien „bereits wahrgenommen" bzw. „nicht wahrgenommen" („Haben Sie bereits von den Marken X und Y gehört?").	Erfassung des Ausmaßes der Wiedererkennung einer Marke (passive Bekanntheit) durch Probanden bzw. des Vorhandenseins einer Marke im Bewusstsein der Probanden.

Schaubild 8–4: Ansätze zur Messung der Markenbekanntheit (Quelle: Tscheulin/Lindenmeier 2004, S. 467)

wicklung der passiven Markenbekanntheit. Den befragten Konsumenten wird bei diesen Tests im Allgemeinen eine Liste von Marken(-namen) einer bestimmten Kategorie mit der Aufforderung vorgelegt, die ihnen bekannten Marken zu markieren. Recognitiontests sind insbesondere empfehlenswert, wenn ein relativ geringes Involvement vorliegt und daher die Entscheidung für eine bestimmte Marke oft erst unmittelbar in der Kaufsituation am Point of Sale fällt. Die Kaufentscheidungen bei relativ hohem Involvement werden von Konsumenten meistens bereits getroffen, bevor sie eine Einkaufsstätte aufsuchen. In diesen Fällen sind Recalltests zu verwenden, da hier die Erinnerung an Marken ohne Vorgabe von Markennamen oder -logos aus dem Gedächtnis überprüft wird (*Tomczak/Reinecke/Kaetzke* 2004; *Tscheulin/Lindenmeier* 2004).

Eine weitere Möglichkeit zur Messung der Markenbekanntheit ist die so genannte **Evoked-Set-Analyse**, in der Bekanntheits- und Imagemessungen mittels Befragung und Beobachtung kombiniert werden (*Tomczak/Reinecke/Kaetzke* 2004). Von sämtlichen verfügbaren Marken (Total Set) sind für den Konsumenten nur jene Marken bzw. Eigenschaften relevant, die er auch wahrnimmt; er nimmt sie nur wahr, wenn er davon Kenntnis hat (Awareness Set). Der Nachfrager entwickelt zu diesen Angeboten gewisse Einstellungen aufgrund seiner Bedürfnisse (Evoked Set).

(2) Markenimage

Ansätze zur Messung des Markenimages lassen sich nach quantitativen und qualitativen Methoden differenzieren (Schaubild 8–5).

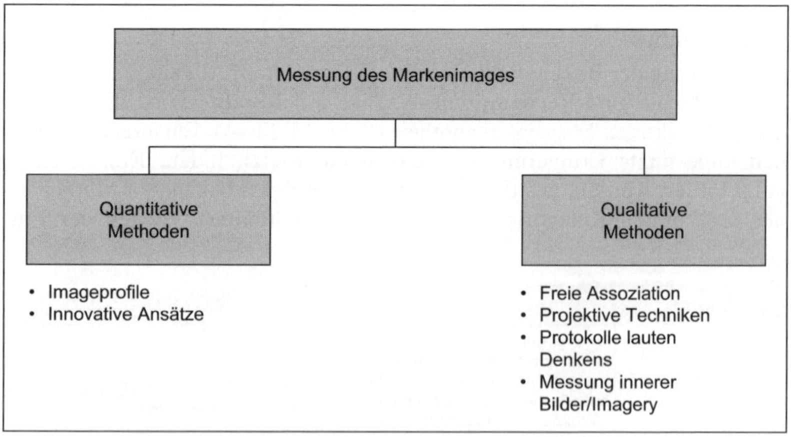

Schaubild 8–5: Ansätze zur Messung des Markenimages (In Anlehnung an Tomczak/Reinecke/Kaetzke 2004, S. 1827)

Bei der Erhebung von **Imageprofilen** werden Probanden gebeten, Marken anhand einer Liste von vorgegebenen Merkmalen zu bewerten. Imageprofile dienen oft der Kontrolle der Markenpositionierung. Um eine solche Untersuchung durchzuführen, sind die mit der Marke assoziierten Dimensionen zu identifizieren, die relevante Zielgruppe zu bestimmen und die Marken zu ermitteln, die in der betrachteten Kategorie in Konkurrenz zueinander stehen (*Aaker* 1991, S. 137ff.).

Mit Hilfe von **innovativen quantitativen Ansätzen**, wie z.B. dem so genannten **LOCATOR-Ansatz** (*Biel* 2001, S. 82ff.), lassen sich Prognosen über den Einfluss von bestimmten Imageprofilen bzw. Änderungen der Imageprofile auf die Markenpräferenzen der Konsumenten treffen. Auf Basis eines Mikromodells und einer individuellen Betrachtung des Markenimages werden zunächst die in der betrachteten Kategorie relevanten Assoziationen ermittelt. Anschließend wird im Rahmen der Befragung einer Probandengruppe eine Grafik zu diesen Assoziationen entwickelt, die darstellt, wie die in der Kategorie konkurrierenden Marken wahrgenommen werden. In einer zweiten Befragung derselben Gruppe werden die Präferenzen der Probanden abgefragt, indem sie eine vorgegebene Anzahl von Punkten ihren Präferenzen entsprechend auf die Marken einer Kategorie verteilen. Mit den gewonnenen Daten lassen sich im Rahmen von Simulationsrechnungen Ursache-Wirkungs-Zusammenhänge zwischen Markenimages und -präferenzen ermitteln und so Empfehlungen ableiten, welche Assoziationen beispielsweise zu stärken sind, um die Präferenz für ihre Marke zu erhöhen (*Tomczak/Reinecke/Kaetzke* 2004).

Neben den quantitativen Ansätzen existieren **qualitative Methoden** zur Messung des Markenimages. Qualitative Verfahren liefern besonders detaillierte Erkenntnisse über die emotionalen und kognitiven Prozesse, die bei den Konsumenten bei der Bildung und Veränderung von Markenassoziationen ablaufen. Qualitative Methoden werden in der Regel zur Vorbereitung von quantitativen Verfahren eingesetzt, beispielsweise zur Auswahl von Assoziationen für klassische Imagemessungen (*Keller* 2005). Aufgrund des eher explorativen Charakters dieser Verfahren werden meistens keine repräsentativen Ergebnisse angestrebt.

Ziel der **Methode der freien Assoziation** ist es, möglichst unverfälschte und detaillierte Aussagen darüber zu erhalten, wie Konsumenten Marken wahrnehmen und welche positiven und negativen Assoziationen sie mit den Marken jeweils verbinden (*Aaker* 1991, S. 137f.; *Keller* 2005). Die Befragung hat dazu in der Weise stattzufinden, dass die Probanden ihren Gedanken möglichst freien Lauf lassen und spontan angeben, was ihnen zu bestimmten Marken einfällt.

Die direkte Befragung von Konsumenten zur Messung des Markenimages ist aus verschiedenen Gründen nicht immer sinnvoll. Beispielsweise können oder wollen Probanden keine Angaben über ihre Markeneinstellungen machen, weil sie ihnen nicht bewusst sind oder weil sie der sozialen Erwünschtheit widersprechen. Zur Überwindung dieser Barrieren eignen sich indirekte, **projektive Techniken** (*Aaker* 1991, S. 137ff.; *Keller* 2005).

Zur Erstellung von so genannten **Protokollen lauten Denkens** werden Konsumenten gebeten, sprachliche und bildliche Assoziationen sowie emotionale Eindrücke, wie z.B. Genuss, Lebensfreude und Sicherheit, zur betreffenden Marke zu beschreiben (*Grunert* 1990; *Esch/Geus* 2005, S. 1276). Dies ermöglicht eine sehr breite und gleichzeitig detaillierte Erfassung von Informationen über die Dimensionen des Markenimages (sprachlich, bildlich, emotional usw.). Die Ergebnisse lassen sich heranziehen, um die Positionierung der Marke zu überprüfen sowie Vergleiche zwischen der eigenen Marke und Konkurrenzmarken anzustellen.

Mit dem Ansatz zur **Messung innerer Bilder (Imagery)** werden die bildlichen Gedächtnisstrukturen von Konsumenten über Marken ermittelt (*Kroeber-Riel/Weinberg* 2003; *Bekmeier-Feuerhahn* 2005, S. 1336ff.; *Esch/Geus* 2005, S. 1279f.). Dabei wird vor allem deren Vividness (Lebendigkeit) und somit deren Klarheit, Deutlichkeit bzw. Zugriffsfähigkeit erhoben. Darüber hinaus werden auch die Einzigartigkeit, Anziehungskraft, Aktivierungsstärke, psychische Nähe, Intensität und Qualität abgefragt. Zur Erhebung visueller Markenvorstellungen werden sowohl verbale Skalen als auch Bilderskalen eingesetzt.

In der Regel ist ein kombinierter Einsatz von qualitativen und quantitativen Methoden zu empfehlen, um möglichst umfassende und repräsentative, aber auch profunde und unverfälschte Informationen über das Markenimage der Konsumenten zu erhalten.

(3) Wahrgenommene Qualität

Die Messung der Leistungsqualität lässt sich nach der Produkt- und der Servicequalität differenzieren. Für die Messung der **Produktqualität** bestehen klassische Skalen, die eine Vielzahl von Einzelmerkmalen berücksichtigen. Die Einzelmerkmale lassen sich beispielhaft folgenden Kategorien zuordnen (*Kroeber-Riel/Weinberg* 2003; Schaubild 8–6):

- Technische Produkteigenschaften,
- Emotionale Produkteigenschaften,
- Preis,
- Service,
- Lieferfähigkeit,
- Umweltfreundlichkeit,
- Individualisierung,
- Produktbegleitendes Ambiente,
- Behandlung von Beschwerden,
- Einkaufsstätte.

Bei Services besteht aufgrund der Besonderheiten von Services, wie z.B. der Immaterialität und der Integration des Kunden in den Leistungserstellungsprozess, die Notwendigkeit, spezifische **Messskalen der Servicequalität** heranzuziehen (*Bruhn* 2006a). In diesem Zusammenhang hat der so genannte **SERVQUAL-Ansatz** eine besondere Bedeutung erlangt, der Servicequalität als die Diskrepanz zwischen erwarteter und wahrgenommener Leistung aus Kundensicht definiert (*Parasuraman/Zeithaml/Berry* 1985, 1986, 1988). Im Rahmen des Ansatzes wird die Servicequalität anhand von 22 Einzelmerkmalen gemessen, die folgenden Kategorien zugeordnet werden:

Qualitätskriterien	Auto	Kühlschrank	Mikrowellenherd	Anzug	Stereoanlage	Fahrrad	Joghurt
Technische Produktionseigenschaften Haltbarkeit, Sicherheit, Stand der Technik, Verträglichkeit, Frische, Reparaturanfälligkeit	●	●	●●	●	●●	❍	❍
Emotionale Produkteigenschaften Design, Marken, Unternehmensimage, Innovation, Verpackung	●●	–	–	●	●	●	●
Preis Anschaffungspreis, Preissegment, Betriebskosten, Wiederverkaufswert, Finanzierungskonditionen	❍	●	●	●	●	❍	●●
Service Vor dem Kauf: Produktinformation, beim Kauf: Beratung, Atmosphäre, nach dem Kauf: Kundendienst, Garantieleistungen	●●	●	●	●●	●	●	– –
Lieferfähigkeit Prompte Lieferung, Einhalten von Terminen	–	●	●	●●	●	●	●●
Umweltfreundlichkeit Energieverbrauch, Material, Entsorgung	●	●●	●	– –	❍	❍	❍
Individualisierung Individuelle Planung und Gestaltung	●●	–	–	●●	●	●	– –
Produktbegleitendes Ambiente Kundenclubs, Schaffung einer Infrastruktur zur Nutzung, Wettbewerbe, begleitende Informationen	❍	❍	●	●	●●	❍	– –
Behandlung von Beschwerden Anlaufstelle für und Behandlung von Beschwerden	●	❍	●	–	●	●	–
Einkaufsstätte Erlebnishandel, Beratungszentrum, Versandhandel	●	❍	❍	●	●	❍	–

●● = Außerordentlich wichtig ● = sehr wichtig ❍ = wichtig – = weniger wichtig – – = nicht wichtig

Schaubild 8–6: Merkmale der Produktqualität (Kroeber-Riel/Weinberg 2003, S. 319)

- Annehmlichkeit des tangiblen Umfeldes („Tangibles"),
- Zuverlässigkeit („Reliability"),
- Reaktionsfähigkeit („Responsiveness"),
- Leistungskompetenz („Assurance"),
- Einfühlungsvermögen („Empathy").

In Schaubild 8–7 sind die Merkmalsformulierungen aus einem SERVQUAL-Fragebogen zur Erhebung der **Servicequalität einer Autowerkstatt** abgebildet. Diese Aussagen sind von den Probanden anhand einer – aufgrund der gleichzeitigen Messung von Wahrnehmung und Erwartung als Doppelskala bezeichneten – Skala von „trifft sehr zu" bis „trifft überhaupt nicht zu" zu beantworten. In diesem Zusammenhang sind die Servicequalitätsdimensionen nach SERVQUAL als Standard aufzufassen, der sich in Abhängigkeit von den Unternehmens- und Branchenbedingungen anpassen bzw. erweitern lässt.

Annehmlichkeit des tangiblen Umfeldes („Tangibles")

1. Eine hervorragende Autowerkstatt verfügt über eine moderne technische Ausstattung.
2. Die Einrichtung einer Autowerkstatt sollte angenehm ins Auge fallen.
3. Die Mitarbeiter einer Autowerkstatt sollten ansprechend gekleidet sein.
4. Eine hervorragende Autowerkstatt sollte ihre Broschüren und Kundenpost angenehm gestalten.

Zuverlässigkeit („Reliability")

5. Wenn eine hervorragende Autowerkstatt die Einhaltung eines Termins verspricht, wird der Termin mit Sicherheit eingehalten.
6. Bei hervorragenden Autowerkstätten sollte das Interesse erkennbar sein, ein Problem perfekt zu lösen.
7. Hervorragende Autowerkstätten sollten ihre Aufgaben gleich beim ersten Mal richtig erfüllen.
8. Hervorragende Autowerkstätten sollten ihre Leistungen zum versprochenen Zeitpunkt ausführen.
9. Hervorragende Autowerkstätten sollten bei Kundenmitteilungen keine Fehler machen.

Reaktionsfähigkeit („Responsiveness")

10. Mitarbeiter hervorragender Autowerkstätten können über den Zeitpunkt einer Leistungsausführung immer Auskunft geben.
11. Mitarbeiter einer hervorragenden Autowerkstatt bedienen ihre Kunden immer prompt.
12. Hervorragende Autowerkstätten sollten stets bereit sein, ihren Kunden zu helfen.
13. Bei hervorragenden Autowerkstätten sind die Mitarbeiter nie zu beschäftigt, um auf Kundenanliegen einzugehen.

Leistungskompetenz („Assurance")

14. Bei hervorragenden Autowerkstätten weckt das Verhalten der Mitarbeiter immer Vertrauen bei den Kunden.
15. Bei Transaktionen mit hervorragenden Autowerkstätten fühlt man sich immer sicher.
16. Mitarbeiter einer hervorragenden Autowerkstatt sind stets gleichbleibend höflich zu den Kunden.
17. Mitarbeiter hervorragender Autowerkstätten verfügen über das Fachwissen zur Beantwortung sämtlicher Kundenfragen.

Einfühlungsvermögen („Empathy")

18. Hervorragende Autowerkstätten widmen jedem ihrer Kunden individuell ihre Aufmerksamkeit.
19. Hervorragende Autowerkstätten bieten ihre Dienste zu Zeiten an, die allen Kunden gerecht werden.
20. Hervorragende Autowerkstätten haben Mitarbeiter, die sich den Kunden persönlich widmen.
21. Hervorragenden Autowerkstätten liegen die Interessen der Kunden am Herzen.
22. Die Mitarbeiter hervorragender Autowerkstätten verstehen die spezifischen Servicebedürfnisse ihrer Kunden.

Schaubild 8–7: Beispiel eines SERVQUAL-Fragebogens für den Service einer Autowerkstatt (Bruhn 2006a, S. 98)

(4) Wahrgenommener Wert

Bei der Operationalisierung des wahrgenommenen Wertes betreffen die abzufragenden Einzelmerkmale häufig nicht direkte Produkt- oder Servicemerkmale, sondern eher umschreibende Aspekte. Hierzu zählen z.B. das Preis-Leistungs-Verhältnis oder die Preissensibilität. Beispielhafte Frageformulierungen zur Messung des wahrgenommenen Wertes sind folgende Aussagen, die anhand einer Skala zu bewerten sind (*Zeithaml* 1988):

- „Die Leistung X hat ein gutes Preis-Leistungs-Verhältnis."
- „Für diesen Preis weist die Leistung X eine hohe Qualität auf."
- „Die Leistung X ist ein guter Kauf."
- „Der Preis der Leistung X ist fair."

(5) Kundenzufriedenheit

Bei der Kontrolle der Kundenzufriedenheit werden häufig die Zufriedenheiten mit Einzelmerkmalen gemessen und dann zu einem Gesamtwert aggregiert (*Oliver* 1996). Dieses Vorgehen weist starke Parallelen zur dargestellten Messung der Leistungsqualität auf. Weiter verbreitet ist eine Messskala, die im Rahmen von Nationalen Kundenbarometern eingesetzt wird. Diese Skala berücksichtigt explizit die Bedeutung der Kundenerwartungen für die Kundenzufriedenheit und umfasst die drei folgenden Einzelmerkmale:

- Globalzufriedenheit,

  Vergleich der gelieferten Leistung mit den Erwartungen vor der Inanspruchnahme,
- Vergleich der gelieferten Leistung mit der Idealvorstellung bezüglich einer Leistung der betreffenden Leistungskategorie.

Neben der Kontrolle der psychologischen Wirkungen von produkt- und servicepolitischen Aktivitäten gilt es auch die Wirkung in Bezug auf das konkrete Kundenverhalten zu messen.

8.4.2 Methoden der verhaltensbezogenen Wirkungskontrolle

Das durch psychologische Wirkungsdimensionen induzierte Kundenverhalten stellt eine weitere Erfolgsgröße dar, die im Rahmen der Erfolgskontrolle zu prüfen ist. Dabei stellen das Informations-, Kauf- und Nachkaufverhalten die wesentlichen Zielkategorien der verhaltensbezogenen Kontrolle dar (Schaubild 8–8). Als Methoden der verhaltensbezogenen Wirkungskontrolle lassen sich grundsätzlich Verfahren der Befragung und der Beobachtung unterscheiden.

Bei **Befragungen** werden Konsumenten z.B. durch Marktforschungsinstitute danach interviewt, was sie zuletzt gekauft haben, ob sie ein bestimmtes Produkt überhaupt kaufen würden oder ob sie vorhaben, in nächster Zeit ein Produkt zu kaufen. Bei dieser Befragung nach erinnertem Verhalten oder Verhaltensabsichten lassen sich Recall- oder Recognitiontests einsetzen. Weiterhin ist die Verhaltensabsicht z.B. durch einfache Ratingskalen oder auch mit Hilfe komplexerer Verfahren zu messen (*Sheth* 1975,

Zielkategorien	Ausprägungen
Informationsverhalten	Information einholen
	In einen Dialog treten
Kaufverhalten	Erstkauf
	Wiederkauf
	Markentreue
Nachkaufverhalten	Unzufriedenheit
	Beschwerden

Schaubild 8–8: Zielkategorien der verhaltensbezogenen Wirkungskontrolle

S. 385ff.). Ein vor allem in den USA verbreitetes Verfahren zur Messung von Handlungsabsichten ist das **Konstantsummenverfahren**. Hier werden die Befragten gebeten, eine bestimmte Summe – im Regelfall sind es 100 Punkte – z.B. auf die verfügbaren Marken zu verteilen (Kaufabsichtsmessung). Die für eine Marke aufgewendete Punktsumme spiegelt die wahrscheinliche Absicht wider, diese Marke in einer antizipierten Kaufsituation zu erwerben.

Zur verhaltensbezogenen Kontrolle durch **Beobachtungen** werden insbesondere **Handelspanels** eingesetzt. Ein Handelspanel ist eine feststehende (identische) Stichprobe, die in regelmäßigen Abständen Daten über bestimmte Produktgruppen und Marktsegmente im Handel liefert (*Berekoven/ Eckert/Ellenrieder* 2004). Handelspanelerhebungen im Food- und im Non-Food-Bereich (Fotoartikel, Spielwaren, Elektroartikel usw.) werden z.B. von den beiden Marktforschungsinstituten *ACNielsen* in Frankfurt/Main sowie von der GfK Handelsforschung in Nürnberg durchgeführt. Beide Marktforschungsinstitute erheben auf regionaler, nationaler und europäischer Basis sowie nach Handelsorganisationsformen strukturiert die Einkäufe und die Verkäufe des Handels sowie numerische und gewichtete Distributionsdaten.

Ein weiteres Instrument der Verhaltensbeobachtung ist das **Elektronische Handelspanel**, bei dem Check-out-Analysen des Handels durch Scanning der abverkauften Produkte erstellt werden. Die Käufe der Konsumenten werden dabei über die Installation von Scannerkassen erfasst und entsprechend ausgewertet. Der Einsatz von Scannerkassen leistet wichtige Hilfestellungen zur Beantwortung kontrollrelevanter Fragestellungen, wie z.B., welchen Mehrabsatz verursachen Änderungen in der Warenplatzierung, Veränderungen der Verpackungsgröße oder inwieweit beeinflussen Verkaufsförderungsaktionen den Absatz benachbarter Listenartikel (*Weis/Steinmetz* 2000, S. 212ff.).

Das **G&I-Haushaltspanel** erstellt wichtige Angaben über das Kaufverhalten von Konsumenten. Gemeinsam mit Infratest bietet die *GfK* im *G&I-Panel* folgende Dienstleistungen an:

- Zwei Haushaltspanel mit einem Stichprobenumfang von jeweils 7.000 Haushalten im gesamten Bundesgebiet.
- Ein „Frischepanel" mit 5.000 Haushalten – Befragungsgegenstände dieses Panels sind Frischeprodukte wie Fleisch, Wurst, Milchprodukte, Obst, Gemüse usw.
- Ein bundesweites Individualpanel mit einem Stichprobenumfang von 10.000 Personen, wobei Produkte des täglichen Bereichs, wie Kosmetika, Süßigkeiten, Hygieneprodukte usw., Gegenstand der Befragungen sind.
- Spezialpanels mit zielgruppenbezogenen Befragungsinhalten mit einer Stichprobengröße zwischen 250 und 10.000 Personen – befragt werden beispielsweise Mütter, Autofahrer oder Junggesellen.

Die befragten Personen bzw. Haushalte berichten schriftlich über ihre Einkäufe. Dabei erfassen sie alle getätigten Einkäufe in *G&I*-Einkaufsberichten, die wöchentlich ausgefüllt und an *G&I* Nürnberg geschickt werden. In anderer Form lesen die Haushalte in neuerer Zeit über das **Inhome Scanning** ihre Einkäufe mittels der Artikelnummer EAN in ein „elektronisches Tagebuch" ein (*Weis/Steinmetz* 2002, S. 190ff.; *Berekoven/Eckert/Ellenrieder* 2004). Die Ergebnisse lassen sich dann vom jeweiligen Auftraggeber in standardisierter Form beziehen. Das Produkt- und Servicemanagement hat damit die Möglichkeit, Veränderungen in den **Verhaltensreaktionen** der Zielpersonen als Konsequenzen bestimmter produkt- und servicepolitischer Maßnahmen offen zu legen. Im Einzelnen lassen sich Hinweise über das Kauf- und Verwendungsverhalten, z.B. über die Art und die durchschnittliche Menge eingekaufter Produkte, die durchschnittlichen Ausgaben pro Käufer – bezogen auf eine Marke, Produktgruppe, einen Einkauf usw. – gewinnen.

Bei den **Single-Source-Daten von BehaviorScan** (*GfK*) oder **TELEGRIM** (*ACNielsen*) ist die Idee der Erhebungsmethode die Zusammenführung von Daten aus dem Handels- und Haushaltspanel, um dadurch genauere Hinweise bezüglich der Beweggründe bestimmter Kaufentscheidungen zu erhalten. Vorbild sind die in den USA bereits erfolgreich arbeitenden Single-Source-Systeme. Im Rahmen des Haushaltspanels von Nielsen werden alle Daten mittels eines Handscanners vom Verbraucher selbst erhoben und direkt in das Panel eingelesen. Die dazu notwendigen Strichcodes erhalten die Verbraucher in Form eines kleinen Handbuches. Parallel dazu erfasst der Nielsen-Außendienst im Rahmen des Handelspanels sämtliche produktbezogenen, werblichen sowie verkaufsförderungsbezogenen Aktivitäten in den Einkaufsstätten ebenfalls mit Hilfe eines Handscanners. Dies ermöglicht den Sponsoren des Single-Source-Services, wie z.B. *Henkel, Procter & Gamble, Kraft Foods, Effem, Dr. Oetker, Nestlé* usw., die Wirkungen spezieller produkt- und servicepolitischer Aktivitäten aus einer Quelle (Single Source), d.h., bei einem Haushalt, genau zu erforschen

(Schaubild 8–9). Neben dem **Kaufverhalten** lässt sich bei diesem Verfahren auch das **Informationsverhalten** von Konsumenten sowie dessen Wirkung auf Kaufentscheidungen beobachten.

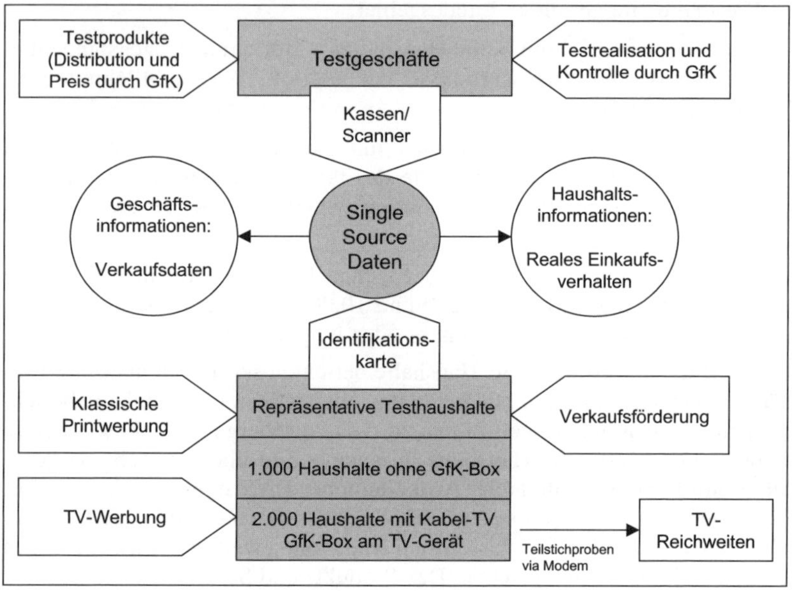

Schaubild 8–9: GfK-BehaviorScan
(In Anlehnung an GfK 2005)

Es zeigt sich, dass zur verhaltensbezogenen Kontrolle überwiegend Paneldaten herangezogen werden, die insbesondere geeignet sind, das Kaufverhalten in Form von Erst- und Wiederholungskäufen abzubilden. Eine Kontrolle des Nachkaufverhaltens ist insbesondere im Rahmen von Zufriedenheits- und Beschwerdeanalysen vorzunehmen (vgl. Abschnitt 3.2.1).

8.4.3 Methoden der ökonomischen Wirkungskontrolle

Schließlich sind die ökonomischen Wirkungen von Produkten und Services zu überprüfen. Hierbei stehen die folgenden Methoden im Vordergrund:

(1) Produkt- bzw. Markenerfolgsrechnung,
(2) Prozesskostenrechnung,
(3) Lebenszykluskostenrechnung,
(4) Markenwertrechnung,
(5) Kundenwertrechnung.

(1) Produkt- bzw. Markenerfolgsrechnung

Für die Durchführung von ökonomischen Wirkungskontrollen von zentraler Bedeutung sind die in der Kostenrechnung bereits vorhandenen Erfolgsanalysen. In diesem Zusammenhang lassen sich differenzierte **Deckungsbeitragsrechnungen** erstellen:

	Brutto-Umsatz
./.	Mehrwertsteuer
./.	Erlösschmälerungen (Rabatte, Skonti)
=	Netto-Umsatz
./.	variable Herstellkosten
=	**Deckungsbeitrag I**
./.	umsatzvariable Marketingkosten (z.B. Lieferkosten)
=	**Deckungsbeitrag II**
./.	nicht-umsatzvariable Marketingkosten (z.B. Marktforschung)
=	**Deckungsbeitrag III**
./.	fixe Marketing- und Vertriebskosten (z.B. Verwaltung)
=	**Netto-Erfolg**

In Abhängigkeit der Stellung der Verantwortlichen in der Hierarchie werden unterschiedliche Deckungsbeitragsgrößen vorgegeben. Beispielsweise werden Marketingleiter anhand des Deckungsbeitrages III gemessen, während Produktmanager für den Deckungsbeitrag II verantwortlich sind, da sie im Vergleich zur Marketingleitung in der Regel keinen Einfluss auf die fixen Marketing- und Vertriebskosten haben. Die Angabe der einzelnen Deckungsbeiträge lässt sich in absoluten Werten, in Prozentwerten einer Maßgröße (z.B. in Prozent vom Brutto-Umsatz) oder auf der Grundlage einer Bezugsgröße vornehmen.

Beispiel: Deckungsbeitragsrechnung bei Kraft Foods

Bei *Kraft Foods* wird der Deckungsbeitrag nach Handelsaktionen als absolute Zielgröße sowie als Zielgröße je Absatzmenge vorgegeben. Insbesondere bei Markenartikelherstellern mit indirekter Distribution empfiehlt sich auch eine weitergehende kunden- bzw. vertriebskanalbezogene Berechnung. So werden den Kunden bzw. Vertriebskanälen die Kosten für die Verkaufsunterstützung zugerechnet; die „Marginal Contribution less Trade Deals, less Sales Support" dient daher bei *Kraft Foods* als zentrale Kennziffer zur Steuerung der Kunden (*Gmünder* 2001, S. 841f.).

Aus Sicht des Produkt- und Servicemanagements ist insbesondere die Differenzierung der Umsatz- und Deckungsbeiträge nach folgenden **Bezugsgrößen** interessant:

- Produkte und Produktgruppen,
- Kunden und Kundengruppen (konsumenten- und absatzmittlerbezogen),
- Verkaufsgebiete und Regionen,
- Aufträge und Auftragsvolumina.

Eine Bezugsgrößenhierarchie für Erfolgs- bzw. Absatzsegmentrechnungen zeigt Schaubild 8–10. Die Daten sind nach einzelnen Bezugsgrößen aufbereitet und lassen sich für eine oder mehrere Planungsperioden als absolute Werte, als Steigerungsraten oder in Relation zu anderen Größen darstellen (z.B. Umsatz oder Deckungsbeitrag in Nielsengebiet A in EUR in Relation zum Gesamtdeckungsbeitrag).

Das Problem von Deckungsbeitragsrechnungen besteht darin, dass der Erfolg eines einzelnen Produktes bzw. einer einzelnen Marke immer fiktiv ist,

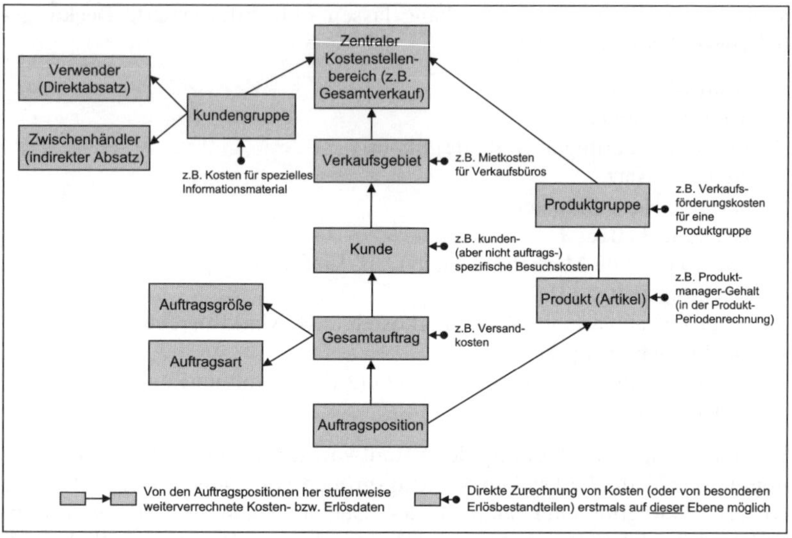

Schaubild 8–10: Marketingrelevante Bezugsgrößenhierarchie für Erfolgsrechnungen (Köhler 1993, S. 385)

weil sich Markttransaktionen und Geschäftsbeziehungen nur selten auf isolierte Produkte oder Marken beziehen (*Engelhardt/Günter* 1988, S. 144). Daher sind insbesondere mehrdimensionale Deckungsbeitragsrechnungen anzuwenden.

(2) Prozesskostenrechnung

Die Prozesskostenrechnung strebt eine verursachergerechte Zurechnung der betrieblichen Gemeinkosten auf die Produkte oder andere Bezugsobjekte an und unterstützt vor allem bei der Identifikation von Kostentreibern (*Reckenfelderbäumer* 2001, S. 650ff.). Der Prozesskostenrechnung ähnlich ist die Berechnung der **direkten Produktprofitabilität** (*Tomczak/Lindner* 1992; *Köhler* 1993, S. 305f.). Diese zielt auf die Ermittlung eines genaueren Bruttoergebnisses pro Artikeleinheit ab, indem die Kosten z.B. über artikelgenaue Zeit-, Flächen- und Volumenmessungen geschlüsselt werden. Der Ansatz entspricht einer Teilkostenrechnung, die jedoch nicht nur proportionale, sondern – im Gegensatz zur klassischen Deckungsbeitragsrechnung – auch fixe Kosten, wie z.B. Personalkosten, aufteilt. Der Ausdruck „direkt" ist deshalb eigentlich nicht völlig korrekt und verstößt streng genommen auch gegen das genannte Prinzip der Veränderungsrechnung; dennoch übernimmt diese Rechnung wichtige Signal- und Steuerungsaufgaben bezogen auf Engpasseinheiten (*Tomczak/Reinecke/Kaetzke* 2004).

(3) Lebenszykluskostenrechnung

Bei der Lebenszykluskostenrechnung (Life Cycle Costing) werden auf Grundlage des Produktlebenszyklusmodells die gesamten Kosten eines

Produktes über dessen gesamte Lebensdauer abgebildet. Lebenszykluskosten beinhalten sämtliche Kosten, die ein Produkt von der Ideensuche über Markteinführung bis hin zur Entsorgung verursacht. Aufgrund stark ansteigender Vorlauf- und Nachlaufkosten gewinnt eine periodenübergreifende Sichtweise in Form der Lebenszykluskostenrechnung zunehmend an Bedeutung. Hierfür eignen sich insbesondere dynamische Investitionsrechnungen. Sie haben gegenüber der Kostenrechnung den **Vorteil**, dass sie die zeitliche Verteilung der Zahlungen berücksichtigen. Dem steht jedoch der **Nachteil** gegenüber, dass sich produktbezogene Zahlungsströme im Gegensatz zu produktbezogenen Kosteninformationen in der Praxis nur schwer bestimmen lassen. Wird die Lebenszyklusrechnung zur Entscheidungsunterstützung herangezogen, ist sie bereits vor der genauen Spezifizierung des Produkts durchzuführen. Da zu diesem Zeitpunkt noch keine zuverlässigen Informationen über Kosten, Preise, Produktvolumen usw. vorliegen, ergibt sich hier ein Prognoseproblem.

(4) Markenwertrechnung

In letzter Zeit hat sich auch der Markenwert als Erfolgsgröße etabliert. Beim Markenwert handelt es sich um den Versuch, den immateriellen Vermögenswert einer Marke zu quantifizieren (Insert 8–1).

Es existiert eine Vielzahl unterschiedlicher Methoden zur Messung des Markenwertes, die sich in Globalmodelle und kriterienorientierte Modelle als zwei **Grundformen der Markenwertmessung** unterscheiden lassen. **Globalmodelle** quantifizieren den (finanziellen) Wert einer Marke als Ganzes (*Tomczak/Reinecke/Kaetzke* 2004):

- **Kostenorientierte Verfahren** bewerten die Marke auf Basis einer Kalkulation der mit dieser Marke verbundenen Kosten. Hiermit verbunden ist die Erfassung der Aufbaukosten, die für die betrachtete Marke angefallen sind, sowie die Schätzung der Ersatzkosten, die für den Aufbau eines vergleichbaren Namens und ein vergleichbares Geschäft notwendig wären. Diese Verfahren sind rückwärtsgerichtet und gewährleisten damit keine zukunftsgerichtete Markenbewertung.
- **Kapitalmarktbasierte Verfahren** evaluieren den Verkaufspreis einer Marke. Die Verfahren sind damit zwar zukunftsorientiert, aber auch fragwürdig, solange Märkte für Marken ineffizient sind, so dass enorme und sachlich nicht zu rechtfertigende Schwankungen entstehen.
- **Einkommensorientierte Verfahren** ermitteln den Markenwert mit Hilfe von Präferenzen, die nicht auf Produktunterschiede zurückzuführen sind. Als Beispiel sei die Ermittlung diskontierter Cash-Flow-Unterschiede zwischen Marken- und Nichtmarkenprodukten durch Kalkulation von Absatzmengenunterschieden und des Preispremiums genannt. Aufgrund einer fehlenden Ursache-Wirkungs-Analyse geben diese Verfahren jedoch kaum Gestaltungshinweise. Darüber hinaus weisen sie das Problem der Reziprozität auf, dass die Einschätzung zukünftiger Marketingmaßnahmen sich auf den heutigen Markenwert auswirkt (*Agarwal/Rao* 1996, S. 237ff.). Des Weiteren treten Probleme bei der Prognose der Zahlungsströme, bei der Definition des betrachteten Zeithorizonts und bei der Bestimmung des Abzinsungsfaktors auf (*Sattler* 2002, S. 225ff.).

Markenwert von Coca-Cola steht ganz weit oben

Koffein-Brause nimmt im weltweiten Ranking ersten Platz ein – Marlboro und Gillette unter Top 15

Frankfurt, 28. Juli. Der Wert der Getränke-Marke Coca-Cola liegt noch vor Microsoft, IBM und McDonald's. Unter den weltweit 15 teuersten Markennamen finden sich Marlboro und Gillette wieder.

Besonders teuer: Coke und Marlboro liegen im Markenwert sogar vor Mercedes, Gillette folgt kurz dahinter.

Dies veröffentlichte jetzt das US-Magazin „Business Week". Basis dafür war eine von dem Magazin an das Schweizer Institut Interbrands in Auftrag gegebene Untersuchung. Interbrands stellte die aktuellen Gewinne der Marken ins Verhältnis zu den künftigen Gewinn-Erwartungen. Ausschlaggebend waren Analysten-Einschätzungen von J.P. Morgan Chase, Citygroup und Morgan Stanley.

Unverändert hält die Marke Coca-Cola in dieser Rangfolge die Spitzenposition – mit einem Markenwert von mehr als 67 Mrd. USD. Der Zweitplatzierte, Microsoft, folgt mit einem von Interbrands ermittelten Wert von knapp 60 Mrd. USD. Dahinter folgen Marken wie IBM, Nokia und auch Disney.

Gemeint ist der Wert der Marke und nicht des Unternehmens. Etwa die Bösenkapitalisierung des Coke-Konzerns erreicht aktuell 106 Mrd. USD. Der Kontrahent PepsiCo kommt auf eine Börsenkapitalisierung von 90 Mrd. USD. Dagegen bewertet die von „Business Week" veröffentlichte Untersuchung die Marke Pepsi mit lediglich 12 Mrd. USD, womit Pepsi in der Hitliste auf Platz 23 kommt.

Unter den führenden Nahrungs- und Genussmittelmarken steht Marlboro mit Platz zehn ebenfalls weit oben, bei einem Wert von 21 Mrd. USD. Trotz der weltweiten Anti-Raucher-Kampagnen und drohender Schadenersatzklagen in Milliardenhöhe schlägt das US-Zigaretten-Label sogar eine große deutsche Marken-Ikone: Mercedes-Benz folgt mit einem Wert von 20 Mrd. USD auf Platz 11.

Sowohl Mercedes als auch Marlboro mussten allerdings gegenüber dem Vorjahr einen Wertverlust hinnehmen, während der ermittelte Wert von Gillette im Vergleich zu 2004 um 5 Prozent anstieg. Diese neuerdings zu Procter & Gamble gehörende Marke folgt auf Rang 15 und wird mit 17,5 Mrd. USD bewertet. Erstaunlich allerdings, dass keine der anderen globalen Marken von Procter & Gamble unter den Top 100 auftaucht.

Luxusgüter unter Louis Vuitton kommen mit einer Bewertung von 16 Mrd. USD auf Platz 18 ebenfalls gut weg. Unter den Nahrungsmittelherstellern hat Nestlé mit der weltweit starken Marke Nescafe die Nase weit vorn. Der Wert von Nescafe erreicht über 12 Mrd. USD, die Marke liegt insgesamt auf Platz 24.

Die Marke Nestlé selbst schneidet mit lediglich 4,7 Mrd. USD auf Platz 66 vergleichsweise schwach ab. Weit davor liegen noch Budweiser (12 Mrd. USD; Platz 26), Kellogg's (Platz 39; 8,3 Mrd. USD), Heinz (Platz 47; 6,9 Mrd. USD), L'Oréal (6 Mrd. USD; Rang 52), Wrigley's (5,5 Mrd. USD; Platz 57), Colgate (5,2 Mrd. USD; Platz 60) sowie Kleenex und Chanel mit einem Markenwert von jeweils knapp unter 5 Mrd. USD. Unmittelbarer Verfolger der Marke Nestlé ist Danone, zwei Plätze weiter folgt hinter Amazon Kraft. Deren Wert wird von Interbrands mit 4,2 Mrd. USD taxiert.

Zu den weiteren großen Markenartikeln im Genuss-, Getränke- und Konsumgüterbereich gehören auch Duracell, Henessy, Smirnoff, Johnson & Johnson und Moët & Chandon. Auf Platz 98 kommt Nivea, deren Markenwert knapp 2,6 Mrd. USD erreicht. Das Schlusslicht unter den Top 100 bildet Heineken mit einem Markenwert von 2,4 Mrd. USD.

Bei den genannten Marken veränderten sich die Werte gegenüber 2004 höchstens im einstelligen Bereich. Zweistellig legten u.a. Nokia, Samsung, Dell und Motorola zu. Zweistellig sackte der Wert von VW und Levi's. *ach*

Insert 8–1: Markenwertberechnung von Interbrand (Lebensmittel Zeitung, 29.07. 2005, S. 14)

Kriterienorientierte Modelle bewerten Marken mit Hilfe von Indikatorensets (Schaubild 8–11), wobei nur wenige Ansätze den Markenwert auch finanziell quantifizieren. Es stellt sich hinsichtlich der Modelle die Frage, ob die verwendeten Indikatoren und deren Gewichtung prinzipiell tragfähig und insbesondere auf die unternehmensspezifische Situation anwendbar sind (*Esch/Andresen* 1994, S. 217; *Wiedmann* 1994, S. 1320). Die Anzahl der in den Modellen zugrunde gelegten Kriterien variiert stark. Mit zunehmender Aggregation wird es schwieriger, konkrete Handlungsempfehlungen abzuleiten (*Wiedmann* 1994, S. 1320; *Keller* 2003).

(5) Kundenwertrechnung

Neben einer produktorientierten Erfolgsrechnung wird insbesondere in Branchen, in denen ökonomische Daten einzelnen Kunden zuzuordnen sind

Ansätze	Messkriterien des Markenwertes
Brand Asset Valuator von Young & Rubicam	Hierarchisches Vier-Kriterien-Modell: Differenzierung (Basis), Relevanz (Markenbedeutung), Wertschätzung (Qualität, Popularität), Wissen (Verständnis der Markenpersönlichkeit).
Brand Equity Ten nach Aaker	Preispremium, Zufriedenheit/Loyalität, wahrgenommene Qualität, Führerschaft/Popularität, wahrgenommener Wert, Unternehmensassoziationen, Markenpersönlichkeit, -bekanntheit (Wiedererkennung, Erinnerung, Top of Mind, Markendominanz, -familiarität, -wissen), Marktanteil, Preis, Distributionsgrad.
icon Brand Trek-Modell	Verhaltenswissenschaftliche Messung des Markenwertes im Gedachtnis der Konsumenten mittels Markenbild (Marken-Awareness, Klarheit, Attraktivität des inneren Markenbildes, Eigenständigkeit, Einprägsamkeit, wahrgenommener Werbedruck) und Markenguthaben (Markensympathie, Markenvertrauen).
Interbrand-Modell	Multiplikatormodell, bei dem der operative Gewinn mit einem branchenspezifischen Multiplikator gewichtet wird. Die Multiplikatorhöhe ergibt sich aus einer Bewertung der Dimensionen der Markenstärke im Vergleich zur Konkurrenz: Marktführerschaft (Leadership), Stabilität, Markt, Internationalität, Trend, kontinuierliche Marketingunterstützung, juristischer Markenschutz. Nichtmarken-Einflussfaktoren wie z.B. das Distributionssystem werden herausgerechnet.
Modell des Markenwissens von Keller	Markenkenntnis (Wiedererkennung, Erinnerung) und -image (Arten, Vorteilhaftigkeit, Stärke, Einzigartigkeit der Assoziationen).
Nielsen-Brand-Monitor	Berücksichtigung kundenorientierter Größen: Marktattraktivität (Marktvolumen, -wachstum), Durchsetzungsstärke der Marke im Markt (Entwicklung des Marktanteils), Handelsakzeptanz (numerische und gewichtete Distribution), Konsumentenakzeptanz (Bekanntheit, Relevant Set).

Schaubild 8–11: Ausgewählte kriterienorientierte Modelle zur Messung des Markenwertes (Tomczak/Reinecke/Kaetzke 2004, S. 1838)

(z.B. Automobilbranche, Telekommunikation, Industriegüterbranchen), im zunehmenden Maße eine kundenwertorientierte Erfolgsanalyse durchgeführt. Die in der Literatur zur Messung des Kundenwertes diskutierten Ansätze sind vielfältig (vgl. zu einem Überblick *Cornelsen* 2000; *Günter/Helm* 2003). Eine Differenzierung der Ansätze lässt sich anhand von drei **Dimensionen** vornehmen (*Bruhn et al.* 2000, S. 169f.; Schaubild 8–12):

- Art des Lösungsalgorithmus (heuristisch, quasi-analytisch),
- Art der Kundenwertkomponenten (monetär, nicht-monetär),
- Art des betrachteten Zeithorizonts (statisch, dynamisch).

Hinsichtlich des **Lösungsalgorithmus** können heuristische und quasi-analytische Verfahren differenziert werden. **Heuristische Verfahren** geben Hinweise auf „richtige" Lösungswege und ein Erfolg versprechendes Suchverhalten. Sie liefern keine quantitativen Resultate und ermöglichen keine Ableitung optimaler Entscheidungen. Wesentlicher Vorteil dieser Verfahren ist, dass sie unter Verwendung relativ kleiner Datenbanken durchführbar und daher mit geringen Kosten verbunden sind. Deshalb werden die heuristischen Verfahren in der Praxis – trotz der eingeschränkten Aussagekraft – immer noch häufig eingesetzt. Die **quasi-analytischen Verfahren** basieren auf mathematischen Berechnungen, die einen quantitativen Vergleich von Kunden auf der Grundlage numerischer Werte oder Punktwerte ermögli-

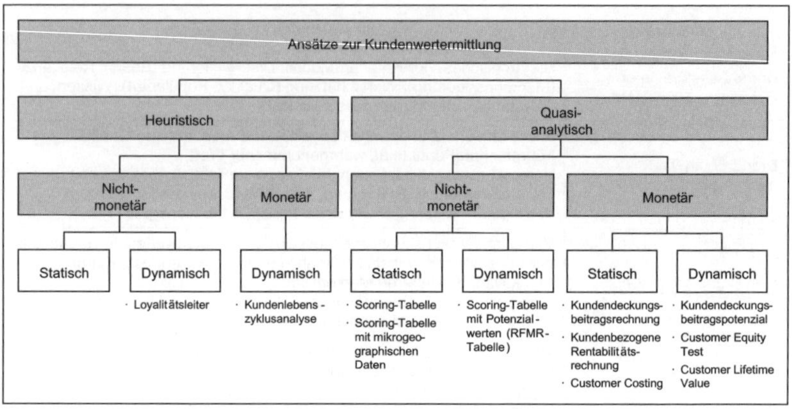

Schaubild 8–12: Ansätze zur Kundenwertermittlung (In Anlehnung an Bruhn et al. 2000, S. 170)

chen. Aufgrund der exakten Werte werden zumindest theoretisch optimale Entscheidungen realisierbar. Darüber hinaus erzielen diese Verfahren in der Regel vollständigere und besser anwendbare Resultate. Die aufwändige Datenbeschaffung und -verarbeitung sowie die Komplexität der Problemerfassung gehören zu den wesentlichen Nachteilen dieser Verfahren.

In Bezug auf die **Art der Kundenwertkomponenten** lassen sich monetäre und nicht-monetäre Verfahren unterscheiden. Wenn im Unternehmen die benötigten Umsatz- und Kostenzahlen direkt aus dem Rechnungswesen gewonnen werden können und jegliche Budgetüberlegungen monetär kalkuliert werden, bieten sich **monetäre Verfahren** an. Diese lassen durch ihre Eindeutigkeit direkte Kundenvergleiche zu und haben den Vorteil, dass sie in Kalkulationen und Budgetberechnungen mit einbezogen werden können. Der Nachteil der meisten monetären Verfahren ist ihre auf den Zusatzumsatz beschränkte Wertauffassung, die aufgrund der Vernachlässigung weiterer relevanter – auf die Kundenbindung oder Kommunikation des Kunden zurückführbare – Wertkomponenten unvollständig ist. **Nicht-monetäre Verfahren** beschränken sich auf eine primär qualitative Bewertung der Kunden und verzichten absichtlich auf den Versuch, jegliche Beziehung monetär zu bewerten.

In Abhängigkeit vom **betrachteten Zeithorizont** lassen sich statische (Zeitpunktbetrachtung) und dynamische Verfahren (Zeitraumbetrachtung) abgrenzen. **Statische Verfahren** sind für eine kurzfristige Bestandsaufnahme durchaus sinnvoll, sind jedoch zur langfristigen Bewertung von Kunden im Sinne des Kundenbindungsmanagements nicht einsetzbar, da sie zukünftig potenzielle Entwicklungen – anders als die **dynamischen Verfahren** – nicht mit einbeziehen. Statische Verfahren sind den dynamischen durch ihre Unvollständigkeit der Kundenbetrachtung unterlegen. Kunden, die zum Zeitpunkt der Ermittlung unrentabel sind, können nur durch die Betrachtung ihres zukünftigen Potenzials bewertet werden. Der Nachteil dynamischer

Verfahren liegt in der Komplexität der Verfahren, die primär durch die zu erstellenden Prognosen und das zu berücksichtigende Risiko bedingt ist.

Insgesamt bleibt festzuhalten, dass zur Ermittlung eines validen, möglichst eindeutigen Kundenwertes der Einsatz eines quasi-analytischen, dynamischen und monetären Verfahrens anzustreben ist, das nach Möglichkeit um nicht-monetäre Wertkomponenten ergänzt wird.

8.5 System-Wirkungs-Auditing des Produkt- und Servicemanagements

In den vorangegangenen Abschnitten wurden zahlreiche Methoden zur isolierten Kontrolle der vorökonomischen und ökonomischen Wirkungen von produkt- und servicepolitischen Aktivitäten diskutiert. Zur systematischen Ableitung von produkt- und servicepolitischen Maßnahmen ist es jedoch erforderlich, eine **Verknüpfung von vorökonomischer und ökonomischer Ebene** vorzunehmen. Nur auf diese Weise können die vorökonomischen Stellhebel für den ökonomischen Erfolg von Produkten und Services identifiziert werden.

Diese Verknüpfung ist Aufgabe des **System-Wirkungs-Auditing**, auf dessen Basis eine möglichst umfassende Kontrolle der vorökonomischen und ökonomischen Zielgrößen des Produkt- und Servicemanagements und ihrer Interdependenzen realisiert wird. Bei folgenden **Methoden** werden Interdependenzen zwischen den erfolgsrelevanten Zielgrößen umfassend berücksichtigt:

(1) Balanced Scorecard,
(2) Brand Audit,
(3) Markenbarometer.

(1) Balanced Scorecard

Ein aktueller Ansatz stellt die Balanced Scorecard dar, die zunächst als Performance-Measurement-System etabliert wurde und sich mittlerweile zu einem strategischen Managementsystem weiterentwickelt hat, das hilft, die langfristige Entwicklung von Unternehmen zu planen, zu steuern und zu kontrollieren (*Kaplan/Norton* 1997, 2001). Die Mitwirkung des Produkt- und Servicecontrolling an der Erstellung und dem kontinuierlichen Einsatz einer Balanced Scorecard verlangt die Abstimmung mit anderen betrieblichen Funktionsbereichen wie z.B. dem Personalmanagement oder dem zentralen Controlling.

Grundidee der Balanced Scorecard ist die Einteilung des Unternehmens in eine finanz-, kunden-, prozess- und potenzialorientierte Perspektive. Schaubild 8–13 zeigt die vier Perspektiven der Balanced Scorecard im Überblick. Durch die Verknüpfung dieser vier Perspektiven im Rahmen eines umfassenden Kennzahlensystems soll eine Balance hergestellt werden zwischen:

- externen und internen Kennzahlen,
- vergangenheits- und zukunftsbezogenen Kennzahlen,
- leicht und schwer quantifizierbaren Kennzahlen.

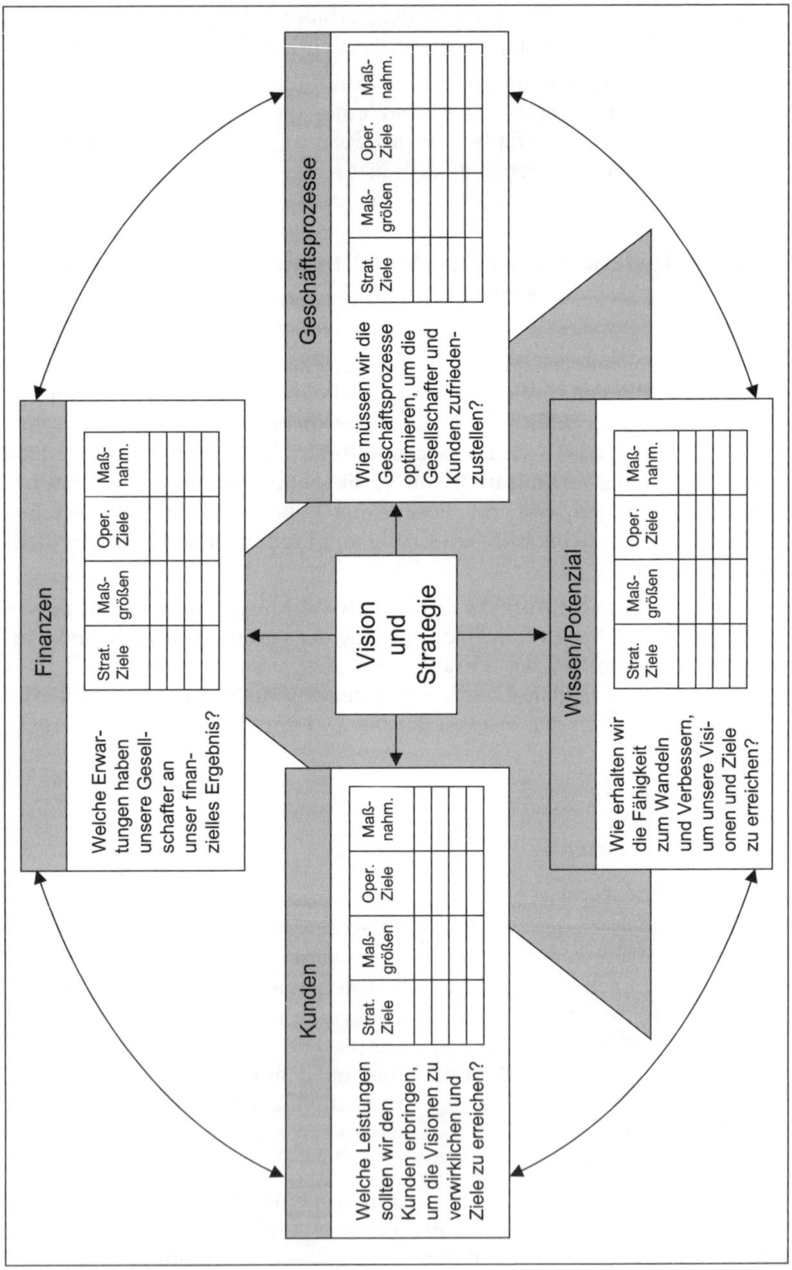

Schaubild 8–13: Grundelemente der Balanced Scorecard (Kaplan/Norton 1992, S. 72)

Die Balanced Scorecard ist vor allem ein Instrument zur Verbesserung der **Transparenz von unternehmerischen Kennzahlensystemen**. Insbesondere Unternehmen, deren Geschäftsbereiche eine hohe Autonomie aufweisen, nutzen die Balanced Scorecard als Managementsystem mit vorrangig strategischen Steuerungs- und vor allem Implementierungsaufgaben. Die Erfüllung von Steuerungs- und Implementierungsaufgaben entspricht der Grundidee der Balanced Scorecard, der im Einzelnen folgende vier **Aufgaben** zugeschrieben werden (*Kaplan/Norton* 1997, S. 11):

- Klärung und „Herunterbrechen" von Vision und programm- und leistungspolitischen Strategien (Verknüpfung von Programm- und Produktstrategien mit der operativen Programm- und Leistungspolitik),
- Kommunikation und Verknüpfung von strategischen Zielen und operativen Maßnahmen,
- Planung bzw. Festlegung von Zielen und Abstimmung strategischer Initiativen,
- Verbesserung von strategischem Feedback und Lernen.

Obwohl im Detail eine klare Abgrenzung dieser Aufgaben erforderlich wäre, kann die grundsätzliche Erfolgskette des Balanced-Scorecard-Konzeptes wie folgt beschrieben werden: Mission/Vision → Festlegung der Strategie → Identifikation und Verknüpfung der „Value Drivers" (Finanzen, Kunden, Prozesse, Potenzial) → Übersetzung der „Value Drivers" in operative Kennzahlen, wobei jede dieser Kennzahlen einen bestimmten Ursache-Wirkungs-Zusammenhang (z.B. Produktqualität führt zu Kundenzufriedenheit, Kundenzufriedenheit ergibt Kundenbindung) widerspiegelt (*Bruhn* 1998b).

Grundsätzlich hat der **Prozess** der Einführung und Anwendung der Balanced Scorecard in Gruppen (Teams) zu erfolgen, wobei einzelne Gruppen jeweils verschiedene Perspektiven der Organisation (Kunden, Finanzen, Geschäftsprozesse und Potenzial/Wissen) bearbeiten.

Die Beachtung der Gruppenzusammensetzung ist deshalb im **ersten Schritt** besonders wichtig. In diesem Zusammenhang ist darauf zu achten, dass die Teilnehmer aus unterschiedlichen Bereichen der Organisation stammen und verschiedenartige Aufgaben innerhalb der Organisation erledigen. Es ist hierbei auch durchaus denkbar, externen Sachverstand zu integrieren.

In **Schritt 2** werden in jeder Perspektive drei bis fünf Ziele identifiziert, die zur Umsetzung der geplanten Strategie beitragen. Die Abbildung und Konkretisierung sämtlicher Ziele ist hierbei nicht möglich. Deshalb werden die wesentlichen, den Erfolg des Produkt- und Servicemanagements am meisten beeinflussenden Zielgebiete je Dimension behandelt.

In **Schritt 3** wird versucht, die in den einzelnen Perspektiven erarbeiteten Ziele in einen Ursachen-Wirkungs-Zusammenhang zu bringen. Die Ziele werden in den Perspektiven hierarchisch geordnet und zueinander in Beziehung gesetzt. Wirken Ziele negativ auf Ziele anderer Perspektiven oder verfügen Ziele über gar keine Auswirkungen auf andere Ziele, wird diesbezüglich ein Diskussionsprozess initiiert, in dem die Relevanz der entsprechenden Ziele hinterfragt wird.

In **Schritt 4** sind geeignete Messgrößen für die zuvor definierten Ziele zu finden, wobei es primär darum geht, sich auf eine Auswahl geeigneter, d.h., repräsentativer und messbarer Indikatoren zu einigen. Zielkonflikte werden zum Teil bewusst akzeptiert, wenn sie den realen Anforderungen entsprechen. Ziele, die in keinem Zusammenhang mit anderen Zielen stehen, liegen offensichtlich außerhalb des Zielsystems und sind daher in der Regel auszuschließen.

In **Schritt 5** werden konkrete Zielwerte (Sollgrößen) für die jeweiligen Indikatoren vereinbart. Dies hat im Sinne eines Fach- und Realitätsbezuges in Zusammenarbeit mit denjenigen Personen zu geschehen, die auch für die operative Umsetzung verantwortlich sind. Es ist zudem notwendig, für die Erreichung der einzelnen Ziele konkrete Maßnahmen, Initiativen, Aktionsprogramme oder Projekte zu definieren (**Schritt 6**).

Nach der Erstellung der Balanced Scorecard (Phase 1) wird der Prozess auf der Anwendungsebene der Organisation (Phase 2) wiederholt, so dass die gesamte Produktmanagementorganisation ihre Subziele im Einklang mit der Strategie formuliert.

In der Phase 2 treten die Anwendung bzw. konkrete Maßnahmen und Aktionsprogramme der Balanced Scorecard in den Vordergrund. In **Schritt 7** gilt es zunächst, ein Berichtssystem zu entwickeln, um die Veränderung der festgelegten Messgrößen zur Erreichung der Ziele zu überwachen (z.B. eine jährlich durchgeführte, standardisierte Kundenbefragung zur Markenimage, Produktqualität und Servicezufriedenheit).

Schritt 8 beinhaltet die Überwachung der besagten Messgrößen (am Beispiel aus Schritt 7 z.B. die Beobachtung der Entwicklung des Markenimages). Das Ergebnis eines Soll-Ist-Vergleichs der Messgrößen (**Schritt 9**) bildet die Grundlage für Entscheidungen und Maßnahmen zur Einflussnahme auf die Zielgröße (**Schritt 10**).

Um den Einsatz der Balanced Scorecard als Instrument der Kontrolle und der Prüfung auf Erreichung der Strategie (**Schritt 11**) zu ermöglichen, sind die verwendeten Messgrößen und Ziele im Zeitablauf konstant zu halten. Dennoch gilt es, die Balanced Scorecard nicht als statisches, einmal zu entwickelndes Kennzahlensystem zu betrachten, sondern sie regelmäßig (jedoch frühestens nach fünf Jahren) an die realen Gegebenheiten anzupassen (**Schritt 12**).

Beispiel: Innovationsspezifische Balanced Scorecard

Arthur D. Little untersuchte in den USA und in Europa eine große Zahl von innovativen Unternehmen, die über fünf bis zehn Jahre hinweg eine hohe Innovationsleistung unter Beweis gestellt haben und deren Unternehmenswert weit überdurchschnittlich gewachsen ist. Es stellte sich heraus, dass diese Unternehmen alle mehrere Elemente eines Innovationsmodells aufweisen, das in seiner Gesamtheit tatsächlich die Ansätze abdeckt, mit denen Innovationserfolg gewährleistet werden kann. Auf diese Weise ließ sich die Innovation Scorecard ableiten, die durch gezielte Forschung und Beratung ständig verifiziert und weiter verfeinert wird (*Sommerlatte* 2005, S. 8f.; Schaubild 8–14).

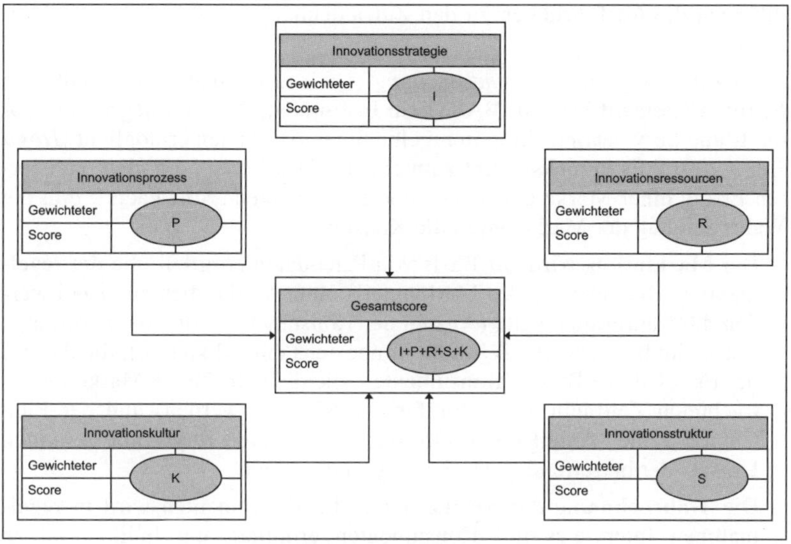

Schaubild 8–14: Innovation Scorecard (Sommerlatte 2005, S. 9)

(2) Brand Audit

Ein Brand Audit liefert eine möglichst umfassende Analyse sämtlicher Einflussgrößen des Markenwertes, um daraus Schlussfolgerungen für die strategische Markenführung abzuleiten. Brand Audits sind regelmäßig oder zumindest sporadisch durchzuführen, um Informationen über die Markenentwicklung zu gewinnen (z.B. zur Überprüfung der Veränderungen bestimmter Assoziationen, nachdem sie in der Produktkommunikation betont wurden). Bei einem Brand Audit wird sowohl die unternehmensinterne („Welche Produkte werden unter der Marke angeboten?“, „Welchen Umsatz und welche Margen erzielen sie?“, „Wie wird die Marke kommuniziert?“ usw.) als auch die konsumentenorientierte Perspektive („Bei welchen Gelegenheiten wird die Marke benutzt?“, „Welche Assoziationen verbinden Konsumenten mit der Marke?“, „Welche Marken werden ähnlich wahrgenommen?“ usw.) eingenommen, um ein umfassendes Bild von Performance und Wahrnehmung der Marke zu gewinnen (*Tomczak/Reinecke/Kaetzke* 2004).

(3) Markenbarometer

Markenbarometer dienen der Ermittlung von Informationen über die Entwicklung von Marken sowohl aus unternehmensinterner als auch aus konsumentenorientierter Perspektive (*Tomczak/Reinecke/Kaetzke* 2004). Markenbarometer sind weniger umfangreich als Brand Audits und konzentrieren sich auf die Analyse der zentralen Erfolgsfaktoren. Diese werden in regelmäßigen Abständen im Rahmen von standardisierten Befragungen erhoben (Tracking-Studien). Beispiele für Markenbarometer sind das Brand ASessment System (BASS) und der Brand Health Check (vgl. zur Methodik auch die Ausführungen zu den Zufriedenheitsbarometern in Abschnitt 3.2.1).

Die *Gesellschaft für Konsumforschung* (*GfK*) in Nürnberg bietet mit dem **Brand ASessment System** (BASS) ein Instrument, das ein integriertes Produkt- und Servicecontrolling in regelmäßigen Abständen ermöglicht (*Högl/ Hupp* 2001). Es berücksichtigt zum einen „Hard Facts", d.h. den realisierten Erfolg einer Marke am Markt, und zum anderen „Soft Facts", d.h. die Wahrnehmung der Marke durch die Konsumenten:

- Der **Markterfolg** wird auf Basis von Paneldaten ermittelt, die der regelmäßigen Bestimmung des Marktanteils einer Marke dienen. Dabei werden die Käuferreichweite (Anzahl der Konsumenten, die die betreffende Marke im betrachteten Zeitraum mindestens einmal kaufen), die Anzahl der First Choice Buyer (Konsumenten, die die betreffende Marke im betrachteten Zeitraum als erstpräferierte Marke erwerben) und der First Choice Value (Anteil der Käufe der First Choice Buyer am gesamten Umsatz der betreffenden Marke) zugrunde gelegt.
- Die **Wahrnehmung der Marke** durch die Konsumenten wird in regelmäßigen Interviews mit Konsumenten ermittelt, um Indikatoren zu erfassen, die die emotionale Haltung und die kognitiven Prozesse der Konsumenten gegenüber Marken widerspiegeln. Beispiele für derartige Indikatoren sind die wahrgenommene Qualität, die Markensympathie sowie die Bereitschaft zur Weiterempfehlung.

Eine ähnliche Methodik weist der **Brand Health Check** vom schweizerischen Institut für Marktanalysen (*IHA-GfK*) auf. Diesem werden ebenfalls Paneldaten und Informationen zu Konsumenteneinstellungen zugrunde gelegt, jedoch werden nicht die Daten des regulären Verbraucherpanels herangezogen, sondern es wird ein Testpanel mit 6.000 Haushalten bzw. 16.500 Personen genutzt. Dieses umfasst Fragen zum tatsächlichen Kauf- und Nutzungsverhalten von Marken sowie zu den zugrunde liegenden Markenbekanntheitsgraden und -einstellungen (*Tomczak/Reinecke/Kaetzke* 2004).

8.6 Effizienzkontrolle des Produkt- und Servicemanagements

Während durch das System-Wirkungs-Auditing die Maßnahmen des Produkt- und Servicemanagements und seine Wirkungen gemeinsam, aber getrennt voneinander beurteilt werden, dient die Effizienzkontrolle der Zurechnung von Wirkungen zum Produkt- und Servicemanagementsystem. Durch die Verknüpfung von Maßnahmen und Wirkungen als Input-Output-Verhältnis gilt es, Aussagen über die Wirtschaftlichkeit der Maßnahmenumsetzung zu treffen.

Das zentrale Instrument zur Effizienzkontrolle repräsentiert die **Kosten-Nutzen-Analyse**, bei der Kosten und Nutzen des Produkt- und Servicemanagements gegenübergestellt werden (*Bruhn/Georgi* 1999). Die Ergebnisse der Effizienzkontrolle liefern Anhaltspunkte im Hinblick auf die Wirtschaftlichkeit von Maßnahmen des Produkt- und Servicemanagements.

Wesentliches **Problem der Effizienzkontrolle** ist, dass sich weder der Input des Produkt- und Servicemanagements noch der Output von programm- und leistungspolitischen Aktivitäten vollumfänglich erfassen lässt. Zwar ist bei Leistungsinnovationen bzw. Maßnahmen der Leistungspflege der Output mit Hilfe des Markterfolges – unter Vernachlässigung der Ausstrahlungseffekte auf das gesamte Leistungsprogramm – leicht messbar, allerdings ist beispielsweise eine periodengerechte Zurechnung von F&E-Kosten mit gewissen Problemen verbunden. Vor diesem Hintergrund ist eine umfassende Effizienzeinschätzung immer unvollkommen (*Reinecke* 2004, S. 311).

Um Maßstäbe für Effizienzvergleiche zu erhalten, werden im Rahmen der Effizienzkontrolle Indikatoren und Kennzahlen gebildet. **Indikatoren** stellen einfache Vergleichsgrößen der Effizienzbeurteilung dar, die keine Input-Output-Relation, sondern absolute Größen wiedergeben. **Kennzahlen** setzen bestimmte programm- und leistungsbezogene Zielgrößen (z.B. Umsatz, Deckungsbeitrag) in Relation zu anderen Bezugsgrößen. Diese Bezugsgrößen stellen z.B. knappe Kapazitäten dar, wie etwa Personal, Lagerraum, Verkaufsfläche, Kapital oder Zeit.

Schaubild 8–15 zeigt ausgewählte Kennzahlen und Indikatoren zur Beurteilung der Effizienz von Maßnahmen der Leistungsinnovation und Leistungspflege. Bei den Kriterien – insbesondere hinsichtlich der Leistungsinnovation – handelt es sich aus den genannten Gründen teilweise nicht um Input-Output-Relationen, sondern um Saldogrößen, die lediglich Teilaspekte der Wirtschaftlichkeit beurteilen. Diese Kriterien werden als Indikatoren zur Effizienzbeurteilung herangezogen. Ihre Aussagekraft ergibt sich insbesondere in Planvergleichen (Soll-Ist-Abweichungen von Kennzahlen) und Zeitvergleichen (verschiedene Planungsperioden des Unternehmens).

Effizienzkriterien der Leistungsinnovation	Effizienzkriterien der Leistungspflege
– Leistungsinnovationseffizienz: Verhältnis von Innovationsertrag und -aufwand – Innovationserfolgsrate: Anteil der Innovationen, die nach einer definierten Zeit die definierten Erfolgskriterien (Umsatz, Deckungsbeitrag usw.) erfüllen – Markteinführungsrate: Anzahl der F&E-Projekte, die zur Markteinführung kommen – Zeiteffizienz: Dauer der Leistungsinnovation in Relation zur bestmöglichen Zeitdauer – Amortisationsperiode: Durchschnittliche Pay-off-Periode einer Innovation – Technologiekosten: Durchschnittliche Kosten der Technologieentwicklung bzw. des Technologieerwerbs – Kostenabweichungen: Abweichung von den geplanten Entwicklungs-, Herstell-, Qualitäts-, Vermarktungskosten	– Leistungspflegeeffizienz: Verhältnis von Leistungspflegeertrag und -aufwand – Direkte Produktprofitabilität: Produktgewinn zu Vollkosten – Modifikationserfolgsrate: Anteil der variierten oder differenzierten Produkte, die nach einer definierten Zeit die definierten Erfolgskriterien (Umsatz, Deckungsbeitrag usw.) erfüllen – Frequenz der Leistungsmodifikation: Anzahl der Leistungsmodifikationen pro Zeiteinheit – Amortisationsperiode: Pay-back-Periode von Maßnahmen der Leistungspflege – Produktionseffizienz: Fertigungsstückkosten, Durchlaufzeiten, Produktionsmittelauslastung, Ausschussfehlerquote – Kostenabweichungen: Abweichung von den geplanten Entwicklungs-, Herstell-, Qualitäts-, Vermarktungskosten

Schaubild 8–15: Ausgewählte Effizienzkriterien der Leistungsinnovation und -pflege (In Anlehnung an Reinecke 2004, S. 312, 324)

9 Internationales Produkt- und Servicemanagement

Produkt- und Servicemanagement ist heute in vielen Unternehmen nicht mehr nur eine nationale Aufgabe. Die zunehmende Tendenz zur Internationalisierung bzw. zur Globalisierung erfordert es, dass Unternehmen in ihrem Produkt- und Servicemanagement den internationalen Kontext mit berücksichtigen. Aufbauend auf den Entwicklungstendenzen und Ursachen der Internationalisierung (Abschnitt 9.1) sind im Rahmen des internationalen Produkt- und Servicemanagements folgende Entscheidungen von Relevanz (Schaubild 9–1):

- Auf strategischer Ebene stellen die Auswahl von Ländermärkten, die Form des Markteintritts und insbesondere die internationale Marktbearbeitung zentrale Fragestellungen dar (Abschnitt 9.2).
- Insbesondere die Frage der ländermäßig standardisierten oder differenzierten Form der Marktbearbeitung hat einen wesentlichen Einfluss auf

Schaubild 9–1: Entscheidungen im internationalen Produkt- und Servicemanagement

die Gestaltung von internationalen Leistungsprogrammen (Abschnitt 9.3) und Leistungen (Abschnitt 9.4).

- Deren Umsetzung hängt im Wesentlichen davon ab, inwiefern es gelingt, die internationalen Programm- und Produktstrategien in der Organisation des internationalen Produkt- und Servicemanagements umzusetzen (Abschnitt 9.5).

9.1 Entwicklungstendenzen und Ursachen der Internationalisierung von Produkten und Services

Seit den 1980er Jahren ist im internationalen Wettbewerb eine zunehmende Dynamik zu beobachten. Die Globalisierung des Wettbewerbs zeichnet sich durch eine integrierte Planung und Abstimmung von Unternehmensaktivitäten auf weltweiter Ebene aus, die auf eine Profilierung gegenüber anderen globalen Wettbewerbern abzielt (*Toyne/Walters* 1993, S. 307). Der Internationalisierungsprozess beschränkt sich dabei keinesfalls auf die internationale Vermarktung von Konsum- und Gebrauchsgütern, sondern betrifft in zunehmendem Maße auch den Dienstleistungssektor.

Die geografische Ausweitung nationaler Produkt- und Servicekonzepte stellt vielfach eine zwingende Notwendigkeit dar, um den langfristigen Unternehmenserfolg zu sichern. Zur Etablierung von Produkten und Services, die auch internationale bzw. globale Einsatzmöglichkeiten aufweisen, sind Produkt- und Servicestrategien international anzupassen. Dabei sind die kulturellen Unterschiede internationaler Absatzmärkte zu berücksichtigen.

Die Notwendigkeit und Vorteile der Internationalisierung von Produkten und Services sind in Wissenschaft und Praxis weitgehend unbestritten. Währenddessen zeigen die **Misserfolge** in der Unternehmenspraxis, dass die Umsetzung der Internationalisierung noch zahlreiche Probleme bereitet. Ursachen für den Misserfolg liegen zum einen darin begründet, dass Unternehmen die Besonderheiten der internationalen Märkte und die gegenüber nationalen Märkten zunehmende Komplexität unterschätzen (*Quelch* 1999). Der Informationsbedarf ist weitaus höher und die Informationsbeschaffung gestaltet sich schwieriger als häufig vermutet (*Berndt et al.* 2003, S. 6). Zum anderen führen der ineffiziente Einsatz international tätiger Mitarbeitender und Mängel in den Prozessen zu erhöhten Reibungsverlusten bei der internationalen Marketingkoordination (*Quelch* 1999).

Die Entwicklung von internationalen Produkt- und Serviceangeboten wird bestimmt von verschiedenen Einflussgrößen der internationalen Märkte und des Agierens der Marktteilnehmer. Um den heutigen Stellenwert von Produkt- und Serviceangeboten im internationalen Wettbewerb zu begründen, ist es notwendig, die unterschiedlichen Entwicklungen der Mikroumwelt, d.h. der spezifischen Marktteilnehmer, und der Makroumwelt, d.h. des unternehmensrelevanten Umfeldes, näher zu untersuchen. Unternehmen stehen dabei mit ihren Leistungen im Spannungsfeld zwischen Kunden, Wettbewerb und Gesellschaft. Schaubild 9–2 gibt einen Überblick über die **Bestimmungsfaktoren der Internationalisierung** von Produkt- und Serviceangeboten.

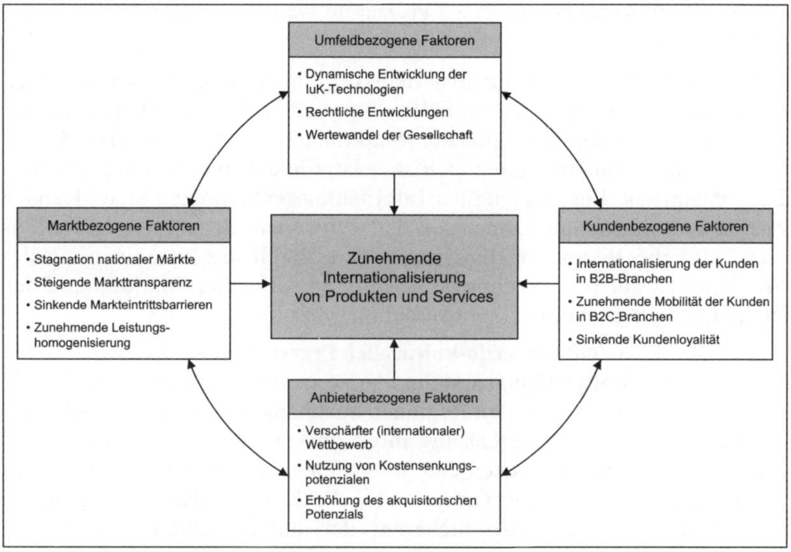

Schaubild 9–2: Bestimmungsfaktoren der Internationalisierung von Produkt- und Serviceangeboten

Zunächst sind **kundenbezogene Veränderungen** zu verzeichnen. Die Internationalisierung der Kunden – insbesondere auch in Business-to-Business-Branchen – führt dazu, dass sich Unternehmen und ihr Leistungsangebot ebenfalls international ausrichten. International mobile Kunden profitieren dabei von einem internationalen Leistungsangebot insofern, als dass bei Kaufentscheidungen nicht immer wieder die Leistungsprogramme von nationalen Anbietern zu prüfen sind, sondern sie sich auf das Leistungsprogramm eines internationalen Anbieters beschränken können. Anbietern gelingt es somit, ihre Kunden international an ihre Produkte und Services zu binden.

Darüber hinaus sind die **Entwicklungen der nationalen und internationalen Märkte** zu berücksichtigen. Schwach wachsende bzw. stagnierende nationale Märkte zwingen Unternehmen, ihre Produkt- und Servicekonzepte international auszurichten, um den unternehmerischen Erfolg langfristig sicherzustellen (*Becker* 2004). Viele Branchen, wie z.B. die Telekommunikationsbranche, werden dereguliert. Dieser Abbau von Markteintrittsbarrieren öffnet neue, meist internationale Märkte bzw. lässt Märkte zusammenwachsen, in denen sich Unternehmen länderübergreifend etablieren.

Beispiel: Wachstumsmarkt China

Eine der am schnellsten wachsenden Volkswirtschaften der Welt ist China, das reale Wirtschaftswachstum war in den vergangenen Jahren mehr als dreimal so groß wie das Westeuropas (reales jährliches Wirtschaftswachstum zwischen 1995 und 2000: 8,3 Prozent gegenüber 2,6 Prozent). Selbst vorsichtige Schätzungen lassen auch für die kommenden Jahre einen ähnlich großen Vorsprung Chinas in der Wachstumsdynamik erwarten (geschätztes reales jährliches Wirtschaftswachstum 2000 bis 2005: 7,7 Prozent für China gegenüber 2,3 Prozent für Westeuropa) (*Bieniek/Miller/Gelbert* 2004, S. 46).

Die Ursache der Internationalisierung liegt nicht zuletzt im **technologischen Fortschritt**, der in vielen Fällen unmittelbar eine weltweite Dimension aufweist und damit zu globalen Marktmöglichkeiten, z.B. über das Internet, führt. Produkte lassen sich so relativ leicht international anbieten. Die dynamische Entwicklung der Informationstechnologien bietet Kunden eine bisher unbekannte Dimension der weltweiten Markttransparenz. Forciert wird die Internationalisierung zudem durch die Intensivierung des Wettbewerbs auf den zunehmend gesättigten nationalen Märkten und den Veränderungen im politischen Umfeld (*Meffert* 1988).

Auch auf die Bedeutung **sozio-kultureller Prozesse** des Wandels ist hinzuweisen. Diese Entwicklungen stellen keine isolierten Prozesse dar, die in den verschiedenen nationalen Regionen unabhängig voneinander ablaufen, sondern bedingen sich gegenseitig in einem komplexen System weltwirtschaftlicher Interdependenzen und prägen die wachsende weltwirtschaftliche Dynamik. Aus diesem Grunde wird die Komplexitätsbewältigung zu einer zentralen Aufgabe der Sicherung der internationalen Wettbewerbsfähigkeit (*Meissner* 1994; *Berndt/Fantapié Altobelli/Sander* 2003).

Schließlich lassen sich verschiedene **anbieterseitige Motive** für die Internationalisierung von Produkt- und Servicekonzepten anführen. Als wesentliches Motiv ist die Erhöhung des akquisitorischen Potenzials durch eine Internationalisierung von Produkten und Services bei gleichzeitiger Nutzung von Kostensenkungspotenzialen durch eine Realisierung von einheitlichen Leistungskonzepten in den Auslandsmärkten zu nennen (*Becker* 2004). Die Konkurrenzsituation treibt viele Unternehmen zu einer teilweise aggressiven Wachstumsstrategie. Durch das Angebot internationaler Leistungen streben Unternehmen insbesondere folgende Vorteile an (*Quelch* 1999; *Douglas/Graig/Nijssen* 2001; *Sander* 2001; *Hsieh* 2002):

- Steigerung der Wiedererkennung der Leistung bzw. Marke für inländische Kunden, die sich im Ausland befinden.
- Erhöhung der Vertrauenswürdigkeit und der Bedeutung der Leistung für die Kunden durch deren internationale Präsenz.
- Verbesserung der Wettbewerbsposition über die Länder hinweg.
- Senkung von Kosten aufgrund von Skaleneffekten.
- Nutzung von Lerneffekten in Bezug auf eine Leistung durch den Austausch von Erfahrungen aus verschiedenen Ländern.

9.2 Strategische Grunddimensionen der Internationalisierung von Produkten und Services

9.2.1 Standardisierung versus Differenzierung von Produkten und Services

Kulturelle Distanz als das Ausmaß kultureller Unterschiede zwischen zwei Ländermärkten wird in weiten Teilen der klassischen Literatur zum internationalen Marketing aufgrund der kulturell erforderlichen Anpassungen von Marketingmaßnahmen als ein zentraler Auslöser internationaler Marktbearbeitungsprobleme betrachtet. Zwar wird heute oftmals vom „globalen Konsumenten" gesprochen, der die Problematik einer kulturell differenzierten Marktbearbeitung relativieren würde. Doch sind trotz augenscheinlich stattfindender **kultureller Anpassungsprozesse** in den verschiedenen Regionen der Welt immer noch erhebliche Unterschiede in der Beschaffung und Verwendung von Sachgütern und Dienstleistungen zu verzeichnen. Es ist sogar – parallel zu den kulturellen Anpassungsprozessen – eine stärkere Betonung kultureller Eigenheiten festzustellen (*Backhaus/Büschken/Voeth* 2001, S. 69). Aus dieser „kulturellen Abgrenzung" kann geschlossen werden, dass kulturelle Distanz und unterschiedliches Kaufverhalten heute noch und auch in näherer Zukunft zentrale Einflussfaktoren im internationalen Produkt- und Servicemanagement sind.

Im Rahmen der wissenschaftlichen und praktischen Diskussion der Chancen und Risiken eines weltweiten Engagements steht die Frage im Mittelpunkt, ob und unter welchen Voraussetzungen international übergreifend eine Vereinheitlichung von Produkt- und Servicekonzepten zu erfolgen hat, da es sich im internationalen Marketing nicht um eine ländermäßig isolierte, sondern um eine Gesamtbetrachtung handelt (*Meffert/Bolz* 2001, S. 155f.).

Die **internationale Marktbearbeitungsstrategie** bestimmt die langfristige Positionierung des Unternehmens auf den bearbeiteten Auslandsmärkten und bildet den Rahmen für den Einsatz des produkt- und servicepolitischen Instrumentariums in den anvisierten Ländermarktsegmenten. Im Zentrum dieser Diskussion in Wissenschaft und Praxis steht dabei die Frage der **Standardisierung versus Differenzierung** von Instrumenten im Rahmen des internationalen Marketing (*Jenner* 1994, S. 15ff.; *Meffert/Bolz* 2001, S. 155ff.; *Köhler* 2002, S. 23ff.; *Berndt/Fantapié Altobelli/Sander* 2003, S. 165ff.). Die Gestaltungsaufgabe eines internationalen Produkt- und Servicemanagements betrifft das Ausmaß an länderübergreifender Vereinheitlichung von Marketinginhalten und Marketingprozessen. Auf inhaltlicher Ebene sind Entscheidungen über die Produkte und Services sowie deren Programmstruktur zu treffen, auf der prozessualen Ebene über die Zusammenarbeit sowohl zwischen der Muttergesellschaft (Zentrale) und den Tochtergesellschaften als auch zwischen den einzelnen Tochtergesellschaften.

Die **Vorteile einer Standardisierung** gegenüber einer Differenzierung der internationalen Marktbearbeitung sind darin zu sehen, dass sich durch eine Globalisierung der Marktbearbeitung Kostendegressionseffekte einstellen, internationale Lern- und Ausstrahlungseffekte genutzt sowie unternehmensinterne Prozesse insbesondere im Hinblick auf den Transfer von Personal und Know-how aus der Muttergesellschaft erleichtert werden (*Hünerberg* 1994, S. 415; *Backhaus/Büschken/Voeth* 2001, S. 208f.; *Cateora* 2001, S. 264). Darüber hinaus wird durch einen weltweit gleichartigen Marktauftritt die Einheitlichkeit in der Wahrnehmung der Zielgruppen sowie ein konsistentes Unternehmens- bzw. Markenimage unterstützt.

Durch die Übertragung vereinheitlichter Produkt- und Servicekonzepte sowie dahinter stehender Prozesse auf mehrere Ländermärkte lassen sich für bestimmte Unternehmen Wettbewerbsvorteile erringen. Jedoch stehen den deutlichen Vorteilen auch **Nachteile** der Standardisierung im Vergleich zur Differenzierung gegenüber (*Berndt et al.* 2003, S. 159ff.). Zum einen bleiben im Rahmen der Standardisierung länderspezifische Konsumentenbedürfnisse unberücksichtigt, was zu einer unzureichenden Zielgruppenansprache führt. Zum anderen besteht häufig ein Mangel an Flexibilität, da die Standardisierung mit einer Entscheidungszentralisation verbunden ist. Dies kann zur Folge haben, dass innovative Prozesse im Unternehmen gehemmt werden. Ferner finden standardisierte Konzepte oftmals keine Akzeptanz bei den Tochtergesellschaften und lassen sich deshalb nur selten in der eigenen Organisation durchsetzen.

Die Entscheidung über die Standardisierung bzw. Differenzierung der Marktbearbeitung ist in Abhängigkeit von verschiedenen **marktbezogenen Einflussfaktoren** zu fällen. So ist z.B. eine Standardisierung von Produkten und Services vorteilhaft, wenn das Nachfragerverhalten zwischen verschiedenen Ländern stark konvergent ist, die Nachfrager international sehr mobil sind sowie eine geozentrische Unternehmensorientierung mit der Tendenz zur inhaltlichen und prozessualen Standardisierung der Marketingaufgaben vorliegt. Die Differenzierung von Produkten und Services bietet sich insbesondere an, wenn bei dem Anbieter bereits eine stark dezentrale Unternehmensstruktur mit geringer Entscheidungszentralisation bei der Muttergesellschaft vorherrscht, die Kosten und Risiken des internationalen Ausbaus eines nationalen Produkt- und Servicekonzeptes zu hoch sind und die Produkte und Services landesspezifisch stark anzupassen sind (*Berndt/Fantapié Altobelli/Sander* 2003, S. 203). In vielen Märkten hat sich das Gewicht von Einflussfaktoren, die eine Standardisierung begünstigen, in jüngerer Zeit vergrößert. Vor allem die länderübergreifende Angleichung von Kundenbedürfnissen und der zunehmende internationale Informationsaustausch sind Gründe dafür, dass sich in immer mehr Märkten die Notwendigkeit ergibt, aus ehemals differenzierten Produkten und Services im internationalen Bereich standardisierte Produkt- und Servicekonzepte zu entwickeln (*Voeth/Wagemann* 2004). Allerdings sind einer internationalen Standardisierung auch Grenzen gesetzt. So kommen selbst Weltmarken wie z.B. Coca-Cola nicht ohne gewisse länderspezifische Anpassungen aus. Das Ausmaß der möglichen Standardisierung oder nötigen Differenzierung hängt von der **Leistungsart** ab. Weltweit gleiches Vorgehen fällt beispielsweise bei Computern leichter als bei Lebensmitteln, für die eine größere Heterogenität der Verbrauchergewohnheiten gilt (*Köhler* 2004). Allgemein wird Industriegütern und langlebigen Konsumgütern eher ein hohes Standardisierungspotenzial zugesprochen. Bei kurzlebigen Konsumgütern sowie Services sind dagegen tendenziell eher länderspezifische Anpassungen notwendig (*Meffert/Bolz* 1998, S. 183).

Zusammenfassend hat sich die Erkenntnis durchgesetzt, dass eine völlige Standardisierung bzw. Differenzierung nicht sinnvoll sein kann. Vielmehr geht es um die Frage nach dem **„optimalen" Standardisierungs- bzw. Differenzierungsgrad**, der eine Ausnutzung internationaler Gemeinsamkeiten bei gleichzeitiger Berücksichtigung länderspezifischer Differenzen ermöglicht (*Backhaus/Büschken/Voeth* 2001, S. 210).

9.2.2 Internationalisierung durch Eigenaufbau versus Akquisition

Neben der Frage einer standardisierten bzw. differenzierten Marktbearbeitung ist im Hinblick auf die sich im Rahmen der Internationalisierung von Produkten und Services ergebenden Aufgaben die **Form des internationalen Markteintritts** von Relevanz. In der Unternehmenspraxis lassen sich als typische Wege zur internationalen Expansion der Export, die Gründung eigener Tochtergesellschaften, die Bildung von Kooperationen durch Franchising oder Joint Ventures sowie Akquisitionen von Unternehmen im Ausland unterscheiden (Schaubild 9-3).

Beim **Export** als internationale Markteintrittsstrategie werden Produkte außerhalb des Landes verkauft, in dem sie hergestellt worden sind. Es handelt sich dabei um die einfachste Möglichkeit, Beziehungen zu einem Markt im Ausland aufzunehmen. Der Einstieg ist häufig mit nur geringen Veränderungen der Produkte, der Unternehmensorganisation sowie der Unternehmensaufgabe verbunden. Wesentliche Voraussetzungen, die für den Export vorzuliegen haben, sind ein möglichst freier Güter- und Zahlungsverkehr sowie etablierte Vertriebskanäle. Die Vorteile des Exports liegen darin, dass sie auch bei geringer Auslandserfahrung und für kleine Unternehmen durchführbar sind, flexible Reaktionen auf Umweltveränderungen ermöglichen sowie keinen Kapital-, Management- und Personaltransfer erfordern. Ungeeignet sind Exporte bei Vorhandensein tarifärer und nichttarifärer Handelshemmnisse, bei stark schwankenden Wechselkursen sowie hohem Zahlungsrisiko.

Durch den Abschluss einer **Lizenzvereinbarung** verzichtet der Lizenzgeber auf die exklusive Nutzung des entsprechenden Vorteils, den er gegenüber seinen Mitbewerbern erworben hat. Der Lizenznehmer erhält das Recht, die gewerblichen Schutzrechte zu nutzen, um dadurch Leistungen zu erstellen oder zu vertreiben. Der wesentliche Vorteil einer Internationalisierung durch Lizenzvergabe liegt im schnellen und problemlosen Einstieg in den ausländischen Markt, der keine sozialen, rechtlichen und politischen Risi-

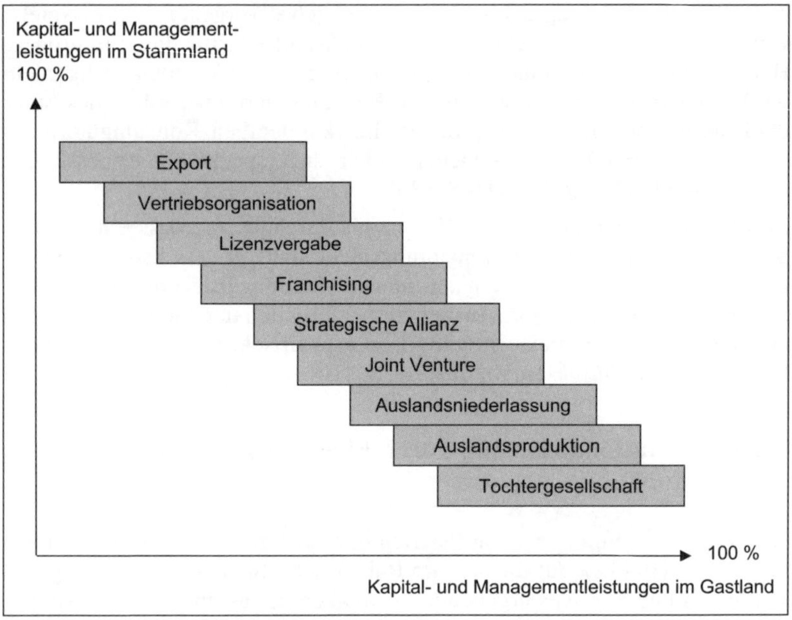

Schaubild 9–3: Formen internationaler Markteintrittsstrategien (Meissner/Gerber 1980, S. 224)

ken beinhaltet. Dementsprechend leicht ist ein Rückzug möglich, falls die Nachfrage im Auslandsmarkt zurückgeht. Nicht nur für kapitalschwache Unternehmen ist ein Markteintritt durch Lizenzvergabe ein gangbarer und vergleichsweise risikoloser Weg (*Behofsics* 1998, S. 54).

Beispiel: Internationalisierung durch Lizenzvergabe bei Capri-Sonne

„Unsere Perspektive auf die Globalisierung ist eine andere als die großer Konzerne", sagt Wild, Chef der *Rudolf Wild GmbH*, einem deutschen Hersteller von Aromastoffen, der u.a. auch die *Capri-Sonne* zu seinem Programm zählt. Für den direkten Einstieg in Asien und Amerika fehlte damals das Kapital. Wilds Strategie: „Ich wollte zunächst aus *Capri-Sonne* eine internationale Marke machen", sagt der 63-Jährige. Unermüdlich suchte er Lizenznehmer, die das Getränk im Ausland auf den Markt bringen. Er flog nach Afrika, Asien und Südamerika. In Mexiko durchforstete er an der Flughafenbar die Gelben Seiten, um Geschäftspartner zu finden. Den Lizenznehmern lieferte Wild die Geschmacksstoffe und eine komplette Abfüllanlage. Nur noch Wasser, Zucker und Saft dazu – fertig. Der Vorteil war, dass die Risiken kalkulierbar blieben, denn eventuelle Verluste trugen die Lizenznehmer. Das Konzept ging auf. Schon 1976 gelang der Sprung nach England, ein Jahr später verschiffte Wild je eine Anlage nach Iran und Israel. Seit 1980 wird in Nigeria *Capri-Sonne* abgefüllt. Mittlerweile trinken Menschen in über 100 Ländern das Getränk aus den silbernen Trinkbeuteln (*Heiny* 2005).

Beispiel: Internationalisierung durch Lizenzvergabe im Zeitschriftenmarkt

Der *Springer-Verlag* setzt bei seiner Internationalisierungsstrategie von Zeitschriftentiteln u.a. auch auf die Vergabe von Lizenzen im Ausland. In diesem Zusammenhang verkündete der Zeitschriftenvorstand des *Springer-Verlags*, bis Ende

2006 mehr als 60 Lizenzausgaben im Ausland herauszubringen. Das Unternehmen verspricht sich dadurch ein Ergebnis von rund 10 Mio. EUR – und das fast ohne eigenes finanzielles Investment. Bisher erscheint u.a. die Zeitschrift „*Auto-Bild*" als Lizenztitel in Frankreich, Italien, Griechenland, den Niederlanden, der Ukraine, Estland, Finnland und Lettland. Die neueren Lizenzausgaben führen dabei auch den Titel *Autobild* (z.B. *Auto-Bild Suomi*), wohingegen die ersten Lizenzblätter mehr Freiräume bei der Titelwahl hatten (z.B. *Auto Plus* in Frankreich oder *Auto Oggi* in Italien) (*Helm* 2004; Schaubild 9–4).

Schaubild 9–4: Internationalisierung durch Lizenzvergabe am Beispiel der Auto-Bild

Als **Kooperationen** werden Bündnisse zweier oder mehrerer Unternehmen bezeichnet, die durch Einsatz ihrer gemeinsamen Ressourcen eine Steigerung ihrer Wettbewerbsfähigkeit anstreben. Joint Ventures und Franchising bilden insbesondere in Dienstleistungsbranchen sehr weit verbreitete Internationalisierungsformen. Das **Franchising** hat die Überlassung eines gesamten Geschäftskonzeptes zum Gegenstand. Als Beispiele hierfür sind Autovermietungen, wie z.B. Avis und Hertz, zu nennen, die ihre Auslandsexpansion über ein Franchisekonzept vorantreiben (*Kutschker/Schmid* 2002, S. 234). Der Franchisegeber stellt dem Franchisenehmer im Rahmen einer langfristigen, individualvertraglich vereinbarten Zusammenarbeit seinen Unternehmens- oder Produktnamen und sein Know-how zur Verfügung. Der Franchisegeber kann auf diese Weise mit begrenztem Kapitaleinsatz auf ausländische Märkte expandieren. Der Franchisenehmer stellt dafür seinen Betrieb und sein Marketing in den Dienst des Franchisegebers und verpflichtet sich in der Regel zur Einhaltung der vorgegebenen Qualitätsanforderungen und partizipiert von der Reputation des Franchisegebers (*Behofsics* 1998, S. 56f.).

Ein **Joint Venture** ist eine dauerhafte Kooperation von zwei oder mehreren Partnerunternehmen, die durch die kapitalmäßige Beteiligung aller Partnerunternehmen gekennzeichnet ist. Bei internationalen Joint Ventures ist mindestens einer der Partner im Ausland niedergelassen. So ging z.B. die US-amerikanische Kaffeehauskette *Starbucks* im Rahmen des Markteintritts in Deutschland ein Joint Venture mit der *KarstadtQuelle AG* ein (*Kühl* 2002, S. 51). *Nestlé* und *Coca-Cola* sind im Bereich von Ready-to-Drink-Produkten ein weltweites Joint Venture eingegangen (Insert 9–1). **Vorteile** eines Joint Ventures gegenüber einer gänzlich im Eigentum befindlichen Tochtergesellschaft ist die geringere Kapitalbeteiligung. Das Unternehmen erhofft sich in erster Linie die Nutzung der besseren Marktkenntnisse des lokalen Partnerunternehmens sowie dessen Verhandlungskompetenz im Umgang mit öffentlichen Stellen des Gastlandes (*Behofsics* 1998, S. 67). Einen wesentlichen **Nachteil** stellt jedoch die fehlende Managementkontrolle dar, die in Konfliktsituationen die Durchsetzung von Unternehmensstandards, wie z.B. ein bestimmtes Qualitätsniveau, problematisch macht.

Unter **Akquisitionen** wird der Kauf, die Übernahme bzw. der mehrheitliche Anteilserwerb eines Unternehmens verstanden. Insbesondere die hohen einmaligen Kosten stellen dabei für viele Unternehmen ein Problem dar. Die Vorteile einer Akquisitionsstrategie liegen darin, dass auf diese Weise die Managementkontrolle an dem jeweiligen Unternehmen gesichert wird und sich die Internationalisierung in einem schnelleren Zeitraum als durch einen Eigenaufbau erreichen lässt.

Beispiel: Internationalisierung durch Akquisition bei Unilever

Im Jahre 1999 erzielte *Unilever* mit weltweit 1.600 Marken einen Umsatz von 50 Mrd. EUR und erreichte eine operative Rendite von 11,2 Prozent. Der Konzern war und ist permanent bestrebt, den Shareholder Value zu steigern – nicht zuletzt über den Wert seiner Marken. Hierfür stehen einem Unternehmen wie *Unilever* sowohl externe Wege durch Akquisition als auch interne Wege durch die Ausgestaltung der Markenpolitik offen. Noch vor wenigen Jahren listete eine *Nielsen*-Studie 47 internationale Marken mit einem Umsatzvolumen von über 1 Mrd. EUR auf. Während Unilever in diesem Ranking noch keine Erwähnung fand, verfügte der Konzern zu Beginn des Geschäftsjahres 2003 bereits über 14 solcher Marken, die ein Umsatzvolumen von jeweils über 1 Mrd. EUR generieren. Einen wesentlichen Anteil daran hatte die Akquisition des *Bestfoods*-Konzerns im Juni des Jahres 2000, die seither in Verbindung mit *Unilevers* Markenfokussierungsstrategie zu einer erheblichen Verbesserung der Wettbewerbsposition von *Unilever* im Vergleich zu den übrigen international tätigen Nahrungsmittelkonzernen beigetragen hat. Auch andere weltweit präsente Hersteller, wie z.B. *Nestlé* und *Kraft*, haben durch Akquisitionen den Auf- und Ausbau ihrer bereits in zahlreichen Ländern angebotenen Marken beschleunigt (*Lindenberg* 2004, S. 1980).

Beispiel: Internationalisierung durch Akquisition bei Adidas

Adidas kauft *Reebok*, um in Amerika zu expandieren. Anfang Mai verkaufte *Adidas* seine Outdoor-Sparte *Salomon*. Nun kündigte *Adidas* an, den amerikanischen Konkurrenten *Reebok* für 3,1 Mrd. EUR zu übernehmen. Die Übernahme ist ein offener Angriff auf den großen Konkurrenten *Nike*, der die Liste der weltgrößten Sportartikelhersteller anführt. Und er ist ein weiterer Schritt hin auf das Ziel, das Herbert Hainer, Vorstandsvorsitzender von *Adidas*, regelmäßig beschwört: „Natürlich muss es das Ziel sein, Weltmarktführer im Bereich Sport zu werden." (*o.V.* 2005f).

Die im Hinblick auf die mit der Internationalisierung verbundenen Kosten teuerste Form ist die Gründung einer eigenen **Tochtergesellschaft**. Der Vorteil dieser Eintrittsform liegt in der vollständigen Entscheidungsfreiheit der

Schweizer Schnellstarter

Beverage Partners Worldwide

Das 50:50-Joint-Venture von Nestlé und Coca-Cola setzt auf Ready-to-drink-Produkte: Kaffee und Tee – heiss und kalt.

Markus Köchli

Hans Savonije (48), der CEO der Beverage Partners Worldwide (BPW), mit Sitz in Urdorf, hat ein geübtes Auge. In Athen, der „Hauptstadt der Kioske" – von denen es in der 4-Mio.-Einwohner-Metropole angeblich 15000 geben soll –, inspiziert der BPW-Chef auf dem Weg ins Olympiastadion Getränkeautomaten. Zufällig, einfach so, wie das im Detailhandel eben Usus ist – aber mit Grund: Die mannshohen Getränkekühler werden den Kioskbetreibern zur Verfügung gestellt. Von Coca-Cola. Savonije will wissen, was neben den Weltmarken Coca-Cola, Sprite und Fanta zusätzlich gekühlt wird. In Athen, wo die Coca-Cola Company als Sponsorpartner des Internationalen Olympischen Komitees (IOC) während den 14 Wettkampftagen ungewohnt diskret auftreten muss. Vor allem aber interessiert den Holländer, ob „seine" Produkte an der Kühle auf den Konsum warten. Die da sind: Nestea und Nescafé Ice Black, das eisgekühlte Kaffee-Erfrischungsgetränk in der Alu-Dose.

Savonije leitet mit BPW jenes Unternehmen, das die Welt mit Ready-to-drink-Produkten, abgepackt in Flaschen oder Dosen, erobert. Dies im Schnellzugstempo, fast ungebremst von West nach Ost. Und das Nestlé wie Coca-Cola, die BPW zu je 50 % halten, in diesem Segment global die Leaderposition sichern helfen muss. Heute liegt der BPW-Marktanteil weltweit erst bei ungefähr 16 %.

Athen bestätigt, dass viel Arbeit auf die jeweiligen Länderdistributoren der BPW-Produkte – meist identisch mit den Coca-Cola-Vertriebsorganisationen – wartet. Savonije: „Konkurrenzprodukte mögen wir nicht in Coca-Cola-Kühlschränken." Wie rote Tücher wirken für Savonije beim Tee Getränke von Lipton aus dem holländisch-britischen Haus Unilever, das mit Coca-Colas Erzrivalen Pepsi zusammenarbeitet, beim Kaffee ist es Icepresso von Altria (früher Klaus J. Jacobs/Philip Morris).

Vor drei Jahren gegründet – und jetzt bereits Umsatzmilliardär

Dass Nestea und Nescafé im Ready-to-drink-Bereich in Deutschland auf einen Marktanteil von lediglich 5 % und in der Schweiz immerhin auf stolze 30 % kommen, hat Gründe: BPW wurde erst 2001 gegründet. Vorher, da lag die Vermarktung teils bei Nestlé, teils bei Coca-Cola. Rund 800 Mio Fr. brachten die Erfrischungsgetränke den Viviserm ein, das Umsatzschwergewicht lag in Europa, nicht aber auf den Zukunftsmärkten. Für die Eroberung der attraktiven Zielregionen, etwa Asien mit Schwerpunkt China, fehlte dem Nahrungsmittelmulti zwar nicht das Geld, dafür die Vertriebsstruktur – und wohl auch etwas Geduld. Das Team aus Vevey hätte den – teureren – Alleingang wählen können. Da bot sich, weil schon früher die Gesprächsachse Atlanta-Vevey über die Coca-Cola Nestlé Refreshments (CCNR) funktionierte, ein Zusammengehen der Multis als Lösung geradezu an.

Vor drei Jahren also wurde die BPW ins Leben gerufen, eine schlanke Unternehmung mit lediglich 46 Beschäftigten. Das Head-Office steht in Urdorf. Aus 16 Ländern rekrutieren sich Savonijes Mitarbeiterinnen und Mitarbeiter, lediglich vier von ihnen kommen aus der Schweiz; zehn standen früher auf der Nestlé-Lohnliste, 17 kamen von Coca-Cola, der Rest von extern. Savonije selber wurde, nach ersten Jahren bei Unilever, später durch die Coca-Cola-Kultur geprägt. Zwei Jahre hatte er die Schweizer Coca-Cola-Niederlassung in Brüttisellen geleitet, später war über längere Zeit das Osteuropa-Geschäft in seiner Hand.

Diese knapp vier Dutzend Leute schreiben eine Erfolgsgeschichte, die nicht so schnell Nachahmer findet. In diesem Jahr generiert BPW einen Umsatz von 1,6 Mrd. Dollar. Savonije: „Zweistellige Wachstumsraten sind für uns ein Muss, wir wollen im Schnitt 20 % wachsen." Den Standort Urdorf beurteilt Savonije für die BPW-Tätigkeiten als günstig. „Noch günstig", denn ihm und seinem Team macht die Anbindung der Schweiz an die weite Welt via Luftverkehr Sorgen. Savonije: „Schade, dass die Swiss ihr Streckennetz ausgedünnt hat. Atlanta zum Beispiel, für uns eine wichtige Destination, wird nicht mehr direkt angeflogen."

Nestlé und Coca-Cola teilen sich genau hälftig das Joint Venture. Unternehmensberater

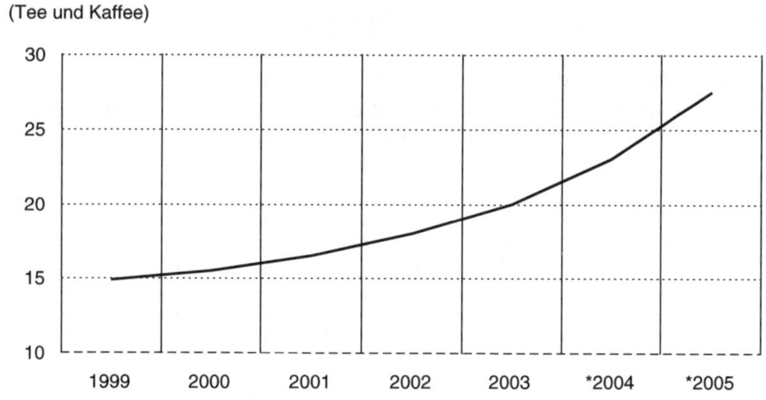

Weltmarkt für Ready-to-drink-Produkte (Umsatz in Mrd. Dollar)

würden von einem solchen Konstrukt abraten. Savonije hingegen sieht keine Schwierigkeiten: „Die Unternehmungsgrundsätze sind deckungsgleich." Je zwei Verwaltungsräte stellen die beiden Multis, das Präsidium wechselt von Sitzung zu Sitzung hin und her. Da stört es offenbar nicht, dass Nestlé und die Coca-Cola Company in anderen Gebieten – wie etwa dem Mineralwasser – erbitterte Konkurrenten sind. Der BPW-Erfolg ist es, der zusammenkittet. Das Betriebsergebnis soll sich in der Grössenordnung von 10 % des Umsatzes bewegen, wahrlich eine stolze Grösse für ein „Jungunternehmen", das sich noch immer im Aufbau befindet und jährlich gegen 200 Mio Fr. für Marketing-Anstrengungen bereitzustellen hat. Denn BPW lebt nicht zuletzt von Innovationen. In 12 Monaten wird die Produktpalette jeweils um ein Viertel ergänzt.

Nestlé besorgt die Entwicklung, Coca-Cola die Distribution

BPW sieht sich in erster Linie als Vermarkter sowie als Impulsgeber. Und als Bindeglied zwischen Nestlé und Coca-Cola. Der Konzern in Vevey ist für Forschung und Entwicklung verantwortlich, mehrheitlich auch für das Herstellen der Kaffeespezialitäten; Coca-Cola übernimmt die Distribution und die Arbeit vor Ort, beim Grossverteiler, beim Detailhändler, beim Kioskinhaber. Die Teegetränke werden durch Coca-Cola abgefüllt. Diese Arbeitsteilung ist das Erfolgsrezept.

In 46 Ländern ist BPW präsent. Mit dem Essen kommt der Appetit nach (noch) mehr. Savonije hat denn auch Grosses vor, vor allem in Asien – dort ausgerechnet mit Tee. In 80 der grössten Städte Chinas ist BPW präsent, Wachstumsraten von mehr als 100 % können nach Urdorf gemeldet werden. Einzig Japan bleibt den Schweizern verwehrt, Coca-Cola besitzt dort eine dominante Stellung, sodass sich für die „Halbtochter" BPW der Einstieg nicht lohnt.

Das allerdings kümmert Savonije wenig, zumal vor der Haustüre ein mächtiges Umsatzpotenzial unausgeschöpft ist. Etwa bei den Getränkeautomaten. In Zürich stehen zu Testzwecken 18 Vending-Machines, die gleichzeitig sowohl Süsswasser als auch Nestlé-Produkte auswerfen. Erstmals teilen sich die beiden Weltmarken einen Automaten. Der Clou dabei – dank eingebauter Mikrowelle: Kaffee und Tee können kalt oder heiss abgerufen werden. Savonije verhehlt nicht, dass derartige Multizweck-Automaten Zukunft besitzen: „An den Teststandorten haben wir den Umsatz gegenüber früher verdoppelt."

Insert 9–1: Joint Venture von Nestlé und Coca-Cola (HandelsZeitung, 25.08.2005, S. 8)

Zentrale bezüglich der gesamten Unternehmenspolitik. Darüber hinaus kann ein einheitlicher Qualitätsstandard aufgebaut werden. Der entscheidende Nachteil ist allerdings der vergleichsweise lange Zeitraum, den der Aufbau einer Tochtergesellschaft beansprucht.

Die Form des Markteintritts determiniert die im Internationalisierungsprozess involvierten Produkte und Services. In den Internationalisierungsprozess sind zum einen durch Export sowie Neugründung von Tochtergesellschaften ausschließlich eigene Produkte und Services des Unternehmens und zum anderen durch Kooperationen oder Akquisitionen zusätzlich auch fremde Produkte und Services involviert.

9.2.3 Grundformen der Internationalisierung von Produkt- und Servicekonzepten

Die bisherigen Ausführungen haben gezeigt, dass die strategische Ausgestaltung eines internationalen Produkt- und Servicemanagements vielfältige Formen annehmen kann. Sowohl die Form der Marktbearbeitung als auch des Markteintritts hängt wesentlich von der im Unternehmen vorherrschenden **Grundorientierung des Managements** ab (*Meffert/Bolz* 1998, S. 25). Dabei lassen sich die ethno-, poly-, regio- und geozentrische Grundorientierung unterscheiden (*Perlmutter* 1969; *Meffert/Bolz* 1998; *Lingenfelder/Kahler/Wiesecke* 2004).

Bei einer **ethnozentrischen Orientierung** werden ausländische Märkte eher am Rande und ohne Anpassung der nationalen Produkt- und Servicepolitik an Gegebenheiten des Auslandsmarktes bedient. Ethnozentrische Unternehmen orientieren sich bei ihren internationalen Aktivitäten an ihrem Heimatmarkt. Es wird versucht, ein im Inland erfolgreiches Produkt- bzw. Servicekonzept weitgehend unverändert auf ausländischen Märkten anzubieten bzw. durchzuführen. Die bearbeiteten Märkte sind dabei strukturell zumeist sehr ähnlich im Vergleich mit dem Inlandsmarkt. Anlässe können Überkapazitäten im Inland oder auch wachsende – und damit tendenziell wettbewerbsarme – Märkte im Ausland sein. Generell werden die Auslandsaktivitäten als untergeordnet gegenüber den Inlandsaktivitäten angesehen. Typisch für derartige Unternehmen ist dabei der Markteintritt per Exportstrategie.

Eine **polyzentrische Orientierung** liegt vor, wenn sich die internationalen Aktivitäten eines Unternehmens an den Besonderheiten und Bedürfnissen der einzelnen Ländermärkte ausrichten und Produkte sowie Services entsprechend angepasst werden. Dieser Ansatz geht von der Verschiedenartigkeit der Länder aus, für die folglich auch die Produkt- und Servicekonzepte differenziert anzupassen sind. Typisch für diese Orientierung ist die Marktbearbeitung durch Tochtergesellschaften im Ausland mit einer vergleichsweise hohen Entscheidungsautonomie.

Die Zusammenfassung mehrerer Länder zu übergeordneten Gebieten, die als zusammengehörig anzusehen sind, stellt den Kern des **regiozentrischen Ansatzes** dar. Produkte und Services werden innerhalb einer Region standardisiert und zwischen den Regionen differenziert angeboten. Ziel ist hier die Entwicklung einer integrierten, länderübergreifenden Marktbearbeitungsstrategie. Maßgebliches Kriterium der Differenzierung sind kulturelle Unterschiede der Regionen. Gefördert wird dieser Ansatz durch die Bildung gemeinsamer Märkte, z.B. in Form von Freihandelszonen oder in Wirtschafts- und Währungsunionen.

Bei der **geozentrischen Orientierung** wird von globalen Produkten und Services gesprochen. Sie zeichnen sich durch einen weltweit standardisierten Marktauftritt aus (*Sander* 1994, S. 31f.; *Backhaus/Büschken/Voeth* 2001; *Meffert* 2002, S. 159f.; *Müller/Kornmeier* 2002, S. 317ff.). Kennzeichen einer geozentrischen Ausrichtung ist die Auffassung, dass der relevante Markt für das betrachtete Unternehmen der Weltmarkt ist. Ziel von Unternehmen mit einer derartigen Orientierung ist die Verbesserung der internationalen Wettbewerbsfähigkeit durch Integration aller Produkt- und Servicemanagementaktivitäten in ein zusammenhängendes Gesamtsystem. Nationale Wünsche und Bedürfnisse stehen zugunsten der Erzielung von Kostenvorteilen infolge einer standardisierten Massenproduktion nicht im Vordergrund der Marktbearbeitung. Eine derartige geozentrische Ausrichtung erfordert von Unternehmen ein globales Marketingkonzept.

Aufbauend auf der Grundorientierung des Managements und durch die Gegenüberstellung der beiden strategischen Dimensionen Marktbearbeitung und Markteintritt lassen sich vier **Formen der Internationalisierung** von Produkt- und Servicekonzepten unterscheiden (Schaubild 9–5). Im Falle eines Exports des inländischen Produkt- und Servicekonzepts ist zu entscheiden, ob das Heimatleistungsangebot ohne die Berücksichtigung von länderspezifischen Besonderheiten multipliziert wird (**Multiplikationsstrategie**) oder im Rahmen einer Angebotsanpassung z.B. kulturelle Aspekte berücksichtigt werden (**Anpassungsstrategie**). Im Fall der Übernahme eines Unternehmens und dessen nationaler Leistungen hat sich das akquirierende Unternehmen darüber Gedanken zu machen, ob das übernommene Produkt- und Servicekonzept zusätzlich in das Portfolio aufgenommen (**Portfoliostrategie**) oder durch eine Verschmelzung mit dem Heimatleistungsangebot in ein internationales Produkt- und Servicekonzept überführt wird (**Verschmelzungsstrategie**).

Im Folgenden wird aufgezeigt, welche Gestaltungsoptionen, Aufgaben und Umsetzungsprozesse sich im Rahmen der genannten Internationalisierungsformen ergeben.

		Internationale Marktbearbeitungsstrategie	
		Standardisierung	Differenzierung
Anzahl involvierter Leistungen	Nur eigene Leistungen	Multiplikations-strategie	Anpassungs-strategie
	Auch fremde Leistungen	Verschmelzungs-strategie	Portfolio-strategie

Schaubild 9–5: Formen der Internationalisierung von Produkt- und Servicekonzepten

9.2.4 Internationale Multiplikation von Produkt- und Servicekonzepten (Multiplikationsstrategie)

Unter der internationalen Multiplikation wird die länderübergreifende Vervielfältigung eines vorhandenen Produkt- und Servicekonzeptes verstanden, das im Eigenaufbau – also im Rahmen des Exports, der Gründung von ausländischen Tochtergesellschaften oder eines Franchising – und weitgehend ohne eine kulturspezifische Anpassung realisiert wird. Bekannte Beispiele sind der *VW Käfer* und *Coca-Cola*, die das Erfolgspotenzial einer unveränderten Übertragung von Produkt- und Servicekonzepten aufzeigen. Wesentlicher Vorteil ist die Nutzung von vorhandenen Unternehmensressourcen und damit verbundenen Skaleneffekten. Die Multiplikationsstrategie stellt oft die erste Stufe im Internationalisierungsprozess eines Unternehmens dar. Außerdem wird diese Internationalisierungsform häufig dann von Unternehmen in Erwägung gezogen, wenn Produkte und Services sich im Heimatmarkt am Ende ihres Lebenszyklus befinden (*Berndt/Fantapié Altobelli* 2002, S. 779).

Die **Voraussetzung der Multiplikationsstrategie** sind global attraktive und weitgehend standardisierbare Produkte und Services. Sowohl das Nutzenversprechen als auch das zugehörige Produkt- und Servicekonzept sind damit ohne Modifikation auf einen neuen Markt übertragbar. Zur Umsetzung dieser Strategie ist ein Konzept notwendig, das die bei der Leistungserstellung notwendigen Schritte unter Festlegung gewisser Qualitätsstandards umfasst. Während derartig standardisierte Abläufe bei Produkten weitestgehend keine Probleme darstellen (z.B. *Coca-Cola*), ist deren Umsetzung bei Services jedoch mit zunehmenden Interaktionsgrad zwischen Kunde und Anbieter schwieriger. Die Multiplikation ist damit bei Produkten sowie bei quasi-industriellen Services möglich.

Beispiel: Umsetzung der Multiplikationsstrategie bei Services

Die Fast-Food-Kette *McDonald's* hat sich in den Jahren ihrer Erfolgsgeschichte zu einem der wichtigsten Dienstleistungsexporteure der USA entwickelt. Der Markterfolg des Unternehmens basiert auf einem konsequenten Standardisierungskonzept, das seit den 1950er Jahren perfektioniert worden ist. Die Standardisierung bezieht sich dabei unter anderem auf das Leistungsangebot und den Leistungserstellungsprozess. So gibt es bei *McDonald's* international gültige Normvorschriften, die z.B. die Bratdauer eines Burgers auf dem Grill weltweit auf die Sekunde genau festlegt. Allerdings ist die reine Multiplikation von Leistungsprogrammen in der Unternehmenspraxis nicht vorzufinden. Oft hängt der Erfolg der Leistungsmultiplikation davon ab, ob der Dienstleistungsanbieter den richtigen Grad der Anpassung an das lokale Umfeld findet. Auch *McDonald's* hat das sonst global einheitliche Leistungskonzept in bestimmten Bereichen angepasst: In Japan wurde der „Teriyaki Burger" auf die Karte gesetzt, in Indien ein vegetarisches, in Israel ein koscheres Menü und in Deutschland – als große Ausnahme – Bier eingeführt (*Dellago/Kliger* 2004, S. 42). Zur internationalen Markterschließung hat sich *McDonald's* hauptsächlich des Franchiseexports bedient. Dieser ermöglicht es weltweit, die Umsetzung des Dienstleistungskonzeptes zu überwachen und die Qualität sicherzustellen. Als Beispiel für einen Misserfolg der Multiplikationsstrategie wird der Versanddienstleister *UPS* genannt, der Anfang der 1990er Jahre in den europäischen Markt eintrat. Aufgrund der unzureichenden Anpassung an nationale Gegebenheiten hatte die Internationalisierung nur mäßigen Erfolg, so dass der heutige *UPS*-Marktanteil in Europa von ca. 8 Prozent – gemessen an der Weltmarktposition – eher gering ausfällt (*Meffert/Schneider/Ebert* 2002, S. 296).

9.2.5 Länderspezifische Anpassung von Produkt- und Servicekonzepten (Anpassungsstrategie)

Im Rahmen einer eigenständigen Internationalisierung ist sehr häufig eine länderspezifische Anpassung des Produkt- und Servicekonzeptes im Sinne einer internationalen Produkt- und Servicedifferenzierung erforderlich, um auf die heterogenen Bedürfnisstrukturen der verschiedenen Ländermärkte einzugehen. Dabei bieten Unternehmen zwar ein **universelles Nutzenversprechen**, passen jedoch das Produkt- und Servicekonzept sehr viel stärker an die lokalen Gegebenheiten an, d.h., dass in verschiedenen Ländermärkten unterschiedliche Varianten einer Leistung angeboten werden. Globales

Konzept-Know-how wird kombiniert mit lokalem Markt-Know-how. Eine starke operative Beteiligung am neuen Geschäft ist dabei unumgänglich, weil das Angebot neu zu konzipieren oder zumindest stark anzupassen ist (*Dellago/Kliger* 2004, S. 42).

Mit Hilfe der Differenzierung der internationalen Qualitäts-, Marken-, Verpackungs- und Servicepolitik lassen sich folgende **Formen einer internationalen Anpassungsstrategie** unterscheiden (*Berndt/Fantapié Altobelli/Sander* 1997, S. 72; *Berndt/Fantapié Altobelli* 2002, S. 780):

- Angebot einer länderspezifischen Leistungsvariante je Ländermarkt (polyzentrische Anpassung),
- Angebot einer begrenzten Anzahl von Leistungsvarianten für in sich homogene Ländergruppen (regiozentrische Anpassung),
- Angebot von mehreren Leistungsvarianten für länderübergreifende Kundensegmente mit ähnlichen Bedürfnissen (geozentrische Anpassung).

9.2.6 Verschmelzung von internationalen Produkt- und Servicekonzepten (Verschmelzungsstrategie)

Unter der Verschmelzungsstrategie wird die im Rahmen von M&A-Aktivitäten vorgenommene Anpassung der Produkt- und Servicekonzepte des akquirierenden und des akquirierten Unternehmens mit dem Ziel eines länderübergreifend standardisierten Produkt- und Servicekonzeptes verstanden. Als wesentlicher Vorteil dieser Strategie gilt im Allgemeinen der Zeitaspekt, da relativ schnell Ressourcen im Ausland aufgebaut werden. Zentrale Ansatzpunkte der Verschmelzung von internationalen Produkt- und Servicekonzepten stellt die Elimination oder Modifikation von Produkten und Services sowie die Vereinheitlichung von verschiedenen nationalen Marken dar.

Zur Verschmelzung von Leistungsprogrammen, die im Rahmen von internationalen M&A-Aktivitäten entstanden sind, stehen als **Ansatzpunkte** die Elimination sowie die Variation von Produkten und Services zur Verfügung:

- Im Rahmen der **internationalen Leistungselimination** werden die Leistungen des im Auslandsmarkt akquirierten Anbieters durch die Leistungen des akquirierenden Unternehmens ersetzt. Diese Option wird insbesondere bei geringer Ähnlichkeit der Leistungen (hoher Heterogenitätsgrad zwischen den Leistungen bzw. Leistungsprogrammen der Unternehmen) verfolgt, da eine Standardisierung des internationalen Produkt- und Servicekonzeptes durch eine Variation ungleich aufwändiger ist.
- Bei der **internationalen Leistungsvariation** werden Leistungen im Hinblick auf einen „gemeinsamen Nenner“ verändert, um mit einer Standardleistung eine möglichst breite Käuferschicht über alle Ländermärkte hinweg anzusprechen (*Berndt/Fantapié Altobelli* 2002, S. 780). Voraussetzung der Variation ist, dass sich die Leistungen bzw. das Leistungsprogramm von akquirierendem und akquiriertem Unternehmen mög-

lichst ähnlich sind, so dass Anpassungsmaßnahmen sich einfacher realisieren lassen.

Beispiel: Anpassungsmaßnahmen der internationalen Leistungsvariation bei Sixt

Die *Sixt AG* stellt beispielsweise aufgrund der kulturellen Differenz zwischen der deutschen Zentrale und den im europäischen Ausland akquirierten Unternehmen den jeweiligen Landesmanagern einen deutschen Mitarbeitenden zur Seite, um die Variation des Leistungskonzeptes zu unterstützen und ein international angepasstes Leistungskonzept sicherzustellen (*o.V.* 2004c).

Der wesentliche **Vorteil der Leistungsverschmelzung** liegt in dem schnellen Aufbau von Potenzialen durch die Akquisition von bereits in einem Ländermarkt bestehenden Ressourcen sowie in der Realisierung von Größenvorteilen. Beispiele in der Praxis sind im Bereich der Telekommunikation sowie der Logistik zu beobachten. Beide Branchen sind dadurch gekennzeichnet, dass die Kernleistung, d.h. das Telefonat bzw. der Transport von A nach B, einen hohen Homogenitätsgrad aufweisen und dementsprechend der Aufwand der Leistungsverschmelzung relativ gering ist oder zumindest auf einer überwiegend technischen und weniger sozial-menschlichen Ebene vollzogen wird.

9.2.7 Aufbau von internationalen Produkt- und Serviceportfolios (Portfoliostrategie)

Im Rahmen der Portfoliostrategie akquirieren Unternehmen ausländische Anbieter und entwickeln sie unabhängig vom Mutterunternehmen weiter. Formal bedeutet dies meist Direktakquisitionen und Minderheitsbeteiligungen. Neben dem schnellen Aufbau von internationalen Ressourcen zählt die länderdifferenzierte und kulturspezifische Zielgruppenansprache zu den wesentlichen Vorteilen. Die Restrukturierung des Produkt- und Serviceprogramms sowie des Markenportfolios gehört hierbei zu den wichtigsten Aufgaben (Insert 9–2).

Im Rahmen der Restrukturierung von Leistungsprogrammen sind Entscheidungen darüber zu treffen, in welchem **Ausmaß eine länderspezifische Differenzierung** der Leistungen erfolgen soll. Eine optimale Anpassung an die nationalen Bedürfnisse ermöglicht die Erschließung von Marktnischen und begrenzt damit das Misserfolgsrisiko auf dem jeweiligen nationalen Markt. Zudem werden unter der Annahme international heterogener Zielgruppen unterschiedliche Kaufkraftniveaus und Zahlungsbereitschaften der Konsumenten ausgenutzt. In der Praxis ist allerdings eine rein länderspezifische Ausgestaltung des Leistungsprogramms nur selten zu finden. Zumeist versuchen Unternehmen, mögliche Synergien bei kulturunabhängigen Leistungen des Leistungsprogramms zu nutzen, indem sie diese international zusammenführen und standardisiert anbieten. Ebenso häufig ist der Fall zu finden, dass die Muttergesellschaft die Leistungen des akquirierenden und des akquirierten Unternehmens in ein internationales (standardisiertes) Leistungsprogramm zusammenführt und den Länderorganisationen die länderspezifische Anpassung überlässt.

MARKENPORTFOLIO

Zielstrebig Richtung Gesundheit

Bis 2010 erwartet der britisch-niederländische Konzern Unilever ein Marktwachstum zwischen zwei und vier Prozent. Nicht nur die weltweit verpasste neue Struktur, sondern auch die Straffung des Markenportfolios sollen dazu beitragen. Das im vergangenen Jahr zu Ende gegangene Path-to-Growth-Programm beinhaltete eine Reduzierung des Sortiments von 1 600 auf nur noch 400 umsatzrelevante Marken wie Lipton, Rama oder Omo. Inzwischen erwirtschaftet der Konzern mehr als 95 Prozent des Umsatzes mit seinem Kernsortiment.

Für die vor fünf Jahren gestartete Bereinigung galt von Anfang an die Devise, die Marken Nummer eins und zwei der jeweiligen Kategorie sowie dem jeweiligen Land zu behalten. Das konnten globale, aber auch lokale Marken sein. Ein Drittel davon sind globale Marken wie Dove und Knorr. Sie stehen für zwei Drittel des Umsatzes. Die internationale Strategie hat deutlich auch Spuren im deutschen Portfolio hinterlassen.

Im Rahmen der „Wachstumspfad"-Strategie hat Unilever 2004 die Marken Livio, Becht's, Biskin und die Kindernahrungsmarke Pomps sowie die Lizenz für die Marke Edelweiß Milchzucker an den Haferflockenspezialisten Peter Kölln KGaA in Elmshorn veräußert. Auch entschied sich der Konzern, die bestehenden Geschäfte für Tiefkühl-Pizza und Baguettes („Bistro") in mehreren westeuropäischen Ländern an Dr. Oetker abzugeben. Hartnäckig halten sich seitdem Gerüchte, dass Unilever die gesamte Tiefkühlsparte los werden will. Während das Eisgeschäft nach Angaben des Unternehmens gut läuft, ist man mit den Haushaltsprodukten und der Tiefkühlkost insbesondere in Europa unzufrieden.

Des weiteren hat Unilever im Rahmen seiner Konzentration auf große Marken das Traubenzuckergeschäft verkauft. Im März dieses Jahres übernahm die Hamburger Zetrus-Gruppe die Marke Dextro Energy. Im Mai 2005 stand dann die nächste Veräußerung ins Haus. Unilever verkaufte sein Parfumgeschäft an den Kosmetikkonzern Coty. „Diese Entscheidung passt voll zu unserer Strategie, uns auf unsere Kernkompetenzen zu fokussieren", sagt Patrick Cescau, seit April alleiniger Vorstandschef des Konzerns.

Als erfolgreich gilt der Markteinstieg ins Milchgeschäft im vergangenen Jahr. Seit April 2004 ist Unilever in Deutschland und in 15 weiteren europäischen Ländern mit der Margarinemarke Becel Pro-activ auch mit Joghurt und Trinkmilch vertreten. Dazu kamen fettarme Sahneprodukte unter der Marke Rama Cremefine. Die Becel-Produkte sollen helfen, Cholesterin abzubauen. Überhaupt will Unilever zukünftig den Functional-Food-Bereich unter dem Dach großer Marken hierzulande spürbar ausbauen. Einen Durchbruch erreichte der Konzern kürzlich in den Niederlanden. Dort lässt sich Becel Pro-activ sogar über die gesetzliche Krankenkasse abrechnen. Das allerdings wird in Deutschland aus heutiger Sicht nicht möglich sein. Immerhin darf Unilever Becel Pro-activ mit dem Satz ausloben: „Hilft nachweislich, den Cholesterin-Spiegel zu senken". Generell richtet Unilever seine Markenaktivitäten an der Vitality-Strategie aus, die das Unternehmen im April vergangenen Jahres ausrief. Das Motto für die Produkte heißt „Gesundheit und Lebensfreude". So wird zum Beispiel Becel mit dem Aspekt der Herzgesundheit verbunden und Bertolli mit italienischer Lebensfreude verknüpft. ■*dr*

Insert 9–2: Internationale Portfoliostrategie von Unilever (Lebensmittel Zeitung, 16.09.2005, S. 39)

9.3 Gestaltung der Programmpolitik im internationalen Produkt- und Servicemanagement

Zu den Entscheidungen der internationalen Programmpolitik gehören:
- Gestaltung der internationalen Leistungsinnovation (Abschnitt 9.3.1),
- Gestaltung der internationalen Leistungspflege (Abschnitt 9.3.2),
- Gestaltung der internationalen Leistungselimination (Abschnitt 9.3.3),
- Variation des internationalen Leistungsprogramms (Abschnitt 9.3.4).

9.3.1 Gestaltung der internationalen Leistungsinnovation

Grundsätzlich kann der (nationale) Innovationsprozess auch im internationalen Kontext angewendet werden. Folgende **Phasen des internationalen Innovationsprozesses** lassen sich unterscheiden (*Berndt/Fantapié Altobelli/Sander* 1997, S. 77ff.; *Berndt/Fantapié Altobelli* 2002):

(1) Gewinnung von Produkt- und Serviceideen,
(2) Bewertung von Produkt- und Serviceideen (Screening),
(3) Entwicklung und Prüfung von Produkt- und Servicekonzepten,
(4) Feinauswahl und Verbesserung von Produkt- und Servicekonzepten,
(5) Entwicklung und Prüfung neuer Produkte und Services,
(6) Einführung der Leistungsinnovation.

Eine **organisatorische Veränderung des internationalen gegenüber dem nationalen Innovationsprozess** ergibt sich, wenn neben dem Stammhaus in einer dezentralen Organisation des internationalen Produkt- und Servicemanagements auch die ausländischen Tochtergesellschaften in den Innovationsprozess involviert werden (vgl. zur Organisation des internationalen Produkt- und Servicemanagements Abschnitt 9.5). Hierbei wäre für jede Phase des Innovationsprozesses über die **Aufgabenverteilung zwischen Muttergesellschaft und ausländischen Tochtergesellschaften** zu entscheiden (Schaubild 9–6). So lassen sich beispielsweise in der Phase der Ideengewinnung die Tochtergesellschaften mit einbeziehen, da sie die kulturspezifischen Bedürfnisse ihres Marktes und ihrer Kunden am besten kennen. Die Phase des Screening, in der die in den Ländern entwickelten Ideen zusammengetragen und länderübergreifend z.B. im Hinblick auf die Wirtschaftlichkeit bewertet werden, ist eventuell sinnvoller von der Muttergesellschaft zu übernehmen. Die späteren Markttests sind dann wiederum von den Tochtergesellschaften abzuwickeln.

Eine über die Aufgabenverteilung zwischen Stammhaus und Ländergesellschaften hinausgehende Veränderung im internationalen Innovationsprozess ergibt sich in Bezug auf die **Einführung der Leistungsinnovation**. Hier sind die Wasserfallstrategie und die Sprinklerstrategie zu unterscheiden (*Meffert/Bolz* 1998, S. 164; *Fritz/von der Oelsnitz* 2002, S. 89). Bei der **Wasserfallstrategie** erfolgt die Einführung von Leistungsinnovationen in den Ländermärkten sukzessive und wird erst nach einer ausgiebigen Informati-

Phasen des Innovationsprozesses	Aufgaben der Muttergesellschaft	Aufgaben der ausländischen Tochtergesellschaften
Gewinnung von Produkt- und Serviceideen	– Ideengenerierung – Sammlung der Vorschläge der ausländischen Tochtergesellschaften	– Ideengenerierung – Weiterleitung von Ideen an die Muttergesellschaft
Bewertung von Produkt- und Serviceideen (Screening)	– Festlegung von generellen Bewertungskriterien – Überprüfung der Produktideen im Hinblick auf Standardisierbarkeit	– Formulierung von landesspezifischen Bewertungskriterien – Überprüfung der Produktideen im Hinblick auf nationalen Individualisierungsbedarf
Entwicklung und Prüfung von Produkt- und Servicekonzepten	– Entwicklung von standardisierten Produkt- und Servicekonzepten – Festlegung der anzuwendenden Methoden	– Ländermäßige Anpassung von Produkt- und Servicekonzepten – Durchführung von Konzepttests in den Ländermärkten
Feinauswahl und Verbesserung von Produkt- und Servicekonzepten	– Wirtschaftlichkeitsanalyse aus Sicht des Gesamtunternehmens	– Wirtschaftlichkeitsanalyse aus Sicht der Tochtergesellschaft
Entwicklung und Prüfung neuer Produkte und Services	– Festlegung von Testlayout und Mindestnormen – Zusammenführung und Auswertung der Testergebnisse	– Testdurchführung und Ergebnisauswertung in den Ländermärkten
Einführung der Leistungsinnovation	– Timingentscheidung der Markteinführung in den Ländermärkten	– Planung der länderspezifischen Markteinführung

Schaubild 9–6: Beispielhafte Aufgabenverteilung zwischen Muttergesellschaft und ausländischen Tochtergesellschaften im internationalen Innovationsprozess (In Anlehnung an Berndt/Fantapié Altobelli 2002, S. 783)

onssuche durchgeführt. Das Unternehmen erschließt hierbei am Anfang den Auslandsmarkt A, der am wichtigsten bzw. Erfolg versprechendsten erscheint, und geht erst dann zur Bearbeitung des Marktes B über, wenn die Stellung in Markt A gesichert ist. Typischerweise werden zuerst solche Länder erschlossen, die dem Heimatmarkt am ähnlichsten sind; mit jeder weiteren Stufe steigt die Heterogenität der bearbeiteten Auslandsmärkte. Im Gegensatz dazu versucht die **Sprinklerstrategie**, in einer kurzen Zeit die Leistungsinnovation in möglichst viele Auslandsmärkte einzuführen.

9.3.2 Gestaltung der internationalen Leistungspflege

Im Zentrum der internationalen Leistungspflege stehen Fragestellungen der Modifikation bestehender Produkt- und Servicekonzepte. In Abhängigkeit der internationalen Marktbearbeitungsstrategie lassen sich zwei **Formen der internationalen Leistungsmodifikationen** differenzieren (*Berndt/Fantapié Altobelli/Sander* 1997, S. 69):

(1) Im Rahmen der **internationalen Leistungsvariation** wird ein Produkt über sämtliche ausländische Zielmärkte hinweg – ohne Berücksichti-

gung kulturspezifischer Faktoren – verändert (standardisierte Marktbearbeitung).

(2) Die **internationale Leistungsdifferenzierung** sieht eine Entwicklung von Produktvarianten für verschiedene Zielmärkte vor (differenzierte Marktbearbeitung).

Bei beiden Formen der internationalen Leistungsmodifikation besteht das zentrale Problem in der Identifikation der zu verändernden Leistungseigenschaften. Dabei kommen zunächst physische, funktionale und ästhetische Eigenschaften bei Produkten oder Potenzial-, Prozess- und Ergebnismerkmale bei Services in Frage. Darüber hinaus sind auch Entscheidungen über die Veränderung von Marke, Verpackung, Services sowie der absatzpolitischen Instrumente (Kommunikation, Preis, Vertrieb) notwendig.

Die **Festlegung der Modifikation** hängt von der Bedeutung der einzelnen Eigenschaften für die Kunden in den Ländermärkten ab (*Berndt/Fantapié Altobelli* 2002, S. 781). Die kulturelle Gebundenheit von Leistungen, die Umfeldsituation sowie Konkurrenzangebote können dazu führen, dass in Ländermärkten unterschiedliche Anforderungen an Produkte und Services gestellt werden. Darüber hinaus kann es auch zu einer länderspezifischen Wahrnehmung und Beurteilung von Leistungen durch die Kunden kommen. Schaubild 9–7 zeigt beispielhaft die unterschiedliche Bedeutung von Kaufkriterien in fünf europäischen Ländern.

	Deutschland	Frankreich	Großbritannien	Italien	Spanien
Qualität	72%	58%	49%	55%	72%
Marke	27%	36%	36%	8%	56%
Verpackung	4%	6%	6%	3%	6%
Garantie	20%	22%	31%	15%	35%
Preis	44%	47%	40%	27%	41%

Schaubild 9–7: Bedeutung von Kaufkriterien in ausgewählten europäischen Ländern (Anders 1991, S. 4)

Als **Methoden** zur Analyse der Bedeutung von Leistungsmerkmalen in Ländermärkten lassen sich die Positionierungsanalyse, die Multidimensionale Skalierung sowie die Conjoint-Analyse einsetzen.

9.3.3 Gestaltung der internationalen Leistungselimination

Als Alternativen der internationalen Leistungselimination lassen sich die standardisierte und differenzierte Eliminationsstrategie unterscheiden. Eine standardisierte Strategie sieht eine **globale Elimination** einer Leistung oder Leistungslinie sowie einen Standardprozess vor (z.B. sofortige Elimination unter einer mittelfristigen Aufrechterhaltung von Serviceleistungen). Demgegenüber wird bei der differenzierten Strategie eine **länderspezifische Elimination** vorgenommen.

Beispiel: Differenzierte Leistungselimination

Coca-Cola zieht sich im Jahre 1978 aus dem indischen Markt zurück. *Campbell Soups Company* nimmt die Dosensuppen aus dem brasilianischen Markt (*Berndt et al.* 1997, S. 113).

Beispiel: Standardisierte Leistungselimination

Isuzu gibt das Automobilgeschäft auf. *Citroën* nimmt das Modell *2CV* aus dem Programm (*Berndt et al.* 1997, S. 113).

Die Entscheidung über die Elimination vollzieht sich entsprechend auf der Ebene des Gesamtunternehmens und auf der Ebene der einzelnen Ländermärkte. In Analogie zur internationalen Markteinführung von Leistungsinnovationen ist die internationale Elimination in der Unternehmenspraxis kaum in Form einer globalen Elimination, sondern meist als sukzessiver Eliminationsprozess zu beobachten.

9.3.4 Variation des internationalen Leistungsprogramms

Die internationale Leistungsprogrammvariation betrifft die Planung des länderübergreifend angebotenen Leistungsprogramms, d.h. Entscheidungen darüber, in welchen Regionen und für welche Marktsegmente bzw. Zielgruppen Leistungen angeboten werden. Die Struktur des internationalen Leistungsprogramms wird durch seine Breite und Tiefe bestimmt. Während ein **breites Leistungsprogramm** aus vielen verschiedenen Produktgruppen bzw. -linien in einem Markt besteht, beinhaltet ein **tiefes Leistungsprogramm** mehrere Varianten einer Produktgruppe. Die internationale Programmvariation erfolgt auf Basis der internationalen Altersstrukturanalyse, Umsatz- oder Deckungsbeitragsstrukturanalyse:

- **Altersstrukturanalysen** für Länderprogramme basieren auf den Lebenszyklusphasen der einzelnen Produkte im jeweiligen Länderprogramm.
- **Umsatzstrukturanalysen** für die einzelnen Ländermärkte liefern Hinweise über die Entwicklung der Marktsituation für einzelne Produkte bzw. Produktgruppen. Für die Erstellung einer Umsatzstrukturanalyse sind Informationen über die Absatzmengen der jeweiligen Produkte bzw. der Produktgruppen, die zugehörigen Produktpreise, absolute Umsatzhöhen sowie die Anteile der Einzelerzeugnisse am Umsatz der Warengruppe erforderlich.
- **Deckungsbeitragsstrukturanalysen** zeigen anhand der Stückdeckungsbeiträge auf, wie viele Einheiten von einem Produkt in einem Land abzusetzen sind.

Entscheidungen über die Programmvariation gewinnen an Komplexität, wenn Engpässe in Produktion, Personal usw. gegeben sind, da die knappen Ressourcen optimal auf die einzelnen Produkte und Ländermärkte zu verteilen sind. Diesbezügliche Entscheidungsinstrumente sind die relative Deckungsbeitragsrechnung sowie Ansätze der Linearen Programmierung.

9.4 Gestaltung der Leistungspolitik im internationalen Produkt- und Servicemanagement

Zu den Entscheidungen der internationalen Leistungspolitik gehören:

- Internationale Qualitätspolitik, die Überlegungen über die kulturspezifischen Qualitätserwartungen und -wahrnehmungen sowie gegebenenfalls eine entsprechende Anpassung des Qualitätsniveaus umfasst (Abschnitt 9.4.1).
- Internationale Markenpolitik, die sowohl die Namensgebung für das Produkt oder den Service als auch die Gestaltung des Markenzeichens umfasst (Abschnitt 9.4.2).
- Internationale Verpackungspolitik, d.h. die Entscheidung über die länderspezifischen Verpackungsfunktionen, -gestaltungen und -formen (Abschnitt 9.4.3).
- Internationale Servicepolitik, d.h. die Entscheidung über die in den einzelnen Ländern zu erbringenden Nebenleistungen, wie Beratung, Wartung und Reparatur (Abschnitt 9.4.4).

9.4.1 Gestaltung der internationalen Qualitätspolitik

Im Rahmen der internationalen Qualitätspolitik ist die Sicherstellung einer hohen **Produkt- und Servicequalität** eine zentrale Aufgabe. Dabei ist zu beachten, dass sowohl Qualitätsanforderungen an Produkte und Services als auch die Qualitätswahrnehmung von Land zu Land unterschiedlich sind (*Berndt/Fantapié Altobelli* 1997, S. 102). Insbesondere ist in diesem Zusammenhang auf mögliche Interpretationsunterschiede von Qualitätsindikatoren (z.B. technische Produkteigenschaften, Lieferfähigkeit, Umweltfreundlichkeit, Markenimage, Garantien) zu achten. Kulturelle Unterschiede beeinflussen z.B. die Wahrnehmung und Bedeutung der eingesetzten Formen, Farben und Materialien. Eine Standardisierung der Qualität ist deshalb nur sinnvoll, wenn die Bedürfnisstrukturen in den jeweiligen Ländern übereinstimmen.

Beispiel: Kulturabhängige Erwartungen an die Farbe und den Geschmack von Orangensaft

Gelben Orangensaft würde in Libyen niemand trinken. „In Europa muss Orangensaft gelb sein, in den arabischen Ländern aber orange“, sagt der Vertriebsleiter bei der *Rudolf Wild GmbH*, ein deutscher Hersteller von Aromastoffen, „außerdem muss er süßer sein als hier.“ Wer Orangensaft in Libyen verkaufen will, muss Farbe und Geschmack verändern (*Heiny* 2005).

Auch das **Qualitätsimage des Herkunftslandes** des Anbieters stellt einen wichtigen Qualitätsindikator für ausländische Abnehmer dar. Das Länderimage ist – im Zuge des **Country-of-Origin-Effektes** – ein im Zeitablauf stabiler Umfeldparameter mit einer hohen Relevanz für Kaufentscheidungen von Kunden (*Kühn/Weiss* 1998, S. 56). Diese so genannten Made-in-

Images führen dazu, dass völlig identische Produkte mit lediglich unterschiedlichen Herkunftsbezeichnungen von Nachfragern unterschiedlich beurteilt werden. Beispielsweise gelten deutsche Erzeugnisse in vielen Ländern als qualitativ hochwertig. Auch wenn diese Effekte nicht steuerbar sind, so sind sie dennoch im Rahmen des internationalen Produkt- und Servicemanagements zu nutzen. Schaubild 9–8 zeigt ein Ranking ausgewählter Länder im Hinblick auf ihr Qualitätsimage.

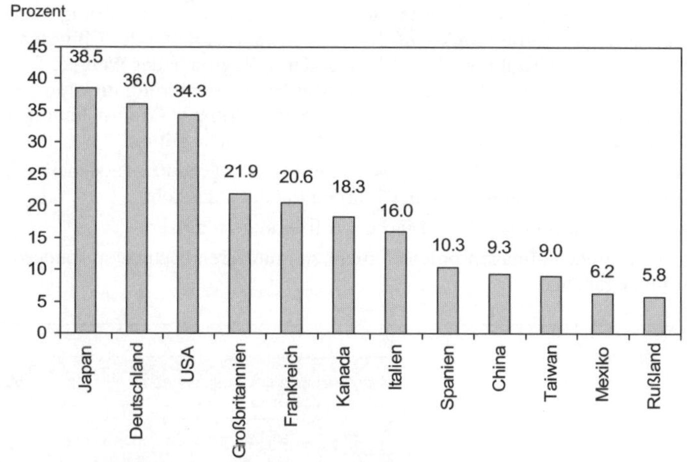

- n > 20.000, über 20 Länder
- Frage: „Wie würden Sie die Qualität von Leistungen aus [Land] beurteilen?"
- Skala: exzellent – sehr gut – gut – mittelmäßig – schlecht
- Werte entsprechen dem Anteil der Probanden, die für das jeweilige Land mit „exzellent" oder „sehr gut" geantwortet haben.

Schaubild 9–8: Ranking ausgewählter Länder im Hinblick auf ihr Qualitätsimage (Bozell-Gallup 1998)

9.4.2 Gestaltung der internationalen Markenpolitik

Die internationale Markenpolitik ist mit der Frage der Standardisierung und Differenzierung der Markierung, d.h. von Markenname, Markenzeichen und Markendesign, und des Markenkerns, d.h. des Nutzenversprechens der Marke, verbunden.

Eine **länderübergreifend standardisierte Marke** dient der Kenntlichmachung eines standardisierten Produkt- und Servicekonzeptes und fördert die internationale Bekanntheit unter Ausnutzung von Imagetransfers. Durch die Standardisierung des Markennamens und -symbols lässt sich entsprechend ein international standardisiertes Qualitätsimage aufbauen.

Beispiel: Global standardisierte Marken

Bei *Marlboro*, *IBM* und *Coca-Cola* sind Markenname, Markenzeichen, Markendesign sowie der Markenkern global standardisiert. Bei *Nivea* ist der Markenname länderübergreifend identisch und der Schriftzug teilweise länderspezifisch angepasst.

Beispiel: Wahrnehmung deutscher Marken in China

Wenn die Imageprofile sehr unterschiedlicher deutscher Marken in China, also die Abbildung ihrer Wahrnehmung durch chinesische Kunden, nebeneinander gelegt werden, ergibt sich ein auf den ersten Blick verblüffendes Bild (Schaubild 9–9): Trotz signifikanter Unterschiede in Geschäft, Leistungsangebot oder Präsenzdauer im Markt sind die Ähnlichkeiten in der Wahrnehmung sehr groß. Legt man dann noch das Imageprofil der „Marke“ Deutschland, also die Wahrnehmung Deutschlands durch Chinesen, daneben, kommt man der Erklärung schnell näher: Auch in Zeiten fortschreitender Globalisierung hat der deutsche Markenursprung nach wie vor einen enormen Abstrahleffekt auf die Markenwahrnehmung der Chinesen, sehr viel stärker als dieser Effekt mittlerweile in anderen Regionen der Welt ist. Dies bedeutet zunächst, dass der Spielraum zur Markenpositionierung insofern eingeschränkt ist, als eine Ausblendung der „Made in Germany“-Wahrnehmung nicht funktioniert (*Bieniek/Miller/Gelbert* 2004, S. 54). Vielmehr gilt es,

- als Grundlage der eigenen Markenpositionierung sehr genau zu verstehen, wie die generische Wahrnehmung deutscher Marken in China aussieht;
- die Imagestärken für die eigene Markenprofilierung zu nutzen;
- die vermeintlichen „Imageprobleme“ nicht zu ignorieren versuchen, sondern klug damit umzugehen.

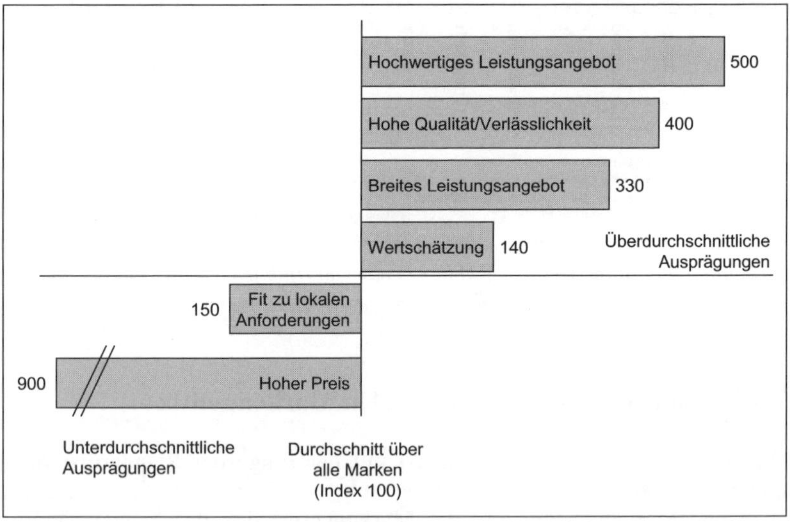

Schaubild 9–9: Typisches Markenprofil einer deutschen Marke in China (Bieniek/Miller/Gelbert 2004, S. 55)

Eine besondere Problemstellung besteht, wenn im Rahmen des Internationalisierungsprozesses fremde Marken akquiriert wurden. Zur Erreichung eines global standardisierten Markenauftritts ergibt sich die Notwendigkeit zur **Verschmelzung** von verschiedenen internationalen Marken. Zielsetzung der Verschmelzung von Produkt- und Servicemarken ist ein international homogener Markenauftritt. Im Allgemeinen ist diese Strategie anzustreben, wenn das Nachfragerverhalten zwischen verschiedenen Ländern stark konvergent ist, die Nachfrager international sehr mobil sind sowie eine geozentrische Unternehmensorientierung mit der Tendenz zur Standardisierung der Marketingaufgaben vorliegt.

Beispiel: Verschmelzung der Unilever-Marken Dante und Bertolli

Die Olivenöl- und Margarinemarke *Dante* des Unternehmens *Unilever* wurde im Jahre 2000 ausschließlich in Deutschland und in Italien angeboten. Mit jährlichen Absatzsteigerungen von ca. 30 Prozent zählt Olivenöl zu den wenigen wachsenden Produktkategorien auf dem deutschen Food-Markt. Diese außergewöhnlich positiven Zahlen resultieren aus dem in Deutschland nach wie vor ungebrochenen Trend zu italienischem Lebensstil. Dies gilt auch für zahlreiche andere Märkte in Nordeuropa, da die Assoziationen der Verbraucher hinsichtlich Italien einander stark ähneln. Gleichzeitig ist die *Unilever* Marke *Bertolli* in den USA seit langem ein Synonym für italienische Nahrungsmittel. Um das Potenzial für eine echte internationale Marke zu stärken, verfolgte Unilever das Ziel, die in Deutschland vertriebenen *Dante* Produkte (vier Olivenöle und eine Margarine) unter der Marke *Bertolli* neu zu positionieren. Die vollständige Markenverschmelzung erfolgte in drei Schritten und wurde bei Margarine Mitte des Jahres 2001 und bei Olivenöl Mitte des Jahres 2002 abgeschlossen (*Lindenberg* 2004, S. 1982f.):

- Erster Schritt war die Einfügung des Namens *Bertolli* als Masterbrand auf dem ansonsten unveränderten Etikett.
- Im zweiten Schritt rückte das internationale *Bertolli* Logo in den Vordergrund des Etiketts, wobei Grunddesign und Logo von Dante beibehalten wurden.
- Erst im dritten Schritt erfolgte die komplette Übernahme des internationalen *Bertolli* Designs.

Die Markenverschmelzung erwies sich schnell als erfolgreich. Der Umsatz konnte durch Gewinnung von Neuverwendern und eine Intensivierung der Nachfrage der Stammverwender verdreifacht werden. Wegen der äußerst positiven Verbraucherresonanz auf *Bertolli* sowie des hohen Wachstumspotenzials der Marke überprüfte *Unilever* darüber hinaus die Möglichkeiten des Eintritts in neue Produktkategorien.

Bei der **differenzierten Markenstrategie** erfolgt auf der Grundlage einer weltweit konzipierten Rahmenstrategie eine nationale oder auch lokale Anpassung des globalen Markenkonzeptes. So werden bei *Langnese* Markenname und -zeichen beispielsweise in bestimmten Regionen den dort gebräuchlichen unterschiedlichen Schriftzeichen angepasst (Schaubild 9–10).

Durch internationale M&A-Aktivitäten entstehen **komplexe Markenportfolios**, die ein diffuses Markenbild beim Konsumenten generieren und infolgedessen der Funktion eines Vertrauensankers nicht mehr gerecht werden. Unternehmen stehen daher vor der Herausforderung, eine klare Markenstruktur aufzubauen. Diese erlaubt dem Hersteller eine starke Orientierung an nationalen Bedürfnissen und gesetzlichen Bestimmungen, ein reduziertes Risiko negativer Imagetransfers, das Ausnutzen unterschiedlicher Preisbereitschaften in verschiedenen Ländern, ohne der Gefahr des Parallelhandels zum Opfer zu fallen sowie die problemlose Eingliederung von Marken mittels M&A, ohne „Vergeltung" der markentreuen Verbraucher durch Markenwechsel zu fürchten (*Lingenfelder/Kahler/Wiesecke* 2004).

Beispiel: Internationales Markenportfoliomanagement bei Unilever

Angesichts einer Reihe von internationalen M&A-Aktivitäten und der damit zunehmenden Komplexität der Führung von 1.600 Marken bei einer gleichzeitig knapper

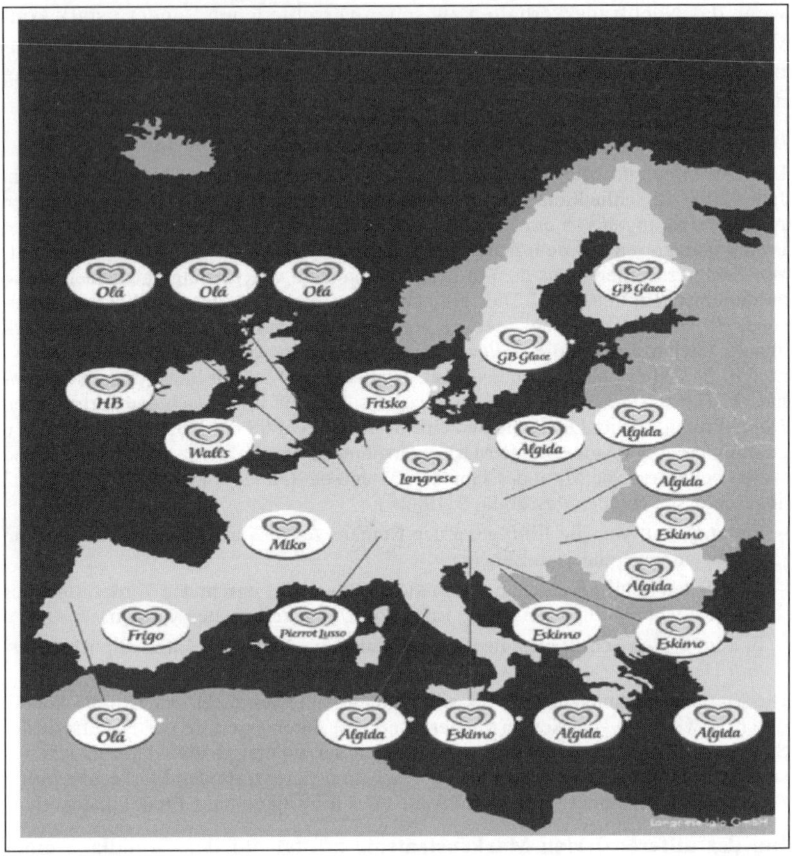

Schaubild 9–10: Regionale Markendifferenzierung am Beispiel von Langnese (Unilever 2005)

werdenden relativen Verfügbarkeit finanzieller Ressourcen für die kommunikative Unterstützung stellte sich das *Unilever* Management die Frage nach einer drastischen Reduzierung des Markenportfolios auf weltweit 400 Marken, um auf diesem Weg höhere interne Wachstumsraten bei Umsatz und Ertrag zu erreichen. Hierzu entwickelte *Unilever* ein internationales strategisches Programm unter dem Titel „Path to Growth". Es beschreibt unter anderem den Weg der Anpassung des Markenportfolios an das aktuelle internationale Wettbewerbsumfeld sowie die grundlegenden Aspekte der Kostenoptimierung, die dabei zu berücksichtigen sind. Die knappen Ressourcen werden auf die Marken mit den höchsten Erfolgspotenzialen fokussiert. „Path to Growth" ist keine singuläre Strategie mit all ihren immanenten Vor- und Nachteilen, sondern vielmehr ein gezielt eingesetzter umfassender Strategiemix. Es wird systematisch geprüft, welche der existierenden Marken des Konzerns mit dem Instrumentarium internationaler Markenstrategien geführt werden können, in welchen Produktfeldern und in welchen Regionen Mehrmarkenstrategien angezeigt sind, welche bestehenden Marken sich für Integrationsstrategien eignen oder wo Neupositionierungen erforderlich sind. Die Fokussierung auf weltweit 400 Kernmarken setzt eine Potenzialanalyse aller kleineren Marken voraus. Im Anschluss hieran ist zu entscheiden, welche Marken eingestellt, verkauft oder mit deutlich reduzierter Marketingunterstützung und einer auf Gewinnmaximierung ausgerichteten Markenführung solange im Portfolio verbleiben, bis die Profitabilität einen definierten Minimalwert unterschreitet (*Lindenberg* 2004, S. 1981).

9.4.3 Gestaltung der internationalen Verpackungspolitik

Auch im Rahmen der internationalen Verpackungspolitik sind gegebenenfalls länderspezifische Anpassungen vorzunehmen. So haben Verpackungen im kulturellen Kontext unterschiedliche **Bedeutung für die Konsumenten**. Während es beispielsweise in Japan üblich ist, dass jede Ware zusätzlich in einer Plastiktüte verstaut wird, wird in anderen Ländern die Verpackung auf ein Minimum reduziert (*Müller/Gelbrich* 2004, S. 614). Eine differenzierte Verpackungspolitik hat vor diesem Hintergrund, aber auch aufgrund landesspezifischer Gesetze (z.B. Grüner Punkt und Dosenpfand in Deutschland) eine entsprechende Anpassung der Produktverpackungen vorzunehmen.

Ein in der Literatur viel zitierter Ansatzpunkt zur länderspezifischen Anpassung von Verpackungen stellen **Farben** dar. Schaubild 9–11 zeigt die mit verschiedenen Farben verbundenen Assoziationen, die bei eine differenzierten Verpackungspolitik zu berücksichtigen sind.

Land / Farbe	Österreich	Brasilien	Dänemark	Finnland	Frankreich	Italien	Pakistan	Schweiz
Schwarz	Trauer	Trauer Tod Geheimnis	Trauer Sorge	Sorge Eifersucht	Sorge Trunkenheit Eifersucht	Depression	Trauer Hilflosigkeit	Pessimismus Illegalität
Weiß	Unschuld	Friede Sauberkeit Reinheit	Unschuld Reinheit	Unschuld Sauberkeit	Reinheit jung	Unschuld Furcht Liebesaffäre	Trauer Nüchternheit Eleganz	Reinheit Unschuld
Rot	Ärger Liebe Leidenschaft	Wärme Leidenschaft Haß	Liebe Gefahr Feuer	Ärger Liebe Leidenschaft	Ärger Hitze Vergnügen	Ärger Gefahr Feuer	Ärger Heiratszusage	Ärger Feuer
Grün	Hoffnung	Hoffnung Freiheit Krankheit	Hoffnung Langeweile Gesundheit	Hoffnung Neid	jugendlich Furcht	Neid Jugend Geldknappheit	Glück Frömmigkeit ewiges Leben	unwohl unreif
Blau	Treue	Ruhe Kälte	Qualität	Kälte ohne Geld unschuldig	Ärger Furcht	Furcht	(kein besonderer Ausdruck)	Wut Ärger Romanze
Gelb	Eifersucht	Freude Sonne Glück	Gefahr Falschheit Neid	(kein besonderer Ausdruck)	Krankheit	Ärger	Jungfräulichkeit Schwäche Ärger	Neid

Schaubild 9–11: Länderspezifische Farbanmutungen
(Wilkes 1977, S. 112)

9.4.4 Gestaltung der internationalen Servicepolitik

Unter Einbeziehung der konstitutiven Merkmale von Services, wie z.B. der Integration des externen Faktors, ergeben sich in der internationalen Servicepolitik vor allem Besonderheiten hinsichtlich der Standardisierbarkeit der Kernleistung (*Stauss* 1995, S. 458).

Die grundsätzliche **Standardisierbarkeit des Services** hängt insbesondere von der Ausprägung der Interaktionsintensität, der Intangibilität der Leistung sowie der kulturellen Spezifität der Leistung ab. Die kulturelle Spezifität des Faktoreinsatzes bezieht sich darauf, in welchem Ausmaß die Serviceerstellung und -vermarktung kultur- bzw. länderbezogenes Know-how erfordert (*Stauss* 1995, S. 457ff.; Schaubild 9–12). Je höher die Interaktionsintensität, der Intangibilitätsgrad und die kulturelle Spezifität der Leistung sind, desto geringer ist das Standardisierungspotenzial.

Services vom Typ „Fast Food" weisen – im Gegensatz zum Typ „Consulting" generell ein sehr hohes Maß an Standardisierung auf (*Stauss* 1995, S. 458). Für diesen Typ ist insbesondere die Standardisierung des Leistungserstellungsprozesses und des Angebots ein entscheidender Erfolgsfaktor (*Palmer* 1985).

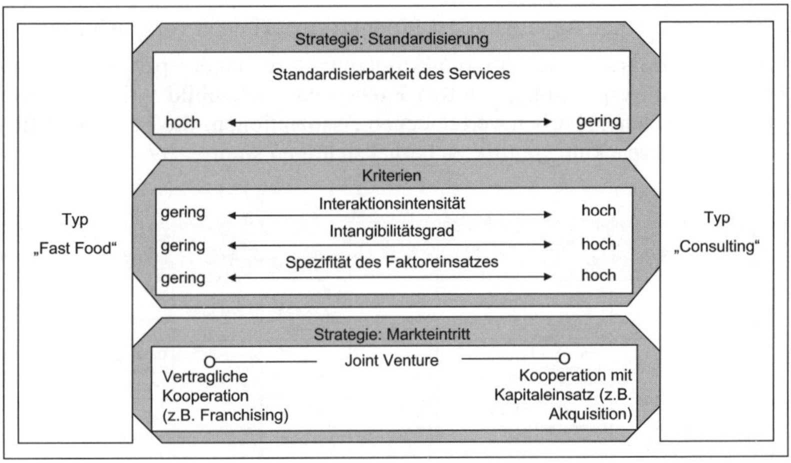

Schaubild 9–12: Konsequenzen von Servicemerkmalen für die internationale Servicepolitik (Stauss 1995, S. 458)

9.5 Organisation des internationalen Produkt- und Servicemanagements

Für internationale Unternehmen stellt sich die Frage, inwieweit die Aufgaben des internationalen Produkt- und Servicemanagements zentral beim Mutterhaus liegen oder dezentral in den ausländischen Tochtergesellschaften übernommen werden (*Berndt/Fantapié Altobelli* 2002, S. 728ff.).

Eine **zentrale Organisation** ist vor allem vorteilhaft, wenn das Nachfragerverhalten in den Ländermärkten homogen ist. Hierbei wird eine Steuerung von Produkten und Services durch das Stammhaus erleichtert (*Köhler* 2002, S. 735). Darüber hinaus sind Koordinationsaufwand sowie Konfliktpotenziale zwischen Stammhaus und Länderorganisationen geringer. Dem steht jedoch entgegen, dass bei heterogenen Ländermärkten auf diese Weise die für den Innovationserfolg relevante Kundenperspektive verloren geht und eine Durchsetzung von leistungspolitischen Entscheidungen in den Tochtergesellschaften schwieriger wird.

Die **dezentrale Organisation** eines internationalen Produkt- und Servicemanagements hat insbesondere den Vorteil, dass die Markt- und Kundenähe der Landesorganisationen genutzt werden. Eine reine Dezentralisierung kommt jedoch nur in Betracht, wenn die Ländermärkte so heterogen sind, dass eine einheitliche Kernpositionierung und die Einhaltung von strategischen Grundsätzen nicht möglich ist. Dies würde jedoch zu einer Organisation aus regional selbständigen Produktmanagementabteilungen und damit explodierenden Marketingkosten führen (*Köhler* 2002, S. 735). Insert 9–3 zeigt die Bedeutung der dezentralen Organisation von Innovationsprozessen. Insert 9–4 gibt ein Beispiel für die weltweit standardisierte Personalentwicklung bei *Henkel.*

Nestlé: Globalisierte Genüsse

Foodkonzerne forschen und entwickeln weltumspannend. So können sie Trends zeitnah aufgreifen und Ressourcen bündeln / Von Christiane Düthmann

LZ/NET. Dr. Heribert Watzke ist ein echter Schaum-Fan. Diese luftig-cremige Konsistenz sei „universell beliebt" – sogar bei Katzen, begeistert sich der oberste Foodforscher im Prozesslabor des Nestlé Research Center.

Heerscharen weißbekittelter Wissenschaftler erfinden hier in Lausanne, was Menschen weltweit zukünftig essen und genießen sollen. Da wird Milch mit Nährstoffen angereichert, der Anti-Aging-Faktor der Tomate aufgespürt, die Darmflora mit Bakterien unterstützt. Oder eben Schaum geschlagen. Denn den Verbrauchern sei das leckere Häubchen auf dem Instant-Cappuccino noch nicht üppig genug, meldete das Marketing Weiterentwicklungsbedarf an.

„Wir haben das Problem physikalisch gelöst, ganz ohne Chemie", berichtet Watzke stolz. Dazu schleusten die Tüftler Stickstoff in die Milchpulverpartikel ein. „Unter höherem Druck als in einem Autoreifen" wartet der nun darauf, bei Berührung mit heißem Wasser die Mischung aufzuschäumen.

Ein Verfahren, das überdies wohl kaum so mir nichts, dir nichts zu kopieren ist. Und damit erst einmal einen beruhigenden Vorsprung vor Konkurrenten und Nachahmern sichert. Austauschbarkeit fürchten Markenartikler bekanntlich wie der Teufel das Weihwasser.

Jahrelange Entwicklungsprozesse

Eine solche Innovation entsteht nicht von heute auf morgen. „Dazu bedarf es jahrelanger Vorarbeit", weiß Professor Ferdinand Haschke, Geschäftsführungsvorsitzender bei Nestlé Nutrition in Frankfurt. Die Forscher benötigen vor allem Zeit, um in Ruhe an einer Technologie feilen zu können, ohne dass „das Marketing schon auf das Produkt schielt".

Nur so könne sich Kreativität entfalten. „Wir müssen den Menschen die Freiheit geben, auch hundert Flops zu landen, denn daraus werden vielleicht drei oder vier phantastische Ideen." Für Haschke sind diese langfristigen Entwicklungsprozesse durchaus mit denen in der Pharmazie vergleichbar.

Die Entwicklung des neuen Kaffeeschaums begann bereits Mitte der neunziger Jahre. Seit etwa drei Jahren gibt es die Technologie in Theorie und Praxis. Sie in den einzelnen Märkten einzuführen, kann noch einmal zwei Jahre in Anspruch nehmen.

Nicht alle Länder kommen gleichzeitig dran. Haschke spricht von „Keymover-Markets", die sich von Produkt zu Produkt unterscheiden. In der Schümli-Nation Schweiz etwa gibt es das neue Instant-Heißgetränk schon seit einem Jahr, die Deutschen hingegen müssen sich noch bis zum Sommer gedulden.

Weltweites Forschungsnetzwerk

Der Nestlé-Konzern hat sich und allen seinen 253.000 Mitarbeitern in 86 Ländern Innovation als Philosophie verordnet. „Das ist der wichtigste Schlüssel zu unserem Erfolg. Darauf werden unsere Leute eingeschworen."

Ein Markenartikler dürfe sich hier keine Ruhepause gönnen: „Wenn wir bei diesem Thema zurückschalten, wäre das eine Katastrophe. Zwar nicht schon morgen, aber sicherlich in zehn Jahren", begründet Haschke die Grundsatzentscheidung.

Die sich der Foodriese etwas kosten lässt. 1,4 Prozent seiner jährlichen Erlöse investiert er in Forschung und Entwicklung – das entspricht etwa 1,2 Milliarden Schweizer Franken. Einen erklecklichen Anteil dieser Summe erhalten die wissenschaftlichen Einrichtungen, die sich über den gesamten Globus verteilen.

Im NRC, dem Herzstück für Grundlagenforschung, arbeiten gut 600 Menschen aus dreißig Nationen, davon mehr als die Hälfte Wissenschaftler der unterschiedlichsten Fachrichtungen. Daneben gibt es weitere fünfzehn Produkt- und Technologie-Entwicklungszentren. Eines davon befindet sich in Singen und beschäftigt sich ausschließlich mit Babyfood und der Marke Maggi.

Ein Netzwerk, das der Konzern strategisch zu nutzen weiß. Grundsätzlich beobachtet Haschke durchaus weltweite Ernährungstendenzen – wie etwa die Sorge um die schlanke Figur. Doch haben diese immer einen eindeutigen regionalen Ausgangspunkt. Und an dem gelte es, anzusetzen. „Kommt ein Trend aus Amerika, legen wir dort unseren Forschungsschwerpunkt." Haschke zieht das Beispiel „Low Carb" heran. „Das stammt eindeutig aus den USA, schwappt aber innerhalb weniger Monate auch auf Deutschland über.

„Mit neuen Produkten, die darauf abzielen, sollte man tunlichst im Ursprungsland beginnen", rät er. In den Vereinigten Staaten ist Nestlé dann auch bereits mit passenden Angeboten auf dem Markt, etwa dem Riegel „Pria". Er enthält viel Eiweiß und Fett, aber wenig Kohlenhydrate. „Das war bei uns im Nutritionbereich das erfolgreichste Produkt im letzten Jahr", so Haschke.

Wenn es an der Zeit ist, geht Nestlé auch hierzulande an den Markt und könne den funktionalen Zusatznutzen dabei eins zu eins übernehmen. „Wir werden sicher nicht neu forschen." Nur in puncto Geschmack muss man sich nationalen Vorlieben anpassen.

Insert 9–3: Nestlé – Globalisierte Genüsse (Lebensmittel Zeitung 2005d)

Die zentrale und die dezentrale Organisation des internationalen Produkt- und Servicemanagements stellen lediglich Extrema auf einem Kontinuum organisatorischer Ausprägungen dar. In der Praxis sind vielfältige **Mischformen** zu beobachten. Häufig werden durch ein zentrales Produktmanagement die Gestaltungsrichtlinien der Leistungspolitik vorgegeben, deren Anpassung und Umsetzung dann in der Verantwortung des nationalen Produktmanagements in den Länderorganisationen liegt (*Köhler* 2002, S. 735).

Beispiel: Modulare Organisationsstruktur bei Siemens zur Marktbearbeitung in China

Für ein Unternehmen mit einem Leistungsportfolio wie *Siemens* erstreckt sich das Universum der (potenziellen) Kunden vom Teenager, der ein Handy kaufen möchte, bis zum Staat China, der komplexe Infrastrukturprojekte ausschreibt. Dies stellt natürlich erhebliche Anforderungen an die Organisation der Marktbearbeitung, denen eine simple Spiegelung der internen, nach Geschäftsbereichen aufgestellten Organisationsstruktur nicht gerecht werden kann. Den Teenager kann die Business Unit Mobile Phones innerhalb des Geschäftsbereiches ICM (Mobile Kommunikation) betreuen, für den Staat China als Kunden gilt es, je nach Projektumfang und -komplexität flexible, bereichsübergreifende Betreuungsstrukturen zu schaffen. Hierzu arbeitet Siemens in China mit einer modularen Organisationsstruktur zur Marktbearbeitung auf vier Ebenen zusammen (*Bieniek/Miller/Gelbert* 2004, S. 63f.; Schaubild 9–13):

(1) **Business Units** – Diese sind auf klar umrissene Leistungsfelder fokussierte Einheiten, z.B. auf das Geschäft mit Endgeräten zur mobilen Telefonie.

Henkel-Manager sollen interkulturell denken

Eigene Academy garantiert systematische, standardisierte Personalentwicklung in allen Länderorganisationen der Region CEE

Wien, 4. August. Die Henkel CEE Academy garantiert ein Gesamtkonzept für alle Landesorganisationen der Region Central Eastern Europe des Konzerns. In das standardisierte, in sich abgestimmte Personalentwicklungsprogramm wird nun das internationale Programm „20plus" integriert.

Gut ausgebildete und sich ständig weiterbildende Mitarbeiter sind für jedes Unternehmen das A und O. Die Henkel KGaA als ein global ausgerichtetes Unternehmen hat deshalb für die Region Central Eastern Europe (CEE) einen eigenen Schulungsbereich namens „Henkel CEE Academy" eingerichtet. Die in Wien ansässige Regionalzentrale für Osteuropa steuert das Geschäft in insgesamt 16 Staaten. Neben Österreich gehören dazu Estland, Lettland, Litauen, Polen, die Tschechische Republik, Slowakei, Ungarn, Slowenien, Kroatien, Bosnien & Herzegovina, Serbien und Montenegro, Mazedonien, Ukraine, Rumänien, Bulgarien und Russland.

Eine eigene Akademie für diesen Bereich war notwendig geworden, weil einige der Unternehmen in Zentral- und Osteuropa zunächst in Form von Joint Ventures durch Übernahme bereits bestehender Betriebe mit ihrer vorhandenen Struktur gegründet worden waren. So gab es unterschiedliche Unternehmenskulturen – gemeinsame und systematische Entwicklungsmaßnahmen innerhalb der Region fehlten.

Unterschiedliche Trainingsinhalte führten zu inhomogener Aus- und Weiterbildung, der interkulturelle Austausch und die Internationalität waren gering. Finanzielle Synergien im Bereich der Aus- und Weiterbildungsausgaben wurden nicht genutzt. Die wenigen länderübergreifenden und systematischen Personalentwicklungsmaßnahmen beschränkten sich auf den Bereich der Verkaufsausbildung (Vertriebs- und Key-Account-Training). Auch die klare Verknüpfung mit den auf Konzernebene angebotenen Seminaren, der so genannten „Henkel Global Academy", fehlten.

Mit der Henkel CEE Academy wurde ein ganzheitliches System für alle Mitarbeiter geschaffen, das eine hohe, harmonisierte Qualität von Entwicklungsmaßnahmen innerhalb der Region mit gemeinsamen Standards ermöglicht. Namentlich an die „Henkel Global Academy" angelehnt, bezieht sie die wesentlichen konzernweit bestehenden Personalsteuerungsinstrumente in ihr Konzept mit ein. Hauptauftrag der Kaderschmiede ist die Umsetzung der Führungsgrundsätze des Waschmittel- und Klebstoff-Konzerns, um damit die Unternehmenskultur zu fördern. Gleichzeitig wird das Linienmanagement verstärkt in die Planung der Personalentwicklungsmaßnahmen integriert.

Vernetzt: In Düsseldorf erarbeitet, gehen die Führungsgrundsätze des Konzerns in alle Welt und werden mit ganzheitlichem Konzept vor Ort geschult. Foto: Henkel

Unter dem Motto „Shared Culture – Shared Knowledge – Shared Future" lernen die Henkel-CEE-Führungskräfte beispielsweise Führung, Projekt- und Stressmanagement. Von den systematisch, aufeinander aufbauenden und miteinander verknüpften, standardisierten und harmonisierten Trainingsmodulen sind einige verpflichtend für alle Mitarbeiter vorgesehen, andere können dem individuell definierten Entwicklungsplan entsprechend ausgewählt werden. Innerhalb des Konzepts wird außerdem je nach Bereich differenziert zwischen Vertrieb, Marketing, Produktion sowie Querschnittsfunktionen wie Finanz- und Personalwesen. Nach der Henkel-Philosophie, die Mitarbeiter intern zu fördern, so dass die Stellen(nach)besetzungen von innen erfolgen können, sieht das Konzept der Akademie auch die vorbereitende Ausbildung und Qualifizierung für künftige neue Aufgaben vor.

Die Henkel CEE Academy ist ein sich permanent weiter entwickelndes Konzept, das den wechselnden Anforderungen des Linienmanagements sowie den laufenden Entwicklungen des Marktes Rechnung tragen soll. So wird jetzt das Management-Entwicklungsprogramm „20plus" integriert. Ziel ist, dass sich Henkel-Manager in internationale Teams eingliedern und dabei in unterschiedlichsten Funktionen interkulturell denken und handeln können. Gleichzeitig sollen durch ein umfassendes Seminar- und Weiterbildungsangebot die Fähigkeiten der Manager in den unterschiedlichsten Funktionen gefördert werden.

Mit Ausnahme des Global Academy Programms, das zentral gesteuert wird, werden Managerseminare bei Henkel jetzt auf lokaler Ebene entworfen und durchgeführt, was Variationen im Inhalt und den Strukturen der verschiedenen Programme bedeutet. Erreicht werden soll die Entwicklung von klaren, gut strukturierten Management-Seminaren ohne Inhalts-Überschneidungen für Manager in den ersten sechs Jahren ihrer Zugehörigkeit zur Henkel-Gruppe. Grundsätzlich sollen alle Dimensionen interner Assessment-Seminare behandelt werden. Themen werden beispielsweise Zeitmanagement, Präsentationstechnik, Kreativität, Verhandlungsführung, Teamwork und Kooperation sein.

Derzeit ist eine Arbeitsgruppe dabei, relevante Themenbereiche und Strukturen für Seminar-Angebote zu identifizieren, Trainer zu briefen und eine Übersicht über die notwendigen Modelle und Theorien zu erstellen. Zudem wird eine Kompetenz-Matrix zur einfacheren Bestimmung eines Seminars entsprechend der persönlichen Bedürfnisse des Managers entworfen.

Bereits klar ist, dass die Hauptseminare kennzeichnen, was ein Manager nach sechs Jahren bei Henkel wissen und können muss. Das heißt allerdings nicht, dass jeder Manager alle „20plus"-Seminare besuchen muss; es sollen vorrangig eventuelle Lücken gefüllt werden. Jede Henkel-Niederlassung ist dazu verpflichtet, ihre existierenden Seminare mit dem „20plus"-Konzept abzugleichen. Allerdings muss nicht jede Niederlassung das Komplettangebot betriebsintern anbieten, kleinere können auch externe Anbieter nutzen.

Zur Verwirklichung der langfristigen Entwicklungsplanung bei der Henkel CEE Academy sieht das Konzept eine jährlich revolvierende Diskussion und Festsetzung der Entwicklungsmaßnahmen mit einem Planungshorizont von jeweils drei Jahren vor. Die Erhebung des Personalentwicklungsbedarfes erfolgt durch ein jährliches, bei Henkel „Management Competencies Assessment" genanntes Mitarbeitergespräch. Im Zuge dieses Gespräches definieren Mitarbeiter und Vorgesetzter gemeinsam den Entwicklungsbedarf und die vorgesehenen Maßnahmen. *Heike Balzer*

Insert 9–4: Standardisierte Personalentwicklung bei Henkel (Lebensmittel Zeitung, 05.08.2005, S. 40)

(2) **Geschäftsbereiche** – Hierin sind breiter definierte Geschäftsfelder, wie Mobile Kommunikation, organisatorisch zusammengefasst, die auch der internen Organisationsstruktur von *Siemens* entsprechen.

(3) **Industry Suites** – Auf dieser Ebene sind geschäftsbereichsübergreifende Lösungen pro Branche gleichsam virtuell organisiert, um branchenspezifische Bedarfe flexibel zu Lösungen bündeln zu können.

(4) **One Siemens** – Wie der Name schon transportiert, werden auf dieser Ebene Lösungen gebündelt, die durch keine der drei vorher genannten Ebenen abgedeckt werden, also geschäftsfeld- und branchenübergreifende Lösungen.

Das Leistungsversprechen der Dachmarke *Siemens* wird auf allen Ebenen erfüllt, der kommunikative Fokus ist jedoch naturgemäß unterschiedlich.

Eine für das internationale Produktmanagement relevante Variante stellt das so genannte **Lead-Country-Konzept** dar. Dieses basiert darauf, dass einzelne Tochtergesellschaften im Hinblick auf einzelne Leistungen und Leistungsgruppen von unterschiedlicher Bedeutung sind. Nach dem Lead-Country-Konzept übernimmt die Auslandsniederlassung mit der größten

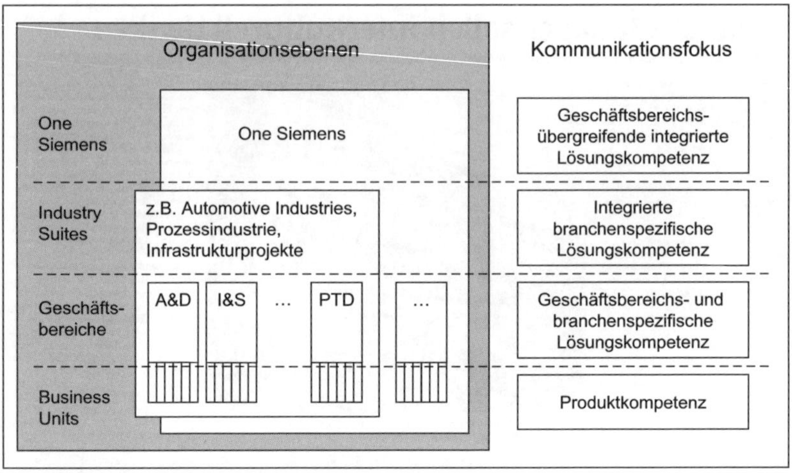

Schaubild 9–13: Organisation der Marktbearbeitung von Siemens in China (Bieniek/Miller/Gelbert 2004, S. 64)

leistungsspezifischen Bedeutung die Rolle des länderübergreifenden Koordinators (*Berndt/Fantapié Altobelli* 2002, S. 794f.). Die Führungsposition des jeweiligen Landes bzw. der dort angesiedelten Tochtergesellschaft bezieht sich jeweils nur auf einzelne Leistungen oder eine bzw. mehrere Leistungsgruppen. Von dieser führenden Landesorganisation wird für die zugeordneten Länder ein Orientierungsrahmen im Hinblick auf die leistungspolitischen Aktivitäten vorgegeben. Länderspezifische Anpassungen der Produkt- und Servicekonzepte sind nur bei gravierenden Hindernissen (z.B. stark unterschiedliches Käuferverhalten) möglich und haben sich an den festgelegten Richtlinien zu orientieren. Die **Vorteile** des Lead-Country-Konzeptes liegen darin, dass grundsätzlich jede Tochtergesellschaft die Möglichkeit hat, Lead Country zu werden und damit die Koordinationsaufgaben zwischen den beteiligten Ländern zu übernehmen. So wird einer zu starken Machtkonzentration im Stammhaus entgegengewirkt. **Probleme** wirft das Lead-Country-Konzept insofern auf, als die Verantwortungsbereiche bei Einführung des Konzeptes entsprechend zu restrukturieren sind. Die eindeutige Bestimmung der Ursachen für den Erfolg bzw. Misserfolg von Produkt- und Servicekonzepten entweder beim Lead Country oder bei den Managern im betreffenden Land ist sicherzustellen. Deshalb sind unternehmensweite Planungs- und Kontrollsysteme entsprechend anzupassen.

Mit dem internationalen Produkt- und Servicemanagement schließt die Darstellung und Diskussion von programm- und leistungspolitischen Konzepten, Methoden und Prozessen. Abschließend ist noch ein Blick auf zukünftige Entwicklungstendenzen des Produkt- und Servicemanagements zu richten.

10 Entwicklungstendenzen im Produkt- und Servicemanagement

In den vorangegangenen Kapiteln wurden bestehende Konzepte und Instrumente des Produkt- und Servicemanagements aufgezeigt. Die künftige Marktstellung von Programm- und Leistungsangeboten wird entscheidend dadurch geprägt werden, inwieweit es gelingen, die sich dynamisch wandelnden Herausforderungen des Marktes rechtzeitig zu erkennen und umzusetzen. Dabei sind drei Entwicklungen in folgenden Bereichen von zentraler Bedeutung (Schaubild 10–1):

(1) **Marktteilnehmerbezogene Entwicklungen** betrachten die zukünftige Ausrichtung des Produkt- und Servicemanagements gegenüber Kunden, Wettbewerbern und Absatzmittlern (Abschnitt 10.1).

(2) **Branchenspezifische Entwicklungen** differenzieren Tendenzen des Produkt- und Servicemanagements in Konsumgüter-, Industriegüter- und Dienstleistungsbranchen (Abschnitt 10.2).

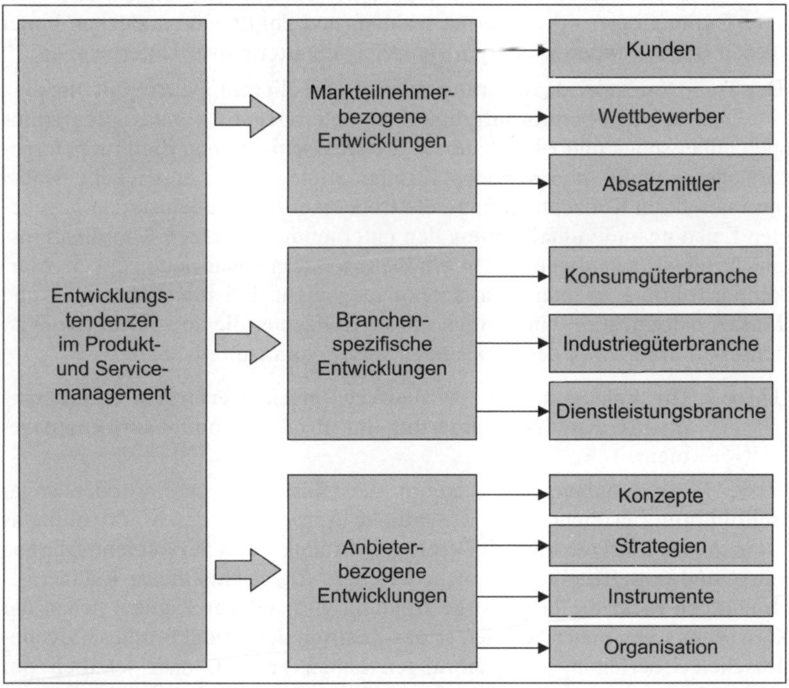

Schaubild 10–1: Entwicklungen im Produkt- und Servicemanagement

(3) **Anbieterbezogene Entwicklungen** beinhalten Trends im Produkt- und Servicemanagement, d.h. Veränderungen der produkt- und servicepolitischen Konzepte, Strategien, Instrumente sowie Organisation (Abschnitt 10.3).

10.1 Marktteilnehmerbezogene Entwicklungstendenzen

Hinsichtlich der Marktteilnehmer wird das Produkt- und Servicemanagement zukünftigen Kunden-, Absatzmittler- und Wettbewerbsentwicklungen zu begegnen haben.

These 1: Die zunehmende Fragmentierung der Märkte erfordert eine Individualisierung des Produkt- und Servicemanagements.

Mit der wachsenden Internationalisierung und Liberalisierung von Märkten und vor allem mit der multimedialen Technologie werden bei den Konsumoptionen Dimensionen erreicht, denen kaum Grenzen gesetzt sind. Das Konsumangebot für den Multioptionskunden (*Gross* 1994) wird laufend vielfältiger und unübersichtlicher. Die Zahl von Produkt- und Serviceangeboten steigt stetig. Die Sortimente des Einzelhandels nehmen durch immer neue Leistungsinnovationen, -variationen und Me-too-Produkten immer größere Ausmaße an. Beim Kauf eines Produktes kann der Kunde zum einen zwischen mehreren Betriebstypen, wie Kaufhaus, Fachgeschäft, Factory Outlet Center oder Internet wählen, und zum anderen stecken hinter diesen Betriebstypen wiederum eine Vielzahl alternativer Unternehmen.

Der Trend zur Individualisierung verstärkt die Zielgruppenvielfalt, der sich die Unternehmen bereits aufgrund ihres heterogenen Leistungsprogramms gegenüber sehen und zwingt sie, für die unterschiedlichen Zielgruppen spezifische produkt- und servicepolitische Strategien zu entwickeln. Dabei sind vor allem Konzepte gefragt, die trotz einer nach außen stärker gegebenen Leistungsindividualisierung den unternehmensinternen Koordinations- und Produktionsaufwand nicht erhöhen, sondern sogar noch senken. Markenportfoliomanagement, Variantenmanagement, Leistungsbündelung und Mass Customization sind einige dieser Konzepte, die sowohl in der Wissenschaft als auch in der Praxis noch weiter voranzutreiben sind.

These 2: Die Erlangung von Wettbewerbsvorteilen erfordert eine konsequente Kundenorientierung im Produkt- und Servicemanagement.

Viele Märkte haben das Stadium der Reife, Stagnation oder sogar Schrumpfung erreicht. Eine wesentliche Ausweitung des Marktvolumens ist in diesen Märkten ohne tief greifende Produkt- und Serviceinnovationen kurz- und mittelfristig nicht mehr möglich. Angesichts dieser Rahmenbedingungen rückt die langfristige Bindung vorhandener Kunden neben der Gewinnung von neuen Kunden in das Zentrum der produkt- und servicepolitischen Überlegungen. Erfahrungen haben gezeigt, dass letztlich nur durch eine in diesem Sinne konsequente Kundenorientierung Chancen zur Erlangung von Wettbewerbsvorteilen bestehen.

These 3: Die Kooperation zwischen Handel und Herstellern wird zukünftig noch weiter zunehmen.

Der tiefgreifende Strukturwandel im Handel hat mit der Entstehung von Großbetriebsformen und mit zunehmender Konzentration die Position des Handels gestärkt (*Olbrich* 2002). Darüber hinaus erweitert die Einführung von Handelsmarken und der Absatz von markenloser Ware den wettbewerblichen Spielraum zumindest der großen Handelsunternehmen. Diese Gegenmachtbildung erzeugt notwendigerweise ein Spannungsverhältnis mit deutlich unterschiedlichen, verteilungspolitisch entgegen gesetzten Interessen (*Kartte* 1978).

Ohne den Handel, der in vielen Branchen das „Nadelöhr" zwischen der Leistung und dem Nachfrager darstellt, ist ein erfolgreiches Produkt- und Servicemanagement in keiner Weise möglich. Die Zusammenarbeit der Hersteller mit dem Handel wird für die nahe Zukunft von besonderer Bedeutung sein und entscheidend dazu beitragen, ob ein Wachstumspfad für die Hersteller gehalten und ausgebaut wird. Dabei bringen beide Seiten spezifische Kompetenzen in die Partnerschaft ein. So hat z.B. der Einzelhandel die optimale Aussteuerung der Warengruppen untereinander zum Ziel und verfügt in diesem Bereich über spezifisches Wissen, was aber zwangsläufig schwächer ausgeprägte Detailkenntnisse über eine einzelne Warengruppe bedingt. Der Hersteller hingegen verfügt über Detailkenntnisse einer bestimmten Warengruppe.

Für Hersteller bedeutet dies, dass sie neben der direkten Beeinflussung des Konsumenten (Pull-Strategie) in der Zusammenarbeit mit dem Handel ihre Produkte platzieren (Push-Strategie) und mit ihm gemeinsam Strategien zur Vermarktung entwickeln und implementieren. Wertschöpfungsstufenübergreifend bedeutet dies die Nutzung eines vertikalen Marketing, so im Rahmen des ECR-Konzeptes. Vor diesem Hintergrund erscheint die Notwendigkeit für Hersteller gegeben, sich stärker über auf den jeweiligen Handelskunden zugeschnittene Konzepte zu profilieren. Durch die zunehmende Bedeutung einzelner Kunden und der Profilierungsbestrebungen des Handels haben Hersteller im Category-Management-Prozess des Handels spezifische Konzepte anzubieten.

10.2 Branchenspezifische Entwicklungstendenzen

Die Entwicklungstendenzen im Produkt- und Servicemanagement lassen sich nicht branchenunabhängig betrachten. Daher werden im Folgenden produkt- und servicebezogene Entwicklungen in Konsumgüter-, Industriegüter- und Dienstleistungsbranche diskutiert.

These 4: In Konsumgütermärkten ist eine Optimierung von Herstellermarken und Handelsmarken durch das Produkt- und Servicemanagement erforderlich.

Handelsunternehmen werden eine Intensivierung ihrer Handelsmarkenpolitik vornehmen. Durch die gewonnenen Erfahrungen und eine konsequente

Orientierung an den Konsumentenbedürfnissen wird es den Handelsunternehmen gelingen, ihre Marken stärker als bisher am Markt durchzusetzen. Gleichzeitig werden die von den Konsumenten wahrnehmbaren Unterschiede zwischen Hersteller- und Handelsmarken immer geringer (*Bruhn* 2004a).

Eine ganze Reihe von Warengruppen, wie z.B. Spielzeuge, Sportartikel, Elektronik, werden immer noch deutlich von Markenartikeln dominiert. Trotz des Wachstums von Handelsmarkenmarktanteilen in den meisten Ländern ist keinesfalls zu erwarten, dass dieser Anteil permanent weiter steigen wird. So ist in Großbritannien, wo bereits ein sehr hoher Anteil an Handelsmarken besteht, eine Stagnation des Wachstums festzustellen. Somit wird nicht die Minimierung, sondern die Optimierung des Markenartikelumsatzanteils angestrebt (*Zentes et al.* 1999).

These 5: In Industriegüterbranchen sind Kunden in produkt- und servicebezogene Unternehmensprozesse zu integrieren und Marken zur Unterstützung dieser Prozesse aufzubauen.

Bei vielen Leistungen der Industriegüterbranchen ist eine Auseinandersetzung mit individualisierten Problemlösungen erforderlich. Standardprodukte spielen eine eher untergeordnete Rolle. Die Integration von Kunden in die verschiedenen programm- und leistungspolitischen Entscheidungen ist daher von entscheidender Relevanz. Darüber hinaus wird auch der Markenpolitik eine immer höhere Bedeutung zugeschrieben.

These 6: In Dienstleistungsbranchen gehören die Sicherstellung einer hohen Servicequalität sowie der Aufbau von Servicemarken zu den zentralen Aufgaben.

Der Bedeutungsgewinn von Services in den letzten Jahrzehnten ist unter anderem auf den in Industrienationen wachsenden Anteil des Servicesektors am Bruttosozialprodukt, auf die zunehmenden Servicetätigkeiten im industriellen Sektor, aber auch auf die wachsende beschäftigungspolitische Bedeutung von Services zurückzuführen. Auf dem Weg von der Industrie- in die Dienstleistungsgesellschaft geht die zunehmende Stärke des Servicesektors auch mit einer Intensivierung des Wettbewerbs auf den Dienstleistungsmärkten einher. Dies hat zur Folge, dass Marktsituation und Wettbewerbsstruktur einem stetigen Wandel unterliegen.

Im Hinblick auf das Produktmanagement als Funktion in Dienstleistungsunternehmen stellen die Servicestandardisierung, die Sicherung der Servicequalität sowie der Aufbau von Servicemarken wichtige leistungspolitische Trends dar. Um Services zunehmend kostengünstiger zu produzieren und eine angemessene Rentabilität sicherzustellen, wird es zu einer zunehmenden Standardisierung und Automatisierung von Services kommen. Die Sicherung der Servicequalität stellt auch heute noch eines der zentralen Probleme von Dienstleistungsunternehmen dar. Insbesondere bei Services, die durch eine intensive Integration des externen Faktors in den Leistungserstellungsprozess gekennzeichnet sind, weist das Qualitätsmanagement einen hohen Komplexitätsgrad auf. Schließlich ist der Aufbau von Servicemarken aufgrund des bei Services meist hohen wahrgenommenen Risikos für Kunden als Kompetenznachweis von zentraler Bedeutung.

10.3 Anbieterbezogene Entwicklungstendenzen

Um den Umfeldtrends zu begegnen, hat das Produkt- und Servicemanagement zukünftig konzeptionelle, strategische, operative sowie organisatorische Entwicklungen zu durchlaufen.

These 7: Vor dem Hintergrund einer steigenden Wettbewerbsintensität ist die Orientierung an Kundenbeziehungen entscheidend für den Unternehmenserfolg.

Das Denken in Kundenbeziehungen als Voraussetzung einer strategischen und operativen Umsetzung der Kundenorientierung stellt in allen Branchen eine wesentliche Erfolgsgröße dar. Diesbezüglich bestehen in der Praxis zunächst konzeptionelle Probleme. Damit verbunden sind grundsätzliche Neuerungen für das Marketingdenken in der Unternehmenspraxis. Insbesondere im Konsumgüterbereich fällt es dem Management schwer, sich von herkömmlichen Denkansätzen zu lösen und sich zunächst – zumindest konzeptionell – mit solchen Überlegungen zu beschäftigen.

Das Konzept der Orientierung an Kundenbeziehungen ist Ausgangspunkt für eine vielfältige Anwendung. Dabei stellt der Kundennutzen stets den Mittelpunkt der wertschöpfenden Prozesse des Produkt- und Servicemanagements dar. Anknüpfungspunkt ist beispielsweise die bisher oft vernachlässigte Rolle von Nachfragern im Innovationsprozess und damit die stärkere Gewichtung von Kunden in der Gratwanderung zwischen Market-Pull- und Technology-Push-Strategie. Auch der Aufbau von Kundenbeziehungen bei Konsumgütern und die Frage, unter welchen Bedingungen sich Beziehungen zwischen Marken und Konsumenten aufbauen lassen, sind Gegenstand einer konzeptionellen Auseinandersetzung mit diesem Thema.

These 8: Der Wegfall von Handelsbarrieren und die damit wachsenden Wirtschaftsräume führen zu einer stärkeren Internationalisierung des Produkt- und Servicemanagements.

Mit der Globalisierung der Wirtschaft, dem Abbau von Handelshemmnissen, einer wachsenden Mobilität der Nachfrager, der Entstehung internationaler Konsumtrends, der Verbreitung internationaler Medien und der wachsenden Bedeutung von globalen Marken und Leistungsangeboten werden sich dem internationalen Produkt- und Servicemanagement neue Dimensionen öffnen. Im Mittelpunkt steht dabei die Frage nach der Internationalisierbarkeit und Anpassung von Programm- und Leistungskonzepten. Über die optimale Strategie wie über die Gestaltung des internationalen Leistungsangebotes ist im Einzelfall zu entscheiden.

These 9: Die Entwicklung und Vermarktung von Innovationen, der Aufbau und die Pflege von Marken sowie das Angebot von Value Added Services stellen die instrumentellen Treiber des Erfolgs des Produkt- und Servicemanagements dar.

Die Folgen des intensiver werdenden Wettbewerbs werden sich in einer zunehmenden Bedeutung der Leistungsinnovation, des Markenaufbaus sowie des Angebotes von Value Added Services manifestieren. Leistungsinnovation, Marken und Value Added Services stellen Instrumente dar, um den Wettbewerb und hier insbesondere den Preiswettbewerb abzuschwächen, da durch die Differenzierung über die angebotenen Leistungen die Bedeutung des Preises als zentrales Kaufentscheidungskriterium eingeschränkt wird.

Innovative Leistungsangebote und deren kreative Verknüpfung mit bestehenden Produkten und Services gehören nach wie vor zu den zentralen Erfolgsfaktoren. Diesbezügliche Trends sind insbesondere in innovativen Ansätzen zur Integration von Kunden in den Innovationsprozess zu sehen. Durch eine prägnante Gestaltung von Marken sowie die Markenpflege sind insbesondere die Wettbewerbsdifferenzierung und die Vertrauensfunktion gegenüber den Nachfragern zu erfüllen. Angesichts der Atomisierung der Medien und der allgemeinen Informationsüberlastung werden Marken auch zukünftig ein sehr relevantes Argument im Kaufentscheidungsprozess von Konsumenten sein. Aufgrund der zunehmenden Komplexität von Gütern sowie der wachsenden Homogenität bestehender Produkte wird das Angebot eines Mehrwertes durch Value Added Services von immer größerer Bedeutung sein. Damit lässt sich nicht nur eine Heterogenisierung des angebotenen Leistungsbündels erreichen, sondern es kann auch die von vielen Konsumenten als Kaufhemmnis wahrgenommene technische Komplexität von Produkten reduziert werden.

These 10: Die Umsetzung eines kundenorientierten Produkt- und Servicemanagements erfordert eine verstärkte Auseinandersetzung mit den unternehmensinternen, d.h. strukturellen, systembezogenen und kulturellen Voraussetzungen des Produkt- und Servicemanagements.

In Unternehmen sind die notwendigen Rahmenbedingungen zur Umsetzung eines kundenorientierten Produkt- und Servicemanagements zu schaffen. Allerdings geht es dabei nicht nur um einzelne Aspekte, wie beispielsweise die Schaffung informationstechnologischer Lösungen für die Kundenanalyse und -bearbeitung oder die Regelmäßigkeit von Kundenzufriedenheitsstudien, sondern darum, dass die Produktmanager die Bedürfnisse der Kunden wirklich verstehen. Dies erfordert von den Produktmanagern, die Fähigkeit zur Perspektivenübernahme zu entwickeln, indem stets versucht wird, ein „internes Bild“ des eigenen Unternehmens vor Augen zu haben, um die Kundenerwartungen nach innen zu transportieren. Hierzu sind strukturelle und systembezogene, vor allem aber kulturelle Maßnahmen zu ergreifen.

In den vergangenen Kapiteln wurde die Vielfalt des Produkt- und Servicemanagements aufgezeigt. Diese wird sich zukünftig noch erweitern, so dass das Produkt- und Servicemanagement auch weiterhin als Herz des Marketing gelten wird.

Literaturverzeichnis

Aaker, D.A. (1991): Managing Brand Equity. Capitalizing on the Value of a Brand Name, New York u.a.

Aaker, D.A. (1992): Management des Markenwertes, Frankfurt a.M./New York.

Aaker, D.A. (1996): Building Strong Brands, New York u.a.

Aeberhard, K. (1996): Strategische Analyse. Empfehlungen zum Vorgehen und zu sinnvollen Methodenkombinationen, Bern.

Aga, T.M./Sander, B. (2004): Generierung eines markenseitigen Preispremiums im Automobilmarkt, in: BBDO Consulting GmbH (Hrsg.): Insights 5, o. Jg., o. Nr., S. 25–34.

Agarwal, M.K./Rao, V.R. (1996): An Empirical Comparison of Consumer-Based Measures of Brand Equity, in: Marketing Letters, Vol. 7, No. 3, S. 237–247.

Albach, H. (1987): Innovationspolitik erfolgreicher Unternehmen, in: Zeitschrift für Betriebswirtschaft, 57. Jg., Nr. 7, S. 636–661.

Albers, S. (1989): Gewinnorientierte Neuproduktpositionierung in einem Eigenschaftsraum, in: Zeitschrift für betriebswirtschaftliche Forschung, 41. Jg., Nr. 3, S. 186–209.

Albers, S./Herrmann, A. (Hrsg.) (2002): Handbuch Produktmanagement. Strategieentwicklung, Produktplanung, Organisation, Kontrolle, 2. Aufl., Wiesbaden.

Althaus, S. (1995): Kundenorientierung als Integrationsfaktor ganzheitlicher Unternehmensführung, St. Gallen.

Anders, H.J. (1991): Produkt- und Markenpolitik im gemeinsamen Binnenmarkt, in: Marktforschung und Management, 35. Jg., Nr. 1, S. 3–8.

Anderson, E.W./Fornell, C./Rust, R.T. (1997): Customer Satisfaction, Productivity, and Profitability: Differences between Goods and Services, in: Marketing Science, Vol. 16, No. 2, S. 129–145.

Ahlert, D. (1996): Distributionspolitik, 3. Aufl., Stuttgart/Jena.

Ansoff, H.I. (1966): Management Strategies, München.

Ansoff, H.I. (1979): Strategic Management, London.

Bachrach, D.G./Bendoly, E./Podsakoff, P.M. (2001): Attribution of the „Causes“ of Group Performance as an Alternative Explanation of the Relationship Between Organizational Citizenship Behavior and Organizational Performance, in: Journal of Applied Psychology, Vol. 86, No. 6, S. 187–207.

Backhaus, K. (2003): Industriegütermarketing, 7. Aufl., München.

Backhaus, K./Brzoska, L./Theile, G. (2002): Produktmanagement für Dienstleistungsunternehmen, in: Böhler, H. (Hrsg.): Marketing-Management und Unternehmensführung, Wiesbaden, S. 637–676.

Backhaus, K./Büschken, J./Voeth, M. (2001): Internationales Marketing, 4. Aufl., Stuttgart.

Backhaus, K./Erichson, B./Plinke, W./Weiber, R. (2006): Multivariate Analysemethoden. Eine anwendungsorientierte Einführung, 11. Aufl., Berlin/Heidelberg.

Backhaus, K./Späth, G.M. (1994): Herausforderungen systemtechnologischer Vertrauensgüter an das Marketing-Management, in: *Zahn, E.* (Hrsg.): Technologiemanagement und Technologien für das Management, Stuttgart, S. 19–39.

Ballhaus, J./Seibold, M. (2004): Daten – Die heisse Ware, in: absatzwirtschaft, 47. Jg., Nr. 9, S. 56–57.

Barney, J.B. (1991): Firm Resources and Sustained Competitive Advantage, in: Journal of Management, Vol. 17, No. 1, S. 99–120.

Barrenstein, P./Junghans, M. (2002): Innovationen sind der beste Garant für den Unternehmenserfolg, in: Akzente, o. Jg., Nr. 26, S. 10–15.

Bass, F. (1969): A New Product Growth Model for Consumer Durables, in: Management Science, Vol. 15, No. 5, S. 215–227.

Bauer, E. (1976): Markt-Segmentierung als Marketingstrategie, Berlin.

Bauer, H.H./Fischer, M. (2000): Die empirische Typologisierung von Produktlebenszyklen und ihre Erklärung durch die Markteintrittsreihenfolge, in: Zeitschrift für Betriebswirtschaft, 70. Jg., Nr. 9, S. 937–957.

BBDO Consulting (2004): http://www.bbdo.de/de/home/presse/publikationen_vortraege.download.Par.0013.Link1Download.File1Title.pdf.

Bea, F.X/Haas, J. (2001): Strategisches Management, 3. Aufl., Stuttgart.

Becker, J. (1992): Markenartikel und Verbraucher, in: *Dichtl, E./Eggers, W.* (Hrsg.): Marke und Markenartikel als Instrumente des Wettbewerbs, München, S. 97–127.

Becker, J. (2000): Modell des Produktlebenszyklus. Grundlagen, Anwendungen, Perspektiven, in: Thexis, 17. Jg., Nr. 2, S. 2–5.

Becker, J. (2001): Marketing-Konzeption. Grundlagen des strategischen und operativen Marketing-Managements, 7. Aufl., München.

Becker, J. (2004): Typen von Markenstrategien, in: Bruhn, M. (Hrsg.): Handbuch Markenführung. Kompendium zum erfolgreichen Markenmanagement. Strategien, Instrumente, Erfahrungen, 2. Aufl., Wiesbaden, S. 637–675.

Behofsics, J. (1998): Globalisierungstendenzen intermediärer Dienstleistungen, Wiesbaden.

Behrens, G. (1991): Konsumentenverhalten, Heidelberg.

Behrens, G. (1995): Lerntheorien, in: Tietz, *B./Köhler, R./Zentes, J.* (Hrsg.): Handwörterbuch des Marketing, Stuttgart, Sp. 1405–1415.

Behrens, S./Specht, D. (2005): Produkt- und Technologieroadmapping, in: *Barske, H./Gerybadze, A./Hünninghausen, L./Sommerlatte* (Hrsg.): Innovationsmanagement. Produkte, Prozesse, Dienstleistungen, Düsseldorf.

Bekmeier-Feuerhahn, S. (2005): Messung von Markenvorstellungen, in: *Esch, F.-R.* (Hrsg.): Moderne Markenführung. Grundlagen, Innovative Ansätze, Praktische Umsetzungen, 4. Aufl., Wiesbaden, S. 1329–1346.

Belz, C. (1998): Akzente im innovativen Marketing, St. Gallen u.a.

Benkenstein, M. (1993): Integriertes Innovationsmanagement. Ansatzpunkte zum „lean innovation“, in: Marktforschung & Management, 37. Jg., Nr. 1, S. 21–25.

Benkenstein, M. (2001): Besonderheiten des Innovationsmanagements in Dienstleistungsunternehmungen, in: *Meffert, H./Bruhn, M.* (Hrsg.): Handbuch Dienstleistungsmanagement. Von der strategischen Konzeption zur praktischen Umsetzung, Wiesbaden, S. 687–702.

Benkenstein, M. (2002): Strategisches Marketing. Ein wettbewerbsorientierter Ansatz, 2. Aufl., Stuttgart u.a.

Benkenstein, M./Steiner, S. (2004): Formen von Dienstleistungsinnovationen, in: *Stauss, B./Bruhn, M.* (Hrsg.): Dienstleistungsinnovation. Forum Dienstleistungsmanagement 2004, Wiesbaden, S. 27–43.

Berekoven, L./Eckert, W./Ellenrieder, P. (2004): Marktforschung: Methodische Grundlagen und praktische Anwendung, 10. Aufl., Wiesbaden.

Berger, C./Blauth, R./Boger, D./Bolster, C./Burchill, G./Dumouchel, W./Pouliot, F./Richter, R./Rubinoff, A./Shen, D./Timko, M./Walden, D. (1993): Kano's Methods for Understanding Customer-Defined Quality, in: The Journal of the Japanese Society for Quality Control, Vol. 2, No. 1, S. 3–35.

Beriger, P. (1995): Quality Circles und Kreativität. Das Quality Circle-Konzept im Rahmen der Kreativitätsförderung in der Unternehmung, 3. Aufl., Stuttgart.

Berndt, R./Fantapié Altobelli, C. (2002): Internationales Produktmanagement, in: *Albers, S./Herrmann, A.* (Hrsg.): Handbuch Produktmanagement. Strategieentwicklung, Produktplanung, Organisation, Kontrolle, 2. Aufl., Wiesbaden, S. 773–797.

Berndt, R./Fantapié Altobelli, C./Sander, M. (2003): Internationales Marketing-Management, 2. Aufl., München.

Berry, L.L./Parasuraman, A. (1991): Marketing Services. Competing Through Quality, New York.

Berthel, J. (1975): Betriebswirtschaftliche Informationssysteme, Stuttgart.

Beutin, N. (2005): Kundenbindung durch Zusatzdienstleistungen (Value-Added Services), in: *Bruhn, M./Homburg, Ch.* (Hrsg.): Handbuch Kundenbindungsmanagement. Strategien und Instrumente für ein erfolgreiches CRM, 5. Aufl., Wiesbaden, S. 297–314.

Beutin, N./Kühlborn, S./Daniel, M. (2003): Marketing und Vertrieb im deutschen Maschinenbau – Eine Bestandsaufnahme, Arbeitspapier M78, Institut für Marktorientierte Unternehmensführung, Universität Mannheim.

Beyer, G./Boessenkool, J./Johansson, A./Nilsson, P.I./van Oene, F. (2005): How Top Innovators Get Innovation Right: Results from Arthur D. Little's Third Innovation Excellence Survey, in: Prism, No. 1, S. 81–95.

Biel, A.L. (2001): Grundlagen zum Markenwertaufbau, in: *Esch, F.-R.* (Hrsg.): Moderne Markenführung. Grundlagen, Innovative Ansätze, Praktische Umsetzungen, 3. Aufl., Wiesbaden, S. 61–90.

Bieniek, B./Miller, D./Gelbert, A. (2004): Transfer deutscher Marken in den chinesischen Markt – das Beispiel Siemens, in: BBDO Consulting GmbH (Hrsg.): Insights 5, o. Jg., o. Nr., S. 45–65.

Bihl, G./Thanner, E./Wächter, J. (1997): Anforderungen Neuer Arbeitsstrukturen an Führungskräfte und Mitarbeiter, in: Zeitschrift Führung und Organisation, 66. Jg., Nr. 3, S. 168–172.

Bitner, M.J./Booms, B.H./Tetreault, M.S. (1990): The Service Encounter. Diagnosing Favorable and Unfavorable Incidents, in: Journal of Marketing, Vol. 54, No. 1, S. 71–84.

Bliemel, F./Fassot, G. (2002): Sekundärleistungen, in: *Albers, S./Herrmann, A.* (Hrsg.): Handbuch Produktmanagement. Strategieentwicklung, Produktplanung, Organisation, Kontrolle, 2. Aufl., Wiesbaden, S. 145–162.

Blüchel, K.G. (2001): Vorwärts zur Natur, in: Die Woche, o. Nr. vom 16.03.2001, S. 25.

Böcker, F. (1988): Marketing-Kontrolle, Stuttgart.

Böcker, F. (1990): Marketing, 3. Aufl., Stuttgart/New York.

Bodinat, H. de/Dougan, M./Urdl, C. (2004): Product Alignment: The Key Driver of Profit and Growth, in: Prism, No. 1, S. 23–39.

Boutellier, R./Völker, R. (1997): Erfolg durch innovative Produkte. Bausteine des Innovationsmanagements, München.

Bozell-Gallup (Hrsg.) (1998): Bozell-Gallup Worldwide Quality Poll.

Brandt, D.R. (1987): A Procedure for Identifying Value-Enhancing Service Components Using Customer Satisfaction Survey Data, in: *Surprenant, C.F.* (Hrsg.): Add Value to Your Service, Chicago, S. 61–65.

Brassington, F./Pettitt, S. (2000): Principles of Marketing, Harlow.

Braun, M./Kopka, U./Tochtermann, T. (2003): Promotions – ein Fass ohne Boden, in: Akzente, 27. Jg., Nr. 4, S. 16–23.

Brockhoff, K. (1999): Produktpolitik, 3. Aufl., Stuttgart/New York.

Bruhn, M. (1982): Konsumentenzufriedenheit und Beschwerdeverhalten, Frankfurt a.M./Bern.

Bruhn, M. (1986): Beschwerdemanagement, in: Harvard Manager, 8. Jg., Nr. 3, S. 104–106.

Bruhn, M. (1994): Begriffsabgrenzungen und Erscheinungsformen von Marken, in: *Bruhn, M.* (Hrsg.): Handbuch Markenartikel, Band 1, Stuttgart, S. 3–41.

Bruhn, M. (1997): Qualitätsmanagement im Handel. Fallstudie Migros-Genossenschafts-Bund MGB, Bern u.a.

Bruhn, M. (1998a): Wirtschaftlichkeit des Qualitätsmanagements. Qualitätscontrolling für Dienstleistungen, Berlin.

Bruhn, M. (1998b): Balanced Scorecard: Ein ganzheitliches Konzept der Wertorientierten Unternehmensführung? in: *Bruhn, M./Lusti, M./Müller, W.R./Schierenbeck, H./Studer, M.* (Hrsg.): Wertorientierte Unternehmensführung. Perspektiven und Handlungsfelder für die Wertsteigerung, Wiesbaden, S. 145–167.

Bruhn, M. (1999): Internes Marketing als Forschungsgebiet der Marketingwissenschaft, in: *Bruhn, M.* (Hrsg.): Internes Marketing. Integration der Kunden- und Mitarbeiterorientierung, 2. Aufl., Wiesbaden, S. 15–44.

Bruhn, M. (2000): Qualitätssicherung im Dienstleistungsmarketing – eine Einführung in die theoretischen und praktischen Probleme, in: *Bruhn, M./Stauss, B.* (Hrsg.): Dienstleistungsqualität. Konzepte, Methoden, Erfahrungen, 3. Aufl., Wiesbaden, S. 21–48.

Bruhn, M. (2001): Relationship Marketing. Das Management von Kundenbeziehungen, München.

Bruhn, M. (2002): Integrierte Kundenorientierung. Implementierung einer kundenorientierten Unternehmensführung, Wiesbaden.

Bruhn, M. (2004a): Begriffsabgrenzungen und Erscheinungsformen von Marken, in: *Bruhn, M.* (Hrsg.): Handbuch Markenführung. Kompendium zum erfolgreichen Markenmanagement. Strategien, Instrumente, Erfahrungen, 2. Aufl., Wiesbaden, S. 3–49.

Bruhn, M. (2004b): Was ist eine Marke? – Aktualisierung der Markendefinition, in: Jahrbuch der Absatz- und Verbrauchsforschung, 50. Jg., Nr. 1, S. 4–30.

Bruhn, M. (2004c): Marketing. Grundlagen für Studium und Praxis, 7. Aufl., Wiesbaden.

Bruhn, M. (2005): Kommunikationspolitik. Systematischer Einsatz der Kommunikation für Unternehmen, 3. Aufl., München.

Bruhn, M. (2006a): Qualitätsmanagement für Dienstleistungen. Grundlagen, Konzepte, Methoden, 6. Aufl., Berlin u.a.

Bruhn, M. (2006b): Markteinführung von Dienstleistungen. Vom Prototyp zum marktfähigen Produkt, in: *Bullinger, H.-J./Scheer, A.-W.* (Hrsg.): Service Engineering. Entwicklung und Gestaltung innovativer Dienstleistungen, 2. Aufl., Berlin u.a., S. 227–248.

Bruhn, M./GEM (2002): Was ist eine Marke? Aktualisierung der Markendefinition, Gräfelfing.

Bruhn, M./Georgi, D. (1999): Kosten und Nutzen des Qualitätsmanagements, München.

Bruhn, M./Georgi, D./Treyer, M./Leumann, S. (2000): Wertorientiertes Relationship Marketing. Vom Kundenwert zum Customer Lifetime Value, in: Die Unternehmung, 54. Jg., Nr. 3, S. 167–188.

Bruhn, M./Hennig-Thurau, T./Hadwich, K. (2004): Markenführung und Relationship Marketing, in: *Bruhn, M.* (Hrsg.): Handbuch Markenführung. Kompendium zum erfolgreichen Markenmanagement. Strategien, Instrumente, Erfahrungen, 2. Aufl., Wiesbaden, S. 391–420.

Bruhn, M./Michalski, S. (2001): Rückgewinnungsmanagement. Eine explorative Studie zum Stand des Rückgewinnungsmanagements bei Banken und Versicherungen, in: Die Unternehmung, 55. Jg., Nr. 2, S. 111–144.

Bruhn, M./Murmann, B. (1998): Nationale Kundenbarometer: Messung von Qualität und Zufriedenheit. Methodenvergleich und Entwurf eines Schweizer Kundenbarometers, Wiesbaden.

Brusa, G. (1995): Markenbindung. Analyse, Messung, Bedeutung, in: Index-Fachmagazin-Betriebswirtschaft, o. Jg., Nr. 4, S. 20–23.

Brymer, R.A. (1991): Employee Empowerment. A Guest-Driven Leadership Strategy, in: The Cornell H.R.A. Quarterly, Vol. 32, No. 2, S. 58–68.

Bullinger, H.-J./Meiren, T. (2001): Service Engineering – Entwicklung und Gestaltung von Dienstleistungen, in: *Bruhn, M./Meffert, H.* (Hrsg.): Handbuch Dienstleistungsmanagement. Von der strategischen Konzeption zur praktischen Umsetzung, 2. Aufl., Wiesbaden, S. 149–175.

Buro, H.F. (1989): Produktmanagement im Gebrauchsgüterbereich, in: *Bruhn, M.* (Hrsg.): Handbuch des Marketing. Anforderungen an Marketingkonzeptionen aus Wissenschaft und Praxis, München, S. 343–374.

Büschken, J./Thaden, v. Ch. (2002): Produktvariation, -differenzierung und -diversifikation, in: *Albers, S./Herrmann, A.* (Hrsg.): Handbuch Produktmanagement. Strategieentwicklung, Produktplanung, Organisation, Kontrolle, 2. Aufl., Wiesbaden, S. 593–613.

Busse, D./Reckenfelderbäumer, M. (2001): Die Rolle des Kunden bei der Gestaltung von Dienstleistungsinnovationen, Schriften zum Marketing der Ruhr-Universität-Bochum.

Buzzell, R.D./Gale, B.T. (1989): Das PIMS-Programm. Strategien und Unternehmenserfolg, Wiesbaden.

Carpenter, G.S. (1989): Perceptual Positioning and Competitive Strategy in a Two-Dimensional, Two-Brand Market, in: Management Science, Vol. 35, No. 9, S. 120–143.

Carter, C./Williams, B. (1957): Industry and Technical Progress, Oxford.

Cateora, P.R. (2001): International Marketing, 11. Aufl., Boston.

Chandy, R.K./Tellis, G.J. (1998): Organizing for Radical Product Innovation: The Overlooked Role of Willingness to Cannibalize, in: Journal of Marketing Research, Vol. 35, No. 4, S. 474–487.

Chandy, R.K./Tellis, G.J. (2000): The Incumbent's Curse? Incumbency, Size, and Radical Product Innovation, in: Journal of Marketing, Vol. 64, No. 3, S. 1–17.

Copeland, M.T. (1932): Relation of Consumer Buying Habits to Marketing Methods, in: Harvard Business Review, Vol. 1, No. 3, S. 282–289.

Cornelsen, J. (2000): Kundenwertanalysen im Beziehungsmarketing, Nürnberg.

Corsten, H. (1989): Überlegungen zu einem Innovationsmanagement – organisationale und personale Aspekte, in: *Corsten, H.* (Hrsg.): Die Gestaltung von Innovationsprozessen. Hindernisse und Erfolgsfaktoren im Organisations-, Finanz- und Informationsbereich, Berlin, S. 1–56.

Crimmins, J.C. (1992): Better Measurement and Management of Brand Value, in: Journal of Advertising Research, Vol. 32, No. 4, S. 11–19.

Crosby, P.B. (1979): Quality is Free, New York.

Cyrot, J.-L./Urdl, C./Alves, I.G. (2003): Networks Work: Viral Marketing as a Tool for Launching Innovations, in: Prism, No. 2, S. 73–89.

Dahm, A. (2004): Markenführung im Cigarettenmarkt, in: *Bruhn, M.* (Hrsg.): Handbuch Markenführung. Kompendium zum erfolgreichen Markenmanagement. Strategien, Instrumente, Erfahrungen, 2. Aufl., Wiesbaden, S. 2081–2103.

Darby, M.R./Karni, E. (1973): Free Competition and the Optimal Amount of Fraud, in: Journal of Law and Economics, Vol. 16, No. 1, S. 67–86.

de Chernatony, L./McDonald M. (1998): Creating Powerful Brands in Consumer, Service and Industrial Markets, Oxford.

Dellago, V./Kliger, M. (2004): Internationalisierung. Yin und Yang der Expansion, in: Der Handel, o. Jg., Nr. 10, S. 42.

Deming, W.E. (1982): Quality, Productivity and Competitive Position, Cambridge.

Deneux, F./Kane, R.L./Lundh, R./Schaper, A./Thomas, F. (2004): Mid-Life Crisis: New Challenges in Pharmaceutical Life-Cycle Management, in: Prism, No. 1, S. 77–91.

Desarbo, W./Rao, V.R. (1986): A Constrained Unfolding Methodology for Product Positioning, in: Marketing Science, Vol. 5, No. 1, S. 1–19.

Dhalla, N.K./Yuspeh, S. (1980): Abschied vom Konzept des Produktlebenszyklus, in: Harvard Manager, 2. Jg., Nr. 1, S. 69–82.

Dhar, S./Hoch, S. (1997): Why Store Brand Penetration Varies by Retailer, in: Marketing Science, Vol. 16, No. 3, S. 208–227.

Dichtl, E. (1992a): Grundidee, Funktionen und Varianten des Markenartikels, in: Wirtschaftswissenschaftliches Studium, 21. Jg., Nr. 6, S. 270–274.

Dichtl, E. (1992b): Grundidee, Varianten und Funktionen der Markierung von Waren, in: *Dichtl, E./Eggers, W.* (Hrsg.): Marke und Markenartikel als Instrumente des Wettbewerbs, München, S. 1–23.

Diller, H. (1975): Produktmanagement und Marketinginformationssysteme: Tätigkeitsbild und Informationsbedarf des Produkt-Managers als Determinanten der Ausgestaltung von Marketinginformationssystemen, Berlin.

Diller, H. (1996): Kundenbindung als Marketingziel, in: Marketing ZFP, 18. Jg., Nr. 2, S. 81–94.

Diller, H. (2000): Preispolitik, 3. Aufl., Stuttgart u.a.

Diller, H./Müllner, M. (1998): Kundenbindungsmanagement, in: Meyer, A. (Hrsg.): Handbuch Dienstleistungs-Marketing, Band 2, Stuttgart, S. 1219–1240.

Dobni, D./Zinkhan, G.M. (1990): In Search of Brand Image: a Foundation Analysis, in: Advances in Consumer Research, Vol. 17, No. 1, S. 110–119.

Domizlaff, H. (1992): Die Gewinnung des öffentlichen Vertrauens. Ein Lehrbuch der Markentechnik, Hamburg.

Douglas, S./Craig, S./Nijssen, E. (2001): Executive Insights: Integrating Branding Strategy Across Markets: Building International Brand Architecture, in: Journal of International Marketing, Vol. 9, No. 2, S. 97–114.

DPMA (Deutsches Patent- und Markenamt) (Hrsg.) (2003): Pressemitteilung vom 12.03.2004: Messbare Innovationen – zahlreiche Patent- und Markenanmeldungen beim Deutschen Patent- und Markenamt, München, http://www.dpma.de/infos/presse dienst/pmitteilung.html (Zugriff am 13.03.2004).

Dubinsky, A.J./Ingram, T.N. (1984): A Portfolio Approach to Account Profitability, in: Industrial Marketing Management, 13. Jg., No. 1, S. 33–41.

Dwyer, F.R./Schurr, P.H./Oh, S. (1987): Developing Buyer-Seller Relationships, in: Journal of Marketing, Vol. 51, No. 2, S. 11–27.

Easton, G. (1987): Competition and Marketing Strategy, in: European Journal of Marketing, Vol. 21, No. 2, S. 31–49.

Edgett, S. (1994): The Traits of Successful New Service Development, in: Journal of Services Marketing, Vol. 8, No. 3, S. 40–49.

Edvardson, B. (1997): Quality in New Service Development. Key Concepts and a Frame of Reference in: International Journal of Production Economics, Vol. 52, No. 1/2, S. 31–46.

Egan, J. (2001): Relationship Marketing. Exploring Relational Strategies in Marketing, Harlow.

Ehret, M. (1998): Nutzungsprozesse als Ausgangspunkt des Innovationsmanagements, in: *Engelhardt, W.H.* (Hrsg.): Perspektiven des Dienstleistungsmarketing. Ansatzpunkte für Forschung und Praxis, Wiesbaden, S. 189–241.

Eigenmann-Wunderli, R. (1994): Innovationsmanagement für Dienstleistungsunternehmen. Implikationen für die Schweizer Lebensversicherung, Hallstadt.

Engelhardt, W.H./Günter, B. (1988): Erfolgsgrößen im internen Rechnungswesen aus der Sicht der Absatzpolitik, in: *Domsch, M./Eisenführ, F./Ordelheide, D./Perlitz, M.* (Hrsg.): Unternehmenserfolg. Planung, Ermittlung, Kontrolle, Wiesbaden, S. 141–155.

Engelhardt, W.H./Kleinaltenkamp, M./Reckenfelderbäumer, M. (1992): Dienstleistungen als Absatzobjekt, Arbeitsbericht Nr. 52 des Instituts für Unternehmensführung und Unternehmensforschung an der Ruhr-Universität Bochum, Bochum.

Erichson, B. (2002): Prüfung von Produktideen und -konzepten, in: Albers, S./Herrmann, A. (Hrsg.): Handbuch Produktmanagement. Strategieentwicklung, Produktplanung, Organisation, Kontrolle, 2. Aufl., Wiesbaden, S. 413–438.

Esch, F.-R. (1999): Wirkung integrierter Kommunikation. Ein verhaltenswissenschaftlicher Ansatz für die Werbung, 2. Aufl., Wiesbaden.

Esch, F.-R. (2004): Strategie und Technik der Markenführung, 2. Aufl., München.

Esch, F.-R. (2005): Markenpositionierung als Grundlage der Markenführung, in: *Esch, F.-R.* (Hrsg.): Moderne Markenführung. Grundlagen, Innovative Ansätze, Praktische Umsetzungen, 4. Aufl., Wiesbaden, S. 131–163.

Esch, F.-R./Andresen, T. (1994): Messung des Markenwerts, in: *Tomczak, T./Reinecke, S.* (Hrsg.): Marktforschung, St. Gallen, S. 212–230.

Esch, F.-R./Bräutigam, S./Möll, Th./Nentwich, E. (2004): Gestaltung komplexer Markenarchitekturen, in: *Bruhn, M.* (Hrsg.): Handbuch Markenführung. Kompendium zum erfolgreichen Markenmanagement. Strategien, Instrumente, Erfahrungen, 2. Aufl., Wiesbaden, S. 747–769.

Esch, F.-R./Geus, P. (2005): Ansätze zur Messung des Markenwerts, in: *Esch, F.-R.* (Hrsg.): Moderne Markenführung. Grundlagen, Innovative Ansätze, Praktische Umsetzungen, 4. Aufl., Wiesbaden, S. 1263–1305.

Esch, F.-R./Wicke, A./Rempel, J.E. (2005): Herausforderungen und Aufgaben des Markenmanagements, in: *Esch, F.-R.* (Hrsg.): Moderne Markenführung. Grundlagen, Innovative Ansätze, Praktische Umsetzungen, 4. Aufl., Wiesbaden, S. 3–55.

Esser, M./Schmidt, A. (2004): Markenbewertung etabliert sich auf der Top-Management-Agenda, in: *BBDO Consulting GmbH* (Hrsg.): Insights 5, o. Jg., o. Nr., S. 37–44.

Estelami, H. (2000): Competitive and Procedural Determinants of Delight and Disappointment in Consumer Complaint Outcomes, in: Journal of Service Research, Vol. 2, No. 3, S. 285–300.

Feigenbaum, A.V. (1986): Total Quality Control, 3. Aufl., New York u.a.

Figgen, B. (1999): Category Management und Efficient Promotions – Der Verbraucher steht im Mittelpunkt, in: *von der Heydt, A.* (Hrsg.): Handbuch Efficient Consumer Response. Konzepte, Erfahrungen, Herausforderungen, München, S. 181–193.

Fließ, S. (2001): Die Steuerung von Kundenintegrationsprozessen. Effizienz in Dienstleistungsunternehmen, Wiesbaden.

Fließ, S./Völker-Albert, J. (2002): Going Virtual. Blueprinting als Basis des Prozessmanagements von E-Service Anbietern, in: *Bruhn, M./Stauss, B.* (Hrsg.): Dienstleistungsnetzwerke. Jahrbuch Dienstleistungsmanagement 2002, Wiesbaden, S. 263–291.

Fornell, C. (1992): A National Customer Satisfaction Barometer. The Swedish Experience, in: Journal of Marketing, Vol. 56, No. 1, S. 6–21.

Fournier, S.M. (1998): Consumers and Their Brands: Developing Relationship Theory in Consumer Research, in: Journal of Consumer Research, Vol. 24, No. 4, S. 343–373.

Fourt, L./Woodlock, J. (1960): Early Prediction of Market Success for New Grocery Products, in: Journal of Marketing, Vol. 25, No. 2, S. 31–38.

Frank, R.E./Massy, W.F./Wind, Y. (1972): Market Segmentation, Englewood Cliffs.

Freiling, J./Weißenfels, S. (2003): Innovationsorientierte industrielle Dienstleistungsnetzwerke. Aufbau, Steuerung und Wettbewerbsvorteilspotenziale, in: *Bruhn, M./Stauss, B.* (Hrsg.): Dienstleistungsnetzwerke. Jahrbuch Dienstleistungsmanagement 2003, Wiesbaden, S. 467–489.

Frese, E. (2000): Grundlagen der Organisation. Konzept, Prinzipien, Strukturen, 8. Aufl., Wiesbaden.

Freter, H. (1983): Marktsegmentierung, Stuttgart.

Freter, H./Obermeier, O. (2000): Marktsegmentierung, in: *Herrmann, A./Homburg, Ch.* (Hrsg.): Marktforschung. Methoden, Anwendungen, Praxisbeispiele, 2. Aufl., Wiesbaden, S. 739–763.

Friedl, B. (2002): Erfolgskontrolle, in: *Albers, S./Herrmann, A.* (Hrsg.): Handbuch Produktmanagement. Strategieentwicklung, Produktplanung, Organisation, Kontrolle, 2. Aufl., Wiesbaden, S. 801–827.

Fritz, W. (1995): Marketing-Management und Unternehmenserfolg: Grundlagen und Ergebnisse einer empirischen Untersuchung, 2. Aufl., Stuttgart.

Fritz, W./von der Oelsnitz, D. (2002): Markteintrittsstrategien, in: *Albers, S./Herrmann, A.* (Hrsg.) (2002): Handbuch Produktmanagement. Strategieentwicklung, Produktplanung, Organisation, Kontrolle, 2. Aufl., Wiesbaden, S. 75–98.

Garber, T. (2003): Private Labels vs. Brands, in: absatzwirtschaft, 46. Jg., Nr. 3, S. 14–15.

Gardner, B.B./Levy, S.J. (1955): The Product and the Brand, in: Harvard Business Review, Vol. 33, No. 2, S. 33–39.

Gatignon, H./Xuereb, J.-M. (1997): Strategic Orientation of the Firm and New Product Performance, in: Journal of Marketing Research, Vol. 34, No. 1, S. 77–90.

Gelbert, A./Schulz-Moll, P./Thun, S./Herrmann, A. (2003): Brand Performance Driver Analysis – Allokation von Marketingbudgets auf die wirklichen Treiber der Marken-Performance, in: BBDO Consulting GmbH (Hrsg.): Insights 4, o. Jg., o. Nr., S. 50–60.

Gelbmann, U./Vorbach, S. (2003): Strategisches Innovations- und Technologiemanagement, in: *Strebel, H.* (Hrsg.): Innovations- und Technologiemanagement, Wien, S. 93–209.

Gemünden, H.G. (1985): Wahrgenommenes Risiko und Informationsnachfrage, in: Marketing ZFP, 7. Jg., Nr. 1, S. 21–32.

Gerpott, T.J. (1999): Strategisches Technologie- und Innovationsmanagement, Stuttgart.

Geschka, H. (1982): Kreativitätstechniken in Produktplanung und -entwicklung, in: Der Innovationsberater, S. 183–215.

GfK (2005): www.gfk.de (Zugriff: 08.11.2005).

Gierl, H. (1995): Marketing, Stuttgart.

Gierl H./Helm, R. (2002): Generierung von Produktideen und -konzepten, in: *Albers, S./Herrmann, A.* (Hrsg.) (2002): Handbuch Produktmanagement. Strategieentwicklung, Produktplanung, Organisation, Kontrolle, 2. Aufl., Wiesbaden, S. 307–331.

Gmünder, P. (2001): Kundenspezifisches Marketingcontrolling in der Konsumgüterbranche, in: *Reinecke, S./Tomczak, T./Geis, G.* (Hrsg.): Handbuch Marketingcontrolling, St. Gallen/Wien, S. 836–845.

Goerdt, T. (1999): Die Marken- und Einkaufsstättentreue der Konsumenten als Bestimmungsfaktoren des vertikalen Beziehungsmarketing, Nürnberg.

Gogoll, A. (2003): Service-QFD: Quality Function Deployment für den Dienstleistungsbereich, in: *Hansen, W./Kamiske, G.F.* (Hrsg.): Qualitätsmanagement. Methoden, Praxisbeispiele, Hintergründe, Kap. 09.04, Düsseldorf, S. 1–19.

Göpfert, J.R./Knecht, T.C. (2000): Simultaneous Costing, in: Die Betriebswirtschaft, 60. Jg., Nr. 4, S. 513–528.

Green, P.E./Caroll, J.D./Goldberg, S.M. (1981): A General Approach to Product Design Optimization via Conjoint Analysis, in: Journal of Marketing, Vol. 45, No. 3, S. 17–37.

Green, P.E./Krieger, A.M. (1989): Recent Contributions to Optimal Product Positioning and Buyer Segmentation, in: European Journal of Operational Research, Vol. 41, No. 2, S. 127–141.

Griffiths, S./Buchner, R. (1999): Von der Kundenbefragung zur Innovation. Wie Kundenbedürfnisse mit neuen Produkten beantwortet werden, in: *Töpfer, A.* (Hrsg.): Kundenzufriedenheit messen und steigern, 2. Aufl., Neuwied u.a., S. 281–298.

Gröppel-Klein, A. (2004): Verhaltenswissenschaftliche Grundlagen für die Markenführung von Konsumgütern, in: *Bruhn, M.* (Hrsg.): Handbuch Markenführung. Kompendium zum erfolgreichen Markenmanagement. Strategien, Instrumente, Erfahrungen, 2. Aufl., Wiesbaden, S. 321–346.

Gruner, K./Homburg, Ch. (2000): Does Customer Interaction Enhance New Product Success?, in: Journal of Business Research, Vol. 49, No. 1, S. 1–14.

Gruner, K./Garbe, B./Homburg, C. (1997): Produkt- und Key-Account-Management als objektorientierte Formen der Marketingorganisation, in: Die Betriebswirtschaft, 57. Jg., Nr. 2, S. 234–251.

Grunert, K.G. (1990): Kognitive Strukturen in der Konsumforschung, Wirtschaftswissenschaftliche Beiträge, Band 30, Heidelberg.

Grunert, K.G./Grunert, S.C. (1995): Measuring Subjective Meaning Structures by the Laddering Method: Theoretical Considerations and Methodological Problems, in: International Journal of Research in Marketing, Vol. 12, No. 3, S. 209–225.

Günter, B./Helm, S. (Hrsg.) (2003): Kundenwert. Grundlagen, Innovative Konzepte, Praktische Umsetzungen, 2. Aufl., Wiesbaden.

Günther, T./Mattmüller, R. (1993): Möglichkeiten und Grenzen der Regaloptimierung im Handel, in: Marketing ZFP, 15. Jg., Nr. 2, S. 77–86.

Gutenberg, E. (1979): Grundlagen der Betriebswirtschaftslehre, Bd. 1: Die Produktion, 23. Aufl., Berlin u.a.

Güthoff, J. (1995): Qualität komplexer Dienstleistungen, Wiesbaden.

Hadwich, K. (2003): Beziehungsqualität im Relationship Marketing. Konzeption und empirische Analyse eines Wirkungsmodells, Wiesbaden.

Haedrich, G./Tomczak, T. (1996): Produktpolitik, Stuttgart u.a.

Hafen, R. (2005): Wer hats erfunden?, in: Bulletin. Das Magazin der Credit Suisse, 111. Jg., Nr. 2, S. 18–23.

Hahne, H. (1995): Category Management, in: Die Betriebswirtschaft, 55. Jg., Nr. 6, S. 799–801.

Hahne, H. (1997): Category Management: Interface zum Handel, in: absatzwirtschaft, 40. Jg., Nr. 3, S. 72–76.

Haller, S. (1998): Beurteilung von Dienstleistungsqualität, 2. Aufl., Wiesbaden.

Hammann, P. (1982): Das Optimierungsproblem im Kundendienst – Aussagewert und Stand der Diskussion, in: *Meffert, H.* (Hrsg.): Kundendienst-Management, Frankfurt a.M./Bern, S. 145–170.

Hansen, U./Hennig-Thurau, T./Schrader, U. (2001): Produktpolitik, 3. Aufl., Stuttgart.

Hansen, U./Leitherer, E. (1984): Produktpolitik, 2. Aufl., Stuttgart.

Hansen, U./Raabe, T. (1991): Konsumentenbeteiligung an der Produktentwicklung von Konsumgütern – Ergebnisse einer empirischen Untersuchung, in: Zeitschrift für Betriebswirtschaft, 61. Jg., Nr. 2, S. 171–194.

Harms, V. (1999): Kundendienstmanagement, Herne/Berlin.

Hartleben, R. E. (2001): Werbekonzeption und Briefing. Ein praktischer Leitfaden zum Erstellen zielgruppenspezifischer Werbe- und Kommunikationskonzepte, Erlangen.

Hauschildt, J. (1997): Innovationsmanagement, 2. Aufl., München.

Hauser, J.R./Clausing, D. (1988): Wenn die Stimme des Kunden bis in die Produktion vordringen soll, in: Harvard Business Manager, 10. Jg., Nr. 4, S. 57–70.

Hauser, J.R./Shugan, S.M. (1983): Defensive Marketing Strategies, in: Marketing Science, Vol. 2, No. 4, S. 319–360.

Heinen, E./Dill, P. (1990): Unternehmenskultur aus betriebswirtschaftlicher Sicht, in: *Simon, H.* (Hrsg.): Herausforderung Unternehmenskultur, Stuttgart, S. 12–24.

Heinzelbecker, K. (1985): Marketing-Informationssysteme, Stuttgart u.a.

Helm, R. (2004): Auf Auslands-Tour, in: werben & verkaufen, Nr. 19, 7.05.2004, S. 60.

Hennig-Thurau, T./Gwinner, K.P./Gremler, D.D. (2002): Understanding Relationship Marketing Outcomes: An Integration of Relational Benefits and Relationship Quality, in: Journal of Service Research, Vol. 4, No. 3, S. 230–247.

Hennig-Thurau, T. (2004): Planungs- und Entwicklungsprozess von Markenartikeln, in: *Bruhn, M.* (Hrsg.): Handbuch Markenführung. Kompendium zum erfolgreichen Markenmanagement. Strategien, Instrumente, Erfahrungen, 2. Aufl., Wiesbaden, S. S. 699–722.

Hentschel, B. (1991): Beziehungsmarketing, in: Das Wirtschaftsstudium, 20. Jg., Nr. 1, S. 25–28.

Hentschel, B. (2000): Multiattributive Messung von Dienstleistungsqualität, in: *Bruhn, M./Stauss, B.* (Hrsg.): Dienstleistungsqualität. Grundlagen, Konzepte, Erfahrungen, 3. Aufl., Wiesbaden, S. 289–320.

Herrmann, A. (1998): Produktmanagement, München.

Herrmann, A. (2004a): Parfitt-Collins-Modell, in: *Bruhn, M./Homburg, Ch.* (Hrsg.): Gabler Lexikon Marketing, 2. Aufl., Wiesbaden, S. 615.

Herrmann, A. (2004b): Assessor-Modell, in: *Bruhn, M./Homburg, Ch.* (Hrsg.): Gabler Lexikon Marketing, 2. Aufl., Wiesbaden, S. 65.

Herrmann, A. (2004c): Fourt-Woodlock-Modell, in: *Bruhn, M./Homburg, Ch.* (Hrsg.): Gabler Lexikon Marketing, 2. Aufl., Wiesbaden, S. 259.

Herrmann, A. (2004d): Modulares Design, in: *Bruhn, M./Homburg, Ch.* (Hrsg.): Gabler Lexikon Marketing, 2. Aufl., Wiesbaden, S. 569.

Herrmann, A. (2004e): Leistungsgestaltung, in: *Bruhn, M./Homburg, Ch.* (Hrsg.): Gabler Lexikon Marketing, 2. Aufl., Wiesbaden, S. 457–459.

Herrmann, A./Huber, F. (2000): Kundenorientierte Produktgestaltung: Ziele und Aufgaben, in: *Herrmann, A./Hertel, G./Virt, W./Huber, F.* (Hrsg.): Kundenorientierte Produktgestaltung, München, S. 3–18.

Herrmann, A./Huber, F./Braunstein, Ch. (2005): Gestaltung der Markenpersönlichkeit mittels der „means-end"-Theorie, in: *Esch, F.-R.* (Hrsg.): Moderne Markenführung. Grundlagen, Innovative Ansätze, praktische Umsetzungen, 4. Aufl., Wiesbaden, S. 177–207.

Herrmann, A./Seilheimer, Ch. (2002): Variantenmanagement, in: *Albers, S./Herrmann, A.* (Hrsg.): Handbuch Produktmanagement. Strategieentwicklung, Produktplanung, Organisation, Kontrolle, 2. Aufl., Wiesbaden, S. 647–677.

Herstatt, C. (1991): Anwender als Quellen für die Produktinnovation, Zürich.

Heskett, J.L./Jones, T.O./Lovemann, G.W./Sasser, W.E./Schlesinger, L.A. (1994): Dienstleister müssen die ganze Service-Gewinn-Kette nutzen, in: Harvard Business Manager, 16. Jg., Nr. 4, S. 50–61.

Heskett, J.L./Sasser, W.E./Schlesinger, L.A. (1997): The Service Profit Chain, New York.

Heydt, A. van der (1997): Efficient Consumer Response (ECR). Basisstrategien, Frankfurt a.M.

Hill, S./Lederer, C. (2001): The Infinite Asset. Managing Brands to Built new Value, Boston.

Hill, W./Rieser, I. (1990): Marketing-Management, Bern u.a.

Hinzdorf, T./von Thaden, Ch./Jullens, J./Spakowski, D. (2003): Commitmentbasierte Segmentierung – Kompass fürs Marketing, in: Thexis, 20. Jg., Nr. 4, S. 12–16.

Hippel, E. von/Katz, R. (2002): Shifting Innovation to Users via Toolkits, in: Management Science, Vol. 48, No. 7, S. 821–833.

Höft, U. (1992): Lebenszykluskonzepte. Grundlage für das strategische Marketing- und Technologiemanagement, Berlin.

Högl, S./Hupp, O. (2001): Markenbewertung mit dem Brand Assessment System, in: Markenartikel, 63. Jg., Nr. 4, S. 22–27.

Holzkämper, O. (1999): Category Management. Strategische Positionierung des Handels, Göttingen.

Homburg, Ch. (1998): Quantitative Betriebswirtschaftslehre: Entscheidungsunterstützung durch Modelle. Mit Beispielen, Übungsaufgaben und Lösungen, 2. Aufl. Wiesbaden.

Homburg, Ch. (2000): Kundennähe von Industriegüterunternehmen. Konzeption, Erfolgsauswirkungen, Determinanten, 3. Aufl., Wiesbaden.

Homburg, Ch./Bruhn, M. (2005): Kundenbindungsmanagement. Eine Einführung in die theoretischen und praktischen Problemstellungen, in: *Bruhn, M./Homburg, Ch.* (Hrsg.): Handbuch Kundenbindungsmanagement. Strategien und Instrumente für ein erfolgreiches CRM, 5. Aufl., Wiesbaden, S. 3–37.

Homburg, Ch./Daum, D. (1997): Die Kundenstruktur als Controlling-Herausforderung, in: Controlling, 9. Jg., Nr. 6, S. 394–405.

Homburg, Ch./Faßnacht, M. (2001): Kundennähe, Kundenzufriedenheit und Kundenbindung bei Dienstleistungsunternehmen, in: *Bruhn, M./Meffert, H.* (Hrsg.): Handbuch Dienstleistungsmanagement. Von der strategischen Konzeption zur praktischen Umsetzung, 2. Aufl., Wiesbaden, S. 441–463.

Homburg, Ch./Günther, Ch./Faßnacht, M. (2000): Wenn Industrieunternehmen zu Dienstleistern werden – Lernen von den Besten, Arbeitspapier Nr. M 50, Reihe Management Know-how, Institut für Marktorientierte Unternehmensführung, Universität Mannheim.

Homburg, Ch./Koschate, N./Hoyer, W.D. (2005): Do Satisfied Customers Really Pay More? A Study of the Relationship Between Customer Satisfaction and Willingness to Pay, in: Journal of Marketing, Vol. 69, No. 2, S. 84–96.

Homburg, Ch./Krohmer, H. (2003): Marketingmanagement. Strategie, Instrumente, Umsetzung, Unternehmensführung, Wiesbaden.

Homburg, Ch./Rudolph, B. (1998): Theoretische Perspektiven zur Kundenzufriedenheit, in: *Simon, H./Homburg, Ch.* (Hrsg.): Kundenzufriedenheit, 3. Aufl., Wiesbaden, S. 33–55.

Horsky, D./Nelson, P. (1992): New Brand Positioning and Pricing in an Oligopolistic Market, in: Marketing Science, Vol. 11, No. 2, S. 133–153.

Horváth, P. (2003): Controlling, 9. Aufl., München.

Horváth, P./Urban, G. (1990): Qualitätscontrolling, Stuttgart.

Hsieh, M. (2002): Identifying Brand Image Dimensionality and Measuring the Degree of Brand Globalization: A Cross-National Study, in: Journal of International Marketing, Vol. 10, No. 2, S. 46–67.

Huber, F. (2004): Markenallianzen, in: *Bruhn, M.* (Hrsg.): Handbuch Markenführung. Kompendium zum erfolgreichen Markenmanagement. Strategien, Instrumente, Erfahrungen, 2. Aufl., Wiesbaden, S. 261–275.

Huber, R. (1992): Qualitätszirkel, in: *Diller, H.* (Hrsg.): Vahlens großes Marketinglexikon, München, S. 989–990.

Hünerberg, R. (1994): Internationales Marketing, Landsberg.

Hünerberg, R./Mann, A. (2004): Dialogkommunikation als Instrument des Innovationsmanagements in Dienstleistungsunternehmen, in: *Bruhn, M./ Stauss, B.* (Hrsg.): Dienstleistungsinnovation. Forum Dienstleistungsmanagement 2004, Wiesbaden, S. 251–279.

Hüttel, K. (1998): Produktpolitik, 3. Aufl., Ludwigshafen.

Jacob, H. (Hrsg.) (1988): Der Absatz, in: Allgemeine Betriebswirtschaftslehre: Handbuch für Studium und Prüfung, 5. Aufl., Wiesbaden.

Jacoby, J./Chestnut, R.W. (1978): Brand Loyalty. Measurement and Management, New York.

Jenner, T. (1994): Internationale Marktbearbeitung. Erfolgreiche Strategien für Konsumgüterhersteller, Wiesbaden.

Jenner, T. (1999): Determinanten des Unternehmenserfolges, Stuttgart.

Johne, A./Pavlidis, P. (1995): Product Innovation in Banking: How Marketing Works, in: Journal of Marketing Management, Vol. 11, No. 8, S. 797–805.

Kaas, K.P. (1990): Marketing als Bewältigung von Informations- und Unsicherheitsproblemen im Markt, in: Die Betriebswirtschaft, 50. Jg. Nr. 4, S. 539–548.

Kaas, K.P. (2000): Alternative Konzepte der Theorieverankerung, in: *Backhaus, K.* (Hrsg.): Deutschsprachige Marketingforschung. Bestandsaufnahme und Perspektiven, Stuttgart, S. 55–78.

Kalbfell, K.-H. (2004): Markenführung in der Automobilindustrie – am Beispiel der BMW Group, in: *Bruhn, M.* (Hrsg.): Handbuch Markenführung. Kompendium zum erfolgreichen Markenmanagement. Strategien, Instrumente, Erfahrungen, 2. Aufl., Wiesbaden, S. 1927–1952.

Kano, N. (1984): Attractive Quality and Must-be Quality, in: The Journal of the Japanese Society for Quality Control, Vol. 14, No. 2, S. 39–48.

Kapferer, J.N. (1992): Die Marke – Kapital des Unternehmens, Landsberg/Lech.

Kaplan, R.S./Norton, D.P. (1992): The Balanced Scorecard. Measures That Drive Performance, in: Harvard Business Review, Vol. 70, No. 1, S. 71–79.

Kaplan, R.S./Norton, D.P. (1997): Balanced Scorecard. Strategien erfolgreich umsetzen, Stuttgart.

Kaplan, R.S./Norton, D.P. (2001): Die strategiefokussierte Organisation. Führen mit der Balanced Scorecard, Stuttgart.

Keller, K.L. (1993): Conceptualizing, Measuring, and Managing Customer-Based Brand Equity, in: Journal of Marketing, Vol. 57, No. 1, S. 1–22.

Keller, K.L. (2003): Strategic Brand Management: Building, Measuring and Managing Brand Equity, 2. Aufl., Upper Saddle River.

Keller, K.L. (2005): Kundenorientierte Messung des Markenwerts, in: *Esch, F.-R.* (Hrsg.): Moderne Markenführung. Grundlagen, Innovative Ansätze, Praktische Umsetzungen, 4. Aufl., Wiesbaden, S. 1307–1327.

Kelz, A. (1989): Die Weltmarke, Idstein.

Keon, J.W. (1983): TRINODAL Mapping of Brand Images, Ad Images and Consumer Preference, in: Journal of Marketing Research, Vol. 20, No. 4, S. 380–392.

Kersten, G. (1994): Fehlermöglichkeits- und -einflußanalyse (FMEA), in: *Masing, W.* (Hrsg.): Handbuch Qualitätsmanagement, 3. Aufl., München/Wien, S. 427–444.

Klee, A. (2000): Strategisches Beziehungsmanagement, Aachen.

Klein, B. (1999): QFD: Quality Function Deployment. Konzept, Anwendung und Umsetzung für Produkte und Dienstleistungen, Wien/Renningen.

Kleinaltenkamp, M. (1996): Customer Integration. Kundenintegration als Leitbild für das Business-to-Business-Marketing, in: *Kleinaltenkamp, M./Fließ, S./Jacob, F.* (Hrsg.): Customer Integration, Wiesbaden, S. 13–24.

Kleinaltenkamp, M./Jacob, F. (1999): Grundlagen der Gestaltung des Leistungsprogramms, in: *Kleinaltenkamp, M./Plinke, W.* (Hrsg.): Markt- und Produktmanagement. Die Instrumente des technischen Vertriebs, Stuttgart u.a., S. 3–73.

Kleinschmidt, E.J./Geschka, H./Cooper, R.G. (1996): Erfolgsfaktor Markt: Produktinnovationen am Markt und Kunden ausrichten, Berlin.

Kloss, R./Schmidt, A./Winterhoff, M. (2005): CRM in der Automobilindustrie, in: *Bruhn, M./Homburg, Ch.* (Hrsg.): Handbuch Kundenbindungsmanagement. Strategien und Instrumente für ein erfolgreiches CRM, 5. Aufl., Wiesbaden, S. 819–835.

Klotz, U. (2003): Innovationspolitik – Umsetzungskozepte und Perspektiven, in: Computer-Fachwissen, o. Jg., Nr. 12, S. 4–10.

Knoblich, H./Oppermann, R. (1996): Dienstleistung – ein Produkttyp, in: der markt, 35. Jg., Nr. 136, S. 13–22.

Knudsen, T.R./Finskud, L./Törnblom, R./Hogna, E. (1997): Brand Consolidation Makes a lot of Economic Sense, in: The McKinsey Quarterly, o. Jg., No. 4, S. 189–193.

Köhler, R. (1993): Beiträge zum Marketing-Management. Planung, Organisation, Controlling, 3. Aufl., Stuttgart.

Köhler, R. (2001): Marketing-Controlling: Konzepte und Methoden, in: *Reinecke, S./Tomczak, T./Geis, G.* (Hrsg.): Handbuch Marketingcontrolling. Marketing als Motor von Wachstum und Erfolg, Frankfurt a.M./ Wien, S. 12–31.

Köhler, R. (2002): Organisation des Produktmanagement, in: *Albers, S./Herrmann, A.* (Hrsg.): Handbuch Produktmanagement. Strategieentwicklung, Produktplanung, Organisation, Kontrolle, 2. Aufl., Wiesbaden, S. 723–745.

Köhler, R. (2004): Entwicklungstendenzen des Markenwesens aus Sicht der Wissenschaft, in: *Bruhn, M.* (Hrsg.): Handbuch Markenführung. Kompendium zum erfolgreichen Markenmanagement. Strategien, Instrumente, Erfahrungen, 2. Aufl., Wiesbaden, S. 2765–2798.

Koppelmann, U. (2001): Produktmarketing. Entscheidungsgrundlage für Produktmanager, 6. Aufl., Berlin u.a.

Koppelmann, U. (2004): Funktionenorientierter Erklärungsansatz der Markenführung, in: *Bruhn, M.* (Hrsg.): Handbuch Markenführung. Kompendium zum erfolgreichen Markenmanagement. Strategien, Instrumente, Erfahrungen, 2. Aufl., Wiesbaden, S. 371–390.

Kotler, P. (2000): Marketing Management. The Millennium Edition, 10. Aufl., Upper Saddle River.

Kotler, P./Armstrong, G. (1991): Principles of Marketing, 5. Aufl., Englewood Cliffs.

Kotler, P./Bliemel, F. (2001): Marketing-Management. Analyse, Planung, Umsetzung und Steuerung, 10. Aufl., Stuttgart.

Kreikebaum, H. (1997): Strategische Unternehmensplanung. 6. Aufl., Stuttgart.

Kress, G. (1995): Unveröffentlichtes Gesprächsprotokoll zum Thema „Erfolgswirksamkeit von Kundenbindungsstrategien in der Automobilwirtschaft“, in: *Michalski, S.*: Die Erfolgswirksamkeit von Kundenbindungsstrategien in der Automobilwirtschaft“, unveröffentlichte Diplomarbeit, Westfälische Wilhelms-Universität Münster, S. 88–94.

Kretschmann, C. von (1998): Produktmanagement im Öffentlichen Personennahverkehr: Entwicklung eines umfassenden und erweiterten Produktmanagementkonzeptes zur Steigerung der Wettbewerbsfähigkeit von Verkehrsunternehmen am Beispiel des straßengebundenen Personennahverkehrs, St. Gallen.

Kroeber-Riel, W./Esch, F.-R. (2004): Strategie und Technik der Werbung, Verhaltenswissenschaftliche Ansätze, 6. Aufl., Stuttgart.

Kroeber-Riel, W./Weinberg, P. (2003): Konsumentenverhalten, 8. Aufl., München.

Krohmer, H. (2004): Category Management, in: *Bruhn, M./Homburg, Ch.* (Hrsg.): Gabler Lexikon Marketing, 2. Aufl., Wiesbaden, S. 115–116.

Kühl, Ch. (2002): Die Coffeemaschine, in: Die Zeit, 6. Juni 2002, Nr. 24, S. 51–52.

Kühn, R./Weiss, M. (1998): Das „Made-in“-Image der Schweiz im internationalen Vergleich, in: Die Unternehmung, 52. Jg., Nr. 1, S. 49–60.

Kunz, W.H./Mangold, M. (2004): Segmentierungsmodell für die Kundenintegration in Dienstleistungsinnovationsprozesse. Eine Anreiz-Beitragstheoretische Analyse, in: *Bruhn, M./Stauss, B.* (Hrsg.): Dienstleistungsinnovation. Forum Dienstleistungsmanagement 2004, Wiesbaden, S. 327–355.

Küpper, C. (2001): Service Innovation. A Review of the State of the Art, München.

Kutschker, M./Schmid, S. (2002): Internationales Management, München/Wien.

Laakmann, K. (1995): Value-Added-Services als Profilierungsinstrument im Wettbewerb, Frankfurt a.M.

Lebensmittel Zeitung 2005a: http://www.lz-net.de/specials/pages/show.prl?id=1296&backid=1294 (Zugriff: 09.08.2005).

Lebensmittel Zeitung 2005b: http://www.lz-net.de/specials/pages/show.prl?id=1299&backid=1294 (Zugriff: 09.08.2005).

Lebensmittel Zeitung 2005c: http://www.lz-net.de/specials/pages/show.prl?id=1297&backid=1294 (Zugriff: 09.08.2005).

Lebensmittel Zeitung 2005d: http://www.lz-net.de/specials/pages/show.prl?id=1302&backid=1294 (Zugriff: 09.08.2005).

Lehmann, D.R./Winer, R.S. (2001): Product Management, 3. Aufl., Boston.

Levy, M./Weitz, B. (2001): Retailing Management, Boston u.a.

Lindenberg, J.C. (2004): Markenführung im Ernährungsmarkt – am Beispiel Unilever, in: *Bruhn, M.* (Hrsg.): Handbuch Markenführung. Kompendium zum erfolgreichen Markenmanagement. Strategien, Instrumente, Erfahrungen, 2. Aufl., Wiesbaden, S. 1971–1986.

Lingenfelder, M./Kahler, B./Wiesecke, J. (2004): Herstellermarken, in: *Bruhn, M.* (Hrsg.): Handbuch Markenführung. Kompendium zum erfolgreichen Markenmanagement. Strategien, Instrumente, Erfahrungen, 2. Aufl., Wiesbaden, S. 51–74.

Lippmann, H. (2000): Marktchancen nutzen mit Produktmanagement, Eschborn.

Lovelock, Ch./Wright, L. (2002): Principles of Service Marketing and Management, 2. Aufl., Upper Saddle River.

Lusti, M. (2001): Data Warehousing and Data Mining. Eine Einführung in entscheidungsunterstützende Systeme, Heidelberg.

Madu, Ch.N./Kuei, Ch.-H. (1995): Strategic Total Quality Management. Corporate Performance and Product Quality, Westport.

Magyar, K.M./Magyar, P.K. (1987): Marketingpioniere und Pioniermanagement, Landsberg am Lech.

Masing, W. (1995): Planung und Durchsetzung der Qualitätspolitik im Unternehmen. Zentrale Prinzipien und Problembereiche, in: *Bruhn, M./Stauss, B.* (Hrsg.): Dienstleistungsqualität. Konzepte, Methoden, Erfahrungen, 2. Aufl., Wiesbaden, S. 239–253.

McNamara, S.L. (2001): The Brand as a Person, http://www.adcracker.com/brand/3–0-6.htm (Zugriff am 09.05.2003).

Meffert, H. (1985): Zur Bedeutung von Konkurrenzstrategien im Marketing, in: Marketing ZFP, 7. Jg., Nr. 1, S. 13–19.

Meffert, H. (Hrsg.) (1988): Strategische Unternehmensführung und Marketing: Beiträge zur marktorientierten Unternehmenspolitik, Wiesbaden.

Meffert, H. (1989): Marketingstrategien in unterschiedlichen Marktsituationen, in: *Bruhn, M.* (Hrsg.): Handbuch des Marketing. Anforderungen an Marketingkonzeptionen aus Wissenschaft und Praxis, München, S. 277–306.

Meffert, H. (1992): Strategien zur Profilierung von Marken, in: *Dichtl, E./Eggers, W.* (Hrsg.): Marke und Markenartikel, München, S. 129–156.

Meffert, H. (1993): Marktorientierte Führung von Dienstleistungsunternehmen. Neuere Entwicklungen in Theorie und Praxis, Arbeitspapier Nr. 78

der Wissenschaftlichen Gesellschaft für Marketing und Unternehmensführung e.V., hrsg. *von Meffert, H./Wagner, H.*, Münster.

Meffert, H. (1994): Marketing-Management. Analyse, Strategie, Implementierung, Wiesbaden.

Meffert, H. (2000): Marketing. Grundlagen marktorientierter Unternehmensführung: Konzepte, Instrumente, Praxisbeispiele, 9. Aufl., Wiesbaden.

Meffert, H. (2002): Strategische Optionen der Markenführung, in: *Meffert, H./Burmann, Ch./Koers, M.* (Hrsg.): Markenmanagement. Grundfragen der identitätsorientierten Markenführung, Wiesbaden, S. 135–165.

Meffert, H./Bolz, J. (2001): Internationales Marketing-Management, 4. Aufl., Stuttgart.

Meffert, H./Bruhn, M. (1984): Markenstrategien im Wettbewerb. Empirische Untersuchung zur Akzeptanz von Hersteller-, Handels- und Gattungsmarken (No-Names), Wiesbaden.

Meffert, H./Bruhn, M. (2006): Dienstleistungsmarketing. Grundlagen, Konzepte, Methoden, 5. Aufl., Wiesbaden.

Meffert, H./Burmann, C./Koers, M. (Hrsg.) (2002): Markenmanagement. Grundfragen der identitätsorientierten Markenführung, Wiesbaden.

Meffert, H./Giloth, M. (2002): Aktuelle markt- und unternehmensbezogene Herausforderungen an die Markenführung, in: *Meffert, H./Burmann, C./Koers, M.* (Hrsg.): Markenmanagement. Grundfragen der identitätsorientierten Markenführung, Wiesbaden, S. 99–132.

Meffert, H./Heinemann, G. (1990): Operationalisierung des Imagetransfers. Begrenzung des Transferrisikos durch Ähnlichkeitsmessungen, in: Marketing ZFP, 12. Jg., Nr. 1, S. 5–10.

Meffert, H./Kirchgeorg, M. (1993): Marktorientiertes Umweltmanagement. Grundlagen und Fallstudien, 2. Aufl., Stuttgart.

Meffert, H./Koers, M. (2004): Markenkannibalisierung – Erfassung und Analyse im Rahmen von Wanderungsbilanzen, in: *Bruhn, M.* (Hrsg.): Handbuch Markenführung. Kompendium zum erfolgreichen Markenmanagement. Strategien, Instrumente, Erfahrungen, 2. Aufl., Wiesbaden, S. 831–851.

Meffert, H./Schneider, H./Ebbert, Ch. (2002): Markenführung im Rahmen des Going International – Das Beispiel Deutsche Post EURO EXPRESS, in: *Meffert, H./Burmann, Ch./Koers, M.* (Hrsg.): Markenmanagement. Grundfragen der identitätsorientierten Markenführung, Wiesbaden, S. 613–642.

Meiren, T./Liestmann, V. (2002): Service Engineering in der Praxis, Stuttgart.

Meissner, H.G. (1994): Strategisches internationales Marketing, 2. Aufl., München/Wien.

Meissner, H.G./Gerber, S. (1980): Die Auslandsinvestitionen als Entscheidungsproblem, in: BFuP, 32. Jg., Nr. 3, S. 223–245.

Meyer, A./Blümelhuber, C. (1998): Dienstleistungsinnovation, in: *Meyer, A.* (Hrsg.): Handbuch Dienstleistungs-Marketing, Stuttgart u.a., S. 808–825.

Meyer, A./Dornach, F. (1999): Kundenmonitor Deutschland. Qualität und Kundenorientierung, Jahrbuch der Kundenorientierung in Deutschland 1999, München.

Meyer, A./Ertl, R. (1998): Marktforschung von Dienstleistungs-Anbietern, in: *Meyer, A.* (Hrsg.): Handbuch Dienstleistungs-Marketing, Band 1, Stuttgart, S. 203–246.

Meyer, Ch. (2002): Lebenszyklusintegrierte Produkt- und Servicestrategien für langlebige Gebrauchsgüter: fallstudienbasierte Analyse und methodischer Ansatz zur Konzeptfindung, Frankfurt a.M.

Meyer, M./Müschen, J. (2004): Technologie-Lebenszyklus, in: *Bruhn, M./Homburg, Ch.* (Hrsg.): Gabler Lexikon Marketing, 2. Aufl., Wiesbaden, S. 802–803.

Miller, D./Friesen, D.H. (1982): Innovation in Conservative and Entrepreneurial Firms. Two Models of Strategic Momentum, in: Strategic Management Journal, Vol. 3, No. 1, S. 1–25.

Mittal, B./Lassar, W.M. (1998): Why do Customers Switch? The Dynamics of Satisfaction versus Loyalty, in: Journal of Services Marketing, Vol. 12, No. 2/3, S. 177–194.

Monroe, K.B. (1991): Pricing. Making Profitable Decisions, New York.

Morwind, K. (2004): Markenführung im Waschmittelmarkt, in: *Bruhn, M.* (Hrsg.): Handbuch Markenführung. Kompendium zum erfolgreichen Markenmanagement. Strategien, Instrumente, Erfahrungen, 2. Aufl., Wiesbaden, S. 2001–2024.

Müller, S./Gelbrich, K. (2004): Interkulturelles Marketing, München.

Müller, S./Kornmeier, M. (2002): Strategisches Internationales Management, München.

Müller, W. (1994): Kundenbindungsmanagement, in: *Müller, W./Bauer, H.-H.* (Hrsg.): Wettbewerbsvorteile erkennen und sichern. Erfahrungsberichte aus der Marketing-Praxis, Neuwied u.a., S. 187–208.

Müller-Stewens, G./Lechner, Ch. (2001): Strategisches Management. Wie strategische Initiativen zum Wandel führen, Stuttgart.

Murray, J.A. (1984): A Concept of Entrepreneurial Strategy, in: Strategic Management Journal, Vol. 5, No. 1, S. 1–13.

Nachtigall, W. (1998): Bionik. Grundlagen und Beispiele für Ingenieure und Naturwissenschaftler, Berlin.

Nieschlag, R./Dichtl, E./Hörschgen, H. (2002): Marketing, 19. Aufl., Berlin/München.

o.V. (2000): Piechs Sündenbock, in: Wirtschaftswoche, 01.06.2000, Nr. 23, S. 12.

o.V. (2004a): http://www.aktiencheck.de/analysen/default_an.asp?sub=4&pagetype=5&AnalysenID=406319 (Zugriff: 07.04.04).

o.V. (2004b): Best Practice: Entwicklungsland Deutschland, in: absatzwirtschaft, 47. Jg., Nr. 9, S. 44–47.

o.V. (2004c): Erich Sixt wird in China keinen Euro investieren, in: Frankfurter Allgemeine Zeitung, 30. September 2004, Nr. 228, S. 16.

o.V. (2005a): Studie: Vertrauen in Markenqualität gesunken, in: http://de.biz.yahoo.com/050927/286/t/4ped3.html (Zugriff: 27.09.2005).

o.V. (2005b): Vier Klingen für elf Euro, in: Die Zeit, 03.02.2005, Nr. 6.

o.V. (2005c): Pannen ab Werk, in: Die Zeit, 28.04.2005, Nr. 18.

o.V. (2005d): Verzicht auf vier Rädern, in: Die Zeit, 28.04.2005, Nr. 18.

o.V. (2005e): Krombacher bewirbt neuen Kasten, in: http://www.wuv.de/news/unternehmen/wuv/news/artikel/2005/01/38730/index.php (Zugriff: 20.06.2005)

o.V. (2005f): Drei Streifen jagen Nike, in: http://www.zeit.de/2005/31/adidas_reebok (Zugriff: 06.08.2005).

Ohlwein, M./Schiele, T.P. (1994): Co-Branding, in: Wirtschaftswissenschaftliches Studium, 23. Jg., Nr. 11, S. 577–578.

Oliver, R.L. (1996): Satisfaction. A Behavioral Perspective on the Consumer, New York.

Olson, E.M./Walker Jr., O.C./Ruekert, R.W. (1995): Organizing for Effective New Product Development: The Moderating Role of Product Innovativeness, in: Journal of Marketing, Vol. 59, No. 1, S. 48–62.

Oppermann, R. (1998): Marktorientierte Dienstleistungsinnovationen. Besonderheiten von Dienstleistungen und ihre Auswirkungen auf eine abnehmerorientierte Innovationsgestaltung, Göttingen.

Ostlund L.E./Tellefsen, B. (1974): Relationship between Customers, Category Width and Trial of New Products: A Reappraisal, in: Journal of Applied Psychology, Vol. 59, No. 6, S. 759–760.

Palmer, J.D. (1985): Consumer Service Industry Exports, in: Columbia Journal of World Business, Vol. 20, No. 1, S. 69–74.

Parasuraman, A./Zeithaml, V.A./Berry, L.L. (1985): A Conceptual Model of Service Quality and its Implications for Future Research, in: Journal of Marketing, Vol. 49, No. 1, S. 4–50.

Parasuraman, A./Zeithaml, V.A./Berry, L.L. (1988): SERVQUAL. A Multiple-Item Scale for Measuring Consumer Perceptions of Service Quality, in: Journal of Retailing, Vol. 64, No. 1, S. 12–40.

Parasuraman, A./Zeithaml, V.A./Berry, L.L. (1986): SERVQUAL. A Multiple-Item Scale for Measuring Consumer Perceptions of Service Quality, Marketing Science Institute, Report 86–108, Cambridge.

Parfitt, J./Collins, B. (1968): Use of Consumer Panles for Brand Share Prediction, in: Journal of Marketing Research, Vol. 5, No. 2, S. 86–107.

Pearce, C.L./Ensley, M.D. (2003): A Reciprocal and Longitudinal Investigation of the Innovation Process: The Central Role of Shared Vision in Product and Process Innovation Teams (PPITs): in: Journal of Organizational Behavior, Vol. 25, No. 2, S. 259–278.

Penzkofer, H. (2004): Innovationstätigkeit in der Industrie 2003: Rückgang gestoppt, aber keine Entwarnung, in: ifo Schnelldienst, 57. Jg., Nr. 6, S. 46–52.

Perlmutter, H.V. (1969): The Tortous Evolution of the Multinational Corporation, in: Columbia Journal of World Business, Vol. 4, No. 1, S. 9–18.

Perrey, J. (1998): Nutzenorientierte Marktsegmentierung im Verkehrsdienstleistungsbereich. Dargestellt am Beispiel der Deutschen Bahn AG, Arbeitspapier Nr. 124 der wissenschaftlichen Gesellschaft für Marketing und Unternehmensführung e.V. an der Universität Münster, Münster.

Perrey, J./Hölscher, A. (2003): Nutzenorientierte Kundensegmentierung – eine Zwischenbilanz nach 35 Jahren, in: Thexis, 20. Jg., Nr. 4, S. 8–11.

Peters, J./Kadner, A./Gruber, S. (2004): Markenführung im IT-Markt – am Beispiel von IBM, in: *Bruhn, M.* (Hrsg.): Handbuch Markenführung. Kompendium zum erfolgreichen Markenmanagement. Strategien, Instrumente, Erfahrungen, 2. Aufl., Wiesbaden, S. 2107–2132.

Peters, T./Waterman, R.H. (1982): In Search of Excellence. Lessons to Learn from America's Best Run Companies, New York.

Pfeifer, K. (1996): Praktische Ansatzpunkte der Customer Integration auf Basis der Kundenorientierung, in: *Kleinaltenkamp, M./Fließ, S./Jacob, F.* (Hrsg.): Customer Integration. Von der Kundenorientierung zur Kundenintegration, Wiesbaden, S. 123–135.

Pfeifer, T. (2001): Qualitätsmanagement. Strategien, Methoden, Techniken, München/Wien.

Pfeiffer, W./Metze, G./Schneider, W./Amler, R. (1991): Technologie-Portfolio zum Management strategischer Zukunftsfelder, 6. Aufl., Göttingen.

Pfeiffer, W./Bischof, P. (1981): Produktlebenszyklen – Instrument jeder strategischen Produktplanung, in: *Steinmann, H.* (Hrsg.): Planung und Kontrolle. Probleme der strategischen Unternehmensführung, München, S. 133–166.

Pflesser, Ch. (1999): Marktorientierte Unternehmenskultur. Konzeption und Untersuchung eines Mehrebenenmodells, Wiesbaden.

Plinke, W. (1996): Kundenorientierung als Voraussetzung der Customer Integration, in: *Kleinaltenkamp, M./Fließ, S./Jacob, F.* (Hrsg.): Customer Integration. Von der Kundenorientierung zur Kundenintegration, Wiesbaden, S. 41–56.

Plüss, J. (2004): Markenführung im Hausgerätemarkt, in: *Bruhn, M.* (Hrsg.): Handbuch Markenführung. Kompendium zum erfolgreichen Markenmanagement. Strategien, Instrumente, Erfahrungen, 2. Aufl., Wiesbaden, S. 1953–1968.

Polli, R./Cook, V. (1969): Validity of the Product Life Cycle, in: Journal of Business, Vol. 42, No. 4, S. 385–401.

Porter, M.E. (1999): Wettbewerbsstrategie. Methoden zur Analyse von Branchen und Konkurrenten, 10. Aufl., Frankfurt a.M.

Porter, M.E. (2000): Wettbewerbsvorteile. Spitzenleistungen erreichen und behaupten, 6. Aufl., Frankfurt a.M.

Possekel, S./Olavarria-Berger, M./Jenner, T. (1994): Möglichkeiten und Grenzen des Beziehungsmarketing im Konsumgütersektor, in: *Tomczak, T./Belz, C.* (Hrsg.): Kundennähe realisieren. Ideen, Konzepte, Methoden, Erfahrungen, St. Gallen, S. 217–229.

Proff, H. (1998): Mikroökonomische Wurzeln eines strategischen Managements zwischen Markt- und Ressourcenorientierung, in: *Proff, H./Proff, H.V.* (Hrsg.): Strategien für die Automobilindustrie. Ansatzpunkte im strategischen Management und in der Industriepolitik, Wiesbaden, S. 23–45.

Quelch, J. (1999): Global Brands: Taking Stock, in: Business Strategy Review, Vol. 10, No. 1, S. 1–14.

Raabe, T. (2004): Markenbereinigungsstrategie, in: *Bruhn, M.* (Hrsg.): Handbuch Markenführung. Kompendium zum erfolgreichen Markenmanagement. Strategien, Instrumente, Erfahrungen, 2.Aufl., Wiesbaden, S. 853–877.

Raffée, H./Wiedmann, K.-P. (1989): Frühaufklärungssysteme im Marketing, in: *Bruhn, M.* (Hrsg.): Handbuch des Marketing. Anforderungen an Marketingkonzeptionen aus Wissenschaft und Praxis, München, S. 23–68.

Rasner, C./Nagel, K. (1998): Herausforderung Kunde, neue Dimensionen der kunden- und marktorientierten Unternehmensführung, 2. Aufl., Landsberg am Lech.

Rathmell, J. (1974): Marketing in the Service Sector, Cambridge.

Ravald, A./Grönroos, C. (1996): The Value Concept and Relationship Marketing, in: European Journal of Marketing, Vol. 30, No. 2, S. 19–30.

Reckenfelderbäumer, M. (2001): Die Gestaltung der Interaktionen zwischen Zentralbereichen in Unternehmungen und ihren internen Kunden. Probleme und Lösungsansätze, in: *Bruhn, M./Stauss, B.* (Hrsg.): Dienstleistungsinteraktion. Jahrbuch Dienstleistungsmanagement 2001, Wiesbaden, S. 249–275.

Reckenfelderbäumer, M./Busse, D. (2003): Kundenmitwirkung bei der Entwicklung von industriellen Dienstleistungen. Eine phasenbezogene Analyse, in: *Bullinger, H.-J./Scheer, A.-W.* (Hrsg.): Service Engineering. Entwicklung und Gestaltung innovativer Dienstleistungen, Berlin u.a., S. 145–170.

Reichheld, F.F. (1996): Learning from Customer Defection, in: Harvard Business Review, Vol. 74, No. 2, S. 56–69.

Reichheld, F.F./Sasser, W. (1991): Zero-Migration: Dienstleister im Sog der Qualitätsrevolution, in: Harvard Manager, 13. Jg., Nr. 4, S. 108–116.

Reidegeld, H. (1989): Aufgaben und Anforderungen an Produktmanager und Key-account-Manager, in: *Bruhn, M.* (Hrsg.): Handbuch des Marketing. Anforderungen an Marketingkonzeptionen aus Wissenschaft und Praxis, München, S. 605–628.

Reinecke, S. (2004): Marketing Performance Management: Empirisches Fundament und Konzeption für ein integriertes Marketingkennzahlensystem, Wiesbaden.

Remmerbach, K.-U. (1988): Markteintrittsentscheidungen. Eine Untersuchung im Rahmen der strategischen Marketingplanung unter besonderer Berücksichtigung des Zeitaspektes, Wiesbaden.

Riedi, M./Fasnacht, R. (2003): Phasing-out in der Telekommunikation – Was zu tun ist, wenn ein Produkt das Ende seines Lebenszyklus erreicht hat, in: IO New Management, o. Jg., Nr. 3, S. 46–53.

Roepke-Abel, H./Gerpott, T.J. (1986): Innovationszirkel, in: Die Betriebswirtschaft, 46. Jg., Nr. 6, S. 776–777.

Rogers, E.M. (1962): Diffusion of Innovations, New York.

Rogge, H.-J. (2000): Werbung, 5. Aufl., Ludwigshafen.

Rothwell, R. (1995): The Fifth Generation Innovation Process, in: *Oppenländer, K.-H./Popp, W.* (Hrsg.): Innovationen und wirtschaftlicher Fortschritt. Betriebs- und volkswirtschaftliche Perspektiven, Bern u.a.

Ruhfus, R.E. (1976): Kaufentscheidungen von Familien. Ansätze zur Analyse des kollektiven Entscheidungsverhaltens im privaten Haushalt, Wiesbaden.

Sabisch, H. (1991): Produktinnovationen, Stuttgart.

Sälzer, B. (2004): Markenführung im Bekleidungsmarkt, in: *Bruhn, M.* (Hrsg.): Handbuch Markenführung. Kompendium zum erfolgreichen Markenmanagement. Strategien, Instrumente, Erfahrungen, 2. Aufl., Wiesbaden, S. 2039–2055.

Sander, M. (1994): Die Bestimmung und Steuerung des Wertes von Marken, Heidelberg.

Sander, M. (2001): Die Rolle von Global Brands im internationalen Wettbewerb, in: *Köhler, R.* (Hrsg.): Erfolgsfaktor Marke. Neue Strategien des Markenmanagements, München, S. 189–203.

Sattler, H. (1998): Markenbewertung als Konzept der wertorientierten Unternehmensführung, in: *Bruhn, M./Lusti, M./Müller, W.R./Schierenbeck, H./Studer, T.* (Hrsg.): Wertorientierte Unternehmensführung. Perspektiven und Handlungsfelder für die Wertsteigerung von Unternehmen, Wiesbaden, S. 191–212.

Sattler, H. (2001): Praxis von Markenbewertung und Markenmanagement in deutschen Unternehmen, 2. Aufl., Frankfurt a.M.

Sattler, H. (2002): Markenbewertung, in: *Albers, S./Herrmann, A.* (Hrsg.): Handbuch Produktmanagement. Strategieentwicklung, Produktplanung, Organisation, Kontrolle, 2. Aufl., Wiesbaden, S. 219–240.

Scharbau, S. (2002): Händler räumen Marken aus dem Regal, in: Handelsblatt, 07.05.2002, Nr. 87, S. 13.

Scheuing, E.E./Johnson, E.M. (1989): A Proposed Model for New Service Development, in: Journal of Services Marketing, Vol. 3, No. 2, S. 25–34.

Schewe, G. (2002): Produktimitation, in: *Albers, S./Herrmann, A.* (Hrsg.): Handbuch Produktmanagement. Strategieentwicklung, Produktplanung, Organisation, Kontrolle, 2. Aufl., Wiesbaden, S. 55–74.

Schlicksupp, H. (1977): Kreative Ideenfindung in der Unternehmung. Methoden und Modelle, Berlin.

Schmidt, R. (1996): Marktorientierte Konzeptfindung für langlebige Gebrauchsgüter, Wiesbaden.

Schmitt-Grohé, J. (1972): Produktinnovation. Verfahren und Organisation der Neuproduktplanung, Wiesbaden.

Schneider, M. (1999): Innovation von Dienstleistungen. Organisation von Innovationsprozessen in Universalbanken, Wiesbaden.

Schreyögg, G. (1996): Organisation. Grundlagen moderner Organisationsgestaltung, 2. Aufl., Wiesbaden.

Schubert, M. (1994): Qualitätszirkel, in: *Masing, W.* (Hrsg.): Handbuch Qualitätsmanagement, 3. Aufl., München/Wien, S. 1075–1100.

Schumpeter, J.A. (1934): The Theory of Economic Development, Cambridge.

Schürmann, U. (1993): Erfolgsfaktoren der Werbung im Produktlebenszyklus, Frankfurt a.M.

Sheth, J.N. (1975): Buyer-Seller Interaction: A Conceptual Framework, in: *Anderson, B.B.* (Hrsg.): Advances in Consumer Research, Cincinatti, S. 382–386.

Sheth, J.N./Parvatiyar, A. (1995): Relationship Marketing in Consumer Markets. Antecedents and Consequences, in: Journal of the Academy of Marketing Science, Vol. 23, No. 4, S. 255–271.

Silk, A./Urban, G. (1978): Pre-Test Market Evaluation of New Packaged Goods: A Model and Measurement Methodology, in: Journal of Marketing Research, Vol. 15, No. 2, S. 171–191.

Simon, H. (1987): Schwächen bei der Umsetzung strategischer Wettbewerbsvorteile, in: *Dichtl, E./Gerke, W./Kieser, A.* (Hrsg.): Innovation und Wettbewerbsfähigkeit, Wiesbaden, S. 367–376.

Simon, H. (1988): Management strategischer Wettbewerbsvorteile, in: Zeitschrift für Betriebswirtschaft, 58. Jg., Nr. 4, S. 461–480.

Simon, H. (1992): Preismanagement. Analyse, Strategie, Umsetzung, 2. Aufl., Wiesbaden.

Simon, H./Hess, M. (1988): Handbuch Qualitätszirkel. Hilfsmittel zur Produktion von Qualität, Köln.

Sirdeshmukh, D./Singh, J./Sabol, B. (2002): Consumer Trust, Value, and Loyalty in Relational Exchanges, in: Journal of Marketing, Vol. 66, No. 1, S. 15–37.

Sirgy, M.J./Lee, D.-J. (1994): Relationship Marketing and Beyond: A Quality-of-Life Approach to Consumer Marketing, in: *Sheth, J.N./Parvatiyar, A.* (Hrsg.): Relationship Marketing: Theory, Methods, and Applications, Atlanta, S. 1–10.

Skarka, C. (2001): Unilever sieht die Konzernstrategie bestätigt, in: Lebensmittel Zeitung, 10.08.2001, Nr. 32, S. 16.

Smookler, J. (1966): Invention and Economic Growth, Cambridge.

Sommerlatte, T. (2005): Innovation Scorecard, in: *Barske, H./Gerybadze, A./Hünninghausen, L./Sommerlatte, T.* (Hrsg.): Innovationsmanagement. Produkte, Prozesse, Dienstleistungen, Düsseldorf, S. 1–23.

Sondermann, J.P. (1994): Instrumente des Total Quality Managements. Ein Überblick, in: *Stauss, B.* (Hrsg.): Qualitätsmanagement und Zertifizierung, Wiesbaden, S. 223–253.

Sorescu, A.B./Chandy, R.K./Prabhu, J.C. (2003): Sources and Financial Consequences of Radical Innovation: Insights from Pharmaceuticals, in: Journal of Marketing, Vol. 67, No. 4, S. 82–102.

Specht, G./Beckmann, C. (1996): F&E-Management, Stuttgart.

Specht, G./Beckmann, C./Amelingmeyer, J. (2002): F&E-Management: Kompetenz im Innovationsmanagement, 2. Aufl., Stuttgart.

Specht, D./Möhrle, M.G. (2002): Gabler Lexikon Technologiemanagement: Management von Innovationen und neuen Technologien im Unternehmen, Wiesbaden.

Stauss, B. (1995): Internationales Dienstleistungsmarketing, in: *Hermanns, A./Wißmeier, U.K.* (Hrsg.): Internationales Marketingmanagement. Grundlagen, Strategien, Instrumente, Kontrolle und Organisation, München, S. 437–474.

Stauss, B. (1999): Kundenzufriedenheit, in: Marketing ZFP, 21. Jg., Nr. 1, S. 5–24.

Stauss, B. (2000): Perspektivenwandel. Vom Produkt-Lebenszyklus zum Kundenbeziehungs-Lebenszyklus, in: Thexis, 17. Jg., Nr. 2, S. 15–18.

Stauss, B./Bruhn, M. (2004): Dienstleistungsinnovationen. Eine Einführung in den Sammelband, in: *Bruhn, M./Stauss, B.* (Hrsg.): Dienstleistungsinnovation. Forum Dienstleistungsmanagement 2004, Wiesbaden, S. 3–25.

Stauss, B./Hentschel, B. (1990): Verfahren der Problementdeckung und -analyse im Qualitätsmanagement von Dienstleistungsunternehmen, in: Jahrbuch der Absatz- und Verbrauchsforschung, 36. Jg., Nr. 6, S. 232–259.

Stauss, B./Hentschel, B. (1991): Dienstleistungsqualität, in: Wirtschaftswissenschaftliches Studium, 20. Jg., Nr. 5, S. 238–244.

Stauss, B./Seidel, W. (2002): Beschwerdemanagement. Fehler vermeiden, Leistung verbessern, Kunden binden, 3. Aufl., München.

Steffenhagen, H. (2000): Wirkungen der Werbung. Konzepte, Erklärungen, Befunde, 2. Aufl., Aachen.

Steffenhagen, H./Funke, K. (1986): Messen und Ausstellungen. Formulieren Sie präzise Messeziele, die später auch nachprüfbar sind, in: Marketing Journal, 19. Jg., o. Nr., S. 546–551.

Steffenhagen, H./Siemer, S. (1995): Untaugliche Werbezielformulierungen der Praxis: Empirische Bestandsaufnahme und Versuch einer Erklärung, Arbeitsbericht Nr. 95/01, Institut für Wirtschaftswissenschaften an der Rheinisch-Westfälische Technische Hochschule Aachen (RWTH), Aachen.

Steinle, C./Eggers, B./Langemann, G. (1995): Möglichkeiten und Grenzen von Qualitätszirkeln, in: io Management Zeitschrift, 64. Jg., Nr. 5, S. 38–41.

Stevens, M.J./Campion, M.A. (1994): The Knowledge, Skill, and Ability Requirements for Teamwork: Implications for Human Resource Management, in: Journal of Management, Vol. 20, No. 2, S. 503–530.

Stevens, M.J./Campion, M.A. (1999): Staffing Work Teams: Development and Validation of a Selection Test for Teamwork Settings, in: Journal of Management, Vol. 25, No. 2, S. 207–228.

Stockinger, K. (1993): Fehlermöglichkeits- und Einflußanalyse, in: *Hansen, W./Jansen, H.H./Kamiske, G.F.* (Hrsg.): Qualitätsmanagement im Unternehmen. Grundlagen, Methoden und Werkzeuge, Praxisbeispiele, Loseblatt-Sammlung, Kapitel 04.07, Berlin u.a., S. 1–30.

Storey, C.D./Easingwood, C.J. (1996): Determinants of New Product Performance. A Study in the Financial Services Sector, in: International Journal of Service Industry Management, Vol. 7, No. 1, S. 32–55.

Stringer, R. (2000): How To Manage Innovation, in: California Management Review, Vol. 42, No. 4, S. 70–88.

Tacke, G./Heusener, K. (2002): Nutzenorientierte Produktgestaltung am Beispiel von Pkw, in: *Albers, S./Herrmann, A.* (Hrsg.): Handbuch Produktmanagement. Strategieentwicklung, Produktplanung, Organisation, Kontrolle, 2. Aufl., Wiesbaden, S. 971–991.

Tarlatt, A. (2001): Implementierung von Strategien in Unternehmen, Wiesbaden.

Thom, N. (1980): Grundlagen des betrieblichen Innovationsmanagements, 2. Aufl., Königstein.

Tödtmann, C. (1998): Telefonservice. Drehen und dann drücken, in: Wirtschaftswoche, 52. Jg., Nr. 33, S. 78–79.

Tomczak, T./Lindner, U. (1992): Keine Zukunft für DPR?, in: Thexis, 9. Jg., Nr. 4, S. 35–38.

Tomczak, T./Ludwig, E. (1998): Strategische Markenführung für Dienstleistungen, in: *Tomczak, T./Schögel, M./Ludwig, E.* (Hrsg.): Markenmanagement für Dienstleistungen, St. Gallen, S. 48–65.

Tomczak, T./Reinecke, S./Kaetzke, Ph. (2004): Marken-Controlling. Sicherstellung der Effektivität und Effizienz der Markenführung, in: *Bruhn, M.* (Hrsg.): Handbuch Markenführung. Kompendium zum erfolgreichen Markenmanagement. Strategien, Instrumente, Erfahrungen, Wiesbaden, S. 1821–1852.

Tomys, A.-K. (1995): Kostenorientiertes Qualitätsmanagement. Qualitätscontrolling zur ständigen Verbesserung der Unternehmensprozesse, München.

Töpfer, A. (1999): Die A-Klasse. Elchtest, Krisenmanagement, Kommunikationsstrategie, Neuwied.

Toyne, B./Walters, P.G.P. (1993): Global Marketing Management. A Strategic Perspective, 2. Aufl., Boston.

Trommsdorff, V. (2002a): Konsumentenverhalten, 4. Aufl., Stuttgart u.a.

Trommsdorff, V. (2002b): Produktpositionierung, in: *Albers, S./Herrmann, A.* (Hrsg.): Handbuch Produktmanagement. Strategieentwicklung, Produktplanung, Organisation, Kontrolle, 2. Aufl., Wiesbaden, S. 359–380.

Trommsdorff, V. (2004): Verfahren der Markenbewertung, in: *Bruhn, M.* (Hrsg.): Handbuch Markenführung. Kompendium zum erfolgreichen Markenmanagement. Strategien, Instrumente, Erfahrungen, 2. Aufl., Wiesbaden, S. 1853–1875.

Trommsdorff, V./Asan, U./Becker, J. (2004): Marken- und Produktpositionierung, in: *Bruhn, M.* (Hrsg.): Handbuch Markenführung. Kompendium zum erfolgreichen Markenmanagement. Strategien, Instrumente, Erfahrungen, 2. Aufl., Wiesbaden, S. 541–570.

Trommsdorff, V./Bookhagen, A./Hess, C. (2000): Produktpositionierung, in: *Herrmann, A./Homburg, Ch.* (Hrsg.): Marktforschung. Methoden, Anwendungen, Praxisbeispiele, Wiesbaden, S. 765–787.

Tscheulin, D.K./Lindenmeier, J. (2004): Bedeutung der Konsumentenforschung für die Markenführung, in: *Bruhn, M.* (Hrsg.): Handbuch Markenführung. Kompendium zum erfolgreichen Markenmanagement. Strategien, Instrumente, Erfahrungen, 2. Aufl., Wiesbaden, S. 459–482.

Uebele, H. (1988): Zur Praxis der Kreativitätstechniken – Anwendungserfahrungen bei der Produktinnovation, in: Die Betriebswirtschaft, 48. Jg., Nr. 6, S. 777–785.

Urban, G.L. (1975): PERCEPTOR: A Model for Product Positioning, in: Management Science, Vol. 21, No. 8, S. 858–871.

Urban, G.L./Hauser, J.R. (2002): „Listening in“ to find unmet Customer Needs and Solution, Arbeitspapier Nr. 156, MIT Sloan School of Management, Cambridge.

Vahs, D./Burmester, R. (2002): Innovationsmanagement. Von der Produktidee zur erfolgreichen Vermarktung, 2. Aufl., Stuttgart.

Voeth, M./Wagemann, D. (2004): Internationale Markenpolitik, in: *Bruhn, M.* (Hrsg.): Handbuch Markenführung. Kompendium zum erfolgreichen Markenmanagement. Strategien, Instrumente, Erfahrungen, 2. Aufl., Wiesbaden, S. 1071–1089.

Vorbach, S. (2003): Instrumente der Produkt- und Prozessentwicklung, in: *Strebel, H.* (Hrsg.): Innovations- und Technologiemanagement, Wien, S. 325–345.

Wansink, B. (2003): Using Laddering to Understand and Leverage a Brand's Equity, in: Qualitative Market Research, Vol. 6, No. 2, S. 111–118.

Weiber, R./Kollmann, T./Pohl, A. (1999): Das Management technologischer Innovationen, in: *Kleinaltenkamp, M./Plinke, W.* (Hrsg.): Markt- und Produktmanagement. Die Instrumente des technischen Vertriebs, Stuttgart u.a., S. 75–179.

Weinberg, P./Diehl, S. (2005): Erlebniswelten für Marken, in: *Esch, F.-R.* (Hrsg.): Moderne Markenführung. Grundlagen, Innovative Ansätze, Praktische Umsetzungen, 4. Aufl., Wiesbaden, S. 263–286.

Weis, H.C./Steinmetz, P. (2002): Marktforschung, 5. Aufl., Kiel/Ludwigshafen.

Werner, M./Wulff, T. (2003): TV-Handelsstudie Top Fashion Männermode – Der Neue Markenmix, in: Textilwirtschaft, 02.01.2003, Nr. 1, S. 36–38.

Whale, M. (2001): Same Thing, Only Different: the Retail Pursuit of Differentiation, in: European Retail Digest, o. Jg., No. 29, S. 7–9.

Wieczorek, H. (2004): Bedeutung der Verpackungspolitik für die Markengestaltung, in: *Bruhn, M.* (Hrsg.): Handbuch Markenführung. Kompendium zum erfolgreichen Markenmanagement. Strategien, Instrumente, Erfahrungen, 2. Aufl., Wiesbaden, S. 1221–1242.

Wiedmann, K.-P. (1985): Entwicklungsperspektiven der strategischen Unternehmensführung und des strategischen Marketing, in: Marketing ZFP, 7. Jg., Nr. 3, S. 149–160.

Wiedmann, K.-P. (1994): Strategisches Markencontrolling, in: *Bruhn, M.* (Hrsg.): Handbuch Markenartikel, Band 2, Stuttgart, S. 1305–1336.

Wiedmann, K.-P./Meissner, S. (2005): Diversifikationsstrategie, in: *Bruhn, M./Homburg, Ch.* (Hrsg.): Gabler Lexikon Marketing, 2. Aufl., Wiesbaden, S. 191–192.

Wiezorek, H. (2000): ECR – eine gemeinsame Aufgabe von Herstellern und Handel, in: *Ahlert, D./Borchert, S.* (Hrsg.): Prozessmanagement im vertikalen Marketing, Efficient Consumer Response (ECR) in Konsumgüternetzen, Berlin/Heidelberg, S. 193–207.

Wilkes, M.W. (1977): Werbemanagement. Kompendium des modernen Werbewissens, Gernsbach.

Williamson, O.E. (1985): The Economic Institutions of Capitalism, New York/London.

Wind, Y.J. (1982): Product Policy. Concepts, Methods, and Strategy, Reading.

Wölfer, U. (2004): Produktlinienerweiterung (Line Extension), in: *Bruhn, M.* (Hrsg.): Handbuch Markenführung. Kompendium zum erfolgreichen

Markenmanagement. Strategien, Instrumente, Erfahrungen, 2. Aufl., Wiesbaden, S. 799–816.

Woll, A. (2000): Allgemeine Volkswirtschaftslehre, 13. Aufl., München.

Woratschek, H./Roth, S./Pastowski, S. (2004): Markttests innovativer Dienstleistungen aus der Perspektive unterschiedlicher Geschäftsmodelle, in: *Bruhn, M./Stauss, B.* (Hrsg.): Dienstleistungsinnovation. Forum Dienstleistungsmanagement 2004, Wiesbaden, S. 381–411.

Wright Curtis, A. (2003): Global Vehicle Production by Manufacturers, in: Automotive News Global Market Data Book 2003, S. 5.

Yoo, B./Donthu, N./Lee, S. (2000): An Examination of Selected Marketing Mix Elements and Brand Equity, in: Journal of the Academy of Marketing Science, Vol. 28, No. 2, S. 195–211.

Zajonc, R.B. (1968): Attitudinal Effects of Mere Exposure, in: Journal of Personality and Social Psychology, Vol. 9, No. 2, S. 1–27.

Zäschke, J. (1988): Qualitätsbewertung, in: *Masing, W.* (Hrsg.): Handbuch Qualitätssicherung, 2. Aufl., München/Wien, S. 421–436.

Zeithaml, V.A. (1988): Consumer Perceptions of Price, Quality and Value. A Means-End Model and Synthesis of Evidence, in: Journal of Marketing, Vol. 52, No. 2, S. 2–22.

Zeithaml, V.A. (1991): How Consumer Evaluation Processes Differ between Goods and Services, in: *Lovelock, C.H.* (Hrsg.): Services Marketing, 2. Aufl., Englewood Cliffs, S. 39–47.

Zeithaml, V.A./Bitner, M.J. (2000): Services Marketing: Integrating Customer Focus across the Firm, 2. Aufl., Boston.

Zentes, J./Morschett, D. (2004): Entwicklungstendenzen der Markenführung aus Handelsperspektive, in: *Bruhn, M.* (Hrsg.): Handbuch Markenführung. Kompendium zum erfolgreichen Markenmanagement. Strategien, Instrumente, Erfahrungen, 2. Aufl., Wiesbaden, S. 2719–2745.

Zotter, K.-A. (2003): Modelle des Innovations- und Technologiemanagements, in: *Strebel, H.* (Hrsg.): Innovations- und Technologiemanagement, Wien, S. 49–91.

Stichwortverzeichnis

J

K